Duden

Physik

Schulwissen 5. bis 10. Klasse

Dudenverlag
Berlin

Herausgeber
Prof. Dr. habil. Lothar Meyer, Prof. Dr. Gerd-Dietrich Schmidt

Autoren
Prof. Detlef Hoche
Dr. Josef Küblbeck
Prof. Dr. habil. Lothar Meyer
Prof. Dr. Gerd-Dietrich Schmidt

Bibliografische Information der Deutschen Nationalbibliothek
Die Deutsche Nationalbibliothek verzeichnet diese Publikation in der Deutschen Nationalbiografie; detaillierte bibliografische Daten sind im Internet über http://dnb.dnb.de abrufbar.

Bibliographisches Institut GmbH, Mecklenburgische Straße 53, 14197 Berlin

Redaktionelle Leitung David Harvie
Redaktion Dr. Angelika Fallert-Müller, Michael Venhoff
Herstellung Uwe Pahnke
Layout Britta Scharffenberg
Umschlaggestaltung Jürgen Sauerhöfer
Umschlagillustration Curly Pat/shutterstock.com (Wellen)
Satz DZA Druckerei zu Altenburg GmbH, Altenburg
Grafiken Christine Gebreyes (andernfalls separate Nennung im Bildquellenverzeichnis)
Druck und Bindung AZ Druck und Datentechnik GmbH, Heisinger Straße 16, 87437 Kempten
Printed in Germany

ISBN 978-3-411-77092-2 (Schulwissen-Kassette)

PEFC
PEFC/04-31-2260

PEFC zertifiziert
Dieses Produkt stammt aus nachhaltig bewirtschafteten Wäldern und kontrollierten Quellen.

www.pefc.de

Inhaltsverzeichnis

1 Die Physik – eine Naturwissenschaft

1

1.1 Gegenstand und Teilgebiete der Physik

1.1.1 Die Naturwissenschaft Physik

Wenn man die Umwelt aufmerksam betrachtet, kann man viele interessante Erscheinungen beobachten. Eine Reihe dieser Erscheinungen sind den Menschen schon lange bekannt. Sie gehören zur Natur, auch ohne den Menschen mit seinen Wissenschaften und der Technik.
Eine solche Naturerscheinung ist der Regenbogen. Wie entsteht ein Regenbogen? Warum hat ein Regenbogen immer dasselbe Farbband?

Das Feuer hat Menschen schon immer in seinen Bann gezogen und tut es auch heute noch. Woher aber kommen Licht und Wärme des Feuers? Warum geben unterschiedliche Brennstoffe verschieden viel Licht und Wärme ab? Wie kann ein Feuer entstehen, wie kann es effektiv gelöscht werden?

▶ Das Feuer hat für die Entwicklung der Menschen eine entscheidende Rolle gespielt. Mithilfe des Feuers konnten die Menschen erstmals Fleisch braten, Ton brennen und später Eisen herstellen.

Bei einem Eisberg sieht man nur die Spitze über dem Wasser. Etwa 90 % des Eisbergs befinden sich unter Wasser. Wie ist das zu erklären? Warum gehen diese riesigen Eisberge nicht unter?

▶ Deshalb ist Vorsicht bereits bei der Annäherung von Schiffen an Eisberge geboten, damit das Schiff nicht unter Wasser mit Eis zusammenstößt.
So wurde 1912 durch Kollision mit einem Eisberg das damals modernste Passagierschiff der Welt, die „Titanic", so schwer beschädigt, dass es sank und 1 495 Tote zu beklagen waren.

In einem Tal zwischen hohen Bergen kann man nach kurzer Zeit seinen Ruf als Echo hören. Wie kommt es zu einem Echo bzw. zu einem Mehrfachecho?

Durch *Beobachtungen* haben die Menschen *Regelmäßigkeiten in der Natur entdeckt,* z. B. den Wechsel von Tages- und Jahreszeiten, den Wechsel der Mondphasen sowie das Auftreten von Sonnen- und Mondfinsternissen. Mithilfe dieser Regelmäßigkeiten und der ermittelten Daten konnten die Menschen z. B. die Termine für Aussaat und Ernte besser bestimmen.
Die Menschen suchten aber auch nach *Zusammenhängen* zwischen den Erscheinungen, um *Erklärungen* zu finden und ihre *Voraussagen* sicherer zu machen. Und sie fanden Zusammenhänge und Erklärungen, auch wenn sich diese später häufig als nicht richtig erwiesen.

1

CLAUDIUS PTOLEMÄUS lebte von ca. 100 bis ca. 170. Er stellte das geozentrische Weltbild in seinem Werk „Syntaxis mathematike" (Mathematische Zusammenstellung), arabisch auch „Almagest" genannt, vor.

Aus den beobachteten Bewegungen der Himmelskörper, vor allem von Sonne, Mond und Sternen, leiteten die Menschen z. B. im Altertum die naheliegende Vermutung ab, dass sich die Erde im Zentrum der Welt befindet und sich alle Himmelskörper auf kreisförmigen Bahnen um die Erde bewegen.
Gelehrte aus dem antiken Griechenland entwickelten daraus ein ganzes Weltbild über die Bewegungen im Kosmos und auf der Erde.

CLAUDIUS PTOLEMÄUS fasste dieses **geozentrische Weltbild** in einem Buch zusammen. Dieses Weltbild war eine großartige Leistung der antiken Wissenschaft, denn man konnte die Bewegung von Sonne und Mond vorausberechnen. So blieb dieses Weltbild jahrhundertelang erhalten und war doch falsch.

Im Mittelalter konnten Gelehrte wie KOPERNIKUS (1473–1543), GALILEI (1564–1642), KEPLER (1571–1630) und NEWTON (1643–1727) auf der Grundlage von Beobachtungen und theoretischen Überlegungen ein wissenschaftliches Weltbild entwickeln, in dem die Sonne im Zentrum unseres Planetensystems steht – das **heliozentrische Weltbild.**

GALILEI war auch der erste Wissenschaftler, der **neue Denk- und Arbeitsweisen** in die Naturwissenschaften einführte. Er suchte nicht nur nach oberflächlichen Erklärungen, die dem Augenschein entsprechen, sondern fragte nach dem Wesentlichen in den Erscheinungen. Vor allem aber zeigte er, dass man zu neuen Erkenntnissen nicht allein durch theoretische Überlegungen kommt, sondern dass man seine Überlegungen mit **Experimenten** überprüfen muss.

Der italienische Naturwissenschaftler GALILEO GALILEI lebte von 1564 bis 1642.
Er war nicht nur ein berühmter Mathematiker, sondern beschäftigte sich auch mit verschiedenen physikalischen und astronomischen Problemen. So begründete GALILEI u. a. die klassische Mechanik, fand die Gesetze des freien Falls und entdeckte mit einem selbst gebauten Fernrohr vier Jupitermonde.
Er war einer der Mitbegründer des heliozentrischen Weltbilds.

Ein berühmter Experimentator war auch der Magdeburger Bürgermeister OTTO VON GUERICKE (1602–1686). Er konnte z. B. bei seinem Experiment mit den Magdeburger Halbkugeln (↗ Abb. unten) die Wirkungen des Luftdrucks nachweisen. Damit widerlegte er gleichzeitig eine lange herrschende Auffassung aus der Antike, dass es keinen luftleeren Raum – kein Vakuum – geben könne.

OTTO VON GUERICKE (1602–1686) war Bürgermeister und Experimentator. Er erfand u. a. die Luftpumpe, das Wasserbarometer und eine Elektrisiermaschine.

Durch viele Entdeckungen, Beobachtungen und Experimente entwickelte sich in den letzten Jahrhunderten die Physik als eigenständige Naturwissenschaft.

> Die **Physik** ist eine Naturwissenschaft. Sie beschäftigt sich mit den grundlegenden Erscheinungen und Gesetzen in unserer natürlichen Umwelt und ermöglicht die Erklärung und Voraussage vieler Erscheinungen in der Natur.

Sonnen- und Mondfinsternisse sind Naturerscheinungen, die von Menschen schon seit Jahrtausenden beobachtet werden. Lange Zeit war aber unklar, wie eine Finsternis zustande kommt. Erst nachdem man erkannt hatte, wie sich Mond und Erde um die Sonne bewegen, konnte man die Finsternisse erklären: Eine Sonnenfinsternis kommt zustande, wenn der Schatten des Monds auf die Erdoberfläche fällt. Eine Mondfinsternis ist zu beobachten, wenn sich der Mond im Erdschatten befindet.
Erst nach genauer Kenntnis der Bewegungsgesetze war es auch möglich, exakte Voraussagen zu machen. So können wir heute schon voraussagen, dass die nächste totale Sonnenfinsternis in Deutschland erst am 3. September 2081 zu beobachten sein wird.

Das Wort **„Physik"** kommt vom griechischen Wort „physis" und heißt so viel wie „Natur".

1

1.1.2 Die Physik und die anderen Naturwissenschaften

Die Erscheinungen und Gesetze der *Physik* sind so *grundlegend,* dass sie sowohl in der belebten als auch in der unbelebten Natur auftreten und auch in den anderen Naturwissenschaften berücksichtigt werden. Somit ergeben sich viele Wechselbeziehungen zwischen der Physik und den anderen Naturwissenschaften.

Die **Biologie** untersucht Erscheinungen des Lebens von Pflanzen, Tieren und Menschen, seiner Entstehung, seiner Gesetzmäßigkeiten, Erscheinungsformen und Entwicklung.

In der Biologie werden auch Aufbau und Wirkungsweise von menschlichen und tierischen Organen (z. B. Auge, Ohr) untersucht. Dabei werden u. a. physikalische Erkenntnisse angewendet, um die Wirkungsweise dieser Organe zu verstehen.

Wale und Delfine verständigen und orientieren sich mithilfe des Schalls. Um das zu verstehen, werden physikalische Erkenntnisse aus der Akustik über die Ausbreitung und die Reflexion von Schall angewendet.

Die **Chemie** untersucht Erscheinungen, die mit dem Aufbau, den Eigenschaften und der Umwandlung von Stoffen unserer Umwelt durch chemische Reaktionen verbunden sind.

Auch dabei werden physikalische Erkenntnisse genutzt, da sich die Physik ebenfalls mit Stoffen und ihren Eigenschaften beschäftigt.

In chemischen Labors werden Stoffe auf ihre chemischen und physikalischen Eigenschaften untersucht. Außerdem versucht man, neue Stoffe mit gewünschten Eigenschaften herzustellen.

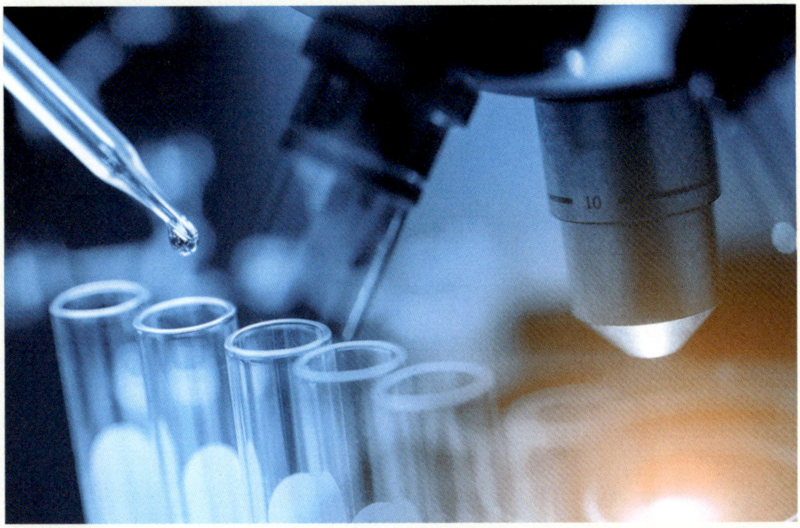

Die **Astronomie** untersucht Erscheinungen im Weltall, u. a. die Bewegung und Entwicklung von Planeten, Monden und Sternen.

Zu den Sternen zählt auch unsere Sonne, um die sich die Planeten unseres Planetensystems bewegen. Zum Verstehen von Erscheinungen im Weltall sind Erkenntnisse aus allen Gebieten der Physik notwendig.

In der Sonne werden gewaltige Energiemengen frei, die auch die Erde mit Licht und Wärme versorgen. Die Prozesse der Energiefreisetzung kann man mithilfe der Kernphysik verstehen.

Die Leuchtkraft der Sonne, d. h. die abgestrahlte Energie je Sekunde, beträgt $3{,}8 \cdot 10^{23}$ kW.

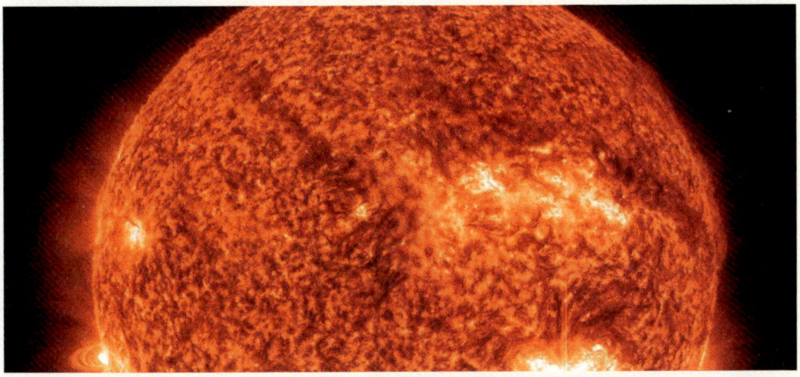

Die Physik selbst berücksichtigt in ihrer Entwicklung die Erkenntnisse, die in der Biologie, Chemie und Astronomie gewonnen werden. Auch mit dem naturwissenschaftlichen Bereich der Geografie, der physischen Geografie, gibt es Wechselbeziehungen zur Physik.

Die **physische Geografie** untersucht die Wechselbeziehungen zwischen Lufthülle, Gesteinshülle, Wasserhülle und Lebewesen in der Nähe der Erdoberfläche sowie die Einflüsse der menschlichen Gesellschaft auf die Ausprägung der Landschaften.

Die einzelnen naturwissenschaftlichen Disziplinen untersuchen in der Regel nur Teilbereiche der Natur unter ganz bestimmten Gesichtspunkten. Unsere natürliche Umwelt ist aber ein einheitliches Ganzes. Um Erscheinungen der Natur richtig zu verstehen, müssen deshalb oft Erkenntnisse aus verschiedenen Naturwissenschaften herangezogen werden. Folglich wird in einer naturwissenschaftlichen Disziplin stets versucht, auch die Erkenntnisse anderer Naturwissenschaften zu berücksichtigen und anzuwenden.
In Grenzbereichen zwischen den verschiedenen Naturwissenschaften haben sich neue naturwissenschaftliche Disziplinen wie Biophysik, physikalische Chemie oder Astrophysik entwickelt. Diese Teildisziplinen versuchen ganz gezielt Fragen und Probleme in der einen Naturwissenschaft durch Anwendung von Erkenntnissen aus der anderen Naturwissenschaft zu lösen.

Besonders in der Medizintechnik werden Erkenntnisse aus allen Naturwissenschaften benötigt, um kranke Menschen zu heilen und Gesundheit zu erhalten.
Bei Ultraschalluntersuchungen (linke Abb.) wird von einem Sender Ultraschall ausgesendet, im Körper unterschiedlich reflektiert und von einem Empfänger wieder aufgenommen.
Bei der Entwicklung dieses Verfahrens mussten u. a. die biologischen Wirkungen von Ultraschall berücksichtigt werden.
Für spezielle Herzuntersuchungen nutzt man Herzkatheter.
Ein Herzkatheter ist ein dünner Schlauch aus Kunststoff, der durch eine Arterie bis zum Herzen vorgeschoben wird. Durch Einspritzen eines Kontrastmittels werden Verengungen in den Herzkranzgefäßen sichtbar.
Zur Entwicklung und Anwendung sind Erkenntnisse über physikalische, chemische und biologische Eigenschaften und Wirkungen von Katheter und Kontrastmittel notwendig.

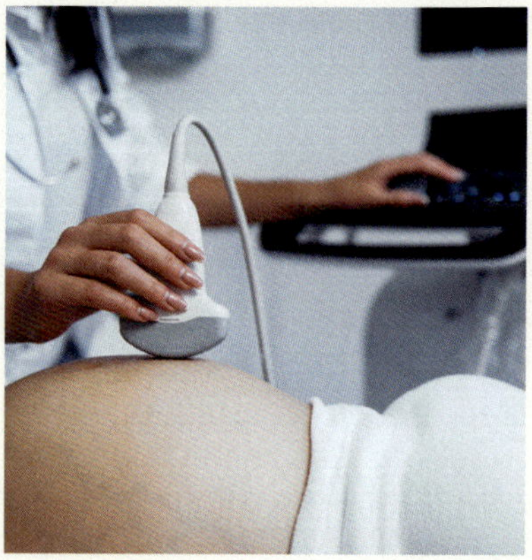

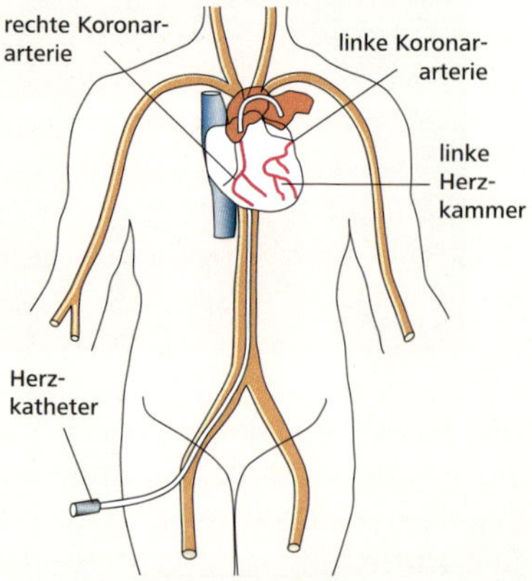

1.1.3 Die Teilgebiete der Physik

Traditionell wird die Physik in verschiedene Teilgebiete eingeteilt.

Teilgebiet	Untersuchungsgegenstand	Beispiel
Mechanik	Bewegung von Körpern, Kräfte und ihre Wirkungen, Auftrieb und Schwimmen, Fliegen, Entstehung und Eigenschaften von Schall	
Wärmelehre (Thermodynamik)	Temperatur von Körpern, Zufuhr und Abgabe von Wärme, Aggregatzustände und ihre Änderungen, Wärmeübertragung, Wärmekraftmaschinen	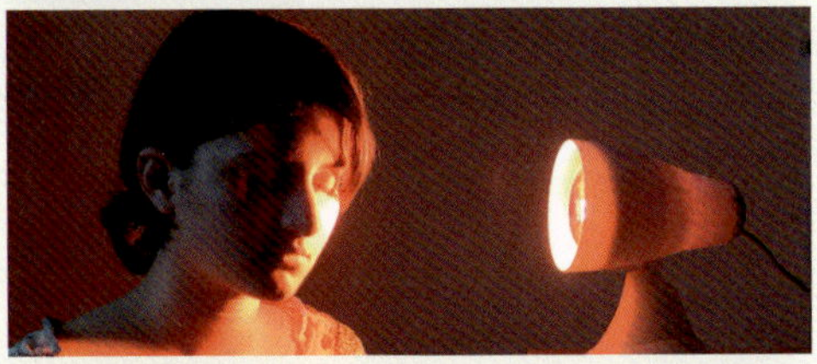
Elektrizitätslehre (Elektrik)	Eigenschaften von elektrisch geladenen Körpern, Magnetismus, Wirkungen des elektrischen Stroms, Erzeugung und Umformung von Elektroenergie, elektrische Schaltungen und Bauelemente	
Optik	Ausbreitung des Lichts, Reflexion und Brechung, Bildentstehung an Spiegeln und Linsen, optische Geräte, Farben	
Atom- und Kernphysik	Aufbau von Atomen, Umwandlung von Atomkernen, Eigenschaften radioaktiver Strahlung, Kernenergie durch Kernspaltung oder Kernfusion	
Energie	Energieformen, Energieträger, Umwandlung und Übertragung von Energie, Entwertung von Energie, Energietechnik und Umwelt	

1.1.4 Physik, Technik und Alltag

Die Physik ist eine wichtige **Grundlage der Technik.** Dabei werden bewusst physikalische Erkenntnisse genutzt, um Geräte und Anlagen zu bauen, um Energie zweckmäßig zu verwenden, um unser Leben sicherer und angenehmer zu machen.

Die Kuppel des Berliner Reichstags wurde so gebaut, dass das Tageslicht von 360 Spiegeln in den Plenarsaal gelenkt wird. Aber nicht nur dadurch wird elektrische Energie gespart, sondern auch durch die Verwendung von Halogenlampen zur künstlichen Beleuchtung.

Elektrische Energie wird aber auch für viele andere Zwecke genutzt. Physikalische Erkenntnisse der Elektrizitätslehre haben das ermöglicht und das Leben der Menschen wesentlich verändert.

Die Physik ist eine wichtige Grundlage der Technik. In der Technik werden physikalische Gesetze vom Menschen genutzt.

Physikalische Erkenntnisse spielen auch in **unserem täglichen Leben** eine wichtige Rolle. Die bewusste Nutzung physikalischer Erkenntnisse erleichtert unser Leben und erhöht unsere Sicherheit. Unkenntnis oder Nichtbeachtung kann zu Unfällen oder Schäden führen.
Wenn man z. B. in einem anfahrenden oder bremsenden Bus steht, muss man sich festhalten, um nicht umzufallen.
Nach dem Baden sollte man die nasse Badebekleidung wechseln, weil man sich sonst leicht erkälten kann. An einem heißen Sommertag trägt man in der Regel leichte und helle Kleidung, um keinen Hitzschlag zu bekommen. Ein Autofahrer weiß, dass sein Bremsweg bei eisglatter Fahrbahn wesentlich länger ist als auf trockener Straße, und erhöht den Sicherheitsabstand. Lärm ist ein Stressfaktor und kann zu Gehörschäden führen. Deshalb sollte man sich mit geeigneten Maßnahmen vor Lärm schützen. Wenn man Schwierigkeiten beim Sehen hat, geht man zum Augenarzt bzw. Optiker und lässt sich eine Brille anfertigen.

In allen diesen Beispielen nutzen wir – bewusst oder unbewusst – physikalische Erkenntnisse.

Die Physik ist eine wichtige Grundlage unseres täglichen Lebens. Die bewusste Nutzung physikalischer Gesetze erleichtert unser Leben und erhöht unsere Sicherheit. Unkenntnis oder Nichtbeachtung physikalischer Gesetze können zu Unfällen oder Schäden führen.

Bei technischen Anwendungen arbeiten häufig Naturwissenschaftler verschiedener Disziplinen zusammen. Oft ist die Natur selbst Vorbild für technische Lösungen.

Im Flugzeugbau wurden und werden viele technische Lösungen dem Vogelflug „abgeguckt".

Der Wulstbug eines Schiffes hat sein Vorbild bei einem Delfin.
Der Mensch ist heute mithilfe der Technik in der Lage, sein Leben nicht nur sicherer und angenehmer zu machen. Er kann auch große Veränderungen in seiner natürlichen Umwelt herbeiführen.
Diese gewaltigen Eingriffe in die Natur können die Lebensbedingungen von Pflanzen, Tieren und Menschen auf der Erde erheblich beeinflussen, ja sogar Lebensgrundlagen zerstören.
Deshalb ist es wichtig, dass bei der Lösung technischer Probleme und bei größeren Eingriffen in unsere natürliche Umwelt stets alle Naturwissenschaften zusammenwirken, um negative Auswirkungen auf die Lebensbedingungen von Pflanzen, Tieren und Menschen zu verhindern und unsere natürliche Umwelt zu erhalten.

1

1.2 Denk- und Arbeitsweisen in der Physik

1.2.1 Begriffe und Größen in der Physik

Begriffe in der Physik

Ein Ziel der Physik besteht darin, in der Natur Zusammenhänge und Gesetze zu erkennen und mithilfe der Gesetze Erscheinungen zu *erklären* oder *vorherzusagen,* die man in der lebenden oder nicht lebenden Natur beobachten kann. Diese Erkentnisse werden genutzt, um technische Geräte und Anlagen zu bauen, Stoffe mit gewünschten Eigenschaften herzustellen und anzuwenden. Dazu werden Erscheinungen genau *beobachtet* und *experimentell untersucht.* Körper, Stoffe und Vorgänge in der Natur werden miteinander *verglichen,* um Gemeinsamkeiten, Unterschiede und Regelmäßigkeiten zu erkennen. Körper, Stoffe und Vorgänge mit gemeinsamen Eigenschaften werden gedanklich zu einer Klasse oder Gruppe zusammengefasst. Diese Gruppe von Objekten erhält in der Regel einen eigenen Namen. Die gedankliche Zuordnung einer Gruppe von Objekten zu einem Wort nennt man **Begriff.**

> Ein Begriff ist eine gedankliche Wiedergabe einer Klasse von Objekten (Körper, Stoffe, Vorgänge usw.) aufgrund ihrer gemeinsamen Merkmale.

Die **Definition** eines Begriffs ist eine willkürliche Sache. Deshalb können Fachbegriffe in verschiedenen Naturwissenschaften auch unterschiedlich definiert werden.

Damit in den Naturwissenschaften auch alle unter einem Begriff dieselben Objekte mit gemeinsamen Merkmalen verstehen, werden Begriffe in den Naturwissenschaften eindeutig *definiert.* Beim **Definieren** wird ein Begriff durch die Festlegung wesentlicher, gemeinsamer Merkmale eindeutig bestimmt und von anderen Begriffen unterschieden. Häufig werden dazu ein Oberbegriff und artbildende Merkmale angegeben. Manchmal legt man einfach fest, was unter einem Begriff zu verstehen ist, wie z. B. beim Begriff „Geschwindigkeit". In einigen Fällen kann man einen Begriff definieren, indem man alle Objekte (Körper, Stoffe, Vorgänge) aufzählt, die zu diesem Begriff gehören. Dies ist z. B. beim Begriff „Teilchen" der Fall.

Wenn z. B. auf einen lichtundurchlässigen Körper Licht fällt, so gibt es hinter diesem Körper einen Bereich, in den kein Licht der Lichtquelle gelangt. Ein solcher Bereich wird als Schatten bezeichnet. Eine mögliche Definition für den Begriff Schatten lautet:
***Schatten** sind dunkle Gebiete, die sich hinter beleuchteten, undurchsichtigen Körpern bilden.* Auf S. 19 sind einige weitere Beispiele genannt.

Teilchen sind Atome, Ionen und Moleküle. Ein Wassermolekül ist ein Beispiel für ein Teilchen.
Ein **chemisches Element** ist eine Atomart, deren Atome die gleiche Anzahl Protonen im Kern enthalten. Eisen ist ein Beispiel für ein chemisches Element.
Ein zweiseitiger **Hebel** ist ein drehbar gelagerter, starrer Körper, der eine Drehachse und zwei Kraftarme besitzt. Die Wippe ist ein Beispiel für einen zweiseitigen Hebel.
Die **Geschwindigkeit** gibt an, wie schnell sich ein Körper bewegt.

Der Teilchenbegriff ist nicht immer eindeutig definiert. Manchmal zählt man auch Elementarteilchen wie Elektronen und Protonen zu den Teilchen.

Auch der Begriff Geschwindigkeit wird mitunter anders definiert, z. B.: Die Geschwindigkeit gibt an, wie schnell oder wie langsam sich ein Körper bewegt.

Auch im Alltag benutzt man Begriffe, um sich zu verständigen. Alltagsbegriffe werden nicht exakt definiert, sondern auf der Grundlage von Erfahrungen im Umgang mit Objekten und Wörtern gebildet. Deshalb stimmen **Alltagsbegriffe** und naturwissenschaftliche **Fachbegriffe** häufig nicht bzw. nicht vollständig überein, obwohl dasselbe Wort verwendet wird.

Der Begriff **Arbeit** wird im Alltag für alle Tätigkeiten benutzt, bei denen man sich anstrengen und verausgaben muss.
Auch das Lernen in der Schule ist für den Schüler Arbeit. Tätigkeiten, mit denen man Geld verdienen kann, bezeichnet man ebenfalls als Arbeit. Was man im Alltag unter Arbeit versteht, ist von Mensch zu Mensch z. T. verschieden.

In der Mechanik ist der Begriff Arbeit exakt definiert: *Mechanische Arbeit wird verrichtet, wenn ein Körper durch eine Kraft bewegt oder verformt wird* (↗ S. 123). Deshalb darf man in der Physik den Begriff mechanische Arbeit nur für Vorgänge verwenden, bei denen Körper durch Kräfte bewegt oder verformt werden. Dazu zählen u. a. auch Tätigkeiten (z. B. das Dehnen eines Expanders), für die man im Alltag ebenfalls den Begriff Arbeit benutzt.

Ähnlich ist das z. B. beim Begriff **Leistung.** Darunter versteht man im Alltag häufig das Ergebnis einer Tätigkeit.
Eine sportliche Höchstleistung hat ein Sprinter vollbracht, der 100 m in 9,90 s läuft. Eine sehr gute schulische Leistung hat jemand vollbracht, wenn sein Leistungsdurchschnitt 1,0 beträgt.

Ein typisches Beispiel dafür ist die Formulierung: Er hat eine hervorragende Leistung vollbracht.

In der Physik dagegen ist der Begriff eindeutig definiert: *Die mechanische Leistung gibt an, wie viel mechanische Arbeit in jeder Sekunde verrichtet wird.*

1

In der Wissenschaft, so auch in der Physik, bedient man sich in der Regel der Fachsprache.

Fachbegriffe knüpfen oft an Alltagsbegriffe an, werden aber dann exakt definiert und schränken meist die Anwendbarkeit des Begriffs ein. Deshalb muss man bei der Anwendung von Begriffen stets beachten, ob es sich um naturwissenschaftliche Fachbegriffe oder um Alltagsbegriffe handelt. Manchmal wird ein Wort für verschiedene Begriffe benutzt.

In der Physik versteht man unter **Feld** den *Zustand eines Raums um einen Körper, in dem auf andere Körper Kräfte wirken.* In der Biologie ist ein Feld eine Ackerfläche, auf der Kulturpflanzen angebaut werden.
Eine **Welle** ist in der Physik *eine zeitlich und räumlich periodische Änderung einer physikalischen Größe.*
In der Technik versteht man darunter einen Teil einer Maschine, mit dessen Hilfe Kräfte bzw. Drehmomente übertragen werden.

Solche Wörter bezeichnet man als Synonyme.

Zum Teil werden für ein und denselben Begriff auch verschiedene Wörter benutzt.

Man bezeichnet das Messgerät für die elektrische Stromstärke als Stromstärkemesser oder Amperemeter.
Die Dauer einer vollen Schwingung wird als Schwingungsdauer oder als Periodendauer bezeichnet.

Größen in der Physik

Einen Teil naturwissenschaftlicher Fachbegriffe bezeichnet man als **Größen.** Dabei handelt es sich um Begriffe zur Beschreibung messbarer Eigenschaften von Objekten (Körper, Stoffe, Vorgänge usw.).

Eine Größe beschreibt eine messbare Eigenschaft von Objekten.

Die **Bedeutung einer Größe** gibt an, welche Eigenschaft der Objekte beschrieben wird. Für ein konkretes Objekt kann der Ausprägungsgrad dieser Eigenschaft gemessen und angegeben werden. Man nennt diesen Ausprägungsgrad **Wert einer Größe.**

Das **Volumen** gibt an, wie viel Raum ein Körper einnimmt.
Die **Masse** gibt an, wie schwer und wie träge ein Körper ist.

Bei zusammengesetzten Einheiten kann man zwischen den Einheiten einen Malpunkt setzen, z. B. bei der Einheit Newtonmeter für die mechanische Arbeit: N · m.
Zulässig ist auch die Schreibweise Nm.

Um den Wert einer Größe anzugeben, muss eine **Einheit** festgelegt sein. Der Wert der Größe ist dann das Produkt aus Zahlenwert und Einheit, wobei man den Malpunkt weglässt.

$5\ m^3$ bedeutet $5 \cdot 1\ m^3$
10 l bedeutet $10 \cdot 1$ l

Für jede Größe ist ein **Formelzeichen** (manchmal auch mehrere) als Abkürzung festgelegt (↗ S. 22–25). Mithilfe von Formelzeichen kann man naturwissenschaftliche Gesetze schneller und einfacher in mathematischer Form formulieren und anwenden.

Größe	Temperatur	Dichte
Formelzeichen	ϑ oder T	ϱ
Bedeutung	Die Temperatur gibt an, wie warm oder wie kalt ein Körper ist.	Die Dichte gibt an, welche Masse ein Kubikzentimeter eines Stoffs hat.
Einheiten	1 Grad Celsius (1 °C) 1 Kelvin (1 K) 1 Grad Fahrenheit (1 °F)	1 Gramm je Kubikzentimeter $\left(1\,\frac{\text{g}}{\text{cm}^3}\right)$
Messgerät	Thermometer	Dichtemesser
Berechnung	–	$\varrho = \frac{m}{V}$

Es gibt zwei *Arten von Größen.* Einige Größen sind von der Richtung unabhängig. Die messbare Eigenschaft hat nur einen Betrag. Man nennt diese Größen **skalare Größen.**

Temperatur, Masse und Dichte sind skalare Größen.

Andere Größen sind von der Richtung abhängig. Die messbare Eigenschaft hat neben dem Betrag auch eine Richtung. Solche Größen nennt man **gerichtete** oder **vektorielle Größen.** Man kennzeichnet sie mit einem Pfeil über dem Formelzeichen.

Beispiele für vektorielle Größen sind die Geschwindigkeit $\vec{v}$ und die Kraft $\vec{F}$.

Für eine Reihe von Anwendungen genügt es, auch bei vektoriellen Größen nur mit den Beträgen (z. B. $|\vec{F}|$ bzw. F) zu rechnen, z. B. wenn verschiedene vektorielle Größen dieselbe Richtung haben.

Bei der **Addition von Größen** muss man beachten, ob es sich um skalare oder vektorielle Größen handelt.
Bei skalaren Größen kann man die Beträge der Größen addieren.

Eine Masse $m_1 = 100$ g Mehl und $m_2 = 50$ g Zucker werden zusammengeschüttet. Die Gesamtmasse des Gemischs beträgt:
$m = m_1 + m_2 = 150$ g

Bei der Addition vektorieller Größen sind die Richtungen der einzelnen Größen zu beachten.

Ein Schlitten wird von zwei Kindern mit den beiden Kräften $F_1 = 100$ N und $F_2 = 100$ N in unterschiedlicher Richtung gezogen. Die resultierende Gesamtkraft ergibt sich aus einem maßstäblichen Kräfteparallelogramm.

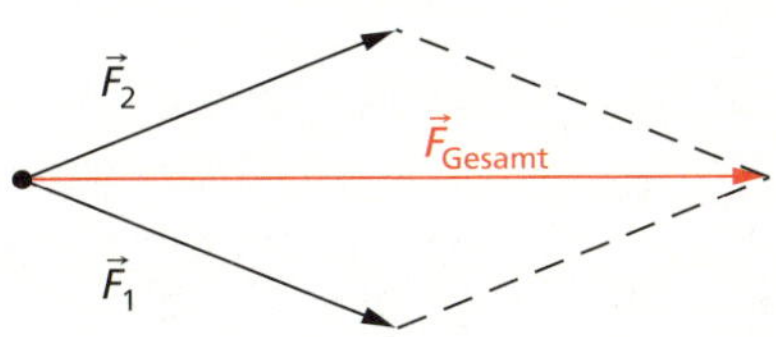

1

Wichtige Größen und Einheiten

Basiseinheiten des Internationalen Einheitensystems sind farbig hervorgehoben.

Größe	Formelzeichen	Einheiten		Beziehungen zwischen den Einheiten	
Aktivität einer radioaktiven Substanz (Zerfallsrate) (↗ S. 342)	A	Becquerel	Bq	1 Bq	$= 1\ s^{-1}$ = 1 Zerfall je Sekunde
Amplitude (↗ S. 134)	y_{max}	Meter	m	s. Länge	
Äquivalentdosis (↗ S. 343)	D_q	Sievert	Sv rem	1 Sv	$= 1\ J \cdot kg^{-1}$ = 100 rem
Arbeit **mechanische** (↗ S. 123) **elektrische** (↗ S. 216)	W	Joule Newtonmeter Wattsekunde Kilowattstunde	J Nm Ws kWh	1 J 1 kWh	$= 1\ kg \cdot m^2 \cdot s^{-2}$ = 1 Nm = 1 Ws $= 3{,}6 \cdot 10^6$ Ws
Atommasse, relative (↗ S. 330)	A_r		1		
Auslenkung (↗ S. 134)	y	Meter		s. Länge	
Beleuchtungsstärke (↗ S. 308)	E	Lux	lx	1 lx	$= 1\ lm \cdot m^{-2}$
Beschleunigung (↗ S. 83)	a, g	Meter je Quadratsekunde	$m \cdot s^{-2}$	$1\ m \cdot s^{-2}$	$= 1\ N \cdot kg^{-1}$
Brennweite (↗ S. 295)	f	Meter	m	s. Länge	
Brechwert (Brechkraft) (↗ S. 306)	D	Dioptrie	dpt	1 dpt	$= 1\ m^{-1}$
Dichte (↗ S. 72)	ϱ	Kilogramm je Kubikmeter	$kg \cdot m^{-3}$	$1\ kg \cdot m^{-3}$	$= 10^{-3}\ g \cdot cm^{-3}$
Drehmoment (Kraftmoment) (↗ S. 108)	M	Newtonmeter	Nm	1 Nm 1 Nm	$= 1\ kg \cdot m^2 \cdot s^{-2}$ = 1 J = 1 Ws
Drehzahl (↗ S. 86)	n	je Sekunde	s^{-1}	$1\ s^{-1}$	$= 60\ min^{-1}$
Druck (↗ S. 150)	p	Pascal Bar Atmosphäre Torr (Millimeter Quecksilbersäule) Meter Wassersäule	Pa bar at mmHg mWS	1 Pa 1 bar 1 at 1 Torr 1 mWS	$= 1\ N \cdot m^{-2}$ $= 10^5$ Pa $= 9{,}81 \cdot 10^4$ Pa = 133,32 Pa $= 9{,}81 \cdot 10^3$ Pa
Durchschlagsfestigkeit (↗ S. 230)	E_d	Volt je Meter	$V \cdot m^{-1}$		

Größe	Zeichen	Einheit		Beziehungen
Energie (↗ S. 356)	E	Joule Newtonmeter Wattsekunde Steinkohleneinheit	J Nm Ws SKE	1 J $= 1\ \mathrm{kg \cdot m^2 \cdot s^{-2}}$ $= 1$ Nm $= 1$ Ws 1 kg SKE $= 29{,}3$ MJ
Energiedosis (↗ S. 342)	D	Gray	Gy	1 Gy $= 1\ \mathrm{J \cdot kg^{-1}}$
Fallbeschleunigung (Ortsfaktor) (↗ S. 88)	g	Meter je Quadratsekunde	$\mathrm{m \cdot s^{-2}}$	$1\ \mathrm{m \cdot s^{-2}} = 1\ \mathrm{N \cdot kg^{-1}}$
Feldstärke, elektrische (↗ S. 228)	E	Volt je Meter	$\mathrm{V \cdot m^{-1}}$	$1\ \mathrm{V \cdot m^{-1}} = 1\ \mathrm{kg \cdot m \cdot s^{-3} \cdot A^{-1}}$ $= 1\ \mathrm{N \cdot C^{-1}}$
Feldstärke, magnetische (↗ S. 235)	H	Ampere je Meter	$\mathrm{A \cdot m^{-1}}$	$1\ \mathrm{A \cdot m^{-1}} = 1\ \mathrm{kg \cdot m \cdot s^{-3} \cdot V^{-1}}$ $= 1\ \mathrm{N \cdot Wb^{-1}}$
Flächeninhalt (Fläche)	A	Quadratmeter Hektar Ar	$\mathrm{m^2}$ ha a	$1\ \mathrm{m^2} = 10^{-6}\ \mathrm{km^2}$ $= 10^2\ \mathrm{dm^2}$ $= 10^4\ \mathrm{cm^2}$ $= 10^6\ \mathrm{mm^2}$ 1 ha $= 10^4\ \mathrm{m^2}$ 1 a $= 10^2\ \mathrm{m^2}$
Frequenz (↗ S. 134)	f	Hertz	Hz	1 Hz $= 1\ \mathrm{s^{-1}}$
Geschwindigkeit Ausbreitungsgeschwindigkeit (↗ S. 81, 140)	v c	Meter je Sekunde Kilometer je Stunde Knoten	$\mathrm{m \cdot s^{-1}}$ $\mathrm{km \cdot h^{-1}}$ kn	$1\ \mathrm{m \cdot s^{-1}} = 3{,}6\ \mathrm{km \cdot h^{-1}}$ $1\ \mathrm{km \cdot h^{-1}} = 0{,}28\ \mathrm{m \cdot s^{-1}}$ 1 kn $= 1\ \mathrm{sm \cdot h^{-1}}$ $= 1852\ \mathrm{m \cdot h^{-1}}$
Halbwertszeit (↗ S. 336)	$T_{1/2}$	Sekunde	s	s. Zeit
Heizwert (↗ S. 170)	H	Megajoule je Kilogramm	$\mathrm{MJ \cdot kg^{-1}}$	$1\ \mathrm{MJ \cdot kg^{-1}} = 1000000\ \mathrm{J \cdot kg^{-1}}$
Höhe	h	Meter	m	s. Länge
Induktivität (↗ S. 242)	L	Henry	H	1 H $= 1\ \mathrm{Wb \cdot A^{-1}}$ $= 1\ \mathrm{m^2 \cdot kg \cdot s^{-2} \cdot A^{-2}}$
Kapazität, elektrische (↗ S. 232)	C	Farad	F	1 F $= 1\ \mathrm{A \cdot s \cdot V^{-1}}$
Kraft (↗ S. 95) Gewichtskraft Reibungskraft	F F_G F_R	Newton	N	1 N $= 1\ \mathrm{kg \cdot m \cdot s^{-2}}$ $= 1\ \mathrm{J \cdot m^{-1}}$
Ladung, elektrische (↗ S. 197)	Q	Coulomb	C	1 C $= 1\ \mathrm{A \cdot s}$
Länge	l	Meter	m	
		Seemeile Astronomische Einheit Lichtjahr Parsec Ångström	sm AE ly pc Å	1 sm $= 1852$ m 1 AE $= 1{,}496 \cdot 10^{11}$ m 1 ly $= 9{,}461 \cdot 10^{15}$ m 1 pc $= 3{,}086 \cdot 10^{16}$ m 1 Å $= 10^{-10}$ m

Längenausdehnungskoeffizient (↗ S. 174)	α	je Kelvin	K^{-1}	
Lautstärke (Lautstärkepegel) (↗ S. 146)	L_N	Phon Dezibel (A)	phon dB(A)	1 phon = 1 dB(A) (für 1000 Hz)
Leistung (↗ S. 130, 218)	P	Watt Pferdestärke	W PS	1 W $= 1\ J \cdot s^{-1}$ $= 1\ V \cdot A$ $= 1\ kg \cdot m^2 \cdot s^{-3}$ $= 1\ N \cdot m \cdot s^{-1}$ 1 PS = 736 W
Masse (↗ S. 70)	m	Kilogramm	kg	
		Tonne Zentner Pfund Karat Atomare Masseeinheit	t Ztr. Pfd. k u	1 t $= 10^3$ kg 1 Ztr. = 50 kg 1 Pfd. = 500 g 1 k $= 2 \cdot 10^{-4}$ kg 1 u $= 1{,}66 \cdot 10^{-27}$ kg
molare Masse	M	Kilogramm je Mol	$kg \cdot mol^{-1}$	$1\ kg \cdot mol^{-1} = 10^3\ g \cdot mol^{-1}$
molares Volumen	V_m	Kubikmeter je Mol	$m^3 \cdot mol^{-1}$	$1\ m^3 \cdot mol^{-1} = 10^3\ l \cdot mol^{-1}$
Schwingungsdauer (Periodendauer) (↗ S. 134)	T	Sekunde	s	s. Zeit
Radius (↗ S. 85)	r	Meter	m	s. Länge
Reibungszahl (↗ S. 107)	μ		1	
Spannung, elektrische (↗ S. 208)	U	Volt	V	
spezifischer elektrischer Widerstand (↗ S. 213)	ϱ	Ohm mal Quadratmillimeter je Meter	$\frac{\Omega \cdot mm^2}{m}$	$1\ \frac{\Omega \cdot mm^2}{m} = \frac{1}{1000000}\ \Omega \cdot m$
spezifische Wärmekapazität (↗ S. 168)	c	Joule je Kilogramm und Kelvin	$\frac{J}{kg \cdot K}$	$1\ \frac{J}{kg \cdot K} = 1\ \frac{W \cdot s}{kg \cdot K}$
Stoffmenge	n	Mol	mol	
Stoffmengenkonzentration	c_i	Mol je Liter	$mol \cdot l^{-1}$	$1\ mol \cdot l^{-1} = 1\ mol \cdot dm^{-3}$
Stromstärke, elektrische (↗ S. 206)	I	Ampere	A	
Temperatur (↗ S. 164)	T	Kelvin	K	
	ϑ	Grad Celsius Grad Fahrenheit Grad Reaumur	°C °F °R	0 °C = 273,15 K 32 °F = 0 °C 212 °F = 100 °C 0 °R = 0 °C 80 °R = 100 °C

Übersetzungsverhältnis (↗ S. 246)	*ü, i*		1			
Volumen (↗ S. 68)	*V*	Kubikmeter	m^3	$1\ m^3$	$= 10^{-9}\ km^3$ $= 10^3\ dm^3$ $= 10^6\ cm^3$ $= 10^9\ mm^3$	
		Liter	l	1 l	$= 10^{-3}\ m^3$ $= 1\ dm^3$	
		Registertonne	RT	1 RT	$= 2{,}832\ m^3$	
Wärme (↗ S. 167)	*Q*	Joule	J	1 J	= 1 Nm $= 1\ kg \cdot m^2 \cdot s^{-2}$ = 1 Ws	
		Kalorie	cal	1 cal	= 4,19 J	
Weg	*s*	Meter	m	s. Länge		
Wellenlänge (↗ S. 140)	λ	Meter	m	s. Länge		
Widerstand, ohmscher (↗ S. 211)	*R*	Ohm	Ω	1 Ω	$= 1\ V \cdot A^{-1}$	
Widerstand, induktiver	X_L	Ohm	Ω	1 Ω	$= 1\ V \cdot A^{-1}$	
Widerstand, kapazitiver	X_C	Ohm	Ω	1 Ω	$= 1\ V \cdot A^{-1}$	
Winkel	$\alpha, \beta, \gamma, \varphi, \sigma, \ldots$	Radiant	rad	1 rad	$= \frac{180°}{\pi} \approx 57{,}296°$	
		Grad	°	1°	$= \frac{\pi}{180}$ rad ≈ 0,01745 rad	
Wirkungsgrad (↗ S. 131)	η		1 oder in %			
Zeit	*t*	Sekunde	s			
		Minute	min	1 min	= 60 s	
		Stunde	h	1 h	= 60 min = 3 600 s	
		Tag	d	1 d	= 24 h = 1 440 min = 86 400 s	
		Jahr	a	1 a	= 365 d oder 366 d	

Vorsätze von Einheiten

Vorsatz	Bedeutung	Zeichen	Faktor, mit dem die Einheit multipliziert wird	Vorsatz	Bedeutung	Zeichen	Faktor, mit dem die Einheit multipliziert wird
Exa	Trillion	E	10^{18}	Dezi	Zehntel	d	$0{,}1 = 10^{-1}$
Peta	Billiarde	P	10^{15}	Zenti	Hundertstel	c	$0{,}01 = 10^{-2}$
Tera	Billion	T	$10^{12} = 1\,000\,000\,000\,000$	Milli	Tausendstel	m	$0{,}001 = 10^{-3}$
Giga	Milliarde	G	$10^9 = 1\,000\,000\,000$	Mikro	Millionstel	µ	$0{,}000\,001 = 10^{-6}$
Mega	Million	M	$10^6 = 1\,000\,000$	Nano	Milliardstel	n	$0{,}000\,000\,001 = 10^{-9}$
Kilo	Tausend	k	$10^3 = 1\,000$	Pico	Billionstel	p	$0{,}000\,000\,000\,001 = 10^{-12}$
Hekto	Hundert	h	$10^2 = 100$	Femto	Billiardstel	f	10^{-15}
Deka	Zehn	da	$10^1 = 10$	Atto	Trillionstel	a	10^{-18}

Wichtige Naturkonstanten

Einige Größen haben in der Natur einen festen Wert. Man nennt sie deshalb **Naturkonstanten.**

Konstante		Formelzeichen	Wert der Konstanten
absoluter Nullpunkt		T_0	$0\ \mathrm{K} = -273{,}15\ ^\circ\mathrm{C}$
Lichtgeschwindigkeit im Vakuum		c	$2{,}997\,924\,58 \cdot 10^8\ \mathrm{m \cdot s^{-1}}$
molares Normvolumen		V_n	$22{,}414\ \mathrm{l \cdot mol^{-1}}$
Normdruck		p_n	$101\,325\ \mathrm{Pa} = 1{,}013\,25\ \mathrm{bar}$
Normfallbeschleunigung		g_n	$9{,}806\,65\ \mathrm{m \cdot s^{-2}}$
Normtemperatur		T_n, ϑ_n	$T_n = 273{,}15\ \mathrm{K}$ $\vartheta_n = 0\ ^\circ\mathrm{C}$
Gravitationskonstante		G, γ	$6{,}672\,59 \cdot 10^{-11}\ \mathrm{m^3 \cdot kg^{-1} \cdot s^{-2}}$
elektrische Feldkonstante		ε_0	$8{,}854\,187 \cdot 10^{-12}\ \mathrm{As \cdot V^{-1} \cdot m^{-1}}$
magnetische Feldkonstante		μ_0	$1{,}256\,637 \cdot 10^{-6}\ \mathrm{Vs \cdot A^{-1} \cdot m^{-1}}$
Avogadrokonstante (Avogadrozahl)		N_A, L	$6{,}022\,136 \cdot 10^{23} \cdot \mathrm{mol^{-1}}$
Faradaykonstante		F	$9{,}648\,53 \cdot 10^4\ \mathrm{As \cdot mol^{-1}}$
Planckkonstante (plancksches Wirkungsquantum)		h	$6{,}626\,08 \cdot 10^{-34}\ \mathrm{Js}$
allgemeine Gaskonstante		R	$8{,}314\,5\ \mathrm{J \cdot K^{-1} \cdot mol^{-1}}$
Elektron	Ladung (Elementarladung)	e	$1{,}602\,177 \cdot 10^{-19}\ \mathrm{C}$
	Ruhemasse	m_e	$9{,}109\,38 \cdot 10^{-31}\ \mathrm{kg}$
	spezifische Ladung	$\frac{e}{m_e}$	$1{,}758\,820 \cdot 10^{11}\ \mathrm{C \cdot kg^{-1}}$
Neutron	Ruhemasse	m_n	$1{,}674\,928 \cdot 10^{-27}\ \mathrm{kg}$
Proton	Ruhemasse	m_p	$1{,}672\,623 \cdot 10^{-27}\ \mathrm{kg}$

1.2.2 Gesetze, Modelle und Theorien in der Physik

In Erscheinungen der Natur kann man durch Beobachtungen und Experimente Zusammenhänge zwischen einzelnen Eigenschaften von Körpern, Stoffen oder Vorgängen erkennen.

■ So kann man für einen Kupferdraht durch Messungen feststellen, dass die elektrische Stromstärke im Kupferdraht umso größer ist, je größer die angelegte Spannung ist.
Genauere Untersuchungen an diesem Draht führen zu dem Ergebnis, dass in einem bestimmten Bereich $I \sim U$ gilt.

Wenn sich Zusammenhänge in der Natur unter bestimmten Bedingungen immer wieder einstellen und damit für eine ganze Gruppe oder Klasse von Objekten gelten, dann spricht man von gesetzmäßigen Zusammenhängen oder Gesetzen.

Gesetze in den Naturwissenschaften sind allgemeine und wesentliche Zusammenhänge in der Natur, die unter bestimmten Bedingungen stets wirken.

▶ Gesetze bestehen in der Regel aus Bedingungs- und Gesetzesaussagen.

Die Bedingungen, unter denen ein Zusammenhang stets wirkt, nennt man **Gültigkeitsbedingungen.**

■ So haben Untersuchungen gezeigt, dass der oben beschriebene Zusammenhang $I \sim U$, der an einem konkreten Kupferkabel gefunden wurde, für alle metallischen Leiter gilt, wenn deren Temperatur konstant bleibt. Dies wird im *ohmschen Gesetz* beschrieben:
Für alle metallischen Leiter gilt unter der Bedingung einer konstanten Temperatur (ϑ = konstant): $I \sim U$
Dieses physikalische Gesetz gilt für alle metallischen Leiter unter der Bedingung ϑ = konstant.
„Metallischer Leiter“ und „ϑ = konstant“ sind die Bedingungsaussagen, „$I \sim U$“ ist die Gesetzesaussage.

Nicht immer sind Gesetze so vollständig durch Bedingungs- und Gesetzesaussagen beschrieben. Zum Teil muss man die Bedingungsaussagen auch aus dem Zusammenhang erschließen bzw. sind die Gültigkeitsbedingungen noch nicht vollständig bekannt.

▶ Die Entscheidung, ob eine Aussage (z. B. $R = \frac{U}{I}$) eine Gesetzesaussage oder die Definition einer Größe ist, kann oft nur innerhalb einer vollständigen Theorie getroffen werden.

■ So gilt z. B. für den Widerstand eines metallischen Leiters die Gleichung $R = \varrho \cdot \frac{l}{A}$. Die in Tafelwerken ausgewiesene Stoffkonstante ϱ ist aber für die meisten Stoffe temperaturabhängig und meist für 20 °C angegeben. Nutzt man diesen Wert, so gilt der berechnete Widerstand R exakt nur unter der Bedingung ϑ = 20 °C.

Da Gesetze stets für eine Klasse von Objekten gelten, werden zu ihrer Formulierung physikalische Fachbegriffe und Größen genutzt. Oft können physikalische Fachbegriffe erst im Zusammenhang mit erkannten Gesetzen exakt definiert werden.

1

Physikalische Gesetze können unterschiedlich genau erkannt und in verschiedener Weise dargestellt werden.
Es gibt Gesetze, die lediglich beschreiben, unter welchen Bedingungen bestimmte Erscheinungen in der Natur auftreten. Diese Gesetze enthalten eine **qualitative** Gesetzesaussage, die mit Worten beschrieben wird.

Das Wort „Qualität" kommt vom lateinischen Wort „qualitas" und bedeutet „Beschaffenheit", „Eigenschaft".

Induktionsgesetz:

In einer Spule wird eine Spannung induziert, solange sich das von der Spule umfasste Magnetfeld ändert.

Es gibt Gesetze, die einen Zusammenhang zwischen Eigenschaften bzw. Größen in der *Tendenz* beschreiben. Sie enthalten eine **halbquantitative** Gesetzesaussage, die in der Regel auch mit Worten beschrieben wird.

Volumenänderung bei Temperaturänderung:

Für alle festen Körper und Flüssigkeiten gilt unter der Bedingung, dass sie sich ausdehnen können:
Je größer die Temperaturänderung eines Körpers ist, desto größer ist seine Volumenänderung.

Das Wort „Quantität" kommt vom lateinischen Wort „quantitas" und bedeutet „Größe, Anzahl, Menge".

Es gibt Gesetze, die einen Zusammenhang zwischen Eigenschaften bzw. Größen mathematisch exakt beschreiben. Sie enthalten eine **quantitative** Gesetzesaussage, die sowohl mit Worten als auch mit mathematischen Mitteln (z. B. Proportionalität, Diagramm, Gleichung) beschrieben werden kann.

Zusammenhang zwischen Masse und Volumen:

mit Worten: Für alle Körper aus ein und demselben Stoff gilt:
Die Masse ist dem Volumen direkt proportional.

als Proportionalität: $m \sim V$

als Gleichung: $m = \varrho \cdot V$

als Diagramm:

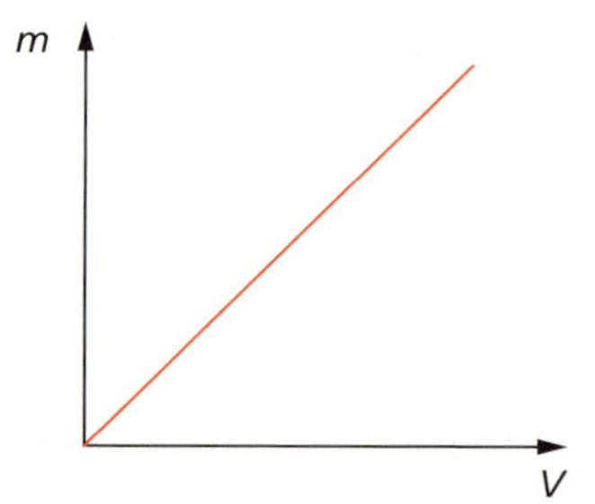

Physikalische Gesetze existieren unabhängig vom Willen und von den Wünschen des Menschen. Das Hebelgesetz der Physik z. B. wirkt in Natur

und Technik, ob wir es wollen oder nicht. Der Mensch kann Gesetze nur erkennen und zu seinem Vorteil nutzen. So kann man im täglichen Leben z. B. das Hebelgesetz nutzen, um mit einem Flaschenöffner eine Flasche zu öffnen oder mit einer Brechstange eine Kiste anzuheben. Dazu muss man das Gesetz noch nicht einmal kennen.
Physikalische Gesetze kann man auch nutzen, um technische Geräte zu bauen. So wird das Induktionsgesetz in Wechselstromgeneratoren genutzt, um Wechselströme und Wechselspannungen zu erzeugen.
Der Mensch kann auch Schaden nehmen, wenn er das Wirken von physikalischen Gesetzen nicht beachtet. Das Wirken des Trägheitsgesetzes kann bei Autounfällen zu schwersten Verletzungen führen, wenn sich die Insassen nicht mit Sicherheitsgurten anschnallen oder wenn schwere Gegenstände lose auf der hinteren Ablage liegen.
Zum Teil treten auch Schäden für den Menschen und seine Umwelt auf, weil ein gesetzmäßiger Zusammenhang oder die Gültigkeitsbedingungen noch nicht genau erkannt sind.
Deshalb ist es Ziel der Physik, Gesetze in der Natur immer genauer zu erkennen und zum Wohl des Menschen und seiner Umwelt zu nutzen.
Zum Erklären und Voraussagen werden in der Physik nicht nur Gesetze, sondern auch Modelle genutzt.

Ein **Modell** ist eine Vereinfachung der Wirklichkeit. In wichtigen Eigenschaften stimmt das Modell mit der Wirklichkeit überein, in anderen nicht.

Deshalb kann man mit *einem* Modell eine Reihe von Erscheinungen erklären und voraussagen, andere wiederum nicht. Für letztere Erscheinungen muss man ein anderes Modell benutzen. Ein Modell ist nur innerhalb bestimmter Grenzen gültig und sinnvoll anwendbar.
Modelle können sowohl **materiell** (gegenständlich) als auch **ideell** (gedanklich) sein.

Ein Modell ist weder richtig noch falsch, sondern nur für die Erklärung und Voraussage von bestimmten Erscheinungen geeignet und zweckmäßig oder nicht geeignet und unzweckmäßig.

Materielle Modelle sind z. B. die Modelle von Motoren, Generatoren, Transformatoren, Pumpen sowie sonstigen Geräten und Anlagen. Besonders gut lässt sich mit ihnen die Wirkungsweise von Geräten und Anlagen demonstrieren. Modelle lassen sich heute auch digital erzeugen.

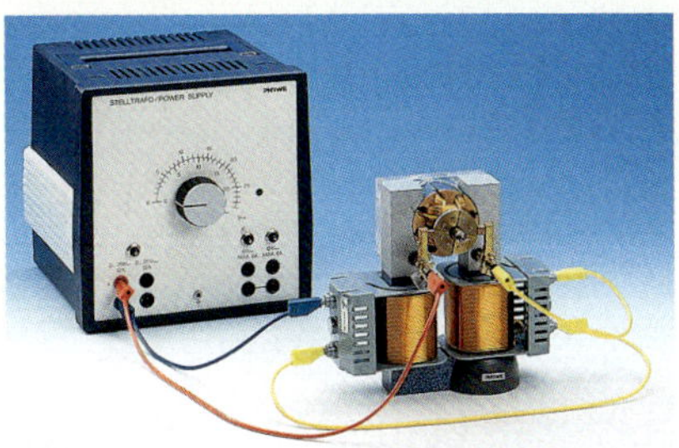

Ideelle Modelle sind z. B. das Modell Feldlinienbild, das Modell Massepunkt oder das Teilchenmodell. Beschrieben werden sie meist durch ein System von Aussagen oder durch zeichnerische Darstellungen.

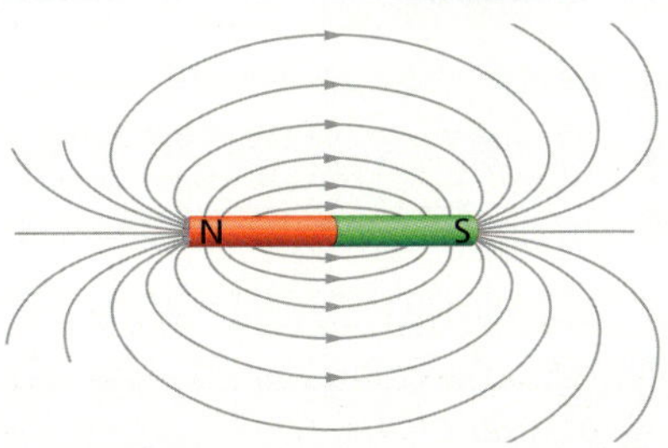

Mit materiellen Modellen kann man auch experimentieren. Mit solchen Modellexperimenten kann man innerhalb der Gültigkeitsgrenzen des jeweiligen Modells Erklärungen bestätigen und Voraussagen treffen.

Das Teilchenmodell beinhaltet folgende Aussagen:

1. Alle Stoffe bestehen aus Teilchen.
2. Die Teilchen befinden sich in ständiger Bewegung.
3. Zwischen den Teilchen wirken Kräfte.

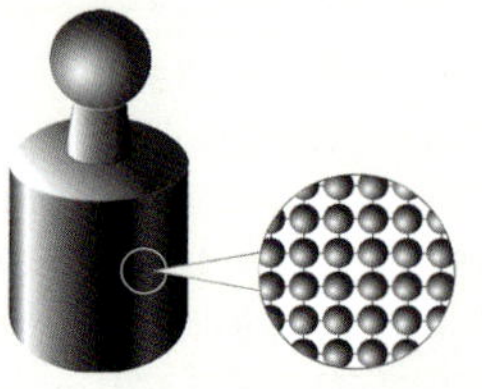

Ein solches ideelles Modell kann auch materiell umgesetzt werden. So kann man sich das Teilchenmodell z. B. als kleine Kugeln vorstellen, die durch Federn miteinander verbunden sind.
Noch stärker vereinfacht lässt es sich durch kleine Teilchen (Murmeln, Erbsen, Reiskörner) darstellen. Dabei bleiben die Kräfte zwischen den Teilchen und die Bewegung der Teilchen unberücksichtigt.

Mit dem Teilchenmodell lässt sich z. B. folgende Erscheinung erklären:
Mischt man 50 ml Alkohol und 50 ml Wasser, so erhält man nicht 100 ml, sondern nur 96 ml Flüssigkeitsgemisch. Der Grund liegt in der unterschiedlichen Größe der Alkohol- und Wasserteilchen.

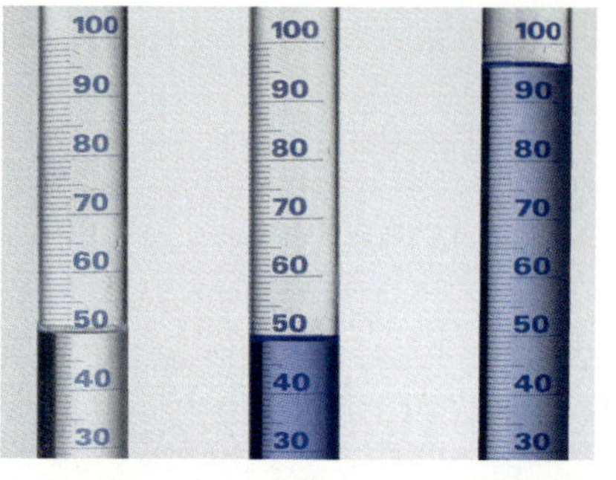

In einem Modellexperiment mit Erbsen und Reiskörnern kann man das bestätigen.
Mischt man die Erbsen und die Reiskörner, so ist das Volumen des Gemischs kleiner als die Summe der beiden Ausgangsvolumen. Der Grund liegt in der unterschiedlichen Größe der Teilchen.

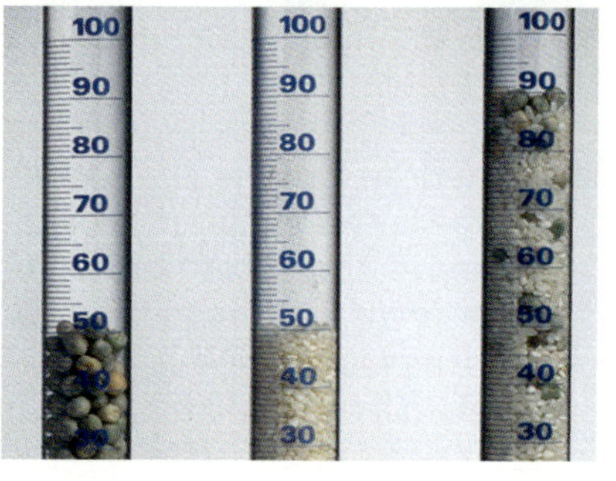

Ein Teil der Reiskörner füllt die Lücken zwischen den Erbsen aus.

Für einen bestimmten Teilbereich der Physik gibt es verschiedene Gesetze sowie unterschiedliche Modelle und Aussagen.

Ein System von Gesetzen, Modellen und Aussagen über einen Teilbereich der Physik bezeichnet man als **physikalische Theorie.**

Ein Beispiel für eine physikalische Theorie ist die newtonsche Mechanik, in der das Verhalten von Körpern unter dem Einfluss von Kräften erfasst wird.

1.2.3 Erkenntniswege in der Physik

Das Erkennen physikalischer Gesetze

Das Erkennen und Anwenden von Gesetzen in Naturwissenschaft und Technik ist ein äußerst komplexer und in der Regel langwieriger Prozess. Wichtige Naturgesetze und deren Gültigkeitsbedingungen sind in langen, wechselvollen historischen Prozessen entdeckt worden. Diese Prozesse waren oft von Irrtümern und Irrwegen begleitet.
Auch heute ist das Erkennen von Naturgesetzen trotz modernster Experimentier- und Computertechnik ein komplizierter Prozess, bei dem meistens ganze Gruppen von Wissenschaftlern in aller Welt zusammenarbeiten.
Unabhängig vom komplizierten, wechselvollen Weg mit Irrtümern und Irrwegen gibt es immer wieder bestimmte Etappen, die in der Wissenschaft durchschritten werden müssen, um neue Gesetze in der Natur zu erkennen. An einem Beispiel aus der Geschichte der Physik soll das vereinfacht dargestellt werden.

Weg der Erkenntnis neuer Gesetze in der Natur	Ein Beispiel aus der Physik
1. In der Natur gibt es interessante, z. T. auffällige Erscheinungen, die beobachtet werden. Diese Erscheinungen veranlassen zur genauen **Beobachtung.** Durch **Vergleichen** wird versucht, Gemeinsamkeiten, Unterschiede und Regelmäßigkeiten in den Erscheinungen zu erkennen. Erscheinungen werden **klassifiziert,** d. h., Körper, Stoffe und Vorgänge mit gemeinsamen Eigenschaften werden zusammengefasst und **beschrieben.**	In der Natur kann man beobachten, – dass sich Balken biegen, wenn sie belastet werden, – dass sich Seile und Drähte verlängern, wenn man an ihnen zieht, – dass sich Bäume im Wind verformen. Genaue Beobachtungen zeigen, dass sich Körper immer dann verformen, wenn auf sie eine Kraft wirkt. Dabei gibt es Körper, die nach Wegfall der Kraft wieder ihre ursprüngliche Form annehmen, und solche, die auch nach Wegfall der Kraft verformt bleiben.
Begriffe werden **definiert** und Größen eingeführt.	Zur Unterscheidung werden die Begriffe **elastische** und **plastische Verformung** verwendet.
Im Ergebnis dieser Etappe können Vermutungen aufgestellt werden, – welche Zusammenhänge in den Erscheinungen wirken und – unter welchen Bedingungen diese auftreten.	Aufgrund genauer Beobachtungen kann die Vermutung aufgestellt werden, – dass die Verformung bzw. Verlängerung eines Körpers umso größer ist, je größer die einwirkende Kraft ist, – dass dieser Zusammenhang bei allen elastisch verformten Körpern gilt.
Es werden Fragen gestellt, die es genauer zu untersuchen gilt.	Welcher Zusammenhang existiert zwischen der Verformung bzw. Verlängerung eines elastischen Körpers und der einwirkenden Kraft?

1

2. Um die Vermutungen zu prüfen und die Fragen zu beantworten, werden die Erscheinungen noch genauer untersucht. Dazu führt man in der Regel **Experimente** an einer Reihe von einzelnen Objekten durch, um die vermuteten Zusammenhänge exakt zu erfassen und die Wirkungsbedingungen besser zu erkennen. Vorher werden **experimentelle Fragen** gestellt. Es werden Messwerte aufgenommen und mit mathematischen Mitteln ausgewertet (grafisch oder rechnerisch).

Häufig wird versucht, den Zusammenhang zwischen den Größen bzw. Eigenschaften von Objekten mit mathematischen Mitteln, z. B. als Diagramm, als Proportionalität oder als Gleichung, zu beschreiben. Dazu werden die Messwertereihen rechnerisch ausgewertet und die Diagramme interpretiert.

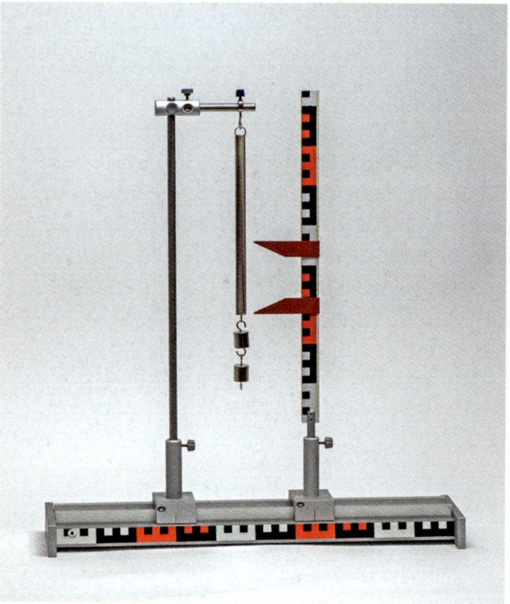

Der Zusammenhang, der zunächst nur an einzelnen Objekten gefunden wurde, wird auf eine ganze Klasse von Objekten **verallgemeinert.** Dabei ist man häufig zunächst auf Vermutungen in Bezug auf die Gültigkeitsbedingungen des Zusammenhangs angewiesen.

In Experimenten an verschiedenen Federn aus unterschiedlichsten Materialien wird folgende **experimentelle Frage** untersucht: Welcher Zusammenhang existiert zwischen der Verlängerung *s* einer elastischen Feder und der an ihr angreifenden Kraft *F*?

Feder 1 als Beispiel

F in N	s in cm	$\frac{F}{s}$ in $\frac{\text{N}}{\text{cm}}$
0	0	–
1	0,8	1,25
2	1,7	1,18
3	2,4	1,25
4	3,3	1,21
5	4,1	1,22
6	4,7	1,28

Analoge Messwertereihen werden für weitere Federn aufgenommen und können grafisch dargestellt werden.

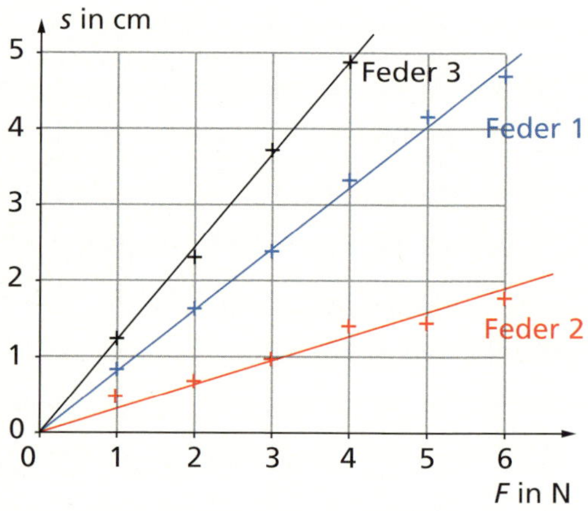

Aus den Messwertereihen und aus den Diagrammen kann man erkennen:

$s \sim F$ oder

$\frac{F}{s}$ = konstant oder

$F = D \cdot s$

Das so vermutlich existierende Gesetz muss vor allem hinsichtlich seiner Gültigkeitsbedingungen weiter überprüft werden. Manchmal erscheint es im Zusammenhang mit dem Erkennen neuer Gesetze sinnvoll, auch neue Begriffe zu **definieren** bzw. **Größen** einzuführen.

Häufig nutzt man beim Aufstellen bzw. Überprüfen von Vermutungen auch **Modelle** (↗ S. 29). Modelle sind zwar Vereinfachungen der Wirklichkeit, sie stimmen aber in wichtigen Eigenschaften mit dem Original überein, in anderen nicht.

Man verallgemeinert den Zusammenhang zu folgendem **Gesetz:**

> Für alle elastisch verformten Körper gilt unter Bedingung nicht zu großer Kräfte:
>
> $F = D \cdot s$

Man hat festgestellt, dass bei zu großen Kräften zunächst elastisch verformte Körper dann plastisch verformt werden und das Gesetz nicht mehr gilt.

Der Faktor D im gefundenen Gesetz erhält den Namen „Federkonstante“ und wird als neue **Größe** eingeführt. Die Federkonstante ist ein Maß für die Härte einer Feder.

3. Das gefundene Gesetz muss **überprüft** werden. Vor allem muss überprüft werden, ob die vorgenommene Verallgemeinerung des Zusammenhangs tatsächlich für die beschriebene Klasse von Objekten gilt.

Mithilfe des Gesetzes werden neue Erscheinungen bzw. Erkenntnisse vorausgesagt und in Experimenten bzw. in der Praxis überprüft.

Das entdeckte Gesetz wird zur **Erklärung** von Erscheinungen der Natur genutzt. Es können mit dem Gesetz Größen berechnet werden, die man in der Praxis überprüfen kann.

Unter Nutzung des Gesetzes kann man technische Geräte konstruieren, z. B. Federkraftmesser.

Jede erfolgreiche Anwendung eines Gesetzes in der Praxis ist ein Beleg für die Gültigkeit des gefundenen Gesetzes unter den gegebenen Bedingungen.

Mithilfe des gefundenen Gesetzes wird vorausgesagt, dass auch für die Verlängerung eines Gummibandes $s \sim F$ gilt.
In Experimente kann man jedoch folgende Messwerte aufnehmen und grafisch darstellen:

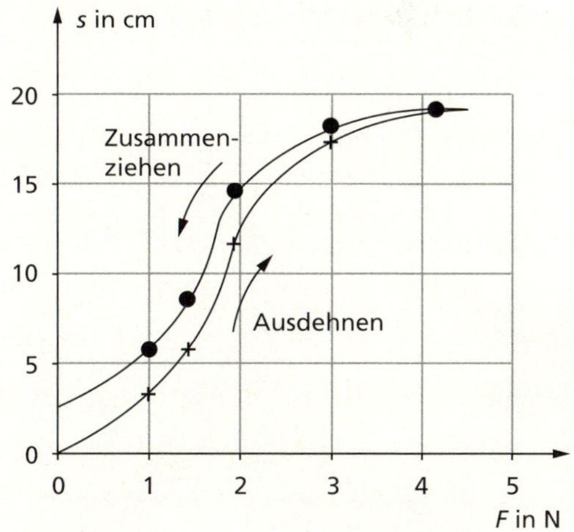

Für ein Gummiband gilt das oben gefundene Gesetz nicht. Das Gummiband wird auch nicht vollständig elastisch verformt. Die Gültigkeit des gefundenen Gesetzes muss also für Gummibänder ausgeschlossen werden.

Manchmal führt die Anwendung eines Gesetzes zur Erkenntnis, dass das Gesetz nicht in allen Fällen so wirkt, wie es vorausgesagt wird. Dann müssen die Gültigkeitsbedingungen eingeschränkt oder der Zusammenhang und die Bedingungen noch weiter untersucht werden.	Mithilfe des erkannten Gesetzes kann z. B. ein *Federkraftmesser* konstruiert werden. Seine Wirkungsweise beruht auf diesem Gesetz. Bei der Nutzung des Federkraftmessers ist jedoch zu beachten, dass er nicht überdehnt wird, da die Feder sonst plastisch verformt wird und das zugrunde liegende Gesetz dann nicht mehr gilt. Das Gesetz wird ebenfalls bei Stoßdämpfern in Kraftfahrzeugen oder bei Puffern an Eisenbahnwaggons genutzt. Auch bei vielen anderen elastischen Verformungen von Körpern kann das Gesetz angewendet werden.

Das im Beispiel dargestellte Gesetz wurde 1675 von dem englischen Wissenschaftler ROBERT HOOKE (1635–1703) entdeckt und wird nach ihm hookesches Gesetz genannt.

Das Anwenden physikalischer Gesetze

Ein wichtiges Ziel der Physik ist das Anwenden physikalischer Gesetze zum Lösen von Aufgaben und Problemen, z. B. zum Erklären und Voraussagen von Erscheinungen, zum Berechnen von Größen, zum Konstruieren technischer Geräte. Auch beim Anwenden physikalischer Gesetze gibt es immer wieder bestimmte Schritte, die durchlaufen werden müssen.

Weg der Anwendung von physikalischen Gesetzen	**Ein Beispiel aus der Technik**
1. Zunächst geht es darum, den Sachverhalt der Aufgabe genau zu erfassen. Man muss sich den Sachverhalt in der Aufgabe gut vorstellen können. Dabei kann eine anschauliche Skizze helfen. 	**Aufgabe:** An einen Kranhaken wird eine Last der Masse 850 kg angehängt und angehoben. Um welche Länge wird das Seil des Krans gedehnt, wenn seine „Federkonstante" 3 200 N/cm beträgt? *Analyse:* 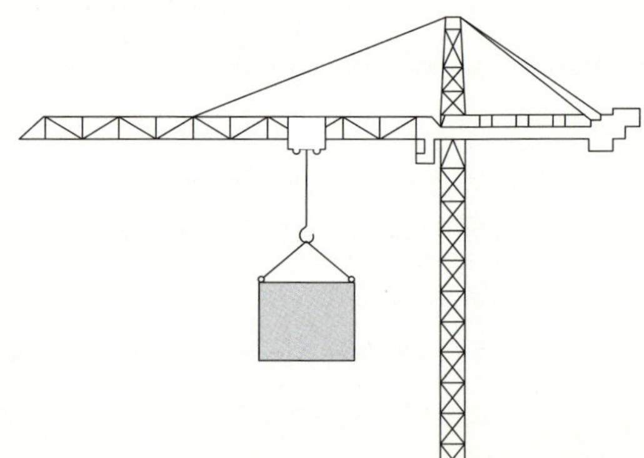

2. Der Sachverhalt der Aufgabe wird aus physikalischer Sicht vereinfacht. Unwesentliches wird weggelassen. Wesentliche Seiten werden mit Fachbegriffen beschrieben.	Das Seil eines Kranes ist in einem bestimmten Bereich ein elastischer Körper. Das bedeutet, dass das Seil bei Einwirkung einer Kraft verlängert wird und sich bei Wegfall dieser Kraft wieder zusammenzieht. Die einwirkende Kraft ist die Gewichtskraft der angehängten Last. Das Kranseil könnte man sich vereinfacht als Feder vorstellen.
Zum Sachverhalt der Aufgabe kann eine vereinfachte, schematisierte Skizze angefertigt werden.	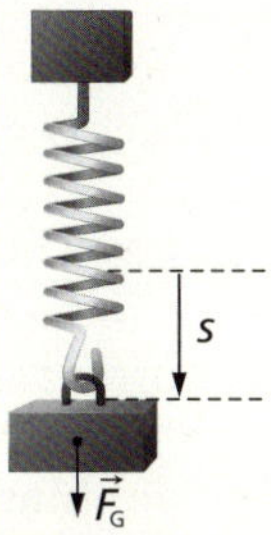
Gesuchte und gegebene Größen und Fakten werden zusammengestellt.	Gesucht: s Gegeben: $m = 850$ kg $D = 3\,200\ \frac{\text{N}}{\text{cm}}$
3. Wesentliche Seiten des Sachverhalts der Aufgabe werden mit physikalischen Gesetzen beschrieben. Dazu muss man gesetzmäßig wirkende Zusammenhänge und Bedingungen für das Wirken bekannter physikalischer Gesetze im Sachverhalt erkennen.	**Lösung:** Unter der Bedingung, dass sich das Kranseil ausschließlich elastisch verformt, gilt das hookesche Gesetz: $F = D \cdot s$ Die angreifende Kraft ist die Gewichtskraft der angehängten Last, die aus deren Masse berechnet werden kann. Es gilt: $F_G = m \cdot g$
4. Die physikalischen Gesetze werden angewendet, um die Aufgabe zu lösen, z. B. eine gesuchte Größe zu berechnen, eine Erscheinung zu erklären oder vorauszusagen. Dazu kann man verschiedene Mittel und Verfahren nutzen, z. B. – das inhaltlich-logische Schließen, – Verfahren und Regeln der Gleichungslehre, – grafische Mittel, – geometrische Konstruktionen, – experimentelle Mittel.	Mit $g \approx 10\ \frac{\text{N}}{\text{kg}}$ ist $F_G = 8\,500$ N. $F = D \cdot s \quad \mid :D$ $s = \frac{F}{D}$ $s = \frac{8\,500\ \text{N} \cdot \text{cm}}{3\,200\ \text{N}}$ $\underline{s = 2{,}66\ \text{cm}}$ **Ergebnis:** Unter der Bedingung, dass sich ein Kranseil elastisch verformt, wird es beim Anhängen und gleichförmigem Heben einer Last von 850 kg um 27 mm gedehnt.

Die induktive Methode

Die induktive Methode ist dadurch gekennzeichnet, dass man von bisherigen Erfahrungen, Beobachtungen und begründeten Überlegungen ausgeht und dann mithilfe teils umfangreicher experimenteller Untersuchungen und Verallgemeinerungen zu neuen Gesetzen gelangt.
Das grundsätzliche Herangehen ist in der Übersicht rechts dargestellt.

Es soll untersucht werden, wovon die Kraft abhängt, mit der man einen Körper mit konstanter Geschwindigkeit auf einer Kreisbahn hält.
Aus Beobachtungen und Erfahrungen ist bekannt:

- Je größer die Masse eines Balls ist, den man auf einer Kreisbahn herumschleudern will, desto größer ist die erforderliche Kraft.
- je schneller man den Ball herumschleudert, desto mehr Kraft muss man aufwenden.
- Je enger eine Kurve ist, die man durchfahren will, desto mehr muss man die Geschwindigkeit verringern.

Aus diesen und weiteren Erfahrungen kann man ableiten: Die Kraft F, die einen Körper auf eine Kreisbahn zwingt, hängt von der Masse m des Körpers, von seiner Geschwindigkeit v und von seinem Bahnradius r ab.
Im nächsten Schritt plant und realisiert man Experimente, mit denen man die vermuteten Zusammenhänge genauer untersuchen kann. Eine mögliche Experimentanordnung ist unten angegeben.
Dabei ist zu beachten: Wenn man den Zusammenhang zwischen zwei Größen untersucht, müssen alle anderen Größen und Bedingungen konstant gehalten werden. Wird die Kraft F in Abhängigkeit von der Masse m untersucht, dann müssen Bahnradius r und Geschwindigkeit v immer gleich groß sein.
Man erhält damit Messreihen für zwei Größen. Ist der Zusammenhang zwischen diesen beiden Größen nicht sofort erkennbar, so stellt man die Wertepaare in einem Diagramm dar oder wendet mathematische Methoden an, um die Art des Zusammenhangs zu erfassen (↗ Übersicht S. 37 oben).
In unserem Beispiel findet man folgende Zusammenhänge:

- $F \sim m$ bei konstantem v und r
- $F \sim \frac{1}{r}$ bei konstantem v und m
- $F \sim v^2$ bei konstantem m und r

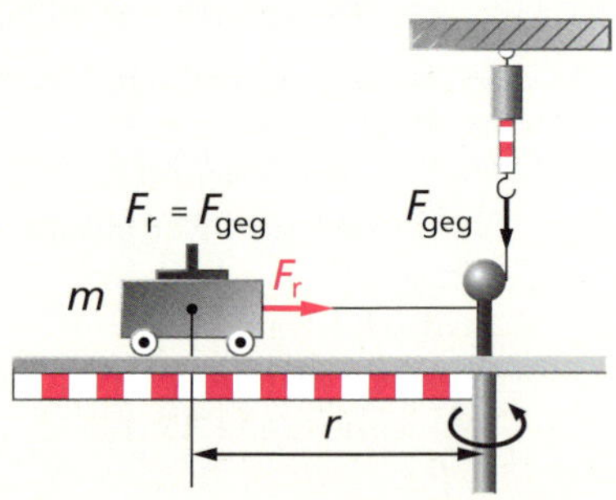

Da der Proportionalitätsfaktor 1 ist, erhält man die Gleichung $F = m \cdot \frac{v^2}{r}$.

Einige typische Diagramme und die möglichen mathematischen Zusammenhänge. Beachte: Aus einem Diagramm kann man nur eine Vermutung ableiten.

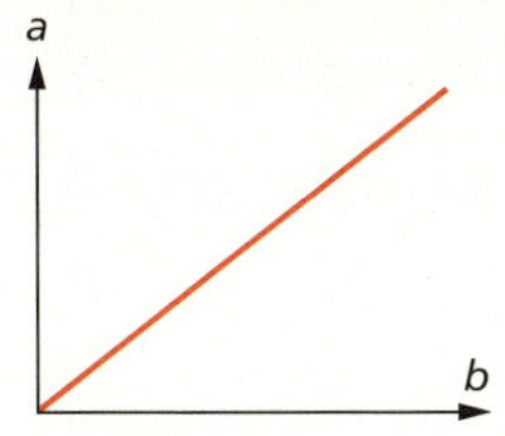	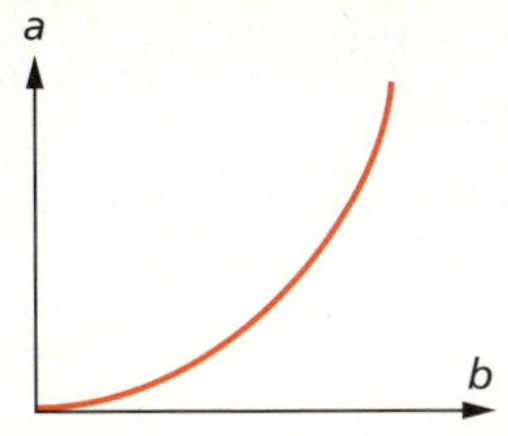	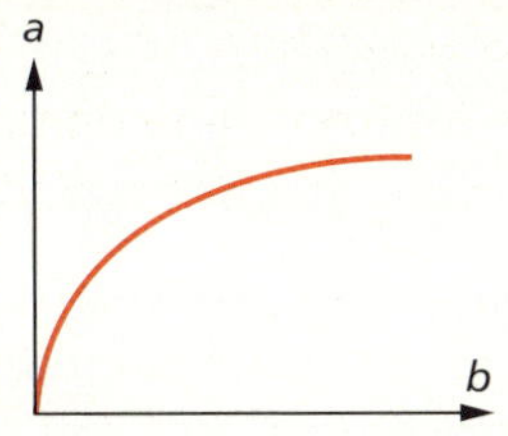	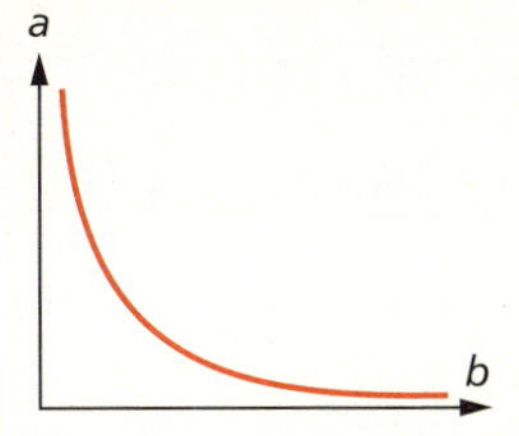
$a \sim b$	$a \sim b^2$	$a \sim \sqrt{b}$	$a \sim \frac{1}{b}$
$\frac{a}{b}$ = konstant	$\frac{a}{b^2}$ = konstant	$\frac{a}{\sqrt{b}}$ = konstant	$a \cdot b$ = konstant

Die deduktive Methode

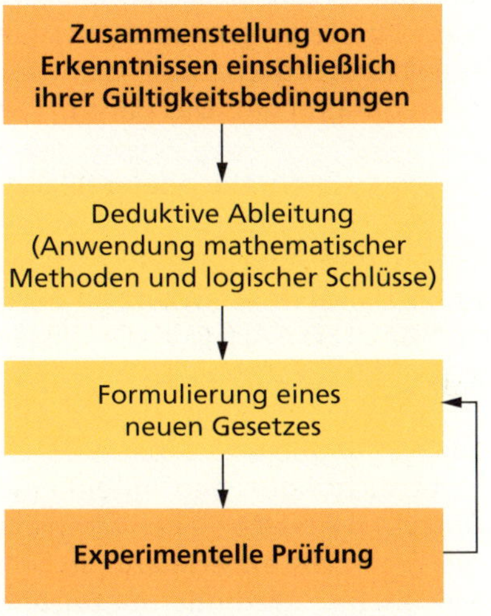

Bei der deduktiven Methode geht man von bekannten Zusammenhängen und Gesetzen und deren Gültigkeitsbedingungen aus (↗ Übersicht rechts). Unter Nutzung mathematischer Verfahren leitet man daraus ein neues Gesetz ab.
Wir betrachten als Beispiel wiederum die Kraft, die man benötigt, um einen Körper auf einer Kreisbahn zu halten.
Die auf S. 36 genannte Formel $F = m \cdot \frac{v^2}{r}$ kann man auch mit der deduktiven Methode herleiten. Dabei gehen wir davon aus, dass die Bewegungsgesetze für gleichförmige und gleichmäßig beschleunigte Bewegungen sowie das newtonsche Grundgesetz bekannt sind.
Die Kreisbewegung wird in zwei voneinander unabhängige Bewegungen zerlegt: eine Bewegung mit konstanter Geschwindigkeit tangential zur Kreisbahn und eine Bewegung mit konstanter Beschleunigung in Richtung des Mittelpunkts der Kreisbahn.
Beide Teilbewegungen sind in der Abbildung rechts rot eingezeichnet.
Das Dreieck ABC ist nach dem Satz des THALES rechtwinklig. Dann gilt nach dem Höhensatz:

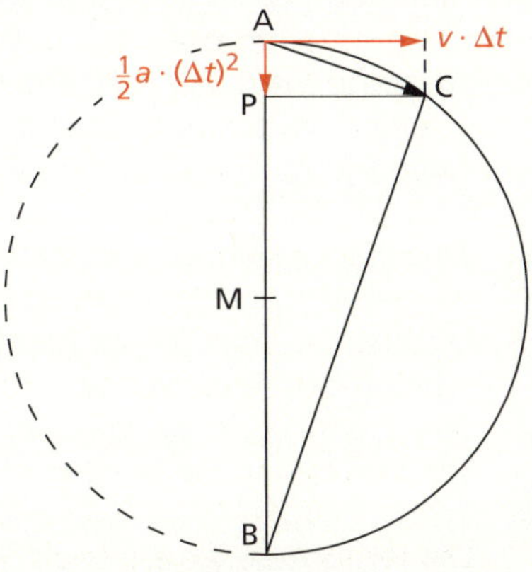

$$\overline{AP} \cdot \overline{PB} = (\overline{PC})^2$$

Setzt man die in der Abbildung auf S. 37 unten genannten physikalischen Größen ein, so erhält man:

$$\frac{1}{2}a\cdot(\Delta t)^2\cdot\left(2r-\frac{1}{2}\,a\cdot(\Delta t)^2\right)=(v\cdot\Delta t)^2$$

Die Umformung ergibt:

$$r\cdot a\cdot(\Delta t)^2-\frac{1}{4}a^2\cdot(\Delta t)^4=v^2\cdot(\Delta t)^2 \qquad r\cdot a-\frac{1}{4}a^2\cdot(\Delta t)^2=v^2$$

Lässt man Δt immer kleiner werden, dann kann bei $\Delta t \longrightarrow 0$ der Term $\frac{1}{4}a^2\cdot(\Delta t)^2$ vernachlässigt werden und es gilt:

$$r\cdot a=v^2 \qquad \text{oder} \qquad a=\frac{v^2}{r}$$

Setzt man diese Beschleunigung a in das newtonsche Grundgesetz $F = m\cdot a$ ein, so erhält man:

$$F=m\cdot\frac{v^2}{r}$$

Wir haben auf diese Weise aus bekannten Gesetzen durch mathematische Überlegungen ein neues Gesetz hergeleitet. Es ist allerdings nicht selbstverständlich, dass das newtonsche Grundgesetz auch für Kreisbewegungen gilt. Das muss experimentell geprüft werden.

Die experimentelle oder galileische Methode

Ein weiteres typisches Herangehen an das Finden von Gesetzen wurde von GALILEO GALILEI in die Wissenschaft eingeführt.

G. GALILEI verband theoretische Überlegungen und experimentelle Untersuchungen eng miteinander und entwickelte eine Methode, die heute als **experimentelle** oder **galileische Methode** bezeichnet wird.

Auf der Grundlage bisheriger Erkenntnisse, aber auch durch Beobachtungen oder Experimente, kann man begründete Vermutungen ableiten. In der Physik spricht man von einer **Hypothese.** Durch Experimente wird der Wahrheitswert einer Hypothese bestätigt oder widerlegt.

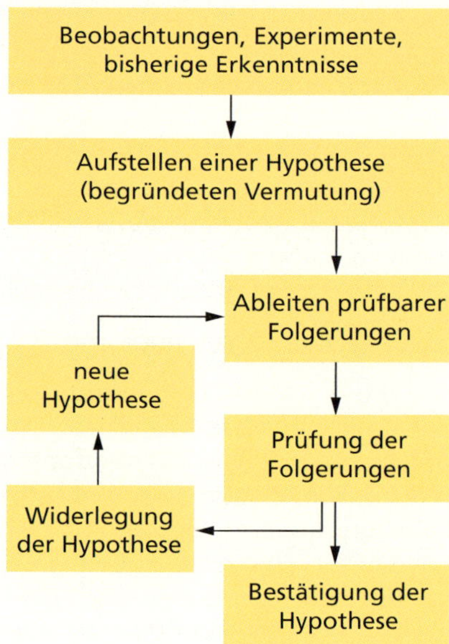

Beachte: Im Unterschied zur Bestätigung einer Hypothese ist zur Widerlegung einer Hypothese ein einziges Experiment ausreichend.

Eine solche Hypothese ist z. B.: Bei einer gleichmäßig beschleunigten Bewegung wächst der Weg mit dem Quadrat der Zeit.
Untersucht man experimentell für verschiedene gleichmäßig beschleunigte Bewegungen den Zusammenhang zwischen Weg s und Zeit t, dann zeigt sich: Bei einer beliebigen gleichmäßig beschleunigten Bewegung ist der Quotient $\frac{s}{t^2}$ immer konstant. Es gilt also $s \sim t^2$.

Die Hypothese ist damit als richtig bestätigt.

Die Modellmethode

Modelle (↗ S. 29) können genutzt werden, um zu neuen Erkenntnissen zu gelangen. Grundlage der Modellmethode sind Analogien und Analogieschlüsse.
In einer Übersicht lässt sich die Modellmethode so darstellen:

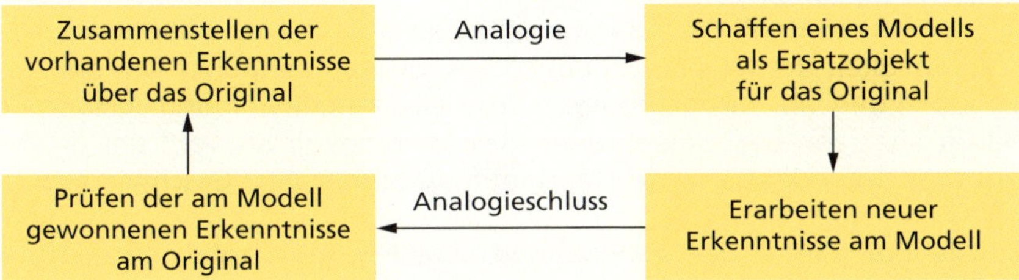

Betrachten wir als Beispiel ein magnetisches Feld. Experimente zeigen:
- Körper aus Eisen, Nickel und Cobalt werden von einem Magneten angezogen.
- Zwischen Magneten wirken anziehende oder abstoßende Kräfte.
- Eisenfeilspäne richten sich in einem Magnetfeld in charakteristischer Weise aus.

Diese Erkenntnisse führen schließlich zu einem Modell, das in der Physik **Feldlinienbild** genannt wird.

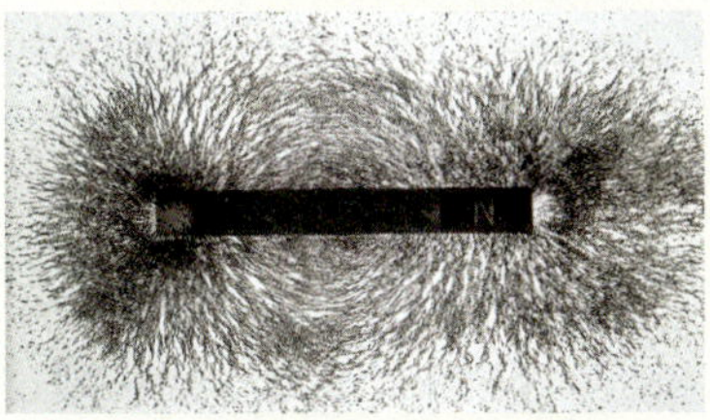

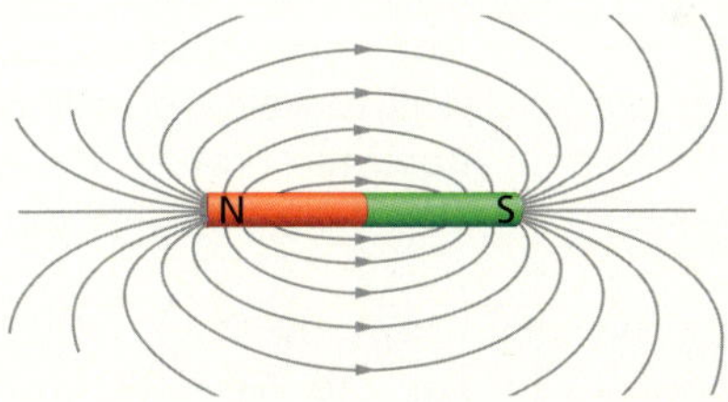

Im Modell Feldlinienbild kann man z. B. ermitteln, wie sich eine Magnetnadel in diesem Feld ausrichtet oder in welche Richtung eine Kraft auf einen stromdurchflossenen Leiter wirkt.
Diese Voraussagen können experimentell für das betreffende Feld (Original) geprüft werden.

Heuristische Methoden

In Physik und Technik werden neben den beschriebenen Methoden auch **heuristische Methoden** angewendet. Abgeleitet ist dieser Begriff vom griechischen „heuriskein" = finden, entdecken. Dabei spielen neben Erkenntnissen und Erfahrungen auch Intuition und Zufall eine Rolle. Solche heuristischen Methoden lassen sich kaum in eindeutigen Schritten erfassen. Typische Herangehensweisen sind z. B.
- das Problemlösen mit Versuch und Irrtum (trial and error),
- die intuitive Formulierung von Zusammenhängen,
- das Ausprobieren von begründeten Varianten.

Modellbildung mit einem Computer

Häufig braucht man für technische Anwendungen quantitative Voraussagen. Wenn man die geeigneten physikalischen Gesetze anwendet, stößt man oft auf mathematische Gleichungen, die nicht so ohne weiteres aufzulösen sind. So können in einer Gleichung Größen auftreten, die gegenseitig voneinander abhängen.
Betrachtet man z. B. den Fall eines Körpers in Luft, dann hängt die Geschwindigkeit des Körpers zu einem bestimmten Zeitpunkt von der Beschleunigung ab, die er vorher hatte. Die Beschleunigung wiederum hängt aber von der momentanen Geschwindigkeit ab, weil der bewegungshemmende Luftwiderstand mit zunehmender Geschwindigkeit größer wird.
Solche komplexen Zusammenhänge zwischen physikalischen Größen können wir im Allgemeinen mit den Mitteln der Schulmathematik nicht auflösen.
Die moderne Rechentechnik ermöglicht es aber, auch solche komplexen Zusammenhänge zu bearbeiten. Dazu verwendet man **Modellbildungssysteme.**
Das Grundprinzip besteht darin, dass man alle für den jeweiligen Fall wichtigen Größen eingibt, der Computer in kleinen Zeitschritten Zwischenlösungen berechnet und diese zu einer Gesamtlösung zusammenfügt.

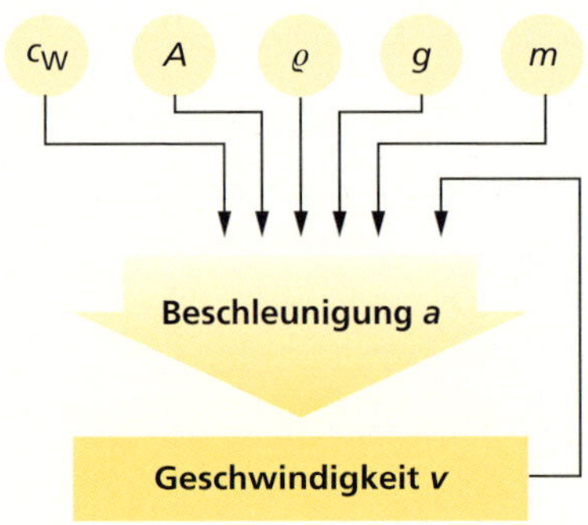

Für den Fall eines Körper in Luft muss man zunächst zusammenstellen, von welchen Größen die Beschleunigung a des Körpers abhängt.
Auf einen solchen Körper wirken Erdanziehungskraft (Gewichtskraft F_G) und Luftwiderstandskraft F_W. Die jeweilige Beschleunigung hängt von der beschleunigenden Kraft ab:

$$a = \frac{F}{m} = \frac{F_G - F_W}{m}$$

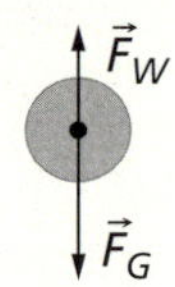

Für die Gewichtskraft gilt $F_G = m \cdot g$, für die Luftwiderstandskraft:

$$F_W = \frac{1}{2} c_W \cdot A \cdot \varrho \cdot v^2$$

Für die Beschleunigung ergibt sich daraus die Formel:

$$a = g - \frac{1}{2m} \cdot c_W \cdot A \cdot \varrho \cdot v^2$$

Die Beschleunigung ist demzufolge von folgenden Größen abhängig:
- Fallbeschleunigung g
- Masse m des fallenden Körpers
- Luftwiderstandszahl c_W, eine von Form und Oberflächenbeschaffenheit des Körpers abhängige Zahl
- Querschnittsfläche A des Körpers
- Dichte ϱ der Luft
- Geschwindigkeit v

Die Beschleunigung bewirkt eine zeitliche Veränderung der Geschwindigkeit v des Körpers. Umgekehrt hängt die Beschleunigung rückgekoppelt wieder von der Geschwindigkeit ab. Diese Zusammenhänge sind in der Skizze dargestellt.

In einem nächsten Schritt gibt man die oben genannte Formel für die Beschleunigung ein. Den Rest übernimmt der Computer. Er berechnet Zeitschritt für Zeitschritt die Geschwindigkeit, ermittelt daraus die Beschleunigung, daraus wiederum die Geschwindigkeit usw.
Die Rechenweise des Computers können wir nachvollziehen. Er rechnet in vielen kleinen Zeitschritten, indem er während des Zeitintervalls Δt annimmt, dass die Beschleunigung konstant sei:

$$a = g - \frac{1}{2m} \cdot c_W \cdot A \cdot \varrho \cdot v^2 \qquad v_{neu} = v + a \cdot \Delta t \qquad t_{neu} = t + \Delta t$$

Diese Schritte werden viele hundertmal wiederholt.
Wir beginnen zur Zeit $t = 0$ mit der Geschwindigkeit $v = 0$ und können die Rechnung des Computers in einer Tabelle darstellen. Dabei müssen wir kleine Zeitschritte Δt wählen, weil sonst die Näherung, dass während dieser Zeit die Beschleunigung konstant sei, zu ungenau wäre.
Für $\Delta t = 0{,}01$ s, $c_W = 0{,}45$, $A = 1\ \text{m}^2$, $\varrho = 1{,}25\ \text{kg/m}^3$ und $m = 1$ kg sieht der Anfang der Tabelle unter Berücksichtigung sinnvoller Genauigkeit so aus, wie es unten links dargestellt ist.
Die Abhängigkeit der Geschwindigkeit von der Zeit wird dann z. B. in einem Diagramm erfasst (Abb. unten rechts).
Daraus ist erkennbar: Ohne Luftwiderstand ($c_W = 0$) nimmt die Geschwindigkeit eines fallenden Körpers proportional zur Zeit zu (rot eingezeichnete Gerade).
Mit Luftwiderstand nimmt die Geschwindigkeit am Anfang ähnlich wie ohne Luftwiderstand zu, da sich dieser wegen der geringen Geschwindigkeit kaum auswirkt. Dann nimmt sie nicht mehr so stark zu, bis sie endlich konstant bleibt. Das ist dann der Fall, wenn die Luftwiderstandskraft genauso groß wie die Gewichtskraft ist. Die Resultierende der beiden Kräfte ist dann null. Damit ist auch die Beschleunigung null.
Mit solchen Modellbildungssystemen kann man die Frage „Was wäre, wenn?" untersuchen. Dabei ist aber ein zentrales Problem der Modellbildung zu beachten: Der Mensch kann beliebige mathematische Modelle aufstellen. Ihre Bedeutung ergibt sich erst, wenn man mit ihnen Voraussagen machen kann, die mit der Beobachtung der realen Vorgänge übereinstimmen.
In der Technik hat man früher Experimente an Originalen (↗ Foto oben) oder an maßstäblichen Modellen durchgeführt. So wurde z. B. der Luftwiderstand eines Autos an einem Modell im Maßstab 1:20 in einem Windkanal bestimmt und dann geschlossen, wie groß er am realen Auto sein wird. Heute werden die Berechnungen zum überwiegenden Teil mit Computermodellen durchgeführt.

t in s	a in $\frac{\text{m}}{\text{s}^2}$	v in $\frac{\text{m}}{\text{s}}$
0	9,8	0
0,01	9,81	0,10
0,02	9,81	0,20
0,03	9,80	0,29
0,04	9,79	0,39
0,05	9,74	0,49

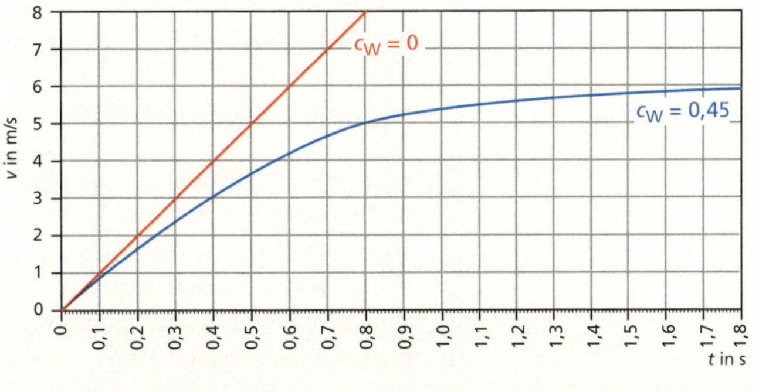

1.2.4 Tätigkeiten in der Physik

Vor allem im Zusammenhang mit dem Erkennen und Anwenden physikalischer Gesetze, mit dem Definieren von Begriffen und dem Arbeiten mit Größen gibt es eine Reihe von wichtigen Tätigkeiten, die immer wieder durchgeführt werden.

Beschreiben

Beim Beschreiben wird mit sprachlichen Mitteln zusammenhängend und geordnet dargestellt, wie ein Gegenstand oder eine Erscheinung in der Natur beschaffen ist, z. B. welche Eigenschaften ein Körper besitzt, wie ein Vorgang abläuft, wie ein technisches Gerät aufgebaut ist. Dabei werden in der Regel äußerlich wahrnehmbare Eigenschaften der Erscheinung dargestellt.

Im Zusammenhang mit der Erklärung einer Erscheinung beschränkt man sich bei der Beschreibung häufig auf die Darstellung wesentlicher äußerlich wahrnehmbarer Seiten der Erscheinung.

Beschreibe den Ablauf des Experiments!
Das Glas wird randvoll mit Wasser gefüllt. Anschließend wird eine Karteikarte so aufgelegt, dass keine Luft zwischen Wasser und Karteikarte gelangt.
Dann dreht man das Glas vorsichtig um und hält dabei die Karte fest. Beim Loslassen fällt die Karte nicht herunter.

Erklären

Beim Erklären wird zusammenhängend und geordnet dargestellt, *warum* eine Erscheinung in der Natur so und nicht anders auftritt. Dabei wird die Erscheinung auf das Wirken von Gesetzen zurückgeführt, indem man darstellt, dass die Wirkungsbedingungen bestimmter Gesetze in der Erscheinung vorliegen. Diese Wirkungsbedingungen sind wesentliche Seiten in der Erscheinung.

Auch Modelle können zum Erklären herangezogen werden.

Wenn ein lichtundurchlässiger Gegenstand in das Licht einer Glühlampe gehalten wird, erhält man einen scharf begrenzten Schatten. Bringt man den Gegenstand in das Licht einer langen Leuchtstofflampe, so sieht man einen unscharfen Schatten.

Für die Lichtausbreitung gilt das Gesetz, dass sich Licht von einer Lichtquelle *nach allen Seiten geradlinig ausbreitet.* Zur Veranschaulichung der Lichtausbreitung können Lichtstrahlen als Modell für den Weg des Lichts genutzt werden.
Bei einer fast punktförmigen Lichtquelle breitet sich Licht nur von einem Punkt geradlinig nach allen Seiten aus. Diese Lichtausbreitung

wird durch den undurchsichtigen Körper behindert. Das Schattengebiet wird durch die Randstrahlen scharf begrenzt.

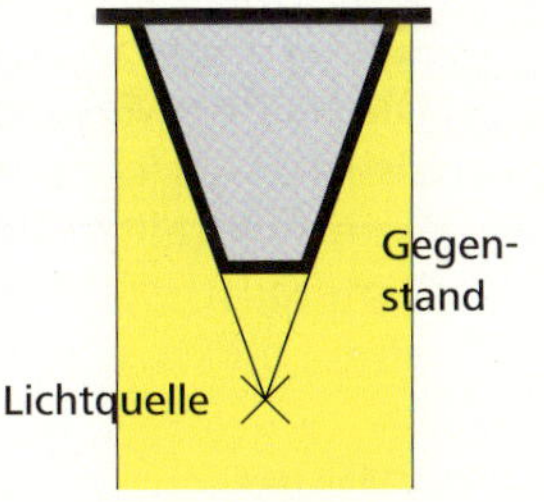

Bei zwei Lichtquellen oder einer ausgedehnten Lichtquelle breitet sich das Licht von *jedem* Punkt der Lichtquelle nach allen Seiten geradlinig aus. So erzeugt jeder Punkt der Lichtquelle einen scharfen Schatten des Körpers. Die verschiedenen Schattengebiete überlagern sich jedoch, sodass der Schatten insgesamt unscharf wird.

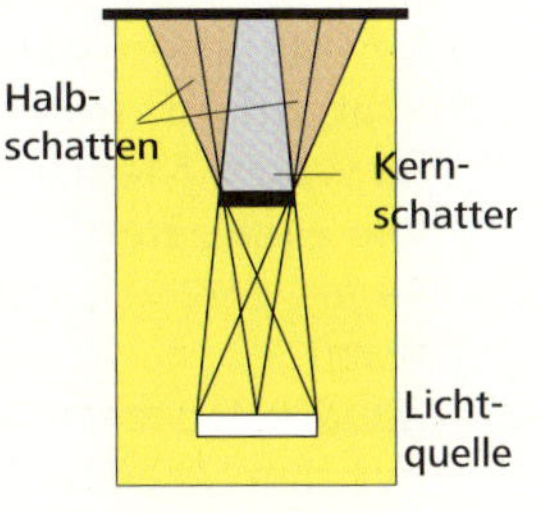

▶ Gehe beim Erklären folgendermaßen vor:
- Beschreiben wesentlicher Seiten der Erscheinung,
- Nennen von Gesetzen und Modellen, die der Erscheinung zugrunde liegen,
- Zurückführen der Erscheinung auf Gesetze oder Modelle.

Beschreiben des Aufbaus und Erklären der Wirkungsweise technischer Geräte

Die Wirkungsweise technischer Geräte lässt sich auf das Wirken physikalischer Gesetze, deren Wirkungsbedingungen im Aufbau realisiert sind, zurückführen.

▶ Gehe folgendermaßen vor:
- Nennen des Verwendungszwecks des Geräts,
- Beschreiben der für das Wirken der Gesetze wesentlichen Teile des Geräts,
- Zurückführen der Wirkungsweise auf Gesetze.

■ Bei vielen technischen Geräten (z. B. Bügeleisen, Heizkissen, Kühlschrank) darf sich die Temperatur nur innerhalb bestimmter Grenzen verändern. Für diese Temperaturreglung werden Bimetallschalter benutzt.
*Beschreibe den Aufbau und erkläre die Wirkungsweise eines **Bimetallschalters**!*
Ein Bimetallschalter dient dem Öffnen und Schließen eines elektrischen Stromkreises beim Über- bzw. Unterschreiten einer bestimmten Temperatur. Wesentlicher Teil dieses Schalters ist ein Bimetallstreifen. Er besteht aus zwei verschiedenen Metallen, die fest miteinander verschweißt, verklebt oder vernietet sind.

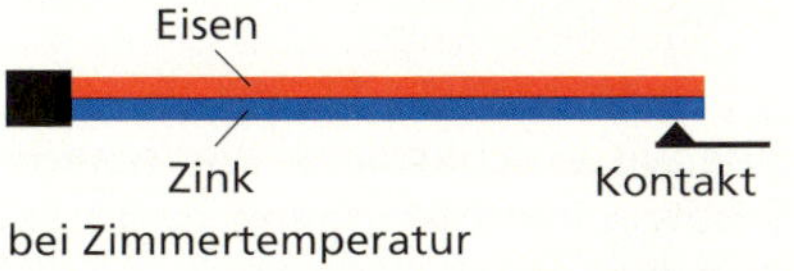

bei Zimmertemperatur

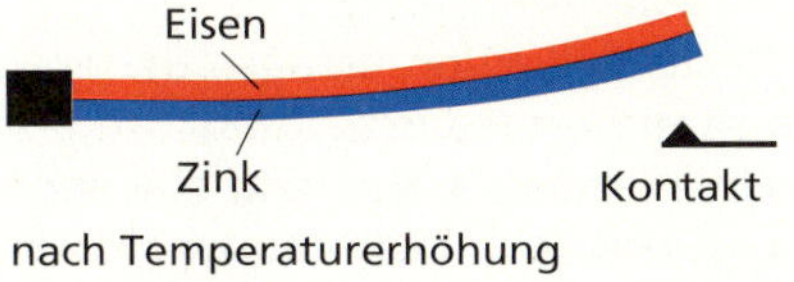

nach Temperaturerhöhung

Ändert sich die Temperatur, so ändert sich auch die Länge des Bimetallstreifens, denn für alle festen Körper gilt das Gesetz:
Wenn sich die Temperatur des Körpers ändert, so ändert sich auch seine Länge.
Die beiden Metalle des Bimetallstreifens (z. B. Eisen und Zink) dehnen sich bei gleicher Temperaturänderung unterschiedlich stark aus. Da beide Metallstreifen fest miteinander verbunden sind, biegt sich der Bimetallstreifen bei Temperaturänderung und öffnet bzw. schließt einen elektrischen Kontakt.

Voraussagen

Beim Voraussagen wird auf der Grundlage von Gesetzen und Modellen unter Berücksichtigung entsprechender Bedingungen eine Folgerung in Bezug auf eine Erscheinung abgeleitet und zusammenhängend dargestellt.

Gehe beim Voraussagen folgendermaßen vor:
- Beschreiben wesentlicher Seiten der Erscheinung,
- Nennen von Gesetzen und Modellen, die der Erscheinung zugrunde liegen,
- Ableiten von Folgerungen für die Erscheinung.

Voraussagen werden in der Praxis (durch Experimente) überprüft.

Ein Mädchen steht auf einem Skateboard und wirft einen schweren Medizinball so weg, wie es skizziert ist.
Sage voraus, was passieren wird!

Zunächst steht das Mädchen mit dem Medizinball auf dem Skateboard. Beide befinden sich in Ruhe. Dann wirft das Mädchen den Medizinball nach hinten weg. Dazu muss das Mädchen eine Kraft in Bewegungsrichtung des Medizinballs aufwenden.
Nach dem *Wechselwirkungsgesetz* muss es zu *jeder Kraft eine gleich große und entgegengesetzt gerichtete Gegenkraft* geben, wenn Körper aufeinander einwirken. Deshalb wirkt eine Kraft entgegen der Bewegungsrichtung des Medizinballs. Diese Kraft führt nach dem newtonschen Grundgesetz zu einer Beschleunigung des Mädchens mit dem Skateboard. Das Mädchen bewegt sich nach dem Abwurf des Medizinballs mit dem Skateboard in entgegengesetzter Richtung weg.

Eine wissenschaftliche Voraussage beruht immer auf der Grundlage von Gesetzen und Modellen und hat nichts mit Spekulationen zu tun. Der Wahrheitswert einer Voraussage oder Prognose kann trotzdem unterschiedlich sein.
Wird z. B. die Voraussage auf der Grundlage eines bekannten und vielfach bestätigten Gesetzes getroffen, so ist die Voraussage mit hoher Wahrscheinlichkeit wahr. Sind alle zugrunde liegenden Gesetze sehr komplex und nicht alle Wirkungsbedingungen bekannt, so kann die Voraussage auch unsicher sein. Das ist nicht selten bei Wettervorhersagen der Fall.

Vergleichen

> Beim Vergleichen werden Gemeinsamkeiten und Unterschiede von zwei oder mehreren Vergleichsobjekten (z. B. Körper, Stoffe, Vorgänge) ermittelt und dargestellt.

Da ein Vergleich in der Regel einen Zweck verfolgt, kann man aus den zusammengestellten Fakten meist eine Schlussfolgerung ableiten.

■ *Vergleiche den Aufbau des menschlichen Auges mit dem eines Fotoapparats!*

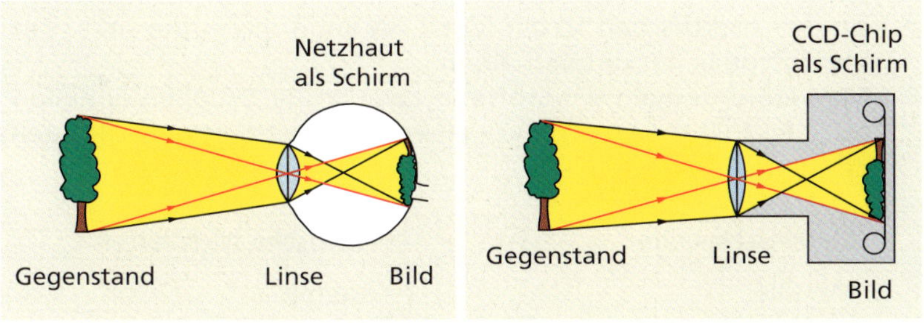

Mit Auge und Fotoapparat werden Bilder von Gegenständen erzeugt. Der *Aufbau* weist Gemeinsamkeiten und Unterschiede auf.

Gemeinsamkeiten:
Prinzipiell besitzen Auge und Fotoapparat als optische Systeme eine Linse und einen Schirm. Mit der Linse werden jeweils reelle Bilder auf dem Schirm erzeugt.
Unterschiede:
Die Unterschiede bestehen
- in der Zusammensetzung der Linsen bzw. des Linsensystems und
- in der Art des Schirms (Netzhaut, CCD-Chip).

Auge und Fotoapparat besitzen aus optischer Sicht einen analogen physikalischen Aufbau.

▶ Gehe beim Vergleichen folgendermaßen vor:
- Wählen geeigneter Kriterien für den Vergleich,
- Nennen von Gemeinsamkeiten und Unterschieden,
- Ableiten von Schlussfolgerungen.

Vergleichen bedeutet immer das Herausarbeiten von Gemeinsamkeiten oder Unterschieden bezüglich bestimmter Aspekte. Beim oben genannten Beispiel des Vergleichs von Auge und Fotoapparat wird der Aufbau miteinander verglichen. Mögliche andere Aspekte sind der Vergleich der Wirkungsweise oder der Vergleich bestimmter Eigenschaften.

■ *Vergleiche die elektrische Leitfähigkeit verschiedener Metalle miteinander!*
Die *Gemeinsamkeit* besteht darin, dass alle Metalle den elektrischen Strom relativ gut leiten.
Die Unterschiede bestehen darin, dass z. B. Silber, Kupfer, Gold oder Aluminium den elektrischen Strom sehr gut leiten, die Leitfähigkeit von Eisen, Blei, Konstantan oder Quecksilber dagegen deutlich geringer ist.

1

Klassifizieren

> Beim Klassifizieren werden verschiedene Objekte aufgrund gemeinsamer und unterschiedlicher Merkmale in Klassen eingeteilt. Alle Objekte, die bestimmte gemeinsame Merkmale besitzen, werden zu einer Klasse zusammengefasst. Dazu ist ein Vergleich der Objekte notwendig. Die Klassen werden benannt und es entstehen Begriffssysteme.

▶ Gehe beim Klassifizieren folgendermaßen vor:
- Untersuchen und Vergleichen der Eigenschaften von Objekten,
- Zusammenfassen der Objekte mit gemeinsamen Eigenschaften,
- Bezeichnen der Gruppen bzw. Klassen von Objekten.

Klassifiziere die verschiedenen Stoffe hinsichtlich ihrer elektrischen Leitfähigkeit!
Untersucht man experimentell verschiedene Stoffe danach, wie gut sie den elektrischen Strom leiten, so kann man gute und schlechte elektrische Leiter unterscheiden.
Man kann deshalb die Stoffe in zwei große Gruppen einteilen und als „elektrische Leiter" bzw. „elektrische Nichtleiter" (Isolatoren) bezeichnen.

Elektrische Leiter	Elektrische Nichtleiter
Metalle leuchtende Gase wässrige Lösungen von Säuren, Basen und Salzen	Keramik Kunststoffe Glas Gummi nicht leuchtende Gase

Definieren

> Beim Definieren wird ein Begriff durch die Festlegung wesentlicher, gemeinsamer Merkmale eindeutig bestimmt und von anderen Begriffen unterschieden.

▶ Beim Definieren kann man häufig folgendermaßen vorgehen:
- Nennen des Oberbegriffs,
- Nennen artbildender Merkmale.

Definiere den Begriff „mechanische Schwingung"!
Eine mechanische Schwingung ist eine zeitlich periodische Bewegung eines Körpers um eine Ruhelage.
Oberbegriff: Bewegung
artbildende Merkmale:
- zeitlich periodisch
- um eine Ruhelage

Das Definieren von Begriffen kann z. B. auch durch Aufzählen erfolgen. Um den Begriff „elektrische Bauelemente" zu definieren, kann man aufzählen, welche Bauelemente man dazu zählt.

Elektrische Bauelemente sind elektrische Quellen, Widerstände, Glühlampen, Schalter, Spulen, Kondensatoren, Dioden und Transistoren.
Manchmal unterscheidet man auch zwischen elektrischen und elektronischen Bauelementen.

1

Erläutern

> Beim Erläutern wird versucht, einem anderen Menschen einen naturwissenschaftlichen Sachverhalt (z.B. Vorgänge, Gesetze, Begriffe, Arbeitsweisen) verständlich, anschaulich, begreifbar zu machen.

Für alle Körper, die mit einer konstanten Kraft beschleunigt werden, gilt das unten stehende Diagramm.

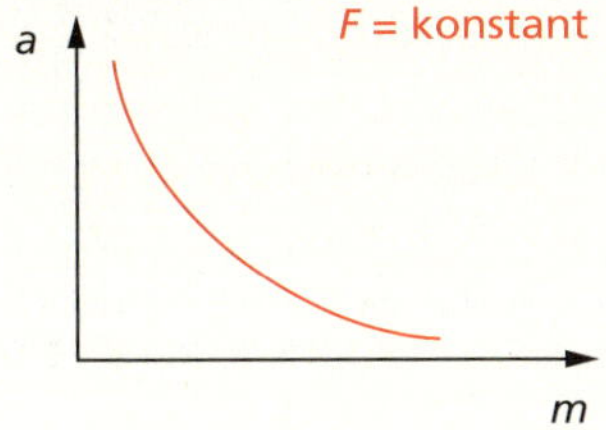

Erläutere den gesetzmäßigen Zusammenhang zwischen der Beschleunigung eines Körpers und seiner Masse an einem praktischen Beispiel!
Das Diagramm zeigt, dass bei einer konstanten Kraft die Beschleunigung eines Körpers umso größer ist, je kleiner seine Masse ist. Das ist z.B. beim Anfahren eines beladenen und eines unbeladenen Lkw mit gleicher Antriebskraft festzustellen. Da die Masse des unbeladenen Lkw kleiner ist als die des beladenen Lkw, ist die Beschleunigung des unbeladenen Lkw größer als die des beladenen Lkw. Der unbeladene Lkw kann z.B. an einer Kreuzung schneller anfahren.

Beim Erläutern kann man folgendermaßen vorgehen:
- Darstellen des Sachverhalts (z.B. des Gesetzes),
- Nennen von Beispielen,
- Darstellen, wie allgemeine Sachverhalte (z.B. Gesetze) in den Beispielen wirken.

Begründen

> Beim Begründen wird ein Nachweis geführt, dass eine Aussage richtig oder zweckmäßig ist. Dazu müssen Argumente, z.B. Beobachtungen, Gesetze, Eigenschaften von Körpern und Stoffen, angeführt werden.

Begründe, warum man einen Pkw, der defekte Bremsen hat, nicht mit einem Seil abschleppen darf!
Beim Abschleppen eines Pkw mit defekten Bremsen durch einen anderen Pkw muss die Bremskraft dieses abschleppenden Pkw auf das defekte Fahrzeug übertragen werden, sonst würde der defekte Pkw beim Anhalten aufgrund des Trägheitsgesetzes weiterrollen. Ein Seil kann diese Kraft nicht übertragen. Dafür ist eine Abschleppstange oder ein spezielles Abschleppfahrzeug notwendig.

Beim Begründen kann man folgendermaßen vorgehen:
- Darstellen eines Sachverhalts, einer Maßnahme, einer Vorschrift u.Ä.,
- Nennen naturwissenschaftlicher Argumente.

Im Unterschied zum Erklären (↗ S. 42) werden stets Aussagen begründet. Während beim Erklären immer auf Gesetze oder Modelle zurückgegriffen wird, können Begründungen objektiv oder subjektiv sein.

Interpretieren

> Beim Interpretieren wird einer verbalen Aussage, einem Zeichensystem (z. B. einer mathematischen Gleichung oder Proportionalität) oder einer grafischen Darstellung (z. B. einem Diagramm) eine auf die Natur bezogene inhaltliche Bedeutung gegeben.

Insbesondere beim **Interpretieren von Gleichungen und Diagrammen** wird den Zeichen und Symbolen sowie den dargestellten Sachverhalten eine physikalische Bedeutung zugeordnet.
In der Physik ist es häufig erforderlich, eine gegebene Gleichung zu interpretieren. Dabei geht es darum, die in der Gleichung enthaltenen Zusammenhänge zu erfassen und eventuell auch Folgerungen daraus abzuleiten.

Gehe beim Intepretieren einer Gleichung folgendermaßen vor:
- Nennen der physikalischen Größen und Bedingungen für die Gültigkeit,
- Ableiten von Zusammenhängen aus der mathematischen Struktur,
- Ableiten praktischer Folgerungen.

Interpretiere die Gleichung $W = F \cdot s$ zur Berechnung der mechanischen Arbeit!
Die Gleichung $W = F \cdot s$ beschreibt Zusammenhänge zwischen der mechanischen Arbeit W, der wirkenden Kraft F und dem zurückgelegten Weg s. Die Gleichung gilt unter der Bedingung, dass die Kraft konstant ist und in Richtung des Wegs wirkt.
Unter der Bedingung, dass die Kraft konstant ist, gilt:
$W \sim s$, d. h., je größer der Weg ist, desto größer ist die verrichtete mechanische Arbeit. Dies tritt z. B. auf, wenn man mit einer Einkaufstasche statt in den 2. Stock in den 5. Stock eine Treppe hochsteigt.
Unter der Bedingung, dass der Weg konstant ist, gilt:
$W \sim F$, d. h., je größer die Kraft ist, desto größer ist die Arbeit. Dies tritt z. B. auf, wenn man statt mit einer mit zwei Einkaufstaschen in den 2. Stock eine Treppe hochsteigt.

Physikalische Zusammenhänge werden häufig in Form von Diagrammen dargestellt. Beim Interpretieren von Diagrammen kommt es vor allem darauf an, den Zusammenhang zwischen den beiden auf den Achsen aufgetragenen Größen zu erfassen.

In einem Experiment wurde die *I*-*U*-Kennlinie einer Glühlampe aufgenommen.

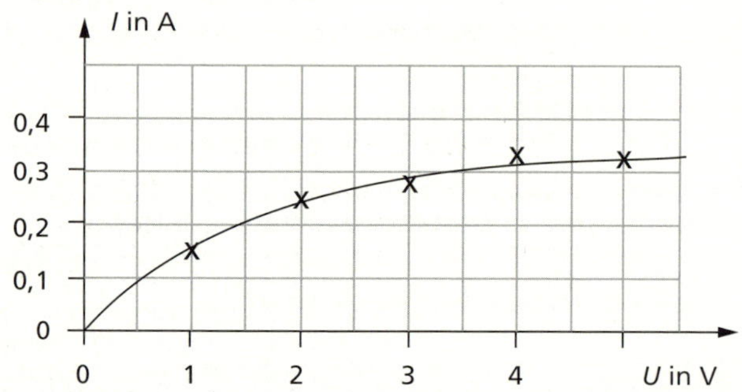

Interpretiere dieses Diagramm!

Die Kennlinie der Glühlampe stellt den Zusammenhang zwischen der elektrischen Stromstärke I und der Spannung U dar. Mit größerer Spannung steigt die Stromstärke durch die Glühlampe, jedoch liegt *keine* direkte Proportionalität vor. Die Spannung steigt stärker als die Stromstärke. Daraus kann man ableiten, dass der Widerstand der Lampe mit steigender Spannung größer wird. Das hängt damit zusammen, dass mit steigender Stromstärke auch die Temperatur des Glühfadens steigt. Das hat folgende Konsequenz: Im Moment des Einschaltens hat der Glühfaden Zimmertemperatur. Sein Widerstand ist klein. Damit ist beim Einschalten einer Glühlampe die Stromstärke wesentlich größer als im Betriebszustand. Das ist eine Ursache dafür, dass Glühlampen meist beim Einschalten kaputtgehen.

Gehe beim Interpretieren eines Diagramms folgendermaßen vor:
- Nennen der physikalischen Größen, die auf den Achsen abgetragen sind,
- Beschreiben des Zusammenhangs unter Beachtung der Bedingungen,
- Ableiten praktischer Folgerungen.

Beobachten

Beim Beobachten werden gezielt Erscheinungen in der Natur mit Sinnesorganen wahrgenommen, um deren Eigenschaften, Merkmale, räumliche Beziehungen oder zeitliche Abfolgen sowie Veränderungen in den Erscheinungen zu erkennen. Zum Teil werden auch technische Geräte (z. B. Fernrohr, Mikroskop) als Hilfsmittel für die Beobachtung genutzt.

Das Beobachten ist in der Regel mit dem Beschreiben des Beobachteten verbunden.

Beobachte den Ablauf einer Sonnenfinsternis!

Die Fotografien zeigen das, was man beobachten kann. Die Beobachtung kann man mit Worten beschreiben, z. B. in folgender Weise: Bei einer Sonnenfinsternis fällt der Schatten des Monds auf die Erdoberfläche. Der Mond befindet sich dabei zwischen Sonne und Erde. Je nach der Stellung des Monds sieht man nur noch einen Teil der Sonne, oder er verdeckt sie ganz. Wegen der Bewegung des Monds und der Erde ändert sich die Form des sichtbaren Teils der Sonne ständig. Der gesamte Vorgang dauert mehrere Stunden.

1

Beim Beobachten kann man zwischen **unmittelbaren** und **mittelbaren** sowie **direkten** und **indirekten** Beobachtungen unterscheiden.

Unmittelbare Beobachtung	Mittelbare Beobachtung
Beobachtung nur mithilfe der Sinnesorgane des Menschen	Beobachtung mit Hilfsmitteln wie Lupe, Mikroskop, Fernrohr, Messgeräten

Direkte Beobachtung	Indirekte Beobachtung
Der Mensch nimmt Eigenschaften mit oder ohne Hilfsmittel direkt wahr.	Der Mensch nimmt Eigenschaften nur über spezielle Verfahren, z. B. Nachweisreaktionen, wahr.

Messen

Beim Messen wird der Wert einer Größe, d. h. der Ausprägungsgrad einer Eigenschaft, mithilfe eines Messgeräts dadurch bestimmt, dass die zu messende Größe mit einer festgelegten Einheit verglichen wird.

Dazu wird in der Regel eine Messvorschrift festgelegt.

Miss das Volumen einer Flüssigkeit mit einem Messzylinder!

Messvorschrift für die Volumenmessung mit Messzylindern:

1. Schätze das Volumen des Körpers! Wähle einen geeigneten Messzylinder aus!
2. Fülle die Flüssigkeit in den Messzylinder, stelle ihn auf eine waagerechte Unterlage!
3. Bringe deine Augen in Höhe der Flüssigkeitsoberfläche! Lies den Stand an der tiefsten Stelle der Oberfläche ab!

Werden z. B. 8 ml Flüssigkeit gemessen, bedeutet das, dass der Wert der Größe Volumen das Achtfache der Einheit 1 ml, also 8 · 1 ml, beträgt.

Messgeräte haben einen bestimmten **Messbereich** und eine bestimmte **Messgenauigkeit.** Die Messgenauigkeit gibt an, mit welchem **Messfehler** der Messwert behaftet ist. Messwerte sind stets nur Näherungswerte für den wahren Wert der Größe.
Um Messfehler möglichst gering zu halten, nimmt man häufig eine ganze Reihe von Messwerten – eine **Messwertereihe** – auf und bildet den Mittelwert der Größe.
Dadurch können zufällige Schwankungen der Messwerte um den wahren Wert der Größe berücksichtigt werden.

Hinweise zu Messfehlern sind auf S. 63 ff. gegeben.

In einem Experiment zur Bestimmung der Fallbeschleunigung mit einem Fadenpendel soll die Zeit für jeweils 10 Schwingungen bestimmt werden.

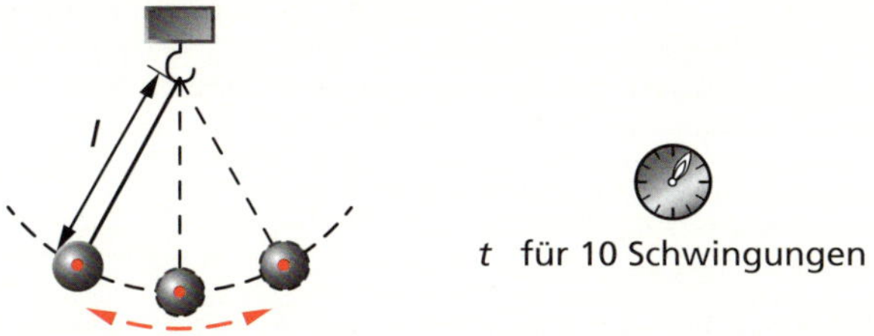

Dazu werden fünf Messungen durchgeführt und der Mittelwert gebildet: $\overline{t} = 1{,}62$ s.

Den Mittelwert berechnet man, indem man alle Messwerte addiert und durch die Anzahl der Messungen dividiert.

Messung Nr.	*t* für 10 Schwingungen
1	16,4 s
2	16,1 s
3	16,2 s
4	16,0 s
5	16,3 s

Experimentieren

Das Experimentieren ist eine sehr komplexe Tätigkeit, die in verschiedenen Etappen beim Erkennen und Anwenden von Naturgesetzen auftritt. Das Ziel eines Experiments besteht darin, eine Frage an die Natur zu beantworten. Dazu wird eine Erscheinung der Natur unter ausgewählten, konkreten, kontrollierten und veränderbaren Bedingungen beobachtet und ausgewertet. Die Bedingungen und damit das gesamte Experiment müssen wiederholbar sein.

Beim Experimentieren wird eine Erscheinung der Natur unter ausgewählten, kontrollierten, wiederholbaren und veränderbaren Bedingungen beobachtet und ausgewertet.

Mit Experimenten werden z. B. Zusammenhänge zwischen Größen untersucht. Das dient dem Erkennen von Naturgesetzen. Andererseits können bei Experimenten Gesetze angewendet werden, um z. B. den Wert von Größen (Konstanten) zu bestimmen.

1

Ablauf eines Experiments	Ein Beispiel aus der Physik

1. Vorbereiten des Experiments
Zunächst ist zu überlegen,
- welche Größen zu messen sind,
- welche Größen verändert und welche konstant gehalten werden,
- welche Gesetze angewendet werden können.

Dann ist eine Experimentieranordnung zu entwerfen, mit der die gewünschten Größen gemessen und Beobachtungen gemacht werden können. Dabei sind auch die zu nutzenden Geräte und Hilfsmittel festzulegen. In der Planungsphase ist auch zu überlegen, wie das Experiment ausgewertet werden soll, da das mitunter Einfluss auf die Experimentieranordnung und die Messgeräte hat. Mögliche Fehlerquellen sollten schon in der Planungsphase bedacht werden, weil dies Einfluss auf die Durchführung und Auswertung hat.

Untersuche experimentell Unterschiede zwischen der Leerlaufspannung und der Klemmenspannung von elektrischen Quellen!
Zu messende Größen:
- Leerlaufspannung U_L
- Klemmenspannung U_K

Es werden Leerlaufspannung und Klemmenspannung für verschiedene elektrische Quellen gemessen und miteinander verglichen. Als Bauelement wird ein ohmscher Widerstand verwendet.

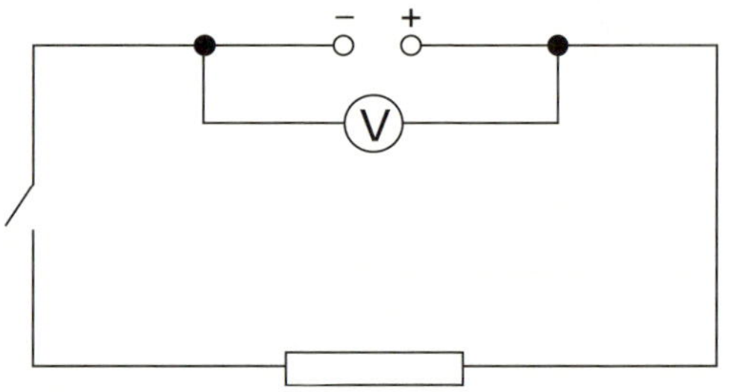

2. Durchführen des Experiments
Die Experimentieranordnung ist nach der Planung aufzubauen.
Die gewünschten Messwerte und Beobachtungen werden registriert und protokolliert. Dazu werden häufig Messwertetabellen angefertigt.

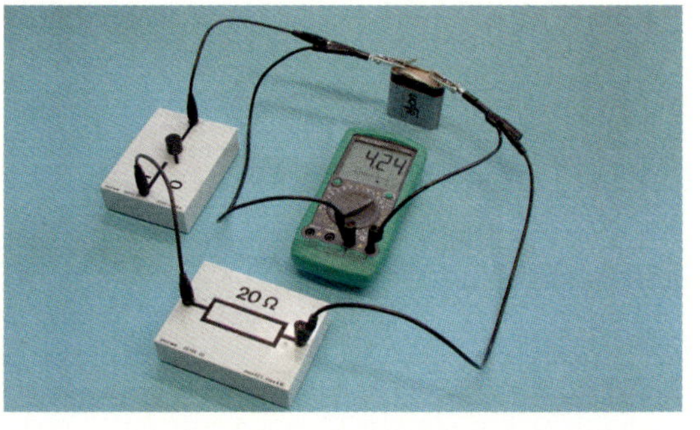

3. Auswerten des Experiments
Die protokollierten Messwerte und Beobachtungen werden ausgewertet. Dazu werden häufig Diagramme angefertigt und Berechnungen durchgeführt.
In Bezug auf die experimentelle Frage wird ein Ergebnis formuliert.
Häufig werden Fehlerbetrachtungen zur Genauigkeit der Messungen und Beobachtungen durchgeführt.
Das experimentelle Ergebnis wird unter Berücksichtigung der Fehlerbetrachtungen bewertet.

Elektrische Quelle	U_L in V	U_K in V
Monozelle	1,5	1,3
Flachbatterie	4,5	4,0
Stromversorgungsgerät	8,0	7,5

Bei allen im Experiment untersuchten elektrischen Quellen ist die Klemmenspannung kleiner als die Leerlaufspannung:

$U_K < U_L$

Protokoll des Experiments

Name: *Tobias Musterschüler* **Klasse:** 7a **Datum:** 15. 11. 20…

Aufgabe:
Welcher Zusammenhang besteht zwischen der Verlängerung *s* einer Feder und der an ihr angreifenden Kraft *F*?

Vorbereitung:

Größe 1: Kraft *F*
Größe 2: Verlängerung *s*

Messgerät 1: Federkraftmesser
Messgerät 2: Lineal

Weitere Geräte und Hilfsmittel:
- eine Schraubenfeder
- verschiedene Hakenkörper
- Stativmaterial

Experimentieranordnung

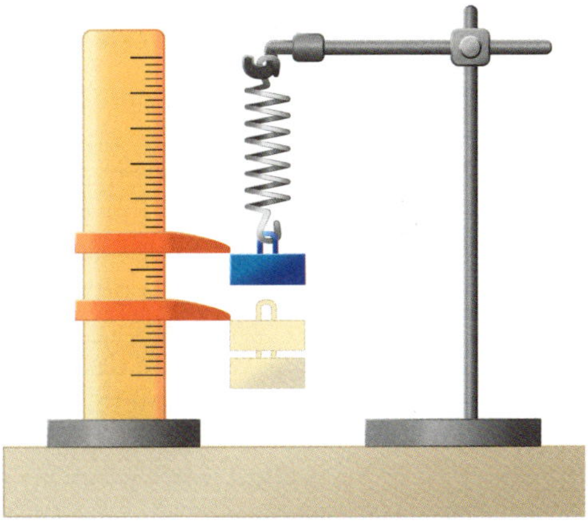

Durchführung und Auswertung:

Messwertetabelle:

F in N	*s* in cm	$\frac{F}{s}$ in $\frac{\text{N}}{\text{cm}}$
0	0	–
1	0,8	1,25
2	1,7	1,18
3	2,4	1,25
4	3,3	1,21
5	4,1	1,22
6	4,7	1,28

Aus der Messwertereihe und aus dem Diagramm kann man für die Feder erkennen:

$s \sim F$ oder $\frac{F}{s}$ = konstant

Diagramm:

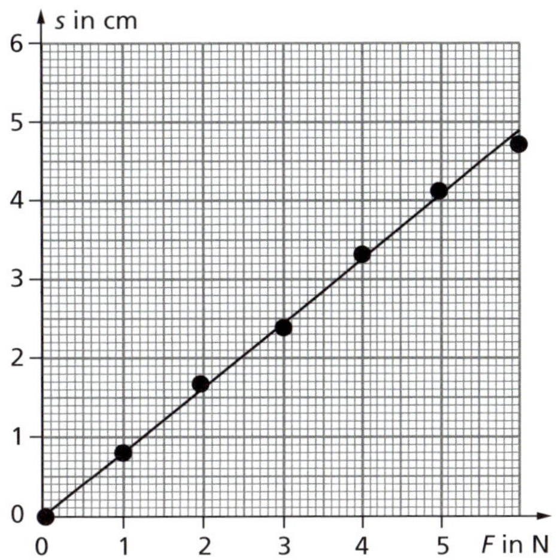

Ergebnis:
Zwischen der Verlängerung der Feder *s* und der an ihr angreifenden Kraft *F* besteht ein direkt proportionaler Zusammenhang.

1

Auswertung von Messreihen mit dem Computer

Genutzt werden kann ein Tabellenkalkulationsprogramm, z. B. das Programm **MS Excel.**

Für zwei verschiedene Federn und ein Gummiband wird die Verlängerung in Abhängigkeit von der wirkenden Kraft untersucht. Die Messwerte sind in der folgenden Messwertetabelle erfasst:

F in N	0	0,5	1,0	1,5	2,0	2,5
s_1 in cm	0	0,9	1,7	2,4	3,1	4,1
s_2 in cm	0	0,35	0,75	1,15	1,55	1,95
s_3 in cm	0	0	0,25	0,5	0,75	0,8

Gilt für die beiden Federn und für das Gummiband das hookesche Gesetz $F = D \cdot s$? Um zu erkennen, ob das hookesche Gesetz gilt, gibt es zwei Möglichkeiten:

a) Es wird der Quotient aus der wirkenden Kraft und der Verlängerung der Feder bzw. des Gummibands gebildet. Ist dieser Quotient konstant, so gilt das hookesche Gesetz.
b) Es wird ein Dehnungsdiagramm gezeichnet. Ist der Graph eine Gerade, die durch den Koordinatenursprung verläuft, so gilt das hookesche Gesetz.

Beide Möglichkeiten kannst du mit einem Computer in einem **Tabellenkalkulationsprogramm** realisieren.

Darstellen der Messwerte in einer Tabelle und Berechnen der jeweiligen Federkonstanten

Der Quotient aus der **Kraft F** und der **Dehnung s** ist die **Federkonstante D:**

$$D = \frac{F}{s}$$

Bei einer elastischen Feder ist die Federkonstante D immer gleich groß.

1. Öffne das Tabellenkalkulationsprogramm.
2. Trage in die erste Zeile den Kopf der Tabelle ein.
   Der Tabellenkopf kann farbig, die Schrift fett gestaltet werden. Dazu musst du die jeweiligen Zellen markieren und im Menü „Format" die entsprechenden Einstellungen vornehmen.
3. Speichere die Daten, z. B. unter dem Dateinamen „Feder 1".
4. Gib die Messwerte für die Kraft und die Dehnung ein.
5. Wenn du die Berechnung vornehmen willst, kannst du so vorgehen:
   - Markiere das Feld C3.
   - Klicke im Menü auf das Gleichheitszeichen und gib die Rechenoperation A3/B3 ein. Drücke „Enter".
   - Wiederhole das für die Felder C4 bis C7.

Als Ergebnis erhältst du eine Tabelle, so wie sie rechts dargestellt ist.
Analog erhältst du die entsprechenden Tabellen für Feder 2 und für das Gummiband.

	A	B	C
1	**Kraft F in N**	**Dehnung s in cm**	**Federkonstante D in N/cm**
2	0	0	0
3	0,5	0,9	0,56
4	1,0	1,7	0,59
5	1,5	2,4	0,63
6	2,0	3,1	0,65
7	2,5	4,1	0,61

Darstellen der Messwerte in einem Diagramm

Die Messwerte können auch in einem Diagramm dargestellt werden, wenn man ein Tabellenkalkulationsprogramm nutzt. Dabei kann man den Graphen für eine oder auch für mehrere Messreihen in einem Diagramm darstellen. Dabei ist folgendes Herangehen zweckmäßig:

Beachte: Programme zum Erstellen von Diagrammen gibt es in unterschiedlichen Varianten.

1. Trage die Messwerte so in die Tabelle ein, wie es rechts dargestellt ist. Der Tabellenkopf kann farbig oder fett gestaltet werden.
2. Markiere alle Messwerte (Felder A2 bis D7).

	A	B	C	D
1	**Kraft *F* in N**	**Dehnung Feder 1 in cm**	**Dehnung Feder 2 in cm**	**Dehnung Gummi in cm**
2	0	0	0	0
3	0,5	0,9	0,35	0
4	1,0	1,7	0,75	0,25
5	1,5	2,4	1,15	0,5
6	2,0	3,1	1,55	0,75
7	2,5	4,1	1,95	0,8

3. Rufe den Diagrammassistenten durch Klicken auf das entsprechende Symbol in der Menüleiste auf. Wähle „Punkt (X,Y)" und dort das Diagramm „Punkte mit interpolierten Linien". Drücke auf „Weiter".
4. Du kannst dem Diagramm eine Überschrift geben (Diagrammtitel) und die beiden Achsen beschriften. Drücke dann auf „Weiter".

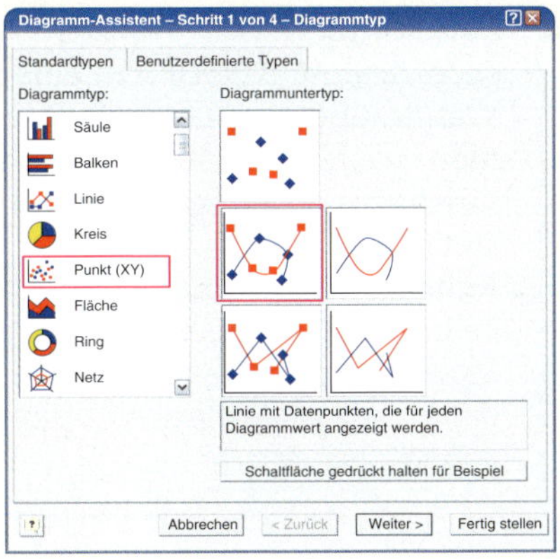

Man erhält dann ein Diagramm, so wie es unten dargestellt ist. Die Farben der Graphen und der Flächen können beliebig verändert werden.

Aus dem Diagramm ist erkennbar:

- Beide Federn genügen näherungsweise dem hookeschen Gesetz: Dehnung *s* und Kraft *F* sind zueinander proportional.
- Feder 1 ist weicher als Feder 2, da sie bei einer bestimmten Kraft stärker gedehnt wird.
- Für das Gummiband gilt das hookesche Gesetz nicht.

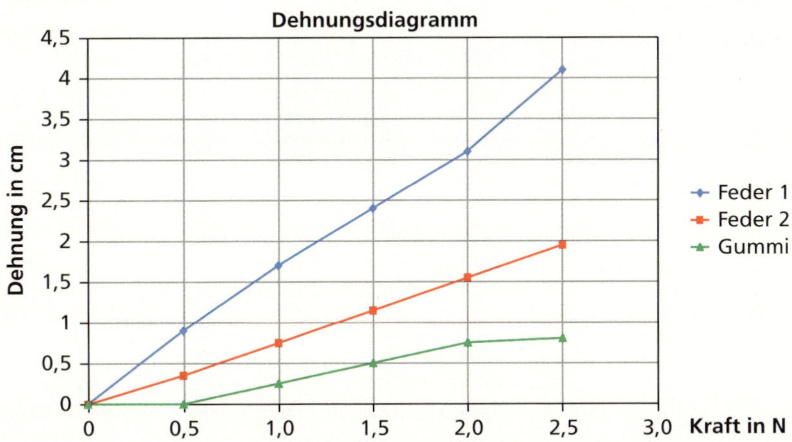

1

1.2.5 Lösen physikalischer Aufgaben

Viele Gesetze in der Physik werden mithilfe von mathematischen Mitteln (Proportionalität, Gleichung, Diagramm, ↗S. 28) beschrieben. Deshalb können auch viele physikalische Aufgaben unter Nutzung mathematischer Mittel gelöst werden. Das prinzipielle Vorgehen beim Lösen verschiedener physikalisch-mathematischer Aufgaben ist gleich und entspricht dem Vorgehen beim Anwenden physikalischer Gesetze (↗S. 34). Lediglich in der Phase, in der mit mathematischen Mitteln das Ergebnis ermittelt wird, unterscheidet sich das Vorgehen.

Lösen physikalischer Aufgaben durch inhaltlich-logisches Schließen

Beim Lösen physikalischer Aufgaben durch inhaltlich-logisches Schließen werden die Eigenschaften proportionaler Zusammenhänge zwischen physikalischen Größen zum Berechnen genutzt. Häufig müssen auch noch die Werte physikalischer Größen unter Nutzung der physikalischen Bedeutung der Größe interpretiert werden.

Eine Gruppe von Wanderern trifft sich um 9.00 Uhr zu einer Wanderung. Um 12.00 Uhr hat man in einer 10 km entfernten Raststätte Mittagessen bestellt.
Können die Wanderer rechtzeitig zum Mittagessen an der Raststätte sein, wenn sie mit einer Geschwindigkeit von 4 km/h wandern?

▶ Das Erste und Wichtigste bei der Lösung jeder physikalischen Aufgaabe ist die physikalische Analyse des Sachverhalts.

Analyse:
Die Wanderer werden physikalisch als Körper betrachtet, der sich mit einer konstanten Geschwindigkeit von 4 km/h bewegt. Um die Frage zu beantworten, kann der Weg ermittelt werden, den der Körper von 9.00 Uhr bis 12.00 Uhr, also in 3 Stunden, zurücklegt.

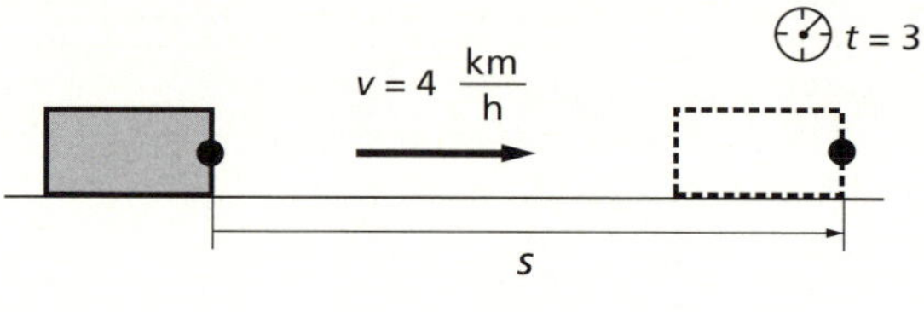

Gesucht: s
Gegeben: $t = 3\ \text{h}$
$v = 4\ \text{km/h}$

Lösung:
Eine Geschwindigkeit von 4 km/h bedeutet, dass der Körper in jeder Stunde einen Weg von 4 km zurücklegt. In 3 Stunden kann die Gruppe einen Weg von

$s = 3 \cdot 4\ \text{km}$
$s = 12\ \text{km}$

zurücklegen, denn $s \sim t$.

Ergebnis:
Die Wanderer können rechtzeitig zum Mittagessen die Raststätte erreichen, denn mit einer Geschwindigkeit von 4 km/h können sie in den zur Verfügung stehenden 3 Stunden einen Weg von 12 km zurücklegen.
Da die Raststätte nur 10 km entfernt ist, erreichen sie die Wanderer auf jeden Fall noch vor 12.00 Uhr.

Lösen physikalischer Aufgaben durch Nutzung von Verfahren und Regeln der Gleichungslehre

Beim Lösen solcher Aufgaben werden physikalische Gesetzesaussagen in Form von Gleichungen genutzt und Verfahren und Regeln der Gleichungslehre angewendet. Dies betrifft insbesondere Verfahren zum Lösen von Gleichungssystemen und zum Umformen von Gleichungen.

Ein Artist springt aus 2,0 m Höhe auf ein Schleuderbrett. *Welche Geschwindigkeit hat er beim Auftreffen auf das Schleuderbrett?*

Analyse:
Der Sprung aus 2,0 m Höhe wird als freier Fall betrachtet. Deshalb kann die Geschwindigkeit mithilfe der Gesetze des freien Falls berechnet werden.

Gesucht: v
Gegeben: $h = 2{,}0\ \text{m}$
$g = 9{,}81\ \text{m} \cdot \text{s}^{-2}$

Lösung:
Es werden das Weg-Zeit-Gesetz und das Geschwindigkeit-Zeit-Gesetz des freien Falls angewendet:

$v = g \cdot t$ und $s = \frac{g}{2} \cdot t^2$

$t^2 = \frac{2s}{g}$

$v^2 = g^2 \cdot t^2$

$v^2 = g^2 \cdot \frac{2s}{g}$

$v^2 = 2g \cdot s$

$\underline{v = \sqrt{2g \cdot s}}$

Um solche Aufgaben zu lösen, sollte man sich folgende Fragen überlegen:
1. Wie kann man den Wert einer physikalischen Größe interpretieren?
2. Was für ein Zusammenhang besteht zwischen jeweils zwei Größen im Sachverhalt der Aufgabe?
3. Was folgt aus der Art des Zusammenhangs für die eine Größe, wenn von der anderen Größe Vielfache oder Teile gebildet werden?
4. Auf das Wievielfache bzw. den wievielten Teil ändert sich der Wert einer Größe?
5. Was folgt daraus für die andere Größe?

1

Um solche Aufgaben zu lösen, sollte man folgendermaßen vorgehen:
- Notiere die geltenden Gesetze als Größengleichungen!
- Löse bei mehreren Größengleichungen das Gleichungssystem durch die Substitutions- oder Additionsmethode!
- Forme die Größengleichung dann nach der gesuchten Größe um!
- Setze die Werte für die gegebenen Größen ein und berechne die gesuchte Größe! Rechne, wenn notwendig, Einheiten um! Beachte die Regeln für das Rechnen mit Näherungswerten!

$$v = \sqrt{2 \cdot 9{,}81\,\frac{\text{m}}{\text{s}^2} \cdot 2{,}0\ \text{m}}$$

$$v = \sqrt{39{,}2\,\frac{\text{m}^2}{\text{s}^2}}$$

$$\underline{v = 6{,}3\,\frac{\text{m}}{\text{s}}}$$

Die gerade betrachtete Aufgabe ist ein Beispiel dafür, dass es für die Lösung einer Aufgabe manchmal völlig unterschiedliche Wege gibt. Die genannte Aufgabe lässt sich auch mit einem energetischen Ansatz lösen, so wie das nachfolgend dargestellt ist.

Ein Artist springt aus 2,0 m Höhe auf ein Schleuderbrett.
Welche Geschwindigkeit hat er beim Auftreffen auf das Schleuderbrett?

Analyse:
Es wird davon ausgegangen, dass der Artist in 2,0 m Höhe eine bestimmte potenzielle Energie hat. Beim Herabspringen wird diese potenzielle Energie vollständig in kinetische Energie umgewandelt.

Gesucht: v
Gegeben: $h = 2{,}0$ m
$g = 9{,}81\ \text{m} \cdot \text{s}^{-2}$

Lösung:
Es ergibt sich der folgende energetische Ansatz:
Die ursprüngliche potienzielle Energie ist genauso groß wie die kinetische Energie beim Auftreffen auf das Schleuderbrett.

$$E_{pot} = E_{kin}$$

$$m \cdot g \cdot h = \frac{1}{2} m \cdot v^2 \qquad \Big| \cdot \frac{2}{m}$$

$$2\,g \cdot h = v^2$$

$$v = \sqrt{2g \cdot h}$$

$$v = \sqrt{2 \cdot 9{,}81\,\frac{\text{m}}{\text{s}^2} \cdot 2{,}0\ \text{m}}$$

$$\underline{v = 6{,}3\,\frac{\text{m}}{\text{s}}}$$

Ergebnis:
Der Artist trifft mit einer Geschwindigkeit von $6{,}3\ \text{m} \cdot \text{s}^{-1}$ auf das Schleuderbrett auf.
Bei der Analyse von Aufgaben sollte man stets prüfen, ob es verschiedene Lösungswege gibt, und den rationellsten wählen.

Lösen physikalischer Aufgaben mithilfe grafischer Mittel

Beim Lösen solcher Aufgaben werden physikalische Zusammenhänge in **Diagrammen** dargestellt und diese Diagramme unter physikalischen Gesichtspunkten ausgewertet.

Bei Überholvorgängen ist wichtig, dass der Kraftfahrer den Weg, den er beim Überholen zurücklegt, richtig einschätzt.
Ein roter und ein blauer Pkw fahren zunächst mit 80 km/h. Ab 10 m Abstand beschleunigt der hinten fahrende rote Pkw mit $1{,}2\ \mathrm{m \cdot s^{-2}}$ und überholt den blauen Pkw, bis er 10 m vor diesem wieder einbiegt.
Nach welchem Weg hat der rote den blauen Pkw eingeholt? Welchen Weg hat der rote Pkw beim Überholen insgesamt zurückgelegt?

Analyse:
Die Pkws werden vereinfacht als Massepunkte dargestellt. Die Länge der Fahrzeuge wird dabei zunächst nicht berücksichtigt. Außerdem wird angenommen, dass der blaue Pkw sich gleichförmig geradlinig und der rote Pkw sich gleichmäßig beschleunigt geradlinig bewegen.
Der blaue Pkw hat zu Beginn des Überholvorgangs einen Vorsprung von 10 m, der als Anfangsweg s_0 betrachtet wird. Zum Zeitpunkt t_1 hat der rote Pkw den blauen Pkw eingeholt und den Weg s_1 zurückgelegt. Der gesamte Überholvorgang ist zum Zeitpunkt t_2 abgeschlossen.

Bei dieser Aufgabe muss der Sachverhalt stark vereinfacht werden, um zu einer Lösung zu kommen.

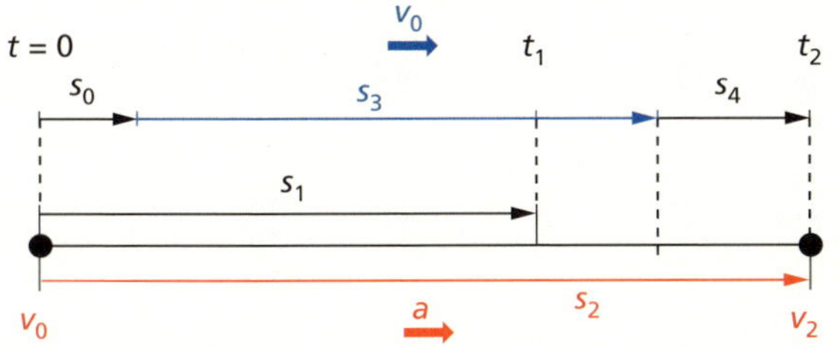

Der rote Pkw legt während des gesamten Überholvorgangs den Weg s_2 zurück. Der blaue Pkw legt in dieser Zeit den Weg s_3 zurück. Der rote Pkw muss außerdem noch einen Vorsprung von $s_4 = 10$ m herausfahren, um den Überholvorgang zu beenden. Damit ergibt sich für die Wege:

$$s_2 = s_0 + s_3 + s_4$$

Gesucht: s_1
s_2

Gegeben: $s_0 = 10\ \mathrm{m}$

$s_4 = 10\ \mathrm{m}$

$v_0 = 80\ \frac{\mathrm{km}}{\mathrm{h}} = 22{,}2\ \frac{\mathrm{m}}{\mathrm{s}}$

$a = 1{,}2\ \frac{\mathrm{m}}{\mathrm{s}^2}$

1

Beim Nutzen grafischer Mittel zum Lösen von Aufgaben sollte man folgendermaßen vorgehen:

- Stelle physikalische Zusammenhänge zwischen Größen in einem **Diagramm** dar!
- Lies aus dem Diagramm wichtige Wertepaare ab!
- Interpretiere den Kurvenverlauf des Diagramms!

Lösung:
Für die **grafische Lösung** wird die Bewegung der Fahrzeuge in einem *s-t*-Diagramm dargestellt.
Für den blauen Pkw gilt das Weg-Zeit-Gesetz:

$$s = v_0 \cdot t + s_0$$

Für den roten Pkw gilt das Weg-Zeit-Gesetz:

$$s = \frac{a}{2} t^2 + v_0 \cdot t$$

Für das Zeichnen des Diagramms ist es günstig, die Wege der Pkws nach einzelnen Zeiten zu berechnen, die Punkte darzustellen und zu verbinden.

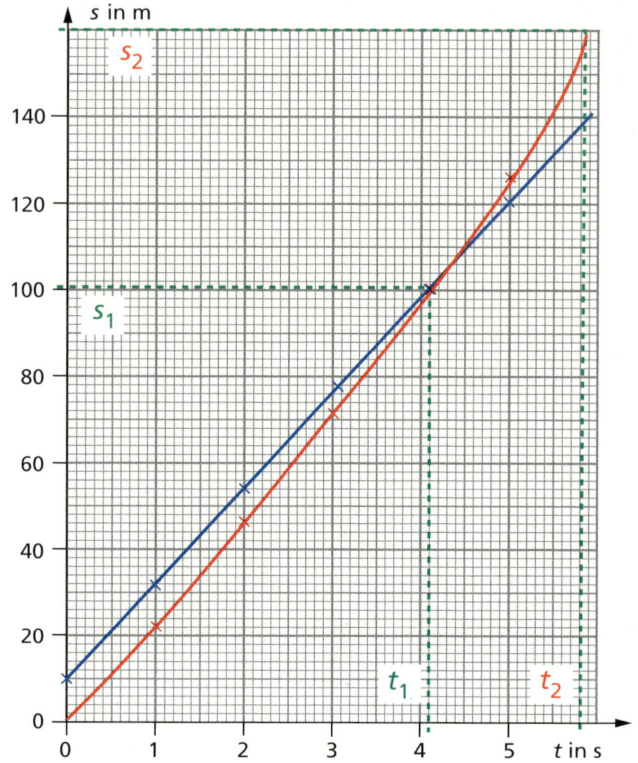

Beachte, dass in Diagrammen auch die Fläche unter einer Kurve oder der Anstieg der Kurve eine physikalische Bedeutung haben können!

Der Schnittpunkt beider Kurven ist der Punkt, an dem der rote Pkw den blauen eingeholt hat. Bei diesem Punkt befinden sich beide Fahrzeuge zum selben Zeitpunkt nebeneinander. Aus dem Diagramm kann man ablesen:

$t_1 \approx 4{,}1$ s $\qquad \underline{s_1 \approx 100 \text{ m}}$

Der Überholvorgang ist dann beendet, wenn der Abstand beider Kurven 10 m beträgt. Man kann aus dem Diagramm dafür ablesen:

$t_2 \approx 5{,}8$ s $\qquad \underline{s_2 \approx 150 \text{ m}}$

Ergebnis:
Nach 100 m Weg hat der rote Pkw den blauen Pkw eingeholt und nach 150 m überholt.

Lösen physikalischer Aufgaben durch geometrische Konstruktionen

Zum Lösen solcher Aufgaben werden die physikalischen Sachverhalte in maßstäblichen Zeichnungen dargestellt. Aus diesen können dann durch geometrische Konstruktionen Schlussfolgerungen gezogen werden.

Um solche Aufgaben zu lösen, gehe folgendermaßen vor:
- Lege einen geeigneten Maßstab für die Größe fest!
- Rechne die physikalischen Größen in Längen um!
- Stelle den Sachverhalt grafisch dar! Beachte dabei die Richtungen vektorieller Größen!
- Bestimme aus der Konstruktion physikalische Größen oder ziehe Schlussfolgerungen!

Bei einem Surfer wirkt senkrecht auf das Segel der Wind und führt zu einer gleichförmigen Bewegung mit der Geschwindigkeit von 5,0 $\frac{m}{s}$. Der Wind weht von West nach Ost. Gleichzeitig gibt es eine Wasserströmung nach Südost mit einer Strömungsgeschwindigkeit von 2,0 $\frac{m}{s}$.
Mit welcher Geschwindigkeit bewegt sich der Surfer?
In welche Richtung bewegt er sich?

Analyse:
Die Bewegung des Surfers ergibt sich aus der Überlagerung der gleichförmigen Bewegungen aufgrund des Windes und der Wasserströmung.
Mithilfe eines maßstäblichen Parallelogramms können der Betrag der Gesamtgeschwindigkeit und die Richtung der Bewegung ermittelt werden.

Gesucht: $\vec{v}$
Gegeben: $v_1 = 5{,}0\ \frac{m}{s}$
$v_2 = 2{,}0\ \frac{m}{s}$
$\alpha = 45°$

Lösung:
Für die maßstäbliche Zeichnung wird vereinbart:

$$1\ \frac{m}{s} \mathrel{\hat{=}} 1\ \text{cm}$$

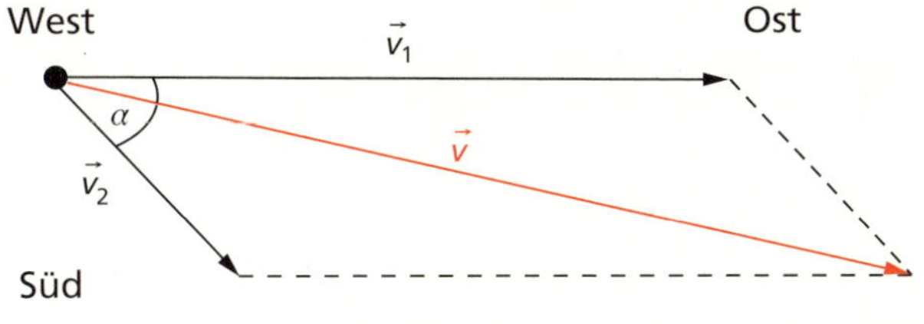

Der Pfeil für die Gesamtgeschwindigkeit ist 6,5 cm lang. Die Gesamtgeschwindigkeit beträgt also ca. 6,5 $\frac{m}{s}$.
Die Richtung der Bewegung entspricht der Richtung des roten Pfeils.

Ergebnis:
Der Surfer bewegt sich mit 6,5 $\frac{m}{s}$ in Richtung Ostsüdost (OSO).

1

Prinzipiell sollte man sein Vorgehen wie bei jedem Experiment wählen (↗ S. 52 ff.).
- Gehe bei der Analyse des Sachverhalts auch hier von physikalischen Gesetzen aus.
- Bestimme die zu messenden Größen!
- Berechne mit den experimentellen Werten die gesuchte Größe!

Lösen physikalischer Aufgaben mit experimentellen Mitteln

In einer Reihe von Fällen ist es erforderlich, den Wert von Größen experimentell zu ermitteln.

Bestimme experimentell die Fallbeschleunigung!

Vorbereitung:
Mithilfe des Weg-Zeit-Gesetzes der gleichmäßig beschleunigten Bewegung kann der Wert für die Fallbeschleunigung experimentell bestimmt werden:

$$s = \frac{g}{2} t^2 \qquad | \cdot \frac{2}{t^2}$$

$$g = \frac{2s}{t^2}$$

Weg und Zeit für den freien Fall eines Körpers müssen gemessen werden, um anschließend die Fallbeschleunigung berechnen zu können. Um einen möglichst genauen Wert für g zu erhalten, sollte die zu messende Fallzeit nicht zu klein sein. Deshalb ist ein möglichst großer Fallweg zu wählen. Die Fallzeit wird mehrmals gemessen und anschließend ein Mittelwert berechnet. Die Auslösung des freien Falls erfolgt mit einem Magnetschalter, die Zeitmessung mit einer elektronischen Uhr.

Durchführung:
Der Fallweg beträgt $s = 0{,}95$ m.

Messung Nr.	Zeit t in s
1	0,43
2	0,42
3	0,46
4	0,44
5	0,45
6	0,42
7	0,44
8	0,43
9	0,46
10	0,45

Auswertung:
Aus der Messreihe kann folgender Mittelwert berechnet werden:

$$\bar{t} = \frac{4{,}4\ \text{s}}{10} = 0{,}44\ \text{s}$$

Für die Fallbeschleunigung erhält man damit:

$$g = \frac{2 \cdot 0{,}95\ \text{m}}{(0{,}44)^2 \cdot \text{s}^2}$$

$$\underline{g = 9{,}8\ \frac{\text{m}}{\text{s}^2}}$$

Der experimentell ermittelte Wert stimmt gut mit dem Tabellenwert (9,81 m/s^2) überein.

Zur Abschätzung der Genauigkeit von Messungen führt man eine **Fehlerbetrachtung** durch (↗ S. 63 ff.).

1

Messabweichungen bei physikalischen Messungen

Jede Messung einer physikalischen Größe ist aus den verschiedensten Gründen mit Fehlern behaftet. Der **Messwert x_i** einer physikalischen Größe weicht vom tatsächlichen Wert der Größe, dem wahren Wert x, mehr oder weniger stark ab.
Um möglichst genaue Messungen durchführen zu können bzw. um die Genauigkeit bereits durchgeführter Messungen einschätzen zu können, muss man die Ursachen für Messfehler, die Größen solcher Fehler und ihre Auswirkungen auf die Genauigkeit des Ergebnisses kennen. Darüber hinaus muss man wissen, wie man in der Formulierung des Ergebnisses die Genauigkeit kenntlich macht.

Die Abweichung eines Messwerts vom wahren Wert wird **Messabweichung** oder **Messfehler** genannt.

> Jede Messung ist mit Fehlern behaftet. Die Messwerte x_i weichen vom wahren Wert x der betreffenden Größe ab.

In der folgenden Übersicht sind Fehlerursachen und Beispiele genannt.

Fehlerursache	Beispiele
Experimentieranordnung	– unzureichende Isolierung bei kalorimetrischen Messungen und damit unkontrollierter Wärmeaustausch mit der Umgebung – Verwendung einer stromrichtigen statt einer spannungsrichtigen Schaltung oder umgekehrt bei der Messung von Spannung und Stromstärke – Vernachlässigung der Widerstände von Zuleitungen bei elektrischen Schaltungen – unzureichende Kompensation der Reibung bei der Untersuchung von Bewegungsabläufen in der Mechanik – Verzögerungen beim Auslösen von Abläufen, die durch die Experimentieranordnung bedingt sind
Messgeräte, Messmittel	– Jedes Messgerät hat nur einen bestimmten Messbereich und eine bestimmte Genauigkeitsklasse bzw. Fertigungstoleranz. – Messmittel wie Wägestücke, Hakenkörper, Widerstände haben ebenfalls Fertigungstoleranzen.
Experimentator	– Ablesefehler bei Messgeräten – Auslösefehler bei Zeitmessungen (Reaktionszeit des Menschen) – Fehler durch eine nicht exakte Handhabung von Messgeräten (z. B. ungenaues Anlegen eines Lineals) – Fehler durch Verwendung unzweckmäßiger Messgeräte (z. B. kleine Wassermenge in großem Messzylinder, Thermometer mit 1°-Teilung bei der Messung kleiner Temperaturunterschiede) – Fehler durch Ablesen an falschen Bezugspunkten (z. B. wird statt des Schwerpunkts eines Körpers seine Unter- oder Oberkante als Bezugspunkt für Entfernungsmessungen gewählt)
Umgebung	– Nichtbeachtung der Temperatur oder von Temperaturschwankungen – Nichtbeachtung des Drucks oder von Druckschwankungen – Schwankungen der Netzspannung, Erschütterungen

1

Messgerät	Maximaler systematischer Fehler
Thermometer 1°-Teilung $\frac{1}{10}$°-Teilung	± 1 K ± 0,1 K
Lineal, Winkelmesser, Messuhren, Uhren, Präzisionswaagen	± 1 % (meist vernachlässigbar)
Brennweite von Linsen, Gitterkonstante eines optischen Gitters	± 1 % (meist vernachlässigbar)
Federkraftmesser	meist Genauigkeitsklasse 2,0 (2,0 %)
Spannungsmesser, Stromstärkemesser	aufgedruckte Genauigkeitsklasse

Je nach ihrem Charakter unterscheidet man zwischen groben, systematischen und zufälligen Fehlern.

▶ Grobe Fehler werden bei Fehlerbetrachtungen nicht berücksichtigt.

Grobe Fehler sind Fehler, die aufgrund eines falschen Aufbaus, ungeeigneter Messgeräte, falschen Ablesens, defekter Messgeräte oder Unachtsamkeit auftreten. Bei sorgfältiger und planmäßiger Arbeit sind grobe Fehler grundsätzlich vermeidbar.

Systematische Fehler sind Fehler, die vor allem durch die Experimentieranordnung oder durch die Messgeräte verursacht werden, aber auch vom Experimentator selbst hervorgerufen werden können. Sie sind teilweise erfassbar (z. B. Gerätefehler), teilweise aber nicht.
Die Fehler von Messgeräten werden über die Genauigkeiten oder die Toleranz erfasst. So bedeutet z. B. bei einem Spannungsmesser die **Genauigkeitsklasse** 2,5 bei einem Messbereich von 10 V: Der maximale systematische Fehler beträgt bei allen Messungen in diesem Messbereich 2,5 % vom Messbereichsendwert, also 2,5 % von 10 V und damit ± 0,25 V. Entsprechend lassen sich auch für andere Messgeräte die maximalen systematischen Fehler angeben (s. Übersicht oben).

▶ Zufällige Fehler haben statistischen Charakter. Bei mehrfacher Messung streuen sie um einen **Mittelwert.**

Zufällige Fehler sind Fehler, die vor allem durch den Experimentator und durch Umwelteinflüsse zustande kommen. Dazu gehören z. B. Ablesefehler bei Messgeräten, Ablesefehler bei Zeitmessungen, ungenaues Einstellen der Schärfe eines Bilds in der Optik u. Ä.
Solche zufälligen Fehler lassen sich teilweise abschätzen, aber nie vollständig erfassen. Für einige dieser Fehler sind in der Übersicht unten Werte angegeben.

Art des zufälligen Fehlers	Größe des zufälligen Fehlers
Ungenaues Ablesen bei Messgeräten mit analoger Anzeige (Skalen)	Hälfte des kleinsten Skalenwertes (z. B. bei einem Lineal mit mm-Teilung: ± 0,5 mm, bei einem Thermometer mit $\frac{1}{2}$°-Teilung: ± 0,25 K)
Ungenauigkeit bei Messgeräten mit digitaler Anzeige (Ziffern)	Abweichung um 1 von der letzten Ziffer (z. B. bei einem elektronischen Thermometer mit der Anzeige 22,8 °C: ± 0,1 K)
Auslösefehler bei handgestoppter Zeit	± 0,25 s (Mittelwert)

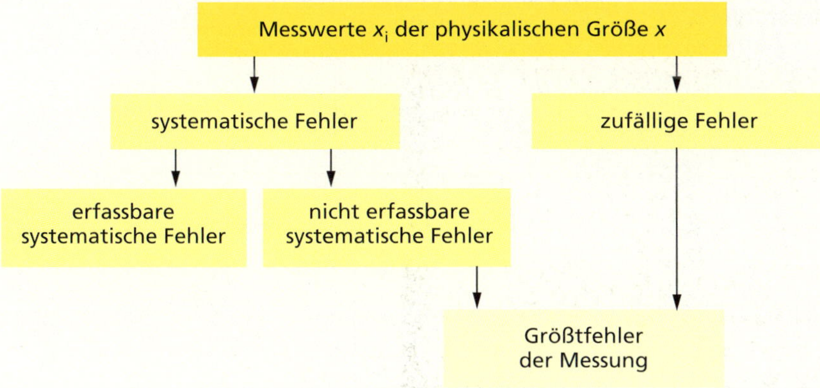

Die Summe aller nicht erfassbaren systematischen und zufälligen Fehler ergibt den Größtfehler der Messung.

Die Angabe des Fehlers erfolgt in Form eines Fehlerintervalls.

Bei einer Spannungsmessung erhält man einen Messwert von 21 V. Aufgrund der Genauigkeitsklasse des Messgeräts beträgt der Fehler ± 1,25 V. Er wird dann so angegeben:

$U = 21\text{ V} \pm 1{,}25\text{ V}$ oder $U = (21 \pm 1{,}25)\text{ V}$

Das bedeutet: Der wahre Wert der Spannung liegt zwischen 19,75 V und 22,25 V.

Sind zwei Größen mit Fehlern behaftet und werden diese beiden Größen miteinander verknüpft, so hat auch eine daraus berechnete dritte Größe einen Fehler. Der Fehler der einzelnen Größen pflanzt sich fort.

An einem Bauelement werden Spannung und Stromstärke gemessen. Dabei erhält man folgende Werte:

$U = 15\text{ V} \pm 0{,}8\text{ V}$

$I = 0{,}32\text{ A} \pm 0{,}02\text{ A}$

Wie groß ist dann der Fehler, den man für den elektrischen Widerstand des Bauelements erhält?

Lösung:
Für den elektrischen Widerstand gilt $R = \frac{U}{I}$. Den größtmöglichen Wert für R erhält man unter Berücksichtigung der Fehler von U und I, wenn man für U den maximalen Wert ($U = 15\text{ V} + 0{,}8\text{ V} = 15{,}8\text{ V}$) und für I den minimalen Wert ($I = 0{,}32\text{ A} - 0{,}02\text{ A} = 0{,}30\text{ A}$) wählt:

$$R_{max} = \frac{15{,}8\text{ V}}{0{,}30\text{ A}} = 53\ \Omega$$

Den kleinstmöglichen Wert erhält man mit $U = 15\text{ V} - 0{,}8\text{ V} = 14{,}2\text{ V}$ und $I = 0{,}32\text{ A} + 0{,}02\text{ A} = 0{,}34\text{ A}$:

$$R_{min} = \frac{14{,}2\text{ V}}{0{,}34\text{ A}} = 42\ \Omega$$

Das bedeutet: Der wahre Wert des Widerstands liegt zwischen 42 Ω und 53 Ω. Mit $U = 15$ V und $I = 0{,}32$ A erhält man $R = 47\ \Omega$.

Das Fehlerintervall kann man auch so schreiben: $42\ \Omega \leq R \leq 53\ \Omega$

Messfehler und grafische Darstellungen

Häufig werden Messreihen grafisch dargestellt, wobei auch hier die Messfehler zu berücksichtigen sind. Nachfolgend ist als Beispiel ein Weg-Zeit-Diagramm betrachtet.

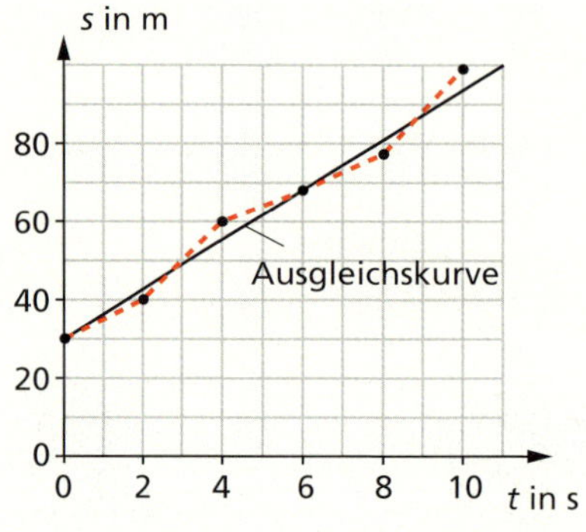

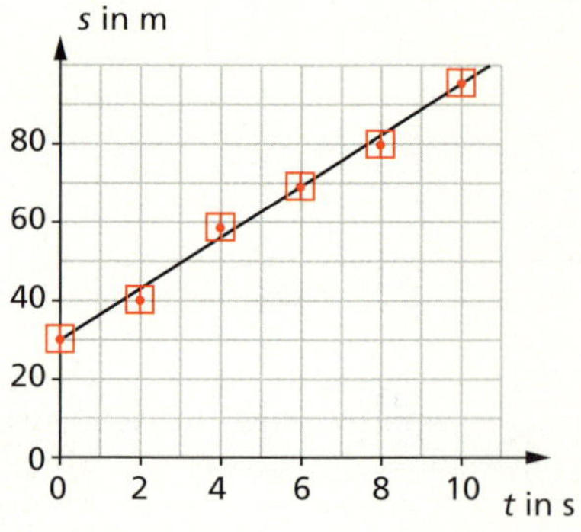

Da alle Messwerte fehlerbehaftet sind, ist es nicht sinnvoll, die einzelnen Punkte miteinander zu verbinden. Vielmehr wird eine **Ausgleichskurve** gezeichnet (linkes Bild). Der Verlauf der Ausgleichskurve ergibt sich aus den jeweiligen Bedingungen. Ist nur eine Größe fehlerbehaftet, so kann man in jedem Punkt den Größtfehler des Wegs in Form eines **Fehlerbalkens** markieren. Sind beide Größen fehlerbehaftet, so ergeben sich **Fehlerkästchen.** Die Ausgleichskurve verläuft dann durch die Fehlerkästchen hindurch (↗ Bild rechts).

Fehlerbetrachtungen vor und nach Messungen

▶ Die Genauigkeit von Messungen kann nur vor oder während des Messens beeinflusst werden. Hinterher kann man nur noch die Größe der Messfehler ermitteln, aber nicht beeinflussen. Dazu müssen die zufälligen und nicht erfassbaren systematischen Fehler abgeschätzt und eine Fehlerrechnung durchgeführt werden.

Fehlerbetrachtungen vor der Messung haben das Ziel, zu erkennen, welche Messfehler auftreten können und wie man sie minimieren kann. Zu entscheiden sind u. a.:

- Welches Messverfahren wähle ich?
- Wodurch können Messfehler verursacht werden?
- Gibt es Möglichkeiten, Fehler zu korrigieren, zu kompensieren oder zu minimieren?
- Welche Größen müssen besonders genau gemessen werden, weil ihr Fehler den Fehler des Gesamtergebnisses besonders stark beeinflusst?
- Ist es sinnvoll, eine Probemessung oder eine Kontrollmessung durchzuführen?
- Wie können zufällige Fehler von Größen durch mehrfache Messungen und deren statistische Auswertung ermittelt und später in der Fehlerrechnung berücksichtigt werden?
- Ist es sinnvoll und möglich, systematische Fehler durch die Wahl genauer Messgeräte zu verkleinern?
- Wie kann man systematische Fehler erfassen und beim Ergebnis der Messungen durch Korrektur berücksichtigen?

Fehlerbetrachtungen nach der Messung ermöglichen eine Fehlerabschätzung und die Angabe des Messergebnisses mit Fehlerintervall.

Mechanik 2

2

2.1 Eigenschaften von Körpern und Stoffen

2.1.1 Das Volumen von Körpern

Die Größe Volumen

Das Volumen gibt an, wie viel Raum ein Körper einnimmt.
Formelzeichen: V
Einheiten: ein Kubikmeter ($1\ m^3$)
ein Liter (1 l)

Der Rauminhalt von Schiffen wird in Bruttoregistertonnen (BRT) angegeben. Eine Registertonne ist gleich $2{,}832\ m^3$.

Teile der Einheit $1\ m^3$ sind ein Kubikdezimeter ($1\ dm^3$), ein Kubikzentimeter ($1\ cm^3$) und ein Kubikmillimeter ($1\ mm^3$):

$$1\ m^3 = 1\,000\ dm^3 = 1\,000\,000\ cm^3 = 1\,000\,000\,000\ mm^3$$

$$1\ dm^3 = 1\,000\ cm^3 = 1\,000\,000\ mm^3$$

$$1\ cm^3 = 1\,000\ mm^3$$

Vielfache und Teile der Einheit 1 l sind ein Hektoliter (1 hl) und ein Milliliter (1 ml):

1 hl = 100 l

1 l = 1 000 ml

Das Volumen von Erdöl wird häufig in der Einheit Barrel angegeben.
1 Barrel = 158,758 l

Zwischen den Einheiten gelten folgende **Beziehungen:**

$$1\ m^3 = 1\,000\ l$$

$$1\ dm^3 = 1\ l$$

$$1\ cm^3 = 1\ ml$$

Volumen von Körpern in Natur und Technik	
Ameise	ca. $2{,}0\ mm^3$
Wassertropfen	≈ 0,3 ml
Tischtennisball	$25{,}0\ cm^3$
Streichholzschachtel	$28{,}0\ cm^3$
Mauerziegel	$2{,}2\ dm^3$
Ball von 20 cm Durchmesser	$4{,}2\ dm^3$
Sperrmüllcontainer	$6{,}0\ m^3$
Klassenzimmer	≈ $250{,}0\ m^3$
große Tasse	0,25 l
Limonadenflasche	0,75 l
Wassereimer	10 l
Tank eines Pkw	45 l ... 60 l
Tankwagen	200 000 l
Öltanker	bis $500\,000\ m^3$
Cheopspyramide in Ägypten	$2\,500\,000\ m^3$
Mond der Erde	$2{,}1991 \cdot 10^{19}\ m^3$
Erde	$1{,}0832 \cdot 10^{21}\ m^3$

Messen des Volumens

M ↗ S. 50

Das Volumen von strömenden Flüssigkeiten und Gasen wird mit **Durchflusszählern** (Wasseruhr, Gasuhr, Abb. links) gemessen. Das Volumen von pulverförmigen festen Körpern (z.B. Mehl, Zucker) und von ruhenden Flüssigkeiten wird mit **Messzylindern** (Abb. rechts) gemessen.

Das Volumen unregelmäßig geformter fester Körper kann mithilfe von Messzylindern bestimmt werden. Dabei kann man zwei unterschiedliche Methoden anwenden.

Differenzmethode	Überlaufmethode
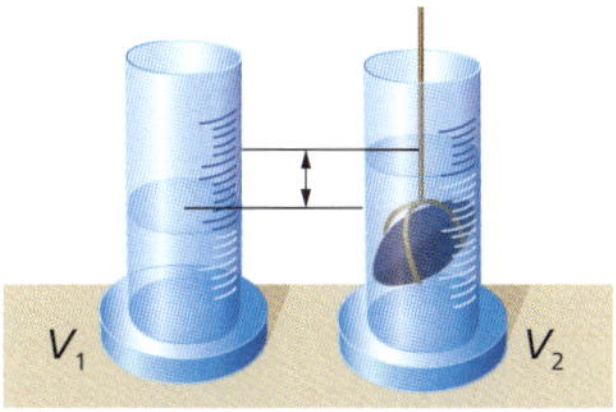	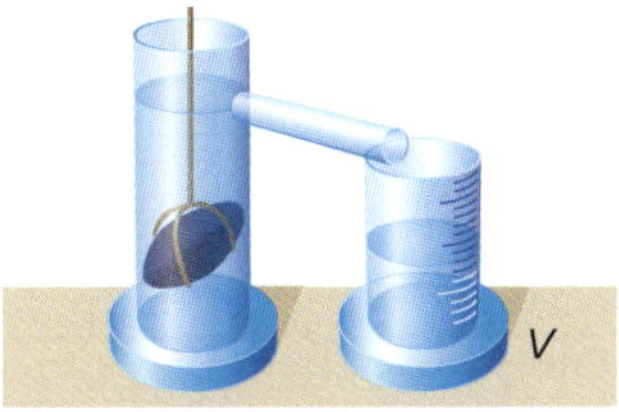
$V_{\text{Körper}} = V_2 - V_1$	$V_{\text{Körper}} = V$

Achte darauf, dass der Körper vollständig eingetaucht ist. Das gilt für beide Messmethoden.

Vorgehen beim Messen des Volumens mit einem Messzylinder

1. Schätze das Volumen des Körpers. Wähle einen geeigneten Messzylinder aus.
2. Fülle die Flüssigkeit in den Messzylinder. Stelle ihn auf eine waagerechte Unterlage.
3. Lies den Stand an der tiefsten Stelle der Oberfläche ab. Schaue dabei waagerecht auf die Oberfläche.

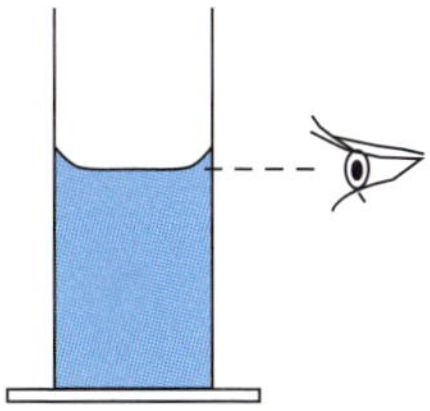

Berechnen des Volumens

Das Volumen regelmäßig geformter fester Körper kann berechnet werden. Besonders einfach ist das für Quader und Würfel.

> Unter der Bedingung, dass ein Körper die Form eines Quaders besitzt, gilt für das Volumen des Körpers:
>
> $V = a \cdot b \cdot c$ *a* Länge, *b* Breite, *c* Höhe
>
> 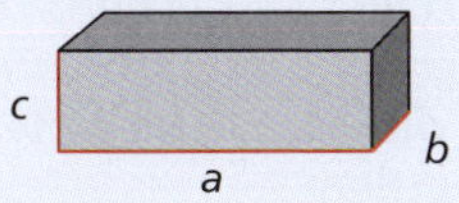
>

Für einen Würfel vereinfacht sich die Gleichung zu: $V = a \cdot a \cdot a = a^3$

2

2.1.2 Die Masse von Körpern

Die Größe Masse

Die Einheit 1 kg ist eine Basiseinheit des **Internationalen Einheitensystems.**

Die Masse gibt an, wie schwer und wie träge ein Körper ist.
Formelzeichen: *m*
Einheit: ein Kilogramm (1 kg)

Im Alltag gebräuchlich sind auch folgende Einheiten:
1 Pfund = 500 g
1 Zentner = 50 kg

Vielfache und Teile der Einheit 1 kg sind eine Tonne (1 t), ein Gramm (1 g) und ein Milligramm (1 mg):

1 t = 1 000 kg = 1 000 000 g = 1 000 000 000 mg

1 kg = 1 000 g = 1 000 000 mg

1 g = 1 000 mg

Masse von Körpern in Natur und Technik	
Haar	ca. 0,1 mg
Wassertropfen	0,3 g
1 Liter Luft	1,29 g
1 Cent	2,3 g
Normalbrief	ca. 10 g
1 Tafel Schokolade	100 g
1 Liter Wasser	1 kg
Gehirn eines Menschen	1,4 kg
Mauerziegel	3,5 kg
Pkw	ca. 1 000 kg
Lkw	bis 40 t
Lokomotive	ca. 100 t
Blauwal	bis 150 t
Großraumflugzeug (Jumbojet)	ca. 320 t

Die Masse als Eigenschaft eines Körpers ist unabhängig davon, wo sich dieser befindet. Sie ist an jedem beliebigen Ort gleich groß.

M ↗ S. 50

Messen der Masse

Die Masse von Körpern wird mithilfe von **Waagen** gemessen. Bei vielen Waagen (z. B. Balkenwaage, Laborwaage, Tafelwaage) wird die Masse des Körpers mit der Masse von Wägestücken verglichen. Bei Schnellwaagen und elektronischen Waagen kann die Masse unmittelbar abgelesen werden.

Balkenwaage	Einschalenwaage

Küchenwaage	**Elektronische Waage**
	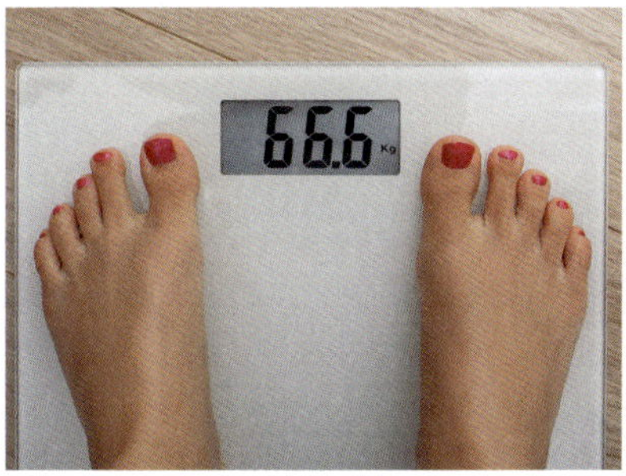

Vorgehen beim Messen der Masse mit einer Balkenwaage

1. Schätze die Masse des zu wägenden Körpers! Wähle eine geeignete Waage und einen Wägesatz aus!
2. Prüfe die Nulllage der Waage!
3. Lege den Körper auf die eine und Wägestücke auf die andere Waagschale! Nimm so lange Veränderungen vor, bis die Waage wieder im Gleichgewicht ist!
4. Addiere die Masse der Wägestücke! Die Summe ist gleich der Masse des Körpers.

Verschiedene Wägesätze ermöglichen die Bestimmung der Masse mithilfe von Balkenwaagen.

Hat man z. B. Wägestücke von 1 g, 2 × 2 g, 5 g und 10 g, so lassen sich mit ihnen in Grammschritten Massen von 1 g bis 20 g zusammensetzen.

Ein Wägesatz ist so aufgebaut, dass man mit ihm alle möglichen Massen bis zu einer Höchstmasse zusammenstellen kann.

2

2.1.3 Die Dichte von Stoffen

Die Größe Dichte

In der Chemie wird die **Dichte** von Gasen meist in Gramm je Liter angegeben.
Es gilt:
$1\,\frac{g}{l} = 1\,\frac{kg}{m^3}$

Die Dichte gibt an, welche Masse jeder Kubikzentimeter (cm^3) Volumen eines Stoffs hat.
Formelzeichen: ϱ (griechischer Buchstabe, sprich rho)
Einheiten: ein Gramm je Kubikzentimeter $\left(1\,\frac{g}{cm^3}\right)$
ein Kilogramm je Kubikmeter $\left(1\,\frac{kg}{m^3}\right)$

Ein Stoff hat eine Dichte von $1\,\frac{g}{cm^3}$, wenn jeder Kubikzentimeter dieses Stoffs eine Masse von 1 g besitzt.

Die Dichte weiterer Stoffe findet man in Tabellen- und Tafelwerken.

Für die Einheiten gilt:

$$1\,\frac{g}{cm^3} = 1\,\frac{kg}{dm^3} = 1\,000\,\frac{kg}{m^3}$$

$$1\,\frac{kg}{m^3} = 0{,}001\,\frac{kg}{dm^3} = 0{,}001\,\frac{g}{cm^3}$$

Jeder Stoff hat bei einer bestimmten Temperatur und einem bestimmten Druck eine bestimmte Dichte.

Mit Veränderung der Temperatur verändert sich bei den meisten Stoffen das Volumen und damit auch ihre Dichte. In der nachfolgenden Tabelle sind die Dichten einiger Stoffe angegeben.

Dichte einiger Stoffe (bei 20 °C und 1 013 mbar)

Feste Stoffe		**Flüssigkeiten**		**Gase**	
Stoff	ϱ in $\frac{g}{cm^3}$	Stoff	ϱ in $\frac{g}{cm^3}$	Stoff	ϱ in $\frac{kg}{m^3}$
Aluminium	2,70	Aceton	0,7 g	Ammoniak	0,77
Beton	1,8–2,4	Benzin	0,70–0,74	Chlor	3,21
Blei	11,4	Dieselkraftstoff	0,84	Erdgas	0,73–0,83
Eis (bei 0 °C)	0,92	Erdöl	0,70–0,90	Helium	0,18
Fensterglas	2,4–2,6	Heizöl	0,86	Kohlenstoffdioxid	1,98
Gold	19,3	Methanol	0,79	Kohlenstoffmonooxid	1,25
Kupfer	8,96	Meerwasser	1,02	Luft	1,29
Papier	0,6–1,3	Olivenöl	0,91	Ozon	2,14
Stahl	7,80	Quecksilber	13,53	Sauerstoff	1,43
Silber	10,5	Salzsäure 40 %	1,20	Stickstoff	1,25
Styropor	0,03	Schwefelsäure 50 %	1,40	Wasserdampf	0,61
Titan	4,5	Spiritus	0,83	Wasserstoff	0,09
Uran	18,9	Transformatorenöl	0,90		
Zink	7,14	Tetrachlorkohlenstoff	1,60		
Zinn	7,30	Wasser (rein)	1,00		

2

Messen der Dichte

Die Dichte von Flüssigkeiten kann mithilfe von **Dichtemessern** (Aräometern) gemessen werden.
Je größer die Eintauchtiefe ist, desto kleiner ist die Dichte der Flüssigkeit.
An einer Skala kann man die Dichte direkt ablesen.

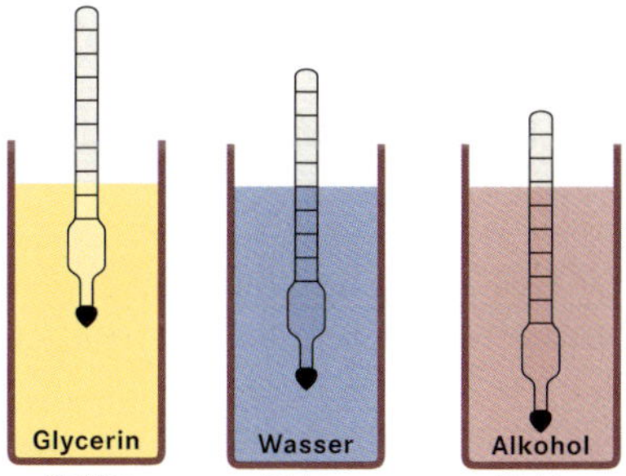

Dichte: $1{,}26\ g/cm^3$ | Dichte: $1{,}0\ g/cm^3$ | Dichte: $0{,}79\ g/cm^3$

Mithilfe eines Aräometers kann man z. B. den Ladezustand einer Autobatterie messen.
Es gilt:
Vollgeladen:
$\varrho > 1{,}26\ \frac{g}{cm^3}$
Entladen:
$\varrho < 1{,}15\ \frac{g}{cm^3}$

Berechnen der Dichte

Die Dichte kann berechnet werden mit der Gleichung:

$\varrho = \frac{m}{V}$ — m Masse des Körpers; V Volumen des Körpers

Besteht der Körper aus *einem* Stoff, so ist die ermittelte Dichte die Dichte dieses Stoffes. Die Dichte kennzeichnet den Stoff, aus dem dieser Körper besteht.
Besteht ein Körper aus *mehreren* Stoffen, so ist die berechnete Dichte die Dichte dieses *Stoffgemischs*. Es ist die **mittlere Dichte** des Körpers.

5 Liter Benzin haben eine Masse von 3,5 kg.
Wie groß ist die Dichte von Benzin? Vergleiche sie mit der Dichte von Wasser!

Für die Umrechnung der Einheiten gilt:
1 kg = 1 000 g
1 l = 1 000 cm^3

Analyse:
Die Dichte kann mithilfe der Gleichung $\varrho = \frac{m}{V}$ berechnet werden. Um die Dichte in $\frac{g}{cm^3}$ anzugeben, müssen die Einheiten umgerechnet werden.

M ↗ S. 57 f.

Gesucht: ϱ
Gegeben: $m = 3{,}5\ kg = 3\,500\ g$
$V = 5\ l = 5\,000\ cm^3$

Lösung:

$$\varrho = \frac{m}{V}$$

$$\varrho = \frac{3\,500\ g}{5\,000\ cm^3}$$

$$\underline{\varrho = 0{,}7\ \frac{g}{cm^3}}$$

Ergebnis:
Die Dichte von Benzin beträgt $0{,}7\ \frac{g}{cm^3}$. Die Dichte von Wasser beträgt demgegenüber $1{,}0\ \frac{g}{cm^3}$. Die Dichte von Benzin ist also wesentlich kleiner als die von Wasser. Daraus ergibt sich: Ein bestimmtes Volumen Benzin ist leichter als das gleiche Volumen Wasser.

2.1.4 Der Aufbau der Stoffe aus Teilchen

Das Teilchenmodell

M ↗ S. 30

Alle Stoffe sind aus sehr kleinen Teilchen aufgebaut, den **Atomen** (↗ S. 328) und **Molekülen.** Den Aufbau aller Stoffe kann man vereinfacht und anschaulich mit dem **Teilchenmodell** beschreiben.

1. Alle Stoffe bestehen aus Teilchen.
2. Die Teilchen befinden sich in ständiger Bewegung.
3. Zwischen den Teilchen wirken anziehende bzw. abstoßende Kräfte.

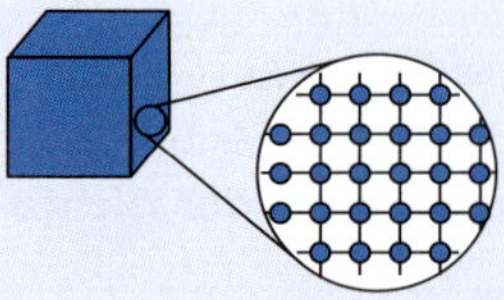

Ein Beleg für den Teilchenaufbau der Stoffe ist die **brownsche Bewegung.** Der schottische Biologe ROBERT BROWN (1773–1858) beobachtete 1827 unter dem Mikroskop eine unruhige Bewegung von Blütenstaubkörnchen in Wasser.

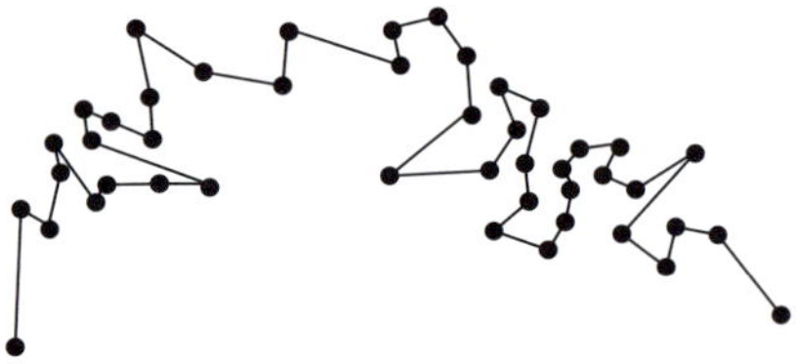

Diese Bewegung konnte 1905 von ALBERT EINSTEIN (1879–1955) mit dem Teilchenaufbau der Stoffe erklärt werden: Die Moleküle der Flüssigkeit befinden sich in ständiger Bewegung, stoßen dabei die viel größeren Staubkörnchen an und bewegen diese unregelmäßig hin und her.

▶ Diffusion tritt nicht nur bei Flüssigkeiten und Gasen, sondern auch bei festen Körpern auf.

Die Diffusion

Gibt man Zucker in heißen Tee, so schmeckt nach einiger Zeit der gesamte Tee süß.

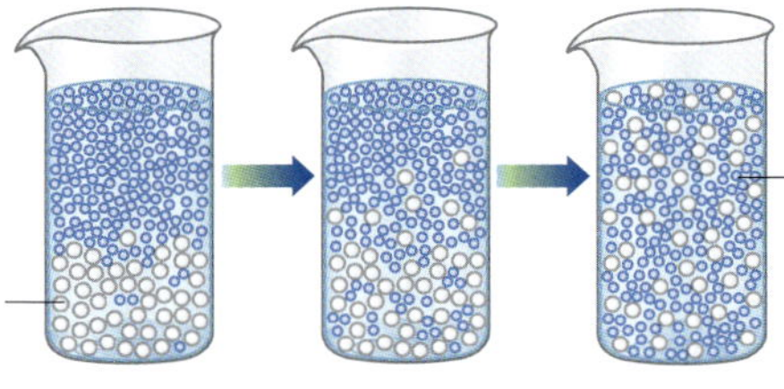

Dieses selbstständige Durchmischen von Stoffen kommt zustande, weil sich die Teilchen aller Stoffe bewegen.
Das selbstständige Durchmischen von Teilchen verschiedener Stoffe wird als Diffusion bezeichnet.

Der Aufbau der Stoffe in verschiedenen Aggregatzuständen

Stoffe können in unterschiedlichen **Aggregatzuständen** (fest, flüssig, gasförmig) vorliegen. Der Aggregatzustand kennzeichnet das äußere Form- und Volumenverhalten eines Körpers (↗ S. 75). Neben dem gemeinsamen Teilchenaufbau unterscheiden sich feste Körper, Flüssigkeiten und Gase in ihrem Form- und Volumenverhalten (↗ S. 75).

	Feste Körper	Flüssigkeiten	Gase
Aufbau	Feste Körper bestehen aus Teilchen, die eng beieinanderliegen und einen bestimmten Platz haben. 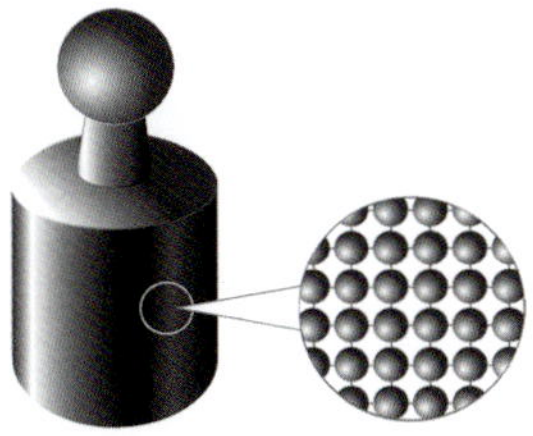 Die Teilchen schwingen um ihren Platz hin und her. Zwischen den Teilchen wirken starke anziehende bzw. abstoßende Kräfte.	Flüssigkeiten bestehen aus Teilchen, die keinen bestimmten Platz haben, sondern gegeneinander verschiebbar sind. 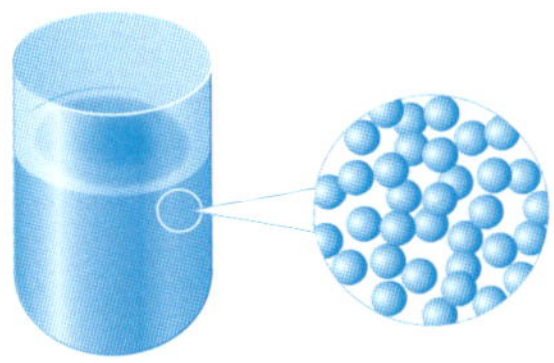 Die Teilchen führen unregelmäßige Bewegungen aus. Zwischen den Teilchen wirken Kräfte, die kleiner als bei festen Körpern sind.	Gase bestehen aus Teilchen, die sich beliebig im Raum bewegen.  Die Teilchen bewegen sich frei im Raum. Zwischen den Teilchen wirken nur geringe Kräfte.
Form	Feste Körper haben eine bestimmte Form. 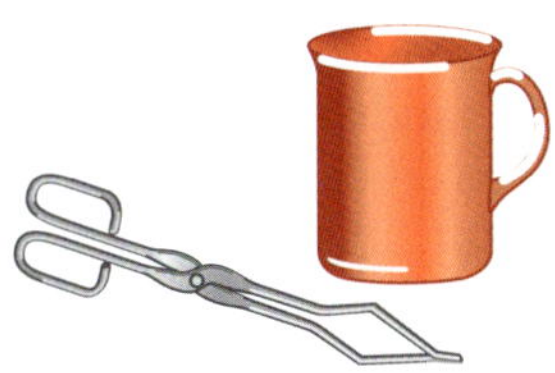	Flüssigkeiten passen sich der Form des Gefäßes an, in dem sie sich befinden. 	Gase passen sich der Form des Gefäßes an, in dem sie sich befinden. 
Volumen	Feste Körper haben ein bestimmtes Volumen. Sie lassen sich nicht zusammendrücken. 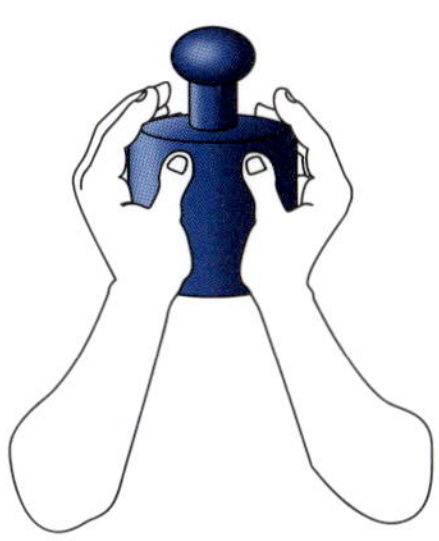	Flüssigkeiten haben ein bestimmtes Volumen. Sie lassen sich nicht zusammendrücken. 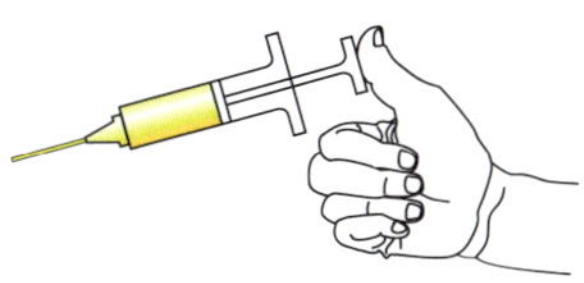	Gase nehmen den gesamten Raum ein, der ihnen zur Verfügung steht. Sie lassen sich zusammendrücken und haben ein veränderliches Volumen. 

Kohäsion und Adhäsion

Zwischen den Teilchen von Stoffen wirken anziehende bzw. abstoßende Kräfte.

Besonders groß sind die Adhäsionskräfte bei Klebstoffen.

Kohäsion	Adhäsion
Zwischen den Teilchen *eines* Stoffes wirken Kräfte. Diese Erscheinung wird als **Kohäsion** bezeichnet.	Zwischen den Teilchen *verschiedener* Stoffe wirken Kräfte. Diese Erscheinung wird als **Adhäsion** bezeichnet.
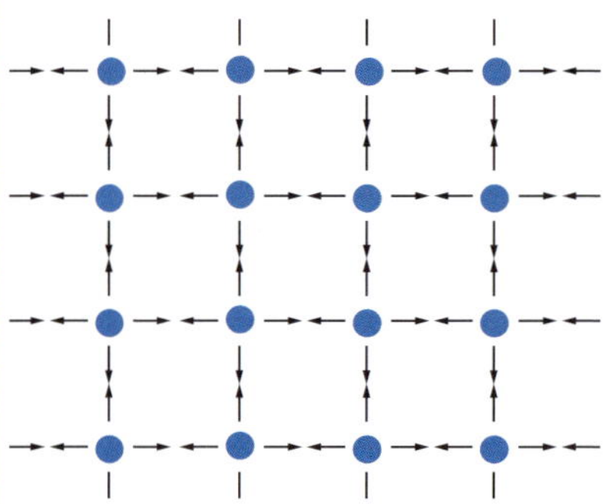	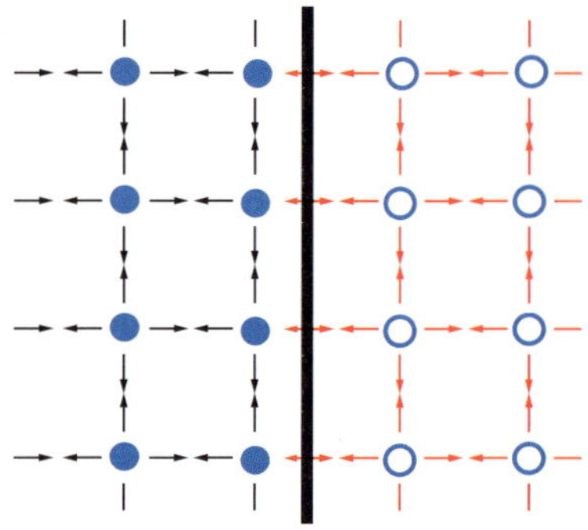
Kohäsionskräfte bewirken die Festigkeit von Körpern. Diese Kräfte sind bei festen Körpern groß, bei Flüssigkeiten geringer und bei Gasen sehr klein.	**Adhäsionskräfte** bewirken das Haften verschiedener Körper aneinander (Kreide an der Tafel, Farbe an der Wand, Leim an Holz). Die Wirkungsweise von Klebstoffen beruht auf der Adhäsion.

Kapillarität

Die Randkrümmung tritt auch bei Messzylindern auf und muss beim Ablesen beachtet werden (↗ S. 69).

Die Kapillarität spielt für den Flüssigkeitstransport in Pflanzen eine wichtige Rolle.

Wird Wasser in ein Gefäß gefüllt, so kann man beobachten, dass es an der Gefäßwand etwas höher steigt. Ursache dafür sind die Adhäsionskräfte zwischen den Teilchen des Wassers und des Glases. Sie bewirken eine Randkrümmung.
Bei sehr engen Röhren (Kapillaren) steigt das Wasser aufgrund der Adhäsionskräfte höher als in breiten Röhren.
Das Aufsteigen von Flüssigkeiten in engen Röhren wird als **Kapillarität** bezeichnet.

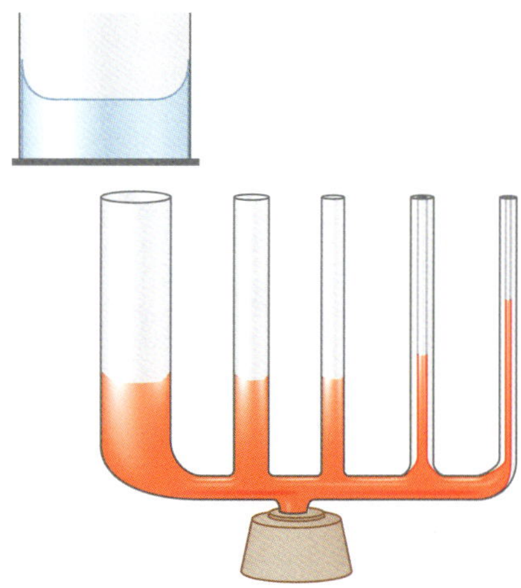

Eigenschaften von Körpern und Stoffen

■ Jeder Körper nimmt ein bestimmtes **Volumen** ein und hat eine bestimmte **Masse.**

> Das Volumen V
> eines Körpers gibt an, welchen Raum er einnimmt.
> Es wird meist in Kubikzentimetern (cm^3) oder in Litern (l) gemessen.

> Die Masse m
> eines Körpers gibt an, wie schwer oder träge er ist.
> Sie wird meist in Gramm (g) oder Kilogramm (kg) gemessen.

Das **Volumen** kann durch Berechnung oder Messung mit einem **Messzylinder** bestimmt werden.

Die **Masse** kann durch Wägung mit einer **Waage** bestimmt werden.

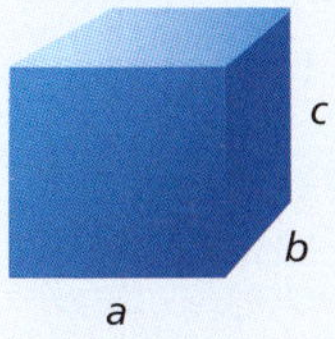

$V = a \cdot b \cdot c$

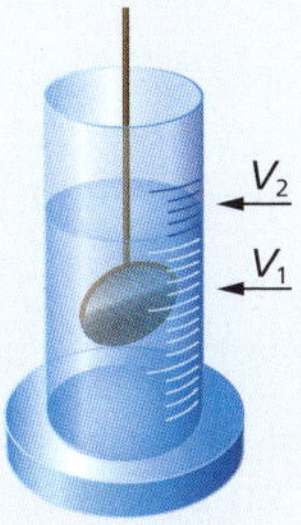

$V = V_2 - V_1$

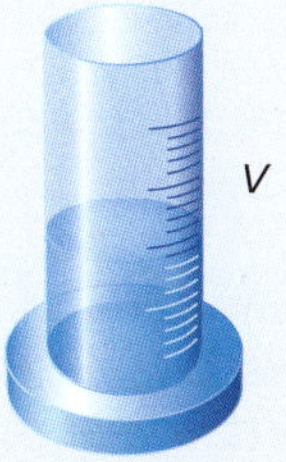

V direkt ablesbar

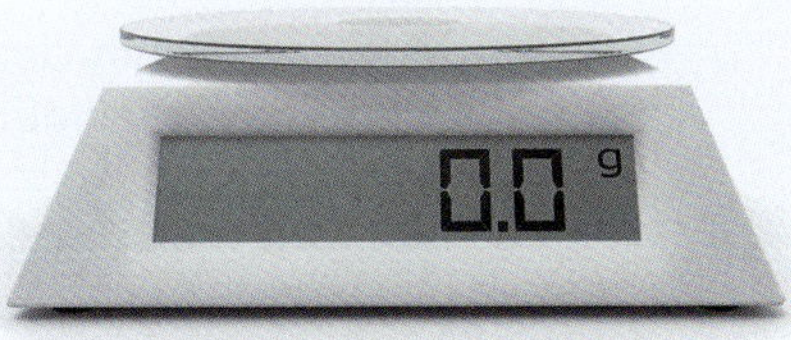

■ Jeder Körper besteht aus einem oder mehreren Stoffen. Jeder Stoff hat eine bestimmte **Dichte.**

> Die Dichte ϱ gibt an, welche Masse jeder Kubikzentimeter Volumen eines Stoffs hat.

Die Dichte ϱ ergibt sich als Quotient von Masse m und Volumen V.

$$\varrho = \frac{m}{V}$$

Die Einheiten der Dichte sind:

$$1\,\frac{g}{cm^3} = 1\,\frac{kg}{dm^3} = 1\,000\,\frac{kg}{m^3}$$

■ Der Aufbau von Stoffen kann mit dem **Teilchenmodell** beschrieben werden.
1. Alle Stoffe bestehen aus Teilchen.
2. Die Teilchen befinden sich in ständiger Bewegung.
3. Zwischen den Teilchen wirken Kräfte.

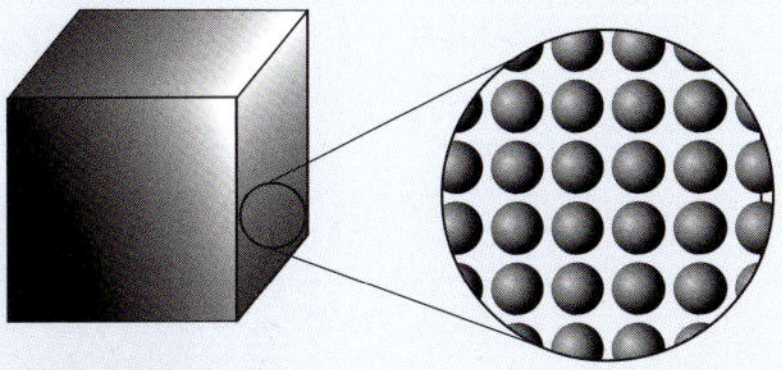

Mithilfe des Teilchenmodells kann der Aufbau von festen Körpern, Flüssigkeiten und Gasen sowie ihr Form- und Volumenverhalten beschrieben werden.

2

2.2 Bewegung von Körpern

2.2.1 Mechanische Bewegungen

Ruhe und Bewegung

Die Relativität der Bewegung war einer der Gründe für den jahrhundertelangen Streit um die Frage, ob die Erde oder die Sonne Zentrum unseres Planetensystems ist (**geozentrisches Weltbild, heliozentrisches Weltbild**).

In der Mechanik ist eine Bewegung eine Orts- oder Lageänderung eines Körpers gegenüber einem anderen Körper, dem Bewegungskörper, oder dem Bezugssystem. Ruhe und Bewegung sind somit relativ.
Ein **Bezugssystem** ist ein Bezugskörper und ein damit verbundenes Koordinatensystem.

Ein Körper ist in Bewegung, wenn er seine Lage gegenüber einem Bezugskörper oder Bezugssystem verändert.
Er ist in Ruhe, wenn er seine Lage gegenüber einem Bezugskörper oder Bezugssystem nicht ändert.

Häufig wird in der Physik die Erdoberfläche als Bezugskörper gewählt, ohne das besonders hervorzuheben.

Die Wahl eines Bezugskörpers ist beliebig. Aus Gründen der Zweckmäßigkeit wird meist die Erdoberfläche gewählt.

Eine Person, die in einem fahrenden Zug sitzt, ist gegenüber dem einen Bezugskörper (dem Zug) in Ruhe und gleichzeitig gegenüber anderen Bezugskörpern (z. B. Häusern an der Bahnstrecke) in Bewegung.

Das Modell Massepunkt

M ↗ S. 29

Zur Beschreibung der Bewegung von Körpern in der Physik benutzt man häufig das Modell **Massepunkt,** manchmal auch **Punktmasse** genannt. Dabei stellt man sich vor, dass die gesamte Masse des Körpers in einem Punkt (dem Massepunkt) vereinigt ist und sich dieser Punkt bewegt. Von Form und Volumen des Körpers wird dabei abgesehen.
Häufig benutzt man den Massenmittelpunkt eines Körpers – auch Schwerpunkt genannt – zur Darstellung des Massepunktes.

Ein Auto ist ein realer Körper. Wie sich Autos bewegen, kann man z. B. an den Spuren von Scheinwerfern oder Rücklichtern beobachten (Bild links). In der Physik erfolgt die Beschreibung mit dem Modell **Massepunkt** (Bild rechts).

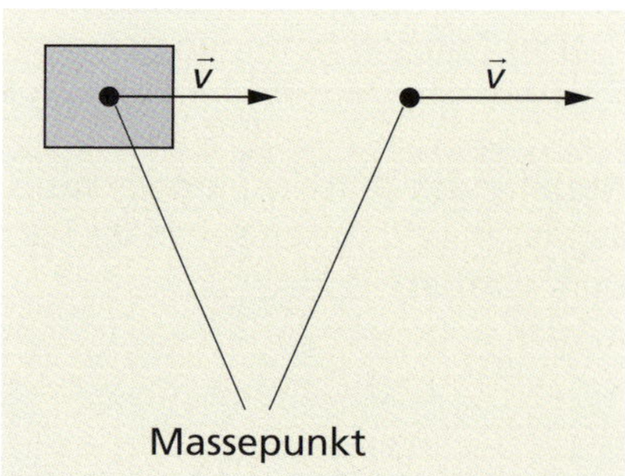

Formen und Arten von Bewegungen

Körper bewegen sich entlang einer **Bahn** mit unterschiedlichen Geschwindigkeiten.
Bewegungen können nach der **Form ihrer Bahn (Bahnform)** und nach der **Art der Bewegung (Bewegungsart)** unterschieden werden.

M ↗ S. 46

Bahnformen von Bewegungen	
Geradlinige Bewegung	**Krummlinige Bewegung**

Der Körper bewegt sich auf einer geraden Bahn.	Der Körper bewegt sich auf einer krummlinigen Bahn.
Kreisbewegung	**Schwingung**
 	 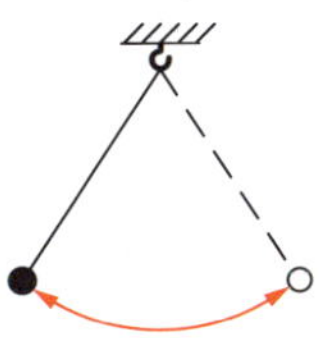
Der Körper bewegt sich auf einer Kreisbahn.	Der Körper bewegt sich zwischen zwei Punkten hin und her.

Bei einer **Schwingung** kann sich der Körper auf einer kreisförmigen Bahn bewegen. Es kann aber auch eine geradlinige oder krummlinige Bewegung sein.

Von der Kreisbewegung zu unterscheiden ist die **Drehbewegung.** Beim Riesenrad führt jede Gondel eine Kreisbewegung aus. Das Riesenrad als Ganzes führt eine Drehbewegung aus.

M ↗ S. 46

Arten von Bewegungen	
Gleichförmige Bewegung	**Ungleichförmige Bewegung** (beschleunigte oder verzögerte Bewegung)

Der Körper bewegt sich mit einer konstanten Geschwindigkeit, d. h., Betrag und Richtung der Geschwindigkeit sind konstant.	Der Körper bewegt sich mit veränderlicher Geschwindigkeit, d. h., Betrag oder Richtung der Geschwindigkeit oder beides sind nicht konstant.
 $\vec{v}_1 = \vec{v}_2$	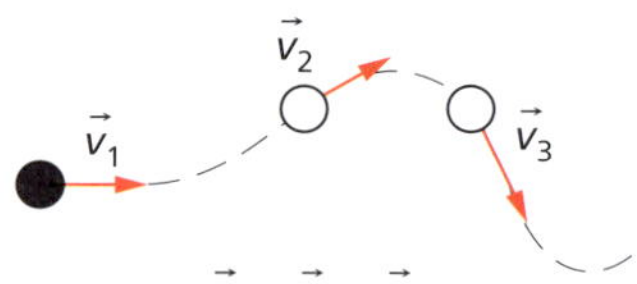 $\vec{v}_1 \neq \vec{v}_2 \neq \vec{v}_3$

Der historisch eingeführte Begriff **gleichförmige Kreisbewegung** meint eine Bewegung eines Körpers auf einer Kreisbahn mit konstantem Betrag der Geschwindigkeit. Die Geschwindigkeit ändert jedoch ständig ihre Richtung. Die gleichförmige Kreisbewegung ist somit eine beschleunigte Bewegung.
Nach dem Betrag der Beschleunigung können die ungleichförmigen Bewegungen noch einmal in **gleichmäßig beschleunigte** ($\vec{a}$ = konstant) und ungleichmäßig beschleunigte ($\vec{a} \neq$ konstant) Bewegungen unterteilt werden.

Ungleichförmige Bewegungen	
Gleichmäßig beschleunigte Bewegung	**Ungleichmäßig beschleunigte Bewegung**
Die Geschwindigkeitsänderung je Zeiteinheit und damit die Beschleunigung sind konstant.	Die Geschwindigkeitsänderung je Zeiteinheit und damit die Beschleunigung sind nicht konstant.
■ freier Fall eines Wasserspringers	■ Bewegung eines Autos beim Anfahren

2.2.2 Die Geschwindigkeit von Körpern

Die Größe Geschwindigkeit

> Die Geschwindigkeit gibt an, wie schnell oder wie langsam sich ein Körper bewegt.
> Formelzeichen: v
> Einheiten: ein Meter je Sekunde $\left(1\ \frac{\text{m}}{\text{s}}\right)$
> ein Kilometer je Stunde $\left(1\ \frac{\text{km}}{\text{h}}\right)$

Ein Körper hat eine Geschwindigkeit von $1\ \frac{\text{m}}{\text{s}}$, wenn er in jeder Sekunde einen Weg von 1 m zurücklegt.
Für die Einheiten gilt:

$$1\ \frac{\text{m}}{\text{s}} = 3{,}6\ \frac{\text{km}}{\text{h}} \qquad 1\ \frac{\text{km}}{\text{h}} = \frac{1}{3{,}6}\ \frac{\text{m}}{\text{s}} = 0{,}28\ \frac{\text{m}}{\text{s}}$$

In der Schifffahrt wird die Einheit ein Knoten (1 kn) genutzt:

$$1\ \text{kn} = \frac{1\ \text{Seemeile}}{1\ \text{Stunde}} = \frac{1852\ \text{m}}{1\ \text{h}} \approx 1{,}85\ \frac{\text{km}}{\text{h}}$$

Die Geschwindigkeit ist eine **gerichtete (vektorielle) Größe.** Sie hat in jedem Punkt der Bewegung des Körpers einen bestimmten Betrag und eine bestimmte Richtung.

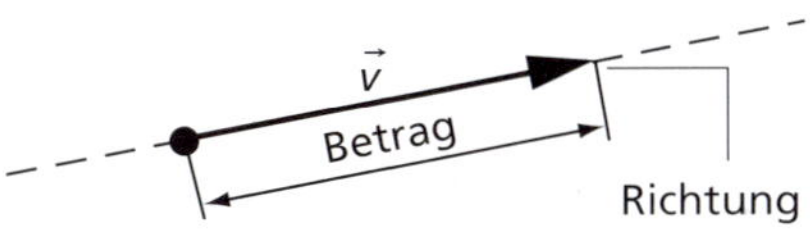

Geschwindigkeiten in Natur und Technik		
Fußgänger	1,4 m/s	5 km/h
Schwimmen (50-m-Weltrekord)	2,3 m/s	8,3 km/h
Radfahrer	4,2 m/s	15 km/h
Regentropfen	bis 10 m/s	bis 36 km/h
Gepard	bis 33 m/s	bis 120 km/h
Windstärke 12	35 m/s	126 km/h
Auto (Richtgeschwindigkeit auf der Autobahn)	36 m/s	130 km/h
höchste in Deutschland gemessene Windgeschwindigkeit	73 m/s	263 km/h
schnellster Zug (TGV, Frankreich)	143 m/s	515 km/h
Passagierflugzeug	250 m/s	900 km/h
Schall in Luft	340 m/s	1220 km/h
höchste mit einem Auto erreichte Geschwindigkeit	341 m/s	1130 km/h
Satellit um die Erde	8000 m/s	28800 km/h
Licht in Luft	300 Mio. m/s	1080 Mio. km/h

▶ Die Geschwindigkeit von Flugzeugen wird manchmal in Mach angegeben. 1 Mach bedeutet: Das Flugzeug fliegt mit Schallgeschwindigkeit, d. h. mit etwa 1200 km/h. Benannt ist diese Einheit nach dem österreichischen Physiker ERNST MACH (1838–1916).

▶ Die größte Geschwindigkeit ist die Lichtgeschwindigkeit im Vakuum. Ihr genauer Wert beträgt 299792 km/s.

▶ Die Geschwindigkeit von Fahrzeugen kann auch mithilfe von Lasermessgeräten (Laserpistolen) oder Radargeräten ermittelt werden.

Messen und Berechnen der Geschwindigkeit

Die Geschwindigkeit eines Körpers kann mit einem Tachometer oder elektronischen Geschwindigkeitsmesser gemessen werden.
Ein Tachometer zeigt die **Augenblicksgeschwindigkeit** oder **Momentangeschwindigkeit** eines sich bewegenden Körpers an.

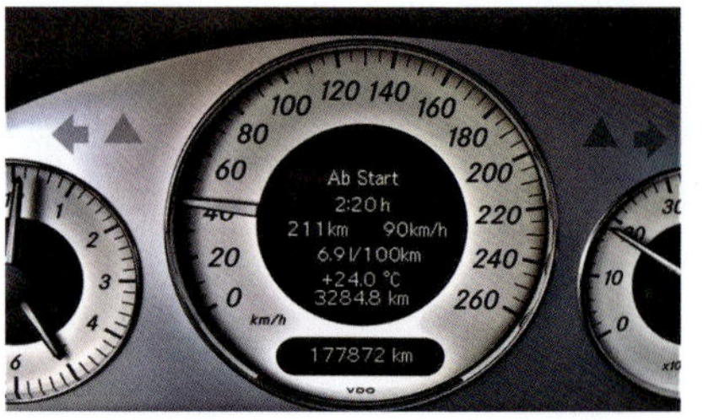

> Die Geschwindigkeit eines Körpers kann berechnet werden mit der Gleichung:
>
> $v = \frac{s}{t}$ bzw. $v = \frac{\Delta s}{\Delta t}$
>
> s zurückgelegter Weg
> t benötigte Zeit

Bei einer **gleichförmigen** Bewegung (v = konstant) gilt die berechnete Geschwindigkeit für jeden Ort der Bewegung.
Bei einer **ungleichförmigen** Bewegung ($v \neq$ konstant) kann mit der obigen Gleichung nur eine mittlere Geschwindigkeit $\bar{v}$, auch **Durchschnittsgeschwindigkeit** genannt, berechnet werden.

M ↗ S. 57 f.

Ein Zug benötigt für die 284 km lange Strecke zwischen Berlin und Erfurt 3 Stunden und 41 Minuten.
Wie groß ist die Geschwindigkeit des Zugs?

▶ Um als Ergebnis die Geschwindigkeit in m/s oder km/h zu erhalten, muss man vor der Berechnung Weg und Zeit in die betreffenden Einheiten umrechnen.

Analyse:
Aus Weg und Zeit kann mit $v = s/t$ die Geschwindigkeit berechnet werden. Da nur Gesamtweg und Gesamtzeit bekannt sind, ergibt sich eine Durchschnittsgeschwindigkeit.

Gesucht: $\bar{v}$
Gegeben: $s = 284\ \text{km}$
$t = 3\ \text{h}\ 41\ \text{min} = 3{,}68\ \text{h}$

Lösung:

$$\bar{v} = \frac{s}{t}$$

$$\bar{v} = \frac{284\ \text{km}}{3{,}68\ \text{h}}$$

$$\underline{\bar{v} = 77\ \text{km/h}}$$

Ergebnis:
Die Durchschnittsgeschwindigkeit des Zugs beträgt 77 km/h. Über die Augenblicksgeschwindigkeit des Zugs zu einem bestimmten Zeitpunkt oder über seine Höchstgeschwindigkeit kann keine Aussage gemacht werden.

2.2.3 Die Beschleunigung von Körpern

Die Größe Beschleunigung

Ändern sich bei einem Körper der Betrag der Geschwindigkeit, ihre Richtung oder beides, so spricht man von beschleunigter Bewegung. Dabei tritt eine Beschleunigung auf.

> Die Beschleunigung gibt an, wie schnell sich die Geschwindigkeit eines Körpers ändert.
> Formelzeichen: a
> Einheit: ein Meter je Quadratsekunde $\left(1\,\frac{\text{m}}{\text{s}^2}\right)$

▶ Verringert sich die Geschwindigkeit eines Körpers, so spricht man manchmal auch von negativer Beschleunigung oder von Verzögerung.

Ein Körper hat eine Beschleunigung von $1\,\frac{\text{m}}{\text{s}^2}$, wenn sich seine Geschwindigkeit in jeder Sekunde um $1\,\frac{\text{m}}{\text{s}}$ ändert.

Die Beschleunigung ist wie die Geschwindigkeit eine **gerichtete (vektorielle) Größe.** Sie hat in jedem Punkt einen bestimmten Betrag und eine bestimmte Richtung.

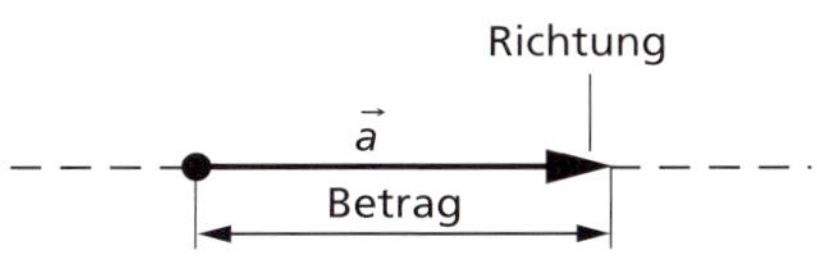

Beschleunigungen in Natur und Technik	
anfahrender Güterzug	$0{,}1\ \text{m/s}^2$
anfahrendes Auto	$\approx 2\ \text{m/s}^2$
100-m-Läufer nach dem Start	$\approx 3\ \text{m/s}^2$
bremsendes Auto	$\approx 7\ \text{m/s}^2$
fallender Stein	$\approx 10\ \text{m/s}^2$
startende Rakete	$\approx 100\ \text{m/s}^2$

▶ Besonders groß ist die Beschleunigung beim Abschlag von Bällen. Bei Tischtennisbällen werden Beschleunigungen von $10\,000\ \text{m/s}^2$ erreicht.

Messen und Berechnen der Beschleunigung

Die Beschleunigung eines Körpers kann mit **Beschleunigungsmessern** gemessen werden, die die **Augenblicksbeschleunigung** anzeigen.

> Die Beschleunigung eines Körpers kann berechnet werden mit der Gleichung:
>
> $a = \frac{v}{t}$ bzw. $a = \frac{\Delta v}{\Delta t}$ Δv Änderung der Geschwindigkeit
> Δt Zeitintervall

Bei einer **gleichmäßig beschleunigten** Bewegung (a = konstant) gilt die berechnete Beschleunigung für jeden Ort der Bewegung.

Bei einer **ungleichmäßig beschleunigten** Bewegung ($a \neq$ konstant) kann mit der obigen Gleichung nur eine *mittlere* Beschleunigung oder Durchschnittsbeschleunigung $\bar{a}$ berechnet werden.

M ↗ S. 57 f.

Ein Pkw benötigt 9,8 s, um aus dem Stand eine Geschwindigkeit von 100 km/h zu erreichen.
Wie groß ist seine Beschleunigung?

Analyse:
Die durchschnittliche Beschleunigung des Pkw kann nach der Gleichung $\bar{a} = \Delta v / \Delta t$ berechnet werden.
Es ist zweckmäßig, die Geschwindigkeit in m/s umzurechnen.

Gesucht: $\bar{a}$
Gegeben: $\Delta v = 100\ \frac{\text{km}}{\text{h}}$

$$\Delta v = \frac{100\,000\ \text{m}}{3\,600\ \text{s}} = \frac{100\ \text{m}}{3{,}6\ \text{s}} = 28\ \frac{\text{m}}{\text{s}}$$

$$\Delta t = 9{,}8\ \text{s}$$

Lösung:

$$\bar{a} = \frac{\Delta v}{\Delta t}$$

$$\bar{a} = \frac{28\ \text{m}}{9{,}8\ \text{s} \cdot \text{s}}$$

$$\bar{a} = 2{,}9\ \frac{\text{m}}{\text{s}^2}$$

Ergebnis:
Die durchschnittliche Beschleunigung des Pkw beträgt 2,9 m/s^2.

Die größten Beschleunigungen (Verzögerungen) bei Fahrzeugen treten bei Unfällen auf. Dabei können kurzzeitig Werte bis zu 550 m/s^2 erreicht werden.

2.2.4 Gleichförmige Bewegungen

Die gleichförmige geradlinige Bewegung

Eine gleichförmige geradlinige Bewegung eines Körpers liegt vor, wenn Betrag und Richtung seiner Geschwindigkeit ständig gleich sind.

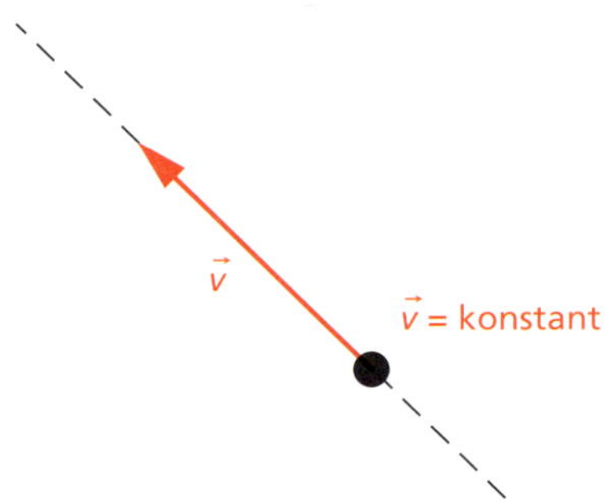

Beispiele für solche gleichförmigen geradlinigen Bewegungen sind ein mit konstanter Geschwindigkeit fahrendes Fahrzeug auf gerader Strecke, eine stehende Person auf einer Rolltreppe, ein mit konstanter Geschwindigkeit geradlinig fliegendes Flugzeug.

Eine gleichförmige geradlinige Bewegung lässt sich folgendermaßen charakterisieren:

In gleichen Zeiten werden gleiche Wege zurückgelegt. Der zurückgelegte Weg ist der verflossenen Zeit proportional.	$s \sim t$ $s = v \cdot t$
Der Quotient aus Weg und Zeit ist konstant. Er ist gleich dem Betrag der Geschwindigkeit.	$\frac{s}{t} = v = \text{konstant}$
Im Weg-Zeit-Diagramm (s-t-Diagramm) ergibt sich eine Gerade, die durch den Ursprung des Koordinatensystems verläuft. Je größer die Geschwindigkeit ist, desto größer ist der Anstieg der Geraden.	$v_1 < v_2$ 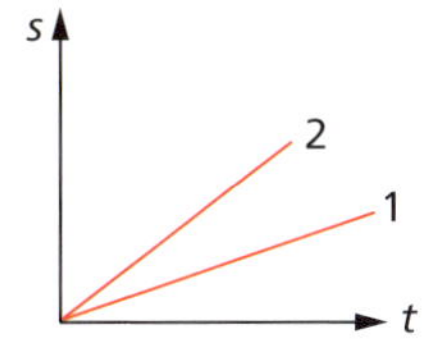
Im Geschwindigkeit-Zeit-Diagramm (v-t-Diagramm) ergibt sich eine Gerade, die parallel zur t-Achse des Koordinatensystems verläuft. Je größer die Geschwindigkeit ist, desto höher liegt die Gerade.	$v_1 < v_2$ 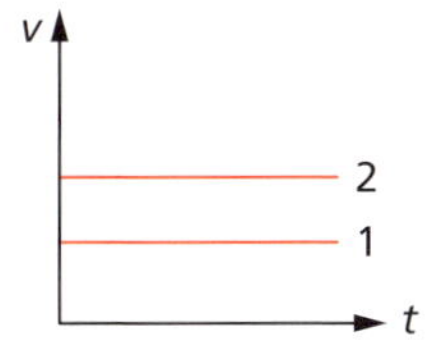
Die Beschleunigung längs der Bahn ist null. Im Beschleunigung-Zeit-Diagramm (a-t-Diagramm) ergibt sich eine Gerade, die mit der t-Achse zusammenfällt.	$a = 0$ 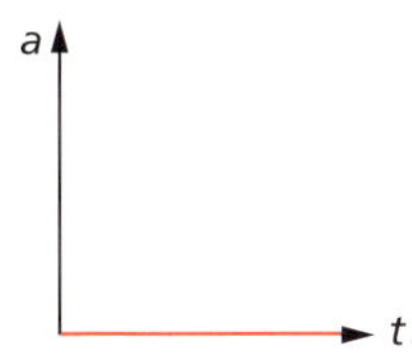

Die gleichförmige Kreisbewegung

Eine gleichförmige Kreisbewegung liegt vor, wenn sich ein Körper ständig mit dem gleichen Betrag der Geschwindigkeit auf einer kreisförmigen Bahn bewegt.
Die Richtung der Geschwindigkeit ändert sich ständig. Jede gleichförmige Kreisbewegung ist deshalb eine beschleunigte Bewegung.

Gondel eines Riesenrads oder eines Karussells, Pedale eines Fahrrads, Erde um die Sonne (näherungsweise).

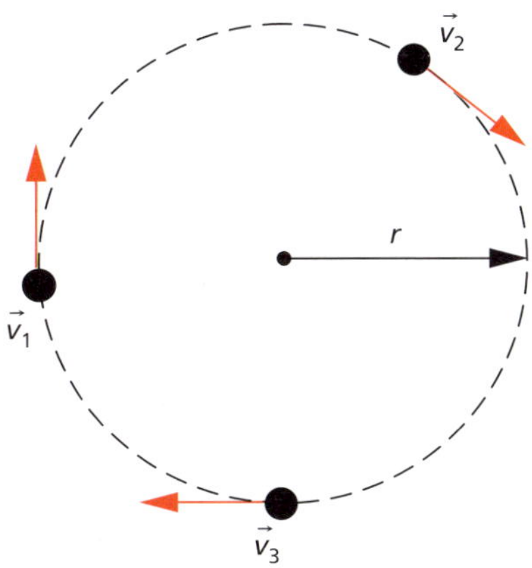

Jeder Punkt eines gleichmäßig um eine Achse rotierenden Körpers führt eine gleichförmige Kreisbewegung aus.

2

Für die gleichförmige Kreisbewegung gilt wie für jede andere gleichförmige Bewegung $v = \frac{s}{t}$.
Ersetzt man den Weg s durch den Umfang des Kreises ($s = 2\pi \cdot r$) und die Zeit t durch die Umlaufzeit T oder die Drehzahl n, so erhält man:

▶ Je größer die Drehzahl n ist, umso kleiner ist die Umlaufzeit T.
Es gilt: $n = \frac{1}{T}$

Für eine gleichförmige Kreisbewegung (v = konstant) gilt:

$v = \frac{s}{t}$ $\quad v = \frac{2\pi \cdot r}{T}$ $\quad v = 2\pi \cdot r \cdot n$

s	Weg	r	Radius der Kreisbahn	n	Drehzahl
t	Zeit	T	Zeit für einen Umlauf (Umlaufzeit)		

▶ Ein **Satellit,** der sich ständig über einem bestimmten Punkt der Erdoberfläche befindet, wird als geostationärer Satellit bezeichnet. Ein solcher Satellit befindet sich immer über dem Äquator.

Ein geostationärer Nachrichtensatellit befindet sich ca. 36 000 km über der Erdoberfläche.
Wie groß ist seine Geschwindigkeit auf der Kreisbahn?

Analyse:
Der Bahnradius des Satelliten ergibt sich aus der Entfernung über der Erdoberfläche und dem Erdradius. Wenn er sich ständig über einem bestimmten Punkt der Erdoberfläche befindet, muss seine Umlaufzeit gleich der Umlaufzeit der Erde um ihre Achse sein, also 24 h betragen.

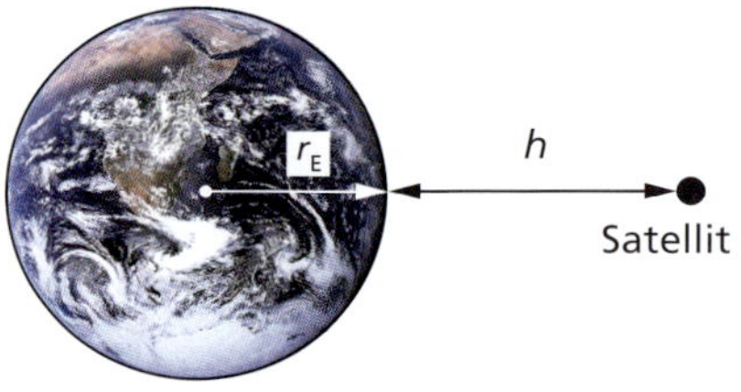

M ↗ S. 57 f.

Gesucht: v
Gegeben: h = 36 000 km $\quad r_E$ = 6 371 km $\quad r = h + r_E$
T = 24 h

Lösung:

$$v = \frac{2\pi \cdot r}{T}$$

$$v = \frac{2\pi \cdot 42\,371 \text{ km}}{24 \text{ h}}$$

$$\underline{v = 11\,000 \text{ km/h}}$$

Ergebnis:
Ein geostationärer Nachrichtensatellit bewegt sich auf seiner Bahn mit etwa 11 000 km/h oder etwa 3,1 km/s.

▶ Die Geschwindigkeit eines geostationären Satelliten ist kleiner als die eines Satelliten in Erdnähe. Ein solcher Satellit bewegt sich mit etwa 7,9 km/s (erste kosmische Geschwindigkeit).

Eine gleichförmige Kreisbewegung darf nicht mit einer gleichförmigen Drehbewegung verwechselt werden. Bei einer Kreisbewegung kann der betreffende Körper als Massepunkt (↗ S. 78) betrachtet werden, bei einer Drehbewegung nicht. Die Bewegung eines Satelliten um die Erde ist eine Kreisbewegung. Die Rotation der Erde um ihre Achse ist eine Drehbewegung.

2.2.5 Ungleichförmige Bewegungen

Die gleichmäßig beschleunigte Bewegung

Eine gleichmäßig beschleunigte Bewegung liegt vor, wenn sich bei einem Körper die Geschwindigkeit in jeweils gleichen Zeiten in gleichem Maße ändert, wenn also der Betrag seiner Beschleunigung konstant ist. Befindet sich der Körper zu Beginn der Bewegung in Ruhe, so gilt:

M ↗ S. 46

Der zurückgelegte Weg ändert sich mit dem Quadrat der Zeit.	$s \sim t^2$ Das Weg-Zeit-Gesetz lautet: $s = \frac{a}{2} \cdot t^2$
Der Quotient aus dem Weg und dem Quadrat der Zeit ist konstant.	$\frac{s}{t^2}$ = konstant = $\frac{a}{2}$
Der Quotient aus Geschwindigkeit und Zeit ist konstant. Er ist gleich der Beschleunigung.	$\frac{v}{t} = a$ = konstant Das Geschwindigkeit-Zeit-Gesetz lautet: $v = a \cdot t$
Im Weg-Zeit-Diagramm (*s*-*t*-Diagramm) ergibt sich eine parabelförmige Kurve, die durch den Ursprung des Koordinatensystems verläuft. Je größer die Beschleunigung, desto steiler verläuft die Kurve.	$a_1 < a_2$ 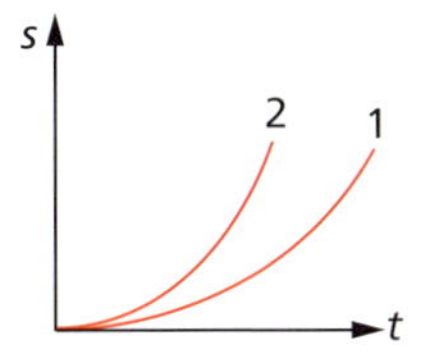
Im Geschwindigkeit-Zeit-Diagramm (*v*-*t*-Diagramm) ergibt sich eine Gerade, die durch den Ursprung des Koordinatensystems verläuft. Je größer die Beschleunigung, desto größer der Anstieg der Geraden.	$a_1 < a_2$ 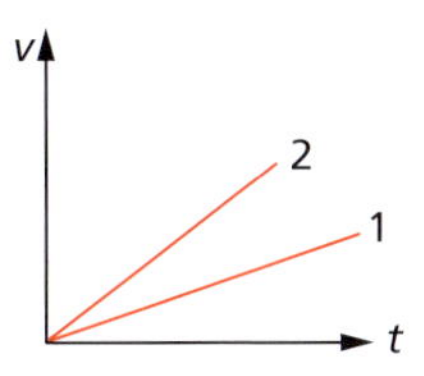
Im Beschleunigung-Zeit-Diagramm (*a*-*t*-Diagramm) ergibt sich eine Gerade, die parallel zur *t*-Achse verläuft. Je größer die Beschleunigung, desto höher liegt die Gerade.	$a_1 < a_2$ 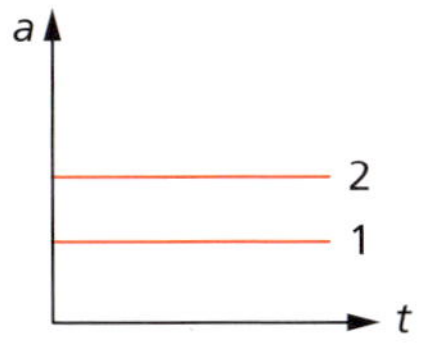

Die Gesetze gelten auch für krummlinige Bewegungen, wenn die Beschleunigung längs der Bahn konstant ist.

M ↗ S. 38

Hinweise zum Interpretieren von Diagrammen sind auf ↗ S. 48 zu finden.

M ↗ S. 57 f.

Ein anfahrendes Auto erreicht in 8,0 s eine Geschwindigkeit von 72 km/h.
Welchen Weg legt es während dieser Zeit zurück?

Analyse:
Unter der Annahme einer gleichmäßig beschleunigten Bewegung können das Weg-Zeit-Gesetz und das Geschwindigkeit-Zeit-Gesetz für diese Bewegung angewendet werden.

▶ Es ist sinnvoll, die Einheiten so umzurechnen, dass gleiche Zeiteinheiten vorhanden sind.

Gesucht: s
Gegeben: $t = 8{,}0\ \text{s}$
$v = 72\ \text{km/h} = \frac{72}{3{,}6}\ \text{m/s} = 20\ \text{m/s}$

Lösung:

$$s = \frac{a}{2}t^2 \qquad v = a \cdot t \rightarrow a = \frac{v}{t}$$

$$s = \frac{v}{2t} \cdot t^2$$

$$s = \frac{v \cdot t}{2}$$

$$s = \frac{20\ \frac{\text{m}}{\text{s}} \cdot 8{,}0\ \text{s}}{2}$$

$$\underline{s = 80\ \text{m}}$$

▶ Wenn es möglich ist, sollte zunächst eine allgemeine Lösung entwickelt werden, ehe die Werte eingesetzt werden und gerechnet wird.

Ergebnis:
Das Auto legt beim Anfahren innerhalb von 8,0 s einen Weg von 80 m zurück.

Der freie Fall

M ↗ S. 40, 41

Der freie Fall eines Körpers ist eine gleichmäßig beschleunigte geradlinige Bewegung.
Die Beschleunigung, mit der ein frei fallender Körper fällt, wird als **Fallbeschleunigung** g bezeichnet. Da die Fallbeschleunigung vom Ort abhängig ist, nennt man sie auch **Ortsfaktor.**

▶ Für Überschlagsrechnungen sollte man stets mit $g \approx 10\ \frac{\text{m}}{\text{s}^2}$ rechnen.

> Unter der Bedingung, dass der Luftwiderstand vernachlässigt werden kann, gilt für die mittlere Fallbeschleunigung an der Erdoberfläche:
>
> $$g = 9{,}806\,65\ \frac{\text{m}}{\text{s}^2} \approx 9{,}81\ \frac{\text{m}}{\text{s}^2}$$

Häufig wird mit dem Näherungswert $g \approx 10\ \frac{\text{m}}{\text{s}^2}$ gearbeitet.

Beachte: Die genannten Werte sind mittlere Werte für die Erdoberfläche. An den Polen ist die Fallbeschleunigung mit $g = 9{,}83\ \frac{\text{m}}{\text{s}^2}$ etwas größer, am Äquator mit $g = 9{,}78\ \frac{\text{m}}{\text{s}^2}$ etwas kleiner. Das hängt mit der Form der Erde zusammen.

Die Fallbeschleunigung ist ortsabhängig. Nachfolgend sind einige Werte angegeben.

Ort	Fallbeschleunigung
am Äquator der Erdoberfläche	$9{,}780\ \frac{m}{s^2}$
an den Polen der Erdoberfläche	$9{,}832\ \frac{m}{s^2}$
10 km über der Erdoberfläche	$9{,}78\ \frac{m}{s^2}$
50 km über der Erdoberfläche	$9{,}66\ \frac{m}{s^2}$
100 km über der Erdoberfläche	$9{,}51\ \frac{m}{s^2}$
an der Mondoberfläche	$1{,}62\ \frac{m}{s^2}$
an der Marsoberfläche	$3{,}71\ \frac{m}{s^2}$
an der Oberfläche der Sonne	$274\ \frac{m}{s^2}$

Der **Ortsfaktor** gibt an, wie groß die Gewichtskraft eines Körpers je Kilogramm Masse infolge der Gravitation an dem jeweiligen Ort ist. Er wird in der Einheit Newton je Kilogramm (N/kg) angegeben.

Der Ortsfaktor beträgt an der Erdoberfläche $g = 9{,}81\ \frac{N}{kg}$.

Für die Einheiten gilt:
$1\ \frac{N}{kg} = \frac{1\ m}{s^2}$
Mit $1\ N = 1\ \frac{kg \cdot m}{s^2}$ ergibt sich aus $1\ \frac{N}{kg}$ die Einheit $1\ \frac{m}{s^2}$.

Die Gesetze für den freien Fall gelten im Vakuum. Sie können für den freien Fall in Luft angewendet werden, wenn der Luftwiderstand vernachlässigbar klein ist.

Beachte: Der Fall eines Steins kann als freier Fall betrachtet werden. Für das Schweben eines Fallschirms sind die Gesetze des freien Falls nicht anwendbar.

Für den freien Fall gelten folgende Gesetze:

Gesetz	Formel	Größen
Weg-Zeit-Gesetz	$s = \frac{g}{2} t^2$	s Weg
Geschwindigkeit-Zeit-Gesetz	$v = g \cdot t$	t Zeit
Geschwindigkeit-Weg-Gesetz	$v = \sqrt{2g \cdot s}$	g Fallbeschleunigung v Geschwindigkeit

Welche Geschwindigkeit erreicht ein Schüler, der sich von einem 5-m-Turm ins Wasser fallen lässt?

M ↗ S. 57 f.

Analyse:
Die Bewegung des Schülers kann als freier Fall angesehen werden. Damit sind die Gesetze des freien Falls anwendbar.

2

Regentropfen, auch wenn sie aus großer Höhe fallen, erreichen aufgrund des Luftwiderstands nur eine Geschwindigkeit von maximal 35 km/h. Die Gesetze des freien Falls sind auf sie nicht anwendbar.

Gesucht: v

Gegeben: $s = 5\ \text{m}$

$g = 9{,}81\ \frac{\text{m}}{\text{s}^2}$

Lösung:

$$v = \sqrt{2g \cdot s}$$

$$v = \sqrt{2 \cdot 9{,}81\ \frac{\text{m}}{\text{s}^2} \cdot 5\ \text{m}}$$

$$\underline{v = 9{,}9\ \frac{\text{m}}{\text{s}}}$$

Ergebnis:

Der Schüler trifft mit einer Geschwindigkeit von 9,9 m/s oder ca. 36 km/h auf dem Wasser auf.

Statt von Überlagerung spricht man manchmal auch von **Superposition.**

2.2.6 Die Überlagerung von Bewegungen

Ein Körper kann eine Bewegung ausführen, die durch eine Überlagerung von mehreren anderen Bewegungen (Teilbewegungen) zustande kommt.
So resultiert die Bewegung eines Flugzeugs aus der Bewegung des eigenen Antriebs und der Bewegung des Windes. Die Bewegung eines Hochspringers resultiert aus der Absprungbewegung schräg nach oben und dem freien Fall.

Die beiden Teilbewegungen, die sich zu einer resultierenden Bewegung überlagern, können gleichförmige oder gleichmäßig beschleunigte Bewegungen sein.
Für die Überlagerung von beliebigen Bewegungen gilt immer das **Unabhängigkeitsprinzip.**

Führt ein Körper gleichzeitig mehrere Teilbewegungen aus, so überlagern sich diese Teilbewegungen unabhängig voneinander zu einer resultierenden Gesamtbewegung.

Die resultierende Geschwindigkeit kann berechnet oder zeichnerisch ermittelt werden.

Überlagerung zweier gleichförmiger Bewegungen

Die Teilbewegungen können in gleicher, in entgegengesetzter oder in beliebiger anderer Richtung zueinander erfolgen.

gleiche Richtung

Eine Person läuft in Fahrtrichtung in einem fahrenden Zug.

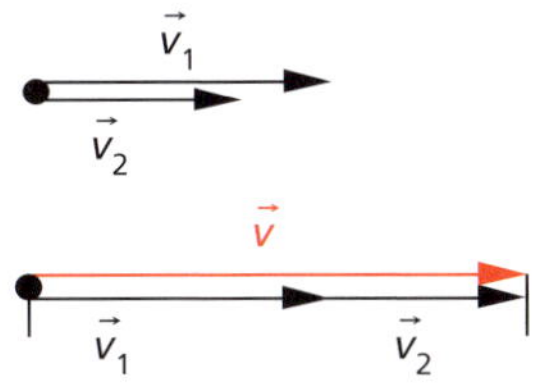

$$v = v_1 + v_2$$

entgegengesetzte Richtung

Eine Person läuft entgegen der Fahrtrichtung in einem fahrenden Zug.

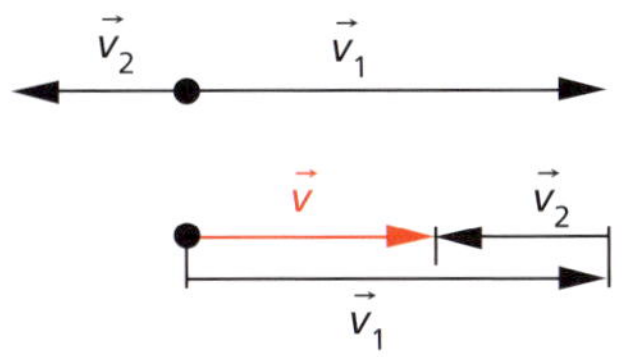

$$v = v_1 - v_2$$

im rechten Winkel zueinander

Ein Boot fährt senkrecht zur Richtung der Strömung über einen Fluss.

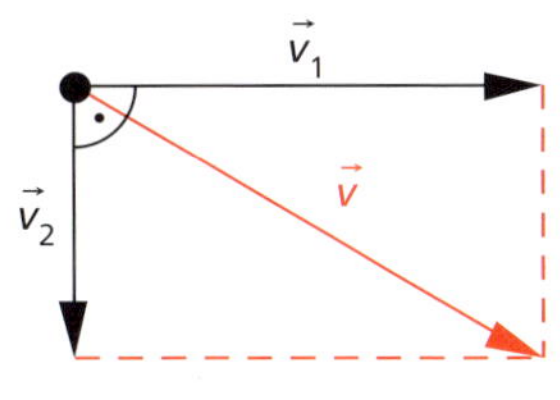

$$v = \sqrt{{v_1}^2 + {v_2}^2}$$

in einem beliebigen anderen Winkel α zueinander

Ein Flugzeug fliegt unter einem beliebigen Winkel α zur Windrichtung.

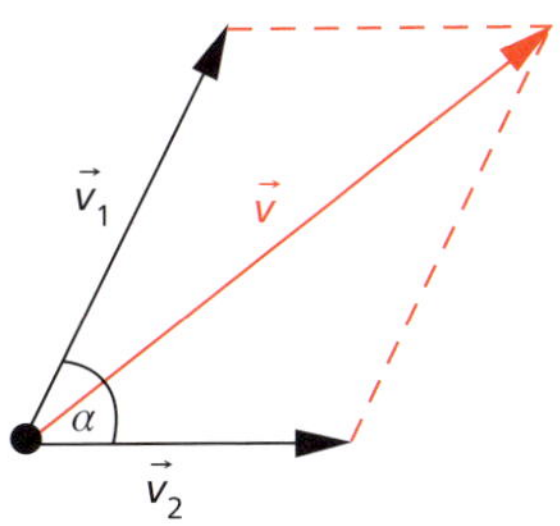

$$v = \sqrt{{v_1}^2 + {v_2}^2 + 2v_1 \cdot v_2 \cdot \cos\alpha}$$

Wenn die Geschwindigkeiten bei den Teilbewegungen gleich groß sind, dann ist die resultierende Geschwindigkeit null.

Überlagerung von gleichförmiger und gleichmäßig beschleunigter Bewegung (Würfe)

Die Teilbewegungen können in gleicher, in entgegengesetzter oder in anderer Richtung zueinander erfolgen. v_0 und v_F sind die Geschwindigkeiten der Teilbewegungen, v ist die resultierende Geschwindigkeit.

gleiche Richtung		
Ein Ball wird senkrecht nach unten geworfen (**senkrechter Wurf** nach unten). Es überlagern sich eine gleichförmige Bewegung nach unten und der freie Fall.	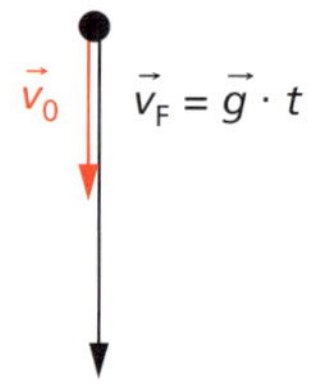	$v = v_0 + g \cdot t$
entgegengesetzte Richtung		
Ein Ball wird senkrecht nach oben geworfen (**senkrechter Wurf** nach oben). Es überlagern sich eine gleichförmige Bewegung nach oben und der freie Fall.	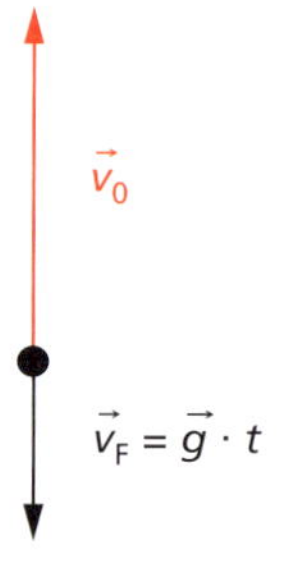	$v = v_0 - g \cdot t$
im rechten Winkel zueinander		
Ein Ball wird in waagerechter Richtung abgeworfen **(waagerechter Wurf).** Es überlagern sich eine gleichförmige Bewegung in waagerechter Richtung und der freie Fall.	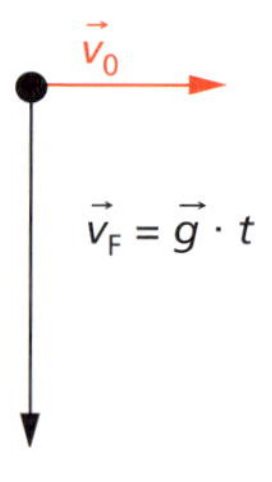	$v = \sqrt{v_0^2 + (g \cdot t)^2}$
in einem beliebigen anderen Winkel α zueinander		
Ein Ball wird unter einem beliebigen Winkel $\alpha \neq 0°$ und $\alpha \neq 90°$ abgeworfen **(schräger Wurf).** Es überlagern sich eine gleichförmige Bewegung in Abwurfrichtung und der freie Fall.	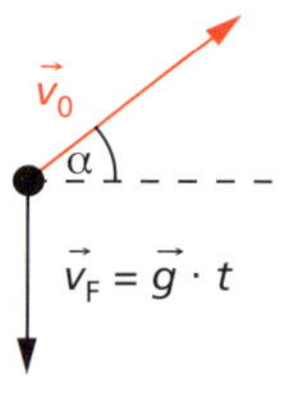	

▶ Berechnungen sind beim schrägen Wurf mit einem hohen mathematischen Aufwand verbunden.

Bei einem **schrägen** Wurf überlagern sich eine gleichförmige Bewegung und der freie Fall, wobei der Winkel α zwischen den beiden Teilbewegungen zwischen 0° und 90° liegt. Bei der Überlagerung der Teilbewegungen kommen typische **Wurfparabeln** zustande.
Die Wurfweite ist abhängig
- von der Abwurfgeschwindigkeit v_0,
- vom Abwurfwinkel α.

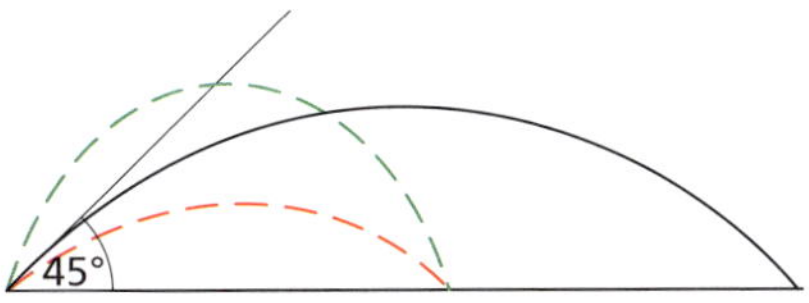

▶ Eine bestimmte Wurfweite kann man bei einem kleineren oder größeren Abwurfwinkel erreichen. So ist die Wurfweite bei $\alpha = 60°$ genauso groß wie bei $\alpha = 30°$. Allgemein wird die gleiche Wurfweite bei Winkeln $\alpha = 45° \pm x$ erreicht. x ist dabei ein Winkel zwischen 0° und 45°.

Die größte Wurfweite wird bei einem Abwurfwinkel von 45° erreicht. Berücksichtigt man den Luftwiderstand, so ergibt sich als Bahnkurve eine **ballistische Kurve.**
Die Wurfweite ist bei einer ballistischen Kurve geringer als beim schrägen Wurf, bei dem man den Luftwiderstand vernachlässigt.

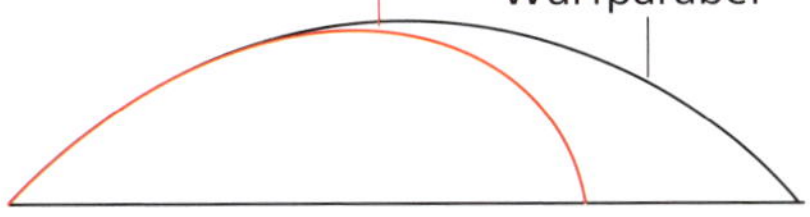

■ Ein Flugzeug fliegt mit 250 km/h. Dabei weht ein Seitenwind mit 50 km/h.
Wie groß ist die resultierende Geschwindigkeit des Flugzeugs gegenüber dem Erdboden?

M ↗ S. 57 f.

Analyse:
Es handelt sich um die Überlagerung von zwei gleichförmigen Bewegungen, deren Richtungen senkrecht zueinander verlaufen. Die Lösung kann zeichnerisch oder rechnerisch erfolgen.

▶ Unter Ballistik versteht man die Lehre über die Flugbahnen von Geschossen.

Gesucht: v
Gegeben: $v_1 = 250$ km/h
$v_2 = 50$ km/h

Lösung:

$$v = \sqrt{v_1^2 + v_2^2}$$

$$v = \sqrt{(250\ \text{km/h})^2 + (50\ \text{km/h})^2}$$

$$\underline{v = 255\ \text{km/h}}$$

M ↗ S. 61

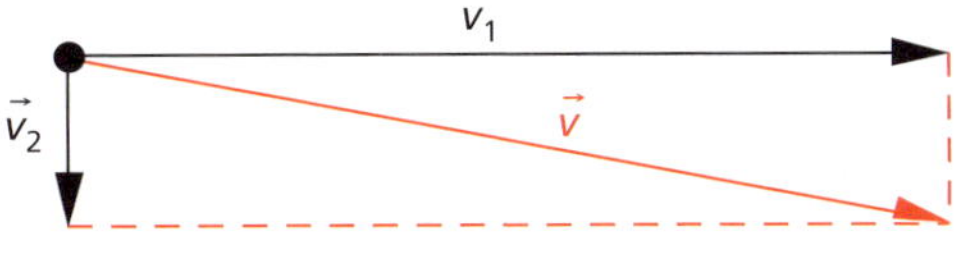

▶ Für die zeichnerische Lösung muss man für die Geschwindigkeit einen Maßstab vereinbaren, z. B.: $50\ \frac{\text{km}}{\text{h}} \mathrel{\widehat{=}} 1$ cm

Ergebnis:
Die resultierende Geschwindigkeit des Flugzeuges beträgt 255 km/h.

- Ein Körper befindet sich in Bewegung, wenn er seine Lage gegenüber einem Bezugssystem (z. B. der Erdoberfläche) ändert. Bewegungen können in unterschiedlicher Art und auf verschiedenen Bahnen erfolgen.

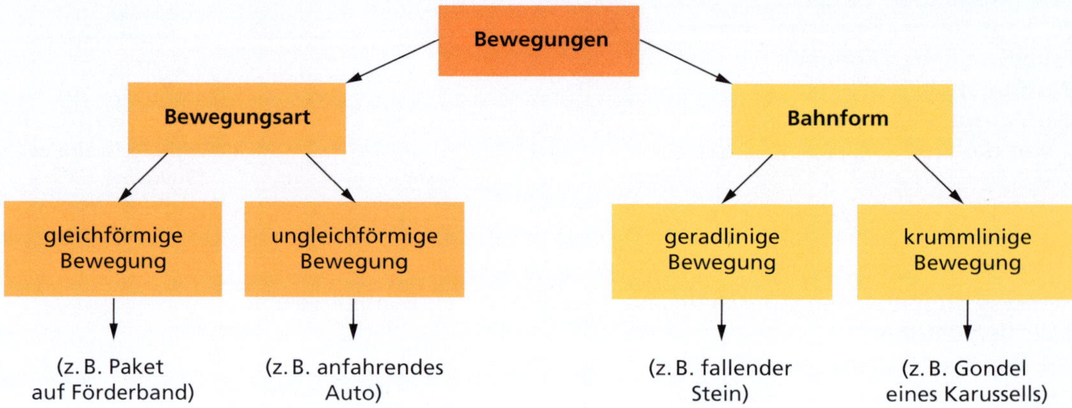

Die Geschwindigkeit
gibt an, wie schnell oder langsam sich ein Körper bewegt.

$v = \frac{s}{t}$ $v = \frac{\Delta s}{\Delta t}$

Die Beschleunigung
gibt an, wie schnell sich die Geschwindigkeit eines Körpers ändert.

$a = \frac{v}{t}$ $a = \frac{\Delta v}{\Delta t}$

Gleichförmige Bewegungen (v = konstant)	**Gleichmäßige beschleunigte Bewegungen** (a = konstant)

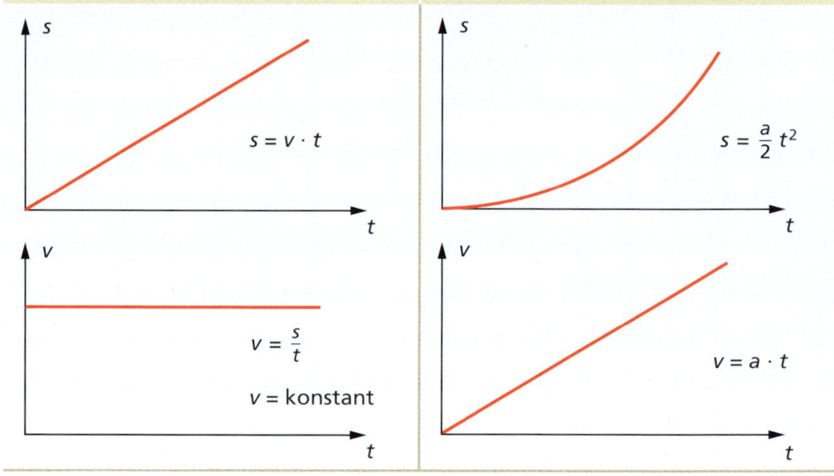

2.3 Kräfte und ihre Wirkungen

2.3.1 Die Größe Kraft

Kennzeichnung, Wirkungen und Arten von Kräften

> Die Kraft gibt an, wie stark zwei Körper aufeinander einwirken.
>
> Formelzeichen: F
> Einheit: ein Newton (1 N)

Benannt ist die Einheit der Kraft nach dem berühmten englischen Physiker **ISAAC NEWTON** (1643–1727).

Ein Newton ist die Kraft, die einem Körper mit der Masse 1 kg eine Beschleunigung von 1 m/s^2 erteilt. Es ist etwa die Kraft, mit der ein Körper der Masse 100 g auf eine ruhende Unterlage drückt oder an einer Aufhängung zieht.

M ↗ S. 46

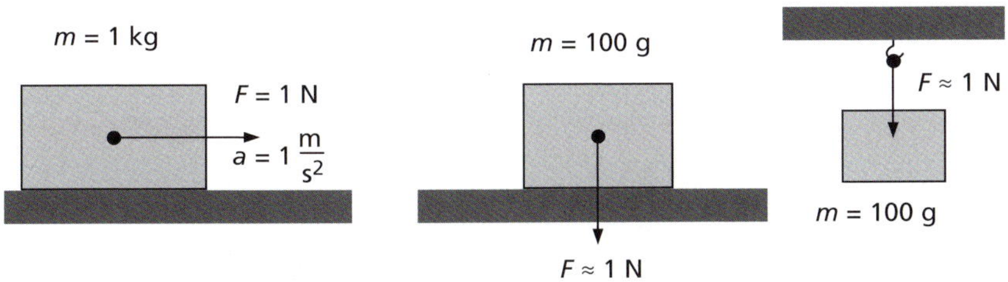

Vielfache der Einheit 1 N sind ein Kilonewton (1 kN) und ein Meganewton (1 MN):

1 kN = 1 000 N

1 MN = 1 000 kN = 1 000 000 N

Kräfte wirken immer zwischen zwei oder mehreren Körpern. Die Einwirkungen der Körper aufeinander sind dabei wechselseitig.

> Die Kraft ist eine **Wechselwirkungsgröße.** Kräfte sind nur an ihren Wirkungen erkennbar.

Die Kraft ist eine **gerichtete (vektorielle) Größe.** Sie wird mithilfe von Pfeilen dargestellt.

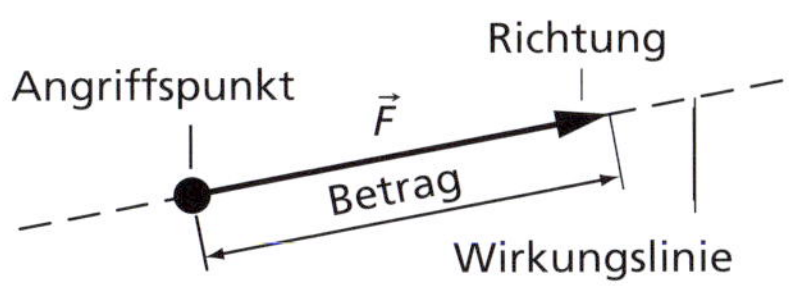

Der Buchstabe F ohne Pfeil bedeutet, dass nur der Betrag der Kraft angegeben wird.

Die Wirkung einer Kraft ist abhängig
- vom Betrag der Kraft,
- von der Richtung der Kraft,
- vom Angriffspunkt der Kraft.

Kräfte können die Bewegung eines Körpers, die Form eines Körpers oder beides ändern. Je größer der Betrag einer Kraft ist, desto größer ist auch ihre Wirkung.

2

Durch Kräfte kann ein Körper auch zerstört werden.

Wirkungen von Kräften	
Bewegungsänderung von Körpern	**Formänderung von Körpern**

Ein Volleyballer wirkt mit seiner Hand auf den Ball ein. Dadurch wird der Ball in Bewegung gesetzt, abgebremst oder in eine andere Richtung gelenkt.	Der Expander wird durch Muskelkräfte verformt. Die Verformung ist umso stärker, je größer die einwirkende Kraft ist.

Die Verformungen von Körpern können **plastisch** oder **elastisch** sein.
Eine **plastische Verformung** liegt vor, wenn der Körper nach der Krafteinwirkung nicht von allein wieder seine ursprüngliche Form annimmt. Dies ist z. B. nach einem Autounfall beim Auto der Fall.
Eine **elastische Verformung** liegt vor, wenn der Körper beim Wegfall der Kraft von allein wieder seine ursprüngliche Form annimmt. Dies ist z. B. bei einem Impander oder einem Ast der Fall.

Kräfte in Natur und Technik	
Gewichtskräfte	
eine 10-Cent-Münze	0,04 N
1 Tafel Schokolade	1 N
1 Liter Wasser	10 N
Mensch	500 N ... 800 N
Pkw	≈ 10 000 N
Zugkräfte und Schubkräfte	
Pferd	400 N ... 750 N
Pkw	5 000 N
Lokomotive	200 000 N
Hubkräfte	
Gewichtheben	1 000 N ... 2 500 N
Eisenbahndrehkran	bis 2 500 000 N
Auftriebskräfte	
Ball (d = 30 cm) im Wasser	139 N
Schiff (Wasserverdrängung 20 t)	196 000 N
Luftwiderstandskraft	
Pkw bei 100 km/h	≈ 210 N

Arten von Kräften

M ↗ S. 46

Arten von Kräften		
Magnetische Kraft	**Elektrische Kraft**	**Gravitationskraft**

Ein Elektromagnet zieht Körper aus Eisen an. Zwischen Magnet und Eisenkörper wirken **magnetische Kräfte.**	Ein Kamm wird durch Reibung elektrisch geladen. Zwischen Kamm und Styroporkugeln wirken **elektrische Kräfte.**	Zwischen der Erde und einem Erdsatelliten wirken aufgrund der Massen anziehende Kräfte, die **Gravitationskräfte.**
Gewichtskraft	**Reibungskraft**	**Zugkraft**

Jeder Körper wird von der Erde angezogen und übt auf seine Unterlage eine Kraft aus, die man **Gewichtskraft** nennt: $F_G = m \cdot g$.	Beim Fahren mit dem Fahrrad wirken immer auch Kräfte, die die Bewegung hemmen. Sie heißen **Reibungskräfte.**	Waggons werden durch eine Lokomotive in Bewegung gesetzt. Dabei wirken auf die Waggons **Zugkräfte.**
Auftriebskraft	**Druckkraft**	**Schubkraft**

Auf Körper in Flüssigkeiten und Gasen wirkt entgegengesetzt zur Gewichtskraft eine volumenabhängige **Auftriebskraft.**	Durch den Luftdruck im Reifen wirkt auf seine Innenfläche eine Kraft, die ihn „in Form hält" und die man **Druckkraft** nennt.	Beim Start einer Rakete werden Verbrennungsgase sehr schnell ausgestoßen. Auf die Rakete wirkt eine **Schubkraft.**

M ↗ S. 50

Messen von Kräften

▶ Das Gesetz ist nach dem englischen Naturwissenschaftler **ROBERT HOOKE** (1635–1703) benannt.

Zur Messung von Kräften nutzt man Federn, die elastisch verformt werden. Für solche Federn gilt das **hookesche Gesetz:**

> Unter der Bedingung, dass eine Feder elastisch verformt wird, gilt:
>
> $F \sim s$ oder $\frac{F}{s} = \text{konstant}$ oder $F = D \cdot s$
>
> F angreifende Kraft
> s Verlängerung der Feder
> D Federkonstante

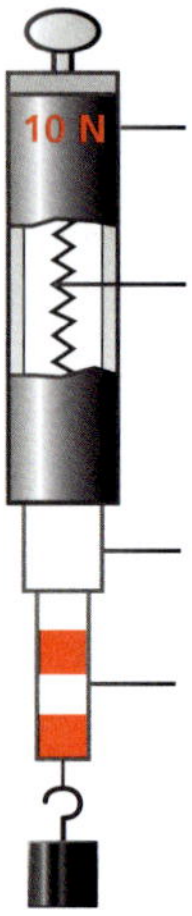

Kräfte werden mit Federkraftmessern gemessen. Dabei wird die Eigenschaft von elastischen Federn genutzt, sich bei Einwirkung einer Kraft auszudehnen. Der Messbereich eines Federkraftmessers hängt von der Art der Feder (Härte der Feder) ab. Er ist umso größer, je härter die betreffende Feder ist.

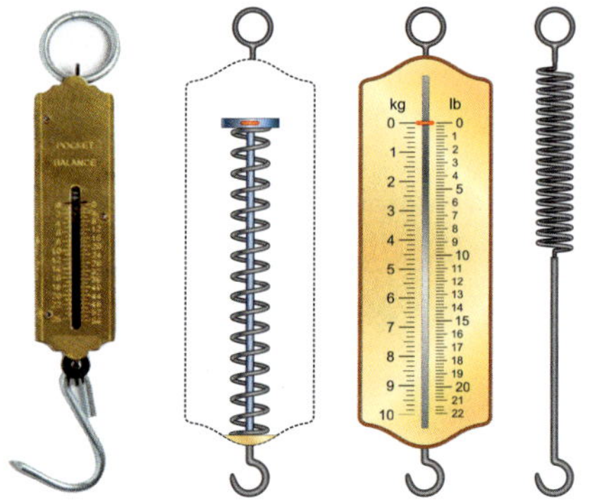

▶ Beim Einstellen des Nullpunkts muss der Federkraftmesser senkrecht gehalten werden.

Vorgehen beim Messen von Kräften

1. Wähle einen geeigneten Federkraftmesser aus! Beachte dabei den Messbereich!
2. Stelle den Nullpunkt ein!
3. Lass die Kraft einwirken und lies an der Skala den Betrag der Kraft ab!

Der Messbereich eines Federkraftmessers wird weitgehend durch die Federkonstante bestimmt.

Erläutere, wie man die Federkonstante einer Feder ermitteln kann!

Zur Bestimmung der Federkonstanten einer Feder kann man das hookesche Gesetz nutzen. Aus $F = D \cdot s$ erhält man durch Umstellen:

$$D = \frac{F}{s}$$

Um D zu ermitteln, hängt man an die Feder einen Körper mit der Gewichtskraft F und misst die Auslenkung s. Aus F und s kann D berechnet werden.

▶ Ein Massestück mit $m = 100$ g hat eine Gewichtskraft von etwa 1 N.

Wird z. B. an eine Feder ein Massestück ($m = 100$ g) gehängt und dehnt sich dabei die Feder um 5 cm, so erhält man für die Federkonstante:

$$D = \frac{1\ \text{N}}{5\ \text{cm}}$$

$$D = 0{,}2\ \frac{\text{N}}{\text{cm}}$$

Zusammensetzung von Kräften

Wenn auf einen Körper zwei Kräfte wirken, so setzen sich diese zu einer resultierenden Kraft F zusammen. Diese kann zeichnerisch (Kräfteparallelogramm) oder rechnerisch ermittelt werden.

Zwei Kräfte wirken in gleicher Richtung.	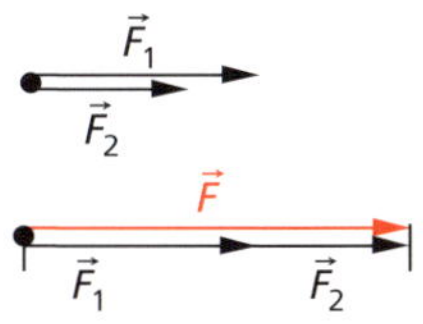	$F = F_1 + F_2$
Zwei Kräfte wirken in entgegengesetzter Richtung.	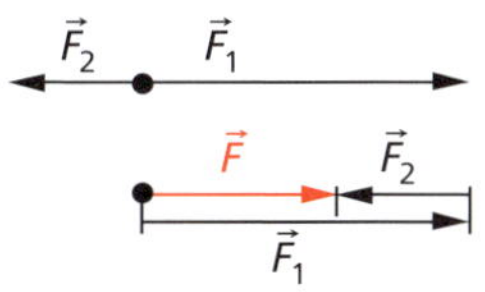	$F = F_1 - F_2$
Zwei Kräfte wirken im rechten Winkel zueinander.	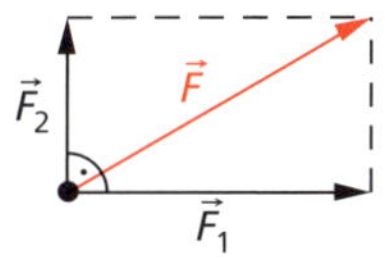	$F = \sqrt{F_1^2 + F_2^2}$
Zwei Kräfte wirken in beliebiger Richtung zueinander.	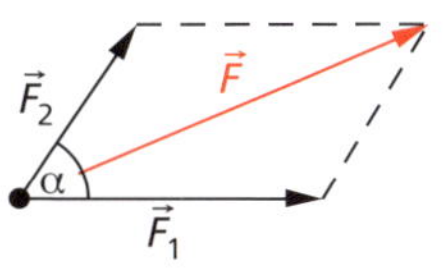	$F = \sqrt{F_1^2 + F_2^2 + 2F_1 \cdot F_2 \cdot \cos\alpha}$

Sind die beiden Kräfte F_1 und F_2 gleich groß, so ist die resultierende Kraft null.

Auf das Segel eines Surfbretts wirkt der Wind mit einer Kraft von 500 N. Zugleich wirkt senkrecht dazu durch eine Strömung eine Kraft von 200 N auf das Surfbrett.
Wie groß ist die resultierende Kraft?

Analyse:
Auf den Körper wirken zwei Kräfte senkrecht zueinander. Die resultierende Kraft kann zeichnerisch oder rechnerisch ermittelt werden.

Gesucht: F
Gegeben: $F_1 = 500\ \text{N}$
$F_2 = 200\ \text{N}$

Für die zeichnerische Lösung muss ein Maßstab vereinbart werden, z. B. 100 N ≙ 1 cm.

Wirken mehr als zwei Kräfte auf einen Körper, so kann man die resultierende Kraft schrittweise ermitteln, indem man zunächst zwei Kräfte zusammensetzt, dann die resultierende Kraft mit der nächsten Kraft zusammensetzt usw.

M ↗ S. 57 f.

Lösung:
Als rechnerische Lösung der Aufgabe erhält man:

$$F = \sqrt{F_1^2 + F_2^2}$$

$$F = \sqrt{(500\ \text{N})^2 + (200\ \text{N})^2}$$

$$F = \sqrt{290\,000\ \text{N}^2}$$

$$\underline{F \approx 539\ \text{N}}$$

M ↗ S. 61

Als zeichnerische Lösung der Aufgabe erhält man:

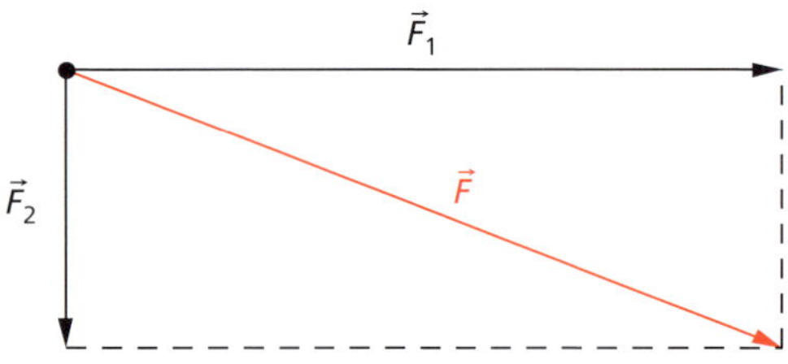

Die Länge des Pfeils beträgt 5,4 cm. Damit ergibt sich für die Kraft $F = 540$ N.

Ergebnis:
Die resultierende Kraft auf das Surfbrett beträgt 540 N.

Zerlegung von Kräften

▶ Die Kenntnis der Beträge der Teilkräfte ist wichtig, weil man z. B. bei Aufhängungen wissen muss, wie groß diese Kräfte sind und wie man demzufolge die Aufhängung wählen muss.

Eine Kraft F kann in Teilkräfte (Komponenten) F_1 und F_2 zerlegt werden, wenn die Richtungen der Komponenten bekannt sind.

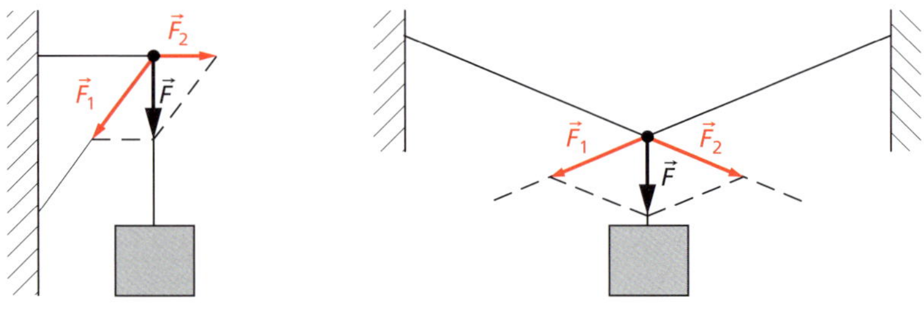

▶ Die Teilkräfte kann man auch berechnen:
$F_H = F_G \cdot \sin\alpha$
$F_N = F_G \cdot \cos\alpha$

Eine Zerlegung von Kräften kann auch an der geneigten Ebene erfolgen. Die Gewichtskraft $\vec{F}_G$ kann in die **Hangabtriebskraft** $\vec{F}_H$ parallel zur geneigten Ebene und in die **Normalkraft** $\vec{F}_N$ senkrecht zur geneigten Ebene zerlegt werden.

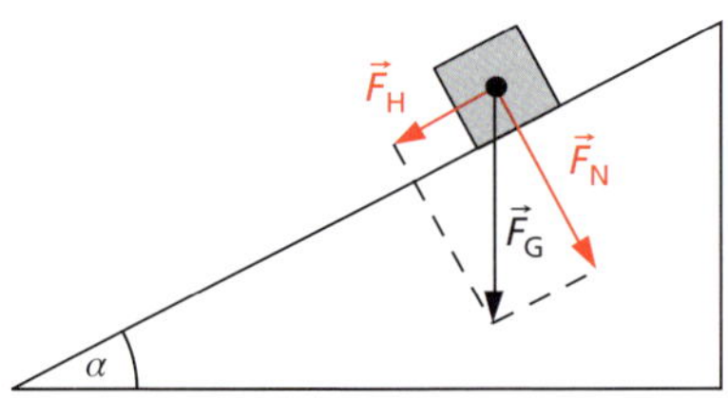

2.3.2 Die newtonschen Gesetze

Die newtonschen Gesetze beinhalten grundlegende Zusammenhänge zwischen Kräften, Geschwindigkeiten und Beschleunigungen.

M ↗ S. 27

Diese grundlegenden Gesetze der Mechanik wurden von dem englischen Naturforscher **ISAAC NEWTON** (1643–1727) gefunden.

1. newtonsches Gesetz (Trägheitsgesetz)

Ein Körper bleibt in Ruhe oder in gleichförmiger geradliniger Bewegung, solange die Summe der auf ihn wirkenden Kräfte null ist.

$\vec{v}$ = konstant bei $\vec{F} = \vec{0}$

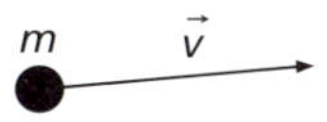

2. newtonsches Gesetz (newtonsches Grundgesetz)

Zwischen Kraft, Masse und Beschleunigung gilt folgender Zusammenhang.

$\vec{F} = m \cdot \vec{a}$

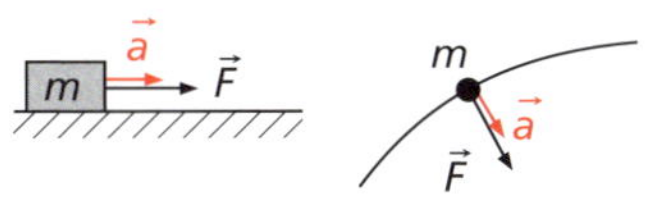

3. newtonsches Gesetz (Wechselwirkungsgesetz)

Wirken zwei Körper aufeinander ein, so wirkt auf jeden der Körper eine Kraft. Die Kräfte sind gleich groß und entgegengesetzt gerichtet.

$\vec{F}_1 = -\vec{F}_2$

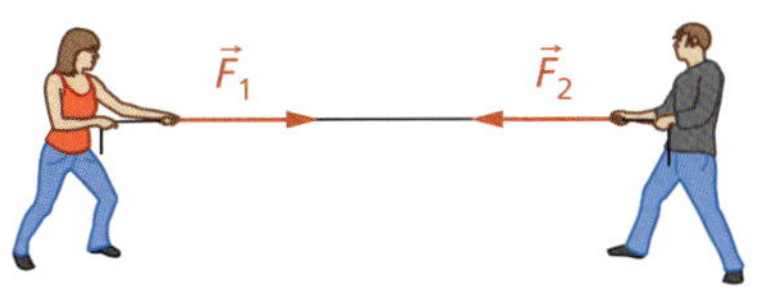

Das Minuszeichen bei einer Kraft bedeutet „entgegengesetzte Richtung".

Die Motoren eines ICE können eine maximale Antriebskraft von 270 kN aufbringen. Die Masse des ICE beträgt 500 t.
Wie groß kann die Beschleunigung des ICE beim Anfahren maximal sein?

Analyse:
Der Zusammenhang zwischen Kraft, Masse und Beschleunigung ist im newtonschen Grundgesetz dargestellt. Die Anwendung dieses Gesetzes ermöglicht bei gegebener Kraft und Masse die Berechnung der Beschleunigung.
Dabei wird angenommen, dass die Antriebskraft während der Phase der Beschleunigung konstant ist. Damit ist auch die Beschleunigung während dieser Phase konstant.

M ↗ S. 57 f.

Gesucht: a
Gegeben: $F = 270\text{ kN} = 270\,000\text{ N}$
$m = 500\text{ t} = 500\,000\text{ kg}$

▶ Für die Einheit 1 N gilt:

$1\ \text{N} = 1\ \frac{\text{kg} \cdot \text{m}}{\text{s}^2}$

Damit ist:

$1\ \frac{\text{N}}{\text{kg}} = 1\ \frac{\text{kg} \cdot \text{m}}{\text{kg} \cdot \text{s}^2} = 1\ \frac{\text{m}}{\text{s}^2}$

Lösung:

$$F = m \cdot a \quad | :m$$

$$\frac{F}{m} = a \quad \text{oder}$$

$$a = \frac{F}{m}$$

$$a = \frac{270\,000\ \text{N}}{500\,000\ \text{kg}}$$

$$\underline{a = 0{,}54\ \frac{\text{N}}{\text{kg}} = 0{,}54\ \frac{\text{m}}{\text{s}^2}}$$

Ergebnis:
Die maximale Beschleunigung eines ICE beträgt etwa 0,5 m/s^2.

2.3.3 Die Gewichtskraft

Verschiedene Körper werden von der Erde unterschiedlich stark angezogen.
Dadurch wirken die Körper mit einer bestimmten Kraft auf eine Unterlage oder ziehen an einer Aufhängung.

M ↗ S. 46

Die Gewichtskraft F_G gibt an, mit welcher Kraft ein Körper auf eine ruhende, waagerechte Unterlage drückt oder an einer Aufhängung zieht.

▶ An der Erdoberfläche hat ein Körper von 1 kg Masse eine Gewichtskraft von etwa 10 N.
Auf der Mondoberfläche beträgt die Gewichtskraft desselben Körpers etwa 1,6 N.

Die Gewichtskraft, die auf einen Körper wirkt, hängt ab
- von seiner Masse und
- von dem Ort, an dem er sich befindet.

Mit Vergrößerung der Höhe über der Erdoberfläche nimmt die Gewichtskraft ab.

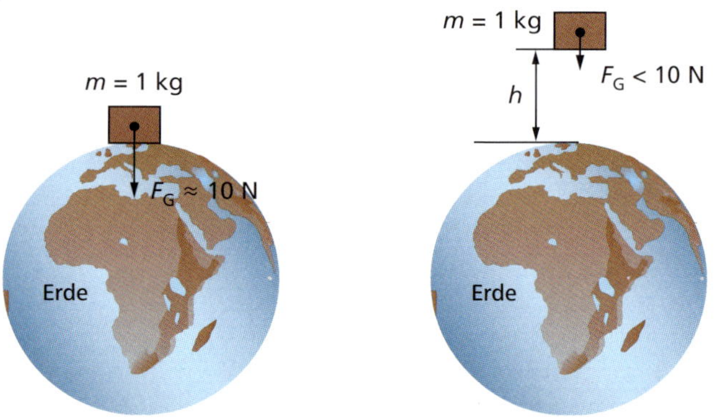

Die Gewichtskraft eines Körpers kann berechnet werden mit der Gleichung:

$F_G = m \cdot g$ — F_G Gewichtskraft, m Masse, g Ortsfaktor (Fallbeschleunigung)

M ↗ S. 46

Auf der Erdoberfläche beträgt der Ortsfaktor (die Fallbeschleunigung) im Mittel $g = 9{,}81\ \frac{N}{kg}$ (↗ S. 89).

In vielen Fällen reicht es aus, mit dem gerundeten Wert $g \approx 10\ \frac{N}{kg}$ zu rechnen.

Der Ortsfaktor beträgt in 10 km Höhe $9{,}78\ \frac{N}{kg}$, in 100 km Höhe $9{,}51\ \frac{N}{kg}$. Auf der Mondoberfläche hat er einen Wert von $1{,}62\ \frac{N}{kg}$, auf der Oberfläche des Mars von $3{,}71\ \frac{N}{kg}$.

Wie groß ist die Gewichtskraft der 85 kg schweren Ausrüstung eines Astronauten auf der Erde und auf dem Mond? Vergleiche die Werte!

Analyse:
Die Gewichtskraft kann aus der Masse und dem jeweiligen Ortsfaktor berechnet werden.

Gesucht: $F_{G,E}$, $F_{G,M}$
Gegeben: $m = 85\ kg$

$g_E = 9{,}81\ \frac{N}{kg}$

$g_M = 1{,}62\ \frac{N}{kg}$

Lösung:

$$F_G = m \cdot g$$

$$F_{G,E} = 85\ kg \cdot 9{,}81\ \frac{N}{kg}$$

$$\underline{F_{G,E} = 834\ N}$$

$$F_{G,M} = 85\ kg \cdot 1{,}62\ \frac{N}{kg}$$

$$\underline{F_{G,M} = 138\ N}$$

M ↗ S. 57 f.

Vergleich:

$$F_{G,E} : F_{G,M} = 834\ N : 138\ N$$

$$F_{G,E} : F_{G,M} \approx 6$$

Ergebnis:
Die 85 kg schwere Ausrüstung eines Astronauten hat auf der Erde eine Gewichtskraft von etwa 830 N und auf dem Mond von etwa 140 N. Auf der Erde ist die Gewichtskraft etwa 6-mal so groß wie auf dem Mond.

Erstmals haben 1969 amerikanische Astronauten den Mond betreten. Aufgrund der geringen Gewichtskraft auf dem Mond konnten sie dort mit ihrer schweren Ausrüstung große Sprünge machen.

2

In der Umgangssprache und in der Technik wird häufig von „Gewicht" gesprochen. Damit ist manchmal eine Masse und manchmal eine Gewichtskraft gemeint. Erkennbar ist das an der Einheit.

In der Physik muss man sorgfältig zwischen der Masse eines Körpers und seiner Gewichtskraft unterscheiden.

Masse *m*	**Gewichtskraft F_G**
Die Masse ist eine Eigenschaft eines Körpers. Sie ist nur von diesem Körper abhängig.	Die Gewichtskraft kennzeichnet die Wechselwirkung zwischen zwei Körpern. Sie ist von beiden Körpern abhängig.
Die Masse eines Körpers ist überall gleich groß.	Die Gewichtskraft eines Körpers ist abhängig vom Ort, an dem sich der Körper befindet.
Einheit der Masse ist ein Kilogramm (1 kg).	Einheit der Gewichtskraft ist ein Newton (1 N).
Messgerät für die Masse ist die Waage.	Messgerät für die Gewichtskraft ist der Federkraftmesser.

M ↗ S. 45

Schwerelosigkeit (Gewichtslosigkeit)

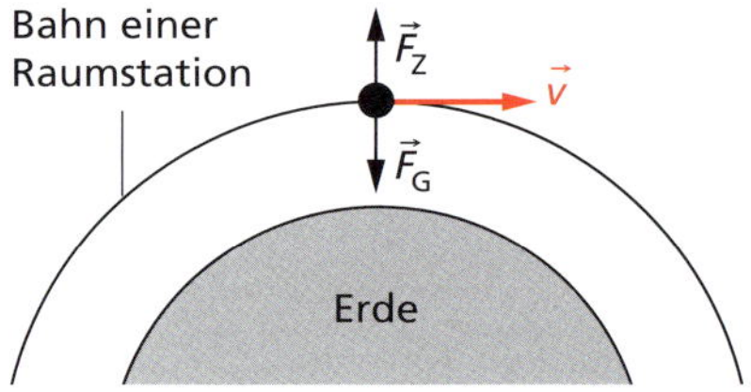

Die Fliehkraft kann nach derselben Formel berechnet werden wie die Radialkraft.

Körper in einer Raumstation, die die Erde umkreisen, sind **schwerelos** oder **gewichtslos.** Die Summe der auf die Körper wirkenden Kräfte ist null. Bei einer solchen Bewegung wirkt auf einen Körper die Gewichtskraft F_G in Richtung Erdmittelpunkt und eine gleich große, entgegengesetzt gerichtete Kraft F_Z aufgrund der Kreisbewegung **(Zentrifugalkraft** oder **Fliehkraft).** Die Summe beider Kräfte ist null.

2.3.4 Die Radialkraft

Satelliten, der Mond oder die Erde bewegen sich näherungsweise auf Kreisbahnen. Auch auf solche Körper wirken Radialkräfte.

Damit sich ein Körper auf der Kreisbahn bewegt, muss auf ihn eine Kraft in Richtung des Zentrums der Kreisbewegung wirken. Diese Kraft wird als **Radialkraft** bezeichnet.

> Die Radialkraft $\vec{F}_r$ gibt an, mit welcher Kraft ein Körper auf einer Kreisbahn gehalten wird.

Manchmal findet man für diese Kraft auch die Bezeichnungen **Zentripetalkraft** oder **Zentralkraft.**

Bei einem Karussell wird die Radialkraft durch die Aufhängung aufgebracht. Die Radialkraft für einen Satelliten, der sich um die Erde bewegt, ist die Kraft, mit der ihn die Erde aufgrund der Gravitation (↗ S. 117) anzieht.

Zu der Radialkraft $\vec{F}_r$ gibt es eine Gegenkraft $\vec{F}_{geg}$, die im gegebenen Beispiel an der Hand zu spüren ist. Nach dem Wechselwirkungsgesetz (↗ S. 101) ist diese Kraft genauso groß wie die Radialkraft, aber entgegengesetzt gerichtet.

Kräfte bei der Kreisbewegung

$\vec{F}_{geg}$ Gegenkraft zur Radialkraft

$\vec{F}_r$ Radialkraft

Bei einer gleichförmigen Kreisbewegung gilt für die Radialkraft:

$$F_r = m \cdot \frac{v^2}{r}$$

$$F_r = m \cdot \frac{4\pi^2 \cdot r}{T^2}$$

$$F_r = m \cdot 4\pi^2 \cdot r \cdot n^2$$

F_r Radialkraft
m Masse des Körpers
v Geschwindigkeit des Körpers
r Radius der Kreisbahn
T Umlaufzeit
n Drehzahl

▶ Für den Zusammenhang zwischen Umlaufzeit T und Drehzahl n gilt: $T = \frac{1}{n}$ oder $n = \frac{1}{T}$

M ↗ S. 36

M ↗ S. 37

2.3.5 Reibung und Reibungskräfte

Wenn Körper aufeinander haften, gleiten oder rollen, tritt **Reibung** auf. Zwischen den Körpern wirken Kräfte, die die Bewegung hemmen. Diese Kräfte werden als **Reibungskräfte** bezeichnet. Reibungskräfte sind immer so gerichtet, dass sie der Bewegung entgegenwirken und diese hemmen oder verhindern.
Die wesentliche Ursache für das Auftreten von Reibungskräften liegt in der Oberflächenbeschaffenheit der Körper begründet, die sich berühren. Diese Oberflächen sind mehr oder weniger rau. Liegen die Körper aufeinander oder bewegen sie sich gegenüber, so „verhaken" sich die Unebenheiten der Flächen. Es tritt **Reibung** auf.

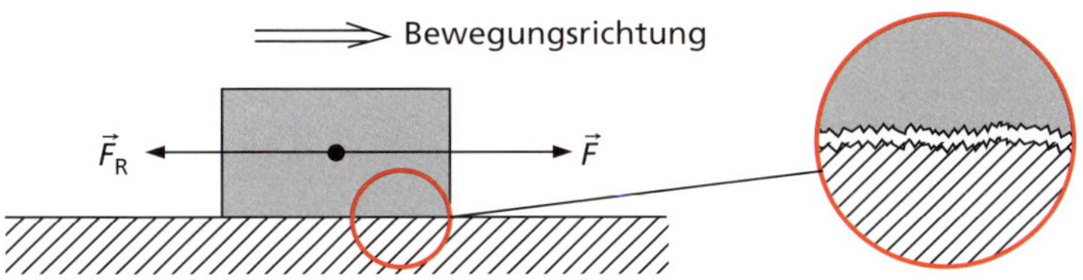

$\vec{F}$ Kraft, die die Bewegung hervorruft

$\vec{F}_R$ Reibungskraft

Berührungsfläche der Körper (stark vergrößert)

▶ Je rauer die Berührungsflächen sind, desto größer ist die Reibungskraft.

Je nach der Art der Bewegung der Körper aufeinander unterscheidet man zwischen **Haftreibung, Gleitreibung** und **Rollreibung.**

2

▶ Ohne Haftreibung könnte sich weder ein Mensch noch ein Straßen- oder Schienenfahrzeug fortbewegen.

Haftreibung

liegt vor, wenn ein Körper auf einem anderen haftet.
Beispiel: Es wird an einer Kiste gezogen, ohne dass sich diese schon bewegt.

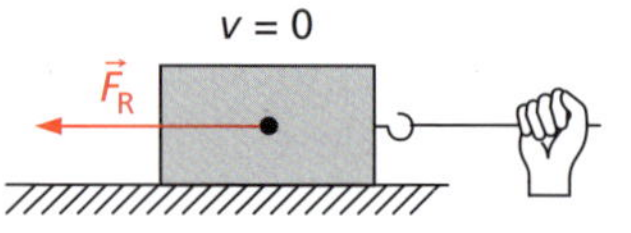

Die Haftreibung hängt ab
- von der Beschaffenheit der Berührungsflächen, die aufeinander liegen,
- von der Kraft, mit der die Körper aufeinander wirken.

▶ Eine besondere Art von Reibung tritt auf, wenn sich ein Körper relativ zu einer Flüssigkeit oder einem Gas bewegt. Man spricht in diesem Fall vom Strömungswiderstand (↗ S. 161).

Gleitreibung

liegt vor, wenn ein Körper auf einem anderen gleitet.
Beispiel: Eine Kiste wird über den Fußboden gezogen.

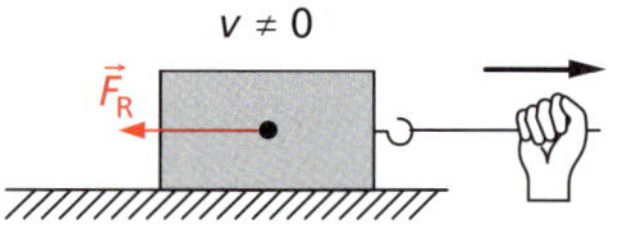

Die Gleitreibungskraft hängt ab
- von der Beschaffenheit der Berührungsflächen, die aufeinander gleiten,
- von der Kraft, mit der die Körper aufeinander wirken.

Rollreibung

liegt vor, wenn ein Körper auf einem anderen rollt.
Beispiel: Ein Koffer mit Rollen wird gezogen.

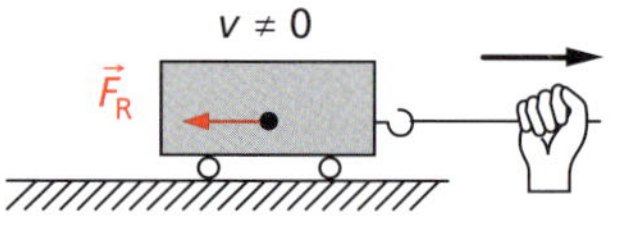

Die Rollreibungskraft hängt ab
- von der Beschaffenheit der Berührungsflächen, die aufeinander rollen,
- von der Kraft, mit der die Körper aufeinander wirken.

Die Kraft, mit der die Körper aufeinander wirken, ist meistens die Gewichtskraft. Ausschlaggebend für die Größe der Reibungskraft ist immer diejenige Kraft, die senkrecht auf die Unterlage wirkt **(Normalkraft** oder **Anpresskraft** F_N).

▶ Den Betrag der Normalkraft kann man bei einer geneigten Ebene durch Kräftezerlegung (↗ S. 100) bestimmen. Die Normalkraft F_N ist eine Komponente der Gewichtskraft F_G.

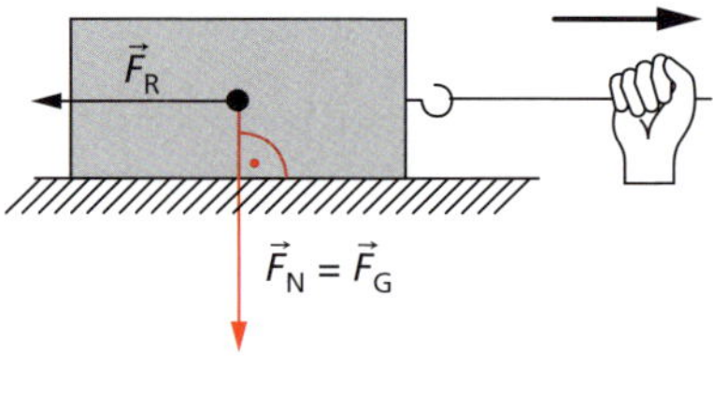

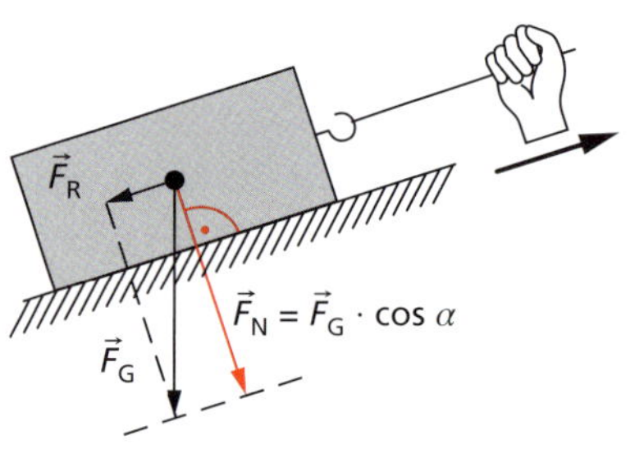

Die Reibungskraft kann berechnet werden mit der Gleichung:

$F_R = \mu \cdot F_N$

F_R Reibungskraft
μ Reibungszahl
F_N Normalkraft

▶ Der Betrag der Reibungskraft ist unabhängig von der Größe der Berührungsflächen.

Je größer die Normalkraft F_N ist, desto größer ist bei ansonsten gleichen Bedingungen die Reibungskraft.
Darüber hinaus gilt bei gleichen Bedingungen:

Haftreibungskraft > Gleitreibungskraft > Rollreibungskraft

Reibungszahlen in Natur und Technik

Stoffe	Haftreibungszahl	Gleitreibungszahl	Rollreibungszahl
Holz auf Holz	0,6	0,5	–
Reifen auf Asphalt			
trocken	0,8	0,5	0,01
nass	0,5	0,3	–
Stahl auf Stahl	0,15	0,10	0,002
Stahl auf Eis	0,03	0,01	–

Reibungskräfte sind teils erwünscht, teils unerwünscht.

Die Reibungskraft kann **vergrößert** werden durch
- Vergrößerung der Kraft, mit der die Körper aufeinandergepresst werden,
- Aufrauung der Oberfläche.

Die Reibungskraft kann **verkleinert** werden durch
- Verkleinerung der Kraft, mit der die Körper aufeinandergepresst werden,
- Glättung der Oberflächen,
- Schmiermittel (Fett, Öl, Wasser).

▶ Wasser auf Straßen wirkt für Fahrzeuge als Schmiermittel. Bei Aquaplaning („Schwimmen" auf einem Wasserfilm) wird die Reibungskraft so klein, dass ein Fahrzeug nicht mehr lenkbar ist.

Ein Pkw mit einer Gesamtmasse von 1 100 kg fährt auf einer trockenen, ebenen Asphaltstraße. Der Fahrer muss plötzlich abbremsen.
Wie groß ist die maximale Bremskraft?

Analyse:
Eine maximale Bremskraft wird erzielt, wenn Haftreibung vorliegt. Die entsprechende Reibungszahl kann der Tabelle entnommen werden. Unter der Voraussetzung, dass das Auto auf einer horizontalen Straße fährt, ist die Normalkraft gleich der Gewichtskraft. Diese ergibt sich aus der Masse.

M ↗ S. 57 f.

2

Ein Körper der Masse 1 kg drückt mit einer Gewichtskraft von 9,81 N ≈ 10 N auf eine waagerechte Unterlage.

Gesucht: F_R
Gegeben: $m = 1100 \text{ kg} \longrightarrow F_G = F_N = 11000 \text{ N}$

Lösung:

$$F_R = \mu \cdot F_N$$

$$F_R = 0{,}8 \cdot 11000 \text{ N}$$

$$\underline{F_R = 8800 \text{ N}}$$

Ergebnis:
Die maximale Bremskraft des Pkw beträgt etwa 8800 N.

2.3.6 Das Drehmoment

Die Wirkung einer Kraft auf einen drehbar gelagerten Körper wird durch das Drehmoment beschrieben.

M ↗ S. 46

Das Drehmoment gibt an, wie stark eine Kraft auf einen drehbar gelagerten Körper wirkt.

Formelzeichen: M
Einheit: ein Newtonmeter (1 Nm)

Beim Anziehen der Radmutter eines Pkw wird ein Drehmoment von 90 Nm empfohlen. Gemessen werden kann ein Drehmoment mit einem **Drehmomentenschlüssel**.

Entscheidend für die Wirkung einer Kraft auf einen drehbar gelagerten Körper sind
- der Betrag der Kraft,
- die Richtung der Kraft und
- der Abstand der Wirkungslinie der Kraft von der Drehachse.

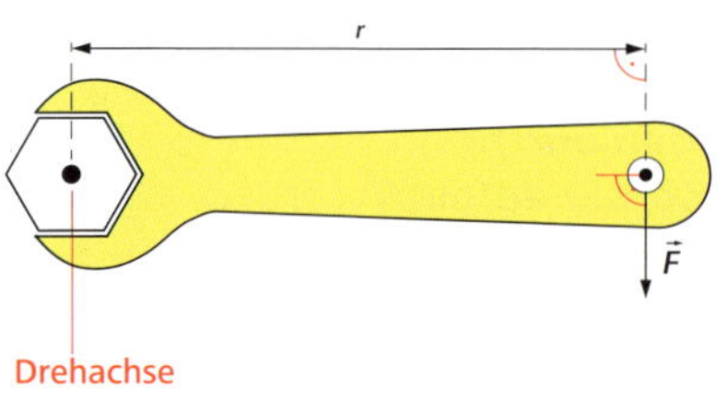

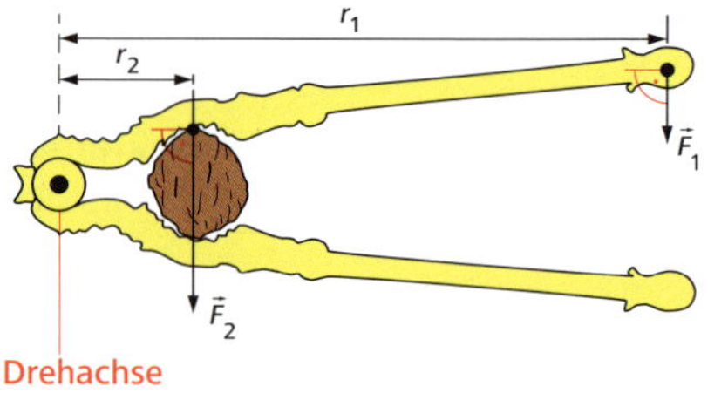

M ↗ S. 46

Unter der Bedingung, dass die Kraft senkrecht am Hebel angreift, gilt:

$M = r \cdot F$

M Drehmoment
r Abstand der Wirkungslinie der Kraft von der Drehachse
F wirkende Kraft

2.3.7 Schwerpunkt von Körpern und Standfestigkeit

Ausgedehnte Körper verhalten sich in Bezug auf Ruhe und Bewegung so, als ob die Gewichtskraft des Körpers an einem Punkt angreift. Diesen Punkt nennt man **Massenmittelpunkt** oder **Schwerpunkt** des Körpers.

Bei regelmäßig geformten Körpern aus einem Stoff liegt der Schwerpunkt S des Körpers in der Körpermitte.

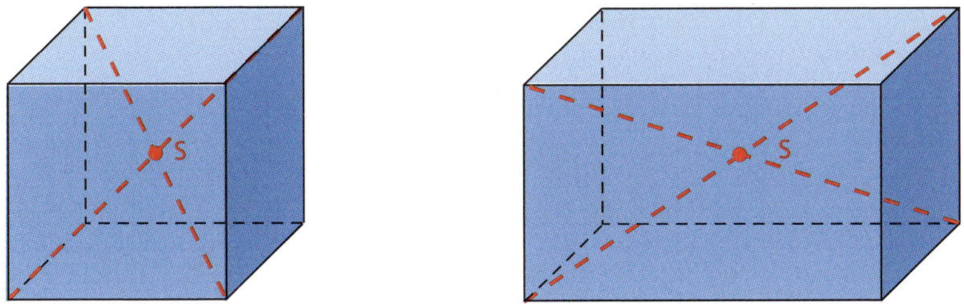

Bei unregelmäßig geformten flächenhaften Körpern kann man den Schwerpunkt S experimentell ermitteln, indem man den Körper an verschiedenen Punkten A, B, … aufhängt und jeweils das Lot markiert.

Je nach der Form des Körpers kann sein Schwerpunkt innerhalb oder auch außerhalb des Körpers liegen.

M ↗ S. 51 ff.

Der Schwerpunkt S befindet sich in dem Punkt, in dem sich die Lote schneiden.

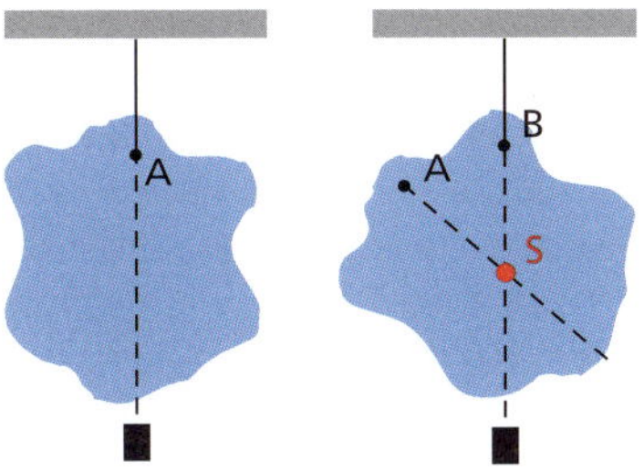

Ein Körper kann sich in einem **stabilen,** einem **labilen** oder einem **indifferenten Gleichgewicht** befinden.

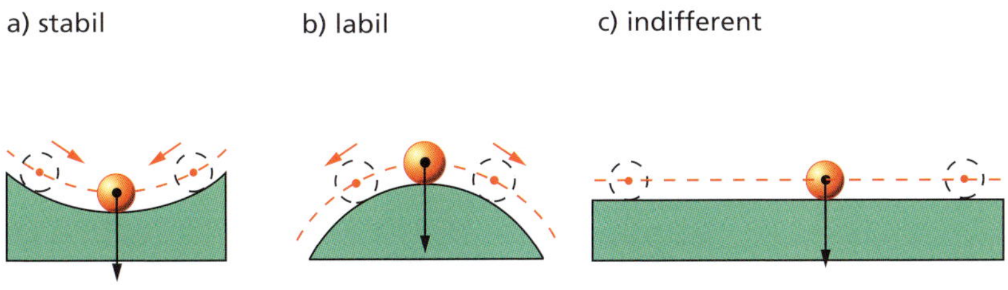

So befindet sich z. B. eine Schaukel in der Ruhelage oder ein Auto, das in einer Mulde steht, in einem stabilen Gleichgewicht.
Ein Mensch im Handstand oder ein Radfahrer befinden sich in einem labilen Gleichgewicht.
Ein auf einer ebenen Fläche liegender Ball oder ein auf einer solchen Fläche stehendes Auto sind im indifferenten Gleichgewicht.

Entscheidend für die Standfestigkeit eines Körpers ist die Lage seines Schwerpunkts bezüglich der Auflagefläche.

Von Bedeutung ist die Standfestigkeit z. B. für Gebäude, Türme, Masten, Krane, Regale. Bei allen diesen Beispielen muss ein stabiles Gleichgewicht gewährleistet sein.

Standfestigkeit eines Körpers		
Die am Schwerpunkt S angreifende Gewichtskraft verläuft durch die Auflagefläche.	Die am Schwerpunkt S angreifende Gewichtskraft verläuft genau durch den Rand der Auflagefläche.	Die am Schwerpunkt S angreifende Gewichtskraft verläuft nicht durch die Auflagefläche.
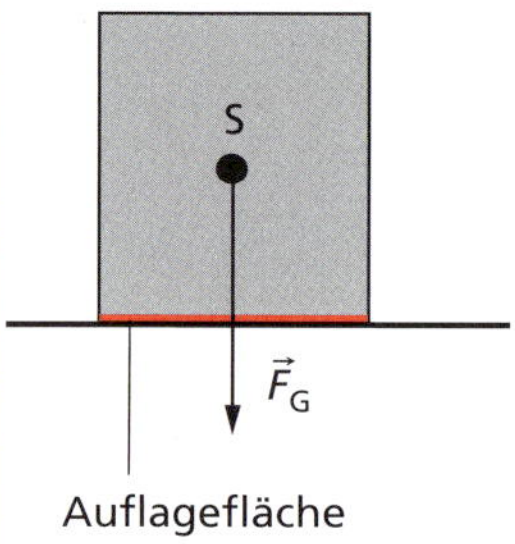	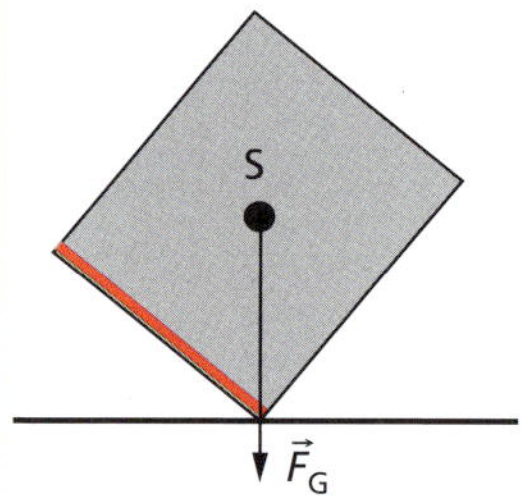	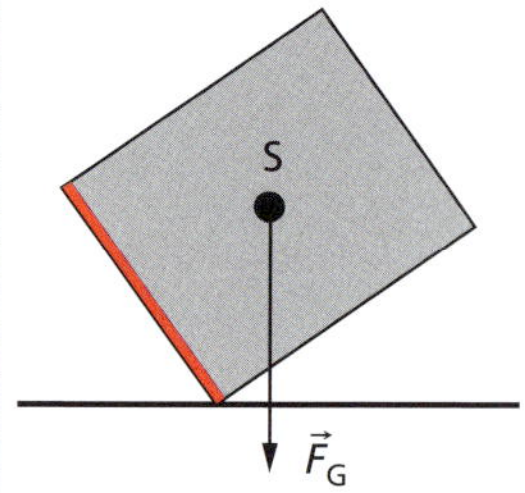
Der Körper befindet sich im **stabilen** Gleichgewicht.	Der Körper befindet sich im **labilen** Gleichgewicht.	Der Körper befindet sich **nicht** im Gleichgewicht.
Wenn er geringfügig gekippt und losgelassen wird, fällt er wieder in eine stabile Lage.	Wenn er geringfügig gekippt wird, kommt er entweder in eine stabile Lage auf der Auflagefläche oder er kippt um.	Wenn nicht zusätzlich Kräfte wirken, kippt der Körper um.

Auch hydraulische und pneumatische Anlagen (↗ S. 157) sind kraftumformende Einrichtungen.

2.3.8 Kraftumformende Einrichtungen

Alle einfachen Anlagen, mit deren Hilfe man den Betrag oder die Richtung von Kräften oder beides verändern kann, werden als **kraftumformende Einrichtungen** bezeichnet.

Zu den kraftumformenden Einrichtungen gehören die verschiedenen Arten von Hebeln, Rollen und Flaschenzügen sowie geneigte Ebenen.

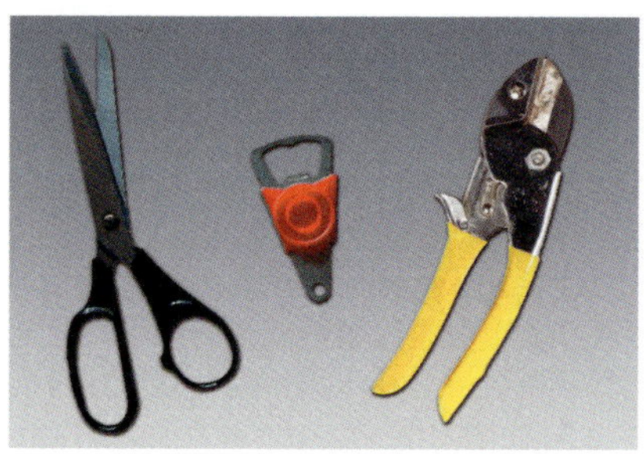

Bei den Hebeln unterscheidet man zwischen einseitigen und zweiseitigen Hebeln.

Hebel

Für einseitige und zweiseitige Hebel gelten die gleichen Gesetze.

Einseitige Hebel

Die Drehachse liegt auf einer Seite, verschiedene Kräfte greifen von der Drehachse aus gesehen auf der gleichen Seite an.
F_1 und F_2 sind die wirkenden Kräfte, r_1 und r_2 die entsprechenden Kraftarme.

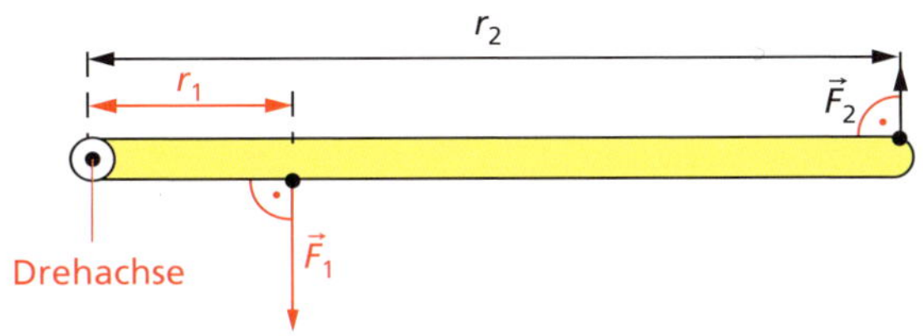

Befindet sich der einseitige Hebel im Gleichgewicht, so gilt:

$$F_1 \cdot r_1 = F_2 \cdot r_2$$

Zweiseitige Hebel

Die Drehachse liegt so, dass Kräfte von der Drehachse aus gesehen auf verschiedenen Seiten angreifen.

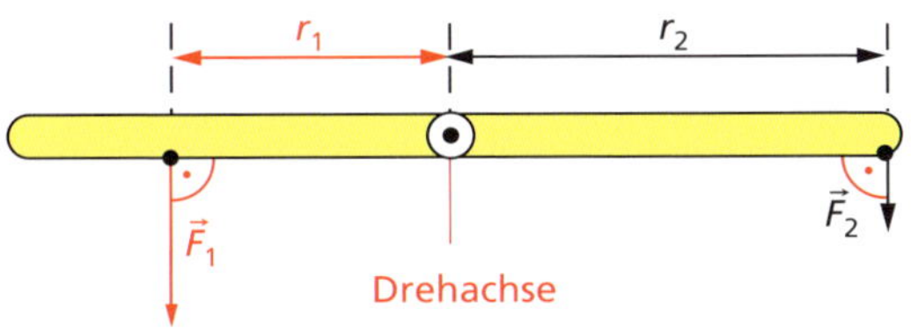

Befindet sich der zweiseitige Hebel im Gleichgewicht, so gilt ebenfalls:

$$F_1 \cdot r_1 = F_2 \cdot r_2$$

Beispiele für einseitige Hebel sind Nussknacker, Pinzetten oder Schraubenschlüssel.

Die Kraftarme werden manchmal auch mit den Formelzeichen l_1 und l_2 bezeichnet.

Beispiele für zweiseitige Hebel sind Scheren, Zangen, Balkenwaagen (↗ S. 71) oder Wippen.

Für beliebige Hebel gilt das **Hebelgesetz:**

Für alle Hebel im Gleichgewicht gilt unter der Bedingung, dass die Kraft senkrecht zum Kraftarm angreift:

$$F \sim \frac{1}{r} \quad \text{oder} \quad \frac{F_1}{F_2} = \frac{r_2}{r_1} \quad \text{oder} \quad F_1 \cdot r_1 = F_2 \cdot r_2$$

F Kraft

r Länge des zugehörigen Kraftarms

2

Das Hebelgesetz kann auch mit der Größe Drehmoment (↗ S. 108) formuliert werden.
Dabei wird zwischen dem linksdrehenden Drehmoment M_L und dem rechtsdrehenden Drehmoment M_R unterschieden.

▶ Die Kraftarme werden manchmal auch mit den Formelzeichen l_1 und l_2 bezeichnet.

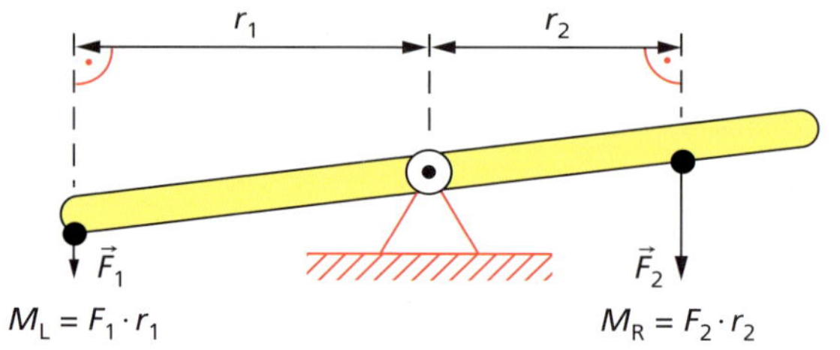

Ein Hebel ist im Gleichgewicht, wenn das linksdrehende Drehmoment gleich dem rechtsdrehenden Drehmoment ist.

$$M_L = M_R$$

Marie und Martin wollen mit einer Wippe schaukeln. Marie wiegt 41 kg und Martin 49 kg. Die Wippe hat eine Gesamtlänge von 4,0 m. Die Drehachse befindet sich in der Mitte.
Wo müsste Martin sitzen, damit beide gut schaukeln können, wenn sich Marie an das Ende der einen Seite setzt?

Analyse:
Damit man gut schaukeln kann, muss sich die Wippe näherungsweise im Gleichgewicht befinden. Damit ist für die Lösung der Aufgabe das Hebelgesetz anwendbar. Da die Massen der beiden unterschiedlich sind, haben sie auch unterschiedliche Gewichtskräfte. Damit müssen im Gleichgewicht auch die Kraftarme unterschiedlich lang sein.

M ↗ S. 57 f.

Die Skizze zeigt den Sachverhalt vereinfacht:

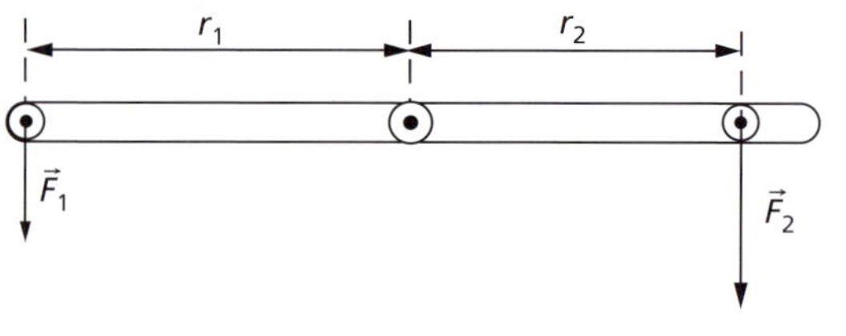

▶ Ein Körper der Masse 1 kg hat näherungsweise eine Gewichtskraft von 10 N.

Gesucht: r_2
Gegeben: $r_1 = 2{,}0$ m
$m_1 = 41$ kg ⟶ $F_1 = 410$ N
$m_2 = 49$ kg ⟶ $F_2 = 490$ N

Lösung:

$$F_1 \cdot r_1 = F_2 \cdot r_2 \qquad | : F_2$$

$$r_2 = \frac{F_1 \cdot r_1}{F_2}$$

$$r_2 = \frac{410\ \text{N} \cdot 2{,}0\ \text{m}}{490\ \text{N}}$$

$$\underline{r_2 = 1{,}7\ \text{m}}$$

Ergebnis:
Damit Marie und Martin gut schaukeln können, muss sich Martin etwa 1,7 m von der Drehachse entfernt setzen, wenn Marie am Ende der anderen Seite sitzt.

Geneigte Ebenen

Geneigte Ebenen werden bei Schrägaufzügen, Rolltreppen oder Transportbändern genutzt. Auch jede ansteigende oder abfallende Straße ist eine geneigte Ebene.
Auf einen Körper, der sich auf einer geneigten Ebene befindet, wirkt die Gewichtskraft. Diese kann in zwei Komponenten zerlegt werden: eine Komponente senkrecht zur geneigten Ebene (**Normalkraft** F_N) und eine Komponente in Richtung der geneigten Ebene (**Hangabtriebskraft** F_H).
Die Beträge der Normalkraft und der Hangabtriebskraft hängen ab von der Gewichtskraft des Körpers und der Neigung α der geneigten Ebene.

Hinweise zur Zerlegung einer Kraft in zwei Teilkräfte (Komponenten) sind auf ↗ S. 100 gegeben.

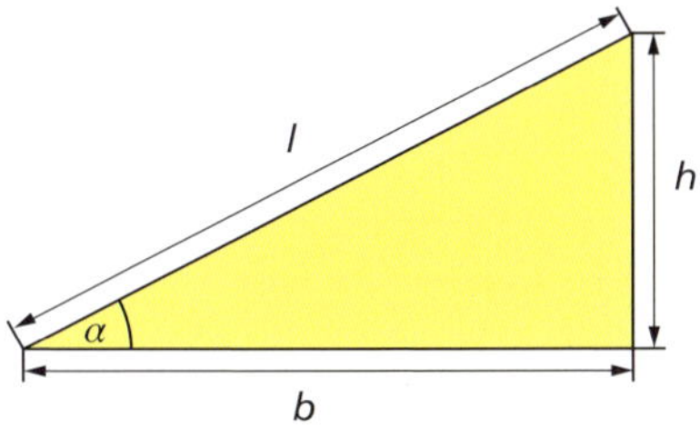

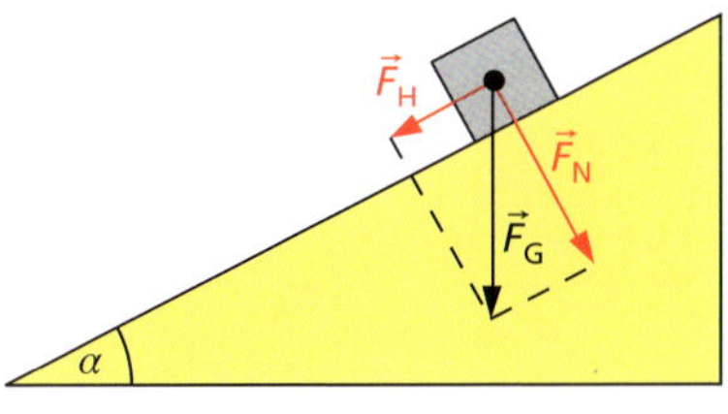

l	Länge	F_G	Gewichtskraft
h	Höhe	F_N	Normalkraft
b	Basis	F_H	Hangabtriebskraft

Für die geneigte Ebene gelten folgende Gleichungen:

$$\frac{F_H}{F_G} = \frac{h}{l} \qquad \frac{F_N}{F_G} = \frac{b}{l} \qquad \frac{F_H}{F_N} = \frac{h}{b}$$

Es gilt auch: $F_H = F_G \cdot \sin\alpha$ $\quad F_N = F_G \cdot \cos\alpha$

Bei Straßen wird das Verhältnis $h:b$ als Steigung oder Gefälle bezeichnet und in Prozent angegeben. 10 % Steigung bedeutet: Auf 100 m beträgt der Höhenunterschied 10 m. Die Neigung beträgt dann $\alpha = 5{,}7°$.

Eingeschlossen sind die Spezialfälle $\alpha = 0°$ und $\alpha = 90°$.
Bei $\alpha = 0°$ ist die Normalkraft gleich der Gewichtskraft, die Hangabtriebskraft ist null.

Rollen

Um die Richtung einer Kraft zu ändern oder den Betrag der aufzubringenden Kraft zu verringern (z. B. bei Kranen oder Spannvorrichtungen für Fahrdrähte), verwendet man eine oder mehrere Rollen mit Seilen. Dabei wird zwischen **festen Rollen, losen Rollen** und **Flaschenzügen** unterschieden.

Feste Rolle	Lose Rolle	Flaschenzug
	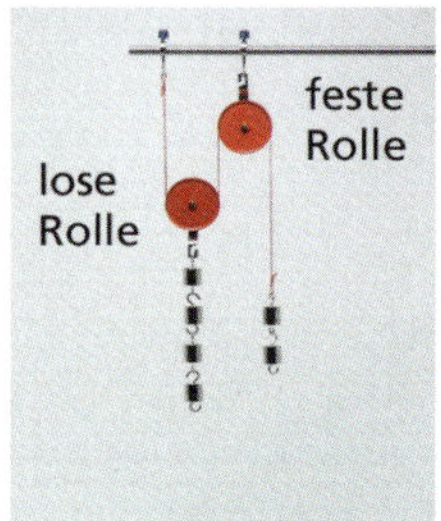	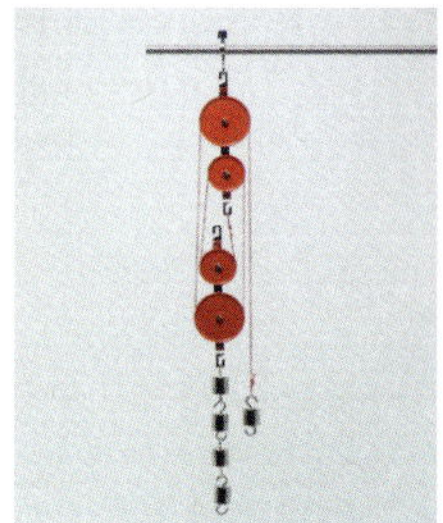
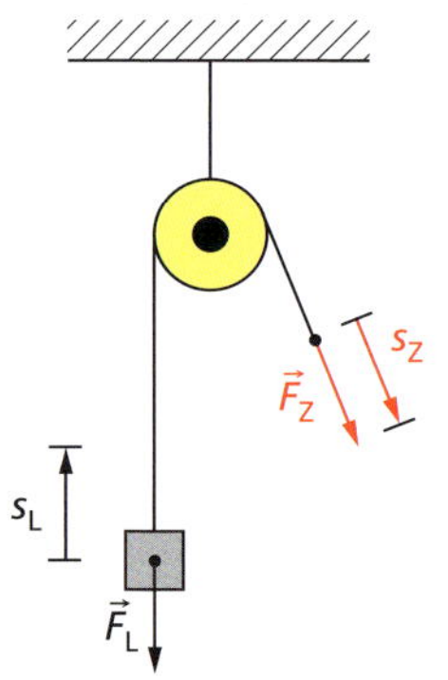	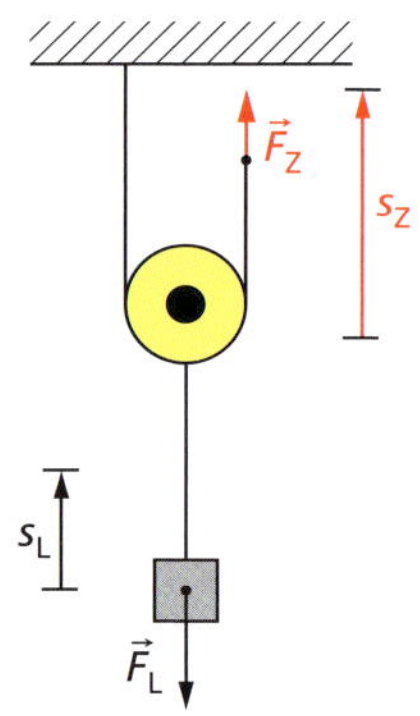	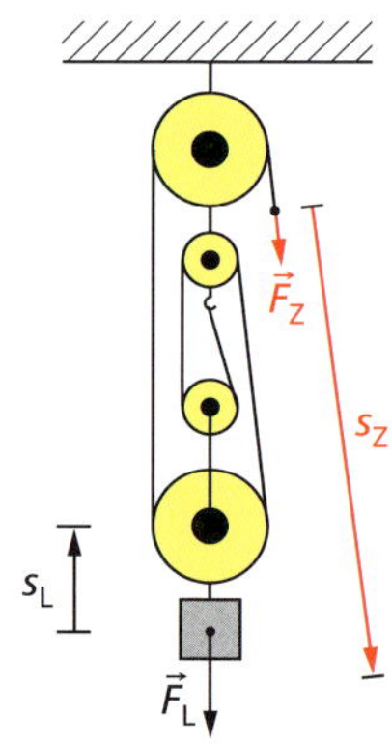
Bei einer **festen Rolle** ist die Zugkraft F_Z genauso groß wie die Gewichtskraft F_L der Last. Man kann aber die Kraft in eine andere Richtung umlenken (Umlenkrolle). Zugweg s_Z und Lastweg s_L sind gleich groß.	Bei einer **losen Rolle** verteilt sich die Gewichtskraft der Last auf zwei Seile. Auf jedes Seil wirkt nur die halbe Gewichtskraft. Der Zugweg s_Z ist doppelt so groß wie der Lastweg s_L.	Bei einem **Flaschenzug** verteilt sich die Gewichtskraft der Last auf die Anzahl der tragenden Seile, im gezeichneten Fall auf vier Seile. Die Zugkraft F_Z beträgt ein Viertel der Gewichtskraft F_L der Last. Der Zugweg s_Z ist viermal so groß wie der Lastweg s_L.
$F_Z = F_L \quad s_Z = s_L$	$F_Z = \frac{1}{2} F_L \quad s_Z = 2 s_L$	$F_Z = \frac{1}{4} F_L \quad s_Z = 4 s_L$

▶ Häufig nutzt man auch eine Kombination aus fester und loser Rolle. Mithilfe der festen Rolle wird die Richtung der Kraft verändert, mithilfe der losen Rolle der Betrag der aufzuwendenden Kraft verringert.

▶ **Flaschenzüge** gibt es in sehr unterschiedlichen Bauweisen.

Die Zusammenhänge für die Kräfte gelten exakt nur unter der Bedingung, dass die Masse der Seile und Rollen sowie die Reibung vernachlässigt werden können.
Die Rollen bei einem Flaschenzug können sehr unterschiedlich angeordnet sein. Entscheidend ist immer die Anzahl der Seile, auf die sich die Last verteilt (Anzahl der tragenden Seile).

> Beträgt die Anzahl der tragenden Seile bei einem Flaschenzug n, so gilt:
>
> $F_Z = \frac{1}{n} F_L \qquad s_Z = n \cdot s_L$

Die Goldene Regel der Mechanik

Hebel, Rollen und geneigte Ebenen sind kraftumformende Einrichtungen. Mit ihnen können Betrag, Richtung oder Angriffspunkt der aufzuwendenden Kraft verändert, jedoch keine mechanische Arbeit gespart werden. Für alle kraftumformenden Einrichtungen gilt die **Goldene Regel der Mechanik.**

> Für alle kraftumformenden Einrichtungen gilt unter der Bedingung, dass die Reibung vernachlässigt werden kann:
>
> $F \sim \frac{1}{s}$ oder $\frac{F_1}{F_2} = \frac{s_2}{s_1}$ oder $F_1 \cdot s_1 = F_2 \cdot s_2$ oder $W_1 = W_2$

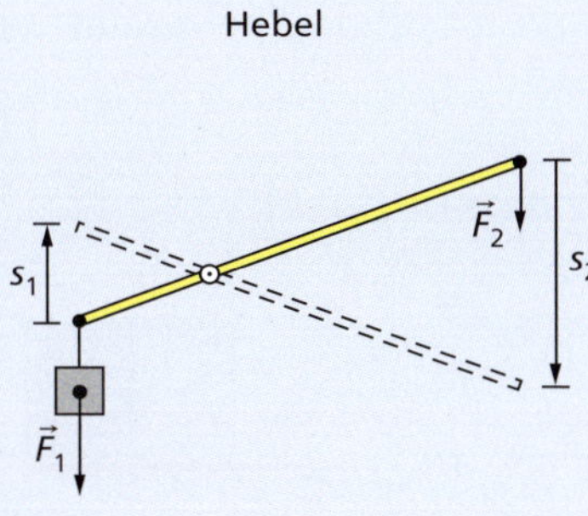

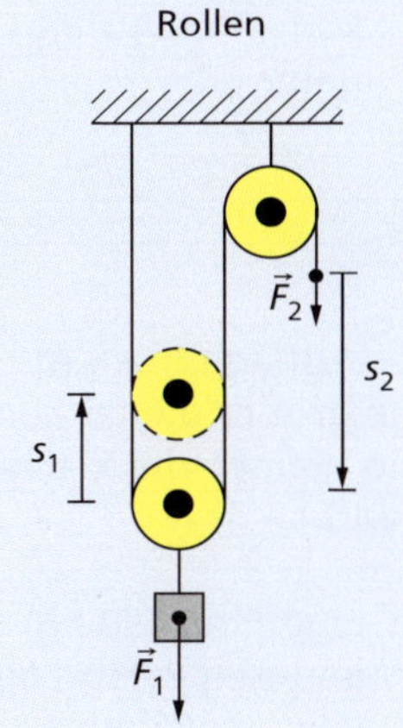

Da bei allen technischen Anordnungen Reibung auftritt, gilt die Goldene Regel der Mechanik dort nur näherungsweise.
Die aufzuwendende Arbeit ist wegen der Reibung immer größer als die nutzbringende Arbeit.

Die **Goldene Regel der Mechanik** wurde vor ca. 400 Jahren von dem italienischen Naturwissenschaftler GALILEO GALILEI (1564–1642) wie folgt formuliert:

> Was man an Kraft spart, muss man an Weg zusetzen.

GALILEO GALILEI hat nicht nur wichtige Gesetze der Mechanik entdeckt. Er war auch ein bedeutender Astronom sowie Konstrukteur mathematischer und physikalischer Instrumente.

2

2.3.9 Der Auflagedruck

Die Größe Auflagedruck

Wirken feste Körper auf Flächen ein, so üben sie auf diese einen Druck aus, der als **Auflagedruck** bezeichnet wird.

Der Auflagedruck gibt an, mit welcher Kraft ein Körper senkrecht auf eine Fläche von 1 m^2 wirkt.

Formelzeichen: p
Einheit: ein Pascal (1 Pa)

▶ Benannt ist die Einheit des Drucks nach dem französischen Physiker und Mathematiker **BLAISE PASCAL** (1623–1662).

Für die Einheit 1 Pa gilt:

$$1\ \text{Pa} = 1\ \frac{\text{N}}{\text{m}^2} = 0{,}0001\ \frac{\text{N}}{\text{cm}^2}$$

Vielfache der Einheit 1 Pa sind ein Kilopascal (1 kPa) und ein Megapascal (1 MPa):

1 kPa = 1 000 Pa

1 MPa = 1 000 kPa = 1 000 000 Pa

▶ Informationen zum Druck in Flüssigkeiten und in Gasen sind ↗ S. 152 ff. zu finden.

Berechnen des Auflagedrucks

Unter der Bedingung, dass die Kraft senkrecht auf die Fläche wirkt, kann der Auflagedruck mit folgender Gleichung berechnet werden:

$p = \frac{F}{A}$ F wirkende Kraft
A Fläche, auf die die Kraft wirkt

Der Auflagedruck ist umso größer,
- je größer die wirkende Kraft F ist,
- je kleiner die Fläche A ist, auf die die Kraft wirkt.

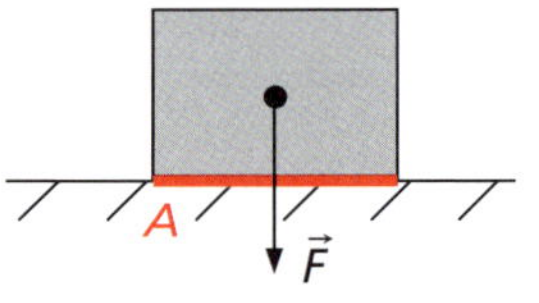

Eine Frau (50 kg) tritt mit einem „Pfennigabsatz“ (A = 4 cm^2) einer anderen Person auf den großen Zeh.
Wie groß ist der Auflagedruck? Vergleiche ihn mit dem Auflagedruck, den ein 1-kg-Massestück auf eine waagerechte Unterlage ausübt ($p \approx 3{,}5$ kPa).

Analyse:
Es wird angenommen, dass die Frau mit ihrer gesamten Gewichtskraft auf den einen „Pfennigabsatz“ wirkt und dass Kraft und Fläche zueinander senkrecht sind. Dann kann die Gleichung $p = F/A$ angewendet werden. Um die Einheit Pascal zu erhalten, muss die Fläche in Quadratmeter umgewandelt werden.

M ↗ S. 57 f.

Gesucht: p

Gegeben: $m = 50\ \text{kg} \longrightarrow F = 500\ \text{N}$

$A = 4\ \text{cm}^2 = 0{,}0004\ \text{m}^2$

$p_V = 3{,}5\ \text{kPa}$

Lösung:

$$p = \frac{F}{A}$$

$$p = \frac{500\ \text{N}}{0{,}0004\ \text{m}^2}$$

$$p = 1\,250\,000\ \text{Pa} = 1\,250\ \text{kPa}$$

Ein Vergleich der beiden Drücke ergibt:

$$\frac{p}{p_V} = \frac{1\,250\ \text{kPa}}{3{,}5\ \text{kPa}} = 357$$

Ergebnis:
Die Frau mit „Pfennigabsatz" übt einen Auflagedruck von 1,25 MPa aus. Das ist das 357-Fache des Drucks, den ein 1-kg-Massestück ausübt.

▶ Um die Einheit 1 Pa zu erhalten, müssen die Kraft in N und die Fläche in Quadratmeter in die Gleichung eingesetzt werden. Genutzt werden kann auch die folgende Beziehung: $1\ \frac{\text{N}}{\text{cm}^2} = 10\ \text{kPa}$

▶ Sehr hohe Drücke kann man erzeugen, wenn man die Fläche, auf die die Kraft wirkt, sehr klein wählt (Nadel, Schneide eines Messers).

2.3.10 Gravitation

Gravitationskräfte

Alle Körper ziehen sich aufgrund ihrer Masse gegenseitig an. Diese Erscheinung wird als Massenanziehung oder **Gravitation** bezeichnet. Die anziehenden Kräfte nennt man **Gravitationskräfte.**

Auf einen Körper der Masse m wirkt auf der Erdoberfläche die Gewichtskraft F_G. Die Gewichtskraft ist somit die Gravitationskraft, die von der Erde auf Körper ausgeübt wird.

Zugleich übt der Körper auf den die Erde eine Gravitationskraft aus. Diese Kraft F_{Gegen} hat nach dem Wechselwirkungsgesetz (↗S. 101) den gleichen Betrag wie F_G, aber die entgegengesetzte Richtung.

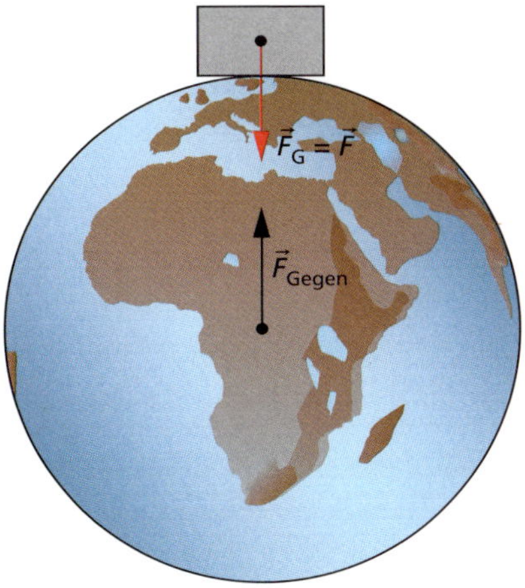

Gravitationskräfte wirken nicht nur zwischen der Erde und auf ihr befindlichen Körpern, sondern zwischen beliebigen Körpern, die eine Masse besitzen. Häufig sind aber diese Gravitationskräfte so klein, dass sie vernachlässigbar sind. Auch zwischen der Erde und dem Mond oder zwischen der Erde und der Sonne wirken Gravitationskräfte.

▶ Wenn deine Gewichtskraft z. B. 520 N beträgt, dann bedeutet das: Du wirst von der Erde mit 520 N angezogen. Zugleich ziehst du die Erde mit 520 N an.

▶ Diese Kräfte bewirken z. B. Ebbe und Flut.

2

▶ Die Radialkraft wird manchmal auch als Zentralkraft bezeichnet, da sie in Richtung Zentrum der Bewegung wirkt.

Die Erde bewegt sich auf einer fast kreisförmigen Bahn um die Sonne. Damit sich die Erde auf einer solchen Bahn bewegt, muss eine Radialkraft (↗ S. 104) wirken.
Diese Radialkraft F_r ist die Gravitationskraft F, die die Sonne auf die Erde ausübt.

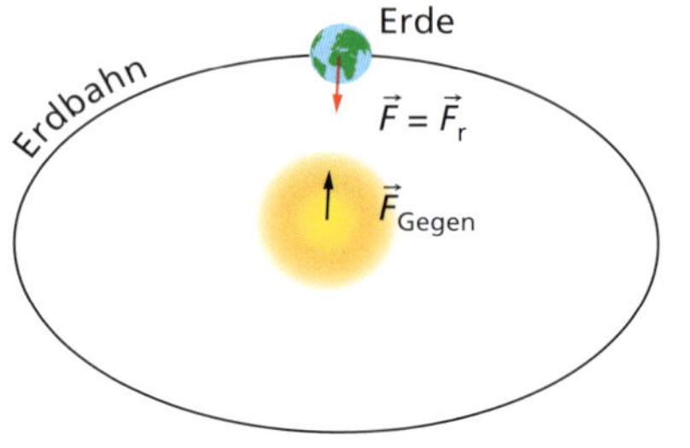

M ↗ S. 27

Zwei Körper ziehen sich wechselseitig mit jeweils der gleichen Kraft an. Der Betrag der Kraft kann nach dem **Gravitationsgesetz** berechnet werden. Das Gravitationsgesetz lautet:

▶ Die Gravitationskonstante ist eine grundlegende **Naturkonstante.** Für sie wird manchmal auch das Formelzeichen γ verwendet.

Die Gravitationskraft zwischen zwei Körpern kann man mit folgender Gleichung berechnen:

$$F = G \cdot \frac{m_1 \cdot m_2}{r^2}$$

F	Gravitationskraft
G	Gravitationskonstante ($G = 6{,}673 \cdot 10^{-11}\ \text{m}^3 \cdot \text{kg}^{-1} \cdot \text{s}^{-2}$)
m_1, m_2	Massen der Körper
r	Abstand der Massenmittelpunkte

M ↗ S. 48

Die Gravitationskraft ist umso größer,
- je größer die Massen der Körper sind und
- je kleiner der Abstand der Massenmittelpunkte beider Körper ist.

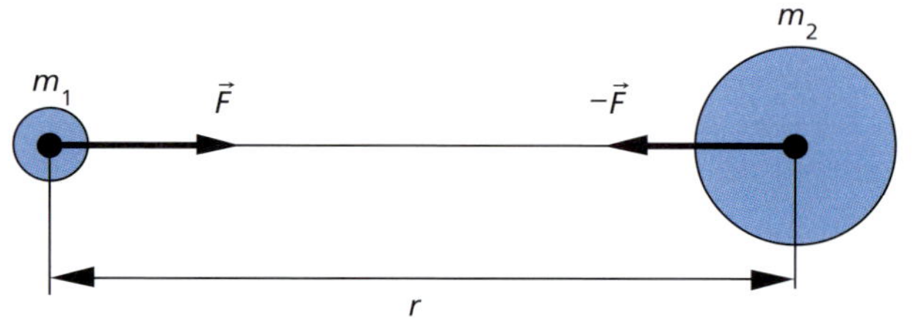

Wie groß ist die Gravitationskraft zwischen der Sonne und der Erde?

Analyse:

M ↗ S. 57 f.

Die Berechnung kann mithilfe des Gravitationsgesetzes erfolgen. Die zur Berechnung erforderlichen Werte können Tabellenwerken entnommen werden.

Gesucht: F

Gegeben:
$G = 6{,}673 \cdot 10^{-11}\ \text{m}^3 \cdot \text{kg}^{-1} \cdot \text{s}^{-2}$
$m_E = 5{,}97 \cdot 10^{24}\ \text{kg}$
$m_S = 1{,}99 \cdot 10^{30}\ \text{kg}$
$r = 1{,}496 \cdot 10^{11}\ \text{m}$

Lösung:

$$F = G \cdot \frac{m_E \cdot m_S}{r^2}$$

$$F = \frac{6{,}673\ m^3 \cdot 5{,}97 \cdot 10^{24}\ kg \cdot 1{,}99 \cdot 10^{30}\ kg}{10^{11}\ kg \cdot s^2 \cdot (1{,}496 \cdot 10^{11}\ m)^2}$$

$$F = \frac{6{,}673 \cdot 5{,}97 \cdot 1{,}99}{(1{,}496)^2} \cdot \frac{10^{24} \cdot 10^{30}}{10^{11} \cdot (10^{11})^2} \cdot \frac{m^3 \cdot kg \cdot kg}{kg \cdot s^2 \cdot m^2}$$

$$F = 35{,}4 \cdot \frac{10^{54}}{10^{33}} \cdot \frac{kg \cdot m}{s^2}$$

$$\underline{F = 3{,}54 \cdot 10^{22}\ N}$$

Ergebnis:
Die Gravitationskraft zwischen der Sonne und der Erde beträgt $3{,}54 \cdot 10^{22}$ N.

Solche komplizierten Gleichungen überblickt man besser, wenn man nach Zahlenwerten, Zehnerpotenzen und Einheiten ordnet.

Für die Einheiten gilt:
$1\ \frac{kg \cdot m}{s^2} = 1\ N$

Bewegungen unter dem Einfluss von Gravitationskräften

Auf Monde, Planeten, Satelliten und andere Himmelskörper wirken Gravitationskräfte. Dadurch wird ihre Bahnform bestimmt.
Für Bewegungen um einen Zentralkörper, z. B. die Erde, gelten folgende Beziehungen:
Ist die Gravitationskraft größer als die **Zentrifugalkraft (Fliehkraft),** so fällt ein waagerecht abgeworfener Körper auf die Erde (1). Er bewegt sich auf einer Wurfparabel.
Ist die Gravitationskraft gleich der Zentrifugalkraft, so bewegt sich ein waagerecht abgeworfener Körper gerade auf einer Kreisbahn um die Erde (2).
Ist die Gravitationskraft kleiner als die Zentrifugalkraft, so bewegt sich ein Körper von der Erde weg (3). Die Bahnformen können elliptisch oder parabelförmig sein.

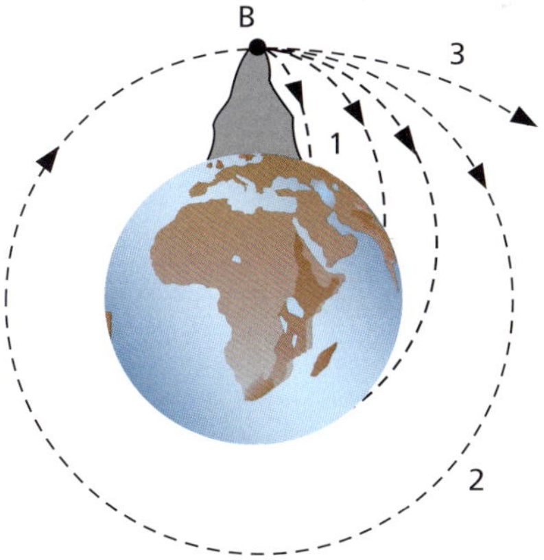

Wie groß die Zentrifugalkräfte sind, ist abhängig von der Geschwindigkeit der Körper. Auch die Bahnform der Körper hängt von ihrer Geschwindigkeit ab.

Die Bewegung von Himmelskörpern wird durch die **keplerschen Gesetze** beschrieben.

Informationen zur Zentrifugalkraft sind auf ↗ S. 104 zu finden.

Um bestimmte Bahnen zu erreichen, müssen die Körper entsprechende **kosmische Geschwindigkeiten** besitzen.
Für die Erde beträgt die erste kosmische Geschwindigkeit (minimale Kreisbahngeschwindigkeit) 7,9 km/s. Die zweite kosmische Geschwindigkeit (Fluchtgeschwindigkeit) beträgt 11,2 km/s. Diese Geschwindigkeit muss ein Raumflugkörper mindestens haben, wenn er den Anziehungsbereich der Erde verlassen soll.

Damit ein Satellit eine stabile Erdumlaufbahn erreicht, ist eine Geschwindigkeit von 7,9 km/s erforderlich.

2

▶ Der Begriff Impuls ist abgeleitet vom lateinischen *impellere* = anstoßen.

Der Impuls von Körpern

Die Geschwindigkeit eines Körpers drückt viel über seinen Bewegungszustand aus, aber nicht alles. Will man den Bewegungszustand ändern, dann ist eine Kraft erforderlich, die von der Masse des Körpers abhängt. Auch bei Einbeziehung möglicher Wirkungen von bewegten Körpern spielen Geschwindigkeit und Masse des Körpers eine Rolle.

So ist z. B. bei einem Crashtest die Verformung eines Pkw umso größer, je größer seine ursprüngliche Geschwindigkeit und seine Gesamtmasse sind. Fährt ein schwerer Lkw mit einer bestimmten Geschwindigkeit auf einen stehenden Pkw auf, so ist die Wirkung größer als beim Auffahren eines leichten Pkw.

Zur physikalischen Beschreibung solcher Zusammenhänge nutzt man in der Physik die Größe **Impuls.**

Die physikalische Größe Impuls beschreibt die Wucht, die ein Körper besitzt.

Formelzeichen: p
Einheit: ein Kilogramm mal Meter je Sekunde $\left(1\ \frac{\text{kg}\cdot\text{m}}{\text{s}}\right)$

Der Impuls eines Körpers ist umso größer, je größer seine Geschwindigkeit und seine Masse sind. Daraus ergibt sich:

▶ Geschwindigkeit und Impuls haben immer die gleiche Richtung.

Der Impuls p eines Körpers ist das Produkt aus seiner Masse m und seiner Geschwindigkeit v:

$$\vec{p} = m \cdot \vec{v}$$

Vergleiche den Impuls eines Geschosses (m_G = 12 g, v_G = 830 m/s) mit dem eines Balls mit der Masse von 500 g, der sich mit 72 km/h bewegt.

Analyse:
Zu berechnen ist jeweils der Impuls. Er ergibt sich aus der Masse und der Geschwindigkeit. Für einen Vergleich ist es erforderlich, ihn in der gleichen Einheit anzugeben.

M ↗ S. 57 f.

Gesucht: p_G, p_B

Gegeben: $m_G = 12\text{ g} = 0{,}012\text{ kg}$
$v_G = 830\ \frac{\text{m}}{\text{s}}$
$m_B = 500\text{ g} = 0{,}5\text{ kg}$
$v_B = 72\ \frac{\text{km}}{\text{h}} = 20\ \frac{\text{m}}{\text{s}}$

Lösung:
Angewendet wird die Definitionsgleichung des Impulses $p = m \cdot v$.

$$p_G = 0{,}012\text{ kg} \cdot 830\ \frac{\text{m}}{\text{s}} = 9{,}96\ \frac{\text{kg} \cdot \text{m}}{\text{s}}$$

$$p_B = 0{,}5\text{ kg} \cdot 20\ \frac{\text{m}}{\text{s}} = 10\ \frac{\text{kg} \cdot \text{m}}{\text{s}}$$

Ergebnis:
Geschoss und Ball haben etwa den gleichen Impuls von $10\ \frac{\text{kg} \cdot \text{m}}{\text{s}}$.

Die Wirkung von Körpern mit gleichem Impuls kann völlig unterschiedlich sein.

Der Impuls ist wie die Energie eine Erhaltungsgröße. Analog zum Energieerhaltungssatz gilt ein **Impulserhaltungssatz,** der folgendermaßen lautet:

In einem abgeschlossenen System bleibt der Gesamtimpuls erhalten.

Genutzt wird der Impulserhaltungssatz z. B. beim Raketenantrieb, beim Rudern oder beim Billard.

Raumflugkörper werden nach dem Rückstoßprinzip angetrieben. Diese Antriebsform stellt praktisch die einzige Möglichkeit dar, den Impuls und damit auch die Geschwindigkeit des Raumflugkörpers zu ändern.
Eine Rakete oder ein Raumflugkörper mit Triebwerk stellt ein abgeschlossenes System dar, für das der Impulserhaltungssatz gilt.

Vor dem Start ist der Impuls null.

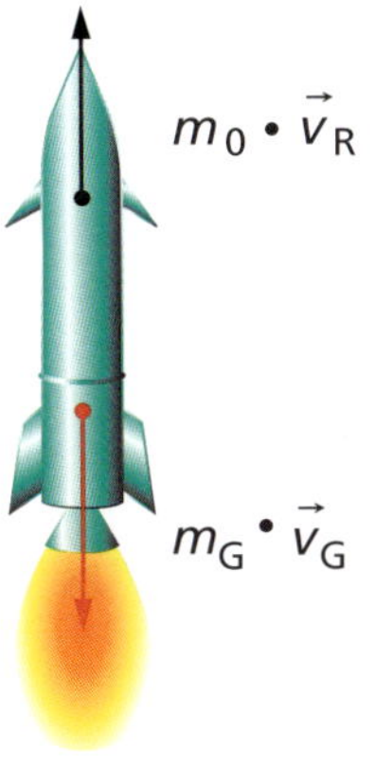

Nach dem Impulserhaltungssatz gilt dann:

$$m_0 \cdot v_R = m_G \cdot v_G$$

Der Impuls der Rakete in der einen Richtung ist genauso groß wie der Impuls der Verbrennungsgase in der entgegengesetzten Richtung.

Nach dem Start ist der Impuls der Verbrennungsgase gleich dem Impuls der Rakete.

Kräfte und ihre Wirkungen

■ Körper können Kräfte aufeinander ausüben. Diese Kräfte sind nur an ihren Wirkungen erkennbar.

Kräfte können bewirken

- eine Änderung der Form von Körpern (plastische oder elastische Verformung)
- eine Änderung der Bewegung von Körpern (Betrag oder Richtung der Bewegung)

▶ Gemessen werden Kräfte mit Federkraftmessern.

Die Wirkung einer Kraft auf einen Körper ist abhängig
- vom Betrag der Kraft,
- von der Richtung der Kraft,
- vom Angriffspunkt der Kraft.

Die **Darstellung einer Kraft** erfolgt durch einen Pfeil.

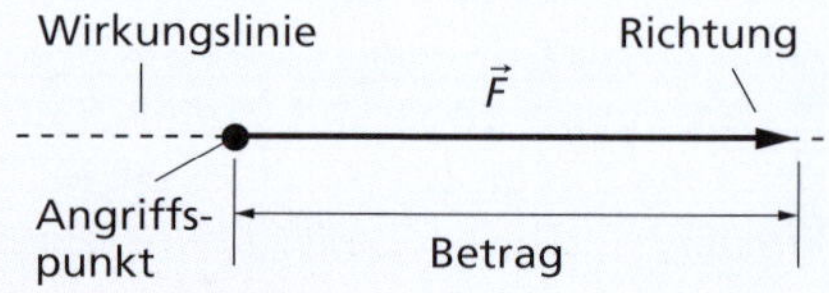

Kräfte in der Mechanik

Gewichtskraft F_G	Radialkraft F_r	Reibungskraft F_R
$F_G = m \cdot g$	$F_r = m \cdot \frac{v^2}{r}$	$F_R = \mu \cdot F_N$

In der Regel wirken auf einen Körper mehrere Kräfte. Zwei Kräfte können zu einer Gesamtkraft zusammengesetzt werden. Eine Kraft lässt sich in Komponenten zerlegen.

Zusammensetzung zweier Kräfte

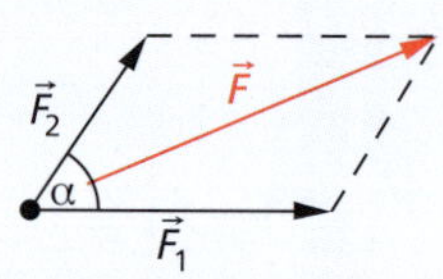

Zerlegung einer Kraft

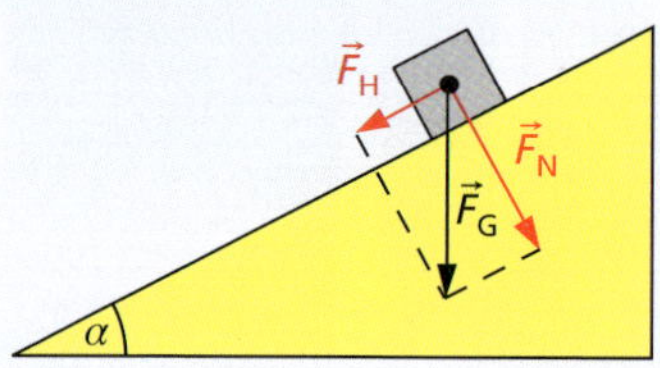

Der grundlegende Zusammenhang zwischen Kraft F, Masse m und Beschleunigung a wird im **newtonschen Grundgesetz** beschrieben:

$$F = m \cdot a$$

2.4 Mechanische Arbeit, Energie und Leistung

2.4.1 Die mechanische Arbeit

Die Größe mechanische Arbeit

Mechanische Arbeit wird verrichtet, wenn ein Körper durch eine Kraft bewegt oder verformt wird.

Formelzeichen: W

Einheiten: ein Joule (1 J)
ein Newtonmeter (1 Nm)

Es gilt:
1 J = 1 Nm
Die Einheit 1 J ist nach dem englischen Naturforscher **JAMES PRESCOTT JOULE** (1818–1889) benannt.

Vielfache der Einheit 1 J (sprich: ein dschul) sind 1 Kilojoule (1 kJ) und 1 Megajoule (1 MJ):

1 kJ = 1 000 J

1 MJ = 1 000 kJ = 1 000 000 J

Mechanische Arbeiten in Natur und Technik	
Dehnen eines Expanders mit einer Feder um 30 cm	≈ 15 J
mit einer Tasche (10 kg Masse) 60 Stufen einer Treppe steigen	≈ 10 kJ
Anfahren eines Pkw auf einer Strecke von 100 m	≈ 200 kJ
eine Stunde Rad fahren	≈ 700 kJ
Anfahren eines Lkw auf einer Strecke von 100 m	≈ 1 MJ
Heben einer Betonplatte (4 t Masse) um 25 m durch einen Kran	≈ 1 MJ

Die angegebenen Werte sind Näherungswerte.

Bestimmen der mechanischen Arbeit

Unter bestimmten Bedingungen kann die mechanische Arbeit berechnet werden.

Unter der Bedingung, dass die Kraft konstant ist und in Richtung des Wegs wirkt, gilt:

$W = F \cdot s$ F einwirkende Kraft
s zurückgelegter Weg

Es müssen stets beide Bedingungen erfüllt sein, damit man die mechanische Arbeit mit dieser einfachen Gleichung berechnen kann.

Wirkt die Kraft senkrecht zur Richtung des Wegs, so ist die mechanische Arbeit null.

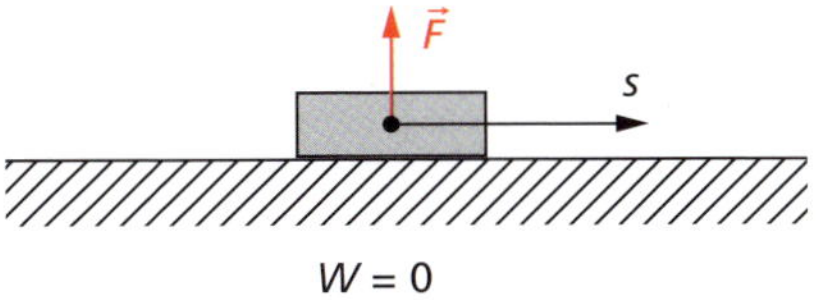

$W = 0$

Wirkt die Kraft nicht in Richtung des Wegs und ist somit $\alpha \neq 0°$, dann spielt für die Arbeit nur die Komponente der Kraft eine Rolle, die in Richtung des Wegs wirkt.

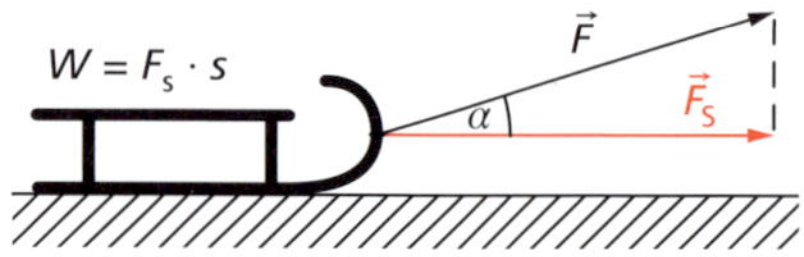

$$W = F_s \cdot s$$

$$W = F \cdot s \cdot \cos\alpha$$

Die mechanische Arbeit kann auch aus einem F-s-Diagramm ermittelt werden. Sie ist gleich der Fläche unter dem Graphen.

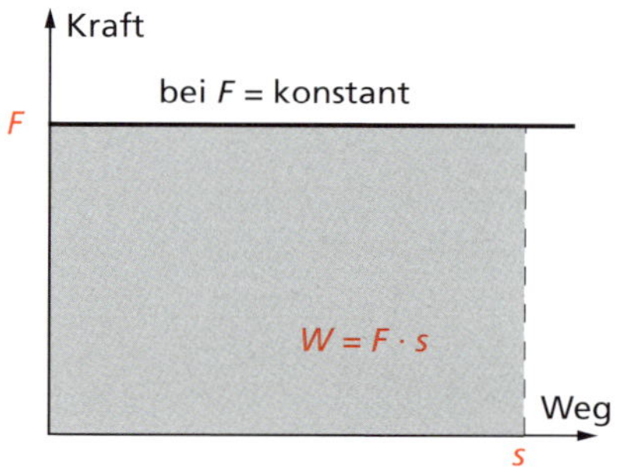

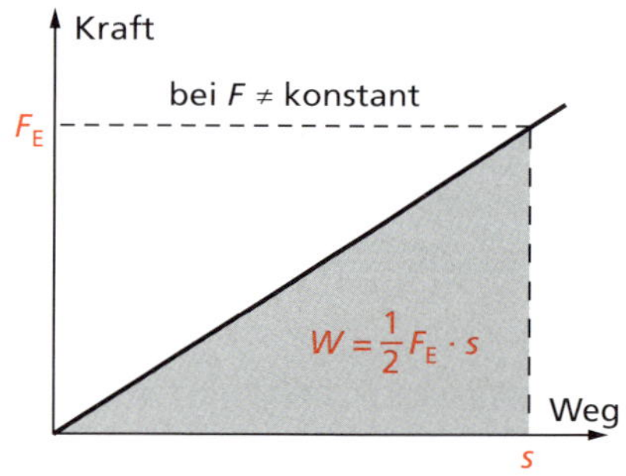

Ein Kran hebt eine Betonplatte (m = 800 kg) um 5 m an.
Wie groß ist die durch den Kran verrichtete Arbeit?

Analyse:
Die vom Kran aufgewendete Kraft kann als konstant angesehen werden. Sie wirkt in Richtung des Wegs. Damit ist die Gleichung $W = F \cdot s$ anwendbar.

M ↗ S. 57 f.

Gesucht: W
Gegeben: $m = 800\ \text{kg} \longrightarrow F = 8000\ \text{N}$
$s = 5\ \text{m}$

Lösung:

$$W = F \cdot s$$

$$W = 8000\ \text{N} \cdot 5\ \text{m}$$

$$W = 40000\ \text{Nm}$$

$$\underline{W = 40\ \text{kJ}}$$

▶ Wenn es möglich ist, wird bei der Angabe des Ergebnisses die Einheit so gewählt, dass sich keine sehr große oder sehr kleine Zahl ergibt.

Ergebnis:
Wenn ein Kran eine 800 kg schwere Betonplatte um 5 m hebt, verrichtet er eine Arbeit von 40 kJ.
Die gleiche Arbeit wird verrichtet, wenn die Kraft halb so groß und der Weg doppelt so groß sind.

2

Arten mechanischer Arbeit

In der Physik unterscheidet man zwischen verschiedenen Arten von mechanischer Arbeit.

M ↗ S. 46

Hubarbeit	**Verformungsarbeit** (Federspannarbeit)
Wird ein Körper gehoben, so wird **Hubarbeit** verrichtet.	Wird ein Körper verformt, so wird Verformungsarbeit verrichtet.
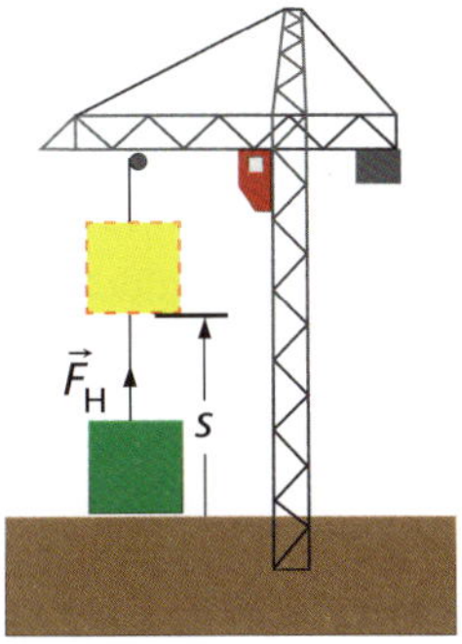	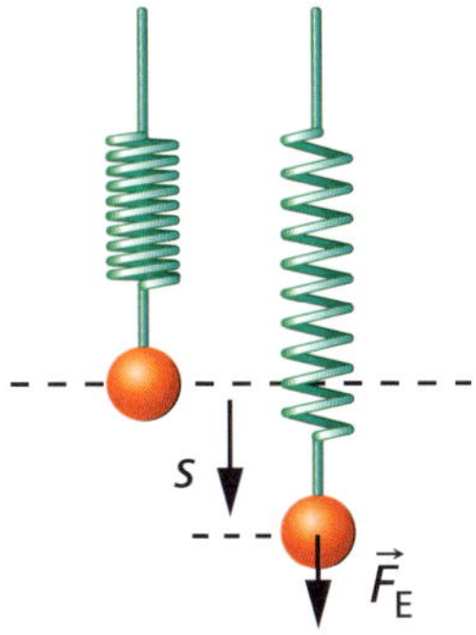
$W = F_G \cdot h$ $W = m \cdot g \cdot h$	$W = \frac{1}{2} F_E \cdot s$ $W = \frac{1}{2} D \cdot s^2$
Beschleunigungsarbeit	**Reibungsarbeit**
Wird ein Körper beschleunigt, so wird **Beschleunigungsarbeit** verrichtet.	Wirken Reibungskräfte auf einen Körper und hemmen seine Bewegung, wird **Reibungsarbeit** verrichtet.
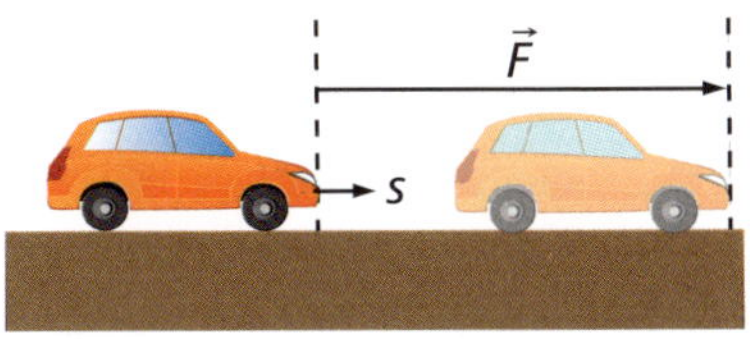	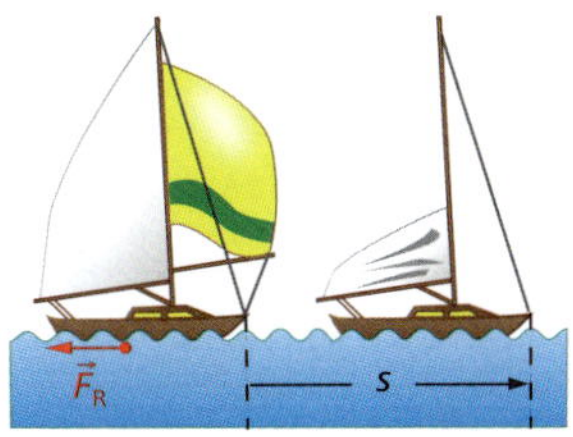
$W = F_B \cdot s$ $W = m \cdot a \cdot s$	$W = F_R \cdot s$ $W = \mu \cdot F_N \cdot s$

▶ Bei der Hubarbeit ist die zum Heben erforderliche Kraft gleich der Gewichtskraft.

▶ Die Gleichungen für die Beschleunigungsarbeit und die Reibungsarbeit sind nur anwendbar, wenn die betreffenden Kräfte als konstant angenommen werden können.

Die mechanische Arbeit, die bei der Volumenänderung einer eingeschlossenen Gasmenge verrichtet wird, heißt Volumenänderungsarbeit (↗ S. 188). Dafür gilt:

$$W = p \cdot \Delta V$$

mit p = konstant und $\Delta V = V_2 - V_1$.

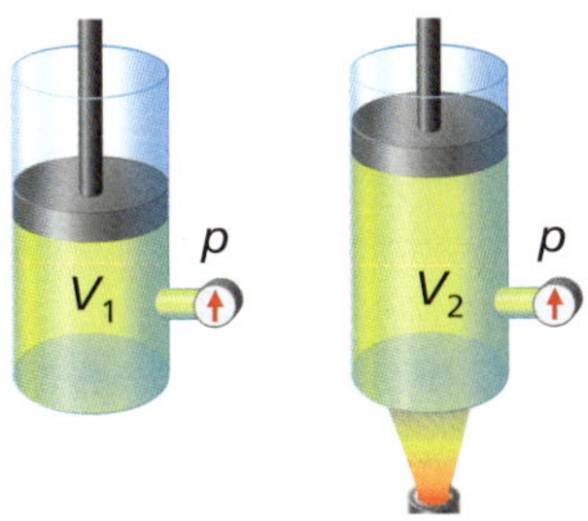

▶ Die Reibungskraft wirkt immer entgegen der Bewegungsrichtung. Die Kraft F_N ist die senkrecht auf eine Unterlage wirkende Normalkraft.

2.4.2 Die mechanische Energie

Die Größe mechanische Energie

Mechanische Arbeit (↗ S. 123) und mechanische Energie haben die gleiche Einheit.

> Mechanische Energie ist die Fähigkeit eines Körpers, aufgrund seiner Lage oder seiner Bewegung mechanische Arbeit zu verrichten, Wärme abzugeben oder Licht auszusenden.
>
> Formelzeichen: E_{mech}
>
> Einheiten: ein Joule (1 J)
> ein Newtonmeter (1 Nm)
> 1 Nm = 1 J

Vielfache der Einheit 1 J sind 1 Kilojoule (1 kJ), 1 Megajoule (1 MJ) und 1 Gigajoule (1 GJ):

$$1\ \text{kJ} = 1\,000\ \text{J}$$

$$1\ \text{MJ} = 1\,000\ \text{kJ} = 1\,000\,000\ \text{J}$$

$$1\ \text{GJ} = 1\,000\ \text{MJ} = 1\,000\,000\ \text{kJ} = 1\,000\,000\,000\ \text{J}$$

Formen mechanischer Energie

In der Mechanik wird unterschieden zwischen **Energie der Lage (potenzielle Energie) E_{pot}** und **Energie der Bewegung (kinetische Energie) E_{kin}**.

Bei der Berechnung oder Angabe des Werts der potenziellen Energie muss festgelegt werden, auf welches Bezugsniveau sich die Angaben beziehen.

Bei der Berechnung oder Angabe des Werts der kinetischen Energie muss festgelegt werden, auf welchen Bezugskörper sich die Bewegung bezieht.

Potenzielle Energie E_{pot}

Ein **gehobener Körper** besitzt potenzielle Energie. Der Wert der Energie ist abhängig
- von der Masse des Körpers,
- von der Höhe des Körpers.

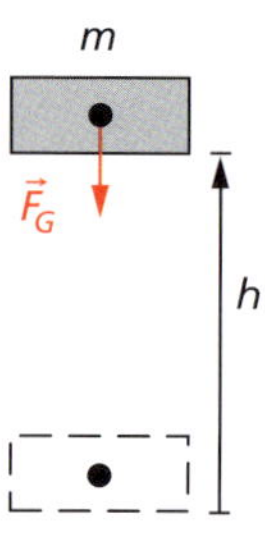

$E_{pot} = F_G \cdot h$

$E_{pot} = m \cdot g \cdot h$

F_G Gewichtskraft
m Masse
g Fallbeschleunigung
h Höhe

Eine **gespannte Feder** besitzt die potenzielle Energie:

$E_{pot} = \frac{1}{2} F_E \cdot s = \frac{1}{2} D \cdot s^2$

F_E Endkraft
s Verlängerung der Feder

Kinetische Energie E_{kin}

Ein **sich bewegender Körper** besitzt kinetische Energie. Der Wert der Energie ist abhängig
- von der Masse des Körpers,
- von der Geschwindigkeit, mit der er sich bewegt.

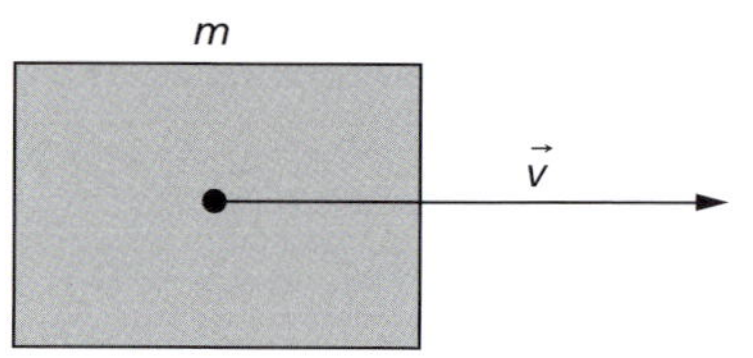

Ein sich bewegender Körper besitzt die kinetische Energie:

$E_{kin} = \frac{1}{2} m \cdot v^2$

m Masse des Körpers
v Geschwindigkeit

Mechanische Energie in Natur und Technik	
potenzielle Energie	
1 Liter Wasser um 1 Meter gehoben	9,8 J
Person (*m* = 60 kg) auf einem 10-m-Springturm	5,9 kJ
Pkw (*m* = 1 000 kg) auf einer Hebebühne (*h* = 1,50 m)	14,7 kJ
Rammbär (*m* = 1 000 kg), um 3 m gehoben	29,4 kJ
kinetische Energie	
Fußgänger (*m* = 60 kg) bei 5 km/h	58 J
Radfahrer (*m* = 75 kg) bei 20 km/h	1,2 kJ
Pkw (*m* = 1 000 kg) bei 50 km/h	96 kJ
Pkw (*m* = 1 000 kg) bei 100 km/h	386 kJ

Ein Pkw (*m* = 1 000 kg) fährt auf der Autobahn mit 140 km/h.
Wie groß ist seine kinetische Energie?
Vergleiche sie mit der kinetischen Energie bei 100 km/h!

Analyse:
Die kinetische Energie kann aus der gegebenen Masse und der Geschwindigkeit berechnet werden.
Um die Einheit Joule zu erhalten, muss die Geschwindigkeit in m/s umgerechnet werden.

M ↗ S. 57 f.

Gesucht: E_{kin}
Gegeben: $m = 1\,000 \text{ kg}$
$v = 140 \text{ km/h} = \frac{140}{3{,}6} \frac{\text{m}}{\text{s}} = 39 \frac{\text{m}}{\text{s}}$

Lösung:

$$E_{kin} = \frac{1}{2}\,\text{m} \cdot v^2$$

$$E_{kin} = \frac{1}{2} \cdot 1\,000 \text{ kg} \cdot \left(39 \frac{\text{m}}{\text{s}}\right)^2$$

$$E_{kin} = 760\,500 \frac{\text{kg} \cdot \text{m}^2}{\text{s}^2}$$

$$\underline{E_{kin} = 761 \text{ kJ}}$$

Für die Einheiten gilt:
$1 \frac{\text{kg} \cdot \text{m}^2}{\text{s}^2} = 1 \text{ Nm}$

$1 \text{ Nm} = 1 \text{ J}$

Ergebnis:
Bei einer Geschwindigkeit von 140 km/h hat ein 1 000 kg schwerer Pkw eine kinetische Energie von 761 kJ. Vergleicht man diese kinetische Energie mit der bei einer Geschwindigkeit von 100 km/h (s. Tabelle oben), dann zeigt sich: Eine Erhöhung der Geschwindigkeit von 100 km/h auf 140 km/h bedeutet näherungsweise eine Verdopplung der kinetischen Energie.

Allgemein gilt wegen $E \sim v^2$: Die Verdopplung der Geschwindigkeit eines Körpers bedeutet eine vierfache kinetische Energie.
Eine Verdopplung der kinetischen Energie tritt auf, wenn sich die Geschwindigkeit eines Körpers auf das 1,4-Fache, genauer, auf das $\sqrt{2}$-Fache, erhöht.

M ↗ S. 56

Zusammenhang zwischen mechanischer Arbeit und mechanischer Energie

Wird an einem Körper mechanische Arbeit verrichtet oder verrichtet ein Körper selbst mechanische Arbeit, so kann sich seine mechanische Energie ändern.

> Die an einem Körper verrichtete Hubarbeit bzw. Beschleunigungsarbeit führt zu einer Änderung seiner mechanischen Energie.
>
> $W = E_{Ende} - E_{Anfang}$
>
> $W = \Delta E$

▶ Die genannten Beziehungen gelten unter der Bedingung, dass keine Umwandlung von mechanischer Energie in andere Energieformen (↗ S. 356) erfolgt.

Hubarbeit führt zu einer Änderung der potenziellen Energie.

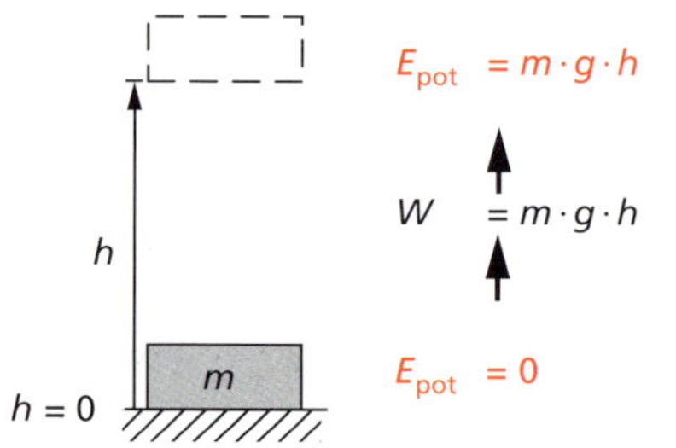

$W = \Delta E_{pot}$

Beschleunigungsarbeit führt zu einer Änderung der kinetischen Energie.

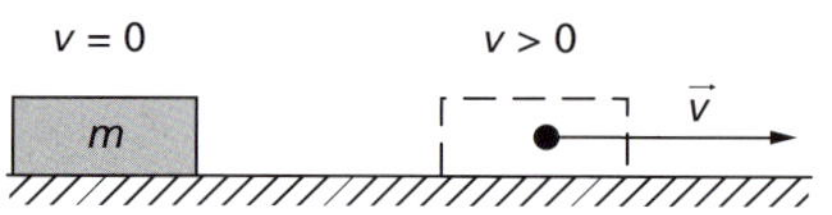

$W = \Delta E_{kin}$

$E_{kin} = 0 \rightarrow W = F_B \cdot s \rightarrow E_{kin} = \frac{1}{2} m \cdot v^2$

▶ Reibungsarbeit führt immer zu einer Verkleinerung der mechanischen Energie. Ein Teil der mechanischen Energie wird in thermische Energie (↗ S. 357) umgewandelt.

Verformungsarbeit führt zu einer Änderung der potenziellen Energie.

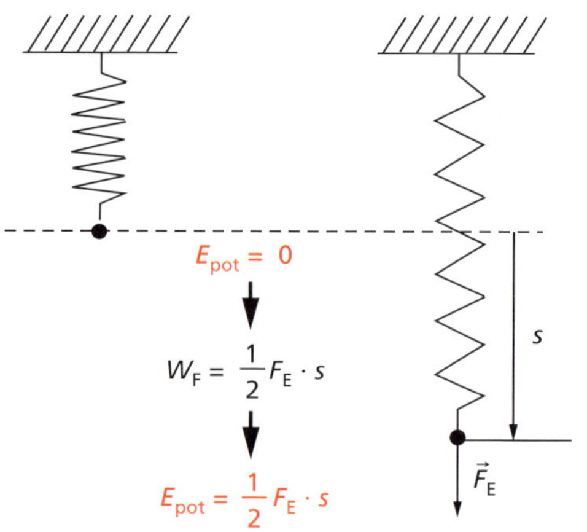

$W = \Delta E_{pot}$

Gesetz von der Erhaltung der mechanischen Energie (Energieerhaltungssatz der Mechanik)

Der Energieerhaltungssatz der Mechanik ist ein spezieller Fall des allgemeinen Energieerhaltungssatzes (↗ S. 360).

> Unter der Bedingung, dass keine Umwandlung von mechanischer Energie in andere Energieformen erfolgt, gilt:
> Die Summe aus potenzieller und kinetischer Energie eines Körpers ist konstant.
>
> $E_{pot} + E_{kin} = \text{konstant} \quad \text{oder} \quad \Delta(E_{pot} + E_{kin}) = 0$

Der Energieerhaltungssatz wurde zuerst von dem deutschen Arzt **JULIUS ROBERT MAYER** (1814–1878) und von dem englischen Physiker **JAMES PRESCOTT JOULE** (1818–1889) formuliert.

Ein Skateboard-Fahrer fährt auf einer Bahn hin und her.
Welche Energieumwandlungen vollziehen sich dabei, wenn keine mechanische Energie in andere Energieformen umgewandelt wird?
Leite eine Gleichung für die maximale Geschwindigkeit her! Interpretiere sie!

M ↗ S. 56

Beim Hin- und Herfahren wird ständig potenzielle in kinetische Energie umgewandelt und umgekehrt.
Dabei ist in den Umkehrpunkten A und C die kinetische Energie null; die potenzielle Energie hat an diesen Stellen jeweils ihren maximalen Wert.
Im tiefsten Punkt der Bahn, dem Punkt B, ist die potenzielle Energie null; die kinetische Energie hat ihren maximalen Wert.
Wenn keine mechanische Energie in andere Energieformen umgewandelt wird, gilt:

$$\frac{1}{2} m \cdot v^2 = m \cdot g \cdot h \qquad | \cdot \frac{2}{m}$$

$$v^2 = 2g \cdot h$$

$$v = \sqrt{2g \cdot h}$$

M ↗ S. 48

Die Gleichung zeigt den Zusammenhang zwischen der maximalen Geschwindigkeit v eines Körpers und der Höhe h, in der er sich ursprünglich befand. Unter der Voraussetzung der Vernachlässigung von Reibung ist die maximale Geschwindigkeit nur von der Höhe abhängig. Je größer die Höhe war, desto größer ist die maximale Geschwindigkeit des Körpers, wobei $v \sim \sqrt{h}$ gilt.

2

2.4.3 Die mechanische Leistung

Die Größe mechanische Leistung

Für die Einheiten gilt:
$1\ \text{W} = 1\ \frac{\text{J}}{\text{s}} = 1\ \frac{\text{Nm}}{\text{s}}$
Benannt ist die Einheit der Leistung nach dem schottischen Ingenieur **JAMES WATT** (1736–1819).

Die mechanische Leistung gibt an, wie viel mechanische Arbeit in jeder Sekunde verrichtet wird.

Formelzeichen: *P*

Einheit: ein Watt (1 W)

Teile und Vielfache der Leistung 1 W sind ein Milliwatt (1 mW), ein Kilowatt (1 kW) und ein Megawatt (1 MW):

1 W = 1 000 mW

1 kW = 1 000 W = 1 000 000 mW

1 MW = 1 000 kW = 1 000 000 W = 1 000 000 000 mW

Für Fahrzeuge wird vielfach die gesetzlich nicht mehr zugelassene Einheit eine Pferdestärke (1 PS) verwendet:
1 PS = 736 W
1 PS = 0,74 kW
1 kW = 1,36 PS

Mechanische Leistungen in Natur und Technik	
menschliches Herz (Durchschnittswert) Heben eines 1 kg schweren Körpers um 1 m in 1 s	1,5 W 9,81 W
spazieren gehen Mensch (Dauerleistung) Pferd (Dauerleistung)	20 W 80 W … 100 W ≈ 400 W
kurzzeitige sportliche Höchstleistung mittlerer Automotor Windkraftanlagen mittlerer Lkw	1,5 kW 50 kW ≈ 100 kW ≈ 250 kW
Antriebsleistung eines ICE Leistung der Triebwerke des Airbus A 300	6 MW 130 MW

Berechnen der mechanischen Leistung

Die mechanische Leistung kann berechnet werden mit der Gleichung:

$P = \frac{W}{t}$ — *W* verrichtete mechanische Arbeit; *t* Zeit, in der die Arbeit verrichtet wurde

Wenn die mechanische Arbeit *gleichmäßig* verrichtet wird, so wird während des gesamten Vorgangs die gleiche Leistung vollbracht.
Wenn die mechanische Arbeit *ungleichmäßig* während eines Vorgangs verrichtet wird, so wird mit der Gleichung eine *mittlere* Leistung für diesen Vorgang berechnet.

Bewegt sich ein Körper gleichförmig, so kann die mechanische Leistung berechnet werden mit der Gleichung:

$P = F \cdot v$ — F wirkende Kraft, v Geschwindigkeit

2.4.4 Der Wirkungsgrad

Die Größe Wirkungsgrad

Der Wirkungsgrad gibt an, welcher Anteil der aufgewendeten Energie in nutzbringende Energie umgewandelt wird.

Formelzeichen: η

Einheit: 1 oder Prozent (%)

Der Wirkungsgrad von technischen Geräten oder Anlagen ist immer kleiner als 1 bzw. 100 %. Für Lebewesen gilt das ebenfalls.

Ein Wirkungsgrad von 0,4 oder 40 % bedeutet: 40 % der aufgewendeten Energie werden für einen bestimmten Zweck in nutzbringende Energie umgewandelt. Die übrigen 60 % sind für den betreffenden Zweck nicht nutzbar.

Wirkungsgrade in Natur und Technik	
Glühlampe	5 %
Dampflokomotive	10 %
Leuchtstofflampe, Energiesparlampe	25 %
Benzinmotor	max. 35 %
Dieselmotor	max. 40 %
Dampfturbine	46 %
Akkumulator	70 %
Wasserturbine	87 %
Elektromotor	max. 90 %
bei körperlicher Tätigkeit des Menschen	
Schwimmen	3 %
Rad fahren, Gehen auf ebener Strecke	25 %
bergauf gehen, Treppen steigen	30 %

Berechnen des Wirkungsgrads

Der Wirkungsgrad eines technischen Geräts oder einer Anlage kann mit folgenden Gleichungen berechnet werden:

$$\eta = \frac{E_{nutz}}{E_{auf}} \qquad \eta = \frac{W_{nutz}}{W_{auf}} \qquad \eta = \frac{P_{nutz}}{P_{auf}}$$

E_{nutz}, W_{nutz}, P_{nutz} nutzbringende Energie, Arbeit, Leistung

E_{auf}, W_{auf}, P_{auf} aufgewendete Energie, Arbeit, Leistung

Mechanische Arbeit und Energie und Leistung

- **Mechanische Arbeit** wird verrichtet, wenn ein Körper durch eine Kraft bewegt oder verformt wird.

Allgemein gilt: Die mechanische Arbeit W ist das Produkt aus der in Wegrichtung wirkenden konstanten Kraft F und dem zurückgelegten Weg s.

$$W = F \cdot s$$

Wichtige Arten der mechanischen Arbeit sind Hubarbeit, Beschleunigungsarbeit, Verformungsarbeit und Reibungsarbeit.

Hubarbeit
führt zu einer Vergrößerung der potenziellen Energie (Lageenergie).

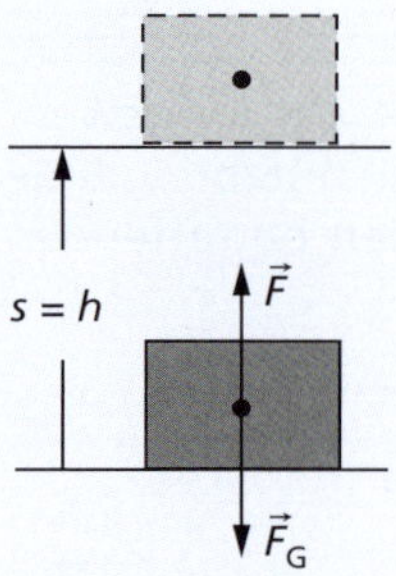

$$W = F_G \cdot s$$
$$W = m \cdot g \cdot h$$

Beschleunigungsarbeit
führt zu einer Vergrößerung der kinetischen Energie (Bewegungsenergie).

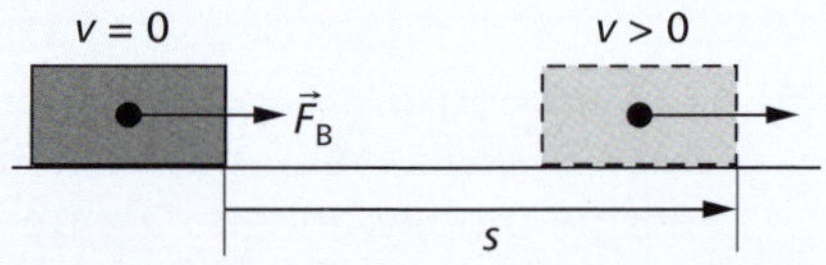

$$W = F_B \cdot s$$

Die an einem Körper oder von einem Körper verrichtete **mechanische Arbeit** ist gleich der Änderung seiner Energie. Für den Zusammenhang zwischen Arbeit W und Energie E gilt:

$$W = \Delta E$$

Für einen Vorgang, bei dem nur potenzielle in kinetische Energie umgewandelt wird und umgekehrt, gilt der **Energieerhaltungssatz der Mechanik:**

In einem abgeschlossenen mechanischen System ist die Summe aus potenzieller und kinetischer Energie konstant.

$E_{pot} + E_{kin} = E_{mech} = \text{konstant}$ oder $\Delta E = 0$

Die **mechanische Leistung** P gibt an, wie schnell mechanische Arbeit verrichtet wird.

$P = \frac{W}{t}$ oder $P = \frac{\Delta E}{t}$

2.5 Mechanische Schwingungen und Wellen

2.5.1 Mechanische Schwingungen

Beschreibung mechanischer Schwingungen

Bei einer Reihe von periodischen Vorgängen bewegt sich ein Körper periodisch um eine Ruhelage (Gleichgewichtslage, Nulllage).

> Eine mechanische Schwingung ist eine zeitlich periodische Bewegung eines Körpers um eine Ruhelage.

<table>
<tr><th>Stimmgabel</th><th>Pendel</th></tr>
<tr><td>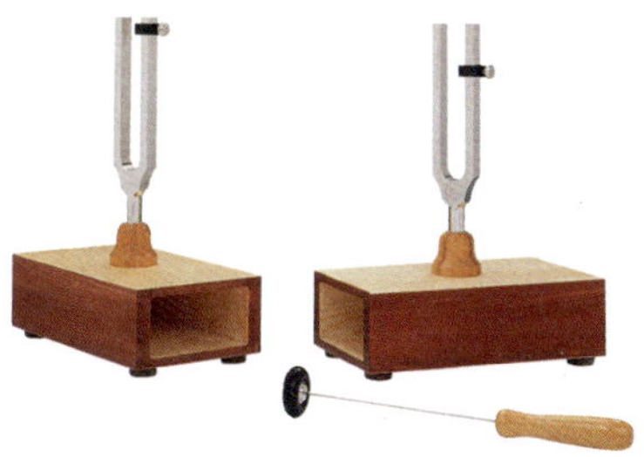</td><td>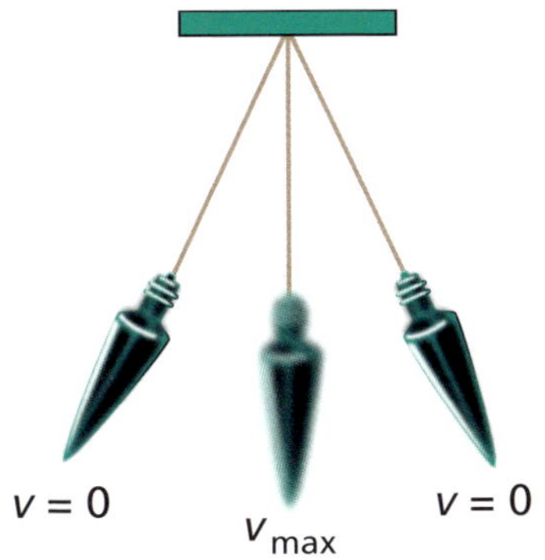
</td></tr>
<tr><td>Eine angeschlagene Stimmgabel schwingt um ihre Ruhelage.</td><td>Das Pendel schwingt um seine Ruhelage.</td></tr>
</table>

▶ Beispiele für Schwingungen sind auch die Bewegung einer Schaukel oder der Flügel eines Vogels. Ein Auto auf unebener Fahrbahn führt in vertikaler Richtung ebenfalls Schwingungen aus.

Dabei ändern sich mit der Zeit z. B. der Abstand des Körpers von der Ruhelage, seine Geschwindigkeit, seine Beschleunigung, seine potenzielle und kinetische Energie.

Voraussetzungen für das Entstehen mechanischer Schwingungen sind:
- das Vorhandensein schwingungsfähiger Körper,
- die Auslenkung dieser Körper aus der Ruhelage (Energiezufuhr),
- das Vorhandensein einer zur Ruhelage rücktreibenden Kraft.

Bei einem Fadenpendel ist die rücktreibende Kraft *F* eine Komponente der Gewichtskraft F_G. Ihren jeweiligen Betrag kann man durch Kräftezerlegung (↗ S. 100) bestimmen.
Bei einem Federschwinger ist die rücktreibende Kraft die Gewichtskraft des an der Feder befestigten Körpers oder die Kraft der Feder.

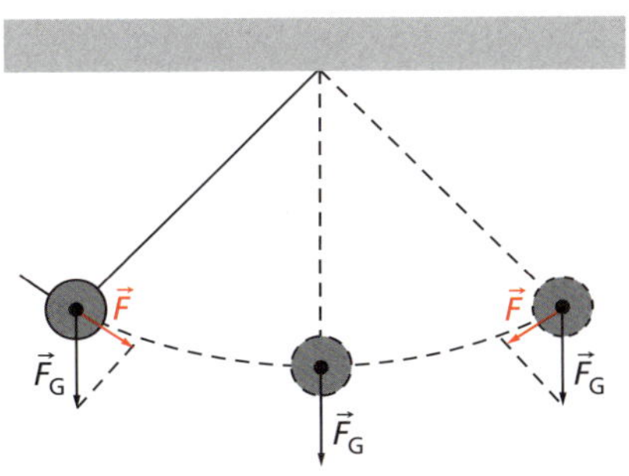

▶ Rücktreibende Kräfte können auch elastische Kräfte des schwingenden Körpers selbst sein. Das ist z. B. bei einer Stimmgabel der Fall.

Größen zur Beschreibung mechanischer Schwingungen

Da sich bei mechanischen Schwingungen mechanische Größen zeitlich periodisch ändern, kann man diese Größen zur Beschreibung von Schwingungen nutzen.

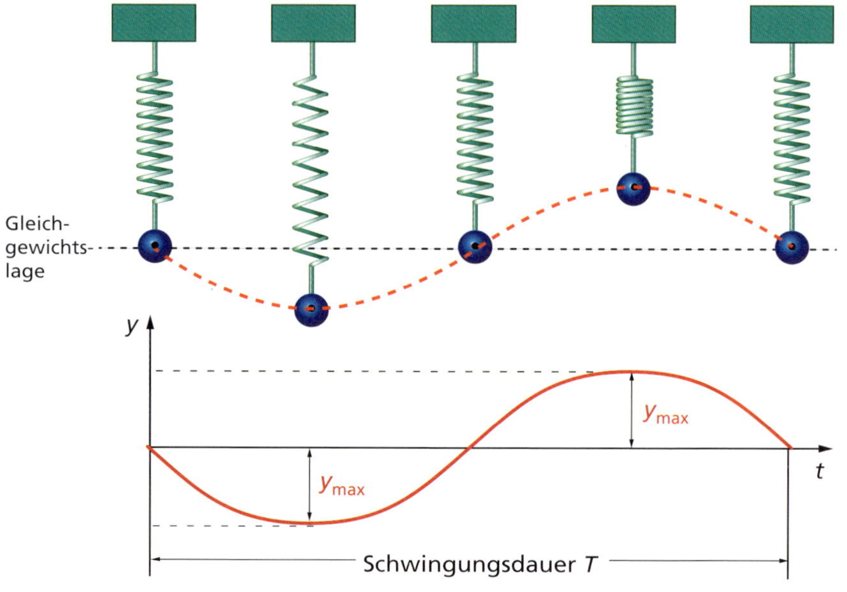

Der Zusammenhang zwischen der jeweiligen Auslenkung *y* und der Zeit *t* kann in einem *y*-*t*-Diagramm dargestellt werden.

Die **Auslenkung (Elongation)** gibt den Abstand des schwingenden Körpers von der Ruhelage an.	Formelzeichen: y	Einheit: ein Meter (1 m)
Die **Amplitude** einer Schwingung ist der maximale Abstand des schwingenden Körpers von der Ruhelage.	Formelzeichen: y_{max}	Einheit: ein Meter (1 m)
Die **Schwingungsdauer (Periodendauer)** gibt die Zeit für eine vollständige Hin- und Herbewegung an.	Formelzeichen: T	Einheit: eine Sekunde (1 s)
Die **Frequenz** einer Schwingung gibt an, wie viele Schwingungen in jeder Sekunde ablaufen.	Formelzeichen: f	Einheit: ein Hertz (1 Hz) 1 Hz = 1/s

Die Amplitude wird auch als maximale Auslenkung bezeichnet.

Die Einheit für die Frequenz ist nach dem deutschen Physiker **HEINRICH HERTZ** (1857–1894) benannt.

Vielfache der Einheit 1 Hz sind 1 Kilohertz (1 kHz) und 1 Megahertz (1 MHz):

1 kHz = 1 000 Hz

1 MHz = 1 000 kHz = 1 000 000 Hz

Frequenzen in Natur und Technik	
1 m langes Pendel	0,5 Hz
durchschnittliche Frequenz des Herzschlags beim Menschen (unbelastet)	0,7 Hz
tiefste vom Menschen hörbare Frequenz	16 Hz
Flügel einer Hummel	200 Hz
Kammerton a	440 Hz
Frequenzen beim Sprechen	100 Hz … 1 000 Hz
höchste von jungen Menschen hörbare Frequenz	20 000 Hz
Ultraschall	über 20 000 Hz

Zwischen der Frequenz einer Schwingung und ihrer Schwingungsdauer besteht ein enger Zusammenhang: Je größer die Frequenz ist, desto kleiner ist die Schwingungsdauer.

Die Frequenz einer Schwingung kann berechnet werden mit folgenden Gleichungen:

$f = \frac{1}{T}$ oder $f = \frac{n}{t}$

T Schwingungsdauer
n Anzahl der Schwingungen
t Zeit für n Schwingungen

Für **harmonische Schwingungen** kann man den Verlauf der Schwingung mathematisch beschreiben.

▶ Eine Schwingung heißt harmonisch, wenn sie sinusförmig verläuft.

Unter der Bedingung, dass eine harmonische Schwingung vorliegt, gilt:

$y = y_{max} \cdot \sin\left(\frac{2\pi}{T} \cdot t\right)$ oder $y = y_{max} \cdot \sin(2\pi \cdot f \cdot t)$

▶ Der Ausdruck $\frac{2\pi}{T} = 2\pi \cdot f$ wird als **Kreisfrequenz** ω bezeichnet. Damit erhält man $y = y_{max} \cdot \sin(\omega \cdot t)$.

Die Unruh eines mechanischen Weckers führt 120 Schwingungen in der Minute aus.
Wie groß ist die Frequenz dieser Schwingung?

Analyse:
Zur Berechnung kann die Gleichung $f = n/t$ angewendet werden.

M ↗ S. 57 f.

Gesucht: f
Gegeben: $n = 120$
$t = 1\text{ min} = 60\text{ s}$

Lösung:

$f = \frac{n}{t}$

$f = \frac{120}{60\text{ s}} = 2\text{ s}^{-1}$

Ergebnis:
Die Frequenz der Schwingung einer Unruh beträgt 2 Hz.

Arten mechanischer Schwingungen

M ↗ S. 46

Die periodischen Hin- und Herbewegungen eines Körpers können **harmonisch** (sinusförmig) oder **nicht harmonisch** sein. Sie können **ungedämpft** oder **gedämpft** verlaufen.

▶ Harmonische Schwingungen können mithilfe der Sinusfunktion beschrieben werden (↗ S. 135).

Harmonische Schwingung (sinusförmige Schwingung)	**Nicht harmonische Schwingung (nicht sinusförmige Schwingung)**
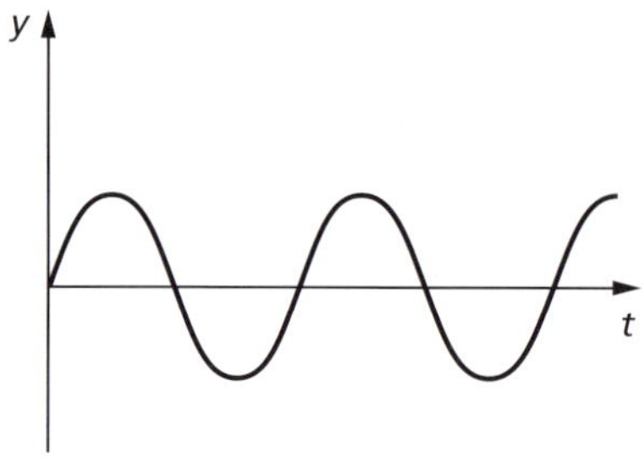	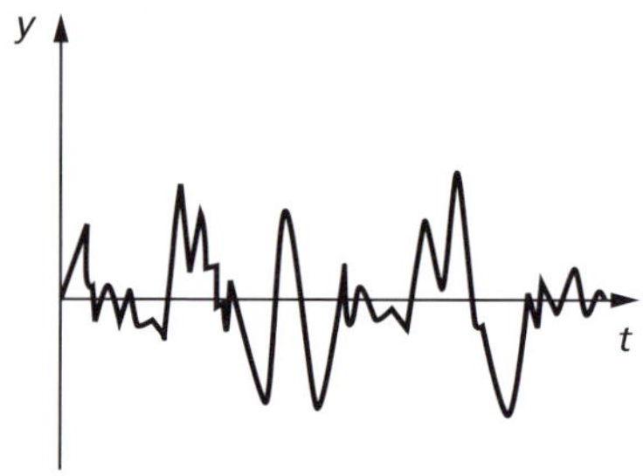
Schwingung einer Stimmgabel, Schwingung eines Uhrpendels	Schwingung bei einem Auto, Schwingung der Stimmbänder beim Menschen
Ungedämpfte Schwingung	**Gedämpfte Schwingung**
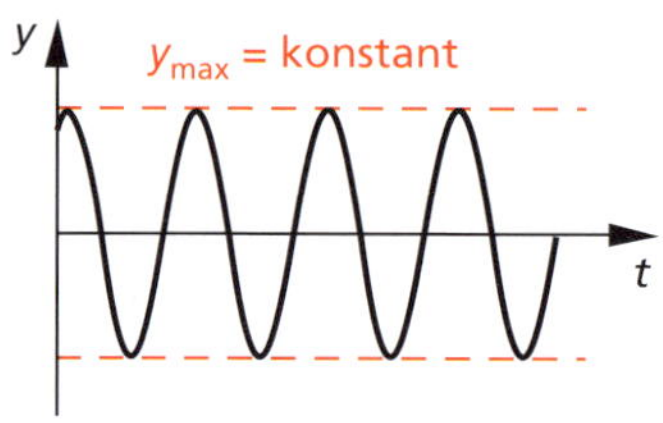	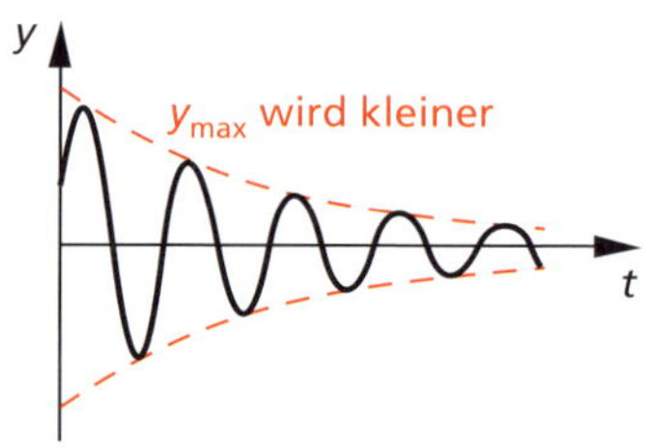
Membran eines Lautsprechers bei einem Ton bestimmter Lautstärke	Fadenpendel bei Berücksichtigung der Luftreibung, Schwingungen eines Autos, die durch Schwingungsdämpfer gedämpft werden
Die mechanische Energie des schwingenden Körpers bleibt konstant. Es gilt: $E_{pot} + E_{kin} = \text{konstant}$	Die mechanische Energie des schwingenden Körpers verringert sich. Ein Teil der mechanischen Energie wird aufgrund der Reibung in thermische Energie umgewandelt.

Ein Körper, dem ständig periodisch Energie von außen zugeführt wird, führt **erzwungene Schwingungen** aus. Wird z. B. ein Kind auf einer Schaukel periodisch von außen angestoßen, so treten erzwungene Schwingungen auf.

Resonanz

Ein frei schwingender Körper kommt aufgrund der Reibung allmählich zur Ruhe. Er schwingt mit einer bestimmten Frequenz, seiner **Eigenfrequenz** f_0.

- Wird z.B. eine Schaukel einmal kräftig angestoßen und dann sich selbst überlassen, so wird die Amplitude immer kleiner. Die Eigenfrequenz und damit auch die Schwingungsdauer bleiben aber gleich.

Wird einem schwingenden Körper aber mit einer **Erregerfrequenz** f_E und im richtigen Rhythmus Energie zugeführt, so kann sich seine Amplitude vergrößern. Ein Maximum wird erreicht, wenn die Erregerfrequenz gleich der Eigenfrequenz ist. Dieser Fall wird als **Resonanz** bezeichnet.

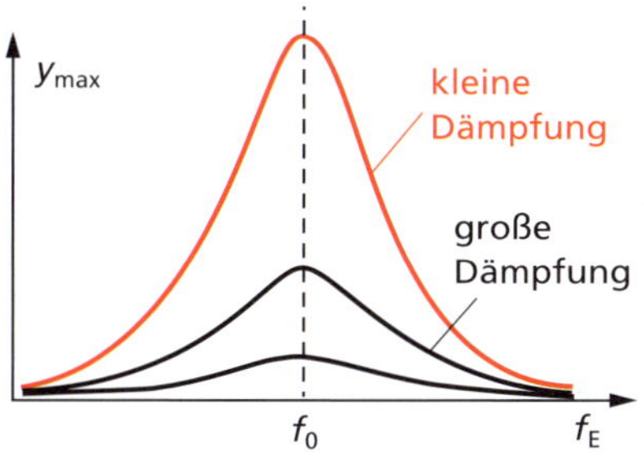

▶ Wie groß das Maximum der Amplitude wird, hängt von der Stärke der Dämpfung ab.

Besonders groß kann die Amplitude werden, wenn die Dämpfung bei der Schwingung gering ist.

> Resonanz tritt bei erzwungenen Schwingungen unter folgender Bedingung auf:
>
> $f_E = f_0$ f_E Erregerfrequenz
> f_0 Eigenfrequenz des Schwingers

▶ Durch Resonanz kann es zur Beschädigung oder Zerstörung von Brücken, Bauwerken oder Fundamenten von Maschinen kommen (Resonanzkatastrophen).
Bei Musikinstrumenten dagegen wird die Resonanz genutzt.

- Wenn man auf einer Schaukel sitzt und im richtigen Rhythmus Schwung nimmt, dann vergrößert sich die Amplitude der Schwingung bis zu einem Maximum.

Federschwinger und Fadenpendel

Federschwinger und Fadenpendel führen näherungsweise harmonische (sinusförmige) Schwingungen aus.

Federschwinger

Für die Schwingungsdauer eines Federschwingers gilt:

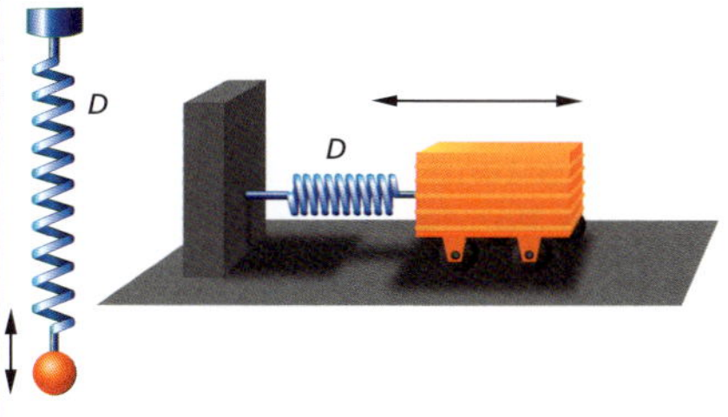

$$T = 2\pi \sqrt{\frac{m}{D}}$$

m Masse des schwingenden Körpers
D Federkonstante

▶ Auch gespannte Seile (Seile mit Last) oder Maschinen mit ihren elastischen Fundamenten können als Federschwinger betrachtet werden.

▶ Das Pendel einer Uhr oder einer Schaukel kann als Fadenpendel betrachtet werden.

Fadenpendel

Für die Schwingungsdauer eines Fadenpendels gilt unter der Bedingung kleiner Auslenkungen ($\alpha < 15°$):

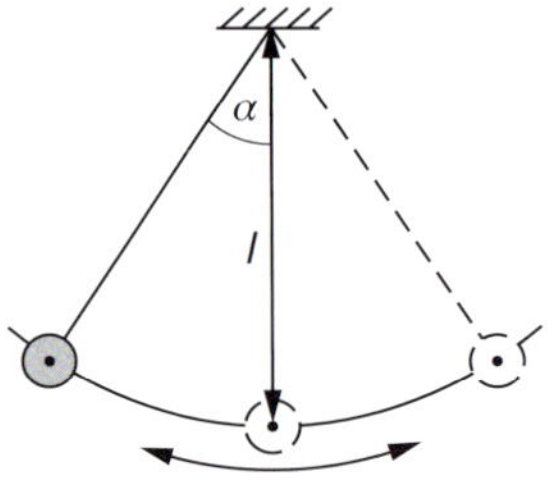

$$T = 2\pi \sqrt{\frac{l}{g}}$$

l Länge des Pendels
g Fallbeschleunigung (Ortsfaktor)

Ein Sekundenpendel ist ein Fadenpendel, das für den Weg zwischen den beiden Umkehrpunkten genau 1,00 s benötigt.
Wie groß ist die Länge eines solchen Pendels?

M ↗ S. 57 f.

Analyse:
Genutzt werden kann zur Lösung die Gleichung für die Schwingungsdauer eines Fadenpendels. Der Wert für g (Fallbeschleunigung) ist bekannt. Die Schwingungsdauer ist die Zeit für eine Hin- und Herbewegung. Sie beträgt also 2,00 s.

Gesucht: l
Gegeben: $T = 2{,}00\ \text{s}$
$g = 9{,}81\ \text{m/s}^2$

Lösung:

$$T = 2\pi \sqrt{\frac{l}{g}}$$

▶ Bei einem **Metronom** kann die Schwingungsdauer durch Verschieben eines Massestückes verändert werden. Ein Metronom wird genutzt, um beim Musizieren einen bestimmten Takt anzugeben.

Durch Quadrieren beider Seiten der Gleichung erhält man:

$$T^2 = 4\pi^2 \cdot \frac{l}{g} \qquad | \cdot \frac{g}{4\pi^2}$$

$$l = \frac{T^2 \cdot g}{4\pi^2}$$

$$l = \frac{(2{,}00\ \text{s})^2 \cdot 9{,}81\ \text{m}}{4\pi^2 \cdot \text{s}^2}$$

$$\underline{l = 0{,}99\ \text{m}}$$

Ergebnis:
Ein Pendel, das für den Weg zwischen zwei Umkehrpunkten genau 1,00 s benötigt, muss 99 cm lang sein. Dabei ist zu beachten, dass die Länge eines Fadenpendels immer der Abstand zwischen dem Befestigungspunkt und dem Schwerpunkt des Pendelkörpers (↗ S. 109) ist. Das Ergebnis gilt nur unter der Bedingung kleiner Auslenkungen.

2.5.2 Mechanische Wellen

Entstehen mechanischer Wellen

> Eine mechanische Welle ist die Ausbreitung einer mechanischen Schwingung im Raum.

Gut verdeutlichen kann man das am Beispiel gekoppelter Schwinger: Jeder einzelne Schwinger führt mechanische Schwingungen aus, die durch die Kopplungskräfte auf andere Schwinger übertragen werden.

Eine solche Anordnung zur Demonstration der Erzeugung von Wellen nennt man Wellenmaschine.

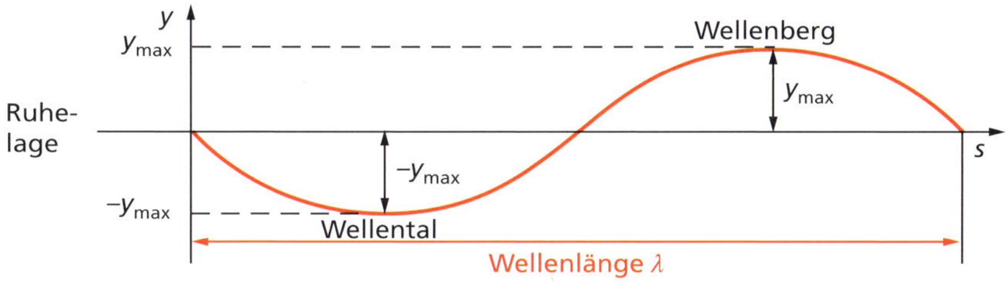

Mechanische Wellen entstehen unter folgenden **Bedingungen:**
1. Es müssen schwingungsfähige Körper bzw. Teilchen vorhanden sein.
2. Zwischen diesen Körpern bzw. Teilchen müssen Kräfte wirken.
3. Mindestens einer dieser Körper bzw. Teilchen muss zu mechanischen Schwingungen angeregt werden.

Ein wichtiges Kennzeichen mechanischer Wellen besteht darin, dass durch sie Energie von einem Schwinger auf den nächsten übertragen wird, ohne dass dabei ein Stofftransport erfolgt.

> Mit einer mechanischen Welle wird Energie übertragen, jedoch kein Stoff transportiert.

Je nach dem Verhältnis von Schwingungsrichtung der einzelnen Schwinger und Ausbreitungsrichtung der Welle zueinander unterscheidet man zwischen **Längswellen** und **Querwellen**.

Längswellen (Longitudinalwellen)

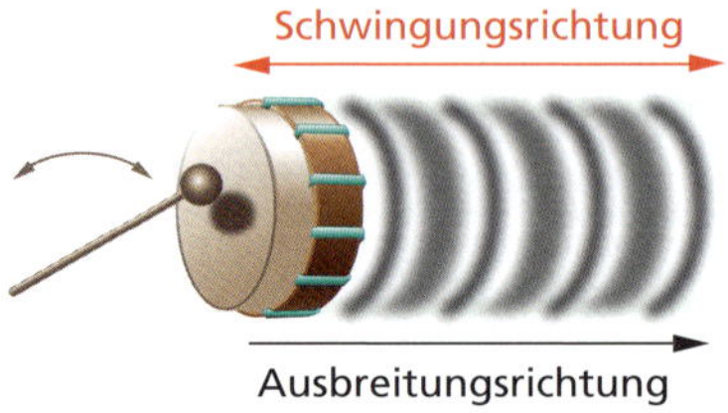

Schwingungsrichtung und Ausbreitungsrichtung stimmen überein.

■ Schallwellen, Erdbebenwellen

Querwellen (Transversalwellen)

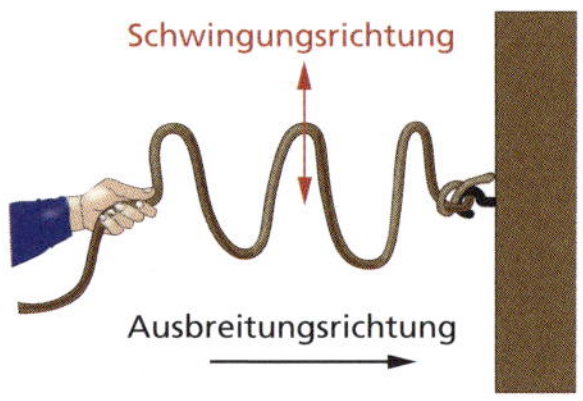

Schwingungsrichtung und Ausbreitungsrichtung verlaufen senkrecht zueinander.

■ Seilwellen, Wasserwellen

Beschreibung mechanischer Wellen

Da jeder einzelne Schwinger mechanische Schwingungen ausführt, können solche Schwingungsgrößen wie **Auslenkung, Amplitude, Schwingungsdauer** und **Frequenz** auch für die Beschreibung von Wellen genutzt werden (↗ S. 134).
Die Ausbreitung der Schwingung im Raum wird darüber hinaus mit den Größen **Wellenlänge** und **Ausbreitungsgeschwindigkeit** beschrieben.

▶ Die Ausbreitungsgeschwindigkeit und die Wellenlänge sind abhängig vom Stoff, in dem sich die Welle ausbreitet.
Die Frequenz ist nur davon abhängig, wie die Welle erzeugt wird. Bei der Ausbreitung von Wellen ändert sie sich nicht.

Die **Wellenlänge** gibt den Abstand zweier Schwinger an, die sich im gleichen Schwingungszustand befinden.

Formelzeichen: λ
Einheit: ein Meter (1 m)

Die **Ausbreitungsgeschwindigkeit** einer Welle ist die Geschwindigkeit, mit der sich ein Schwingungszustand im Raum ausbreitet.

Formelzeichen: v
Einheit: ein Meter durch Sekunde $\left(1\ \frac{\text{m}}{\text{s}}\right)$

Für die Ausbreitung mechanischer Wellen gilt die Grundgleichung für den Zusammenhang zwischen Ausbreitungsgeschwindigkeit, Frequenz und Wellenlänge.

▶ Die Gleichung gilt auch für alle nichtmechanischen Wellen.

Für alle mechanischen Wellen gilt:

$v = \lambda \cdot f$

v Ausbreitungsgeschwindigkeit
λ Wellenlänge
f Frequenz

Wellenlängen und Ausbreitungsgeschwindigkeiten in Natur und Technik		
Art der Wellen	**λ in m**	**v in m/s**
Ultraschallwellen in der Medizin	≈ 0,0003	≈ 1500
Schallwellen in Luft bei 20 °C und 1000 Hz	0,34	344
Schallwellen in Luft bei 20 °C und 440 Hz (Kammerton a)	0,78	344
Schallwellen in Wasser bei 5 °C (440 Hz)	3,18	1400
Erdbebenwellen	500	5000
Wasserwellen auf Ozeanen	> 10	≈ 0,5

Die Beschreibung mechanischer Wellen kann auch mithilfe von Diagrammen erfolgen.

***y*-*t*-Diagramm**	***y*-*x*-Diagramm**
Für einen bestimmten Ort (x = konstant) wird dargestellt, wie sich der betreffende Schwinger in Abhängigkeit von der Zeit bewegt.	Für einen bestimmten Zeitpunkt (t = konstant) wird dargestellt, welche Lage die Gesamtheit der Schwinger hat.
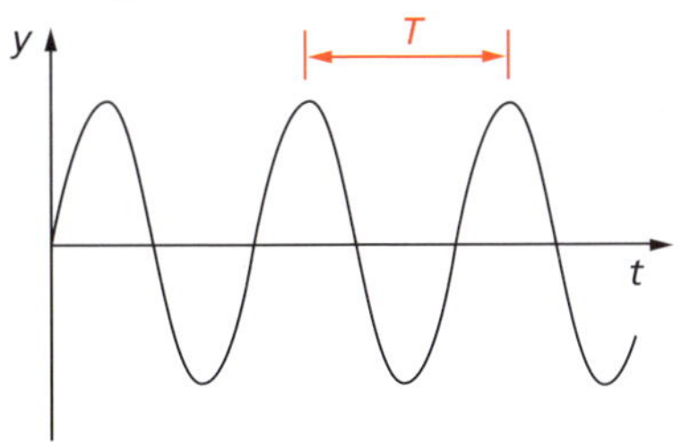	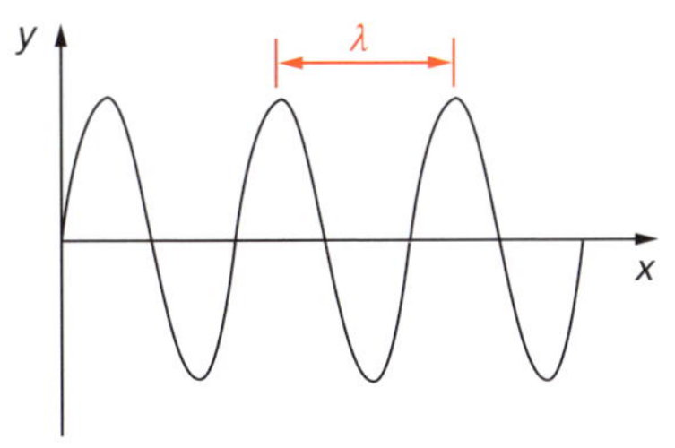

Eigenschaften mechanischer Wellen

Mechanische Wellen können **reflektiert** (zurückgeworfen), **gebrochen** (in ihrer Ausbreitungsrichtung verändert) und **gebeugt** werden.

Sie können sich auch so überlagern, dass eine resultierende Welle als Addition der Ausgangswellen entsteht. Diese Überlagerung von Wellen nennt man **Interferenz.** Dabei kommt es an verschiedenen Stellen zu den typischen Interferenzerscheinungen wie Verstärkung und Auslöschung (s. Abb.).

▶ Solche Interferenzmuster erhält man, wenn von zwei Erregern Wasserwellen ausgehen und sich überlagern.

Wesentliche Eigenschaften von mechanischen Wellen sind in der nachfolgenden Übersicht (↗ S. 142) zusammengestellt.

Reflexion

Wellen werden durch ein Hindernis zurückgeworfen.

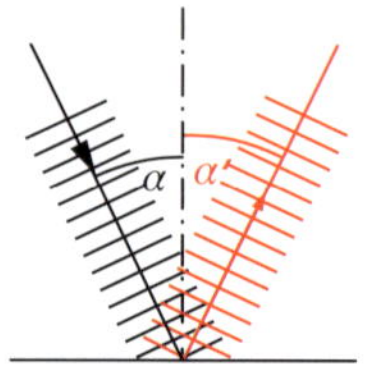

Es gilt das **Reflexionsgesetz:**

$\alpha = \alpha'$

■ Reflexion von Schallwellen an einem Berghang (Echo)

Brechung

Wellen verändern ihre Ausbreitungsrichtung beim Übergang von einem Stoff in einen anderen.

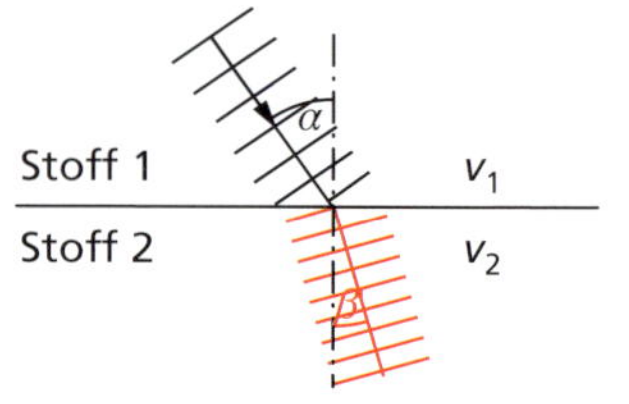

Es gilt das **Brechungsgesetz:**

$\frac{\sin \alpha}{\sin \beta} = \frac{v_1}{v_2}$

v_1, v_2 Ausbreitungsgeschwindigkeiten

■ Veränderung der Ausbreitungsrichtung von Wasserwellen beim Übergang von tiefem zu flachem Wasser

Beugung

Wellen breiten sich auch hinter einer Kante oder hinter einem Spalt im Schattenraum aus.

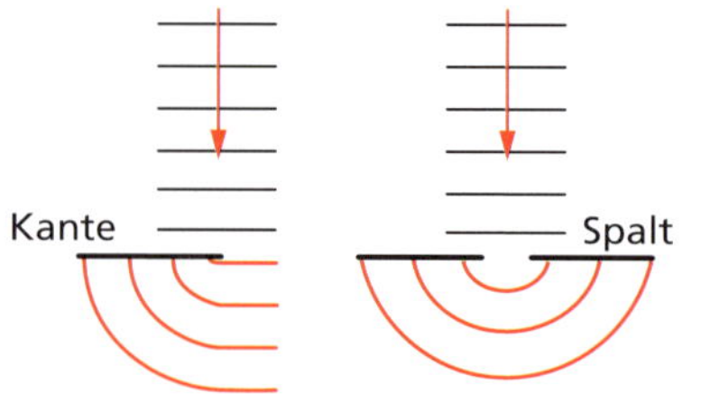

Es gilt:
Jeder Punkt, auf den eine Welle trifft, ist Ausgangspunkt einer neuen Welle.

■ Hörbarkeit von Geräuschen auch hinter einer Hausecke

Interferenz

Wellen überlagern sich zu einer resultierenden Welle.

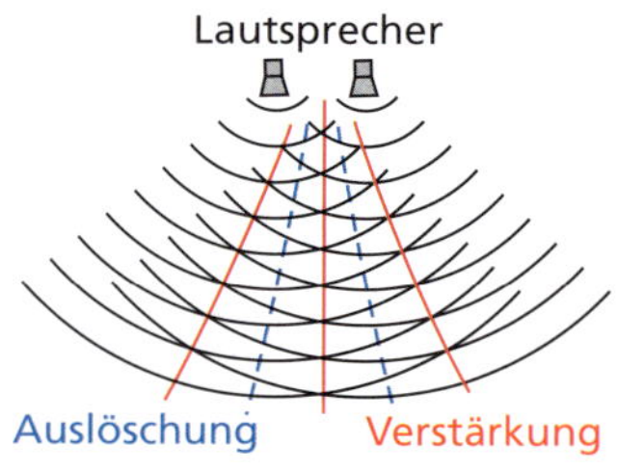

Es gilt:
Es treten Bereiche der Verstärkung und der Abschwächung (Auslöschung) auf.

■ Nichthörbarkeit interferierender Wellen an bestimmten Stellen.

▶ Diesen Sachverhalt entdeckte der niederländische Naturforscher **CHRISTIAAN HUYGENS** (1629–1695). Man spricht deshalb vom **huygensschen Prinzip**.

2.5.3 Schall und Lärm

Die Lehre vom Schall (Akustik) beschäftigt sich mit der Entstehung, der Ausbreitung, den Eigenschaften und der Nutzung des Schalls.

> Schall im engeren Sinn ist alles das, was man mit den Ohren hören kann.

Dazu gehören z. B. Geräusche, Sprache, Musik oder Lärm. Damit wir etwas als Schall wahrnehmen, müssen bestimmte Bedingungen erfüllt sein. Diese lassen sich in einem Diagramm darstellen, aus dem der **Hörbereich** des menschlichen Ohrs erkennbar ist.

Der Hörbereich des Menschen wird auch als Hörfläche bezeichnet. Sie ist im Diagramm farbig gekennzeichnet.

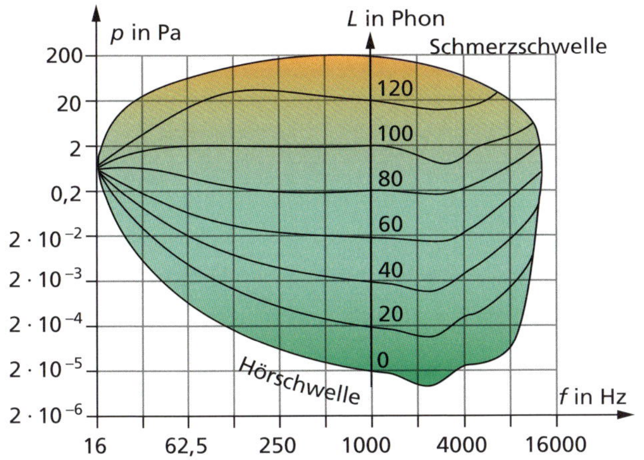

Mit zunehmendem Alter können Menschen höhere Frequenzen immer schlechter wahrnehmen.

Phon ist eine Einheit der Lautstärke (↗ S. 146).

Der Hörbereich des menschlichen Ohres umfasst Frequenzen von 16 Hz bis maximal 20 000 Hz.
Schall mit einer Frequenz von weniger als 16 Hz wird als **Infraschall** bezeichnet.
Schall mit einer Frequenz von über 20 000 Hz (20 kHz) nennt man **Ultraschall.**
Darüber hinaus wird Schall vom Menschen nur dann wahrgenommen, wenn seine Lautstärke (↗ S. 146) oberhalb der Hörschwelle und unterhalb der Schmerzschwelle liegt.
Andere Lebewesen haben einen anderen Hörbereich.
Eine Reihe von Tieren kann Töne im Ultraschallbereich erzeugen und hören, die für den Menschen nicht mehr wahrnehmbar sind, weil sie außerhalb seines Hörbereiches liegen.

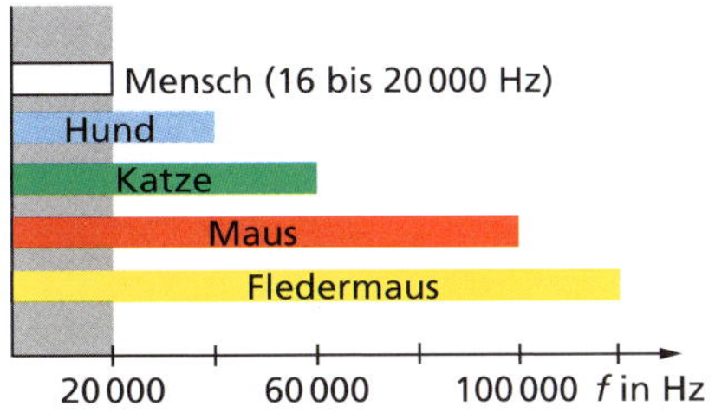

Verschiedene Lebewesen haben nicht nur unterschiedliche Hörbereiche, sondern auch einen unterschiedlichen Stimmumfang. Der Stimmumfang des Menschen liegt meist zwischen 85 Hz und 1 100 Hz, bei einem Hund zwischen 450 Hz und 1 000 Hz und bei einer Fledermaus zwischen 10 000 Hz und 120 000 Hz.

▶ Akustisch wahrnehmbar sind für Menschen nur Schwingungen mit Frequenzen zwischen 16 Hz und 20 000 Hz (↗ S. 143).

Erzeugung von Schall

Um Schall zu erzeugen, müssen Körper in Schwingungen versetzt werden.
Bei Musikinstrumenten können z. B. schwingen:
- Saiten (bei Zupf- und Streichinstrumenten wie Gitarre, Klavier, Violine),
- Stäbe, Platten oder Membranen (bei Schlaginstrumenten wie Xylofon und Schlagzeug),
- Luft (bei Blasinstrumenten wie Flöte, Trompete und Orgel).

Bei der menschlichen Stimme schwingen die Stimmbänder im Kehlkopf.
Bei Schallschwingungen unterscheidet man zwischen **Ton, Klang, Geräusch** und **Knall.**

Ton	Klang	Geräusch	Knall
Die Schwingung ist sinusförmig.	Die Schwingung ist periodisch, aber nicht sinusförmig.	Die Schwingung ist unregelmäßig.	Die Schwingung hat zunächst eine große Amplitude und klingt schnell ab.
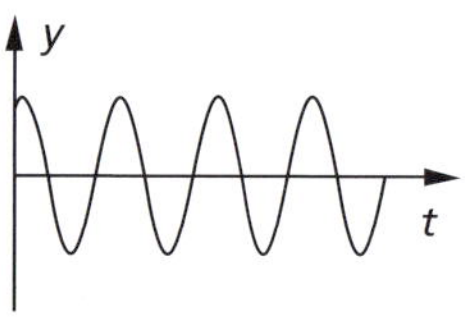	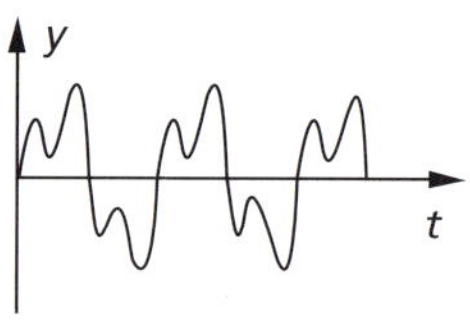	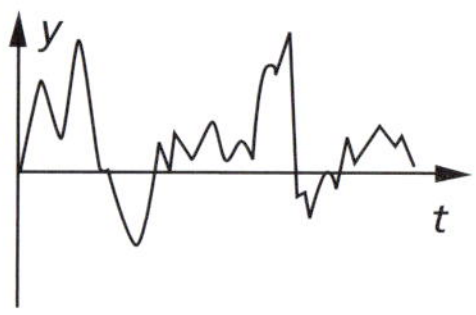	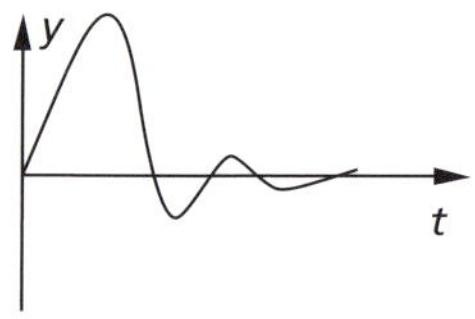

Eine angeschlagene Stimmgabel erzeugt einen ganz klaren Ton.	Mit Musikinstrumenten kann man verschiedene Klänge erzeugen.	Geräusche entstehen z. B. bei Fahrzeugen und Maschinen.	Beim Explodieren eines Feuerwerkskörpers entsteht ein Knall.

Bei schwingenden Saiten hängt die Frequenz der Schwingung von verschiedenen Größen ab.

▶ Geigen oder Gitarren verfügen über verschieden dicke Saiten.
Zum Stimmen des Instruments wird die Kraft verändert, mit der die jeweilige Saite gespannt ist.

Die Frequenz einer schwingenden Saite kann berechnet werden mit der Gleichung:

$$f = \frac{1}{2\,l}\sqrt{\frac{F}{\varrho \cdot A}}$$

l Länge der Saite
A Querschnittsfläche der Saite
ϱ Dichte des Stoffs (Saite)
F Kraft, mit der die Saite gespannt ist

Bei schwingenden Luftsäulen ist die Frequenz von der Länge der Luftsäule und vom Bau des Instruments abhängig.

Offene Pfeife	Geschlossene Pfeife
Bei Anregung bilden sich die Schwingungen so aus, dass an den Enden der Pfeife Schwingungsbäuche und in der Mitte ein Schwingungsknoten vorhanden sind.	Bei Anregung bilden sich die Schwingungen so aus, dass am offenen Ende der Pfeife ein Schwingungsbauch und am geschlossenen Ende ein Schwingungsknoten vorhanden sind.
Für die Frequenz gilt:	Für die Frequenz gilt:
$f = \frac{v}{2 \cdot l}$	$f = \frac{v}{4 \cdot l}$
v Schallgeschwindigkeit l Länge der Pfeife	v Schallgeschwindigkeit l Länge der Pfeife
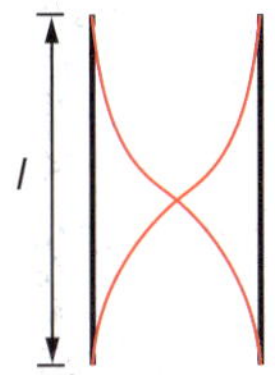	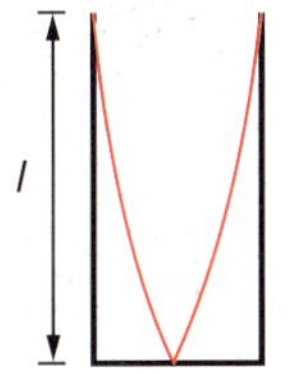

▶ Mithilfe von schwingenden Luftsäulen werden z. B. bei Orgeln, Flöten oder Posaunen Töne bzw. Klänge erzeugt.

Eigenschaften von Schall

Schall breitet sich von einer Schallquelle ausgehend in Form von Schallwellen aus.

> Schallwellen sind mechanische Wellen. Sie breiten sich als Druckschwankungen in Luft und anderen Stoffen aus.

▶ Im Vakuum kann sich Schall nicht ausbreiten, da es ohne Stoff keine Druckschwankungen und damit keine Ausbreitung von Schall gibt.

Schallwellen sind Längswellen (↗ S. 140), da die Ausbreitungsrichtung der Welle und die Schwingungsrichtung der Teilchen übereinstimmen. Wie andere mechanische Wellen werden Schallwellen reflektiert, gebrochen und überlagern sich (↗ S. 142).

Die **Tonhöhe** ist davon abhängig, wie schnell ein Körper schwingt. Je größer die Frequenz ist, umso höher ist der Ton.

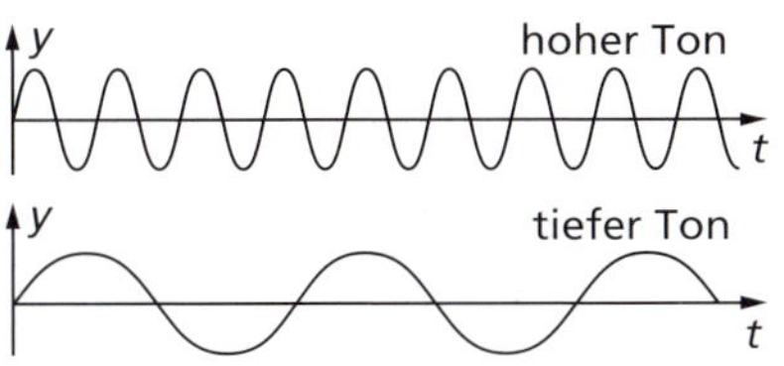

Die **Lautstärke** ist davon abhängig, mit welcher Amplitude ein Körper schwingt.

Je größer die Amplitude der Schwingung eines Körpers ist, umso lauter ist der Ton.

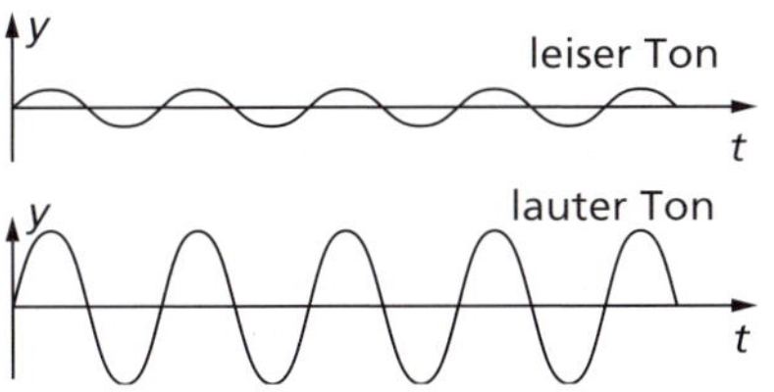

2

▶ Beide Größen sind von der Temperatur der Stoffe abhängig.

Schallwellen können sich in festen Stoffen, Flüssigkeiten und Gasen ausbreiten. Die Schallgeschwindigkeiten und damit auch die Wellenlängen sind sehr unterschiedlich.

Für Schallwellen gilt wie für andere mechanische Wellen:

$v = \lambda \cdot f$

v Schallgeschwindigkeit
λ Wellenlänge
f Frequenz

Ausbreitungsgeschwindigkeit von Schall			
Feste Stoffe bei 20 °C		**Flüssigkeiten bei 20 °C**	
Stoff	v in m/s	Stoff	v in m/s
Aluminium	5 100	Benzin	1 170
Beton	3 800	Kochsalzlösung	1 660
Holz (Eiche)	3 380	Wasser bei 0 °C	1 407
Eis (bei –4 °C)	3 250	bei 5 °C	1 400
Mauerwerk	3 500	bei 25 °C	1 457
Gase bei 0 °C und normalem Druck			
Stoff	v in m/s	Stoff	v in m/s
Luft bei –20 °C	320	Ammoniak	415
bei 0 °C	332	Helium	981
bei 20 °C	344	Stickstoff	334
bei 30 °C	350	Wasserstoff	1 280

Schall und Lärm

Lauter Schall, der uns stört, belästigt oder sogar schädigen kann, wird als Lärm bezeichnet. Lärm ist somit Schall größerer Lautstärke.

▶ Die Lautstärke wird in Dezibel (dB) angegeben, wobei meist die spezielle A-Bewertung gemeint ist. Dafür nutzt man auch die Bezeichnung dB(A).

Die Lautstärke ist ein Maß für die Stärke des Schalls, die wir empfinden.

Formelzeichen: L
Einheiten: ein Phon (1 phon)
ein Dezibel (1 dB)

Die Lautstärke kann mit **Schallpegelmessern** gemessen werden. Die Einheit der Lautstärke ist an die Besonderheiten der akustischen Wahrnehmung der Menschen gekoppelt:

- Eine Verdoppelung oder Halbierung der Lautstärke bedeutet eine Änderung der Lautstärke von 10 dB.
- Kommt zu einer Schallquelle eine zweite gleichartige Schallquelle hinzu, so verdoppelt sich die Lautstärke nicht, sondern steigt um etwa 3 dB. Erst 10 gleichartige Schallquellen führen zu einer Verdopplung der Lautstärke.

▶ 50 dB empfinden wir als doppelt so laut wie 40 dB.

Beispiel	Lautstärke in dB
Hörschwelle übliche Wohngeräusche, Flüstern	0 20
normales Sprechen Unterhaltungslautstärke, Staubsauger	40 60
durchschnittlicher Lärm im Straßenverkehr, Presslufthammer, Autohupe	80 100
Donner, Flugzeugpropeller in geringer Entfernung Schmerzschwelle, Schädigung des Gehörs	120 130

Geräusche von weniger als 30 dB empfinden wir als ruhig. Ständiger Lärm über 85 dB kann zu Hörschäden führen.

Da Lärm zu gesundheitlichen Schäden führen kann, gilt:

> Die Vermeidung von Lärm ist der beste Schutz vor gesundheitlichen Schäden. Wo es möglich ist, sollte Lärm gedämpft oder gedämmt werden.

Bei Fahrzeugen sind **Schalldämpfer** zur Lärmdämmung vorgeschrieben. In Innenräumen kann Lärm z. B. durch Schallschutzfenster gedämpft werden. An Autobahnen sorgen Lärmschutzwände für eine Dämpfung von Lärm.

Schall und Musik

Mithilfe von Musikinstrumenten oder der menschlichen Stimme kann man Töne, Klänge und Geräusche (↗ S. 144) erzeugen.

> Als Normalton wurde international der Ton a' mit einer Frequenz von 440 Hz (Kammerton a) vereinbart.

In Tonleitern sind Frequenzen und Intervalle festgelegt.

C-Dur-Tonleiter

Ton	Frequenz in Hz	Musikalisches Intervall		
		Töne und Name		Verhältnis der Frequenzen
c'	264	c'–c'	Prime	1 : 1
d'	297	c'–d'	Sekunde	8 : 9
e'	330	c'–e'	Terz	4 : 5
f'	352	c'–f'	Quarte	3 : 4
g'	396	c'–g'	Quinte	2 : 3
a'	440	c'–a'	Sexte	3 : 5
h'	495	c'–h'	Septime	8 : 15
c''	528	c'–c''	Oktave	1 : 2

Ob wir etwas als angenehm oder unangenehm empfinden, hängt auch von unseren Hörgewohnheiten und unserem Geschmack ab.

Zu den **Konsonanzen** (als angenehm empfunden) zählen Terz, Quarte, Quinte und Oktave. Zu den **Dissonanzen** (als unangenehm empfunden) gehören Sekunde und Septime.

2

Ultraschall

Schall im nicht hörbaren Bereich mit einer Frequenz über 20 kHz bezeichnet man als **Ultraschall.** Ultraschallwellen werden u.a. an Hindernissen reflektiert. Das nutzen einige Tiere (z.B. Fledermäuse, Wale und Delfine) zur Orientierung, indem sie Ultraschallwellen aussenden und die reflektierten Wellen wieder empfangen.
Auch in der Medizin und in der Werkstoffprüfung wird die Reflexion von Ultraschallwellen für die **Ultraschalldiagnose** genutzt.

▶ Im medizinischen Bereich arbeitet man mit Ultraschall in einem Frequenzbereich von 1 MHz bis 10 MHz.

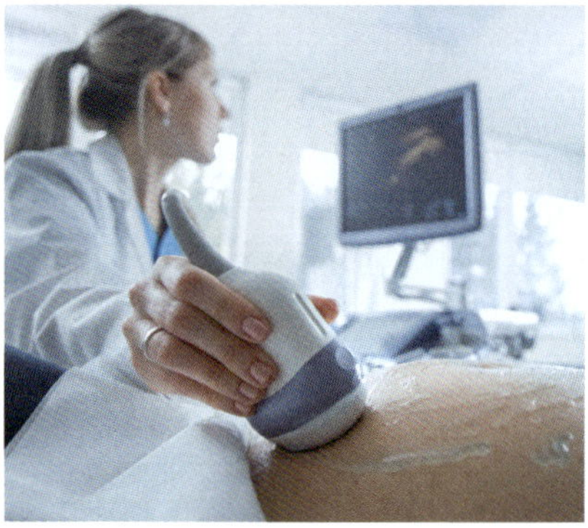

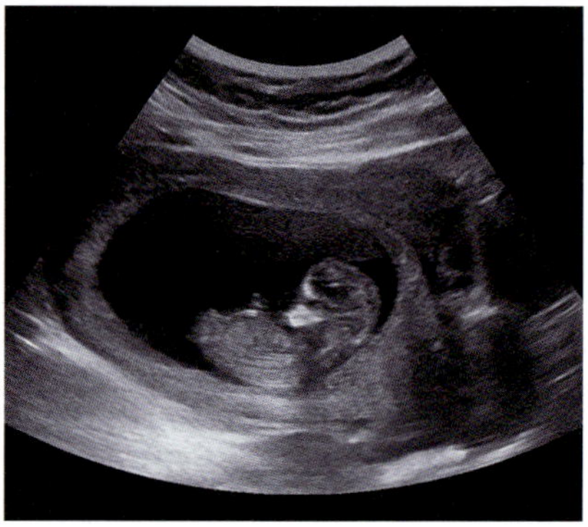

Echolot

M ↗ S. 43

Die Reflexion des Schalls wird genutzt, um Wassertiefen zu ermitteln. Von einem Sender im Schiff werden Schallwellen ausgesendet. Sie werden am Meeresboden reflektiert und von einem Empfänger registriert. Aus der Laufzeit der Schallwellen kann die Wassertiefe ermittelt werden.
Näherungsweise gilt:

$$s = \frac{v \cdot t}{2}$$

s Wassertiefe
v Schallgeschwindigkeit in Wasser
t Laufzeit des Schalls vom Sender bis zum Empfänger

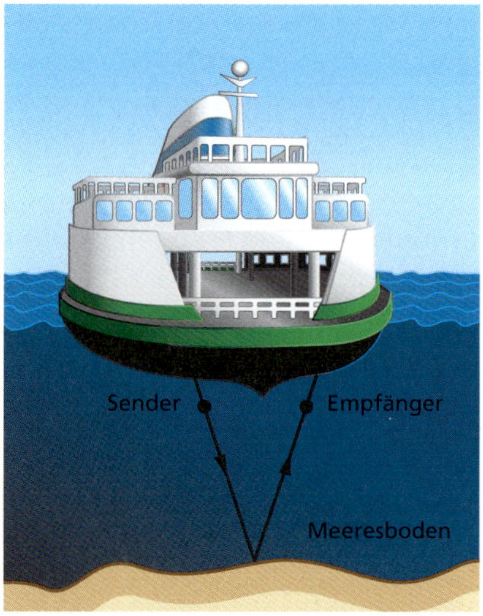

▶ Für genaue Messungen muss beachtet werden, dass die Schallgeschwindigkeit in Wasser von der Temperatur abhängt. Sie ist umso größer, je höher die Temperatur ist (↗ S. 146).

Beträgt z.B. bei 5 °C Wassertemperatur (dann ist $v = 1400$ m/s) die Laufzeit des Schalls 0,80 s, so ergibt sich für die Wassertiefe:

$$s = 1400 \cdot \frac{\text{m}}{\text{s}} \cdot \frac{0{,}80\ \text{s}}{2}$$

$$s = 560\ \text{m}$$

Auch Fischschwärme oder U-Boote lassen sich mithilfe des Echolots orten.

Mechanische Schwingungen und Wellen

- Eine **Schwingung** ist die zeitlich periodische Änderung einer physikalischen Größe (z. B. Auslenkung, Druck, Geschwindigkeit, Beschleunigung).

Wichtige Größen zur Beschreibung von Schwingungen sind:

y Auslenkung
y_{max} Amplitude (maximale Auslenkung)
T Schwingungsdauer
f Frequenz

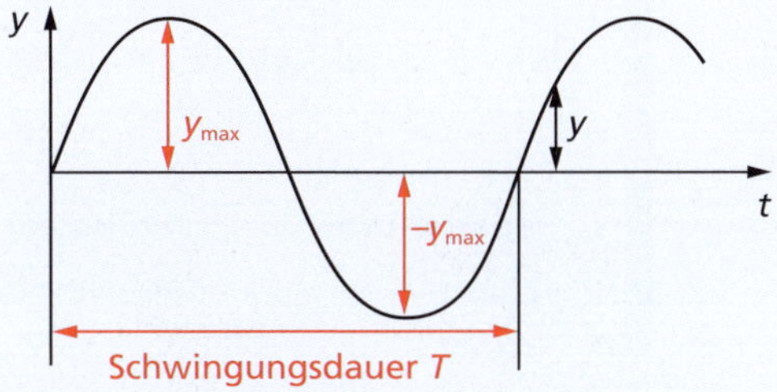

Viele mechanische Schwingungen verlaufen sinusförmig. Das gilt auch für die Schwingungen eines Fadenpendels bei kleiner Auslenkung und für die Schwingungen eines Federschwingers.

Fadenpendel

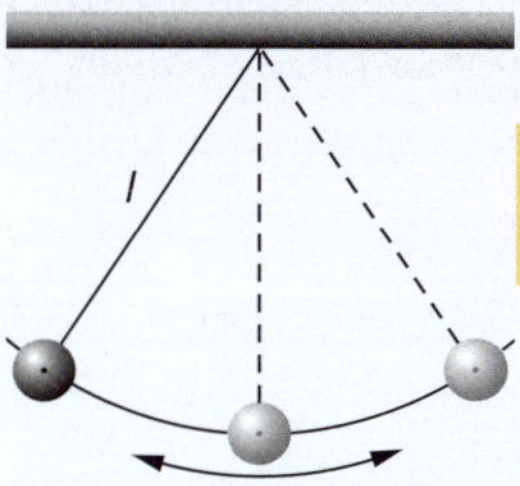

$$T = 2\pi\sqrt{\frac{l}{g}}$$

Federschwinger

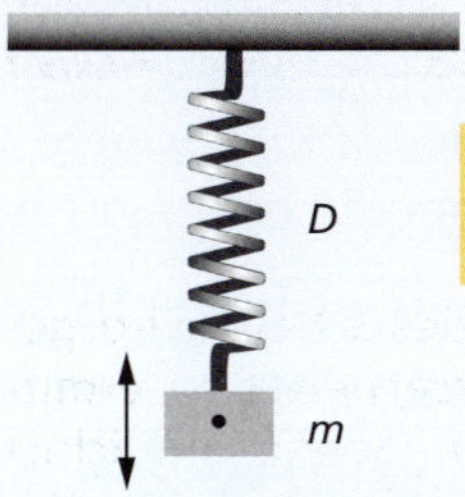

$$T = 2\pi\sqrt{\frac{m}{D}}$$

- Eine **Welle** ist die Ausbreitung einer Schwingung im Raum. Dabei erfolgt eine räumlich und zeitlich periodische Änderung einer physikalischen Größe (z. B. Auslenkung, Druck, Geschwindigkeit, Beschleunigung, Stärke des elektrischen bzw. magnetischen Felds).

Für die Ausbreitungsgeschwindigkeit v von Wellen gilt:

$$v = \lambda \cdot f$$

λ Wellenlänge
f Frequenz

Wellen können reflektiert, gebrochen und gebeugt werden sowie sich überlagern.

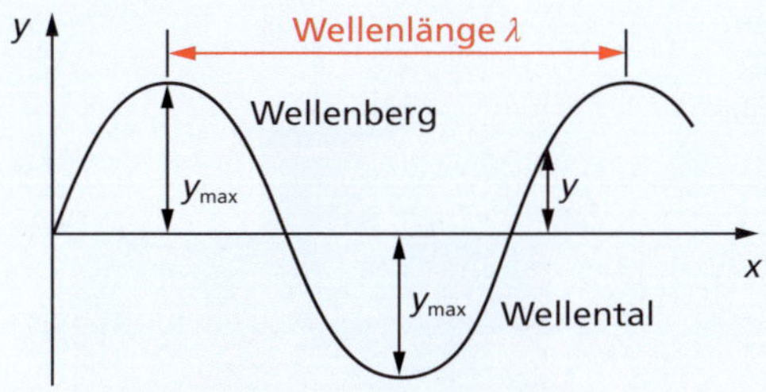

Schallwellen sind mechanische Wellen. Sie
- breiten sich in Stoffen aus, nicht aber im Vakuum,
- breiten sich in Luft mit ca. 333 m/s aus,
- werden an Flächen reflektiert,
- werden an Kanten und Öffnungen gebeugt,
- werden durch Stoffe absorbiert.

2.6 Mechanik der Flüssigkeiten und Gase

2.6.1 Der Druck in Flüssigkeiten und Gasen

Die Größe Druck

Die Einheit des Drucks ist nach dem französischen Mathematiker und Physiker **BLAISE PASCAL** (1623–1662) benannt worden.

> Der Druck gibt an, mit welcher Kraft ein Körper senkrecht auf eine Fläche von 1 m^2 wirkt.
>
> Formelzeichen: p
> Einheiten: ein Pascal (1 Pa)
> ein Newton durch Quadratmeter $\left(1\,\frac{\text{N}}{\text{m}^2}\right)$

Vielfache der Einheit 1 Pa $\left(= 1\,\frac{\text{N}}{\text{m}^2}\right)$ sind ein Kilopascal (1 kPa) und ein Megapascal (1 MPa):

1 kPa = 1 000 Pa

1 MPa = 1 000 kPa = 1 000 000 Pa

Da die Fläche häufig in Quadratzentimetern angegeben ist, erhält man bei Rechnungen als Einheit oft $1\,\frac{\text{N}}{\text{cm}^2}$. Es gilt: $1\,\frac{\text{N}}{\text{cm}^2} = 10\text{ kPa}$

Weitere, teilweise gesetzlich nicht mehr zugelassene Einheiten für den Druck sind ein Bar (1 bar), eine Atmosphäre (1 at), ein Millimeter Quecksilbersäule (1 mm Hg) oder ein Torr (1 Torr).

1 bar = 100 000 Pa = 10^5 Pa

1 at = $9{,}81 \cdot 10^4$ Pa = 98 100 Pa

1 Torr = 133,32 Pa

In einer Flüssigkeit bzw. einem Gas herrscht ein Druck von 1 Pa = $1\,\frac{\text{N}}{\text{m}^2}$, wenn auf eine Fläche von 1 m^2 senkrecht eine Kraft von 1 N wirkt.

In Gefäßen mit relativ geringen Abmessungen kann der Schweredruck (↗ S. 153) vernachlässigt werden.

Druck in Flüssigkeiten	Druck in Gasen
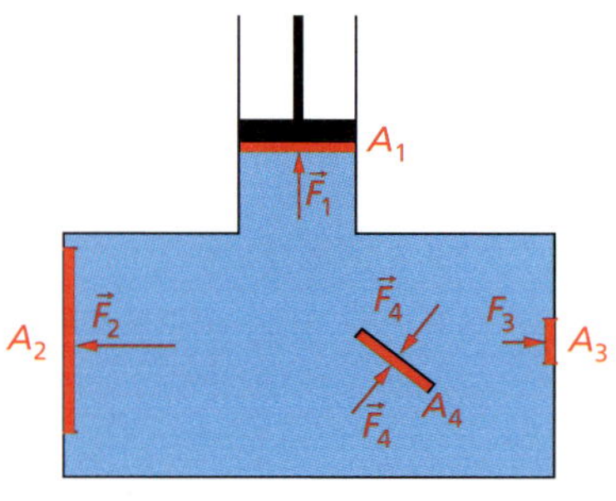	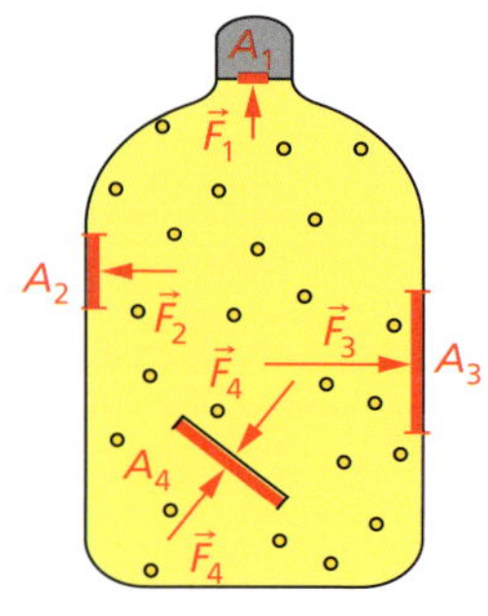

Sowohl für Flüssigkeiten als auch für Gase gilt:
Der Druck ist im gesamten Gefäß näherungsweise konstant.
Es gilt:

$$p = \frac{F_1}{A_1} = \frac{F_2}{A_2} = \frac{F_3}{A_3} = \frac{F_4}{A_4} = \frac{F}{A} = \text{konstant}$$

Drücke in Natur und Technik	
Druck im Innern des menschlichen Auges	2,0 kPa
normaler Blutdruck beim Menschen	17 kPa … 11 kPa (130 Torr/80 Torr)
normaler Luftdruck an der Erdoberfläche	101,3 kPa (1013 mbar, 760 Torr)
Reifendruck beim Pkw	180 kPa … 280 kPa
Druck in einer Wasserleitung	400 kPa … 600 kPa
Wasserdruck in 10000 m Tiefe	10^8 kPa (100 MPa)
Spitze einer Nadel (bei $A = 0{,}01\ \text{mm}^2$ und $F = 10$ N)	10^9 kPa (1000 MPa)
Druck im Innern der Sonne	10^{13} kPa

Nach neueren Erkenntnissen ist ein Blutdruck von unter 140 Torr/90 Torr anzustreben. Ein ständiger Blutdruck darüber gilt als hoher Blutdruck und sollte von einem Arzt kontrolliert und bewertet werden.

Der Druck in Flüssigkeiten und Gasen lässt sich mit dem **Teilchenmodell** (↗ S. 74) deuten.
Der Druck in einer Flüssigkeit kommt durch die Kraftwirkung der Teilchen aufeinander und auf die Gefäßwände zustande. In Gasen treffen die frei beweglichen Teilchen aufeinander und auf die Gefäßwände. Dabei üben sie Kräfte aus, die sich als Druck bemerkbar machen.

Berechnen des Drucks

Unter der Bedingung, dass die Kraft senkrecht auf die Fläche wirkt, kann der Druck mit folgender Gleichung berechnet werden:

$p = \frac{F}{A}$ F wirkende Kraft
A Fläche, auf die die Kraft wirkt

Wirkt eine Kraft nicht senkrecht auf eine Fläche, dann darf für die Berechnung des Drucks nur die Komponente der Kraft senkrecht zur Fläche (Normalkraft, ↗ S. 106) eingesetzt werden.

Die wirkende Kraft F wird häufig auch als Druckkraft bezeichnet. Sie kann mit der Gleichung $F = p \cdot A$ berechnet werden.

- In einem Autoreifen herrscht ein Druck von 220 kPa.
Welche Kraft übt die Luft im Reifen auf $10\ \text{cm}^2$ Fläche des Mantels aus?

Analyse:
Da die Luft senkrecht auf die Mantelfläche wirkt, kann die Gleichung zur Berechnung der Druckkraft genutzt werden. Die Einheiten müssen so umgerechnet werden, dass man eine zweckmäßige Einheit für die Kraft erhält. Dazu kann man den Druck in N/m^2 und die Fläche in m^2 angeben. Eine andere Möglichkeit besteht darin, die in der rechten Spalte genannte Möglichkeit zu nutzen. Diese Variante ist nachfolgend gewählt worden.

M ↗ S. 57 f.

Da die Fläche in cm^2 angegeben ist, wird für das Umrechnen der Einheit des Drucks folgende Beziehung genutzt:

$10\ \text{kPa} = 1\ \frac{\text{N}}{\text{cm}^2}$

Gesucht: F
Gegeben: $p = 220\ \text{kPa} = 22\ \frac{\text{N}}{\text{cm}^2}$
$A = 10\ \text{cm}^2$

Lösung:

$$F = p \cdot A$$

$$F = 22\,\frac{\text{N}}{\text{cm}^2} \cdot 10\ \text{cm}^2$$

$$\underline{F = 220\ \text{N}}$$

Ergebnis:
Bei einem Druck von 220 kPa übt die Luft im Reifen auf 10 cm² Mantelfläche eine Kraft von 220 N aus.

Arten von Drücken

Informationen zum Druck, den feste Körper auf Flächen ausüben (Auflagedruck), sind auf ↗ S. 116 gegeben.

M ↗ S. 30

Druck, der auf Kolben oder Stempel wirkt oder der durch diese hervorgerufen wird, nennt man **Kolbendruck** oder **Stempeldruck.**

Kolbendruck in Flüssigkeiten

Beispiel: Spritze

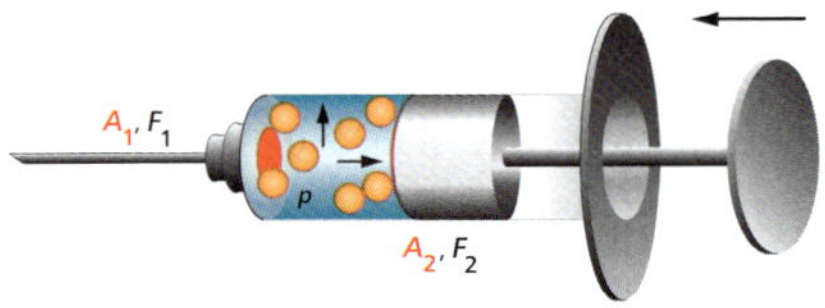

$p = \frac{F}{A}$

F	Druckkraft
A	gedrückte Fläche

Kolbendruck in Gasen

Beispiel: Luftpumpe

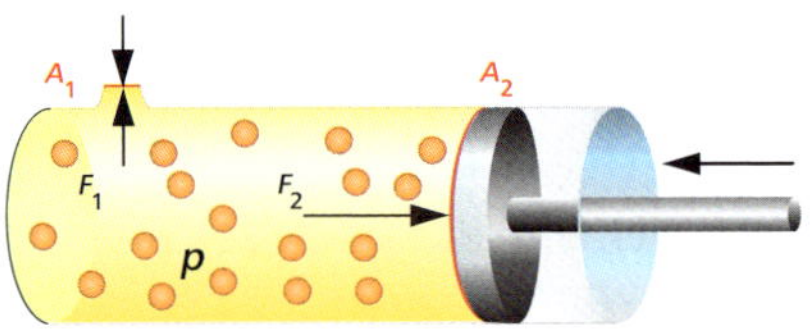

$p = \frac{F}{A}$

F	Druckkraft
A	gedrückte Fläche

Da der Druck in einer Flüssigkeit bzw. in einem komprimierten Gas näherungsweise konstant ist, gilt:

Je größer die gedrückte Fläche ist, desto größer ist die Druckkraft.

$F \sim A$

Flüssigkeiten lassen sich durch eine größere Kraft auf den Kolben kaum zusammendrücken. Sie sind **inkompressibel.** Es erhöht sich lediglich der Kolbendruck. Das wird bei hydraulischen Anlagen (↗ S. 157) genutzt.
Gase lassen sich durch eine größere Kraft auf den Kolben zusammendrücken. Sie sind **kompressibel.** Dabei können sich neben dem Druck auch das Volumen und die Temperatur des Gases ändern (↗ S. 176).

Infolge der Gewichtskraft einer Flüssigkeit bzw. eines Gases üben diese einen Druck aus. Dieser Druck wird **Schweredruck** genannt. Bei Gasen ist der **Luftdruck** als Schweredruck der Luft unserer Atmosphäre von besonderer Bedeutung.

Schweredruck in Flüssigkeiten

Der Schweredruck ist der Druck in einer Flüssigkeit, der durch die Gewichtskraft der darüberliegenden Flüssigkeitssäule entsteht.

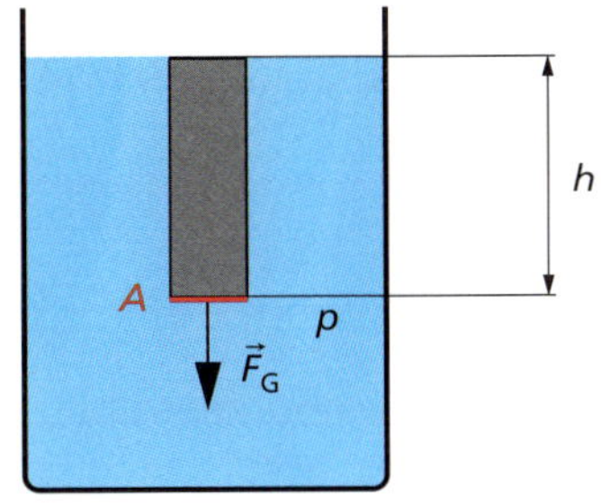

Der Schweredruck in einer Flüssigkeit hängt ab
- von der Dichte der Flüssigkeit,
- von der Höhe der Flüssigkeitssäule.

Für Wasser gilt:
In Wasser nimmt der Schweredruck je 10 m Wassertiefe um etwa 100 kPa zu.

Der Druck vergrößert sich gleichmäßig mit der Dichte.

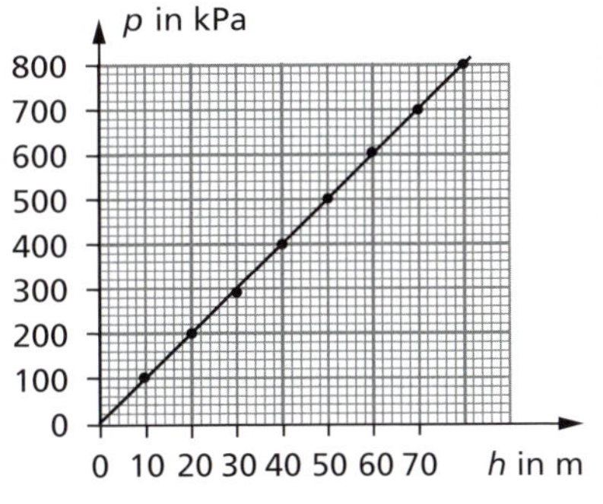

▶ Meerwasser hat mit 1,02 g/cm³ eine etwas größere Dichte als Süßwasser mit 1,00 g/cm³. Das bedeutet: In einer bestimmten Tiefe ist der Druck in einem Süßwassersee etwas geringer als im Meer.

M ↗ S. 48

Der Schweredruck in Flüssigkeiten kann folgendermaßen berechnet werden:

$$p = \frac{F_G}{A} = \frac{m \cdot g}{A} \qquad p = \varrho \cdot g \cdot h$$

ϱ Dichte der Flüssigkeit

g Ortsfaktor

h Höhe der Flüssigkeitssäule

Er ist in einer bestimmten Tiefe nach allen Seiten gleich groß.

Meerwasser hat eine Dichte von 1,02 g/cm³.
Wie groß ist der Schweredruck in der größten bekannten Meerestiefe, der Witjastiefe 1 im Marianengraben (11 034 m)?

Analyse:
Der Druck in dieser Tiefe kann abgeschätzt werden, wenn man davon ausgeht, dass er in Wasser je 10 m Wassertiefe um etwa 100 kPa zunimmt.
Er kann auch mit der Gleichung $p = \varrho \cdot g \cdot h$ berechnet werden.

▶ Dabei wird angenommen, dass die Dichte ϱ und der Ortsfaktor g über die gesamte Tiefe hinweg den gleichen Wert haben.

M ↗ S. 56

M ↗ S. 57 f.

Gesucht: p
Gegeben: $h = 11\,034\ \text{m}$

$$\varrho = 1{,}02\ \frac{\text{g}}{\text{cm}^3} = 1\,020\ \frac{\text{kg}}{\text{m}^3}$$

$$g = 9{,}81\ \frac{\text{N}}{\text{kg}}$$

Lösung:
Die Abschätzung des Druckes ergibt:

$$10\ \text{m} \mathrel{\widehat{=}} 100\ \text{kPa}$$

$$11\,034\ \text{m} \mathrel{\widehat{=}} 110\,000\ \text{kPa} = 110\ \text{MPa}$$

Die Berechnung ergibt:

$$p = \varrho \cdot g \cdot h$$

$$p = 1\,020\ \frac{\text{kg}}{\text{m}^3} \cdot 9{,}81\ \frac{\text{N}}{\text{kg}} \cdot 11\,034\ \text{m}$$

$$p = 110\,000\,000\ \frac{\text{N}}{\text{m}^2} = 110\ \text{MPa}$$

Ergebnis:
Der Druck des Wassers in 11 034 m Tiefe beträgt 110 MPa.

▶ Da Ausgangswerte nur auf 3 Stellen genau angegeben sind, kann auch das Ergebnis nicht genauer sein. Es muss also sinnvoll gerundet werden.

▶ Ein Druck von 110 MPa bedeutet: Auf jeden Quadratzentimeter wirkt eine Kraft von 11 000 N. Das ist etwa die Gewichtskraft eines Pkw.

Der Schweredruck ist nur von der Dichte der Flüssigkeit und der Höhe der darüberliegenden Flüssigkeitssäule abhängig. Die Gefäßform hat keinen Einfluss auf den Schweredruck. Diese Erscheinung wird als **hydrostatisches Paradoxon** bezeichnet. Aus ihm ergibt sich u. a.:

In unterschiedlich geformten Gefäßen und in Gewässern unterschiedlicher Form ist der Druck in der gleichen Tiefe jeweils gleich groß. Das lässt sich experimentell nachweisen (↗ Skizzen rechts).

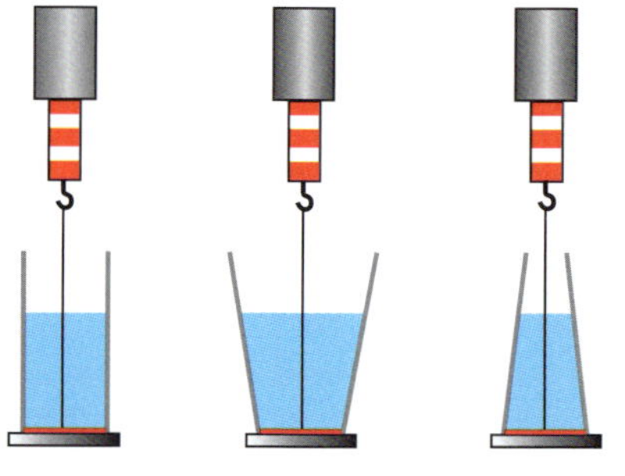

In miteinander verbundenen Gefäßen steht die Flüssigkeit in allen Teilen des Gefäßes gleich hoch.

▶ Das Prinzip der verbundenen Gefäße wird auch bei **Schlauchwaagen** genutzt.

- Beispiele für verbundene Gefäße sind z. B. Teekannen, Gießkannen oder Füllstandmesser an Behältern. Das Foto zeigt ein Beispiel.

Schweredruck in Gasen (Luftdruck)

Der Luftdruck ist der Druck in der uns umgebenden Luft, der durch die Gewichtskraft der darüberliegenden Luftsäule entsteht.

Der Luftdruck hängt ab
- von der Dichte der Luft,
- von der Höhe der Luftsäule über einem bestimmten Ort.

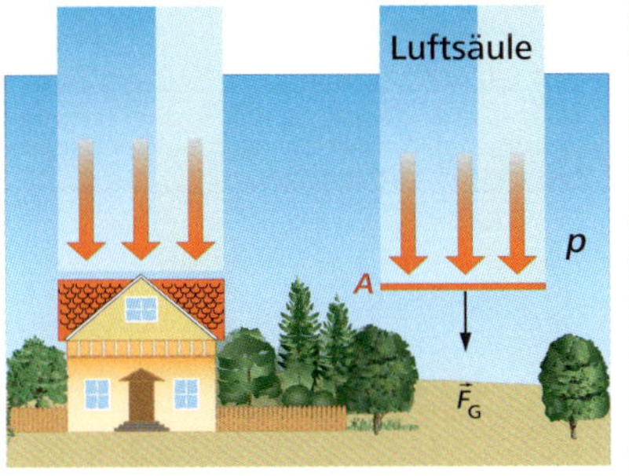

Für den Luftdruck gilt:
Seinen größten Wert hat der Luftdruck an der Erdoberfläche bei NN.
Mit Vergrößerung der Höhe verringert sich der Luftdruck.

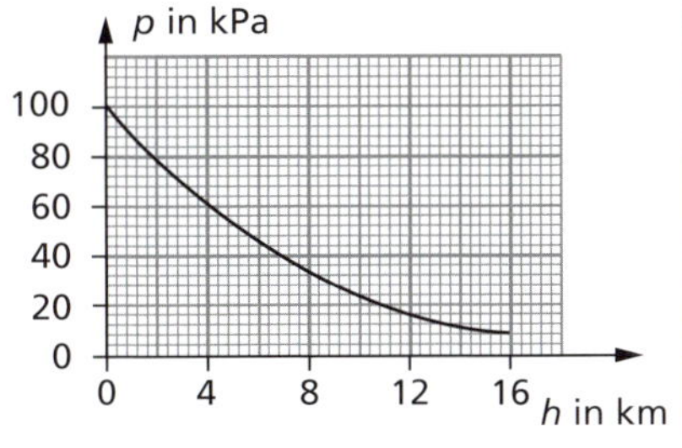

NN ist die Abkürzung für „Normalnull". Das ist die durchschnittliche Höhe des Meeresspiegels, auf die man z. B. auch die Höhenangaben von Bergen und Orten bezieht.

Der normale Luftdruck an der Erdoberfläche in Höhe des Meeresspiegels (Normdruck) beträgt 101,325 kPa.

Häufig findet man für diesen normalen Luftdruck auch die Angaben 1013 hPa, 1013 mbar oder 760 Torr. Der Luftdruck ist in einer bestimmten Höhe nach allen Seiten gleich groß.
Der Luftdruck an der Erdoberfläche ist natürlichen Schwankungen unterworfen und nimmt meist Werte zwischen 970 hPa (tiefer Luftdruck, Tiefdruckgebiet) und 1030 hPa (hoher Luftdruck, Hochdruckgebiet) an.

Auf dem höchsten Berg der Erde, dem Mount Everest (8850 m), beträgt der Luftdruck nur noch etwa 30 % des normalen Luftdrucks.

Pumpt man Luft aus einem abgeschlossenen Raum heraus, so entsteht dort ein Unterdruck.

Ein Raum, in dem ein wesentlich kleinerer Druck als der normale Luftdruck herrscht, wird als Vakuum bezeichnet.

Wichtige Untersuchungen dazu hat **OTTO VON GUERICKE** (1602–1686) durchgeführt.

In einem Vakuum ist der Druck nicht null, sondern wesentlich kleiner als der normale Luftdruck.
In der Technik unterscheidet man zwischen einem Grobvakuum (100 kPa bis 100 Pa), einem Feinvakuum (100 Pa bis 0,1 Pa) und einem Hochvakuum (Druck kleiner als 0,1 Pa).

Messen des Drucks

Die Messung des Drucks erfolgt mithilfe von **Manometern** (Druckmessern), die es in verschiedenen Bauformen gibt.

▶ **Manometer** gibt es auch noch in anderen Bauformen.

U-Rohr-Manometer

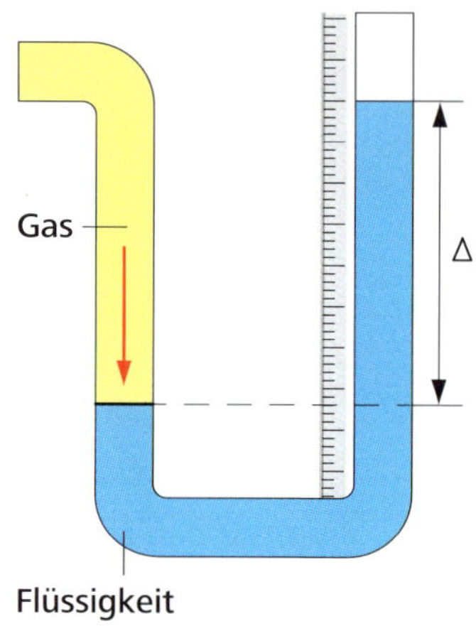

Der von der Flüssigkeitssäule der Höhe Δh ausgeübte Druck ist gleich dem Gasdruck.

Membranmanometer

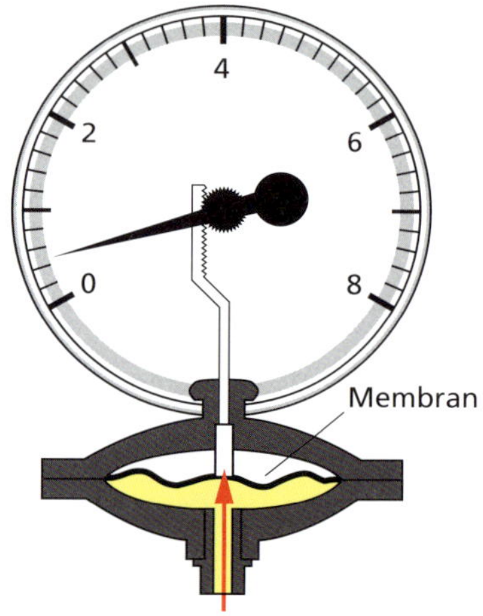

Durch den Druck wird die Membran verformt. Damit erfolgt ein Zeigerausschlag.

M ↗ S. 43

Die Geräte für die Messung des Luftdrucks werden als **Barometer** bezeichnet. Wichtige Formen sind das Dosenbarometer und das Quecksilberbarometer.

▶ **Barometer** gibt es auch noch in anderen Bauformen. Ein Barometer, das mit Wasser arbeitet, hat **JOHANN WOLFGANG VON GOETHE** entwickelt.

Dosenbarometer

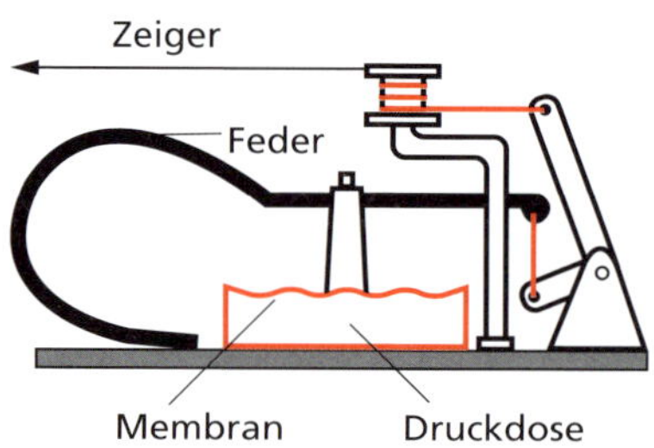

Der Luftdruck wirkt auf die Membran einer luftleeren Dose. Die Verformung der Membran ist ein Maß für den Luftdruck. Durch einen Mechanismus wird die Verformung der Dose auf einen Zeiger übertragen.

Quecksilberbarometer

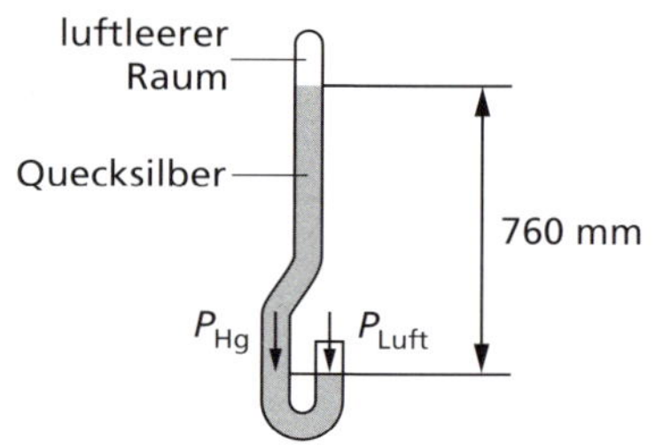

Das Quecksilberbarometer ist ein einseitig geschlossenes U-Rohr-Manometer.
Der normale Luftdruck (Normdruck) entspricht dem Druck einer Säule von 760 mm Quecksilber (760 Torr).

M ↗ S. 43

Hydraulische Anlagen

Hydraulische Anlagen sind kraftumformende Einrichtungen (↗ S. 110 ff.). Bei ihnen wird die gleichmäßige und allseitige Ausbreitung des Drucks in Flüssigkeiten genutzt.

M ↗ S. 43

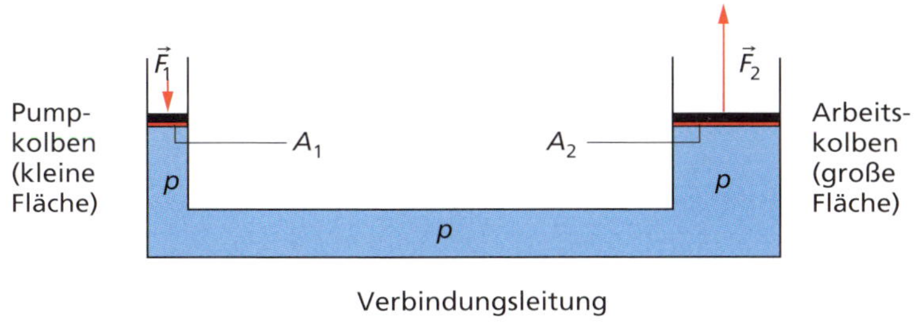

Aus $p = \frac{F}{A}$ = konstant folgt: Je größer die Fläche, desto größer die Kraft.

Das **Gesetz für hydraulische Anlagen** lässt sich folgendermaßen formulieren:

> Für jede hydraulische Anlage im Gleichgewicht gilt:
>
> $\frac{F_1}{A_1} = \frac{F_2}{A_2}$ oder $\frac{F_1}{F_2} = \frac{A_1}{A_2}$
>
> F_1, F_2 Kräfte an den Kolben
>
> A_1, A_2 Flächen der Kolben

Neben hydraulischen Anlagen gibt es auch pneumatische Anlagen. Sie arbeiten mit Druckluft. Für solche Anlagen gelten die gleichen Gesetze wie für hydraulische Anlagen.

Die verrichtete Arbeit ist abhängig von Kraft und Weg. Es gilt:
Je kleiner die erforderliche Kraft, desto größer der Weg (Goldene Regel der Mechanik, ↗ S. 115):

$$F_1 \cdot s_1 = F_2 \cdot s_2$$

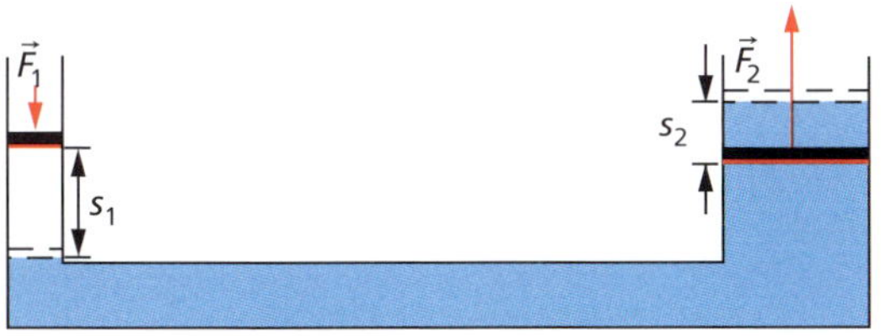

Anwendungen hydraulischer Anlagen sind z. B. Hebebühnen, Trommelbremsen bei Pkw und hydraulische Pressen.

Hydraulische Hebebühne	Hydraulische Trommelbremse

Bei der Trommelbremse eines Pkw wird der Pumpkolben mit dem Bremspedal betätigt. Der Arbeitskolben befindet sich in der Bremse. Die Verbindung wird durch dünne Bremsleitungen hergestellt.

2

2.6.2 Auftrieb in ruhenden Flüssigkeiten und Gasen

Auftrieb und archimedisches Gesetz

▶ Statt vom statischen Auftrieb spricht man häufig nur vom Auftrieb.

Befindet sich ein Körper in einem Gas oder in einer Flüssigkeit, so verringert sich *scheinbar* seine Gewichtskraft. Diese Erscheinung wird als **statischer Auftrieb** bezeichnet, die der Gewichtskraft entgegengerichtete Kraft als **Auftriebskraft.**
Ursache des Auftriebs ist der unterschiedliche Schweredruck p in verschiedener Tiefe.
Für $A_1 = A_2$ gilt wegen $F = p \cdot A$:

$$p_2 > p_1 \longrightarrow F_2 > F_1$$

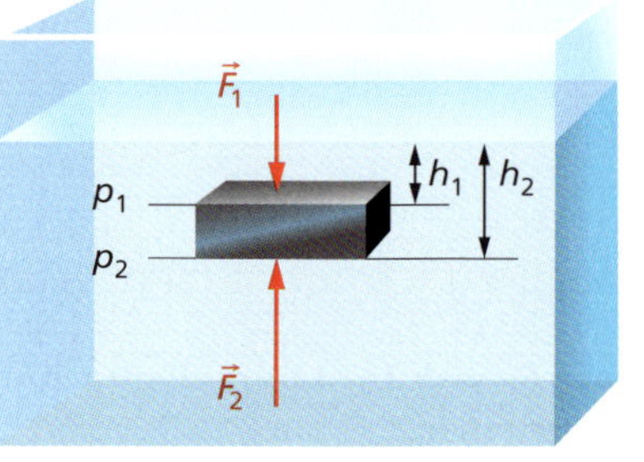

Die auf den Körper wirkende Auftriebskraft beträgt:

$$F_A = F_2 - F_1$$

▶ Das Gesetz ist nach dem griechischen Wissenschaftler ARCHIMEDES (um 287 v. Chr. bis um 212 v. Chr.) benannt.

Die Erkenntnisse über den Auftrieb sind im **archimedischen Gesetz** zusammengefasst.

> Für einen Körper, der sich in einer Flüssigkeit oder in einem Gas befindet, gilt:
> Die auf den Körper wirkende Auftriebskraft ist gleich der Gewichtskraft der von ihm verdrängten Flüssigkeits- bzw. Gasmenge:
>
> $F_A = F_G$

Da die Auftriebskraft vom verdrängten Flüssigkeits- bzw. Gasvolumen sowie von der Art des verdrängten Stoffes abhängig ist, kann sie auch folgendermaßen berechnet werden:

▶ Bei Heißluftballons unterscheidet sich die Dichte des Gases in der Hülle nur wenig von der der Luft. Um eine hinreichend große Auftriebskraft zu erzielen, wählt man ein relativ großes Volumen für den Ballon.

> Für die an einen Körper angreifende Auftriebskraft in Flüssigkeiten und Gasen gilt:
>
> $F_A = \varrho \cdot V \cdot g$
> ϱ Dichte des verdrängten Stoffes
> V Volumen des Körpers (= verdrängtes Volumen)
> g Ortsfaktor

Die Gewichtskraft eines Körpers ist ebenfalls von seiner Dichte, seinem Volumen und vom Ortsfaktor abhängig:

$$F_G = m_{\text{Körper}} \cdot g = \varrho_{\text{Körper}} \cdot V \cdot g$$

Da Körper und verdrängter Stoff gleiches Volumen haben, sind die Dichten von Körper und Stoff entscheidend dafür, ob die Auftriebskraft kleiner, genauso groß oder größer als die Gewichtskraft des Körpers ist.

■ So ist z. B. die Dichte von Eis mit 0,92 g/cm^3 kleiner als die Dichte von Wasser mit 1,00 g/cm^3. Wenn sich Eis im Wasser befindet, ist demzufolge die Auftriebskraft am Eis größer als seine Gewichtskraft. Das Eis schwimmt im Wasser.

Sinken, Schweben, Steigen, Schwimmen

Ob ein Körper sinkt, schwebt, steigt oder schwimmt, hängt vom Verhältnis zwischen Gewichtskraft F_G und Auftriebskraft F_A ab.

<table>
<tr><th>Sinken</th><th>Schweben</th><th>Steigen</th><th>Schwimmen</th></tr>
<tr><td>Ein Stein sinkt im Wasser nach unten.
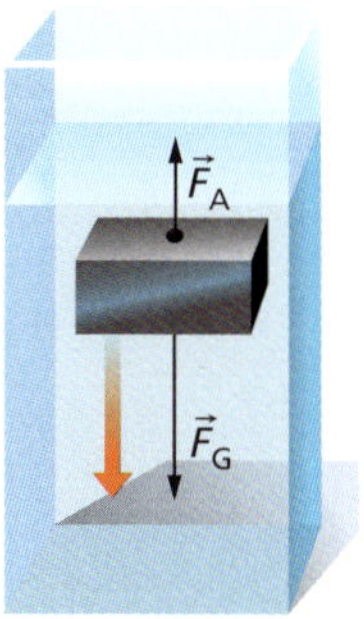

$F_A < F_G$</td><td>Ein U-Boot schwebt im Wasser.
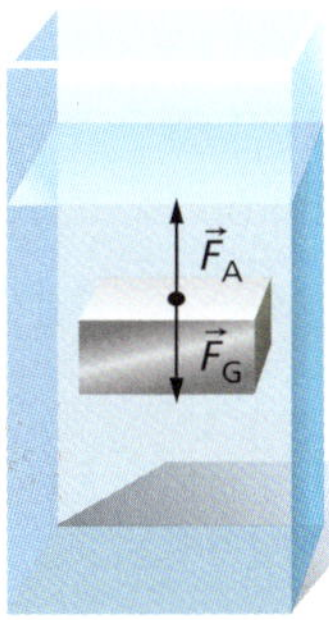

$F_A = F_G$</td><td>Ein Fisch steigt aus einer größeren Tiefe nach oben.
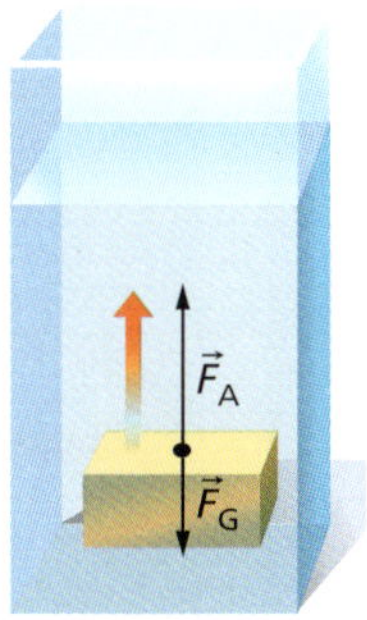

$F_A > F_G$</td><td>Ein Schiff schwimmt auf dem Wasser.
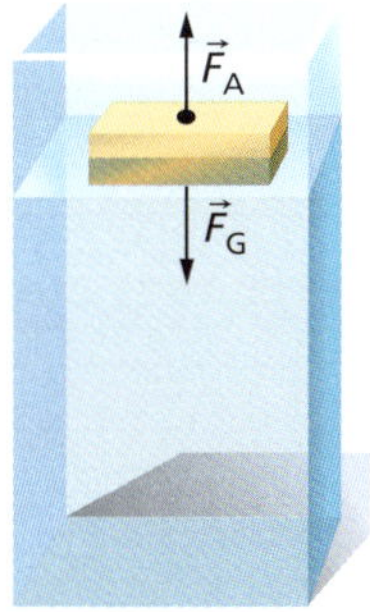

$F_A = F_G$
Ein Teil des Körpers befindet sich außerhalb der Flüssigkeit.</td></tr>
<tr><td colspan="4">Ob ein Körper sinkt, schwebt, steigt oder schwimmt, hängt von seiner mittleren Dichte ($\varrho_{Körper}$) und von der Dichte der Flüssigkeit bzw. des Gases ($\varrho_{F,G}$) ab.</td></tr>
<tr><td>$\varrho_{F,G} < \varrho_{Körper}$</td><td>$\varrho_{F,G} = \varrho_{Körper}$</td><td>$\varrho_{F,G} > \varrho_{Körper}$</td><td>$\varrho_{F,G} > \varrho_{Körper}$</td></tr>
</table>

▶ Bei einem U-Boot erfolgt die Veränderung der mittleren Dichte folgendermaßen:
Das U-Boot verfügt über Tauchtanks, die unterschiedlich viel Wasser enthalten können. Vom Füllstand dieser Tauchtanks ist es abhängig, ob das U-Boot sinkt, schwebt, steigt oder schwimmt.

2.6.3 Strömende Flüssigkeiten und Gase

Die Strömung

Beispiele für strömende Flüssigkeiten und Gase sind fließendes Wasser, strömendes Öl in einer Pipeline, Wind, strömendes Gas in Rohrleitungen.
Bei Windstille tritt um ein fahrendes Auto ebenfalls eine Luftströmung auf, ebenso eine Wasserströmung um ein fahrendes Schiff oder die Luftströmung um ein fliegendes Flugzeug.
Entscheidend ist immer die Relativbewegung zwischen einer strömenden Flüssigkeit bzw. einem strömenden Gas und einem Körper (Rohrwandung, Körper in der Flüssigkeit oder im Gas).
Zur Veranschaulichung der Strömung nutzt man **Stromlinienbilder** als Modell. Eine Stromlinie beschreibt die Bahn eines Flüssigkeits- bzw. Gasteilchens.

▶ Ein Stromlinienbild ist ähnlich wie ein Feldlinienbild ein Modell zur Veranschaulichung einer real existierenden, aber für uns nicht sichtbaren Erscheinung.

Glatte (laminare) Strömung	Verwirbelte (turbulente) Strömung
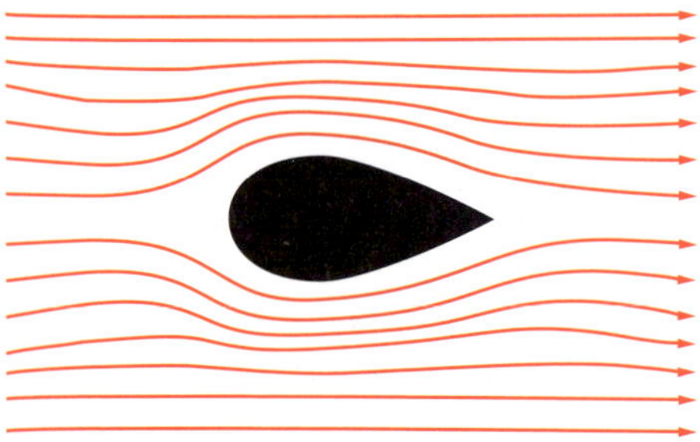 	 
Die Stromlinien verlaufen vor und hinter dem Körper gleichmäßig.	Die Stromlinien verlaufen hinter dem Körper unregelmäßig. Es bilden sich Wirbel.

Der Druck in strömenden Flüssigkeiten und Gasen

Bei sehr kleinem Rohrquerschnitt ist die Strömungsgeschwindigkeit besonders groß. Das wird bei **Düsen** genutzt.

Der Druck in einer Flüssigkeit oder einem Gas (statischer Druck) hängt von der Strömungsgeschwindigkeit ab.
Diese wiederum vergrößert sich mit Verkleinerung des Rohrquerschnitts.

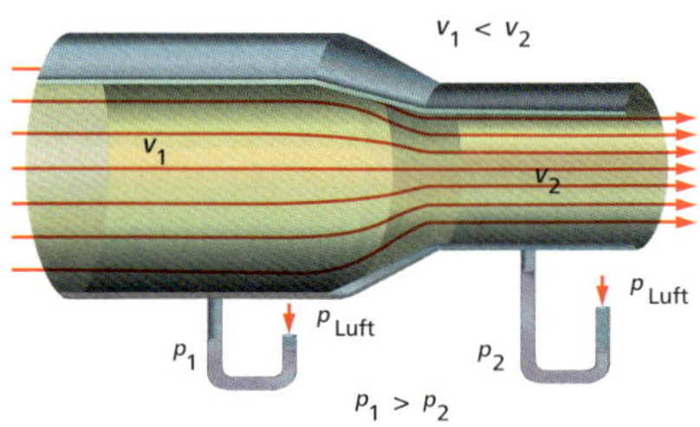

Allgemein gilt das **bernoullische Gesetz:**

Das Gesetz wurde nach seinem Entdecker, dem Naturwissenschaftler **DANIEL BERNOULLI** (1700–1782), benannt.

> Je größer die Strömungsgeschwindigkeit einer Flüssigkeit oder eines Gases ist, desto kleiner ist der statische Druck.

Auftrieb in strömenden Flüssigkeiten und Gasen

Wird ein Körper von einer Flüssigkeit oder einem Gas umströmt, so kann ein **Auftrieb,** also eine nach oben gerichtete Kraft, auftreten. Das wird z. B. bei den Tragflächen eines Flugzeugs genutzt.

Der Auftrieb kommt zustande, weil Luft in der Umgebung des bewegten Körpers nach unten bewegt wird. Verstärkt wird dieser **dynamische Auftrieb** durch geeignete Flügelprofile. An ihnen entsteht zwischen Oberseite und Unterseite ein Druckunterschied, der eine zusätzliche Kraft nach oben bewirkt.

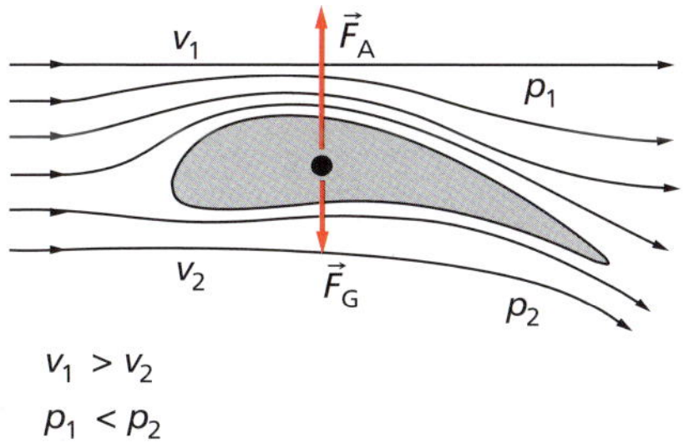

▶ Dieser dynamische Auftrieb wird von Vögeln und bei **Flugzeugen** genutzt.

Der Strömungswiderstand

Wird ein Körper von einer Flüssigkeit oder einem Gas umströmt, dann wirkt auf den Körper eine Kraft, die seine Bewegung hemmt. Sie wird als **Strömungswiderstandskraft** F_W bezeichnet.

▶ Wenn es sich bei dem Gas um Luft handelt, spricht man häufig von **Luftwiderstand.**

Die Strömungswiderstandskraft ist abhängig
- vom umströmten Körper (Querschnittsfläche A des Körpers senkrecht zur Strömungsrichtung, Form des Körpers, Oberflächenbeschaffenheit),
- vom strömenden Stoff (Dichte des Stoffs),
- von der Geschwindigkeit, mit der der Körper umströmt wird.

Für einen von Luft umströmten Körper kann die Luftwiderstandskraft F_W mit folgender Gleichung berechnet werden:

$$F_W = \frac{1}{2} c_W \cdot A \cdot \varrho \cdot v^2$$

c_W Luftwiderstandszahl
A umströmte Querschnittsfläche
ϱ Dichte der Luft
v Geschwindigkeit zwischen Körper und Luft

▶ Da die bewegungshemmende Kraft mit dem Quadrat der Geschwindigkeit wächst, bedeutet das z. B. für einen Pkw: Bei Verdopplung der Geschwindigkeit vervierfacht sich die Luftwiderstandskraft. Bei 140 km/h ist diese Kraft etwa doppelt so groß wie bei 100 km/h.

Die Luftwiderstandszahl c_W ist von der Form und der Oberflächenbeschaffenheit des jeweiligen Körpers abhängig.

Körper		c_W	Körper	c_W
Scheibe		1,1	Pkw	0,25 … 0,45
Kugel	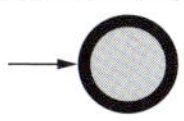	0,45	Omnibus	0,6 … 0,7
Halbkugel		0,3 … 0,4	Lkw	0,6 … 1,0
Schale	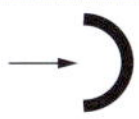	1,3 … 1,5	Motorrad	0,6 … 0,7
Stromlinienkörper		0,06	Rennwagen	0,15 … 0,2
Zylinder		0,85	Fallschirm	0,9

Mechanik der Flüssigkeiten und Gase

- Der Druck p gibt an, mit welcher Kraft F ein Körper senkrecht auf eine Fläche A wirkt.

Für den Druck p gilt: $p = \frac{F}{A}$

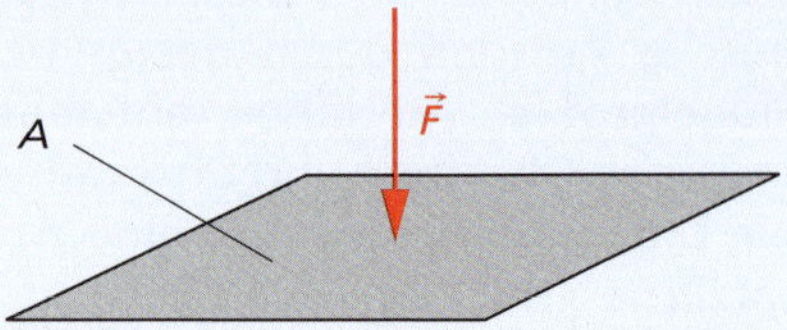

Wenn eine Kraft von 1 N auf 1 m^2 wirkt, beträgt der Druck ein Pascal (1 Pa).

In Flüssigkeiten und Gasen wirkt infolge der Gewichtskraft der Flüssigkeit bzw. des Gases ein Druck.

Schweredruck in einer Flüssigkeit

Der Schweredruck ist abhängig
- von der Eintauchtiefe und
- von der Dichte der Flüssigkeit.

In Wasser nimmt der Druck je 10 m Tiefe um ca. 100 kPa zu.

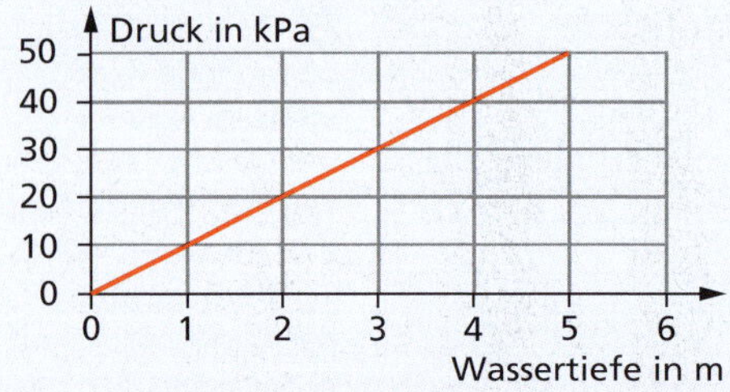

Luftdruck über der Erdoberfläche

Der normale Luftdruck in Höhe des Meeresspiegels beträgt 101,3 kPa, 1013 hPa oder 1013 mbar.
Mit zunehmender Höhe über der Erdoberfläche wird der Luftdruck immer kleiner.

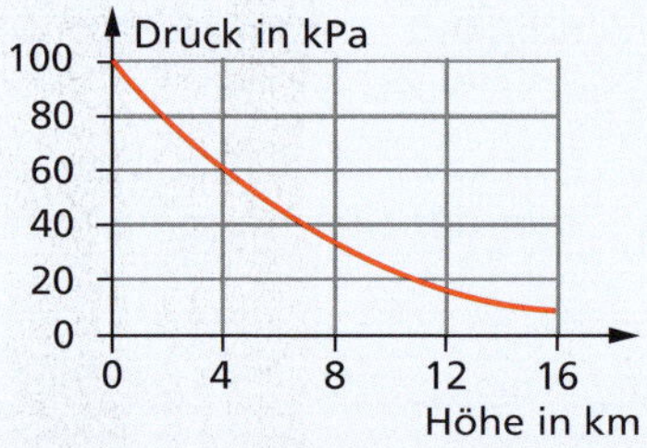

- Für den **Auftrieb** in Flüssigkeiten und Gasen gilt das **archimedische Gesetz:**

Die auf einen Körper wirkende Auftriebskraft ist gleich der Gewichtskraft der verdrängten Flüssigkeit bzw. des verdrängten Gases.

Sinken

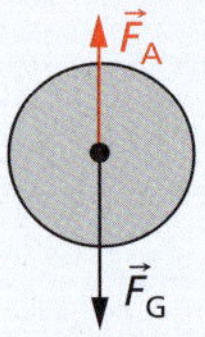

$F_A < F_G$

Schweben

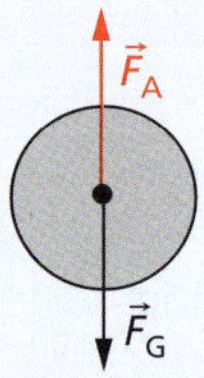

$F_A = F_G$

Steigen

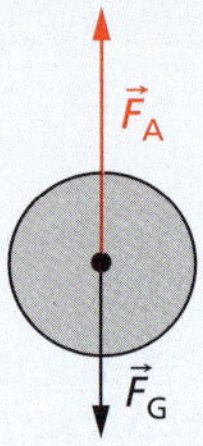

$F_A > F_G$

Schwimmen

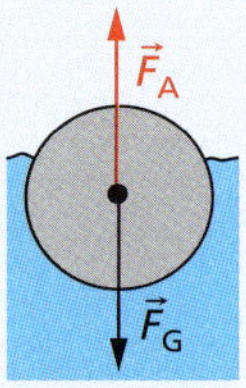

$F_A = F_G$

Wärmelehre

3

3.1 Temperatur und Wärme

3.1.1 Die Temperatur von Körpern

▶ Für die Celsiusskala wird das Formelzeichen ϑ, für die Kelvinskala das Formelzeichen T verwendet.

Die Größe Temperatur

> Die Temperatur gibt an, wie warm oder wie kalt ein Körper ist.
>
> Formelzeichen: ϑ, T
>
> Einheiten: ein Grad Celsius (1 °C)
> ein Kelvin (1 K)

▶ 20 °C – 12 °C = 8 K
20 K – 12 K = 8 K
$\Delta\vartheta = \Delta T$

Temperaturdifferenzen werden meist in der Einheit ein Kelvin (1 K) angegeben. Für die Umrechnung von Kelvin in Grad Celsius und umgekehrt gilt:

$$\frac{T}{\text{K}} = \frac{\vartheta}{°\text{C}} + 273 \qquad \frac{\vartheta}{°\text{C}} = \frac{T}{\text{K}} - 273$$

▶ 0 °C = 273 K
100 °C = 373 K

Weitere Einheiten der Temperatur sind ein Grad Fahrenheit (1 °F) und ein Grad Reaumur (1 °R). Zwischen den verschiedenen Temperaturskalen bestehen folgende Beziehungen:

▶ Die Temperaturskalen sind nach dem Schweden **ANDERS CELSIUS** (1701–1744), dem Engländer **LORD KELVIN** (1824–1907), dem Deutschen **DANIEL FAHRENHEIT** (1686–1736) und dem Franzosen **RÉNE-ANTOINE RÉAUMUR** (1683–1757) benannt.

Celsiusskala	Kelvinskala	Fahrenheitskala	Reaumurskala

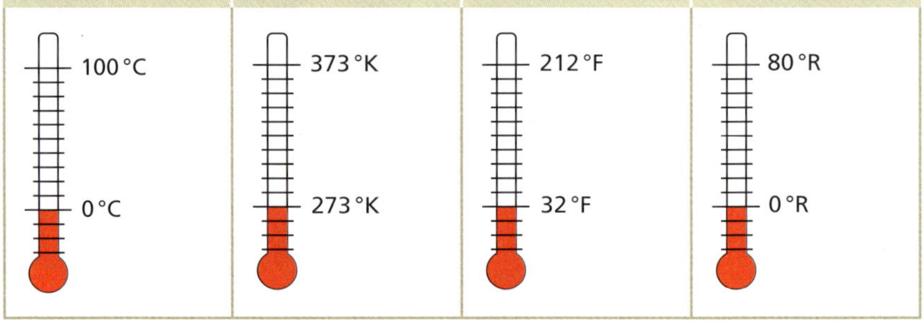

Temperaturen in Natur und Technik	
tiefstmögliche Temperatur	–273 °C
Temperatur flüssiger Luft	–193 °C
tiefste auf der Erde gemessene Lufttemperatur	–89 °C
Tiefkühlfach im Kühlschrank	–20 °C
Schmelztemperatur von Eis	0 °C
normale Körpertemperatur des Menschen	37 °C
höchste auf der Erde gemessene Lufttemperatur	58 °C
Siedetemperatur von Wasser	100 °C
Glühwendel in einer Glühlampe	2 500 °C
Oberfläche der Sonne	6 000 °C

Messen der Temperatur

M ↗ S. 50

Messgeräte für die Temperatur sind **Thermometer.** Es gibt sie in vielen unterschiedlichen Formen. Sie arbeiten nach verschiedenen Prinzipien und unterscheiden sich in ihren Messbereichen sowie in der Messgenauigkeit. Weit verbreitet sind Flüssigkeitsthermometer unterschiedlicher Form.

Verschiedene Arten von Flüssigkeitsthermometern	Aufbau eines Flüssigkeitsthermometers
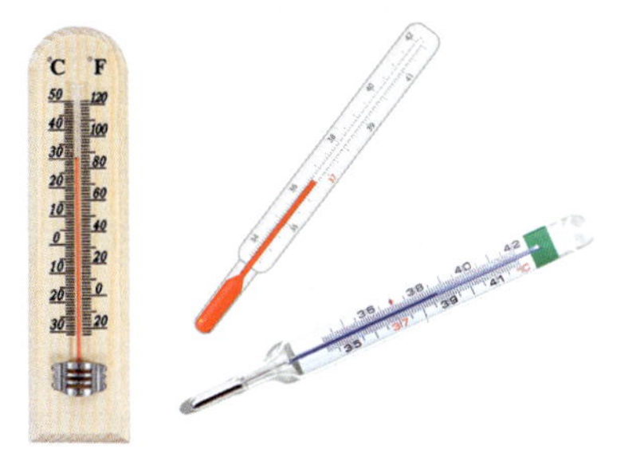	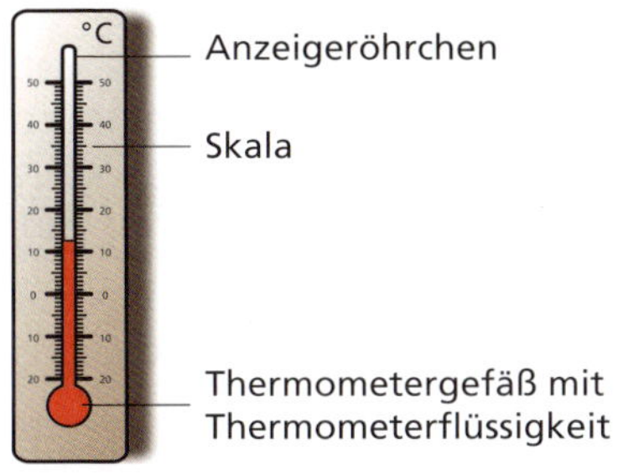

▸ Als Thermometerflüssigkeiten werden meist gefärbter Alkohol oder Quecksilber verwendet. Wasser ist wegen seiner Anomalie (↗ S. 173) nicht geeignet.

Genutzt wird bei Flüssigkeitsthermometern, dass sich Flüssigkeiten beim Erwärmen ausdehnen und beim Abkühlen zusammenziehen (↗ S. 172 f.).
Statt einer Flüssigkeit kann auch ein Gas verwendet werden. Man erhält dann ein **Gasthermometer.**
Mit Erhöhung der Temperatur dehnen sich die Thermometerflüssigkeit bzw. das Gas aus. Bei Verringerung der Temperatur verkleinert sich ihr Volumen. Entsprechend verändert sich die Anzeige.

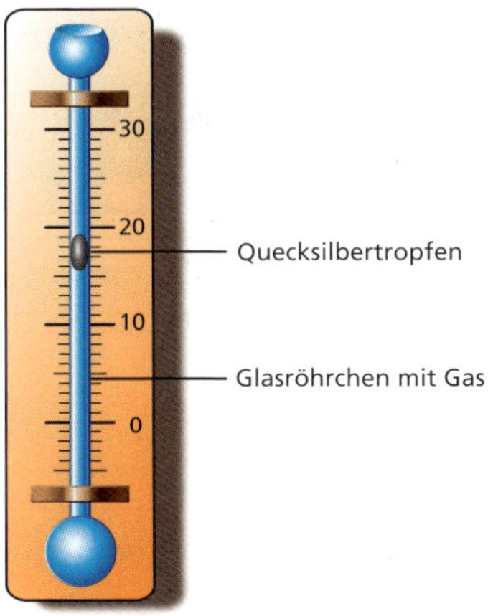

▸ Die gemessene Temperatur ist nicht gleich der Temperatur, die ein Mensch empfindet.
Diese wird als **„gefühlte Temperatur"** bezeichnet.

Die **Fixpunkte** eines in Grad Celsius geeichten Thermometers sind die Temperatur von schmelzendem Eis (0 °C) und die Temperatur von siedendem Wasser (100 °C).

Vorgehen beim Messen der Temperatur

1. Schätze die Temperatur und wähle ein geeignetes Thermometer aus! Beachte dabei den Messbereich des Thermometers und die notwendige Messgenauigkeit!
2. Bringe den Messfühler (z. B. das Thermometergefäß) in guten Kontakt mit dem Körper, dessen Temperatur gemessen werden soll!
3. Warte so lange ab, bis sich die angezeigte Temperatur nicht mehr ändert!
4. Lies die Temperatur an der Skala ab!

▸ Die Messgenauigkeit der meisten Flüssigkeitsthermometer beträgt 1 °C und kann auf $\frac{1}{2}$ °C geschätzt werden.

▶ Die **Geschichte der Temperaturmessung** begann um 1625 mit Versuchen, die Körpertemperatur von Menschen genauer zu bestimmen.

Weitere Arten von Thermometern

Bimetallthermometer	Elektrisches Thermometer
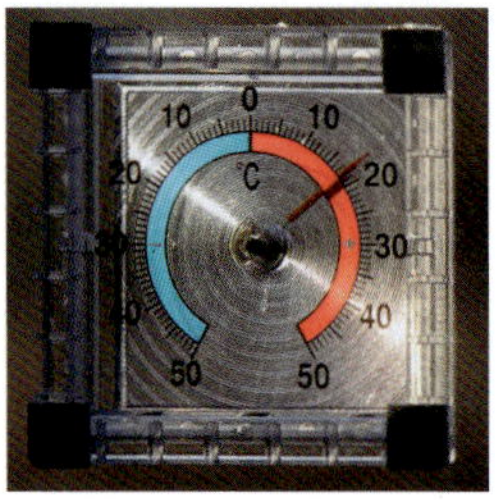	
Mit Veränderung der Temperatur verändert sich die Krümmung eines Bimetallstreifens (↗ S. 174).	Mit Veränderung der Temperatur verändert sich der elektrische Widerstand eines Bauelements (↗ S. 214).
Thermometer mit Thermofarben	**Galileisches Thermometer**
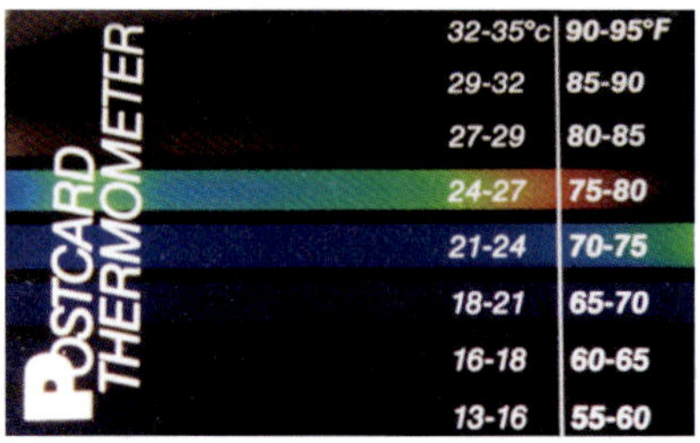	
Mit Veränderung der Temperatur ändern Stoffe (Thermofarben) ihre Farbe.	Mit Veränderung der Temperatur verändert sich die Dichte und damit der Auftrieb der Körper (↗ S. 159).

▶ Je niedriger die Temperatur ist, umso weniger bewegen sich die Teilchen. Die tiefstmögliche Temperatur ist erreicht, wenn sie sich nicht mehr bewegen. Das ist bei 0 K (–273 °C) der Fall.

Temperatur und Teilchenbewegung

Die Bewegung der Teilchen eines Stoffs ist abhängig von der Temperatur. Je höher die Temperatur ist, desto heftiger bewegen sich die Teilchen. Die Temperatur eines Körpers ist ein Maß für die mittlere kinetische Energie seiner Teilchen.

bei niedrigerer Temperatur

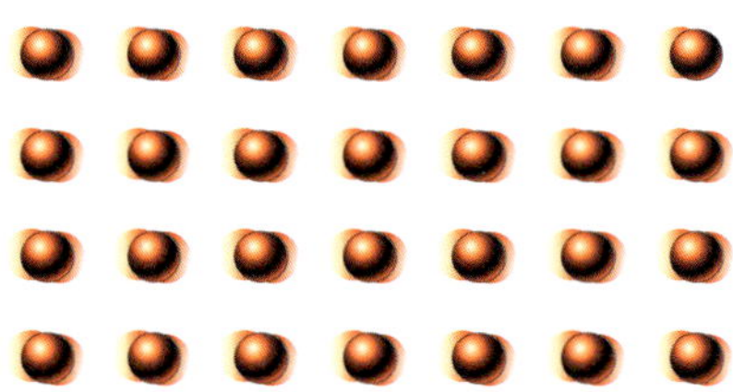

bei höherer Temperatur

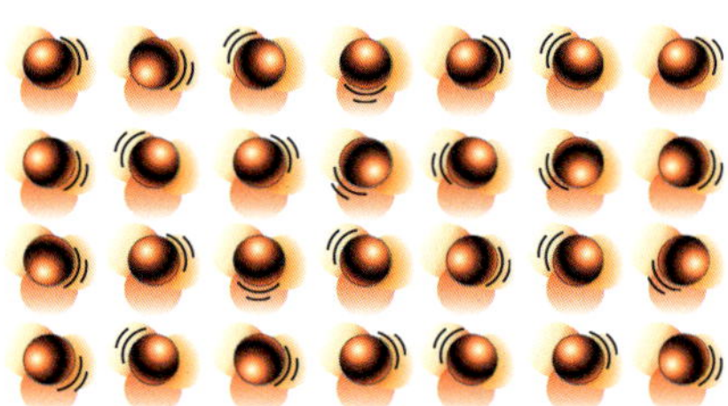

M ↗ S. 30

3.1.2 Wärme und Energie

Die Größe Wärme

Alle Körper besitzen aufgrund ihrer Temperatur thermische Energie E_{therm} (↗S. 357). An eine kältere Umgebung können wärmere Körper thermische Energie abgeben. Die kältere Umgebung nimmt dabei thermische Energie auf.
Statt der thermischen Energie wird manchmal die **innere Energie** betrachtet. Die innere Energie eines Körpers ist die Summe der Energien aller seiner Teilchen.

> Die Wärme gibt an, wie viel thermische Energie von einem Körper auf einen anderen Körper übertragen wird.
>
> Formelzeichen: Q
>
> Einheit : ein Joule (1 J, sprich: ein dschul)

Benannt ist die Einheit für die Wärme nach dem englischen Physiker **JAMES PRESCOTT JOULE** (1818–1889).

Vielfache der Einheit 1 J sind ein Kilojoule (1 kJ) und ein Megajoule (1 MJ):

1 kJ = 1 000 J

1 MJ = 1 000 kJ = 1 000 000 J

Früher waren für die Wärme die Einheiten eine Kalorie (1 cal) oder eine Kilokalorie (1 kcal) üblich.

Es gilt: 1 cal = 4,19 J

Besitzen zwei Körper unterschiedliche Temperaturen, so wird thermische Energie von einem Körper auf den anderen übertragen. Die thermische Energie des einen Körpers verringert sich, die des anderen wird größer.

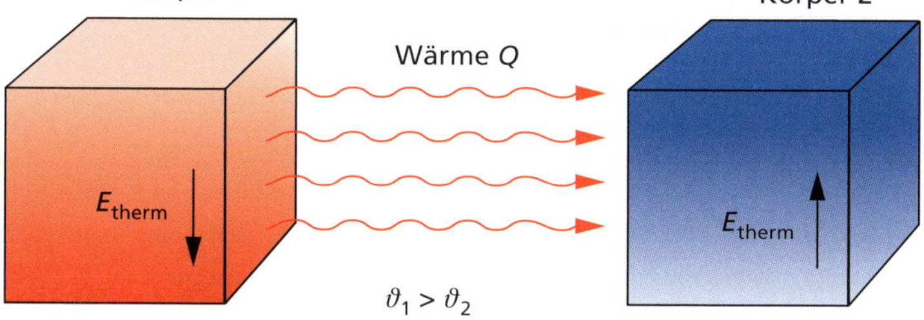

> Für den Zusammenhang zwischen übertragener Wärme und Energieänderung gilt: $Q = \Delta E_{therm}$

Die Wärme kennzeichnet den Prozess der Übertragung thermischer Energie von einem Körper auf andere Körper. Deshalb wird sie als eine **Prozessgröße** bezeichnet. Größen, die den Zustand eines Körpers kennzeichnen, nennt man dagegen **Zustandsgrößen.** Wird einem Körper Wärme zugeführt, dann kann das folgende Auswirkungen haben:
- Die Temperatur des Körpers erhöht sich.
- Das Volumen des Körpers ändert sich.
- Der Druck im Körper ändert sich.
- Der Aggregatzustand des Körpers ändert sich.

Eine andere **Prozessgröße** ist die mechanische Arbeit (↗S. 123). Energie oder Temperatur sind **Zustandsgrößen,** da sie den Zustand eines Körpers kennzeichnen.

▶ Für Temperaturdifferenzen gilt:

$\Delta T = \Delta\vartheta$

Sie werden in Kelvin (K) gemessen. Die Angabe in °C ist ebenfalls zulässig.

M ↗ S. 27

Die Grundgleichung der Wärmelehre

Die Wärme, die einem Körper zugeführt oder von ihm abgegeben wird, kann mit der **Grundgleichung der Wärmelehre** berechnet werden.

Unter der Bedingung, dass keine Änderung des Aggregatzustands erfolgt, gilt für die zugeführte oder abgegebene Wärme:

$Q = c \cdot m \cdot \Delta T$	c	spezifische Wärmekapazität
	m	Masse des Körpers
$Q = c \cdot m \cdot \Delta\vartheta$	ΔT, $\Delta\vartheta$	Temperaturänderung des Körpers

Die **spezifische Wärmekapazität *c*** ist eine Stoffkonstante. Sie gibt an, wie viel Wärme von einem Körper aufgenommen oder abgegeben werden muss, damit sich die Temperatur von 1 kg des Stoffs um 1 K ändert.

Spezifische Wärmekapazität einiger Stoffe

Stoff	c in $\frac{kJ}{kg \cdot K}$	
Aluminium	0,90	
Stahl	0,47	
Zinn	0,23	
Petroleum	2,0	bei 20 °C
Quecksilber	0,14	bei 20 °C
Wasser	4,19	bei 20 °C
Luft	1,01	bei konstantem Volumen und 0 °C
Stickstoff	1,04	bei konstantem Volumen und 0 °C
Sauerstoff	0,92	bei konstantem Volumen und 0 °C

▶ Für Wasser gilt:
1 l Wasser hat eine Masse von 1 kg.
1 ml Wasser hat eine Masse von 1 g.

Welche Wärme ist erforderlich, um 1,2 Liter Wasser von 18 °C auf 90 °C zu erwärmen?

Analyse:
Die erforderliche Wärme kann mithilfe der Grundgleichung der Wärmelehre berechnet werden. Die Masse des Wassers ergibt sich aus dem gegebenen Volumen. 1 l Wasser hat eine Masse von 1 kg. Die spezifische Wärmekapazität für Wasser kann der Tabelle entnommen werden.

Gesucht: Q

Gegeben: $V = 1{,}2\ \text{l} \longrightarrow m = 1{,}2\ \text{kg}$

$\vartheta_1 = 18\ °C$

$\vartheta_2 = 90\ °C$

$c = 4{,}19\ \frac{kJ}{kg \cdot K}$

Lösung:

$$Q = c \cdot m \cdot \Delta\vartheta$$

$$Q = 4{,}19\ \frac{\text{kJ}}{\text{kg}\cdot\text{K}} \cdot 1{,}2\ \text{kg} \cdot 72\ \text{K}$$

$$\underline{Q = 360\ \text{kJ}}$$

Ergebnis:
Um 1,2 l Wasser von 18 °C auf 90 °C zu erwärmen, ist eine Wärme von 360 kJ erforderlich.

Bei allen Berechnungen ist auf eine sinnvolle Genauigkeit zu achten!

Wärmequellen

Wärmequellen sind technische Geräte oder natürliche Objekte, die Wärme an ihre Umgebung abgeben.

Unsere wichtigste Wärmequelle ist die Sonne. Nur durch die Wärme der Sonne war die Entstehung und Entwicklung von Leben auf der Erde möglich.

Damit von einer Wärmequelle Wärme abgegeben wird, muss Energie zugeführt werden.

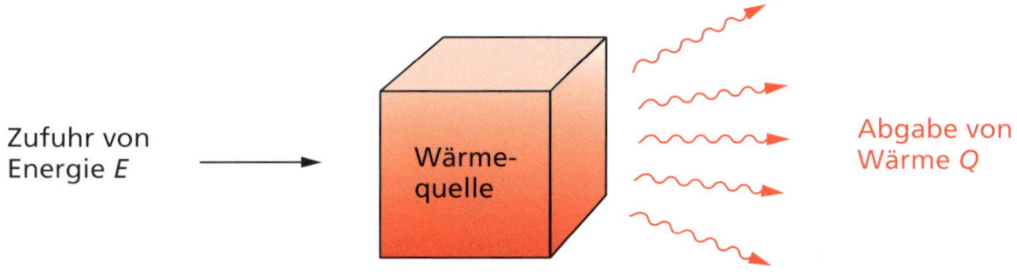

Heizplatte:	Es wird elektrische Energie zugeführt.
Gasherd:	Es wird chemische Energie zugeführt.
Heizkörper:	Es wird thermische Energie (heißes Wasser) zugeführt.

Verbrennungswärme

Zum Betrieb vieler Wärmequellen werden Brennstoffe wie Kohle, Holz, Gas oder Heizöl verbrannt.

Die Verbrennungswärme Q gibt an, wie viel Wärme abgegeben wird, wenn eine bestimmte Menge Brennstoff verbrannt wird.

Bei festen Brennstoffen wird die Wärme meist auf ein Kilogramm bezogen, bei flüssigen Brennstoffen auf einen Liter und bei gasförmigen Brennstoffen auf einen Kubikmeter.

3

▶ Normzustand bedeutet: Es wird ein Druck von 1013 mbar und eine Temperatur von 0 °C angenommen. Der Normzustand spielt besonders bei Gasen eine Rolle.

Die Verbrennungswärme kann mit folgenden Gleichungen berechnet werden:

$Q = H \cdot m$

Für flüssige und gasförmige Brennstoffe gilt auch:

$Q = H' \cdot V_n$

H Heizwert in MJ/kg
m Masse des Brennstoffs
H' Heizwert in MJ/l oder in MJ/m^3
V_n Volumen im Normzustand

Der Heizwert von Brennstoffen ist sehr unterschiedlich. Er gibt an, wie viel Wärme frei wird, wenn 1 kg oder 1 l oder 1 m^3 eines Brennstoffes vollständig verbrannt werden.

Heizwerte einiger Brennstoffe

Feste Stoffe		**Flüssigkeiten**		**Gase**	
Braunkohlenbriketts	$20\ \frac{MJ}{kg}$	Benzin	$31\ \frac{MJ}{l}$	Erdgas	$31\ \frac{MJ}{m^3}$
Holz	$15\ \frac{MJ}{kg}$	Diesel	$36\ \frac{MJ}{l}$	Propan	$94\ \frac{MJ}{m^3}$
Steinkohle	$30\ \frac{MJ}{kg}$	Heizöl	$36\ \frac{MJ}{l}$	Stadtgas	$17\ \frac{MJ}{m^3}$

M ↗ S. 57 f.

In einem Pkw-Motor werden auf einer Strecke von 100 km 7,2 l Benzin verbrannt.
Wie groß ist die dabei entstehende Verbrennungswärme?

Analyse:
Die Verbrennungswärme kann nach der Gleichung $Q = H' \cdot V_n$ berechnet werden. Der Heizwert von Benzin kann der Tabelle entnommen werden. Sein Wert hängt von der Qualität des Benzins ab. Wir wählen für die Lösung der Aufgabe den oben angegebenen Wert von 31 MJ/l. Das gegebene Volumen Benzin befindet sich näherungsweise im Normzustand.

Gesucht: Q
Gegeben: $V_n = 7{,}2\ l$
$H' = 31\ \frac{MJ}{l}$

Lösung:

$$Q = H' \cdot V_n$$

$$Q = 31\ \frac{MJ}{l} \cdot 7{,}2\ l$$

$$\underline{Q = 223\ MJ}$$

Ergebnis:
Bei der Verbrennung von 7,2 l Benzin wird eine Wärme von etwa 220 MJ frei. Das ist eine Wärme, mit der man 1 t Wasser (1 000 l) um etwa 50 K erwärmen könnte.

3.1.3 Die thermische Leistung von Wärmequellen

Die Größe thermische Leistung

> Die thermische Leistung gibt an, wie viel Wärme in jeder Sekunde von der Wärmequelle abgegeben wird.
>
> Formelzeichen: P
>
> Einheit: ein Watt (1 W)

Als Formelzeichen verwendet man statt P manchmal auch P_{th}.

Vielfache der Einheit 1 Watt sind 1 Kilowatt und 1 Megawatt:

1 kW = 1 000 W

1 MW = 1 000 kW = 1 000 000 W

Leistungen von Wärmequellen in Natur und Technik	
brennendes Streichholz Experimentierheizplatte	≈ 10 W 150 W
Tauchsieder Strahlung der Sonne je Quadratmeter und Sekunde in Erdentfernung	bis 1 000 W 1 370 W
Heizkessel eines Einfamilienhauses Heizkessel im Kraftwerk	5 kW bis 800 000 kW

Die Strahlung der Sonne, die in jeder Sekunde senkrecht auf 1 m^2 in Erdentfernung fällt, wird als Solarkonstante S bezeichnet (↗ S. 363).

> Für die thermische Leistung gilt:
>
> $P = \frac{Q}{t}$ Q abgegebene Wärme, t Zeit

Der Wirkungsgrad von Wärmequellen

Allgemein gibt der Wirkungsgrad an, welcher Anteil der aufzuwendenden Energie in nutzbringende Energie umgewandelt wird. Für Wärmequellen gilt:

> Der Wirkungsgrad η einer Wärmequelle gibt an, welcher Anteil der zugeführten Energie in Form von Wärme abgegeben wird.

Ausführliche Informationen zum Wirkungsgrad sind auf ↗ S. 131 gegeben.

Ein Wirkungsgrad von 70 % bedeutet dann: 70 % der insgesamt zugeführten Energie wird in Form von Wärme abgegeben.

> Der Wirkungsgrad von Wärmequellen kann mit folgender Gleichung berechnet werden:
>
> $\eta = \frac{Q_{ab}}{E_{zu}}$ Q_{ab} abgegebene Wärme, E_{zu} zugeführte Energie

3.2 Volumenänderung von Körpern bei Temperaturänderung

3.2.1 Volumenänderung von Körpern

Es gibt auch Körper, die sich nicht ausdehnen können, z. B. das Gas in einer stählernen Gasflasche.

Bei einer bestimmten Temperatur nimmt jeder Körper ein bestimmtes Volumen ein. Ändert sich die Temperatur, so ändert sich meistens auch das Volumen des Körpers. Das gilt für feste Körper, Flüssigkeiten und Gase.

Unter der Bedingung, dass sich ein Körper ausdehnen kann, gilt: Wenn sich die Temperatur eines Körpers ändert, so ändert sich im Allgemeinen auch sein Volumen.

Feste Körper	Flüssigkeiten	Gase

Eine Brücke dehnt sich bei Temperaturerhöhung aus. Deshalb ist es erforderlich, Brücken auf Rollen zu lagern.	Kühlflüssigkeit beim Pkw-Motor dehnt sich bei Temperaturerhöhung aus. Deshalb muss ein Ausgleichsbehälter eingebaut sein.	Luft dehnt sich bei Temperaturerhöhung aus. Deshalb sollte man eine Luftmatratze oder einen Wasserball nicht in der prallen Sonne liegen lassen.

Bei Erhöhung der Temperatur dehnen sich die meisten Körper aus, bei Verringerung der Temperatur ziehen sie sich zusammen. Wasser ist eine Ausnahme (↗ S. 173).

Manche Körper können sich nicht oder kaum ausdehnen, z. B. das Gas in einer Gasflasche oder die Luft in einem Autoreifen. In diesen Fällen ändert sich mit der Temperatur der Druck.

Unter der Bedingung, dass sich ein Körper frei ausdehnen kann, gilt für die Volumenänderung:

$$\Delta V = \gamma \cdot V_0 \cdot \Delta T$$

oder

$$\Delta V = \gamma \cdot V_0 \cdot \Delta \vartheta$$

γ Volumenausdehnungskoeffizient
V_0 Ausgangsvolumen
ΔT, $\Delta \vartheta$ Temperaturänderung

Die Volumenausdehnungskoeffizienten sind für verschiedene Stoffe unterschiedlich. Deshalb ändert sich das Volumen von Körpern aus verschiedenen Stoffen bei sonst gleichen Bedingungen unterschiedlich stark. Zu beachten ist auch, dass der Volumenausdehnungskoeffizient selbst temperaturabhängig ist.

Volumenausdehnungskoeffizienten einiger Stoffe bei 20 °C			
Feste Stoffe	**γ in K^{-1}**	**Flüssigkeiten**	**γ in K^{-1}**
Aluminium	0,000 072	Alkohol	0,001 1
Beton	0,000 036	Benzin	0,001 0
Holz (Eiche)	0,000 030	Heizöl	0,000 9
Kupfer	0,000 048	Petroleum	0,000 9
Stahl	0,000 036	Quecksilber	0,000 18
Ziegelstein	0,000 015	Wasser	0,000 18
Für alle Gase gilt: $\gamma = \frac{1}{273\ \text{K}} \approx 0{,}003\,66 \cdot \frac{1}{\text{K}}$			

Vergleicht man die Volumenausdehnungskoeffizienten von festen Stoffen, Flüssigkeiten und Gasen miteinander, so ergibt sich:

Bei Gasen ist zu beachten, dass man bei der Volumenänderung von einem konstanten Druck ausgeht.

Bei gleichem Ausgangsvolumen und gleicher Temperaturänderung ist die Volumenänderung von Gasen größer als die von Flüssigkeiten und die von Flüssigkeiten größer als die von festen Körpern.

Anomalie des Wassers

Wasser verhält sich anders als fast alle anderen Stoffe. Dieses nicht normale thermische Verhalten wird als **Anomalie des Wassers** bezeichnet.

Kühlt man Wasser ab, so verringert sich wie bei fast allen Stoffen sein Volumen.

Bei 4 °C ist das Volumen am kleinsten und damit die Dichte des Wassers am größten.

Bei weiterer Verringerung der Temperatur unter 4 °C dehnt sich Wasser wieder aus.

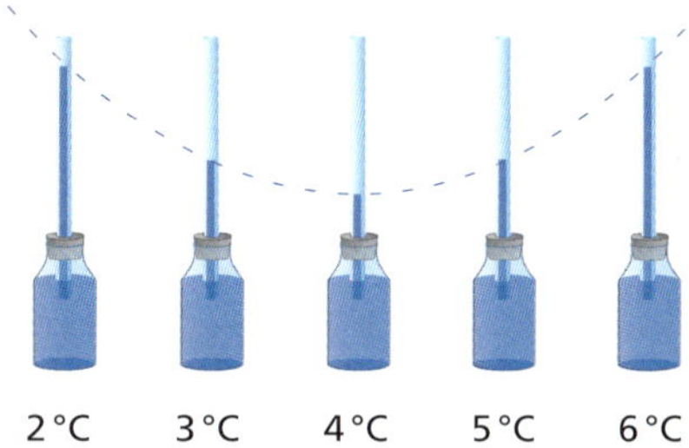

Die Anomalie des Wassers ist auch der Grund dafür, dass Wasser als Thermometerflüssigkeit ungeeignet ist. Unter 4 °C würde die Flüssigkeitssäule im Thermometer wieder ansteigen.

Wasser hat bei 4 °C sein kleinstes Volumen und seine größte Dichte.

Bei 4 °C beträgt die Dichte von Wasser 0,999 973 g/cm^3, bei 0 °C beträgt sie 0,999 840 g/cm^3, bei 20 °C hat sie den Wert 0,998 205 g/cm^3 und bei 90 °C den Wert 0,965 3 g/cm^3.

Sinkt die Temperatur von Wasser von 4 °C auf 0 °C, so wird die Dichte von Wasser kleiner und somit sein Volumen bei einer bestimmten Wassermenge größer.

Beim Gefrieren von Wasser verringert sich die Dichte ebenfalls, sodass Eis eine geringere Dichte als Wasser hat.

Die gleichzeitige Vergrößerung des Volumens führt dazu, dass gefrierendes Wasser eine regelrechte „Sprengwirkung" hat.

Beim Gefrieren dehnt sich Wasser ebenfalls aus. Eis von 0 °C hat eine Dichte von 0,92 g/cm^3. Deshalb schwimmt es auf flüssigem Wasser (↗ S. 159).

3

Die Veränderung der Dichte des Wassers mit der Temperatur führt in Mitteleuropa zu einer charakteristischen Naturerscheinung.

▶ Charakteristisch für Frühjahr und Herbst ist eine Durchmischung des Wassers, verbunden mit allmählichen Temperaturänderungen.

Sommer

Das Wasser mit der größten Dichte (kühles Wasser) befindet sich unten.

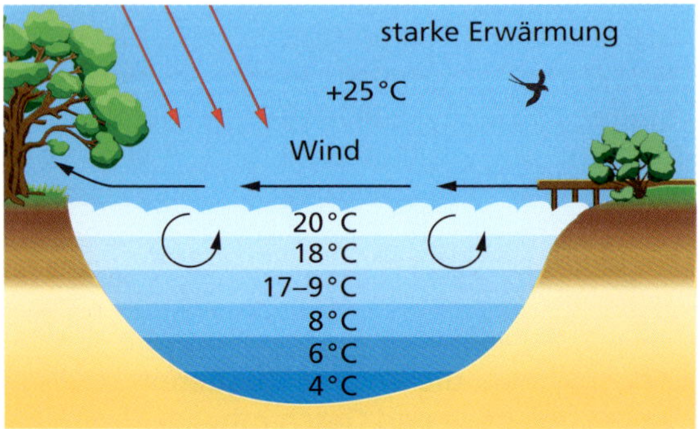

▶ Da im Winter in Seen und Teichen in den unteren Schichten eine Temperatur von 4 °C herrscht, können Organismen dort überleben.

Winter

Das Wasser mit der kleineren Dichte (Wasser unter 4 °C) befindet sich oben.

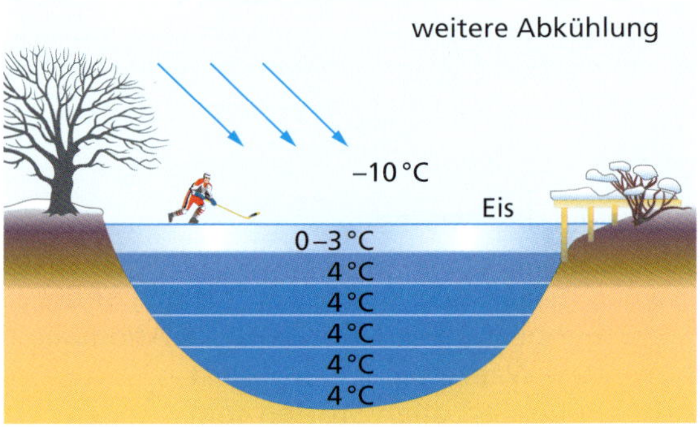

3.2.2 Längenänderung von festen Körpern

Bei Stahlbrücken, Hochspannungsleitungen und Rohrleitungen ist nur die Längenänderung von praktischer Bedeutung.

Unter der Bedingung, dass sich ein fester Körper frei ausdehnen kann, gilt für die Längenänderung:

$\Delta l = \alpha \cdot l_0 \cdot \Delta T$
oder
$\Delta l = \alpha \cdot l_0 \cdot \Delta\vartheta$

α	Längenausdehnungskoeffizient
l_0	Ausgangslänge
ΔT, $\Delta\vartheta$	Temperaturänderung

Der Längenausdehnungskoeffizient gibt an, um welchen Teil ein Körper aus einem bestimmten Stoff seine Länge bei einer Temperaturänderung von 1 K ändert.

Längenausdehnungskoeffizienten einiger Stoffe zwischen 0 °C und 100 °C			
Stoff	**α in K^{-1}**	**Stoff**	**α in K^{-1}**
Aluminium	0,000 024	Kupfer	0,000 016
Beton	0,000 012	Porzellan	0,000 004
Glas	0,000 010	Silber	0,000 020
Holz (Eiche)	0,000 008	Stahl	0,000 012
Konstantan	0,000 015	Ziegelstein	0,000 005

Eine 85 m lange Stahlbrücke wird im Winter bis auf –20 °C abgekühlt und im Sommer bis +35 °C erwärmt.
Wie groß ist die Längenänderung zwischen Sommer und Winter?

Analyse:
Aus der Temperaturänderung, der Ausgangslänge und dem Längenausdehnungskoeffizienten kann die Längenänderung berechnet werden. Als Ausgangslänge bei –20 °C werden 85 m gewählt, der Längenausdehnungskoeffizient kann der Tabelle entnommen werden.

Gesucht: Δl

Gegeben:
$l_0 = 85\ \text{m}$
$\vartheta_1 = -20\ °\text{C}$ $\qquad \Delta\vartheta = \vartheta_2 - \vartheta_1 = 55\ \text{K}$
$\vartheta_2 = 35\ °\text{C}$
$\alpha = 0{,}000\,012\ \frac{1}{\text{K}}$

Lösung:

$$\Delta l = \alpha \cdot l_0 \cdot \Delta\vartheta$$

$$\Delta l = 0{,}000\,012\ \frac{1}{\text{K}} \cdot 85\ \text{m} \cdot 55\ \text{K}$$

$$\underline{\Delta l = 0{,}056\ \text{m}}$$

Ergebnis:
Die Längenänderung der 85 m langen Stahlbrücke zwischen Sommer und Winter beträgt 5,6 cm.

Bei der Konstruktion von Brücken wird die Längenänderung bei Temperaturänderung so berücksichtigt, dass
- mindestens eine Seite der Brücke beweglich (z. B. auf Rollen) gelagert ist,
- im Fahrbahnbelag Dehnungsfugen vorhanden sind.

3.2.3 Zustandsänderung von Gasen

Mit der Temperatur können sich bei Gasen sowohl der Druck als auch das Volumen ändern. Zur Beschreibung der Zusammenhänge wird das Modell **ideales Gas** genutzt. Es ist dadurch gekennzeichnet, dass
- die Teilchen keinen Raum einnehmen und
- die Stöße der Teilchen untereinander und mit den Gefäßwänden elastisch sind.

Reale Gase verhalten sich bei Zimmertemperatur und normalem Druck nährungsweise wie das ideale Gas.

Das ideale Gas ist ein **Modell** und damit eine Vereinfachung der Wirklichkeit.

Zwischen Druck, Volumen und Temperatur einer abgeschlossenen Gasmenge gibt es gesetzmäßige Zusammenhänge.

Druck ist konstant	**Volumen ist konstant**	**Temperatur ist konstant**
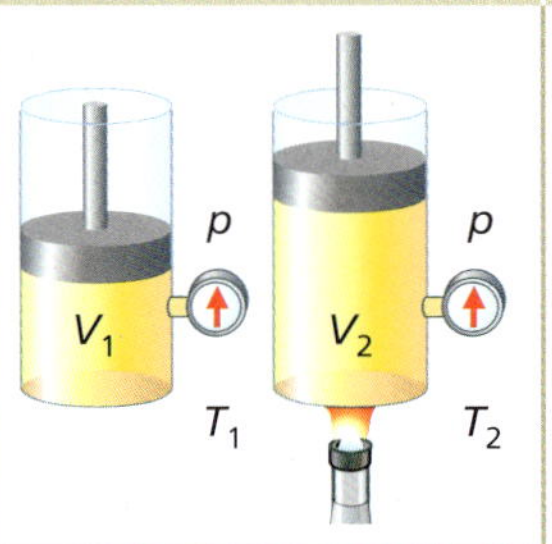	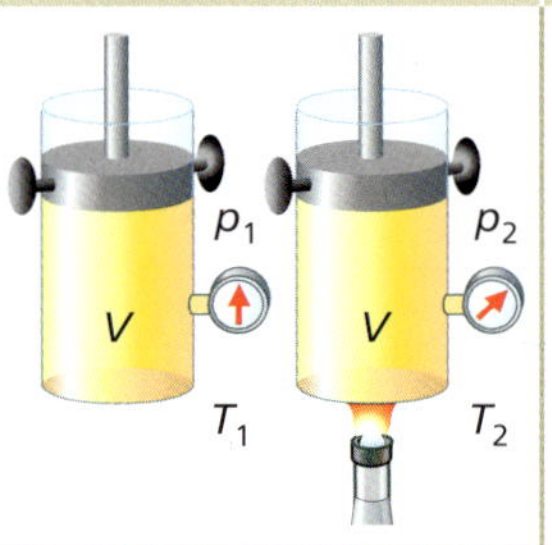	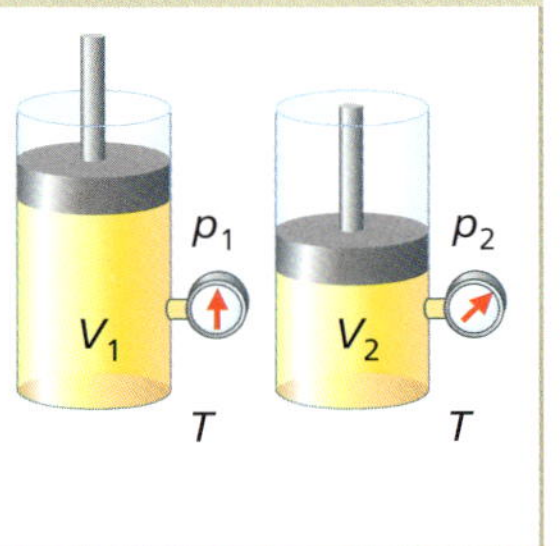
$T_1 < T_2$ $V_1 < V_2$ Je höher die Temperatur, desto größer das Volumen.	$T_1 < T_2$ $p_1 < p_2$ Je höher die Temperatur, desto größer der Druck.	$p_1 < p_2$ $V_1 > V_2$ Je größer der Druck, desto kleiner das Volumen.
Unter der Bedingung, dass der Druck konstant ist, gilt für eine abgeschlossene Gasmenge: $\frac{V_1}{T_1} = \frac{V_2}{T_2} = \text{konstant}$ (Gesetz von GAY-LUSSAC)	Unter der Bedingung, dass das Volumen konstant ist, gilt für eine abgeschlossene Gasmenge: $\frac{p_1}{T_1} = \frac{p_2}{T_2} = \text{konstant}$ (Gesetz von AMONTONS)	Unter der Bedingung, dass die Temperatur konstant ist, gilt für eine abgeschlossene Gasmenge: $p_1 \cdot V_1 = p_2 \cdot V_2$ (Gesetz von BOYLE und MARIOTTE)
Erwärmung der Luft in einem Wohnraum	Erwärmung des Gases in einer Gasflasche	Zusammendrücken der Luft in einer Luftpumpe

▶ Entdeckt wurden die Gasgesetze von den Naturwissenschaftlern **JOSEPH LOUIS GAY-LUSSAC** (1778–1850), **GUILLAUME AMONTONS** (1663–1705), **ROBERT BOYLE** (1627–1691) und **EDME MARIOTTE** (1620–1684).

In vielen Fällen, z. B. bei einem Autoreifen oder einer Luftmatratze, ändern sich Druck, Volumen und Temperatur gleichzeitig. Es gilt dann die **Zustandsgleichung für das ideale Gas.**

> Zwischen Druck, Volumen und Temperatur des idealen Gases besteht folgender Zusammenhang:
>
> $\frac{p \cdot V}{T} = \text{konstant}$ oder $\frac{p_1 \cdot V_1}{T_1} = \frac{p_2 \cdot V_2}{T_2}$
>
> p Druck
> V Volumen
> T Temperatur in K

Sich ausdehnende Gase können auch Arbeit verrichten. Das ist z. B. bei Verbrennungsmotoren der Fall. Diese Art von Arbeit wird als **Volumenarbeit** oder **Volumenänderungsarbeit** bezeichnet (↗ S. 125, 188).

3.3 Aggregatzustandsänderungen

Aggregatzustände und ihre Änderungen

Stoffe können sich im festen, flüssigen und gasförmigen Aggregatzustand befinden.
Durch die Zufuhr oder die Abgabe von Wärme kann sich der Aggregatzustand eines Körpers ändern. Während des Umwandlungsprozesses ändert sich die Temperatur des Körpers nicht, jedoch seine thermische (innere) Energie und häufig auch das Volumen.

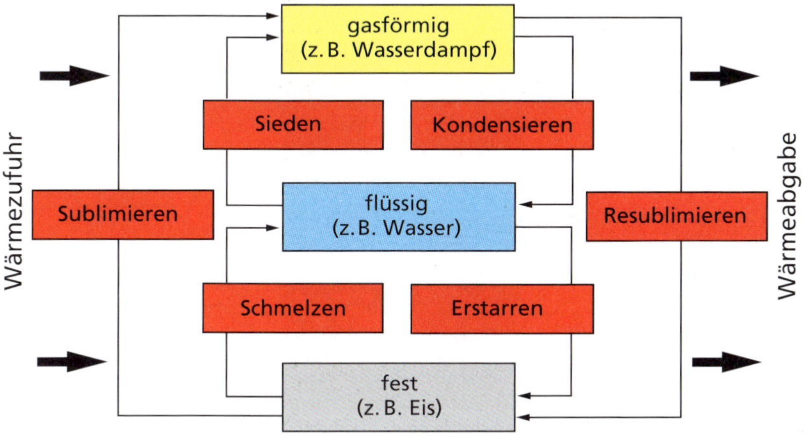

Fast alle Stoffe können fest, flüssig oder gasförmig sein. In welchem Aggregatzustand ein Stoff vorliegt, hängt nicht nur von der Temperatur, sondern auch vom Druck ab.

Schmelzen und Erstarren

Wird einem festen Körper Wärme zugeführt, so geht er bei der **Schmelztemperatur** ϑ_S vom festen in den flüssigen Aggregatzustand über. Er schmilzt.
Wird einer Flüssigkeit Wärme entzogen, so geht sie bei der **Erstarrungstemperatur** ϑ_S in den festen Aggregatzustand über. Sie erstarrt.

> Während des Schmelzens und des Erstarrens ändert sich die Temperatur nicht. Schmelztemperatur und Erstarrungstemperatur sind gleich groß.

Es gibt auch Stoffe, für die man keine genaue Schmelztemperatur, sondern nur einen Temperaturbereich angeben kann. Dazu gehört z. B. Wachs.

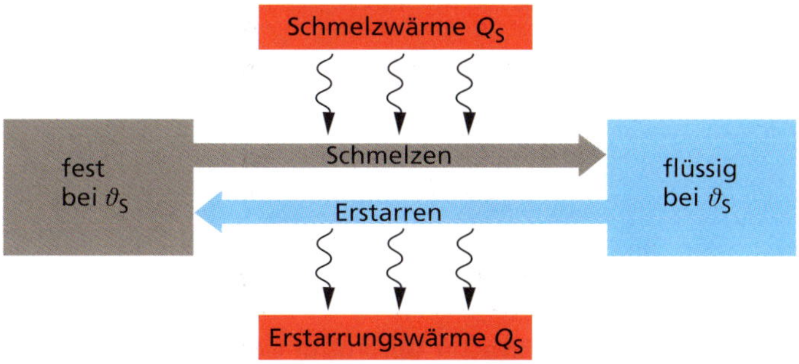

3

Die Wärme Q_S, die man zum Schmelzen braucht (Schmelzwärme), wird beim Erstarren wieder frei (Erstarrungswärme). **Schmelzwärme** und **Erstarrungswärme** sind gleich groß.

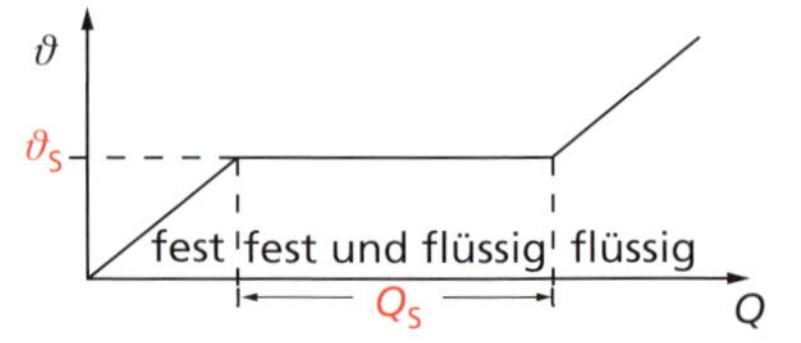

Die Schmelzwärme Q_s kann berechnet werden mit der Gleichung:

$$Q_S = q_S \cdot m$$

q_S spezifische Schmelzwärme
m Masse des Körpers

Die spezifische Schmelzwärme q_S ist abhängig vom Stoff, aus dem der Körper besteht.

▶ Die Schmelztemperaturen gelten bei einem Druck von 1013 hPa.

Schmelztemperatur und spezifische Schmelzwärme einiger Stoffe

Stoff	ϑ_S in °C	q_S in $\frac{kJ}{kg}$
Aluminium	660	396
Blei	327	24
Eis (Wasser)	0	334
Stahl	1500	270
Wachs	≈ 50	176
Wolfram	3380	192

▶ Die Erscheinung, dass beim Gefrieren von Wasser Wärme frei wird, nutzt man, um die Blüten von Obstbäumen vor dem Erfrieren zu schützen. Bei Frostgefahr werden sie mit Wasser besprüht.

Welche Wärme wird frei, wenn ein Liter Wasser von 0 °C gefriert?

Analyse:
Zu berechnen ist die Erstarrungswärme. Da sie genauso groß wie die Schmelzwärme ist, kann sie nach der Gleichung für die Schmelzwärme berechnet werden. Die spezifische Schmelzwärme kann der Tabelle entnommen werden.

Gesucht: Q_S
Gegeben: $q_S = 334\ \frac{kJ}{kg}$

$V = 1\ l \longrightarrow m = 1\ kg$

M ↗ S. 57 f.

Lösung:

$$Q_S = q_S \cdot m$$

$$Q_S = 334\ \frac{kJ}{kg} \cdot 1\ kg$$

$$\underline{Q_S = 334\ kJ}$$

Ergebnis:
Beim Gefrieren von 1 l Wasser wird eine Wärme von 334 kJ frei.

Die Schmelztemperatur von Stoffen ist abhängig vom Druck. Für das Schmelzen von Eis gilt:

> Je größer der Druck ist, desto niedriger ist die Schmelztemperatur von Eis.

Während des Schmelzens und des Erstarrens ändert sich mit dem Aggregatzustand auch das Volumen des Körpers.
Das kann man z. B. bei einer Kerze beobachten.

> Bei den meisten Stoffen ist das Volumen des flüssigen Körpers größer als das Volumen des festen Körpers.

Wasser bildet dabei eine Ausnahme.
Es dehnt sich beim Erstarren aus.
Auch bei weiterer Verringerung der Temperatur vergrößert sich das Volumen von Eis weiter.

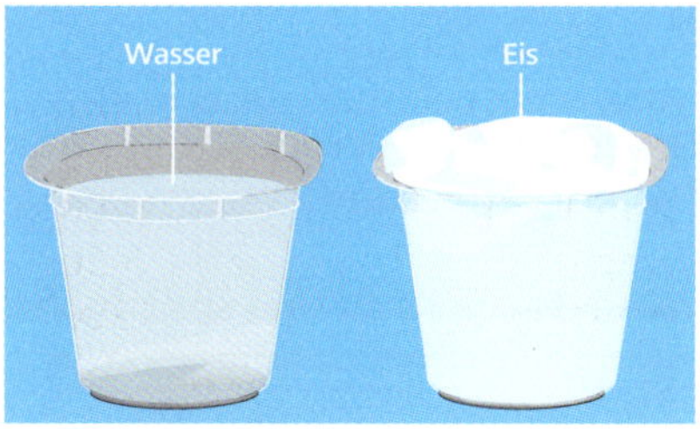

Diese Eigenschaft von Wasser bzw. Eis bewirkt, dass bei Frost wassergefüllte Rohre platzen können.
Auch die Verwitterung von Gestein ist auf die Sprengwirkung von Eis zurückzuführen.

Sieden und Kondensieren

Wird einer Flüssigkeit Wärme zugeführt, so geht sie bei der **Siedetemperatur** ϑ_V vom flüssigen in den gasförmigen Aggregatzustand über. Sie verdampft. Dazu ist Wärme erforderlich.

Wird einem Gas Wärme entzogen, so geht es bei der **Kondensationstemperatur** ϑ_V in den flüssigen Aggregatzustand über. Es kondensiert. Dabei wird Wärme frei, die als **Kondensationswärme** bezeichnet wird.

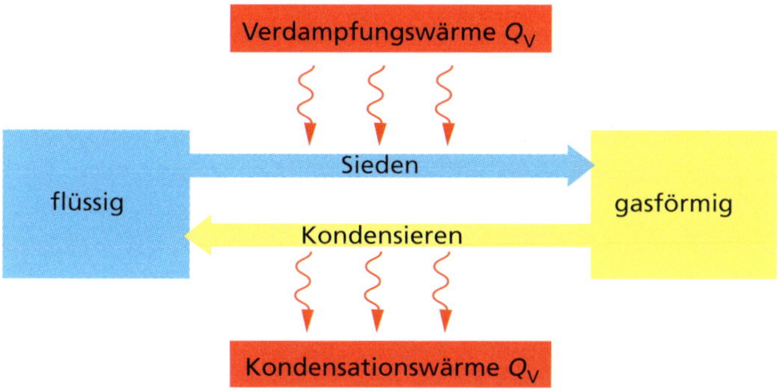

Die Temperatur von siedendem Wasser in einem Kochtopf beträgt immer etwa 100 °C, unabhängig davon, ob das Wasser gerade siedet oder intensiv brodelt.

Während des Siedens und des Kondensierens ändert sich die Temperatur nicht. Siedetemperatur und Kondensationstemperatur sind gleich groß.

Die Wärme Q_V, die man zum Verdampfen braucht (Verdampfungswärme), wird beim Kondensieren wieder frei (Kondensationswärme). **Verdampfungswärme** und **Kondensationswärme** sind gleich groß.

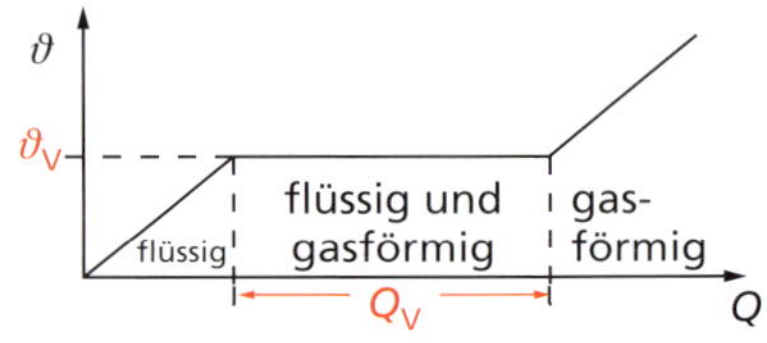

Die Verdampfungswärme Q_V kann unter der Bedingung, dass der Druck konstant ist, berechnet werden mit der Gleichung:

$Q_V = q_V \cdot m$ — q_V spezifische Verdampfungswärme; m Masse des Körpers

Die spezifische Verdampfungswärme q_V ist abhängig vom Stoff, aus dem der Körper besteht.

Bei einem bestimmten Stoff ist die Verdampfungswärme meist wesentlich größer als die Schmelzwärme.

Die Siedetemperaturen gelten bei einem Druck von 1013 hPa (normaler Luftdruck).

Siedetemperatur und spezifische Verdampfungswärme einiger Stoffe

Stoff	ϑ_V in °C	q_V in $\frac{kJ}{kg}$
Aluminium	2450	10500
Blei	1740	871
Kupfer	2600	4650
Stahl	3000	6322
Wasser	100	2260
Wolfram	5930	4190
Zinn	2270	2386

Welche Wärme ist erforderlich, um 1 l Wasser vollständig zu verdampfen?

Analyse:
Die Verdampfungswärme kann nach der oben genannten Gleichung berechnet werden. Um die Aufgabe lösen zu können, muss von der Annahme ausgegangen werden, dass das Wasser eine Temperatur von 100 °C hat.

M ↗ S. 57 f.

Gesucht: Q_V
Gegeben: $q_V = 2260\ \frac{kJ}{kg}$

$V = 1\ l \longrightarrow m = 1\ kg$

1 l Wasser hat eine Masse von 1 kg.

Lösung:

$$Q_V = q_V \cdot m$$

$$Q_V = 2\,260\ \frac{\text{kJ}}{\text{kg}} \cdot 1\ \text{kg}$$

$$\underline{Q_V = 2\,260\ \text{kJ}}$$

Ergebnis:
Um 1 l Wasser vollständig zu verdampfen, ist eine Wärme von 2 260 kJ erforderlich.

Die Siedetemperatur von Stoffen ist abhängig vom Druck. Für das Sieden von Flüssigkeiten gilt:

Je größer der Druck auf die Oberfläche, desto höher ist die Siedetemperatur.

▶ Diese Erscheinung wird bei **Schnellkochtöpfen** genutzt. Umgekehrt bewirkt der kleinere Luftdruck auf hohen Bergen, dass dort die Siedetemperatur von Wasser deutlich unter 100 °C liegt.

Verdunsten

Flüssigkeiten können auch unterhalb der Siedetemperatur in den gasförmigen Aggregatzustand übergehen. Diesen Vorgang nennt man **Verdunsten.**

Beispiele für Verdunsten sind das Trocknen von Wäsche, das Abtrocknen von Straßen nach dem Regen oder das Trocknen von Schweiß.

Die Verdunstung ist abhängig
- von der Größe der Oberfläche der Flüssigkeit,
- von der Temperatur,
- davon, wie schnell der verdunstete Anteil der Flüssigkeit abgeführt wird.

▶ Bei hohen Temperaturen schwitzen wir. Durch das Verdunsten des Schweißes wird dem Körper Wärme entzogen. Er wird gekühlt.

Die Verdunstung ist umso stärker, je größer die Oberfläche ist, je höher die Temperatur ist und je schneller die verdunsteten Anteile abgeführt werden.

Auch zum Verdunsten ist Wärme erforderlich (Verdunstungswärme). Da sie meistens der Umgebung entzogen wird und zu einer Abkühlung der Umgebung führt, wird sie manchmal auch als **Verdunstungskälte** bezeichnet.

▶ Die Verdunstungskälte wird z. B. in der Medizin genutzt. Um Haut schmerzunempfindlich zu machen, wird die betreffende Stelle mit einer schnell verdunstenden Flüssigkeit besprüht und kühlt sie dadurch.

Sublimieren

Feste Körper können auch unmittelbar in den gasförmigen Aggregatzustand übergehen. Diesen Vorgang nennt man **Sublimieren.**

Auch wenn ständig Frost herrscht, verschwinden im Winter Schnee und Eis allmählich. Aus Eis entsteht sofort Wasserdampf.

3.4 Wärmeübertragung

Arten der Wärmeübertragung

Die Übertragung von Energie in Form von Wärme kann durch **Wärmeleitung, Wärmeströmung (Konvektion)** oder **Wärmestrahlung** erfolgen.

Wärmeleitung	Wärmeströmung (Konvektion)	Wärmestrahlung

Von einem Körper höherer Temperatur wird auf einen Körper niedrigerer Temperatur Wärme übertragen.	Durch strömende Flüssigkeiten oder Gase wird Wärme übertragen.	Körper, vor allem heiße Körper, strahlen Wärme ab. Die Wärmestrahlung breitet sich auch im luftleeren Raum aus.
Ein Topf steht auf einer Herdplatte. Ein Löffel, mit dem man heißen Tee umrührt, wird am anderen Ende warm.	Warmwasserheizung, Golfstrom als warme Meeresströmung, warme Luft als Luftströmung	Wärmestrahlung der Sonne, Wärmestrahlung einer Infrarotlampe, Wärmestrahlung eines Lagerfeuers

Häufig treten Wärmeleitung, Wärmeströmung und Wärmestrahlung zusammen auf.

Wärmeleitung

Gute Wärmeleiter nutzt man z. B. für die Böden von Kochtöpfen, schlechte Wärmeleiter z. B. für die Griffe von Kochtöpfen oder für die Isolierung von Gebäuden.

Bei der **Wärmeleitung** wird Wärme durch Körper hindurch von Bereichen höherer Temperatur zu Bereichen niedrigerer Temperatur übertragen.

Die Wärmeleitfähigkeit von Stoffen ist sehr unterschiedlich.
Gute Wärmeleiter sind Metalle, vor allem Silber, Kupfer, Gold und Aluminium.
Schlechte Wärmeleiter sind fast alle Kunststoffe, Wasser und vor allem Luft.

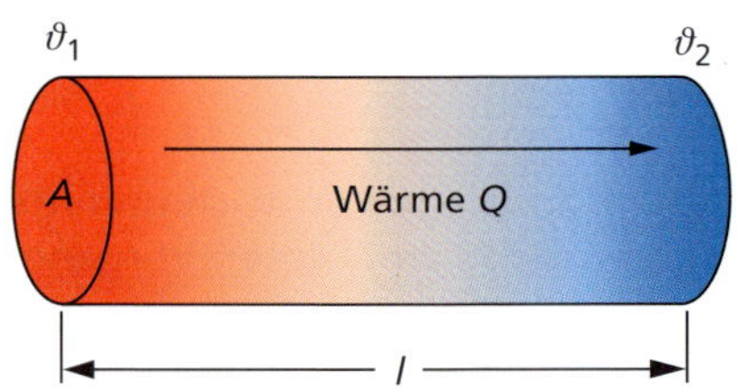

Für die Wärmeleitung in einem Stoff kann die übertragene Wärme berechnet werden.

> Unter der Bedingung einer konstanten Temperaturdifferenz $\Delta\vartheta = \vartheta_1 - \vartheta_2 =$ konstant gilt:
>
> $$Q = \lambda \cdot \frac{A \cdot t \cdot \Delta\vartheta}{l}$$
>
> Q durch den Stoff übertragene Wärme
> λ Wärmeleitfähigkeit des Stoffs
> A Fläche
> t Zeit
> l Länge des Wärmeleiters
> $\Delta\vartheta$ Temperaturdifferenz

Die Wärmeleitfähigkeit λ ist eine Stoffkonstante. Nachfolgend sind einige Werte aufgeführt.

Wärmeleitfähigkeit einiger Stoffe in $\frac{W}{m \cdot K}$			
Gute Wärmeleiter		**Schlechte Wärmeleiter**	
Aluminium	234	Beton	1,1
Gold	311	Glas	0,6 … 0,9
Kupfer	398	Holz (Eiche)	0,2
Stahl	41 … 58	Styropor	0,045
Wolfram	169	Luft	0,025

Die meisten Dämmstoffe sind so aufgebaut, dass sie viel Luft enthalten. Bei ihnen wird das schlechte Wärmeleitvermögen der Luft genutzt.

Die Wärmeleitung kann auch von einem Stoff zu einem anderen (Wärmeübergang) oder durch einen Stoff hindurch (Wärmedurchgang) erfolgen.

Wärmeübergang	**Wärmedurchgang**
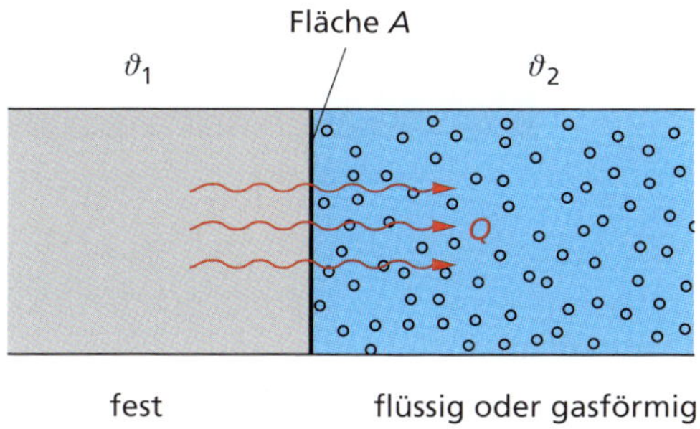	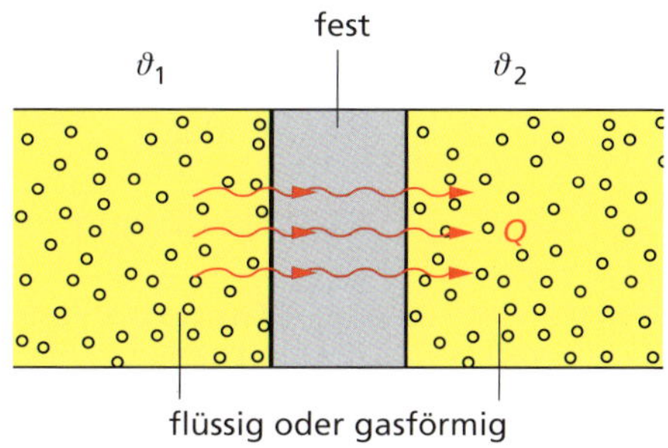
Wärme geht von einem Stoff in einen anderen über.	Wärme geht durch einen Stoff hindurch.
■ Wärme geht von der Oberfläche eines Tauchsieders in das Wasser über.	■ Wärme geht von einem geheizten Zimmer durch die Wand an die Umgebung über.

3

Für den **Wärmeübergang** von einem Stoff in einen anderen gilt:

> Unter der Bedingung einer konstanten Temperaturdifferenz $\Delta\vartheta$ = konstant gilt für die übertragene Wärme Q:
>
> $Q = \alpha \cdot A \cdot t \cdot \Delta\vartheta$
>
> Q übertragene Wärme
> α Wärmeübergangskoeffizient
> A Fläche
> t Zeit
> $\Delta\vartheta$ Temperaturdifferenz

Wärmedurchgang tritt z. B. bei Fensterscheiben oder bei Häuserwänden auf.

Für den **Wärmedurchgang** durch einen Stoff hindurch gilt:

> Unter der Bedingung einer konstanten Temperaturdifferenz $\Delta\vartheta$ = konstant gilt für die übertragene Wärme Q:
>
> $Q = k \cdot A \cdot t \cdot \Delta\vartheta$
>
> k Wärmedurchgangskoeffizient
> A Fläche
> t Zeit
> $\Delta\vartheta$ Temperaturdifferenz

Wärmeströmung (Konvektion)

Wärmeströmungen in den Weltmeeren und Wärmeströmungen in der Atmosphäre beeinflussen stark das Klima.

Bei der **Wärmeströmung** wird Wärme durch strömende Flüssigkeiten (z. B. Wasser) oder Gase (z. B. Luft) übertragen. Wie viel Wärme durch Wärmeströmung übertragen wird, hängt davon ab,
- mit welchem Stoff die Wärme übertragen wird,
- wie groß die durchströmte Fläche und die Strömungsgeschwindigkeit sind,
- wie groß die Temperaturdifferenz ist.

Ein typisches Beispiel für Wärmeströmung ist der Transport von Wärme von einem Heizkraftwerk zu Wohnungen. Als Stoff wird dabei Wasser verwendet.

Wärmestrahlung

Die Wärmestrahlung der Sonne beträgt bei senkrechtem Einfall in Erdentfernung je Quadratmeter 1,37 kW.
Dieser Wert wird als **Solarkonstante** bezeichnet.
In Deutschland treffen durchschnittlich 0,5 kW auf jeden Quadratmeter.

Bei **Wärmestrahlung** wird Energie in Form von Wärme durch elektromagnetische Wellen (↗ S. 261) übertragen.

> Wärmestrahlung breitet sich ohne die Mitwirkung eines Stoffs aus.

Die wichtigste Quelle von Wärmestrahlung ist die Sonne.
Wärmestrahlung der Sonne wird z. B. technisch genutzt, um **Sonnenkollektoren** oder **Solarzellen** zu betreiben. Bei Sonnenkollektoren wird Wasser erwärmt. Bei Solarzellen wird Strahlungsenergie der Sonne in elektrische Energie umgewandelt.

Bei einem **Sonnenkollektor** wird durch die Strahlung der Sonne Wasser erwärmt. In einem Wärmetauscher wird die Wärme auf Wasser eines zweiten Kreislaufes übertragen. Dieses Warmwasser wird gespeichert und für die Heizung von Räumen oder als Brauchwasser genutzt.

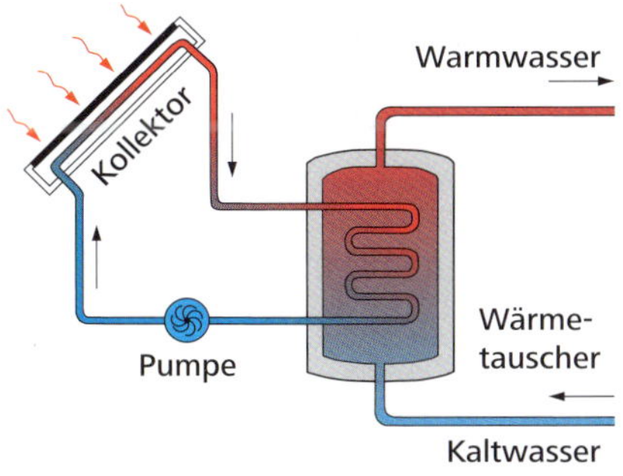

▶ Damit die Sonnenstrahlung möglichst senkrecht einfällt, müssen Sonnenkollektoren nach Süden ausgerichtet sein.

M ↗ S. 43

Wenn Wärmestrahlung auf einen Körper trifft, so wird sie zum Teil hindurchgelassen, z. T. von diesem Körper aufgenommen (absorbiert) und z. T. von diesem Körper zurückgeworfen (reflektiert).
Wie viel Wärmestrahlung hindurchgelassen, absorbiert oder reflektiert wird, hängt ab von
- dem Stoff, aus dem der Körper besteht;
- der Schichtdicke des Körpers;
- der Oberflächenbeschaffenheit des Körpers.

> Körper mit dunkler und rauer Oberfläche absorbieren viel und reflektieren wenig Wärmestrahlung.
> Körper mit heller und glatter Oberfläche absorbieren wenig und reflektieren viel Wärmestrahlung.

▶ Dunkle Kleidung absorbiert viel Sonnenstrahlung, helle Kleidung reflektiert viel.

Wärmedämmung

Alle Maßnahmen, die der Vermeidung der Wärmeübertragung dienen, werden als **Wärmedämmung** bezeichnet.

Wärmedämmung ist z. B. erforderlich bei Häusern, bei Rohrleitungen der Fernwärmeversorgung oder bei Thermoskannen.
Die Wärmeübertragung bei einem Haus kann z. B. verringert werden
- durch Isolierung der Hauswände mit Wärmedämmplatten,
- durch Verwendung von Doppelfenstern und Wärmeisolierglas,
- durch eine Isolierung des Daches,
- durch dichte Fenster und Türen.

▶ Ob ein Haus gut oder schlecht wärmegedämmt ist, kann mithilfe der **Thermografie** ermittelt werden.
Das ist ein spezielles fotografisches Verfahren.

3

Wärmeaustausch zwischen zwei Körpern

Wenn warmes und kaltes Wasser in ein Gefäß geschüttet werden, dann gibt das warme Wasser Wärme ab, das kalte Wasser nimmt Wärme auf.

Allgemein gilt das **Grundgesetz des Wärmeaustauschs:**

▶ Beachte: Für den Wärmeaustausch zwischen Körpern ist eine bestimmte Zeit erforderlich.

> Wenn zwei Körper unterschiedlicher Temperatur in engen Kontakt miteinander kommen, so gibt der Körper höherer Temperatur Wärme ab, der Körper niedrigerer Temperatur nimmt Wärme auf. Die vom Körper höherer Temperatur abgegebene Wärme ist genauso groß wie die vom Körper niedrigerer Temperatur aufgenommene Wärme: $Q_{ab} = Q_{zu}$

Diesen Zusammenhang kann man nutzen, um die Mischungstemperatur zweier Wassermengen oder auch anderer Flüssigkeiten zu ermitteln.

▶ **GEORG WILHELM RICHMANN** (1711–1753), nach dem die Mischungsregel benannt ist, war ein deutscher Naturforscher, der in St. Petersburg tätig war.

> Unter der Bedingung, dass keine Aggregatzustandsänderungen und keine Wärmeverluste auftreten, gilt die **richmannsche Mischungsregel:**
>
> $$\vartheta_M = \frac{c_1 \cdot m_1 \cdot \vartheta_1 + c_2 \cdot m_2 \cdot \vartheta_2}{c_1 \cdot m_1 + c_2 \cdot m_2}$$
>
> Für $c_1 = c_2$ gilt:
>
> $$\vartheta_M = \frac{m_1 \cdot \vartheta_1 + m_2 \cdot \vartheta_2}{m_1 + m_2}$$
>
> ϑ_M Mischungstemperatur
> ϑ_1, ϑ_2 Ausgangstemperaturen der Körper
> m_1, m_2 Massen der Körper
> c_1, c_2 spezifische Wärmekapazitäten der Stoffe

M ↗ S. 57 f.

10 l Wasser von 20 °C und 10 l Wasser von 40 °C werden gemischt.
Welche Temperatur haben die 20 l Wasser?

Analyse:
Die Mischungstemperatur kann nach der obigen Gleichung berechnet werden. Da nur ein Stoff miteinander gemischt wird, ist $c_1 = c_2$.

▶ Bei experimentellen Untersuchungen zum Wärmeaustausch ist darauf zu achten, dass vor Temperaturmessungen die Flüssigkeiten gut durchmischt sein müssen.

Gesucht: ϑ_M
Gegeben: $m_1 = 10\ \text{kg}$ $\vartheta_1 = 20\ °\text{C}$
$m_2 = 10\ \text{kg}$ $\vartheta_2 = 40\ °\text{C}$

Lösung:

$$\vartheta_M = \frac{m_1 \cdot \vartheta_1 + m_2 \cdot \vartheta_2}{m_1 + m_2}$$

$$\vartheta_M = \frac{10\ \text{kg} \cdot 20\ °\text{C} + 10\ \text{kg} \cdot 40\ °\text{C}}{10\ \text{kg} + 10\ \text{kg}}$$

$$\underline{\vartheta_M = 30\ °\text{C}}$$

Ergebnis:
Mischt man 10 l Wasser von 20 °C mit 10 l Wasser von 40 °C, so erhält man Wasser mit einer Temperatur von 30 °C.

3.5 Hauptsätze der Wärmelehre und Wärmekraftmaschinen

3.5.1 Hauptsätze der Wärmelehre

Die Hauptsätze der Wärmelehre sind grundlegende Erfahrungssätze. Der Begriff „Hauptsatz" ist ein historischer Begriff. Ihrem Wesen nach sind die Hauptsätze der Wärmelehre physikalische Gesetze.

Es wird auch die Bezeichnung „Hauptsätze der Thermodynamik" verwendet.

0. Hauptsatz der Wärmelehre

Der 0. Hauptsatz der Wärmelehre ist die Grundlage für alle Temperaturmessungen.

Bringt man zwei Körper mit den Temperaturen ϑ_W und ϑ_k in engen Kontakt, so gleichen sich allmählich die Temperaturen aus.

ϑ_W Temperatur des wärmeren Körpers
ϑ_k Temperatur des kälteren Körpers
ϑ_m gemeinsame Temperatur der Körper

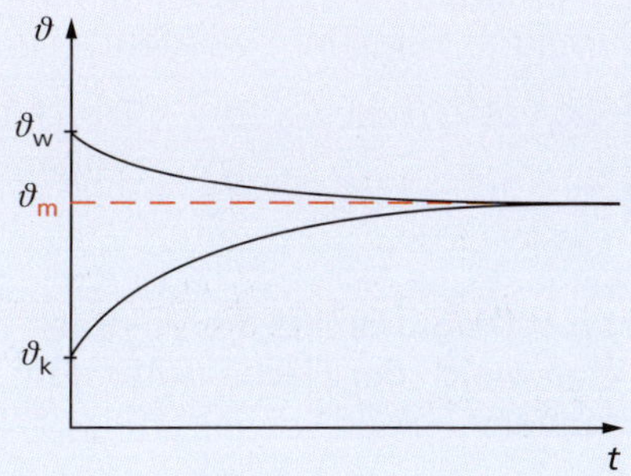

Thermometer zeigen nur dann den richtigen Wert an, wenn der Messfühler die Temperatur des Körpers angenommen hat, dessen Temperatur gemessen werden soll.
Zum Temperaturausgleich ist eine bestimmte Zeit erforderlich.

1. Hauptsatz der Wärmelehre

Der 1. Hauptsatz stellt einen Zusammenhang zwischen Wärme, mechanischer Arbeit und thermischer (innerer) Energie eines Körpers her. Er ist der Energieerhaltungssatz, bezogen auf thermische Prozesse (↗ S. 360).
Die Aussagen werden für ein abgeschlossenes System getroffen.
Ein solches **abgeschlossenes System** ist ein Raumbereich, der von der Umgebung abgegrenzt ist und wo nur Vorgänge innerhalb dieses Raumbereiches betrachtet werden.
Der 1. Hauptsatz der Wärmelehre lautet:

M ↗ S. 27

Ein Beispiel für ein abgeschlossenes System ist ein Motor, in dem nur die Vorgänge im Motor betrachtet werden.

In einem abgeschlossenen System ist die Änderung der thermischen (inneren) Energie verbunden mit der Zufuhr oder Abgabe von Wärme und dem Verrichten mechanischer Arbeit.

$\Delta E = W + Q$ ΔE Änderung der thermischen (inneren) Energie
W mechanische Arbeit
Q zugeführte oder abgegebene Wärme

Der 1. Hauptsatz der Wärmelehre ist eine spezielle Form des allgemeinen Energieerhaltungssatzes (↗ S. 360).

3

Der 1. Hauptsatz der Wärmelehre ist eine wichtige Grundlage für das Verständnis der Wirkungsweise von Wärmekraftmaschinen.

Wird z. B. einem Gas in einem Zylinder mit beweglichem Kolben Wärme zugeführt, so vergrößert sich die thermische Energie des Gases.

Zugleich wird der Kolben verschoben und damit mechanische Arbeit (Volumenarbeit) verrichtet.

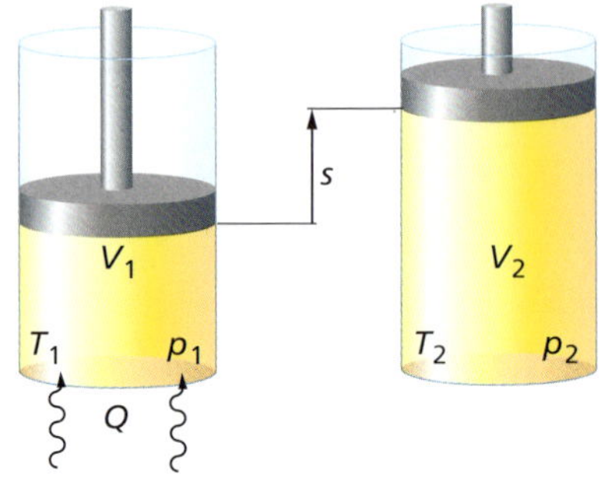

Ist $p \neq$ konstant, so kann die Volumenarbeit aus einem *p-V*-Diagramm durch Auszählen der Fläche ermittelt werden.

> Unter der Bedingung, dass der Druck konstant bleibt, kann die **Volumenarbeit (Volumenänderungsarbeit)** W mit folgender Gleichung berechnet werden:
>
> $W = p \cdot \Delta V$ — p Druck im Gas; ΔV Volumenänderung

Im *p-V*-Diagramm ist die Volumenarbeit gleich der Fläche unter dem Graphen.

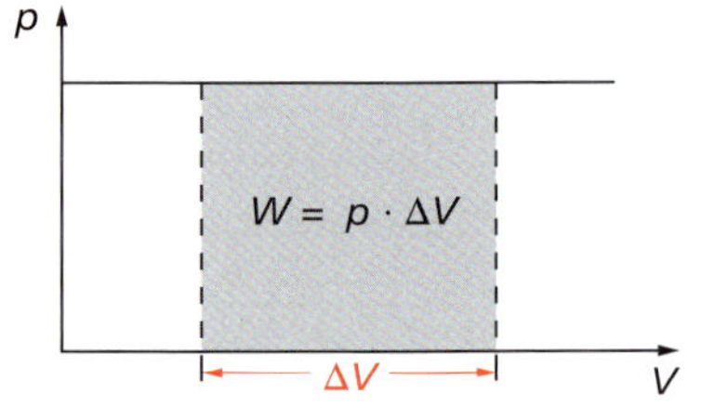

Ein Beispiel dafür ist die Erwärmung einer **Spraydose.** Bei höherer Temperatur kann der Druck so groß werden, dass die Dose explodiert. Spraydosen dürfen deshalb niemals über 50 °C erwärmt werden.

Befindet sich ein Gas in einem abgeschlossenen Gefäß ohne beweglichen Kolben, so erhöht sich bei Zufuhr von Wärme die thermische (innere) Energie des Gases und in der Regel auch der Druck.

2. Hauptsatz der Wärmelehre

Der 2. Hauptsatz der Wärmelehre macht eine Aussage darüber, in welche Richtung sich selbst überlassene Vorgänge in Natur und Technik verlaufen.

Er ist das Gesetz von der Energieentwertung, bezogen auf thermische Prozesse (↗ S. 362).

> Wärme geht niemals von selbst von einem Körper mit niedrigerer Temperatur auf einen Körper mit höherer Temperatur über.

So entsteht z. B. bei vielen Vorgängen in Natur und Technik durch Reibung thermische Energie, die in Form von Wärme an die Umgebung abgegeben wird. Bei einem Pkw sind das etwa 80 % der eingesetzten Energie. Die an die Umgebung abgegebene Wärme ist zumeist nicht mehr nutzbar. Die Energie ist für uns entwertet.

3.5.2 Wärmekraftmaschinen

Unter dem historischen Begriff **Wärmekraftmaschinen** fasst man die Maschinen und Anlagen zusammen, bei denen die Gesetze der Wärmelehre genutzt werden. Dazu gehören die historisch bedeutsame **Dampfmaschine,** die in Kraftwerken genutzte **Dampfturbine, Verbrennungsmotoren,** die in Flugzeugen genutzten **Strahltriebwerke,** aber auch **Wärmepumpen** und **Kühlschränke.**

Wärmepumpe

M ↗ S. 43

Eine Wärmepumpe dient zur Heizung von Gebäuden oder zur Warmwasseraufbereitung.
In einem Rohrsystem befindet sich eine Flüssigkeit (Arbeitsmittel) mit sehr niedrigem Siedepunkt unter geringem Druck. Wird die Flüssigkeit in einem Rohr durch Luft, durch das Erdreich oder durch Grundwasser geleitet, so verdampft sie. Beim Verdampfen wird der Umgebung Wärme entzogen (Verdampfungswärme). Das gasförmige Arbeitsmittel wird durch einen Kompressor verdichtet. Es steht dann unter höherem Druck und hat eine höhere Temperatur. Dazu muss Elektroenergie aufgewendet werden. In einem Verflüssiger kondensiert das Arbeitsmittel. Dabei wird Wärme (Kondensationswärme) frei. Diese wird an die Umgebung abgegeben.

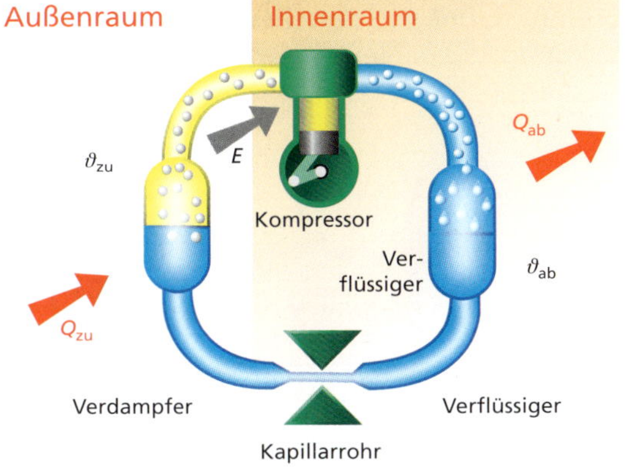

▶ **Wärmepumpen** und **Kühlschränke** besitzen den gleichen grundsätzlichen Aufbau.

Kühlschrank

M ↗ S. 43

Ein Kühlschrank dient dazu, einen umschlossenen Raum, den Innenraum, abzukühlen. Sein Wirkprinzip entspricht dem der Wärmepumpe. Es sind bei der obigen Skizze lediglich Innenraum und Außenraum zu vertauschen. Im Innenraum befindet sich ein Verdampfer, in dem das Arbeitsmittel (Kühlflüssigkeit) verdampft und dabei der Umgebung Wärme entzieht. Das gasförmige Arbeitsmittel wird durch einen Kompressor verdichtet. Dazu muss Elektroenergie aufgewendet werden. Das Arbeitsmittel steht dann unter einem höheren Druck und hat eine höhere Temperatur. In einem Verflüssiger, der sich an der Rückwand des Kühlschranks befindet, wird das erwärmte, zusammengepresste Arbeitsmittel wieder flüssig. Dabei wird Wärme an die Umgebung abgegeben.

Ottomotor

▶ Den ersten mit einem Benzinmotor betriebenen „Motorwagen" konstruierten im Jahre 1886 **CARL BENZ** (1844–1929), **GOTTLIEB DAIMLER** (1834–1900) und **WILHELM MAYBACH** (1846–1929).

Ottomotoren, benannt nach dem deutschen Erfinder NIKOLAUS AUGUST OTTO (1832–1891), gibt es als Zweitakt- und als Viertaktmotoren. Sie werden zum Antrieb von Motorrädern, Pkw, Booten usw. genutzt.
Die wichtigsten Teile eines Ottomotors sind in der Skizze dargestellt.

M ↗ S. 43

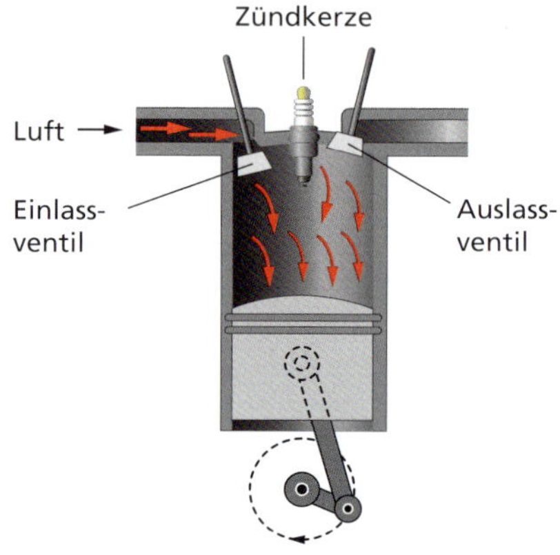

Bei einem Ottomotor wird im Vergaser ein Benzin-Luft-Gemisch erzeugt und in den Zylinder eingebracht. Dieses Benzin-Luft-Gemisch wird im Zylinder durch elektrische Funken zwischen den Elektroden der Zündkerze gezündet. Es verbrennt, dehnt sich dabei aus und bewegt den Kolben.
Die Skizzen zeigen die prinzipielle Wirkungsweise eines Viertakt-Ottomotors.

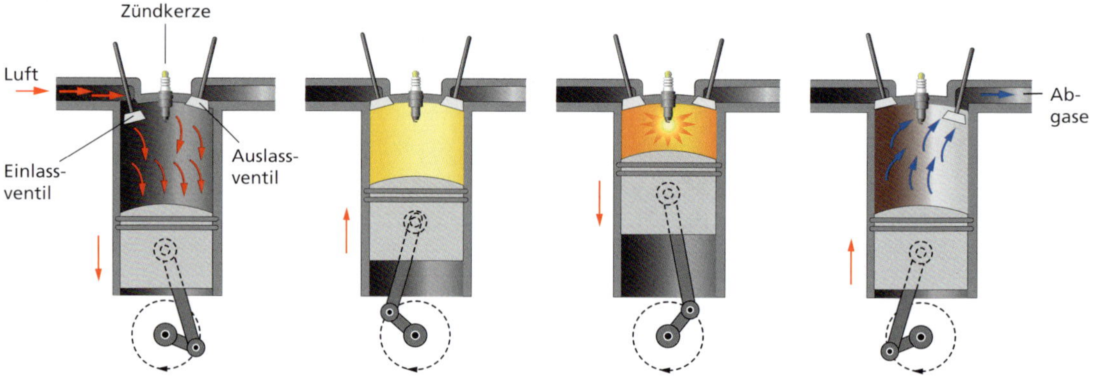

Ansaugtakt (1. Takt) | Verdichtungstakt (2. Takt) | Arbeitstakt (3. Takt) | Auspufftakt (4. Takt)

▶ Eine weitere Art von Verbrennungsmotor ist der Wankelmotor, benannt nach seinem Erfinder **FELIX WANKEL** (1902–1988).

Zweitaktmotoren werden z. B. bei Mopeds und bei Motorrädern genutzt. Die wesentlichen Unterschiede gegenüber dem Viertaktmotor bestehen darin, dass

- aufgrund einer anderen Zylinderkonstruktion auf die Ventile verzichtet werden kann,
- das Ansaugen und Verdichten (1. Takt) sowie das Verrichten von Arbeit und das Ausstoßen der Abgase (2. Takt) in insgesamt 2 Takten erfolgt.

Dieselmotor

Dieselmotoren, benannt nach dem deutschen Erfinder RUDOLF DIESEL (1858–1913), gibt es ebenfalls als Zweitakt- und Viertaktmotoren. Sie werden u. a. zum Antrieb von Pkw, Lkw und Schiffen genutzt.

Im Unterschied zum Ottomotor besitzt der Dieselmotor keine Zündkerze und keinen Vergaser.
Vielmehr wird die im Zylinder angesaugte Luft so stark verdichtet, dass ihre Temperatur auf 500 bis 700 °C steigt. Bei dieser Temperatur wird der Treibstoff (Diesel) mithilfe einer Einspritzpumpe in den Zylinder eingespritzt. Der Treibstoff entzündet sich und verbrennt.
Die Skizzen zeigen die prinzipielle Wirkungsweise eines Viertakt-Dieselmotors.

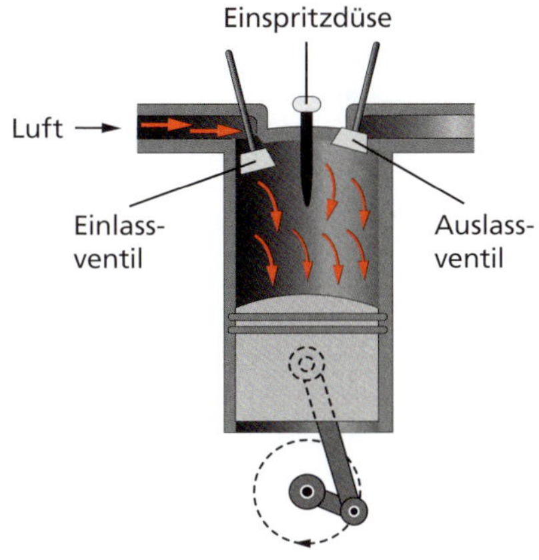

Der erste Dieselmotor wurde 1897 konstruiert.
Ab 1923 wurden die ersten Lkw und ab 1935 die ersten Pkw mit Dieselmotor gebaut. Der erste Pkw mit einem solchen Motor war der Mercedes-Benz 260 D.

Eine weitere Art von Motor ist der **Heißluftmotor** oder **Stirlingmotor**.

M ↗ S. 43

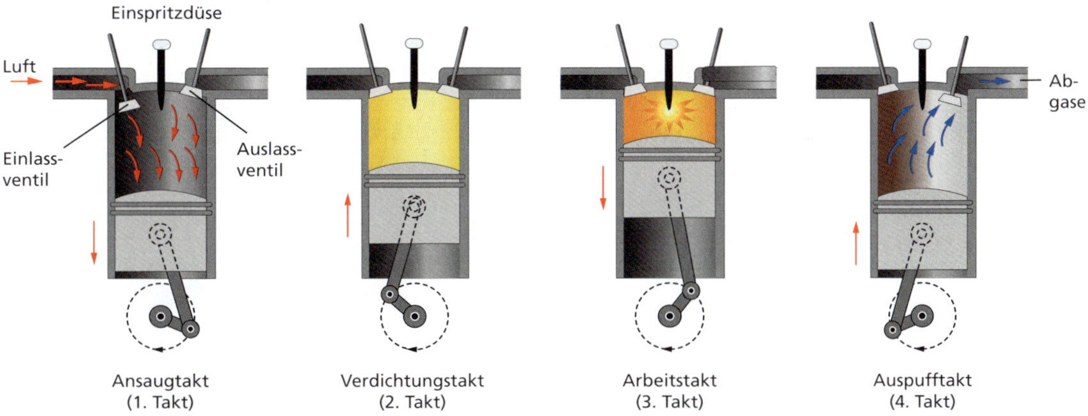

Dampfmaschine

Eine historisch bedeutsame Wärmekraftmaschine ist die Dampfmaschine, die von dem Engländer JAMES WATT (1776–1819) so weiterentwickelt wurde, dass sie als Antriebsmaschine genutzt werden konnte. Umfangreich verwendet wurde sie z. B. bei Dampflokomotiven, aber auch als Antriebsmaschine in Fabriken und im Bergbau.

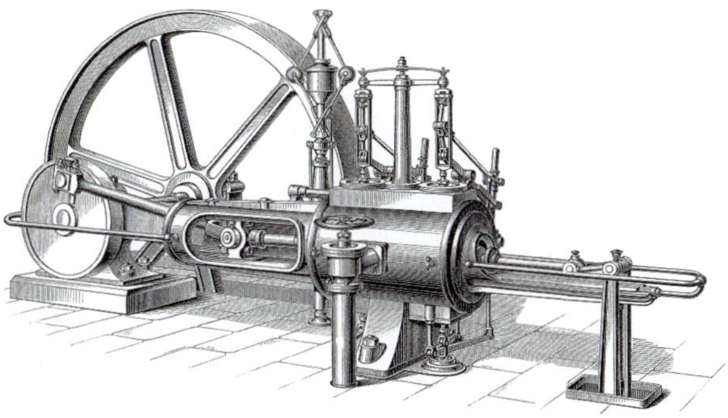

3

Dampfmaschinen wurden nicht nur zum Antrieb von Lokomotiven genutzt, sondern auch als Antrieb für zahlreiche andere Maschinen und Anlagen (z. B. Pumpen, Drehmaschinen, Pflüge).

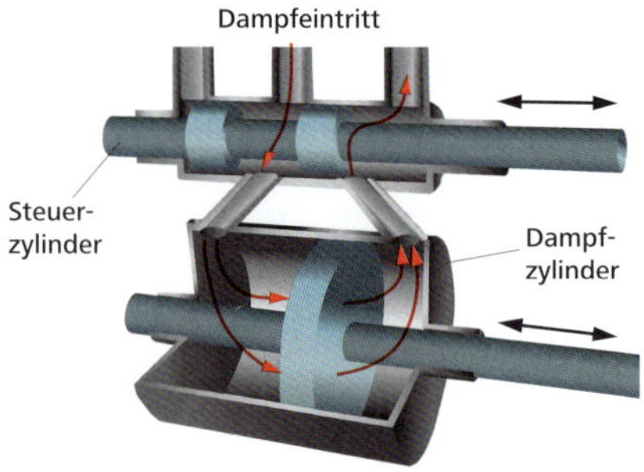

Das Grundprinzip besteht darin, dass Wasserdampf von einem Heizkessel durch eine spezielle Steuerung einmal in den Bereich links vom Kolben (s. Abb.) und einmal in den Bereich rechts vom Kolben strömt.
Durch den unter hohem Druck stehenden Wasserdampf wird der Arbeitskolben bewegt. Er führt eine Hin- und Herbewegung aus, die über eine Pleuelstange und ein Schwungrad in eine Drehbewegung umgewandelt werden kann.

Dampfturbine

M ↗ S. 43

Bei der in Kraftwerken genutzten Dampfturbine strömt Dampf mit hoher Geschwindigkeit gegen die Schaufeln eines Laufrades. Dieses Laufrad wird dadurch in Umdrehung versetzt.

Der schwedische Techniker **GUSTAV DE LAVAL** (1845–1913) hatte wesentlichen Anteil an der Entwicklung von Dampfturbinen.

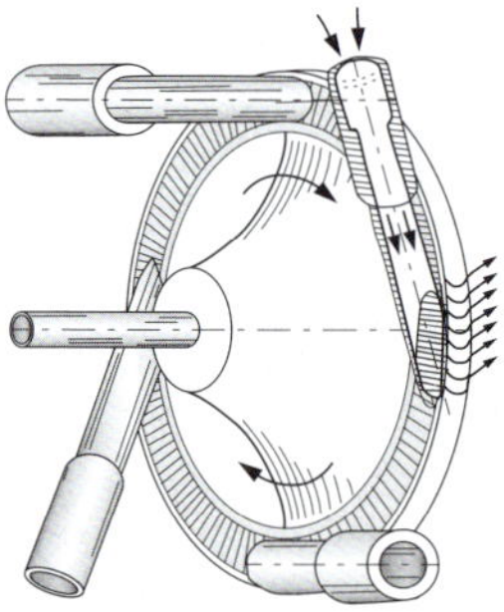

Wirkungsgrad von Wärmekraftmaschinen

Informationen und Zahlenwerte zum Wirkungsgrad sind auf ↗ S. 131 gegeben.

Bei einer Wärmekraftmaschine wird Wärme zugeführt und mechanische Arbeit verrichtet.

> Der Wirkungsgrad einer Wärmekraftmaschine gibt an, welcher Anteil der zugeführten Wärme als mechanische Arbeit genutzt werden kann.
>
> $\eta = \frac{W}{Q}$ W verrichtete Arbeit
> Q zugeführte Wärme

Ein Wirkungsgrad von 25 % bei einem Pkw-Motor bedeutet:
Nur 25 % der im Kraftstoff enthaltenen Energie, die beim Verbrennen als Wärme frei wird, werden für die Fortbewegung genutzt.

Temperatur und Wärmeübertragung

- Die **Temperatur** gibt an, wie heiß oder wie kalt ein Körper ist. Bei Temperaturangaben wird meist die **Celsiusskala** oder die **Kelvinskala** genutzt.

Celsiusskala:
Formelzeichen: ϑ
Einheit: ein Grad Celsius (1 °C)

Kelvinskala:
Formelzeichen: T
Einheit: ein Kelvin (1 K)

0 °C = 273 K
100 °C = 373 K

- Wird einem Körper Wärme zugeführt oder von ihm abgegeben, so kann das unterschiedliche Auswirkungen haben.

Zufuhr oder Abgabe von Wärme

kann führen zu

- Volumen- oder Längenänderung von Körpern
  Schienen werden bei Wärmezufuhr länger.
- Veränderung der Temperatur von Körpern
  Wasser erwärmt sich bei Wärmezufuhr.
- Veränderung des Aggregatzustands von Körpern
  Eis schmilzt bei Wärmezufuhr.

Wärme kann übertragen werden durch

Wärmeleitung

Metalle sind gute Wärmeleiter. Wasser, Gase (Luft) oder Holz leiten die Wärme schlecht.

Wärmestrahlung

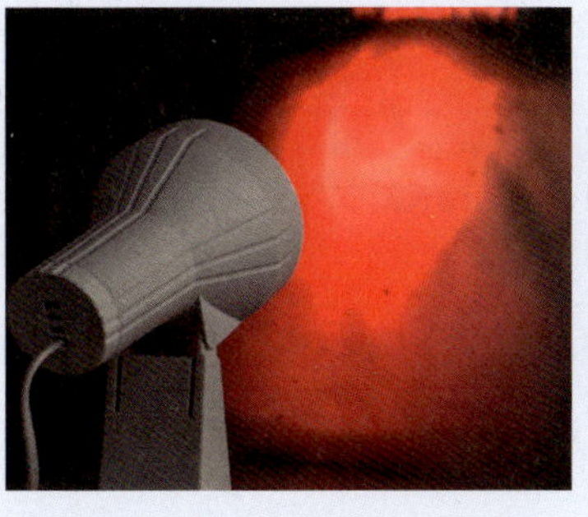

Wärmestrahlung breitet sich in der Luft, aber auch ohne Stoff aus.

Wärmeströmung

Durch strömende Flüssigkeiten und Gase wird Wärme übertragen.

Maßnahmen zur Verringerung der Wärmeübertragung bezeichnet man als **Wärmedämmung.** Wärmedämmung bedeutet die Verhinderung der Verminderung von Wärmeleitung, Wärmeströmung und Wärmestrahlung.

Wärme und Aggregatzustandsänderungen

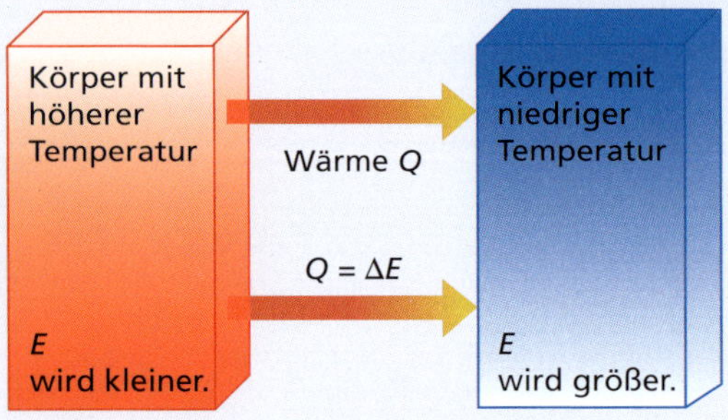

Die **Wärme *Q*** gibt an, wie viel Energie von einem Körper auf einen anderen übertragen wird.

Wärme und Energie werden in der Einheit ein Joule (1 J) gemessen.

Vielfache der Einheit sind:

1 kJ = 1 000 J

1 MJ = 1 000 kJ = 1 000 000 J

Zwischen der Energie *E*, der Wärme *Q* und der mechanischen Arbeit *W* gilt ein grundlegender Zusammenhang, der als 1. Hauptsatz der Wärmelehre bezeichnet wird:

$$\Delta E = W + Q$$

Körper aus einem Stoff können sich in verschiedenen Aggregatzuständen befinden. Der Aggregatzustand hängt von der Temperatur und vom Druck ab.

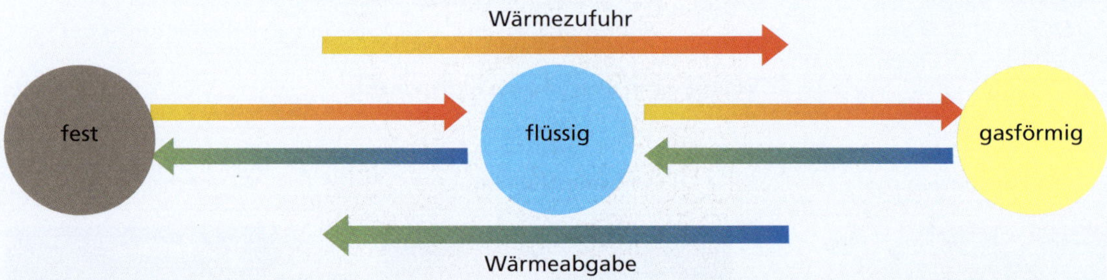

Während des **Schmelzens** und **Erstarrens** bleibt die Temperatur (Schmelztemperatur, Erstarrungstemperatur) gleich groß.

Während des **Siedens** und **Kondensierens** bleibt die Temperatur (Siedetemperatur, Kondensationstemperatur) gleich groß.

Für Wasser gelten die nachfolgenden Daten:

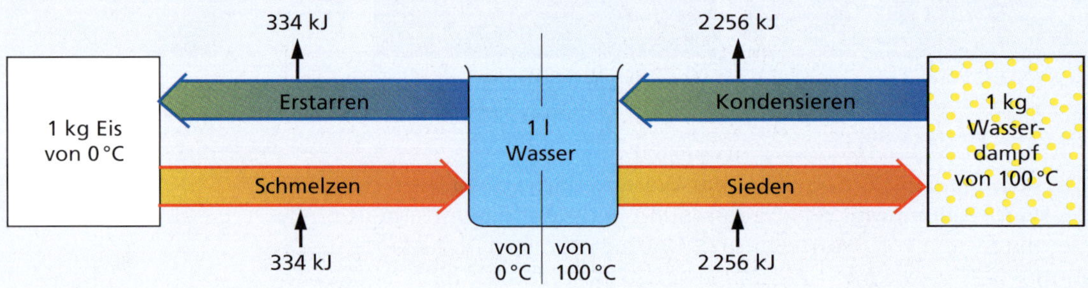

Elektrizitätslehre

4

4.1 Der elektrische Stromkreis

4.1.1 Elektrische Ladungen

Heute sind über 200 **Elementarteilchen** bekannt. Diese können negativ oder positiv geladen oder elektrisch neutral sein.

Elektrisch geladene Körper

Alle Körper sind aus Teilchen aufgebaut (↗ S. 74). Solche Teilchen können aus noch kleineren Teilchen bestehen, den **Elementarteilchen** (↗ S. 328). Zu diesen Elementarteilchen gehören die Bausteine eines Atoms, die Elektronen, Protonen und Neutronen.
Atome bestehen aus der Atomhülle, in der sich elektrisch negativ geladene Elektronen befinden, und dem Atomkern. Der Atomkern enthält neben den Neutronen u. a. elektrisch positiv geladene Protonen und ist damit ebenfalls positiv geladen.
Ein Atom, das die gleiche Anzahl positiver Ladungen im Kern und negativer Ladungen in der Atomhülle hat, ist **elektrisch neutral.** Auch ein Körper, der insgesamt genauso viele Elektronen wie positive Ladungen hat, ist nach außen ungeladen.
Ein Körper, der mehr Elektronen als positive Ladungen hat, besitzt einen **Elektronenüberschuss** und ist **elektrisch negativ geladen.**

Bekannt sind inzwischen über 100 verschiedene Arten von Atomen, die sich durch die Anzahl der Protonen im Kern unterscheiden.

Ein Atom wird durch die Aufnahme eines Elektrons zu einem negativ geladenen Ion.

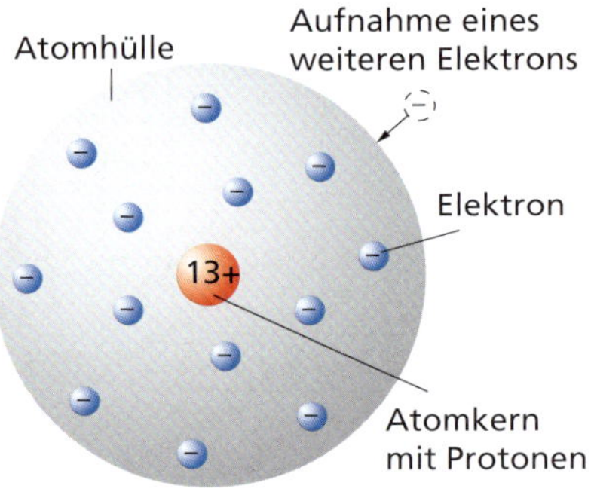

Bei Betrachtungen zu elektrischen Ladungen von Körpern berücksichtigt man nur die Elektronen und Protonen. Andere Elementarteilchen bleiben unberücksichtigt.

Ein Körper, der mehr positive Ladungen als Elektronen hat, besitzt einen **Elektronenmangel** und ist **elektrisch positiv geladen.**

M ↗ S. 29

Ein Atom wird durch die Abgabe eines Elektrons zu einem positiv geladenen Ion.

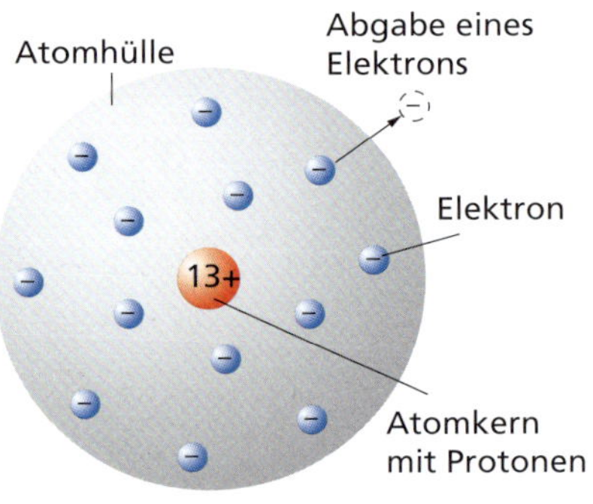

Atome, die elektrisch geladen sind, bezeichnet man als **Ionen.** Negativ geladene Ionen heißen **Anionen,** positiv geladene Ionen **Kationen.**

Entsprechendes gilt für Körper: Nimmt ein Körper zusätzlich Elektronen auf, so ist er negativ geladen. Gibt er Elektronen ab, so ist er positiv geladen.

Die Größe elektrische Ladung

> Die elektrische Ladung eines Körpers gibt an, wie groß sein Elektronenüberschuss oder sein Elektronenmangel ist.
>
> Formelzeichen: Q
>
> Einheit: ein Coulomb (1 C)

Die Einheit ist nach dem französischen Naturforscher **CHARLES AUGUSTIN COULOMB** (1736–1806) benannt.

Für die Einheit gilt:

$$1\ \text{C} = 1\ \text{A} \cdot \text{s}$$

Die elektrische Ladung ist wie die Masse eine grundlegende Eigenschaft von Körpern. Ein Elektron besitzt die kleinste negative elektrische Ladung. Man nennt sie **Elementarladung *e*.**
Jede elektrische Ladung ist ein Vielfaches der **Elementarladung *e*:**

$$e = 1{,}602 \cdot 10^{-19}\ \text{C}$$

> Die Ladung eines Körpers kann berechnet werden mit der Gleichung:
>
> $Q = N \cdot e$ N Anzahl der Ladungen
> e Elementarladung

Je nachdem, ob ein Körper positiv oder negativ geladen ist, kann man dem Zahlenwert der Ladung ein positives oder ein negatives Vorzeichen geben.

Ein Körper hat eine negative Ladung von 0,10 C.
Wie groß ist der Elektronenüberschuss auf diesem Körper?
Unter welchen Bedingungen ist der Körper neutral?

M ↗ S. 57 f.

Analyse:
Die Ladung ist ein Vielfaches der Elementarladung e. Zur Berechnung kann die oben genannte Gleichung angewendet werden.

Jedes Elektron besitzt genau *eine* Elementarladung.

Gesucht: N
Gegeben: $Q = 0{,}10\ \text{C}$
$e = 1{,}602 \cdot 10^{-19}\ \text{C}$

Lösung:

$$Q = N \cdot e \quad | :e$$

$$N = \frac{Q}{e}$$

$$N = \frac{0{,}10\ \text{C}}{1{,}602 \cdot 10^{-19}\ \text{C}}$$

$$\underline{N = 6{,}24 \cdot 10^{17}}$$

Ergebnis:
Der Körper hat einen Überschuss von $6{,}24 \cdot 10^{17}$ Elektronen.
Der Körper wäre dann neutral, wenn er die Gesamtzahl der überschüssigen Elektronen abgeben würde.

4

Verhalten geladener Körper

Mit dem Transport von Elektronen wird auch elektrische Ladung übertragen. Dabei kann es zu einer **Ladungstrennung,** einer **Ladungsteilung** oder einem **Ladungsausgleich** kommen.

▶ Wenn elektrisch geladene Körper leitend miteinander verbunden sind, kommt es zu einem Ladungsausgleich.

Vom elektrisch negativ geladenen Plastikstab werden Elektronen auf die zunächst ungeladene Metallkugel übertragen. Die Ladung des Stabes wird dabei geteilt. Zwischen den beiden Körpern erfolgt ein Ladungsausgleich.

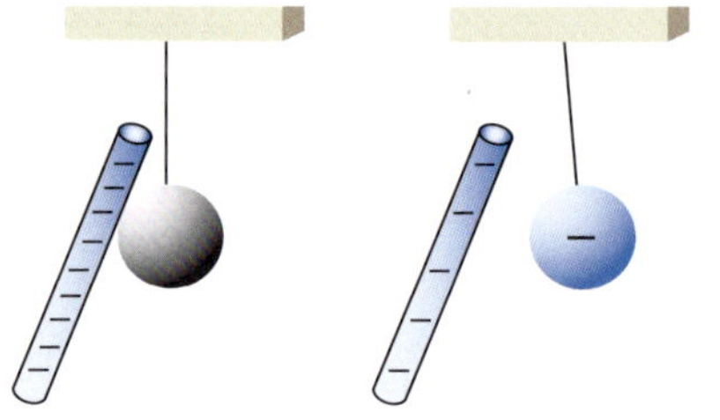

▶ Beim Blitz erfolgt ein Ladungsausgleich zwischen geladenen Wolken bzw. Wolken und Erde.

Durch einen elektrischen Leiter werden Elektronen von der kleinen Kugel des Bandgenerators auf die Experimentierkugel übertragen. Auch dabei kommt es zu einer Ladungsteilung und einem Ladungsausgleich zwischen den beteiligten Körpern.

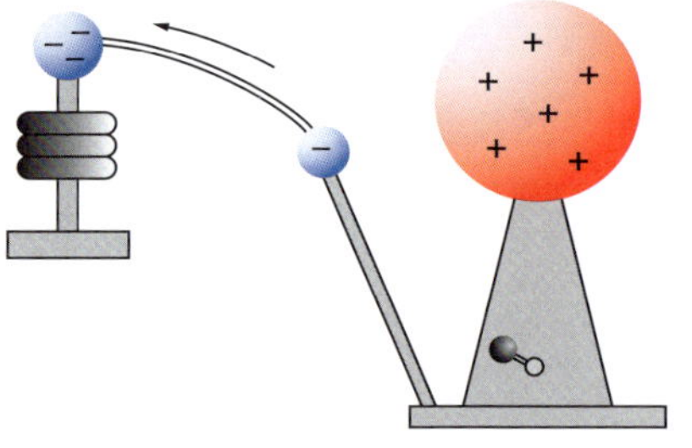

Zwischen elektrisch geladenen Körpern wirken Kräfte.

▶ In Autos und Flugzeugen ist man vor Blitzen sicher. Die Fahrzeuge bilden einen **Faradaykäfig**, benannt nach dem englischen Naturforscher **MICHAEL FARADAY** (1791–1867).

Gleichnamig geladene Körper stoßen einander ab.	Ungleichnamig geladene Körper ziehen einander an.
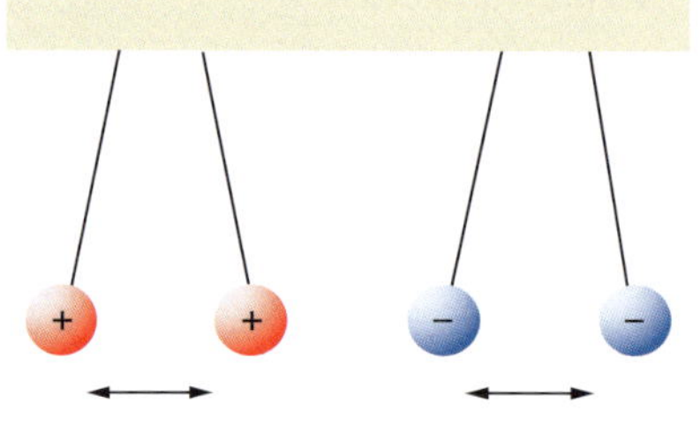	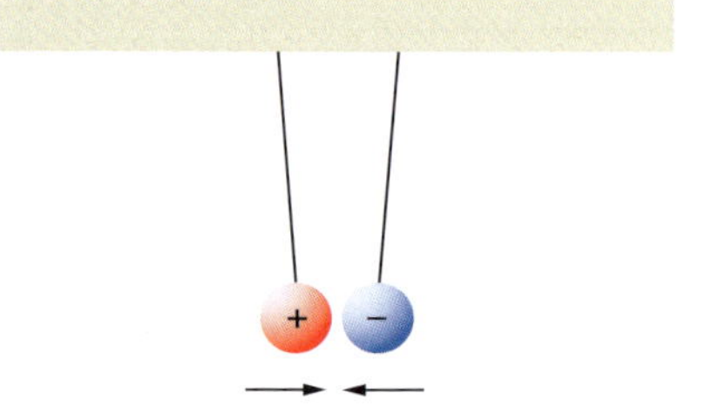

Lädt man einen Plastikkamm durch Reiben an Stoff auf (↗ S. 199) und bringt ihn dann in die Nähe von Styropor-Kügelchen, so zeigt sich:
Zwischen dem geladenen Kamm und den Styropor-Kügelchen wirken Anziehungskräfte. Sie kommen folgendermaßen zustande: Der elektrisch geladene Kamm bewirkt bei den Styropor-Kügelchen eine Ladungsverschiebung (↗ S. 199). Damit wirken anziehende Kräfte zwischen den nun unterschiedlich geladenen Körpern.

Ladungstrennung

> Ladungen können durch Berühren oder Reiben getrennt werden. Dabei gehen Elektronen von einem Körper auf einen anderen über.

Diese Form der Ladungstrennung durch Reibung wird beim **Bandgenerator** genutzt.

Nach Berührung oder Reibung erhält man geladene Körper **(Reibungselektrizität).** Wie die Körper nach Berührung oder Reibung aufgeladen sind, hängt von den Stoffen ab, aus denen sie bestehen.

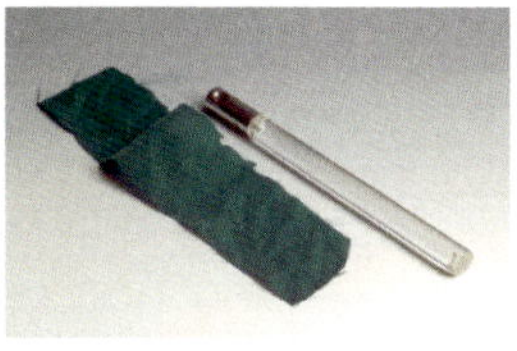	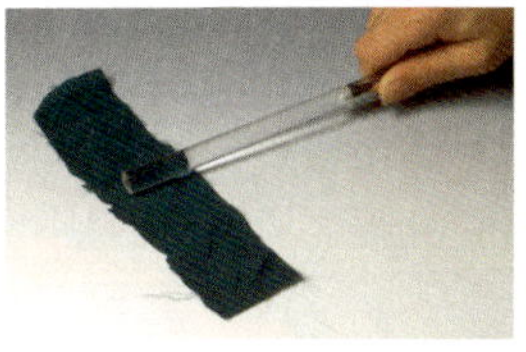	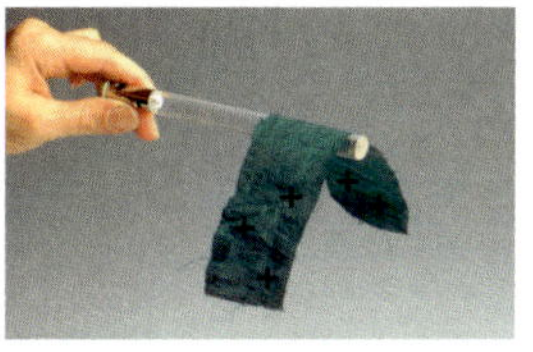
Vor der Berührung sind Tuch und Plastikstab elektrisch neutral.	Beim innigen Berühren gehen Elektronen vom Tuch auf den Plastikstab über.	Nach der Berührung sind das Tuch positiv (Elektronenmangel) und der Plastikstab negativ (Elektronenüberschuss) geladen.

Eine Ladungstrennung kann auch durch elektrochemische Vorgänge erfolgen. Dies wird z. B. in **Volta-Elementen, Batterien** und **Akkumulatoren** genutzt.

Die Grundform der Batterie ist das Volta-Element, das von **ALESSANDRO VOLTA** (1745–1827) entwickelt wurde. Es ist ein galvanisches Element, benannt nach **LUIGI GALVANI** (1737–1798).

Ladungstrennung auf einem Körper kann man ebenfalls erreichen, wenn man einen elektrisch geladenen Körper in die Nähe eines anderen, ungeladenen Körpers bringt. Unter dem Einfluss des geladenen Körpers wirken Kräfte auf die beweglichen Elektronen des anderen Körpers. Diese Kräfte führen zu Bewegungen und Verschiebungen der Elektronen und damit zu einer Ladungstrennung. Man nennt diese Art der Ladungstrennung unter dem Einfluss eines anderen, geladenen Körpers **Influenz.**

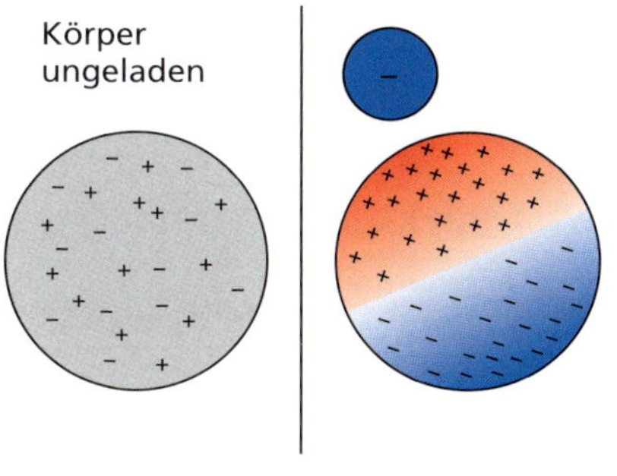

> Influenz ist ein Vorgang der Ladungstrennung auf einem Körper, bei dem sich unter dem Einfluss geladener Körper in der Nähe die Ladungsverteilung auf dem Körper ändert.

Die Übertragung und Trennung von Ladungen wird z. B. bei Elektrofiltern in Entstaubungsanlagen genutzt.

Auch bei elektrischen Nichtleitern kann es durch einen geladenen Körper zu einer Verschiebung von Ladungen kommen.

Nachweis elektrischer Ladung

Ein Gerät zum Nachweis elektrischer Ladung ist das **Elektroskop.** Kommt ein geladener Körper mit dem Elektroskop in Berührung, so findet zwischen beiden ein Ladungsausgleich statt. Metallzeiger und Metallstab laden sich dabei gleichnamig auf. Es kommt infolge von abstoßenden Kräften zum Zeigerausschlag.

Negativ geladenes Elektroskop	**Positiv geladenes Elektroskop**

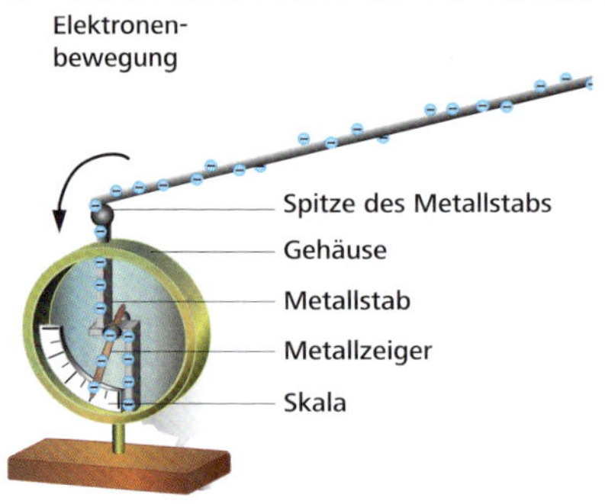

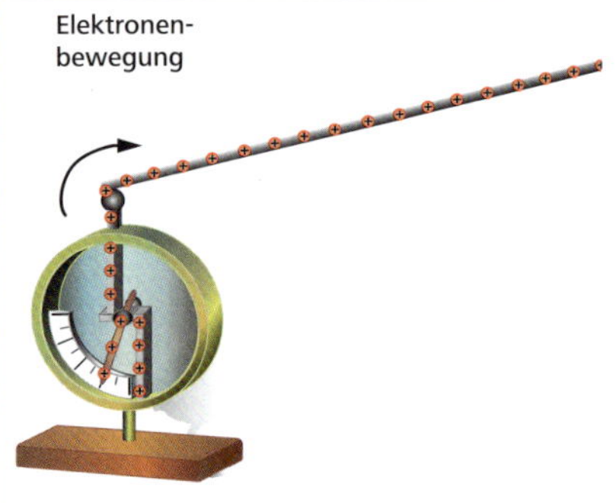

Bei einem Elektroskop kann es auch infolge von Influenz zu einem Zeigerausschlag kommen. Das kann man beobachten, wenn in die Nähe der Spitze des Metallstabes eine geladene Kugel gebracht wird (↗ Skizze).

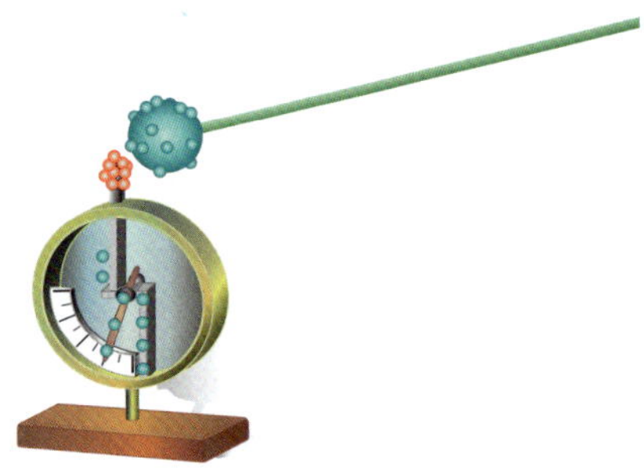

4.1.2 Elektrische Stromkreise

Der einfache elektrische Stromkreis

Elektronen können durch elektrische Leiter übertragen werden. Dabei wird mit den Elektronen elektrische Ladung transportiert (↗ S. 201).

> Die gerichtete Bewegung elektrischer Ladungsträger (z. B. von Elektronen) nennt man **elektrischen Strom.**

Ein solcher elektrischer Strom fließt in einem geschlossenen Stromkreis.

> Ein **geschlossener Stromkreis** besteht mindestens aus einer elektrischen Quelle und einem elektrischen Gerät oder Bauteil, die durch elektrische Leitungen miteinander verbunden sind.

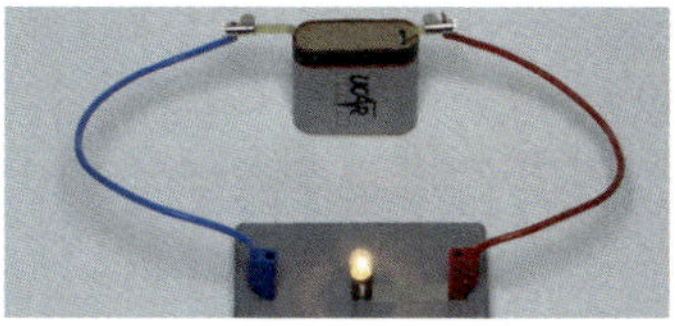

Ein einfacher Stromkreis mit elektrischer Quelle und Glühlampe

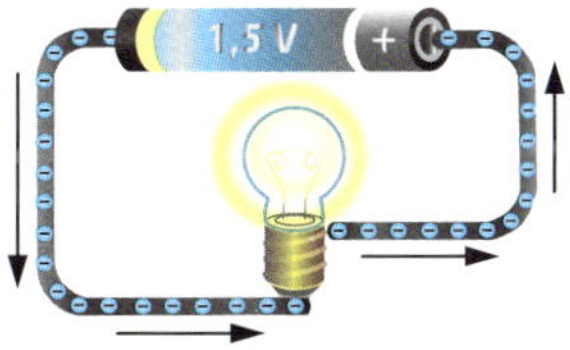

Elektronenwanderung in den elektrischen Leitungen eines einfachen Stromkreises

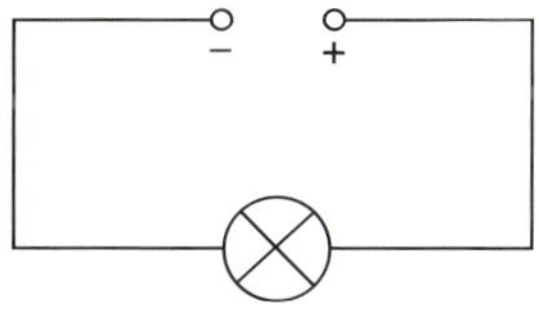

Schaltplan eines einfachen Stromkreises

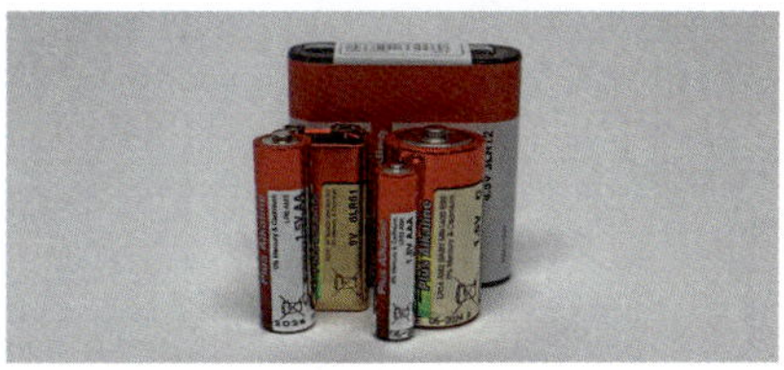

In den meisten einfachen Stromkreisen ist noch ein **Schalter** eingebaut, mit dem der Stromkreis *geöffnet* oder *geschlossen* werden kann.
Elektrische Quellen sind z. B. Batterien, Akkumulatoren, Solarzellen. Man nennt elektrische Quellen auch Stromquellen, Spannungsquellen oder Elektrizitätsquellen.
Elektrische Quellen haben immer *zwei* Pole. Bei **Gleichstrom** (–) hat die Quelle einen Pluspol (+) und einen Minuspol (–). Der Strom fließt nur in eine Richtung.
Bei **Wechselstrom** (~) ändert sich ständig die Polung der Quelle und damit die Richtung des Stroms im Stromkreis.
Elektrische Leitungen bestehen meistens aus Kupfer oder Aluminium, manchmal auch aus Stahl oder Eisen.
Bei **elektrischen Geräten** oder **Bauteilen** werden die verschiedenen **Wirkungen des elektrischen Strom**s genutzt, z. B. um Licht und Wärme zu erzeugen.

In manchen Stromkreisen sind aus Sicherheitsgründen **Sicherungen** eingebaut, die bei Störungen und Überlastung den Stromkreis unterbrechen.

Lichtwirkung	Wärmewirkung	Magnetische Wirkung	Chemische Wirkung
	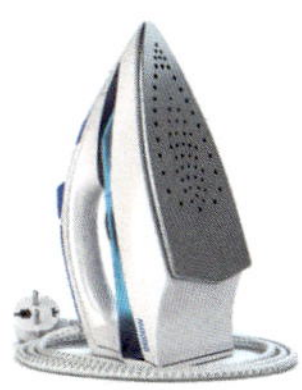	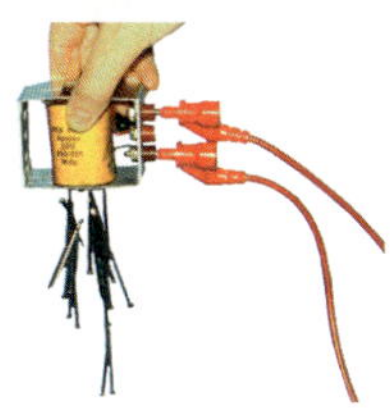	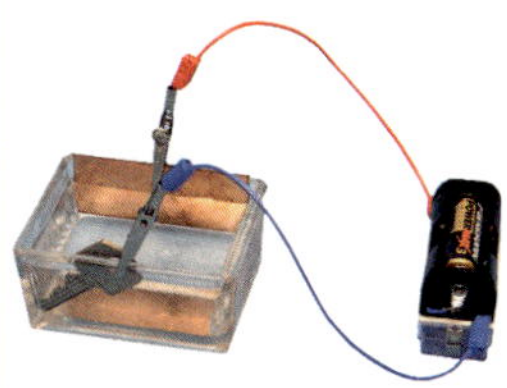
Der elektrische Strom in einer Glühlampe bringt den Glühfaden zum Leuchten. Der Strom hat eine **Lichtwirkung.**	Der elektrische Strom in einem Bügeleisen erwärmt die Heizplatte. Der Strom hat eine **Wärmewirkung.**	Der elektrische Strom macht aus der Spule einen Elektromagneten. Der Strom hat eine **magnetische Wirkung.**	Mithilfe des elektrischen Stroms kann man einen Gegenstand verchromen. Der Strom hat eine **chemische Wirkung.**

4

Wirkungen des elektrischen Stroms auf den Menschen

Der elektrische Strom wirkt auch auf biologische Organismen. Besonders der Mensch muss sich vor den gefährlichen **Wirkungen** des elektrischen Stroms schützen.
Der menschliche Körper leitet den elektrischen Strom. Sehr kleine Ströme schaden nichts. Manchmal werden sie auch zur medizinischen Behandlung genutzt.
Aber bereits etwas größere Ströme können den Menschen verletzen oder sogar töten. Schon Ströme aus elektrischen Quellen über 25 V können lebensgefährlich sein. Steckdosen haben 230 V. Die damit verbundenen Ströme sind für den Menschen lebensgefährlich!
Bereits schwache Ströme können beim Menschen Krämpfe verursachen, sodass man manchmal nicht einmal mehr die Hand von der elektrischen Leitung lösen kann. Stärkere Ströme verursachen Atmungsbeschwerden, Verbrennungen und Unregelmäßigkeiten der Herztätigkeit. Dies kann zur Bewusstlosigkeit, zum Herzstillstand und damit zum Tod führen.
Manchmal kann aber auch bereits der Schreck beim Berühren einer elektrischen Quelle zu einem Unfall führen. Deshalb muss sich der Mensch vor dem elektrischen Strom schützen und bestimmte Regeln einhalten.

▶ Verwende deshalb für Geräte mit **Schutzkontaktsteckern** nur Schutzkontaktsteckdosen.
Dadurch wird ein zusätzlicher Schutzleiter mit dem Gehäuse des Geräts verbunden.

Regeln für einen sicheren Umgang mit elektrischem Strom

1. Experimentiere niemals mit elektrischen Quellen, die 25 V und mehr besitzen!
2. Berühre niemals die Pole einer Steckdose, blanke Leitungen oder Leitungen mit schadhafter Isolierung mit bloßen Händen, metallischen Gegenständen oder anderen Leitern des elektrischen Stroms, z. B. Bleistift- oder Kugelschreiberminen!
3. Schließe Geräte stets an die richtige elektrische Quelle an! Die Spannung von elektrischer Quelle und Gerät müssen annähernd übereinstimmen.
4. Ziehe Stecker niemals an den Leitungen aus der Steckdose, sondern stets am Stecker!
5. Baue elektrische Schaltungen stets bei ausgeschalteter elektrischer Quelle auf! Die elektrische Quelle darf erst nach sorgfältiger Überprüfung der Schaltung eingeschaltet werden.
6. Bei gefährlichen Schaltungen müssen Sicherungen bzw. Fehlerstromschutzschalter eingebaut werden.

Wenn eine Sicherung kaputtgeht, dann ist

- zunächst die Ursache der Störung zu beseitigen (z. B. Kurzschluss) und
- dann eine neue Sicherung einzusetzen.

▶ Besonders wichtig für die Sicherheit in Gebäuden sind die verschiedensten Sicherheitsmaßnahmen bei der **elektrischen Haushaltsinstallation.**

Elektrische Stromkreise können mit **Schaltzeichen** und **Schaltplänen** vereinfacht dargestellt werden.

Zur Erklärung bzw. Voraussage von Erscheinungen in elektrischen Stromkreisen verwendet man häufig das **Modell der Elektronenleitung** oder ein **Wassermodell.**

> ▶ Das Wassermodell ist ein sehr einfaches Modell für den elektrischen Stromkreis. Es ist, wie jedes Modell, nur eingeschränkt für Erklärungen und Voraussagen anwendbar.

> M ↗ S. 29

Modell der Elektronenleitung	Wassermodell
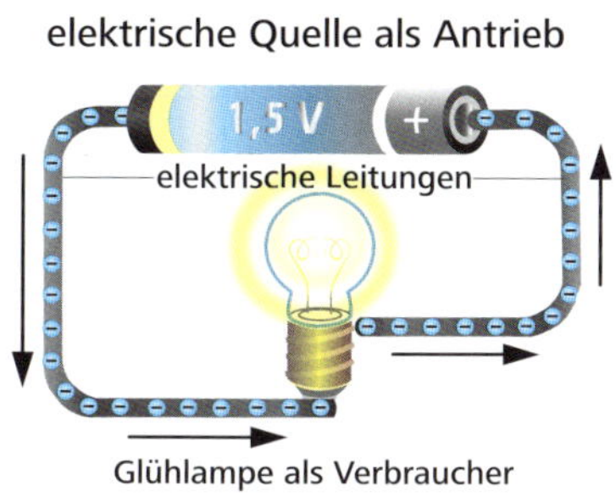	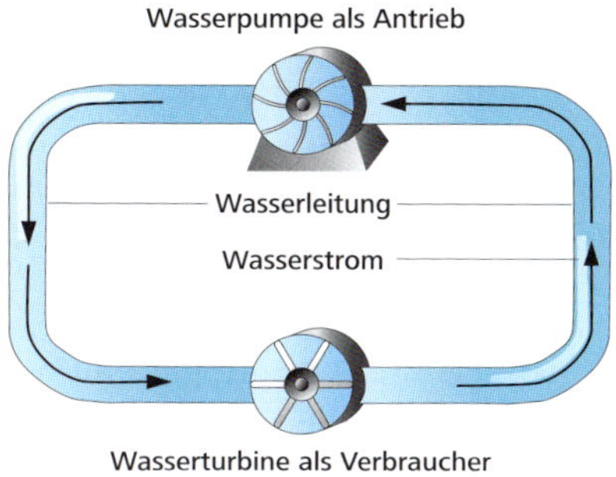

Leiter und Nichtleiter

Verschiedene Körper leiten den elektrischen Strom unterschiedlich gut.

> Körper, die den elektrischen Strom gut leiten, nennt man **elektrische Leiter.**
> Körper, die den elektrischen Strom schlecht oder gar nicht leiten, nennt man **elektrische Nichtleiter** oder **Isolatoren.**

Die Leitung des elektrischen Stroms durch einen Körper (↗ S. 213) ist abhängig von
- dem Stoff, aus dem der Körper besteht,
- der Länge des Körpers und
- der Querschnittsfläche des Körpers.

Fast alle Metalle sind gute elektrische Leiter. Körper aus Kupfer und Aluminium leiten den elektrischen Strom besonders gut. Sie werden deshalb für elektrische Leitungen eingesetzt.
Keramik, Kunststoff (z. B. Plastik, Lacke), Glas, Gummi, Watte und nicht leuchtende Gase (z. B. Luft) sind Isolatoren. Sie werden deshalb zur Isolation elektrischer Leitungen genutzt.

Elektrische Leiter (innen)	Isolation von Steckdosen, Schalter und Leitungen
	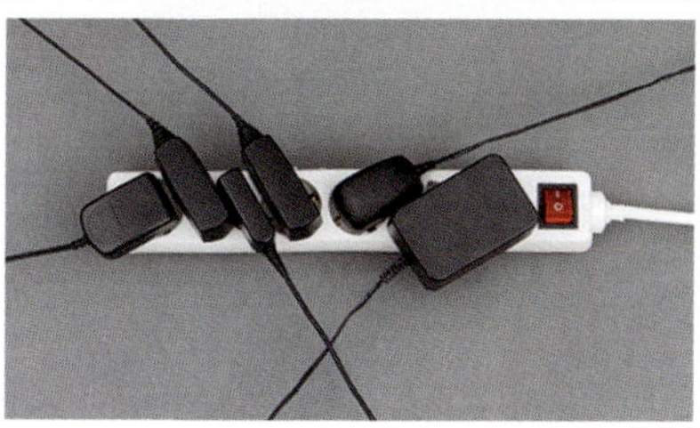

> ▶ Ob und wie ein Körper den elektrischen Strom leitet, ist auch von der Temperatur abhängig. Glas ist ein Isolator, glühendes Glas leitet den elektrischen Strom.

Kurzschluss und Leerlauf

Wenn der elektrische Strom die Möglichkeit hat, von einem Pol der elektrischen Quelle zum anderen Pol zu fließen, ohne durch ein Gerät zu gehen, so wird er diesen Weg wählen. Der elektrische Strom wählt die Verbindung mit dem kleinsten elektrischen Widerstand. Man spricht dann von einem **Kurzschluss.**

Bei einem Kurzschluss arbeitet das Gerät nicht mehr. Der elektrische Strom in den Leitungen und in der Quelle kann so groß werden, dass die Leitungen und die Quelle heiß werden und es zu Bränden kommen kann.

▶ Kabel mit schadhafter Isolation dürfen nicht benutzt werden.

Bei einer schadhaften Isolation eines Kabels können sich die beiden (bzw. drei) elektrischen Leitungen berühren. Dadurch kann es zu einem Kurzschluss kommen.

Wenn ein Gerät an einer oder mehreren Stellen von der elektrischen Quelle getrennt ist, so kann es ebenfalls nicht arbeiten. Man spricht dann vom **Leerlauf** der elektrischen Quelle. Ein elektrischer Strom fließt nicht.

▶ Schutz vor gefährlichen Wirkungen eines Kurzschlusses können **Sicherungen** geben, die bei einer bestimmten Stromstärke den Stromkreis unterbrechen.
Eine spezielle Form von Sicherungen sind **Fehlerstromschutzschalter (FI-Schalter)**.

Kurzschlussschaltung

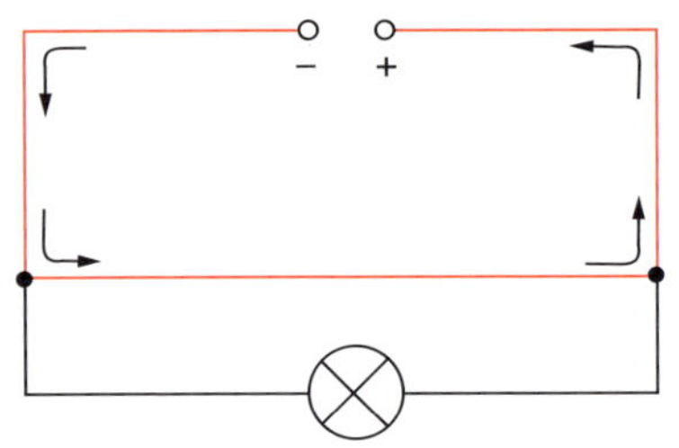

Leerlaufschaltung

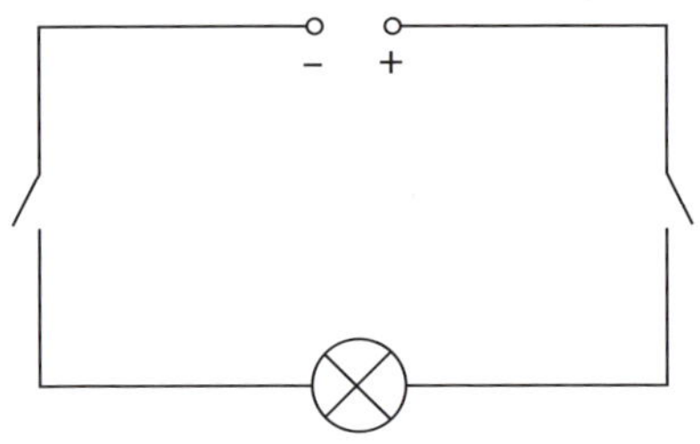

Eine Leerlaufschaltung liegt auch vor, wenn ein elektrisches Gerät mit einer elektrischen Quelle verbunden, aber durch Schalter der Stromkreis geöffnet ist.

Arten von Stromkreisen

Bei vielen Anwendungen werden mehrere Bauteile im Stromkreis zusammengeschaltet. Prinzipiell können zwei Bauteile in Reihe oder parallel zueinander geschaltet werden. Dadurch erhält man einen **unverzweigten** bzw. **verzweigten Stromkreis.**

▶ Eine besondere Form des elektrischen Stromkreises ist die Wechselschaltung. Damit kann z. B. eine Lampe von unterschiedlichen Stellen aus ein- oder ausgeschaltet werden.

Unverzweigter Stromkreis

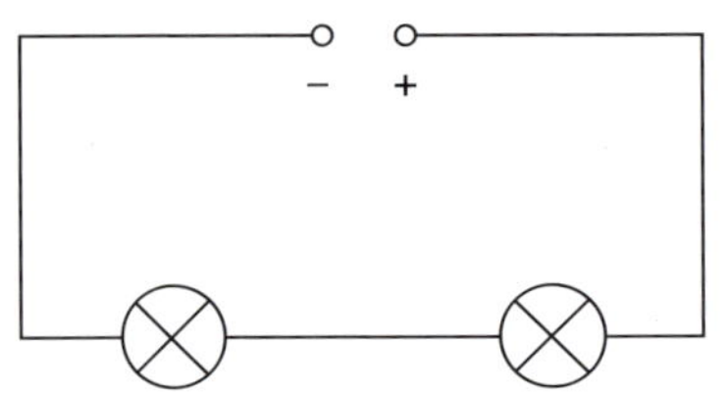

Verzweigter Stromkreis

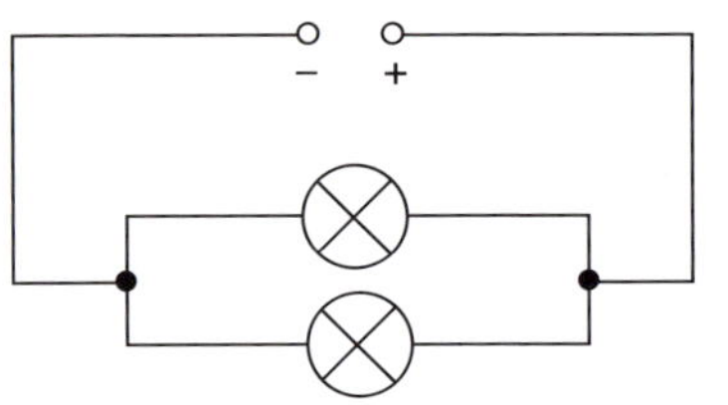

Schaltung von Bauteilen in Stromkreisen

	Reihenschaltung von Bauteilen	Parallelschaltung von Bauteilen
Beispiel	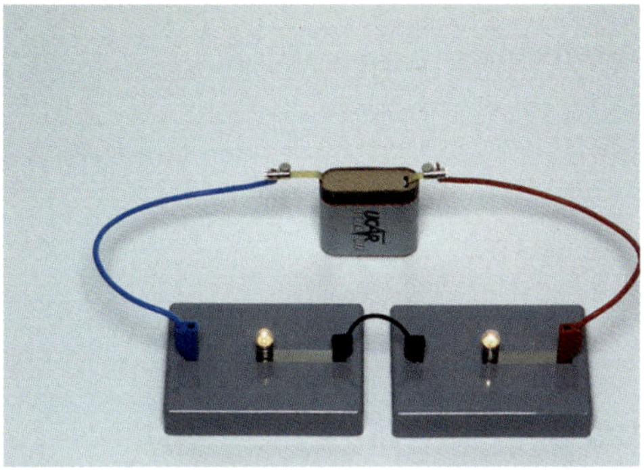	
elektrische Widerstände	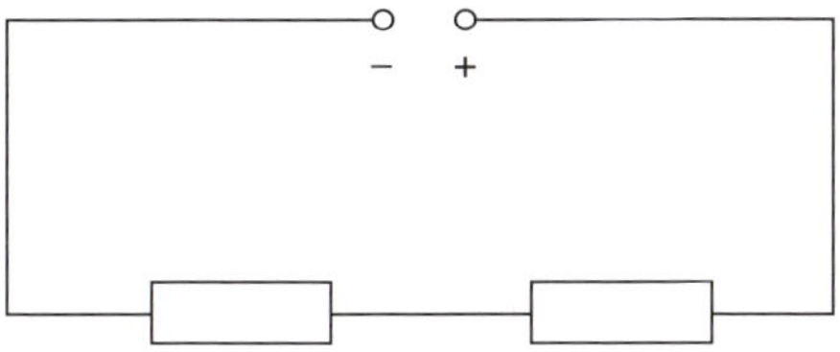 Die Widerstände sind hintereinander (in Reihe) geschaltet.	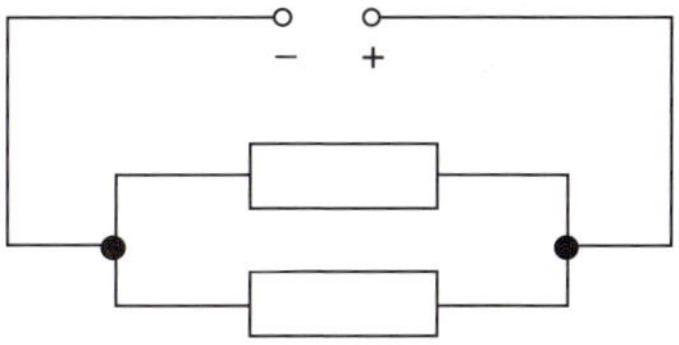 Die Widerstände sind parallel zueinander geschaltet. Es gibt zwei Verzweigungspunkte.
elektrische Quellen	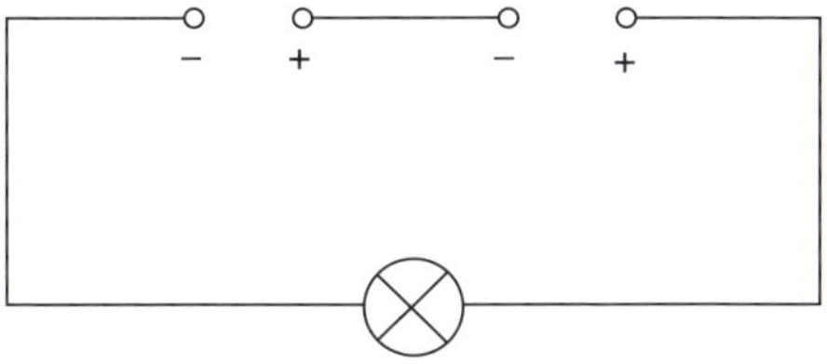 Um eine größere Spannung zu erhalten, kann man zwei elektrische Quellen in Reihe schalten.	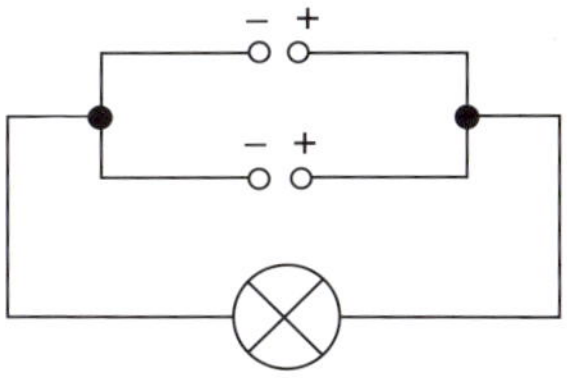 Um einen stärkeren Strom zu erhalten, kann man zwei elektrische Quellen parallel schalten.
Schalter	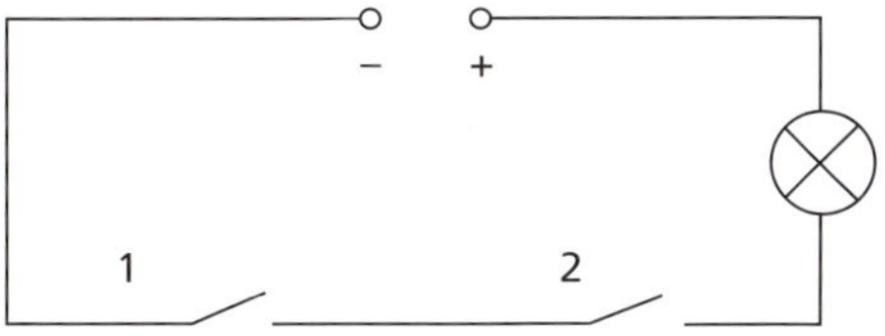 Die Lampe leuchtet nur, wenn Schalter 1 und Schalter 2 geschlossen sind (UND-Schaltung).	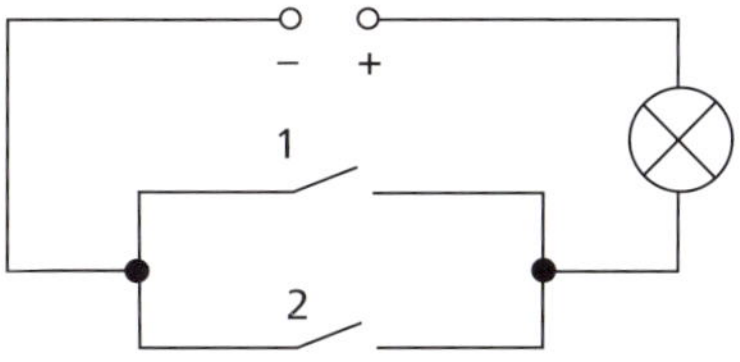 Die Lampe leuchtet, wenn Schalter 1 oder Schalter 2 geschlossen sind (ODER-Schaltung).

4

4.2 Der Gleichstromkreis

4.2.1 Die elektrische Stromstärke

Die Größe elektrische Stromstärke

▶ Bei einem metallischen Leiter ist die Stromstärke ein Maß dafür, wie viele Elektronen sich in einer bestimmten Zeit durch den Leiterquerschnitt bewegen.

Die elektrische Stromstärke gibt an, wie viel elektrische Ladung sich in jeder Sekunde durch den Querschnitt eines elektrischen Leiters bewegt.

Formelzeichen: I

Einheit: ein Ampere (1 A)

Teile der Einheit 1 A sind 1 Milliampere (1 mA) und 1 Mikroampere (1 μA):

1 A = 1 000 mA = 1 000 000 μA

1 mA = 1 000 μA

▶ Die Einheit 1 A ist nach dem Franzosen **ANDRÉ-MARIE AMPÈRE** (1775–1836) benannt.

Elektrische Stromstärken in Natur und Technik	
Fotozelle Radio (batteriebetrieben)	10 μA 10 mA
lebensgefährliche Stromstärke Glühlampe einer Taschenlampe	> 25 mA 0,2 A
60-W-Glühlampe Bügeleisen	0,26 A 5 A
Elektrolokomotive Elektroschweißgerät	300 A 500 A
Elektroschmelzofen Blitz	15 000 A bis 100 000 A

Messen der elektrischen Stromstärke

▶ Als Amperemeter kann man **Drehspulmessgeräte**, aber auch **Dreheisenmessgeräte** benutzen.

Die elektrische Stromstärke wird mithilfe von **Stromstärkemessern** oder **Amperemetern** gemessen.
Häufig werden Vielfachmessgeräte genutzt, die auch als Amperemeter geschaltet werden können.

▶ Amperemeter sind immer *in Reihe* zum elektrischen Gerät zu schalten, damit sie von jenem Strom durchflossen werden, dessen Stärke gemessen werden soll.

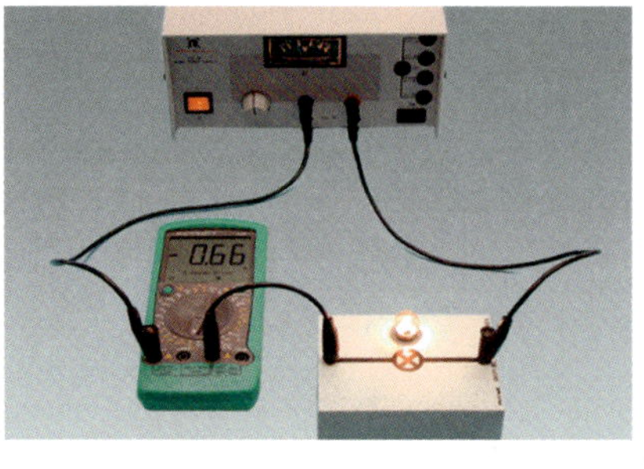

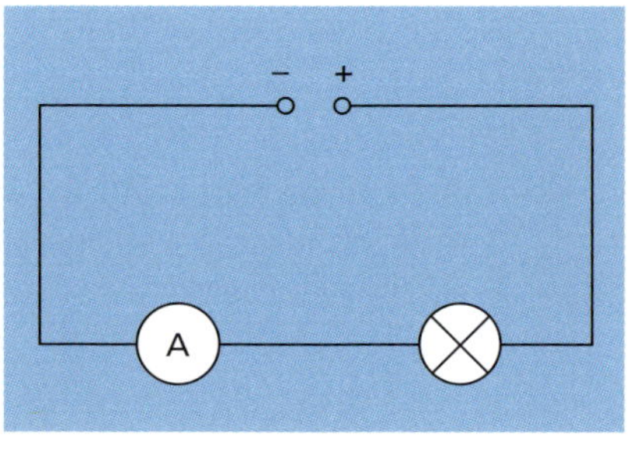

Vorgehen beim Messen der elektrischen Stromstärke mit einem Vielfachmessgerät

1. Stelle die Stromart (Gleich- oder Wechselstrom) am Messgerät ein, die im Stromkreis vorliegt!
2. Stelle den größten Messbereich für die Stromstärke am Messgerät ein!
3. Schalte das Messgerät in Reihe zum elektrischen Gerät in den Stromkreis ein! Achte bei Gleichstrom darauf, dass der Minuspol der elektrischen Quelle mit dem Minuspol des Messgeräts bzw. der Pluspol der Quelle mit dem Pluspol des Messgeräts verbunden wird!
4. Schalte den Messbereich des Messgeräts so weit herunter, dass günstig (möglichst im letzten Drittel der Skala) abgelesen werden kann! Der Messfehler ist dann am kleinsten.
5. Lies die Stromstärke ab! Beachte dabei, dass der eingestellte Messbereich den Höchstwert der Skala angibt!

4

Berechnen der elektrischen Stromstärke

Unter der Bedingung, dass ein elektrischer Strom konstanter Stärke fließt (I = konstant), kann die elektrische Stromstärke mit folgender Gleichung berechnet werden:

$I = \frac{Q}{t}$ $\quad Q$ elektrische Ladung
$\quad t$ Zeit

Aus dieser Gleichung ergeben sich folgende Beziehungen zwischen den Einheiten:

$$1\,\text{A} = \frac{1\,\text{C}}{1\,\text{s}} \quad \text{bzw.} \quad 1\,\text{C} = 1\,\text{A} \cdot \text{s}$$

Die Stromstärke in einem Leiter beträgt 1 mA.
Wie viele Elektronen bewegen sich in einer Sekunde durch den Leiterquerschnitt?

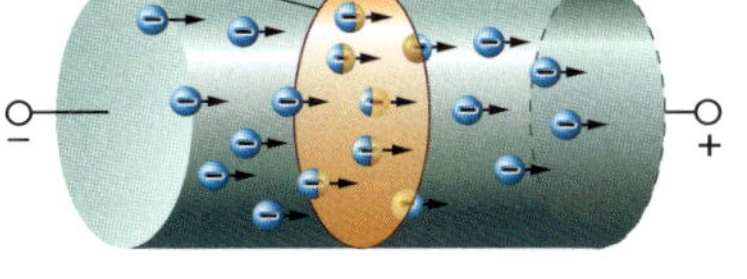

M ↗ S. 29

Analyse:
Es wird eine konstante Stromstärke angenommen. Die Ladung eines Elektrons ist die Elementarladung. Die Gesamtladung, die sich durch einen Leiterquerschnitt bewegt, ergibt sich aus der Ladung e eines Elektrons und der Anzahl N der Elektronen, wobei $Q = N \cdot e$ gilt.

M ↗ S. 57 f.

Gesucht: N (Anzahl der Elektronen in einer Sekunde)
Gegeben: $I = 1\,\text{mA} = 1 \cdot 10^{-3}\,\frac{\text{C}}{\text{s}}$
$t = 1\,\text{s}$
$e = 1{,}602 \cdot 10^{-19}\,\text{C}$

Lösung:

$$Q = N \cdot e \quad | :e \qquad I = \frac{Q}{t} \quad | \cdot t$$

$$N = \frac{Q}{e} \qquad Q = I \cdot t$$

$$N = \frac{I \cdot t}{e}$$

$$N = \frac{10^{-3}\,\text{C} \cdot 1\,\text{s}}{\text{s} \cdot 1{,}602 \cdot 10^{-19}\,\text{C}}$$

$$N = 6{,}2 \cdot 10^{15}$$

Ergebnis:
Bei einer Stromstärke von 1 mA bewegen sich in einer Sekunde etwa $6 \cdot 10^{15}$ Elektronen durch den Leiterquerschnitt.

4.2.2 Die elektrische Spannung

Die Größe elektrische Spannung

Die Einheit 1 V ist nach dem italienischen Naturforscher **ALESSANDRO VOLTA** (1745–1827) benannt.

Die elektrische Spannung gibt an, wie stark der Antrieb des elektrischen Stroms ist.

Formelzeichen: *U*

Einheit: ein Volt (1 V)

Vielfaches der Einheit 1 V ist ein Kilovolt (1 kV):

1 kV = 1 000 V

Teil der Einheit 1 V ist ein Millivolt (1 mV):

1 mV = 0,001 V

Elektrische Spannungen in Natur und Technik	
Körperzellen des Menschen Knopfzelle	≈ 70 mV 1,35 V
Monozelle, Mignonzelle Fahrraddynamo	1,5 V 6 V
Autobatterie Wechselstrom in Haushaltssteckdose	12 V 230 V
Zitteraal Generator im Kraftwerk	bis 800 V 15 000 V
Hochspannung im Fernsehgerät (Röhrengerät) Überlandleitung Blitz	bis 25 000 V bis 380 000 V bis 10^9 V

Messen der elektrischen Spannung

Als Spannungsmesser können **Drehspulmessgeräte** oder **Dreheisenmessgeräte** genutzt werden.

Die elektrische Spannung wird mithilfe von **Spannungsmessern,** auch **Voltmeter** genannt, gemessen. Häufig werden Vielfachmesser genutzt, die auch als Spannungsmesser geschaltet werden können.
Die elektrische Spannung, also der Antrieb des elektrischen Stroms, kann sowohl an der elektrischen Quelle als auch an elektrischen Verbrauchern gemessen werden.

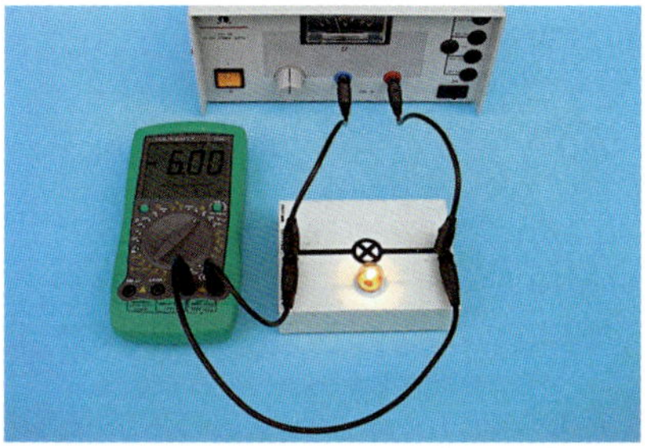

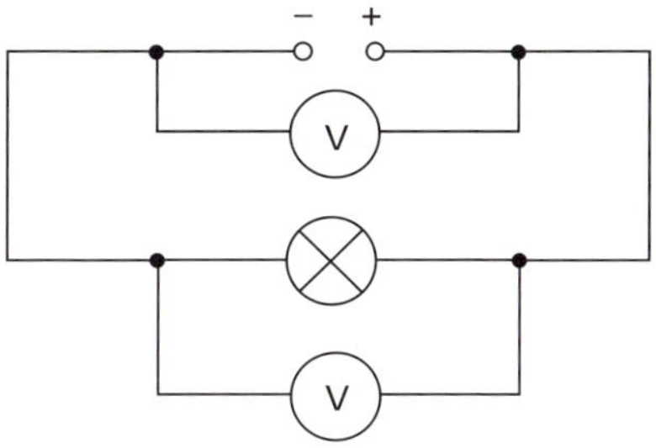

Spannungsmesser sind immer *parallel* zu dem elektrischen Bauteil zu schalten, an dem die Spannung gemessen werden soll.

Vorgehen beim Messen der elektrischen Spannung mit einem Vielfachmessgerät

1. Stelle die Stromart (Gleich- oder Wechselstrom) am Messgerät ein, die auch im Stromkreis vorliegt!
2. Stelle den größten Messbereich für die Spannung am Messgerät ein!
3. Schalte das Messgerät parallel zum elektrischen Gerät, an dem die Spannung gemessen werden soll! Achte dabei auf die Polung des Messgeräts, wenn Gleichstrom vorliegt!
4. Schalte den Messbereich des Messgeräts so weit herunter, dass günstig (möglichst im letzten Drittel der Skala) abgelesen werden kann! Der Messfehler ist dann am kleinsten.
5. Lies die Spannung ab! Beachte dabei, dass der eingestellte Messbereich den Höchstwert der Skala angibt!

Leerlaufspannung und Klemmenspannung

Beim **Leerlauf** ist der Verbraucher nicht leitend mit der elektrischen Quelle verbunden.

Die Spannung an einer elektrischen Quelle kann sowohl im Leerlauf (Verbraucher arbeitet nicht) als auch bei Betrieb des elektrischen Verbrauchers gemessen werden.

Leerlaufspannung U_L	Klemmenspannung U_K
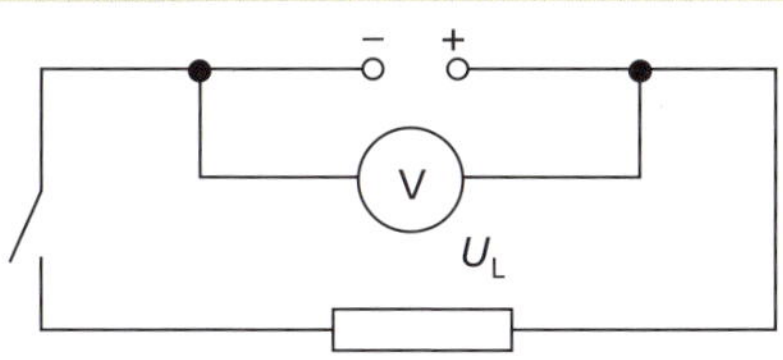	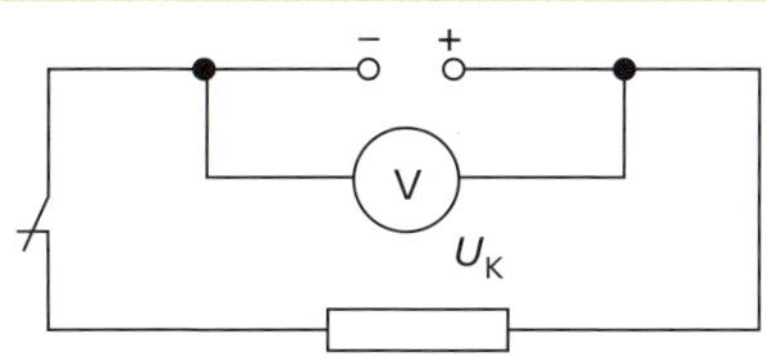
Der Stromkreis ist offen.	Der Stromkreis ist geschlossen.

Die Leerlaufspannung wird häufig auch als **Urspannung** U_0 und die Klemmenspannung einfach als Spannung U bezeichnet.

Die Klemmenspannung ist stets kleiner als die Leerlaufspannung, da bei geschlossenem Stromkreis ein Teil der Spannung der elektrischen Quelle für den Antrieb des elektrischen Stroms durch die Quelle selbst gebraucht wird:

$$U_K < U_L$$

Mit steigender Stromstärke sinkt die Klemmenspannung.

Berechnen der elektrischen Spannung

Die Arbeit wird vom **elektrischen Feld** (↗ S. 227 ff.) verrichtet, das im Leiter existiert, wenn eine **elektrische Spannung** anliegt.

Die elektrische Spannung gibt an, wie groß der Antrieb des elektrischen Stroms zwischen zwei Punkten des Stromkreises ist. Dieser Antrieb ist umso größer, je größer die Arbeit ist, die für die Bewegung der Ladungen zwischen diesen Punkten des Stromkreises aufgebracht werden muss.

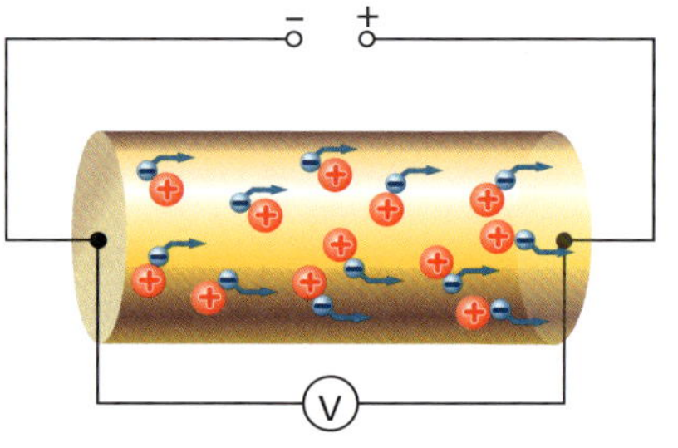

Die elektrische Spannung kann berechnet werden mit der Gleichung:

$$U = \frac{W}{Q}$$

W Arbeit im elektrischen Feld
Q elektrische Ladung

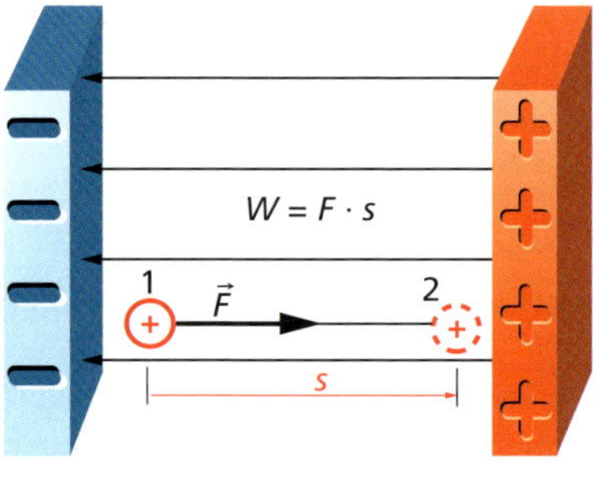

In jedem beliebigen elektrischen Feld ist eine Arbeit erforderlich, um einen geladenen Körper zu verschieben.
Diese Arbeit ist umso größer, je größer die Spannung zwischen den betreffenden Punkten des Felds und je größer die Ladung ist. Liegt ein homogenes Feld vor (↗ S. 227), so ist die Kraft auf einen geladenen Körper überall gleich groß. Die Arbeit kann demzufolge so berechnet werden, wie es in der Skizze angegeben ist. Bei einem beliebigen elektrischen Feld ist für die Verschiebungsarbeit die Spannung zwischen den betreffenden Punkten entscheidend. Auf welchem Weg die Ladung von Punkt 1 zu Punkt 2 bewegt wird, hat keinen Einfluss auf den Wert der Verschiebungsarbeit.

Ein Körper hat eine Ladung von $2 \cdot 10^{-10}$ C. Er soll von einem Punkt eines elektrischen Felds zu einem anderen verschoben werden. Die Spannung zwischen den beiden Punkten beträgt 15 V.
Wie groß ist die erforderliche Arbeit?

Analyse:
Beim Verschieben des geladenen Körpers muss eine Arbeit gegen die Spannung des elektrischen Felds verrichtet werden.

M ↗ S. 57 f.

Gesucht: W
Gegeben: $Q = 2 \cdot 10^{-10}\ \text{C} = 2 \cdot 10^{-10}\ \text{A} \cdot \text{s}$
$U = 15\ \text{V}$

Lösung:

$$W = U \cdot Q$$

$$W = 15\ \text{V} \cdot 2 \cdot 10^{-10}\ \text{A} \cdot \text{s}$$

$$\underline{W = 3 \cdot 10^{-9}\ \text{W} \cdot \text{s}}$$

Für die Einheiten gilt:
$1\ \text{V} \cdot \text{A} \cdot \text{s} = 1\ \text{Ws}$
$1\ \text{Ws} = 1\ \text{Nm}$

Ergebnis:
Zum Verschieben des geladenen Körpers ist eine Arbeit von $3 \cdot 10^{-9}$ Nm erforderlich.

4.2.3 Der elektrische Widerstand

Die Größe elektrischer Widerstand

Die Bewegung der elektrischen Ladungen im Stromkreis wird behindert. So stoßen z. B. im metallischen Leiter die sich bewegenden Elektronen mit den Ionen des Metallgitters zusammen (↗ S. 210). Dem elektrischen Strom wird so ein Widerstand entgegengesetzt. Dieser Widerstand ist umso größer, je stärker der Stromfluss behindert wird. Die elektrische Spannung, der Antrieb des elektrischen Stroms, verursacht entgegen dem Widerstand einen Stromfluss und gewährleistet eine bestimmte Stromstärke im Stromkreis. Der elektrische Widerstand eines Leiters gibt an, wie stark der Stromfluss in diesem Leiter behindert wird.

Der elektrische Widerstand eines Bauteils oder Geräts gibt an, welche Spannung für einen elektrischen Strom der Stärke 1 A erforderlich ist.

Formelzeichen: R

Einheit: ein Ohm (1 Ω)

Die Einheit 1 Ω ist nach dem deutschen Physiker **GEORG SIMON OHM** (1789–1854) benannt.

Für die Einheit ein Ohm gilt:

$$1\ \Omega = \frac{1\ \text{V}}{1\ \text{A}}$$

Vielfache der Einheit 1 Ω sind ein Kiloohm (1 kΩ) und ein Megaohm (1 MΩ):

$$1\ \text{k}\Omega = 1\,000\ \Omega$$

$$1\ \text{M}\Omega = 1\,000\ \text{k}\Omega = 1\,000\,000\ \Omega$$

Elektrische Widerstände in Natur und Technik	
Verlängerungskabel im Haushalt	0,1 Ω
Heizung einer Waschmaschine mit 2000 W Heizleistung	26 Ω
Heizplatte im Elektroherd (800 W)	66 Ω
Körperwiderstand des Menschen (von Hand zu Hand)	1200 Ω
11-W-Energiesparlampe	4800 Ω

Messen und Berechnen des elektrischen Widerstandes

Der elektrische Widerstand von Bauteilen oder Geräten kann mithilfe von **Widerstandsmessern** gemessen werden. Dazu können auch Vielfachmessgeräte genutzt werden, in denen eine elektrische Quelle eingesetzt ist.

▶ Beachte beim Messen von Stromstärke und Spannung, dass es eine **stromrichtige** und eine **spannungsrichtige Messschaltung** gibt (↗ S. 224).

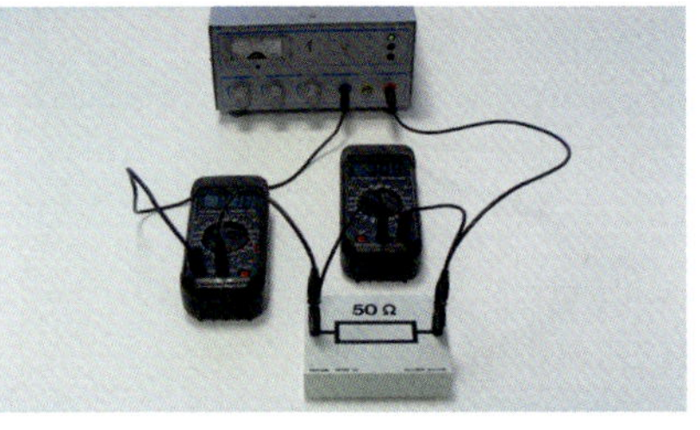

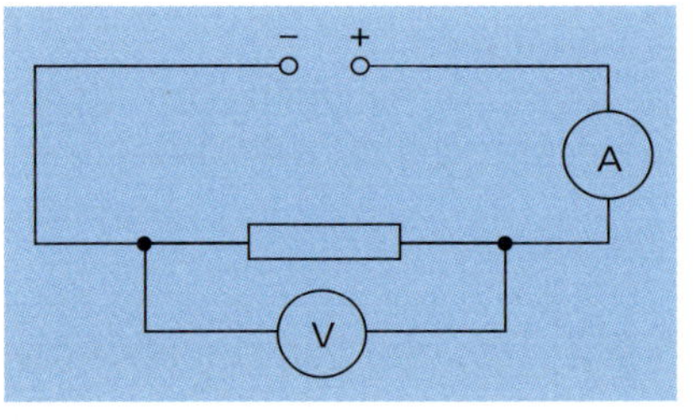

Der elektrische Widerstand kann berechnet werden mit der Gleichung:

$R = \frac{U}{I}$ U elektrische Spannung
I elektrische Stromstärke

Durch eine 40-W-Glühlampe fließt bei einer Temperatur des Glühfadens von ca. 2500 °C und einer Spannung von 230 V eine Stromstärke von 175 mA.
Berechne den elektrischen Widerstand der Glühlampe bei Betriebstemperatur!

Analyse:
Aus Spannung und Stromstärke kann der elektrische Widerstand berechnet werden.

M ↗ S. 57 f.

Gesucht: R
Gegeben: $U = 230\ \text{V}$
$I = 175\ \text{mA} = 0{,}175\ \text{A}$

Lösung:

$$R = \frac{U}{I}$$
$$R = \frac{230\ \text{V}}{0{,}175\ \text{A}}$$
$$\underline{R = 1300\ \Omega = 1{,}3\ \text{k}\Omega}$$

▶ Für die Einheiten gilt:
$\frac{1\ \text{V}}{1\ \text{A}} = 1\ \Omega$

Ergebnis:
In Betrieb hat die 40-W-Glühlampe einen Widerstand von 1,3 kΩ.

Der elektrische Widerstand eines metallischen Leiters kann mithilfe des **Widerstandsgesetzes** berechnet werden.

Unter der Bedingung, dass die Temperatur des Leiters konstant bleibt (ϑ = konstant), gilt:

$R = \varrho \cdot \frac{l}{A}$

ϱ spezifischer elektrischer Widerstand
l Länge des metallischen Leiters
A Querschnittsfläche des Leiters

Der **spezifische elektrische Widerstand** ist eine Stoffkonstante.

Der spezifische elektrische Widerstand gibt an, welchen Widerstand ein elektrischer Leiter aus diesem Stoff besitzt, der 1 m lang ist und eine Querschnittsfläche von 1 mm^2 hat.

Formelzeichen: ϱ

Einheit: ein Ohm mal Quadratmillimeter je Meter $\left(\frac{1\,\Omega \cdot \text{mm}^2}{\text{m}}\right)$

Spezifische elektrische Widerstände in $\frac{\Omega \cdot \text{mm}^2}{\text{m}}$ (bei 20 °C)	
Aluminium	0,028
Eisen	0,10
Kupfer	0,017
Messing	0,07
Stahl	0,10–0,20
Wolfram	0,053

Ein 1 km langes Starkstromkabel besteht aus drei Kupferleitungen mit Querschnittsflächen von je 300 mm^2.
Wie groß ist der elektrische Widerstand dieses Kabels?

Analyse:
Die drei Kupferleitungen wirken zusammen wie eine Leitung, da sie leitend miteinander verbunden sind. Es sei ϑ = konstant.

Gesucht: R

Gegeben: $l = 1\text{ km} = 1\,000\text{ m}$

$A = 3 \cdot 300\text{ mm}^2 = 900\text{ mm}^2$

$\varrho = 0{,}017\,\frac{\Omega \cdot \text{mm}^2}{\text{m}}$

Lösung:

$$R = \varrho \cdot \frac{l}{A}$$

$$R = 0{,}017 \cdot \frac{\Omega \cdot \text{mm}^2}{\text{m}} \cdot \frac{1\,000\text{ m}}{900\text{ mm}^2}$$

$$\underline{R = 0{,}019\,\Omega}$$

Ergebnis:
Das 1 km lange Starkstromkabel hat einen elektrischen Widerstand von 0,019 Ω. Der Widerstand eines solchen 1 km langen Kabels ist somit wesentlich geringer als der Widerstand einer Energiesparlampe (↗ S. 212).

Der spezifische elektrische Widerstand ist abhängig von der Temperatur. Damit ist auch der elektrische Widerstand von Leitern und damit der vieler anderer elektrischer Bauteile temperaturabhängig.

▶ Eine Ausnahme ist z. B. die Legierung **Konstantan**.

Der spezifische elektrische Widerstand von metallischen Leitern ist in der Regel umso größer, je höher deren Temperatur ist.

▶ Bei sehr niedrigen Temperaturen wird der elektrische Widerstand null. Diese Erscheinung wird als **Supraleitung** bezeichnet.

Bei einer höheren Temperatur schwingen die Metall-Ionen von metallischen Leitern stärker und weiter um ihre Ruhelage. Dadurch kommt es zu häufigeren Zusammenstößen der sich bewegenden Elektronen mit den Metall-Ionen. Die Bewegung des elektrischen Stroms wird stärker behindert. Die Temperatur eines Leiters kann sowohl von außen als auch durch den Stromfluss im Leiter selbst geändert werden.

■ Die Temperaturabhängigkeit des elektrischen Widerstands zeigt u. a. die **Kennlinie einer Glühlampe.**

▶ Mit Vergrößerung der Stromstärke erhöht sich die Temperatur des Glühfadens und somit vergrößert sich dessen Widerstand.

M ↗ S. 48

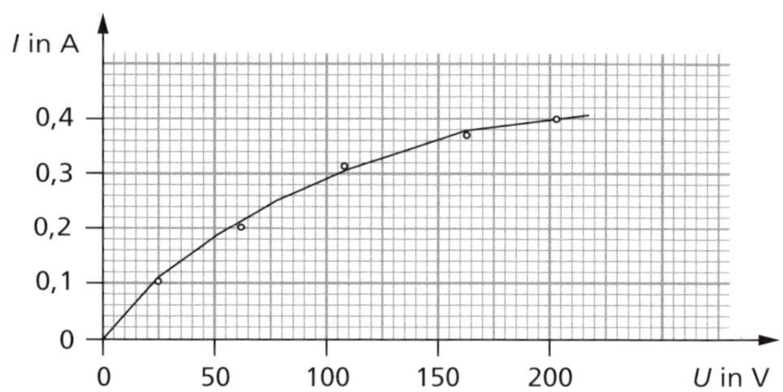

Technische Widerstände

In vielen technischen Geräten werden elektrische Bauteile benötigt, die feste **(Festwiderstände)** oder **regelbare elektrische Widerstände** besitzen. Man nennt sie einfach **Widerstände.**

Drahtwiderstände	Schichtwiderstände
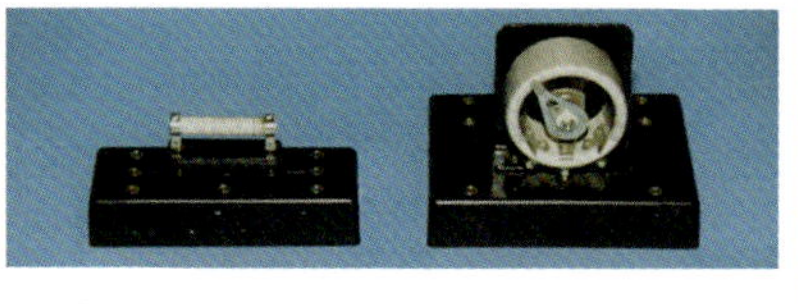	
Auf einem Isolator ist ein langer Draht aufgewickelt.	Auf einem Isolator ist eine dünne Schicht eines Stoffs (z. B. Kohle oder Metall) aufgedampft.

Der genaue Wert eines Festwiderstands ist in Form von Ringen als Farbcode auf dem Widerstand ablesbar.

Internationaler Farbcode für Widerstände der Reihen E6, E12, E24

Farbe	1. Ziffer	2. Ziffer	Multiplikator	Toleranz	Beispiel
Schwarz	0	0	× 1 Ω	–	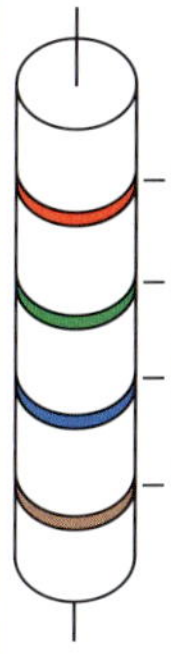
Braun	1	1	× 10 Ω	± 1 %	
Rot	2	2	× 100 Ω	± 2 %	
Orange	3	3	× 1 000 Ω	–	
Gelb	4	4	× 10 000 Ω	–	
Grün	5	5	× 100 000 Ω	–	
Blau	6	6	× 1 000 000 Ω	–	
Violett	7	7	–	–	
Grau	8	8	–	–	
Weiß	9	9	–	–	
Gold	–	–	× 0,1 Ω	± 5 %	
Silber	–	–	× 0,01 Ω	± 10 %	

Bei **regelbaren Widerständen** kann durch einen Gleit- oder Drehkontakt eine unterschiedliche Länge eines Widerstandsdrahts eingestellt werden. Dadurch ändert sich auch der Wert des Widerstands, denn es gilt $R \sim l$.

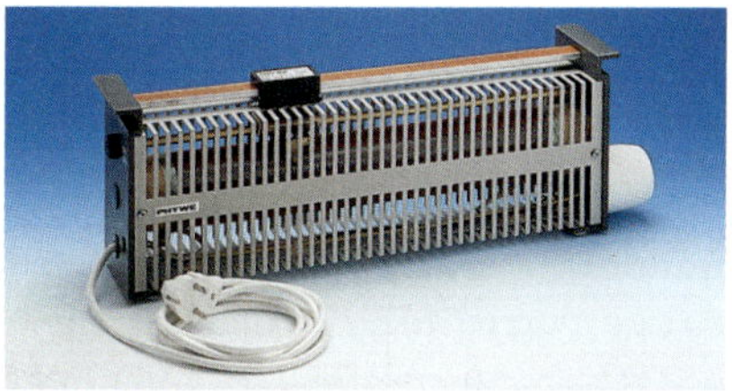

4.2.4 Elektrische Energie und Arbeit

Die Größe elektrische Energie

Elektrischer Strom besitzt elektrische Energie. Sie ist eine der Energieformen (↗ S. 358).

> Die elektrische Energie ist die Fähigkeit des elektrischen Stroms, mechanische Arbeit zu verrichten, Wärme abzugeben oder Licht auszusenden.
>
> Formelzeichen: E_{el}
>
> Einheit: ein Joule (1 J)
> eine Wattsekunde (1 Ws)

▶ Die Einheit 1 J ist nach dem englischen Physiker **JAMES PRESCOTT JOULE** (1818–1889) und die Einheit 1 W nach dem schottischen Erfinder **JAMES WATT** (1736–1819) benannt.

Für die Einheiten gilt:

$$1\ \text{J} = 1\ \text{Ws} = 1\ \text{V} \cdot \text{A} \cdot \text{s}$$

Vielfaches der Einheit 1 Ws ist eine Kilowattstunde (1 kWh):

$$1\ \text{kWh} = 3\,600\,000\ \text{Ws} = 3{,}6 \cdot 10^6\ \text{Ws}$$

Messen und Berechnen der elektrischen Energie

Die genutzte elektrische Energie kann mit einem **Kilowattstundenzähler (Elektrizitätszähler, Energiezähler)** gemessen werden. Die in einem Stromkreis umgewandelte elektrische Energie ist umso größer, je größer die Spannung und die Stromstärke sind und je länger die Geräte im Stromkreis in Betrieb sind.

> Die in einem Stromkreis umgewandelte elektrische Energie kann unter den Bedingungen U = konstant und I = konstant berechnet werden mit der Gleichung:
>
> $E_{el} = U \cdot I \cdot t$
>
> U elektrische Spannung
> I elektrische Stromstärke
> t Zeit

Die Größe elektrische Arbeit

Bei der Umwandlung elektrischer Energie in andere Energieformen wird Arbeit verrichtet, die **elektrische Arbeit.**

Die Einheit 1 W ist nach dem schottischen Erfinder **JAMES WATT** (1736–1819) benannt.

> Die elektrische Arbeit gibt an, wie viel elektrische Energie des Stroms in andere Energieformen umgewandelt wird.
>
> Formelzeichen: W
>
> Einheit: eine Wattsekunde (1 Ws)

Vielfaches der Einheit 1 Ws ist eine Kilowattstunde (1 kWh):

$$1\ \text{kWh} = 3\,600\,000\ \text{Ws} = 3{,}6 \cdot 10^6\ \text{Ws}$$

Elektrische Arbeiten in der Technik	
Taschenrechner bei 10 Stunden Betrieb	720 Ws
Energiesparlampe (15 W) bei einer Stunde Betrieb	0,015 kWh
75-W-Glühlampe bei einer Stunde Betrieb	0,075 kWh
Mikrowelle (0,8 kW) bei 10 Minuten Betrieb	0,13 kW
Waschmaschine (2 kW) bei einer Stunde Betrieb	2 kWh
100-W-Glühlampe bei 1000 Stunden Betrieb	100 kWh
Anfahren eines ICE in 5 Minuten	350 kWh
Herdplatte (1 kW) bei 1000 Stunden Betrieb	1000 kWh

Messen und Berechnen der elektrischen Arbeit

Bei der Umwandlung elektrischer Energie in mechanische Arbeit, Licht oder Wärme verrichtet der elektrische Strom in einem Stromkreis bzw. einem elektrischen Gerät **elektrische Arbeit.**
Deshalb gilt:

> Die vom elektrischen Strom verrichtete elektrische Arbeit ist gleich der umgewandelten elektrischen Energie.
>
> $W = \Delta E_{el}$

Es besteht der allgemeine Zusammenhang, dass die Arbeit gleich der Energieänderung ist: $W = \Delta E$

Deshalb kann auch die elektrische Arbeit des Stroms mit einem Kilowattstundenzähler (Elektrizitätszähler, Energiezähler) (↗ S. 216) gemessen werden.
Die Berechnung der elektrischen Arbeit erfolgt ebenfalls wie die der elektrischen Energie.

> Unter den Bedingungen U = konstant und I = konstant kann die elektrische Arbeit berechnet werden mit der Gleichung:
>
> $W = U \cdot I \cdot t$ U elektrische Spannung
I elektrische Stromstärke
t Zeit

Bei der Stromabrechnung im Haushalt muss diese mit dem Elektrizitätszähler gemessene elektrische Arbeit bezahlt werden.

Beim Anlassen eines Automotors fließt kurzfristig ein Strom der Stärke 200 A. Die Spannung an der Batterie beträgt in diesem Fall 10 V.
Welche elektrische Arbeit wird verrichtet, wenn der Vorgang 5 s dauert?

Analyse:
Es wird davon ausgegangen, dass während des Anlassens Spannung und Stromstärke konstant sind.

M ↗ S. 57 f.

Gesucht: W
Gegeben: $I = 200\text{ A}$
$U = 10\text{ V}$
$t = 5\text{ s}$

Lösung:

$W = U \cdot I \cdot t$
$W = 10\text{ V} \cdot 200\text{ A} \cdot 5\text{ s}$
$\underline{W = 10\,000\text{ Ws}}$

Für die Einheiten gilt: $1\text{ V} \cdot 1\text{ A} = 1\text{ W}$

Ergebnis:
In den fünf Sekunden des Anlassvorgangs wird eine elektrische Arbeit von 10 000 Ws verrichtet. Das sind 0,003 kWh.

4

4.2.5 Die elektrische Leistung

Die Größe elektrische Leistung

Die Einheit 1 W ist nach dem schottischen Erfinder **JAMES WATT** (1736–1819) benannt.

> Die elektrische Leistung gibt an, wie viel elektrische Arbeit der elektrische Strom in jeder Sekunde verrichtet bzw. wie viel elektrische Energie in andere Energieformen umgewandelt wird.
>
> Formelzeichen: *P*
>
> Einheit: ein Watt (1 W)

Für die Einheit ein Watt gilt:

$$1\ \text{W} = 1\ \text{V} \cdot \text{A}$$

Vielfache der Einheit 1 W sind ein Kilowatt (1 kW) und ein Megawatt (1 MW):

$$1\ \text{kW} = 1\,000\ \text{W}$$

$$1\ \text{MW} = 1\,000\ \text{kW} = 1\,000\,000\ \text{W}$$

Elektrische Leistungen in Natur und Technik	
Taschenrechner	0,02 W
Spielzeugmotor	1 W
Fahrraddynamo	3 W
Energiesparlampen	5 W–20 W
Glühlampen im Haushalt	25 W–100 W
Scheinwerferlampen im Auto	60 W
Heizkissen	60 W
Küchenmaschine	200 W
Mikrowelle	0,8 kW
Tauchsieder, Kochplatte	bis 1 kW
Bügeleisen	1,1 kW
Waschmaschine	2 kW
Motor einer Elektrolokomotive	5 MW
Kraftwerksblock	bis 1 000 MW

Messen und Berechnen der elektrischen Leistung

Die elektrische Leistung eines Gerätes kann mit einem **Leistungsmesser** gemessen werden.

> Die elektrische Leistung eines Geräts oder Bauteils in einem Stromkreis kann berechnet werden mit der Gleichung:
>
> $P = \frac{W}{t}$ W elektrische Arbeit
>
> t Zeit

Die elektrische Leistung eines Geräts oder Bauteils ist umso größer, je größer die Spannung und je größer die Stromstärke sind.

> Unter der Bedingung, dass die Spannung und die Stromstärke im Stromkreis konstant sind (U = konstant und I = konstant), kann die elektrische Leistung berechnet werden mit der Gleichung:
>
> $P = U \cdot I$ $\quad U$ elektrische Spannung
> $\quad I$ elektrische Stromstärke

Ein Fernsehgerät im Stand-by-Betrieb benötigt etwa 1 W.
Wie viel Energie wird „verbraucht", wenn eine Million Fernsehapparate nachts (8 Stunden) im Stand-by-Betrieb laufen?
Welche Folgerung kann man aus dem Ergebnis ableiten?

Analyse:
Die „verbrauchte" Energie ist nach $W = \Delta E_{el}$ gleich der verrichteten elektrischen Arbeit.

M ↗ S. 57 f.

Gesucht: ΔE_{el}
Gegeben: $P = 1\ \text{W}$
$N = 1\,000\,000$
$t = 8\ \text{h}$

Lösung:

$$N \cdot P = \frac{W}{t} \quad | \cdot t \qquad W = \Delta E_{el}$$

$$\Delta E_{el} = N \cdot P \cdot t$$

$$\Delta E_{el} = 1\,000\,000 \cdot 1\ \text{W} \cdot 8\ \text{h}$$

$$\underline{\Delta E_{el} = 8\,000\,000\ \text{Wh} = 8\,000\ \text{kWh}}$$

Die elektrische Leistung *eines* Fernsehapparates muss mit der Anzahl N der Geräte multipliziert werden.

Ergebnis:
Durch 1 Million Fernsehapparate werden im Stand-by-Betrieb innerhalb von 8 Stunden 8000 kWh Energie „verbraucht".
Das einzelne Gerät „verbraucht" zwar im Stand-by-Betrieb relativ wenig Energie, in der Summe tritt aber ein beachtlicher Energieverbrauch auf.
Deshalb sollten Gerät völlig abgeschaltet werden, wenn sie längere Zeit nicht in Betrieb sind.

4

4.2.6 Gesetze im Gleichstromkreis

Das ohmsche Gesetz

GEORG SIMON OHM untersuchte u. a. den Zusammenhang zwischen Spannung und Stromstärke.

Je größer die Spannung in einem Stromkreis ist, desto größer ist der Antrieb des elektrischen Stroms. Dies lässt vermuten, dass auch die Stromstärke mit steigender Spannung wächst. Auf dieser Vermutung aufbauend, entdeckte GEORG SIMON OHM (1789–1854) das nach ihm benannte **ohmsche Gesetz.**

> Für alle Leiter gilt unter der Bedingung einer konstanten Temperatur (ϑ = konstant):
>
> $U \sim I$

Daraus folgt für einen bestimmten metallischen Leiter:

$$\frac{U}{I} = \text{konstant}$$

Die Konstante ist der elektrische Widerstand R:

$$\frac{U}{I} = R$$

Der Graph im I-U-Diagramm ist eine Gerade, die durch den Koordinatenursprung verläuft.

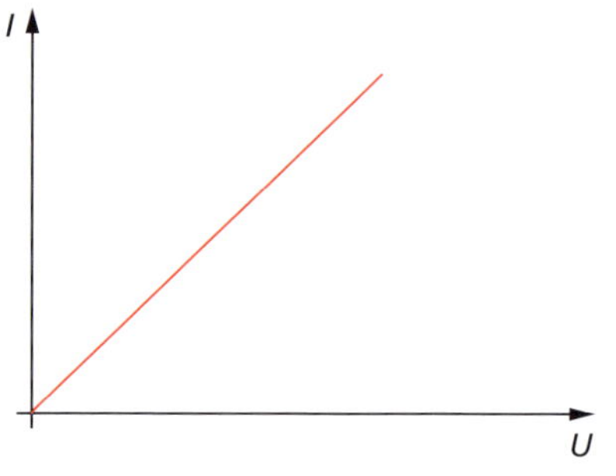

Spannungen, Stromstärken und Widerstände in unverzweigten und in verzweigten Stromkreisen

Die meisten elektrischen Stromkreise bestehen aus mehreren Bauteilen, die durch Reihen- oder Parallelschaltung miteinander verbunden sind (↗ S. 205). Dadurch entstehen unverzweigte oder verzweigte Stromkreise. Die Gesetze in solchen Stromkreisen kann man sich häufig schon durch ein einfaches Wassermodell veranschaulichen.

M ↗ S. 29

Unverzweigter Stromkreis	Verzweigter Stromkreis
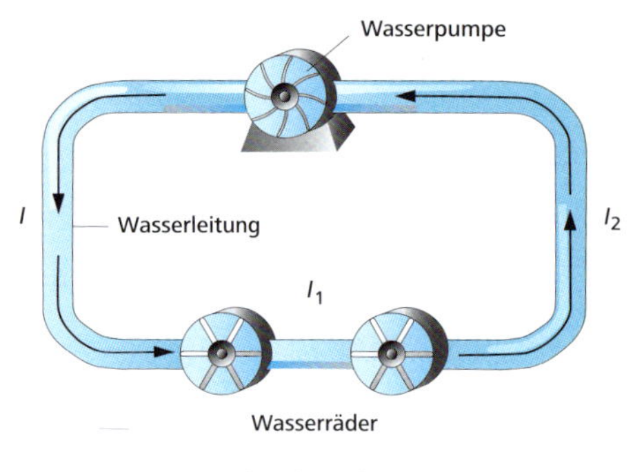	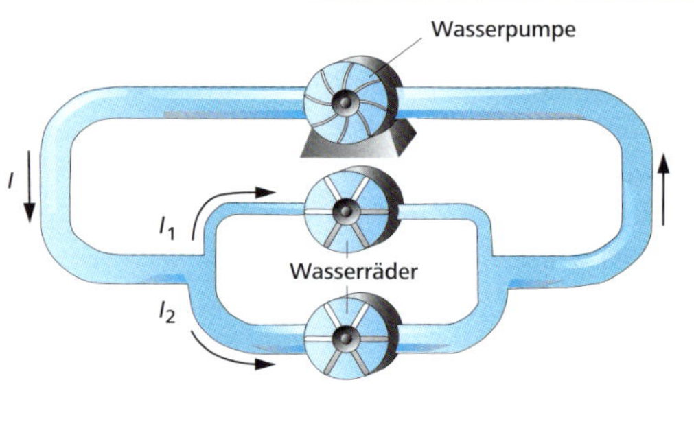
$I = I_1 = I_2$	$I = I_1 + I_2$

Reihenschaltung von Widerständen	Parallelschaltung von Widerständen
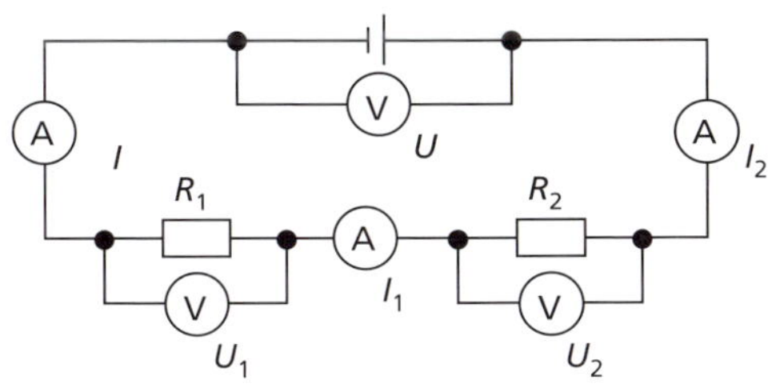	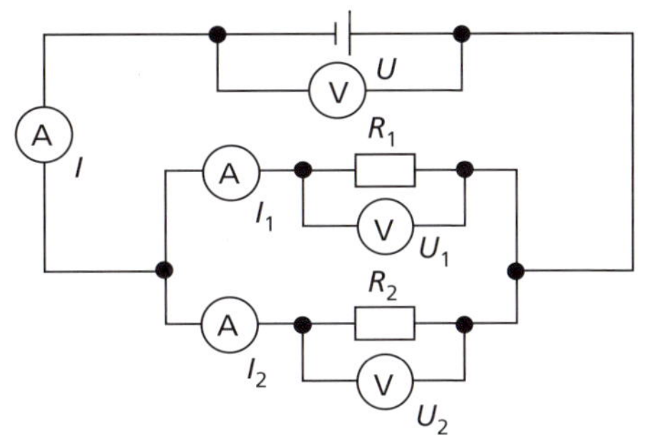
$I = I_1 = I_2$	$I = I_1 + I_2$
$U = U_1 + U_2$	$U = U_1 = U_2$
$R = R_1 + R_2$	$\frac{1}{R} = \frac{1}{R_1} + \frac{1}{R_2}$
Spannungsteilerregel: $\frac{U_1}{U_2} = \frac{R_1}{R_2}$	Stromteilerregel: $\frac{I_1}{I_2} = \frac{R_2}{R_1}$

Reihenschaltung von Spannungsquellen	Parallelschaltung von Spannungsquellen
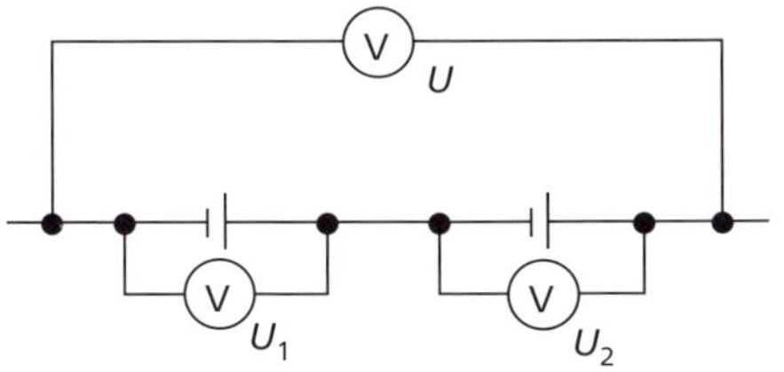	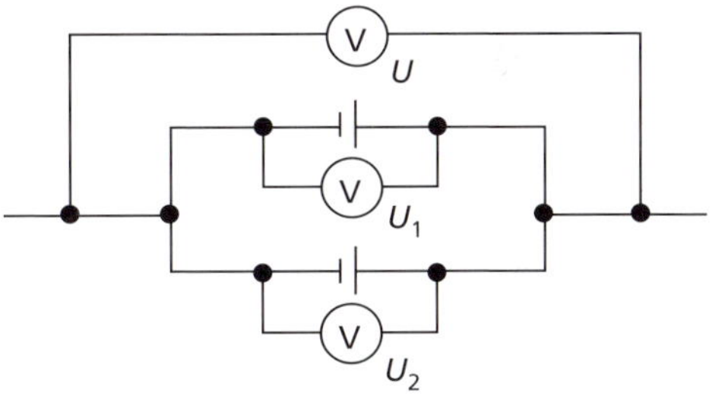
$U = U_1 + U_2$	Unter der Bedingung gleicher Spannungsquellen gilt: $U = U_1 = U_2$

Spannungsteilerschaltung (Potenziometerschaltung)	
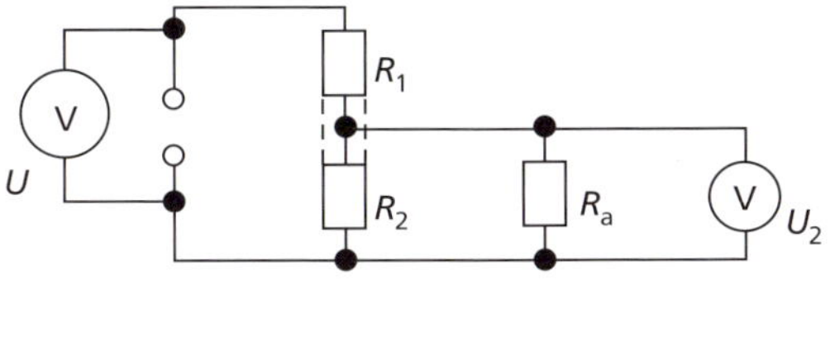	U Gesamtspannung U_2 Teilspannung R_1, R_2 Teilwiderstände R_a Lastwiderstand $U_2 = \frac{R_2}{R_1 + R_2 + \frac{R_1 \cdot R_2}{R_a}} \cdot U$

M ↗ S. 57 f.

In Beamern werden Halogenlampen als Lichtquellen verwendet.
Sie geben bei einer Stromstärke von ca. 6,3 A sehr helles Licht ab. Ihre Betriebsspannung beträgt jedoch nur 24 V.
Wie kann man solch eine Halogenlampe mit 24 V Betriebsspannung trotzdem an eine Netzspannung von 230 V anschließen?

Analyse:
Eine Möglichkeit, die Halogenlampe an 230 V Netzspannung anzuschließen, besteht darin, sie in Reihe mit einem Widerstand zu schalten. Die Netzspannung von 230 V teilt sich dann nach dem Gesetz für Spannungen in unverzweigten Stromkreisen

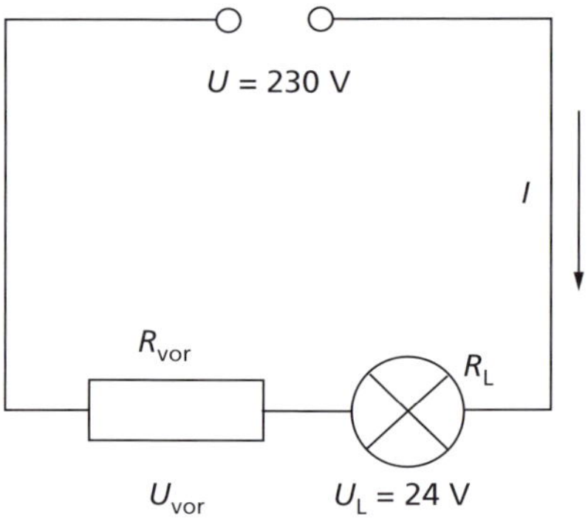

$U = U_1 + U_2$

auf den Vorwiderstand und die Halogenlampe auf.

▶ Bei Aufgaben zu elektrischen Stromkreisen sollte stets ein Schaltplan zum Sachverhalt der Aufgabe angefertigt werden.
Manchmal ist es auch sinnvoll, einen **Ersatzschaltplan** zu nutzen.

Gesucht: R_{vor}
Gegeben: $U = 230\ \text{V}$
$U_L = 24\ \text{V}$
$I = 6{,}3\ \text{A}$

Lösung:
Der Vorwiderstand kann nach folgender Gleichung berechnet werden:

$$R_{vor} = \frac{U_{vor}}{I}$$

U_{vor} ist nicht bekannt, kann aber mit dem Gesetz für Spannungen im unverzweigten Stromkreis berechnet werden:

$$U = U_{vor} + U_L \quad | - U_L$$
$$U_{vor} = U - U_L$$
$$U_{vor} = 230\ \text{V} - 24\ \text{V} = 206\ \text{V}$$

Damit lässt sich R_{vor} berechnen:

▶ Für die Einheiten gilt:
$\frac{1\ \text{V}}{1\ \text{A}} = 1\ \Omega$

$$R_{vor} = \frac{U_{vor}}{I}$$
$$R_{vor} = \frac{206\ \text{V}}{6{,}3\ \text{A}}$$
$$\underline{R_{vor} = 33\ \Omega}$$

Ergebnis:
Mit einem Vorwiderstand von 33 Ω kann man die Halogenlampe an 230 V Netzspannung anschließen.

Innenwiderstände von elektrischen Quellen und Messgeräten

Auch elektrische Quellen und Messgeräte haben einen elektrischen Widerstand, den **Innenwiderstand,** da durch diese Geräte elektrischer Strom fließt und dieser Stromfluss behindert wird. Dadurch werden Stromstärke und Spannung im gesamten Stromkreis beeinflusst.

Bei einer elektrischen Quelle ist die Urspannung gleich der Leerlaufspannung: $U_0 = U_L$

Für sehr genaue Messungen und Berechnungen müssen deshalb die Innenwiderstände von elektrischen Quellen und von Messgeräten berücksichtigt werden.

Schaltung für einen einfachen Stromkreis mit Innenwiderstand

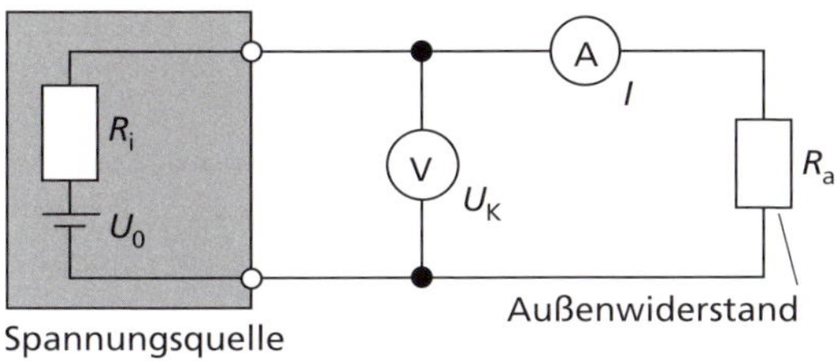

Für die **Klemmenspannung** gilt:

$U_K = U_0 - (I \cdot R_i)$

Für die **Stromstärke** gilt: $I = \frac{U_0}{R_i + R_a}$

R_i	Innenwiderstand der elektrischen Quelle
U_0	Urspannung der elektrischen Quelle
I	Stromstärke
R_a	Außenwiderstand
U_K	Klemmenspannung

Leerlauf:	$R_a \longrightarrow \infty$	$I = 0$	$U_K = U_0$
Kurzschluss:	$R_a \longrightarrow 0$	$I = \frac{U_0}{R_i}$	$U_K \longrightarrow 0$

Anpassung (maximale Leistung): $R_a = R_i$

Um mit elektrischen Messgeräten sowohl möglichst kleine als auch möglichst große Spannungen und Stromstärken zu messen, werden die Messbereiche der Geräte mit Vor- oder Nebenwiderständen erweitert.

Messbereichserweiterung eines Stromstärkemessers

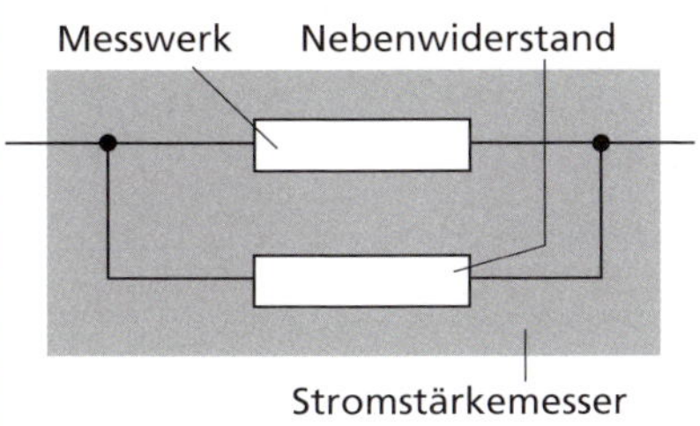

Messbereichserweiterung eines Spannungsmessers

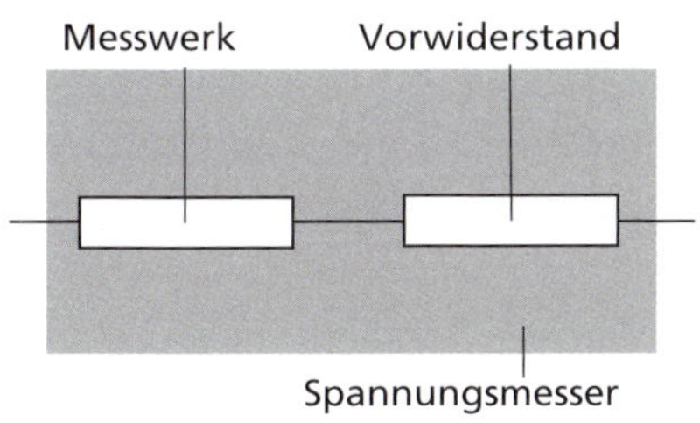

Mit einem Vielfachmessgerät kann man sowohl sehr kleine als auch sehr große Stromstärken messen.
Bei einem bestimmten Messgerät lässt das Messwerk selbst jedoch nur eine Stromstärke bis maximal 0,1 A zu. Wird es stärker belastet, kann die Stromstärke nicht mehr abgelesen werden und das Messgerät kann zerstört werden. Das Messwerk selbst hat einen Widerstand von 50 Ω.

M ↗ S. 57 f.

Wie kann der Messbereich erweitert werden, um eine Stromstärke bis zu 1 A messen zu können?

Analyse:
Den Messbereich eines Stromstärkemessers erweitert man durch einen Nebenwiderstand, der parallel zum Messwerk geschaltet wird. Dadurch teilt sich der Gesamtstrom in zwei Teilströme auf, wobei nur ein Teilstrom durch das Messwerk fließt: $I_1 = I - I_2$.

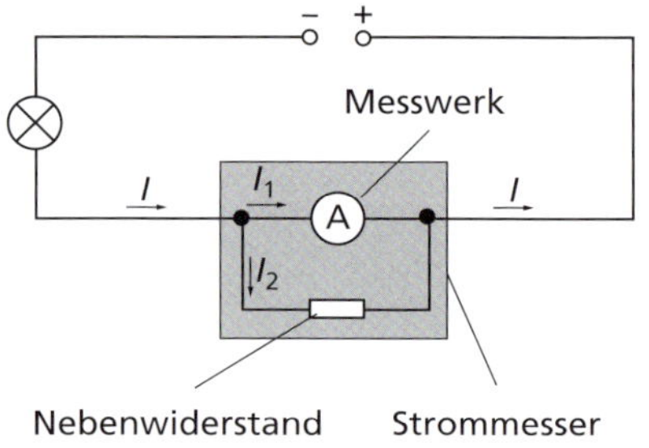

Gesucht: R_2 (Widerstand des Nebenwiderstands)
Gegeben: $R_1 = 50\ \Omega$
$I_1 = 0{,}1\ \text{A}$
$I = 1\ \text{A}$

Lösung:

$$R_2 = \frac{U}{I_2}$$

▶ Für die Einheiten gilt: $\frac{1\ \text{V}}{1\ \text{A}} = 1\ \Omega$

U ist gleich der Spannung am Messwerk. Sie ergibt sich aus $U = R_1 \cdot I_1$ zu 5 V.
Die Stromstärke I_2 erhält man aus $I_2 = I - I_1$ zu 0,9 A. Damit ergibt sich für den Nebenwiderstand:

$$R_2 = \frac{5\ \text{V}}{0{,}9\ \text{A}}$$

$$\underline{R_2 = 5{,}6\ \Omega}$$

▶ Um die Beeinflussung des Stromkreises durch Messgeräte möglichst gering zu halten, sind diese so konstruiert, dass Stromstärkemesser einen möglichst kleinen und Spannungsmesser einen möglichst großen Innenwiderstand haben.

Ergebnis:
Der Messbereich des Messgerätes kann mit einem Nebenwiderstand von 5,6 Ω auf 1 A erweitert werden.

Die Innenwiderstände der Messgeräte beeinflussen die Genauigkeit der gemessenen Spannungen und Stromstärken. Durch die Art der Schaltung kann man die Messfehler klein halten.

Stromrichtige Messschaltung	**Spannungsrichtige Messschaltung**
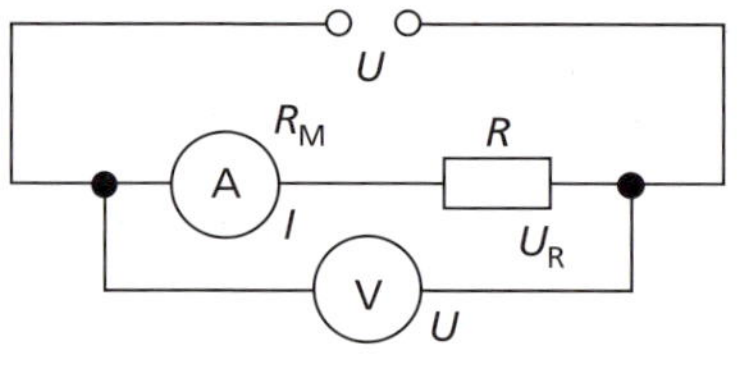	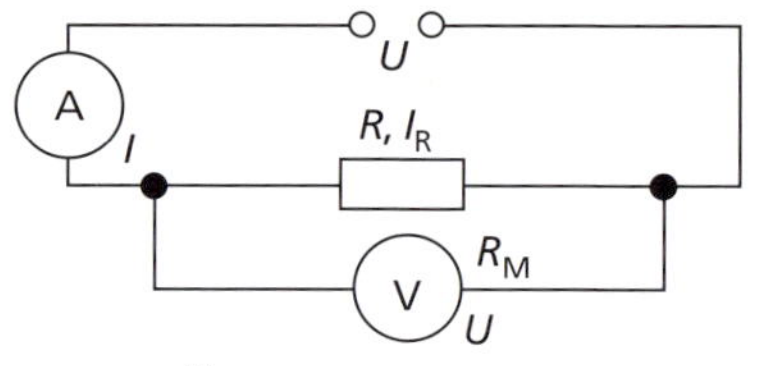
$U_R = U - I \cdot R_M$	$I_R = I - \frac{U}{R_M}$
Korrektur nicht erforderlich, wenn $R_M << R$.	Korrektur nicht erforderlich, wenn $R_M >> R$.

Schaltzeichen

	galvanische Spannungsquelle		Stecker Buchse		Fotowiderstand
	Spannungsquelle		Schalter als Schließer Öffner		Kondensator
	Gleichspannung Wechselspannung		Taster als Schließer Öffner		Elektrolytkondensator
	Drehstromnetz		Glühlampe		Drehkondensator
	Leitung		Glimmlampe		Diode
	Kreuzung von Leitungen ohne Verbindungen		Spule		Leuchtdiode (LED)
	Leitungsverzweigung: fest, lösbar		Spule mit Eisenkern		Fotoelement
	Verbindung mit Masse		Transformator		npn-Transistor
	Antenne		Dauermagnet		pnp-Transistor
	Verbindung mit Erde		Widerstand		Spannungsmesser
	Schutzerdung		stellbarer Widerstand		Stromstärkemesser
	Schutzisolierung		NTC-Widerstand (Heißleiter)		Mikrofon
	Sicherung		PTC-Widerstand (Kaltleiter)		Wechselstrommotor
	Lautsprecher		Generator		Leistungsmesser
	Klingel		Motor		Oszilloskop

4

Elektrische Stromkreise

Wichtige physikalische Größen in der Elektrizitätslehre sind die **elektrische Stromstärke,** die **elektrische Spannung** und der **elektrische Widerstand.**

Stromstärke *I*	**Spannung *U***	**Widerstand *R***
gibt an, wie viele Ladungsträger sich in jeder Sekunde durch den Querschnitt eines Leiters bewegen.	gibt an, wie stark die Ladungsträger angetrieben werden.	eines Bauteils gibt an, wie stark der elektrische Strom in ihm behindert wird.
Einheiten: ein Ampere (1 A)	**Einheiten:** ein Volt (1 V)	**Einheiten:** ein Ohm (1 Ω)
Messung: 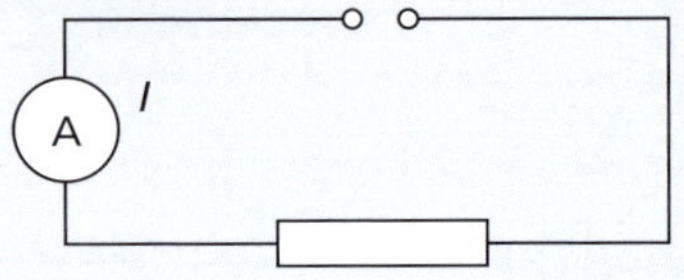	**Messung:** 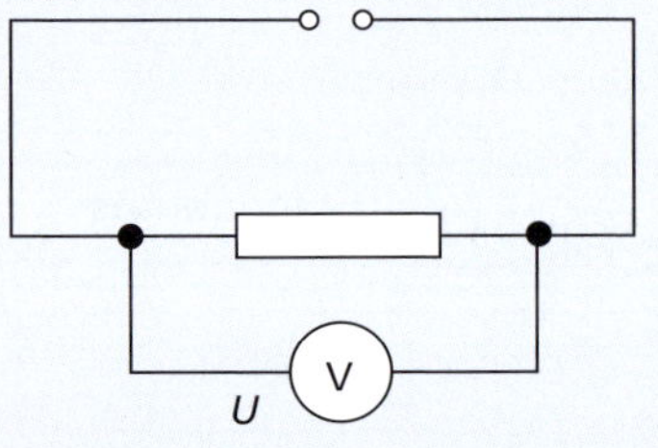	**Messung:** 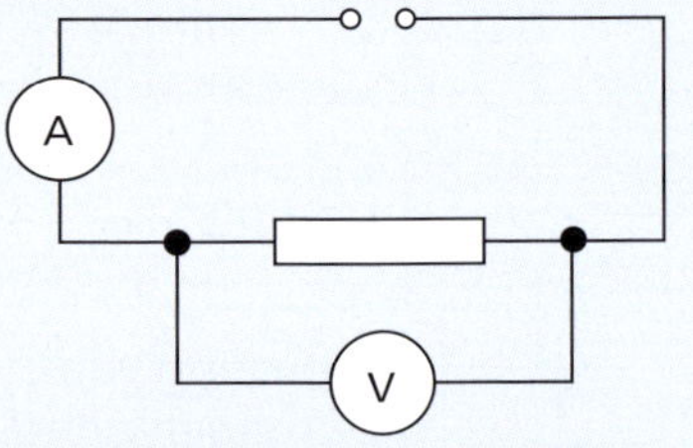

Für den Zusammenhang zwischen Spannung *U*, Stromstärke *I* und Widerstand *R* gilt:

$$R = \frac{U}{I}$$

Der Widerstand eines Drahts der Länge *l* und der Querschnittsfläche *A* beträgt:

$$R = \varrho \cdot \frac{l}{A}$$

Unverzweigter Stromkreis	**Verzweigter Stromkreis**
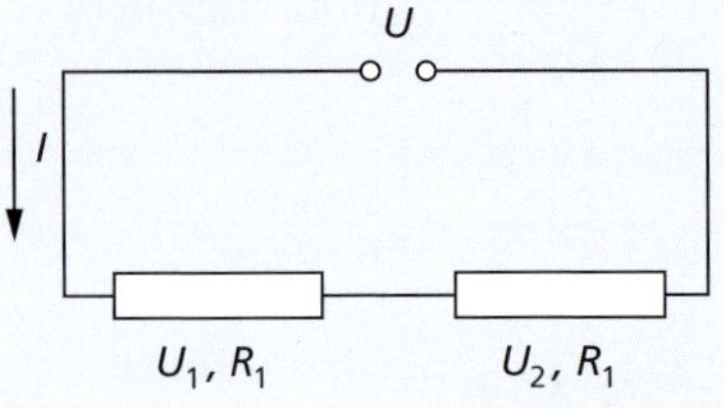 $I = I_1 = I_2$ $U = U_1 + U_2$ $R = R_1 + R_2$	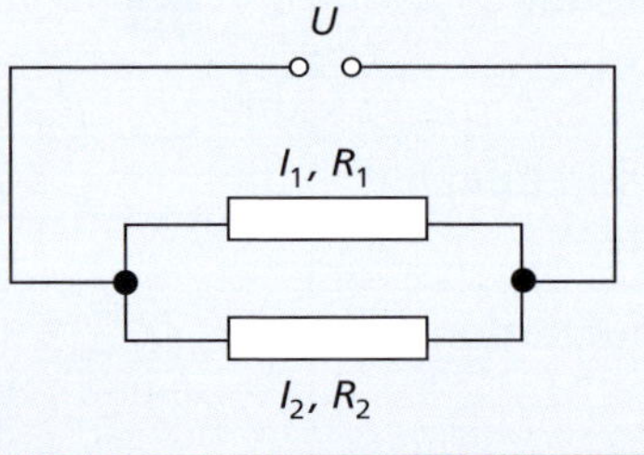 $I = I_1 + I_2$ $U = U_1 = U_2$ $\frac{1}{R} = \frac{1}{R_1} + \frac{1}{R_2}$

Die elektrische Leistung *P* gibt an, wie viel elektrische Energie je Sekunde in einem Gerät in andere Energieformen umgewandelt wird. Es gilt:

$$P = U \cdot I$$

Die elektrische Energie *E*, die in einem Gerät in der Zeit *t* umgesetzt wird, beträgt:

$$E = P \cdot t$$

$$E = U \cdot I \cdot t$$

4.3 Elektrische und magnetische Felder

4.3.1 Das elektrische Feld

Elektrische Felder und ihre Darstellung

Zwischen elektrisch geladenen Körpern wirken anziehende oder abstoßende Kräfte (↗S. 198). Die elektrische Ladung versetzt den *Raum um einen geladenen Körper* in einen besonderen Zustand, sodass in diesem Raum auf andere geladene Körper Kräfte wirken. Im Raum um einen geladenen Körper existiert ein **elektrisches Feld.**

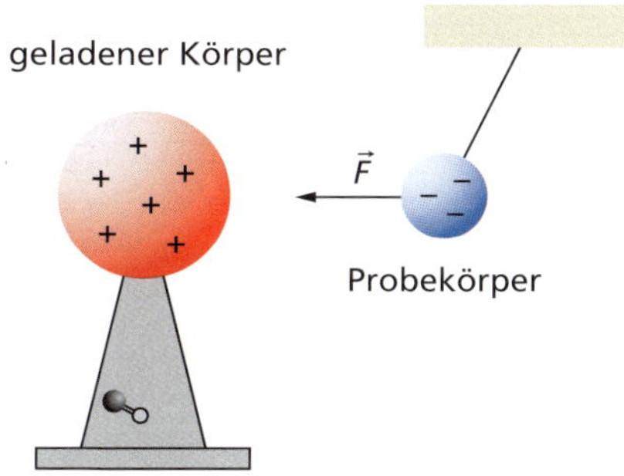

▶ Die Richtung der Feldlinien verläuft vereinbarungsgemäß von + nach –.

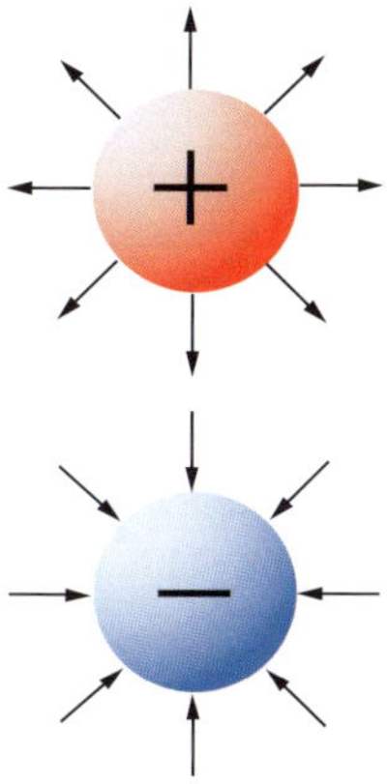

> Ein elektrisches Feld ist der Zustand des Raums um einen elektrisch geladenen Körper, in dem auf andere elektrisch geladene Körper Kräfte ausgeübt werden.

Elektrische Felder können mithilfe von **Feldlinienbildern** dargestellt werden. Ein **Feldlinienbild** ist ein *Modell* für das elektrische Feld. Es macht Aussagen über Beträge und Richtungen der Kräfte auf Probekörper im elektrischen Feld.

> Für das Feldlinienbild als Modell des elektrischen Felds gilt:
> - Je größer die Anzahl der Feldlinien in einem bestimmten Gebiet des Felds ist, desto stärker ist die dort wirkende Kraft auf einen geladenen Körper.
> - Die Richtung der Feldlinien gibt die Richtung der wirkenden Kraft auf einen geladenen Körper an. Dabei ist die Art der Ladung zu beachten.

▶ Das Modell der Feldlinien wurde von **MICHAEL FARADAY** (1791–1867) in die Physik eingeführt. Er erwarb sich große Verdienste um die Physik der Felder.

Feldlinien lassen sich auch experimentell veranschaulichen, wenn sich Grieskörnchen in Öl in einem elektrischen Feld befinden. Unter der Wirkung des elektrischen Felds richten sich die Grieskörnchen in Richtung der Feldlinien aus.

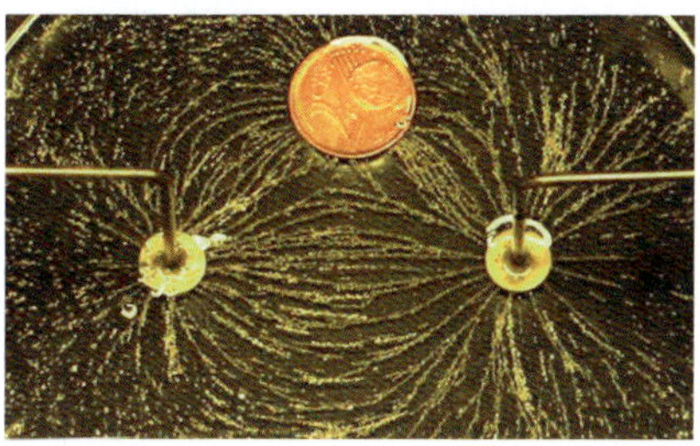

Man unterscheidet homogene und inhomogene Felder.

Ein **homogenes Feld** liegt vor, wenn es an allen Stellen gleich stark ist, also die Kraft auf einen Probekörper überall gleich groß ist.
Ein **inhomogenes Feld** liegt vor, wenn es von Ort zu Ort unterschiedlich stark ist.

▶ In einem homogenen Feld verlaufen die Feldlinien immer parallel und in gleichem Abstand voneinander.

Feld eines Plattenkondensators	Feld zweier geladener Kugeln
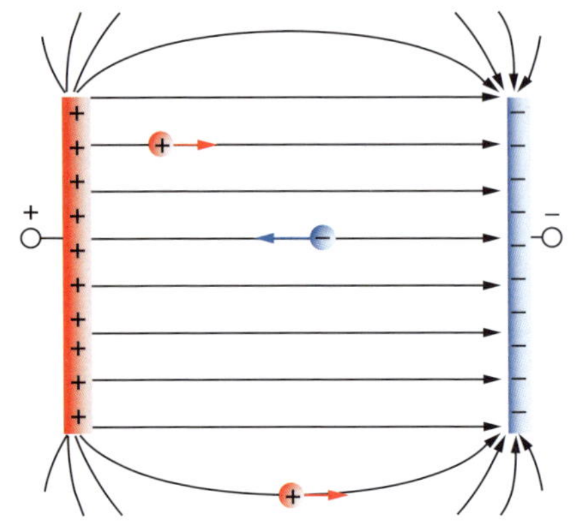	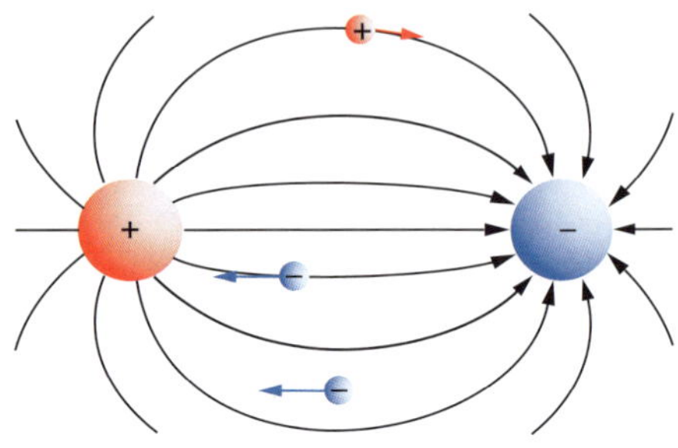
Das Feld zwischen den Platten des Plattenkondensators ist überall gleich stark. Dieser Teil des Felds ist ein **homogenes** Feld.	Das Feld zwischen zwei geladenen Kugeln ist von Ort zu Ort unterschiedlich stark. Es ist ein **inhomogenes** Feld.

Feldlinienbilder elektrischer Felder

Punktladung	Geladene Spitze	Elektrischer Dipol
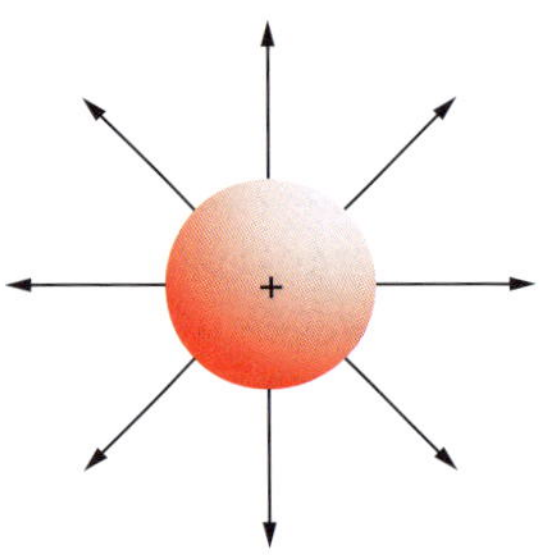	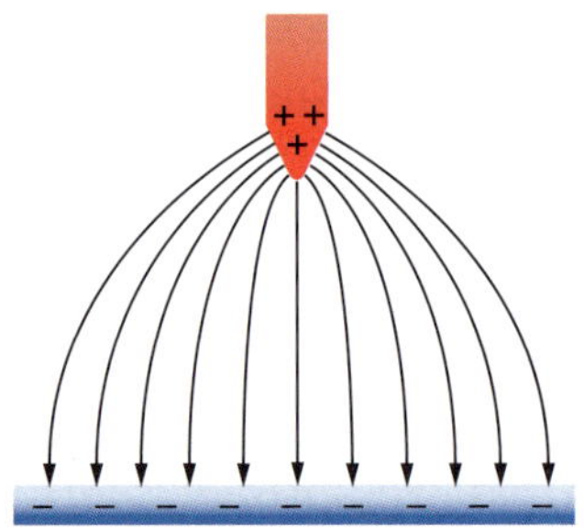	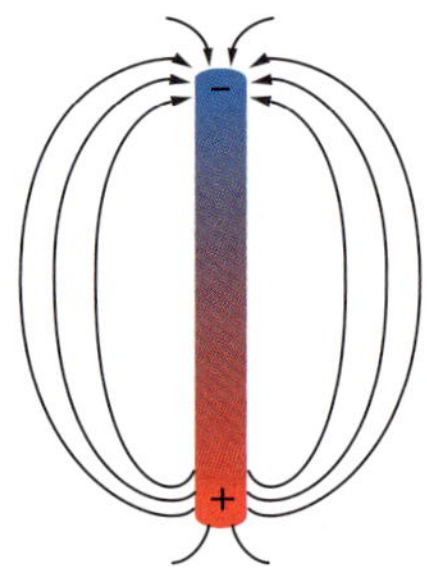

Die Stärke des elektrischen Felds in einem bestimmten Punkt kann durch die **elektrische Feldstärke** beschrieben werden. Dabei wird der Betrag der Kraft auf eine Probeladung, die sich in diesem Punkt befindet, zugrunde gelegt.

▶ Für die Einheiten gilt:
$1\,\frac{\mathrm{N}}{\mathrm{C}} = 1\,\frac{\mathrm{V}}{\mathrm{m}}$

> Die elektrische Feldstärke E an einem Punkt gibt an, wie groß die Kraft Q auf eine Probeladung in diesem Punkt des Felds ist. Es gilt die Gleichung:
>
> $$E = \frac{F}{Q}$$
>
> Einheit: ein Newton je Coulomb $\left(1\,\frac{\mathrm{N}}{\mathrm{C}}\right)$

So beträgt z. B. die Stärke des elektrischen Felds zwischen zwei Platten, die 1 cm voneinander entfernt sind und zwischen denen eine Spannung von 10 V anliegt, $E = 1\,000$ V/m.

Spannungen, Ströme und Energie im elektrischen Feld

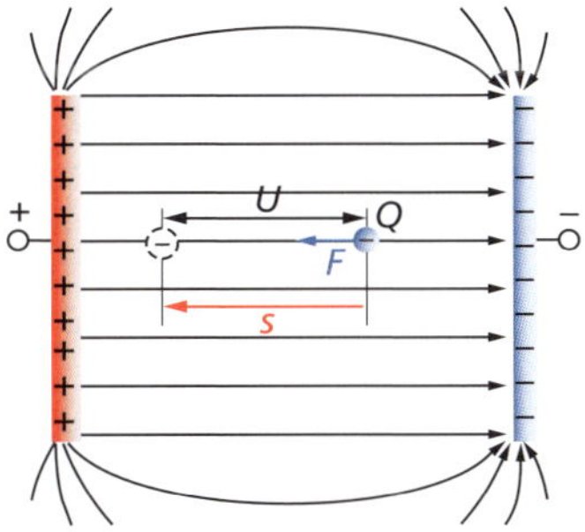

Im elektrischen Feld wirkt auf einen Probekörper eine Kraft. Diese Kraft kann zu einer Bewegung bzw. Bewegungsänderung des Probekörpers führen. Der Probekörper legt unter Krafteinwirkung einen Weg zurück. Dabei wird mechanische Arbeit verrichtet. Diese mechanische Arbeit kann nur verrichtet werden, wenn Energie umgewandelt wird. Bewirkt das elektrische Feld die Verschiebung des Probekörpers, so wird Energie des elektrischen Felds in mechanische Energie umgewandelt.

Es besteht auch hier der allgemeine Zusammenhang, dass die **Arbeit** gleich der **Energieänderung** ist: $W = \Delta E$

Ein elektrisches Feld besitzt **elektrische Energie.**

Diese Energie wird auch als Feldenergie bezeichnet.

Die gerichtete Bewegung von Ladungsträgern im elektrischen Feld ist ein elektrischer Strom (↗ S. 200). Die Stromstärke kann aus der bewegten Ladung durch eine bestimmte Querschnittsfläche und der Zeit berechnet werden mit:

$I = \frac{Q}{t}$ Q elektrische Ladung
t Zeit

Dieser Zusammenhang wird mitunter auch genutzt, um die **elektrische Stromstärke** zu definieren.

Den Antrieb für den elektrischen Strom muss eine elektrische Spannung zwischen zwei Punkten des elektrischen Felds liefern. Diese Spannung zwischen zwei Punkten bewirkt das Verrichten der mechanischen Arbeit an der bewegten Ladung (↗ S. 210). Diese Spannung kann also aus der **Arbeit** an der Ladung berechnet werden:

$U = \frac{W}{Q}$ W Arbeit im elektrischen Feld
Q elektrische Ladung

Dieser Zusammenhang wird mitunter auch genutzt, um die **elektrische Spannung** zu definieren.

Die Arbeit ist umso größer, je größer die Spannung zwischen zwei Punkten des elektrischen Felds und je größer die Ladung des Probekörpers sind:

$$W = U \cdot Q$$

Die Verschiebungsarbeit kann vom elektrischen Feld selbst oder auch durch eine Kraft gegen das elektrische Feld verrichtet werden.

Starke elektrische Felder bilden sich bei **Gewittern** zwischen den Gewitterwolken bzw. zwischen Wolken und der Erdoberfläche aus. Durch **Blitze** kommt es zu elektrischen Entladungen zwischen Wolken bzw. Wolken und Erde. Die dabei frei werdende elektrische Energie kann gewaltige Zerstörungen anrichten. Blitze schlagen vor allem in hohe, spitze Gegenstände ein, z. B. in hohe Bäume, Kirchturmspitzen oder Spitzen von Dächern, da dort die elektrische Feldstärke am größten ist. Mit **Blitzschutzanlagen** kann man Gebäude vor Blitzeinschlag schützen.

4

Der Kondensator

Ein **Kondensator** ist ein elektrisches Bauelement, mit dem elektrische Ladung gespeichert werden kann. Mit dem Speichern von Ladung speichert ein Kondensator auch *elektrische Energie.* Diese elektrische Energie ist im elektrischen Feld des Kondensators gespeichert.

> Ein Kondensator ist ein Speicher für elektrische Ladung bzw. elektrische Energie.

Da in einem Kondensator Energie gespeichert wird, sollte man die beiden Anschlüsse auch dann nicht anfassen, wenn der Kondensator von der elektrischen Quelle getrennt ist. Es besteht die Gefahr eines elektrischen Schlags.

Kondensatoren bestehen aus leitenden Schichten, die durch einen Isolator, **Dielektrikum** genannt, voneinander getrennt sind.
Der einfachste Kondensator ist ein **Plattenkondensator.** Bei ihm stehen sich zwei Platten gegenüber, zwischen denen sich das Dielektrikum (hier: Luft) befindet.

Plattenkondensator mit Luft als Dielektrikum

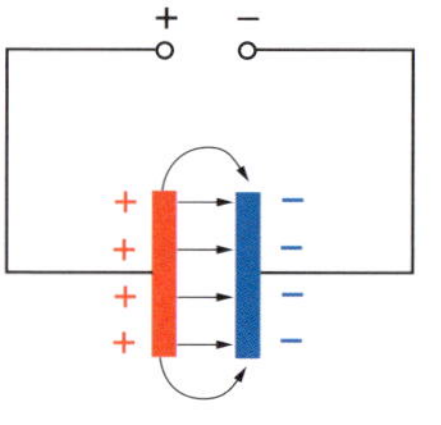

elektrisches Feld eines Plattenkondensators

Schaltzeichen eines Kondensators

Technisch können Kondensatoren sehr unterschiedlich gebaut sein. Wichtige Arten von Kondensatoren sind Wickelkondensatoren, Keramikkondensatoren, Elektrolytkondensatoren und Drehkondensatoren.

Bei einer zu hohen Spannung können Kondensatoren zerstört werden. Ein Maß für die maximal mögliche Spannung ist die Durchschlagsfestigkeit.

Wickelkondensator

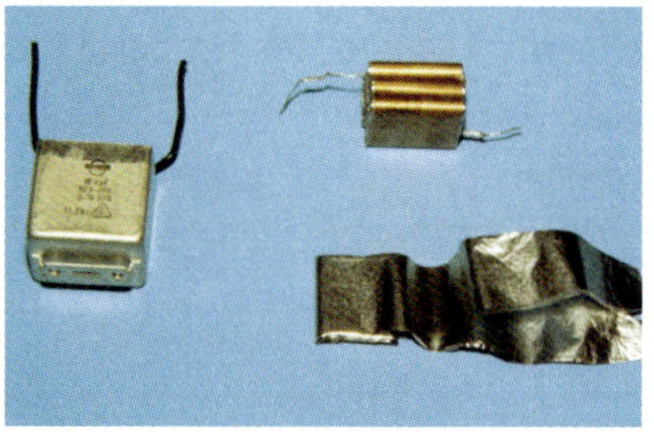

Zwischen zwei sehr dünnen Metallfolien befindet sich ein Dielektrikum aus Kunststoff. Die drei Schichten werden zu einem Block aufgewickelt, sodass man von einem Blockkondensatoren spricht.

Keramikkondensator

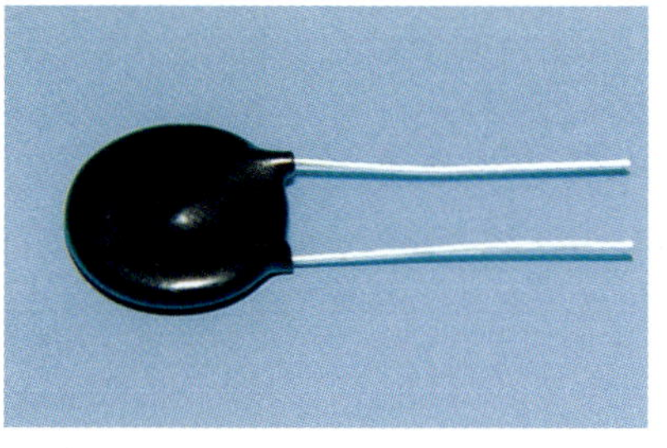

Auf keramische Isolierschichten werden dünne leitende Schichten aufgedampft. Sie bilden den Kondensator.

Elektrolytkondensator	Drehkondensator
	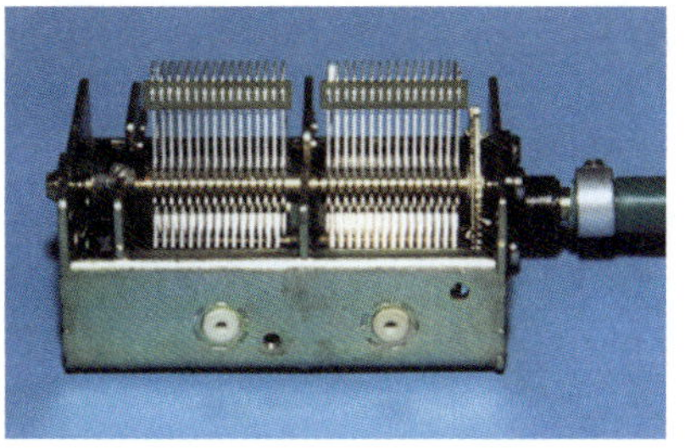
Die negativen elektrischen Ladungen sind in einer leitenden Flüssigkeit (Elektrolyt) gespeichert, die sich wiederum in einem saugfähigen Papier befindet. Diese Schicht ist durch eine Isolierschicht von einer Aluminiumfolie als Anode getrennt.	Der Kondensator besteht aus zwei Plattensätzen und Luft als Dielektrikum. Ein drehbarer Plattensatz kann in einen feststehenden hineingedreht werden, wobei sich die Kapazität des Kondensators ändert, da sie von der Plattenfläche abhängig ist.

Elektrolytkondensatoren haben aufgrund ihres Aufbaus eine vorgegebene Polung. Diese muss eingehalten werden, da sonst die Isolierschicht zerstört wird und der Kondensator explodieren kann.

Wird ein Kondensator an eine Gleichspannungsquelle angeschlossen, so fließt ein **Ladestrom,** bis der Kondensator vollständig geladen ist. Die Spannung ist gleich der Spannung an der Spannungsquelle.
Beim Entladen fließt so lange ein **Entladestrom,** bis der Kondensator entladen und die Spannung zwischen den Platten null ist.

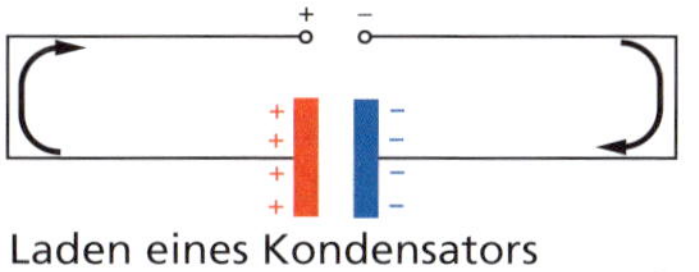
a) Laden eines Kondensators

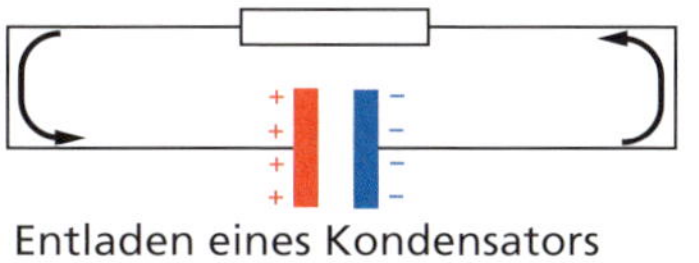
b) Entladen eines Kondensators

Die Entladung eines Kondensators sollte stets über einen Widerstand erfolgen, damit die Stromstärke nicht zu groß wird.

Der Spannungsverlauf beim Laden und Entladen eines Kondensators kann in einem Experiment aufgenommen werden.

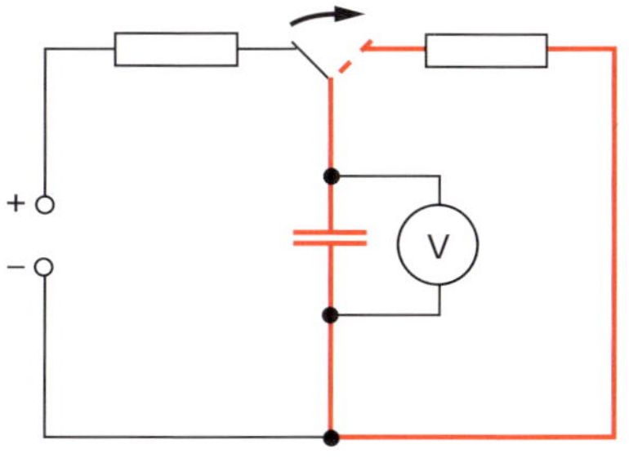

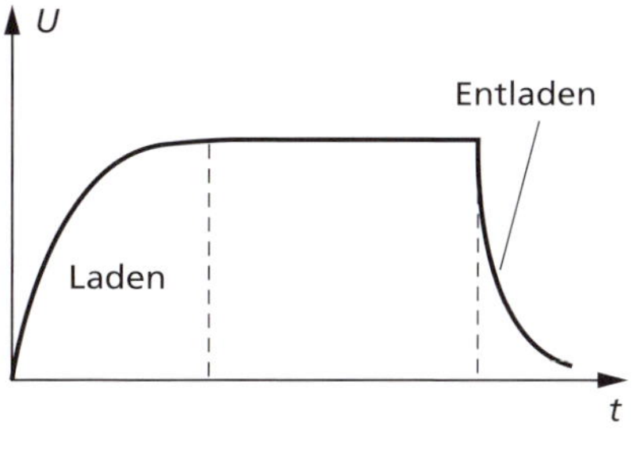

Kondensatoren sollten auch bei ausgeschalteten elektrischen Geräten nicht berührt werden, da sie immer noch elektrisch geladen sein können.

Die Speicherfähigkeit von Kondensatoren für elektrische Ladungen wird in Blitzlichtgeräten genutzt. Vor Auslösen eines Blitzlichts muss ein Kondensator aufgeladen werden. Die Zündung der Blitzlichtlampe erfolgt durch eine Kondensatorzündung.

Blitzlichtgeräte finden beim Fotografieren in Innenräumen Anwendung.

Die Größe elektrische Kapazität

Jeder Kondensator kann bei einer gegebenen Spannung nur eine bestimmte Ladung aufnehmen. Diese unterschiedliche Speicherfähigkeit für elektrische Ladung wird durch die Größe **Kapazität** angegeben.

▶ Die Einheit 1 F ist nach dem englischen Naturforscher **MICHAEL FARADAY** (1791–1867) benannt.

> Die Kapazität eines Kondensators gibt an, wie viel elektrische Ladung der Kondensator bei einer Spannung von 1 V speichern kann.
>
> Formelzeichen: C
>
> Einheiten: ein Farad (1 F)
>
> ein Coulomb je Volt $\left(1\,\frac{\mathrm{C}}{\mathrm{V}}\right)$

▶ Für die Einheiten gilt:
$1\ \mathrm{F} = 1\,\frac{\mathrm{C}}{\mathrm{V}} = \frac{\mathrm{A \cdot s}}{\mathrm{V}}$

Teile der Einheit 1 F sind ein Mikrofarad (1 µF), ein Nanofarad (1 nF) und ein Picofarad (1 pF):

$$1\ \mathrm{F} = 1\,000\,000\ \mathrm{mF} = 1\,000\,000\,000\ \mathrm{nF} = 1\,000\,000\,000\,000\ \mathrm{pF}$$

Die Kapazität der meisten Kondensatoren liegt zwischen 1 µF und 1 pF.

Berechnen der elektrischen Kapazität

Die Kapazität eines Kondensators ist von seinem Bau abhängig. Bei einem **Plattenkondensator** ist die Kapazität umso größer, je größer die Flächen der Platten und je kleiner der Abstand der Platten sind.
Außerdem ist die Kapazität des Kondensators davon abhängig, welches **Dielektrikum** sich zwischen den beiden Platten befindet.

▶ Bei Luft zwischen den Platten ist die Speicherfähigkeit relativ klein. Bei Verwendung von speziellen keramischen Werkstoffen kann sich die Speicherfähigkeit bei gleicher Plattenfläche und gleichem Abstand um den Faktor 10 ... 10 000 erhöhen (Faktor ε_r).

> Die Kapazität eines Plattenkondensators kann mit folgender Gleichung berechnet werden:
>
> $C = \varepsilon_0 \cdot \varepsilon_r \cdot \frac{A}{d}$
>
> A Flächeninhalt einer Platte
> d Abstand der Platten
> ε_0 elektrische Feldkonstante
> ε_r Dielektrizitätszahl

▶ Die **Dielektrizitätszahl,** auch Permittivitätszahl genannt, ist eine Materialkonstante, die die Beeinflussung der Kapazität durch das Dielektrikum angibt.
Für Luft gilt: $\varepsilon_r = 1$

Wie viel Ladung ein bestimmter Kondensator speichert, ist davon abhängig, welche Spannung am Kondensator anliegt. Je größer die Spannung ist, desto größer ist die gespeicherte Ladung. Das Verhältnis von Ladung und Spannung ist die Kapazität des Kondensators.

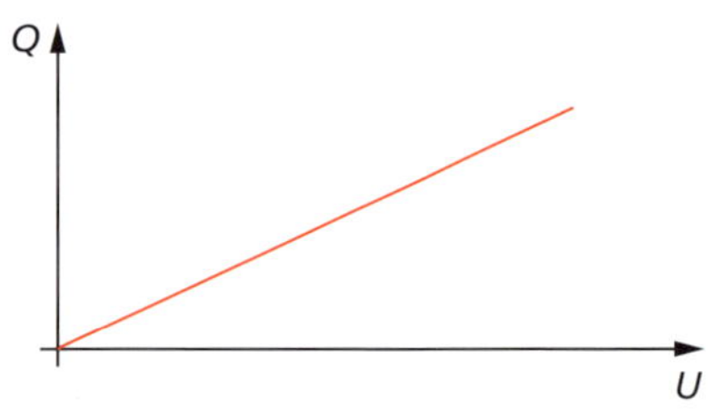

▶ Der Anstieg im Q-U-Diagramm ist die Kapazität C des Kondensators.

> Die Kapazität eines Kondensators kann mit folgender Gleichung berechnet werden:
>
> $C = \frac{Q}{U}$
>
> Q elektrische Ladung
> U elektrische Spannung

4.3.2 Das magnetische Feld

Magnete und ihre Wirkungen

> Magnete sind Körper, die andere Körper aus Eisen, Nickel oder Cobalt anziehen.

Permanentmagnete werden heute vor allem aus Legierungen und Oxidwerkstoffen (Barium- und Eisenoxid) sowie aus Neodym hergestellt.

Körper, die diese magnetische Eigenschaft auf Dauer oder über sehr lange Zeit besitzen, nennt man **Dauermagnete** oder **Permanentmagnete.** Dauermagnete bestehen ebenfalls aus Eisen, Nickel oder Cobalt. Sie können verschiedene Formen haben.

Dauermagnete unterschiedlicher Form

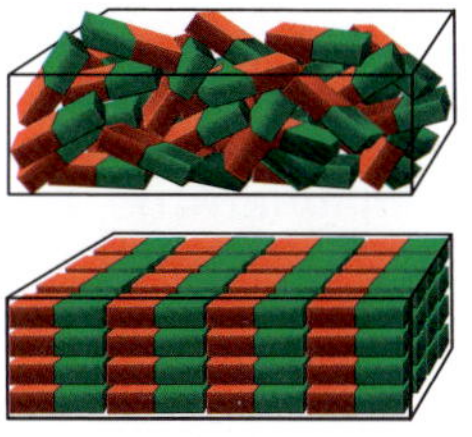

Unmagnetisiertes (a) und magnetisiertes (b) Eisen im Modell

> Körper, die von Magneten angezogen werden, sind auch selbst magnetisierbar.

„ferro" kommt von der lateinischen Bezeichnung „Ferrum" für Eisen. Das chemische Zeichen für Eisen ist deshalb auch Fe.

Diese Eigenschaft von Stoffen aus Eisen, Nickel und Cobalt, den **ferromagnetischen Stoffen,** ergibt sich aus ihrem Aufbau. Magnetisierbare Stoffe bestehen aus winzigen Einheiten, von denen sich jede wie ein kleiner Magnet verhält. Im unmagnetisierten Zustand sind diese **Elementarmagnete** völlig ungeordnet. Der Körper ist nach außen hin unmagnetisch. Unter dem Einfluss eines Magneten können sich diese Elementarmagnete ausrichten. Der Körper wird selbst magnetisch.

Die Ausrichtung der Elementarmagnete geht verloren, wenn man einen Magneten zu stark erhitzt oder starken Erschütterungen aussetzt. Lassen sich in einem Stoff die Elementarmagnete leicht ausrichten, so bezeichnet man diesen Stoff als **magnetisch weich.** Stoffe, bei denen die Ausrichtung der Elementarmagnete nur unter dem Einfluss starker Magnete erfolgt und lange Zeit erhalten bleibt, bezeichnet man als **magnetisch hart.** Aus solchen Stoffen stellt man Permanentmagnete her.

Oberhalb einer bestimmten stoffabhängigen Temperatur geht die Ausrichtung der Elementarmagnete durch die thermische Bewegung der Gitterbausteine verloren.

Zwischen Magneten wirken anziehende oder abstoßende Kräfte. Diese Kräfte sind zwischen den **Polen** der Magnete am größten.

> Jeder Magnet hat mindestens zwei Pole, den **Nordpol** und den **Südpol.**

Es gibt auch Magnete mit mehr als zwei Polen.

Auch wenn man einen Magneten zerteilt, hat jeder Teil wieder mindestens zwei Pole, einen Nordpol und einen Südpol.

Gleichnamige Magnetpole stoßen sich ab.	Ungleichnamige Magnetpole ziehen sich an.
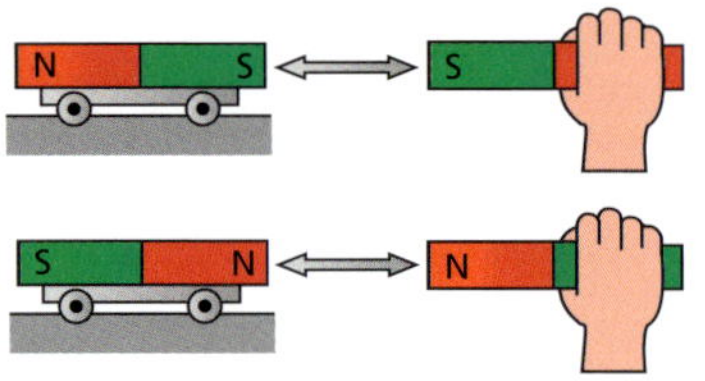	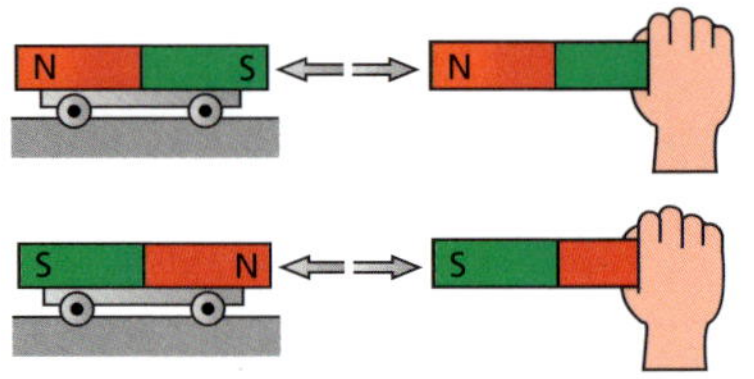

Die magnetische Kraftwirkung kann durch andere Körper hindurchgehen. Nur Körper aus Eisen, Nickel und Cobalt, also aus ferromagnetischen Stoffen, können die magnetische Kraftwirkung und damit das magnetische Feld *abschirmen*.

Besonders gut zur **magnetischen Abschirmung** eignen sich Körper aus weichmagnetischen Stoffen, z. B. aus **Weicheisen.**

▶ Weichmagnetische Stoffe lassen sich leicht magnetisieren. Die Magnetisierung geht aber auch schnell wieder verloren.

Magnetische Felder und ihre Darstellung

Im Raum um Magnete wirken auf andere Magnete bzw. auf Körper aus ferromagnetischen Stoffen Kräfte. Im Raum um Magnete existiert ein **magnetisches Feld.**

> Ein magnetisches Feld ist der Zustand des Raums um Magnete, in dem auf andere Magnete bzw. Körper aus ferromagnetischen Stoffen Kräfte ausgeübt werden.

▶ Feldlinienbilder magnetischer Felder erhält man, wenn man die Linien nachzeichnet, zu denen sich Eisenfeilspäne im Magnetfeld ordnen. Es wurde festgelegt, dass um einen Magneten die Richtung der Feldlinien vom magnetischen Nordpol zum Südpol zeigt.

Magnetische Felder können ebenfalls mithilfe von **Feldlinienbildern** dargestellt werden (↗ S. 227). Ein Feldlinienbild als *Modell* des magnetischen Felds macht Aussagen über die Kräfte auf Probekörper (z. B. kleine Magnete). Dabei gelten dieselben Aussagen wie für Feldlinienbilder elektrischer Felder (↗ S. 227).

Eisenfeilspäne im magnetischen Feld eines Stabmagneten	Kleine Magnete im Feld eines Stabmagneten
	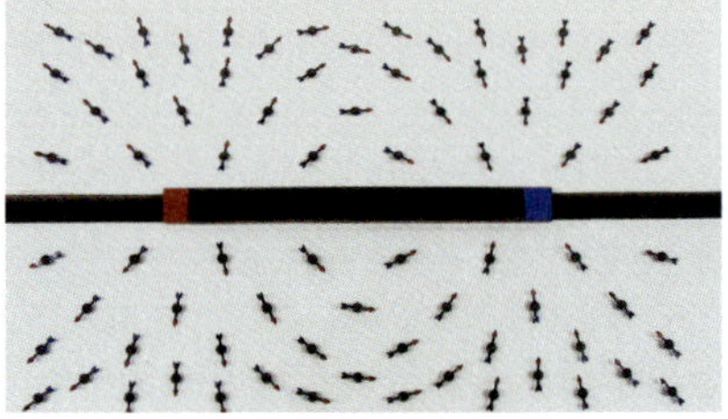

M ↗ S. 39

Magnetfeld der Erde	Magnetfeld eines Stabmagneten
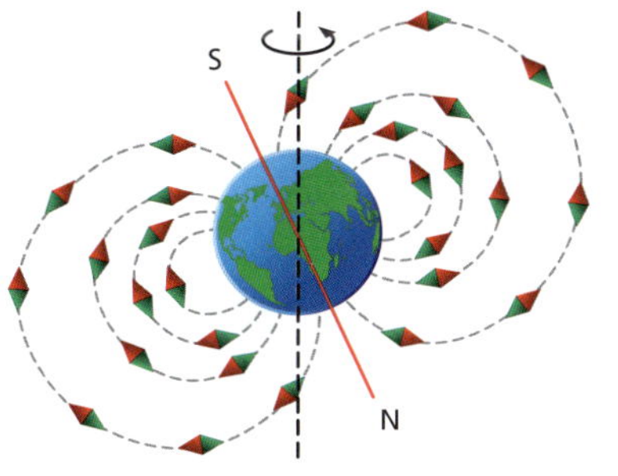	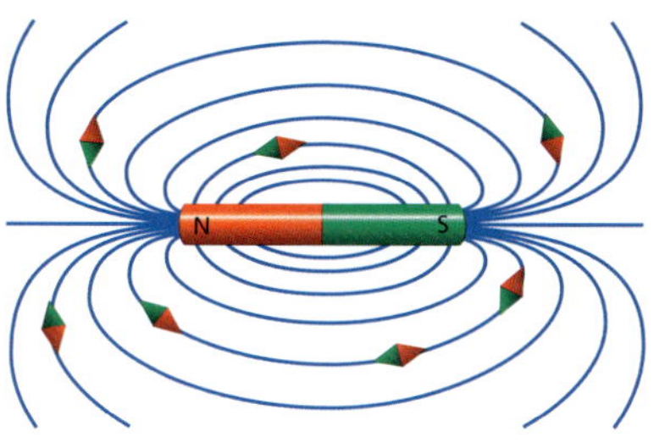

Das **Magnetfeld der Erde** ist die Voraussetzung dafür, dass man sich mit einem **Kompass** auf der Erde orientieren kann. Die Kompassnadel ist ein kleiner Dauermagnet, der sich im Erdmagnetfeld in Richtung der Feldlinien ausrichtet.

Bei der Orientierung mit dem **Kompass** ist zu beachten, dass der geografische Nordpol in der Nähe des magnetischen Südpols liegt.

Die Stärke des magnetischen Felds in einem bestimmten Punkt kann durch die **magnetische Feldstärke** beschrieben werden. Dabei wird die Größe der Kraft auf einen magnetischen Probekörper, der sich in diesem Punkt befindet, zugrunde gelegt.

Die magnetische Feldstärke in einem Punkt gibt an, wie groß die Kraft auf einen magnetischen Probekörper in diesem Punkt des Felds ist.

Zur Kennzeichnung der Stärke eines magnetischen Felds gibt man heute meist die Größe **magnetische Flussdichte** an.
Beim Verschieben eines Probekörpers im Magnetfeld wird mechanische Arbeit verrichtet. Dazu muss Energie des magnetischen Felds in mechanische Energie umgewandelt werden.

Es besteht auch hier der allgemeine Zusammenhang, dass die Arbeit gleich der Energieänderung ist.

Ein magnetisches Feld besitzt magnetische Energie.

Elektromagnetismus

Im Raum um stromdurchflossene Leiter wirken ebenfalls Kräfte auf magnetische Probekörper. Jeder elektrische Leiter ist bei Stromfluss von einem Magnetfeld umgeben. Besonders stark ist das magnetische Feld, wenn ein Leiter als Spule aufgewickelt ist und einen Eisenkern enthält. Man nennt eine solche stromdurchflossene Spule mit Eisenkern auch **Elektromagnet.**

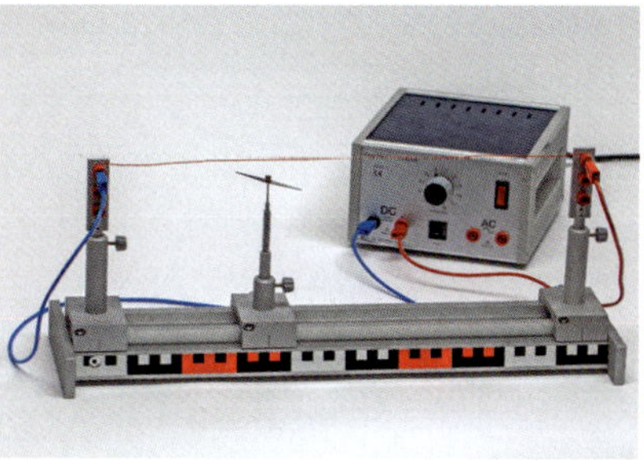

Die Kraftwirkung zwischen einer Magnetnadel und einem stromdurchflossenen Leiter entdeckte **HANS CHRISTIAN OERSTED** (1777–1851) zufällig bei Experimenten. Damit wurde der Zusammenhang zwischen Elektrizität und Magnetismus gefunden.

Im Unterschied zum elektrischen Feld sind beim magnetischen Feld die Feldlinien geschlossen.

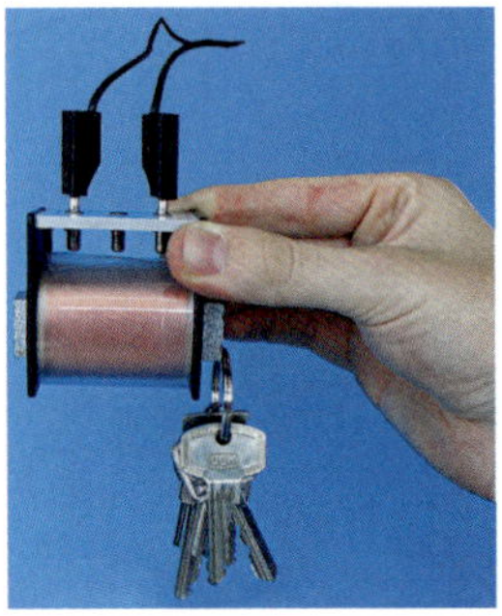

Spule mit Eisenkern als Elektromagnet

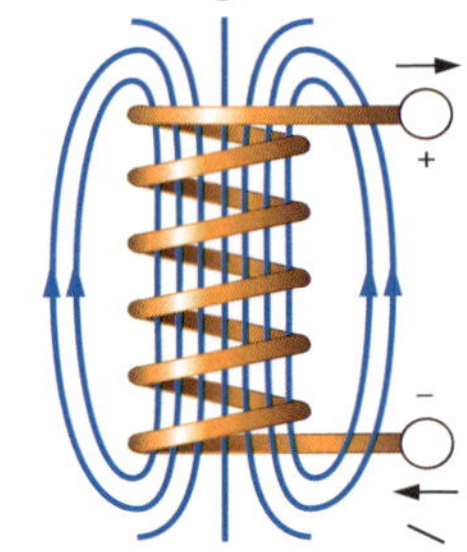

Magnetisches Feld eines Elektromagneten

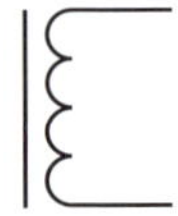

Schaltzeichen eines Elektromagneten

Um stromdurchflossene Leiter und stromdurchflossene Spulen existieren Magnetfelder.

Das Magnetfeld existiert nur, solange der elektrische Strom fließt. Schaltet man den Strom ab, hört die magnetische Wirkung auf.

Diese Eigenschaft der Magnetfelder von Elektromagneten wird in verschiedenen technischen Geräten und Anlagen genutzt. Dazu gehören **Lasthebemagnete, Türgong, elektrische Klingel** und **Relais** als elektromagnetischer Schalter.

Das magnetische Feld einer stromdurchflossenen Spule weist große Ähnlichkeiten mit dem Magnetfeld eines Stabmagneten auf.

Auch bei magnetischen Feldern kann man homogene und inhomogene Felder unterscheiden (↗ S. 227).

Stabmagnet	**Stromdurchflossene Spule**
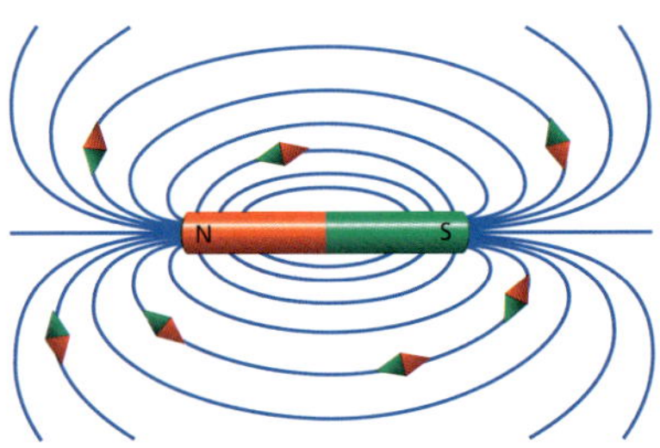	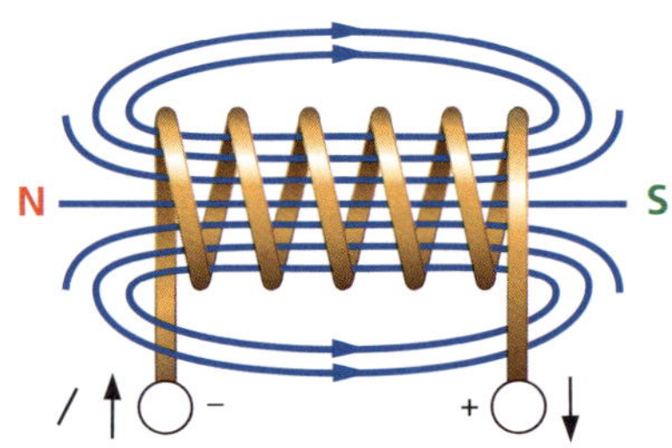

Die Richtung des Felds eines Elektromagneten ist abhängig von der Richtung des Stromflusses. Das Feld im Innern eines Elektromagneten ist *homogen*, d. h., die magnetische Feldstärke ist überall gleich groß. Die Feldlinien magnetischer Felder sind *geschlossen*.

Stromdurchflossene Leiter im Magnetfeld

Befindet sich ein stromdurchflossener Leiter in einem Magnetfeld, so wird auf ihn eine Kraft ausgeübt. Die Ursache besteht darin, dass auf bewegte Ladungsträger, z. B. auf Elektronen, in einem Magnetfeld eine Kraft ausgeübt wird. Diese Kraft bezeichnet man als **Lorentzkraft.**

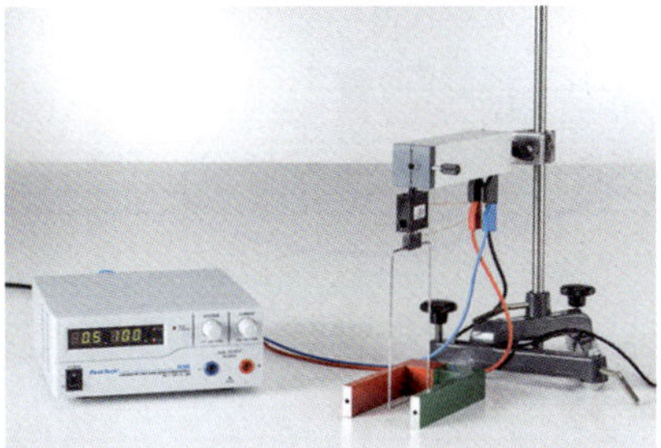

Auf das Leiterstück im Magnetfeld wirkt bei Stromfluss eine Kraft.

> Auf bewegte Ladungsträger wirkt in einem Magnetfeld eine Kraft senkrecht zur Bewegungsrichtung und senkrecht zur Richtung des magnetischen Felds.

Die Lorentzkraft ist nach dem niederländischen Physiker **HENDRIK LORENTZ** (1853–1928) benannt.

- Die Lorentzkraft wirkt z. B. auf die bewegten Elektronen in einer **Elektronenstrahlröhre.**

Die Lorentzkraft wirkt auch auf die bewegten Elektronen in einem stromdurchflossenen Leiter. Die Summe dieser Kräfte auf die einzelnen bewegten Elektronen ergibt eine Gesamtkraft auf den stromdurchflossenen Leiter.

> Auf einen stromdurchflossenen Leiter wirkt in einem Magnetfeld eine Kraft. Diese Kraft wirkt senkrecht zum Stromfluss und senkrecht zur Richtung des magnetischen Felds.

Zur Ermittlung der Richtung der Kraft auf einen stromdurchflossenen Leiter benutzt man die **Rechte-Hand-Regel** (UVW-Regel).

Daumen:	Stromrichtung von + nach – (Ursache)
Zeigefinger:	Richtung des magnetischen Felds vom Nord- zum Südpol (Vermittlung)
Mittelfinger:	Richtung der Kraft (Wirkung)

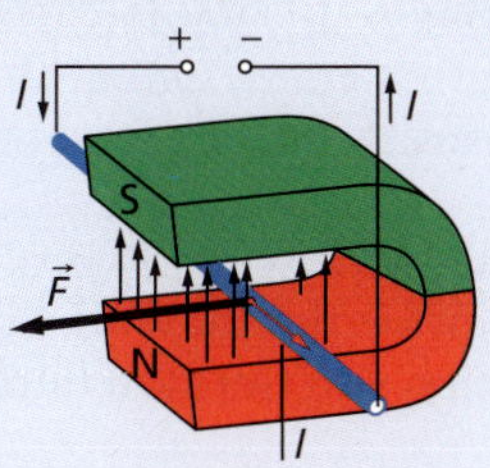

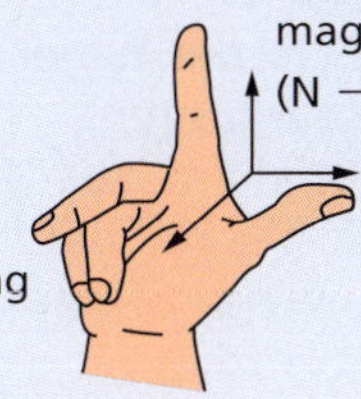

Es ist unbedingt die *rechte Hand* zu benutzen. Bei der Bestimmung der Kraftrichtung ist zu beachten, ob sich positive oder negative Ladungsträger bewegen. Bei Anwendung der Rechte-Hand-Regel zeigt der Daumen in Bewegungsrichtung positiv geladener Teilchen (entgegengesetzt der Bewegungsrichtung von Elektronen).

Lorentzkräfte wirken auch zwischen zwei sich in der Nähe befindenden stromdurchflossenen Leitern. Die Richtungen der wirkenden Kräfte sind von den Stromrichtungen in den Leitern abhängig und mit der Rechte-Hand-Regel zu bestimmen.

Die Kräfte zwischen stromdurchflossenen Leitern werden zur Definition der Einheit für die **elektrische Stromstärke** genutzt. Das Ampere ist die Stromstärke durch zwei geradlinige lange Leiter, die den Abstand 1 m haben und zwischen denen die Kraft je 1 m Länge $2 \cdot 10^{-7}$ N beträgt.

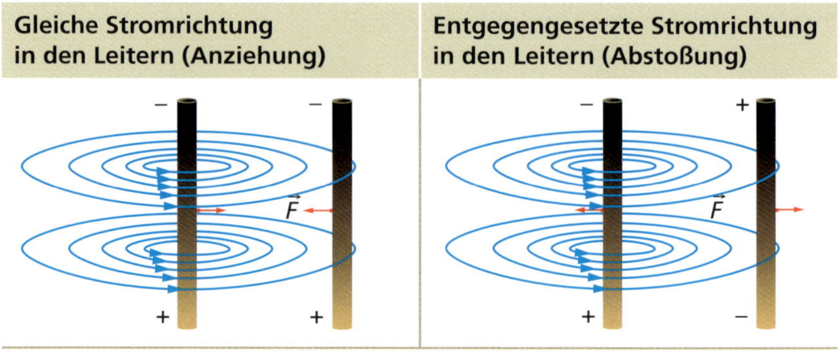

Die Größe der Kraft auf einen stromdurchflossenen Leiter in einem Magnetfeld ist abhängig von der Stromstärke, der Länge des Leiters und der Stärke des magnetischen Felds.

Unter der Bedingung, dass die Kraft auf einen stromdurchflossenen Leiter senkrecht zum Stromfluss und senkrecht zur Richtung des magnetischen Felds wirkt, gilt:
Die Kraft ist umso größer,
- je größer die elektrische Stromstärke ist,
- je länger der elektrische Leiter ist und
- je stärker das magnetische Feld ist.

Die Abhängigkeit der Kraft auf einen stromdurchflossenen Leiter in einem Magnetfeld von der elektrischen Stromstärke wird in verschiedenen technischen Geräten und Anlagen genutzt, z. B. in **Lautsprechern, Telefonhörern, Sicherungsautomaten** und **Drehspulinstrumenten.**

Der Elektromotor

Eine Urform des Elektromotors wurde von **MICHAEL FARADAY** (1791–1867) entwickelt.

M ↗ S. 43

Eine wichtige Anwendung der Kraft auf einen stromdurchflossenen Leiter im Magnetfeld ist der **Elektromotor.** Man spricht in diesem Zusammenhang auch vom **elektromotorischen Prinzip.** Es werden **Gleichstrommotoren** und **Wechselstrommotoren** unterschieden, wobei Wechselstrommotoren in der Regel auch mit Gleichstrom betrieben werden können **(Universalmotoren).**
Der Elektromotor dient zur Umwandlung von elektrischer Energie in mechanische Energie, mit der mechanische Arbeit verrichtet wird. Dabei wird eine Drehbewegung erzeugt, die zum Antrieb von Geräten und Anlagen verwendet wird.
Der Aufbau eines Elektromotors ist in der Skizze auf S. 239 oben dargestellt.
Durch einen *Feldmagneten* (Dauer- oder Elektromagnet) wird ein magnetisches Feld aufgebaut. In diesem Feld ist ein Elektromagnet drehbar gelagert, der *Anker* genannt wird. Über *Kohlebürsten* als Schleifkontakte wird der Anker an eine Gleichspannung angeschlossen.

Durch den Stromfluss im Anker wird dieser zum Magneten, und es treten Kräfte zwischen Feldmagneten und Anker auf. Diese Kräfte führen zu einer Drehbewegung. Durch einen *Kollektor* (Polwender) wird bei einer bestimmten Stellung des Ankers eine Umkehr der Stromrichtung erreicht, damit die Drehbewegung ungehindert weiter laufen kann. So entsteht eine vollständige Drehbewegung in einem Gleichstrommotor.

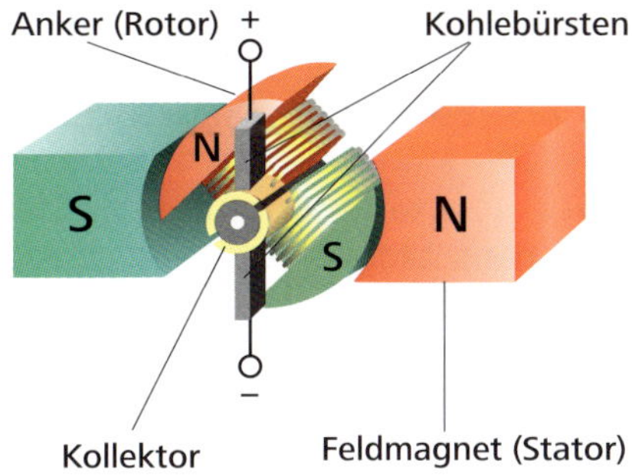

Um bei **Gleichstrommotoren** ein besseres Anlaufen und eine gleichmäßigere Drehbewegung des Motors zu erreichen, werden Anker mit mehr als zwei Polen eingesetzt.

Die nachfolgenden Skizzen zeigen einzelne Phasen der Bewegung des Rotors im Magnetfeld des Stators.

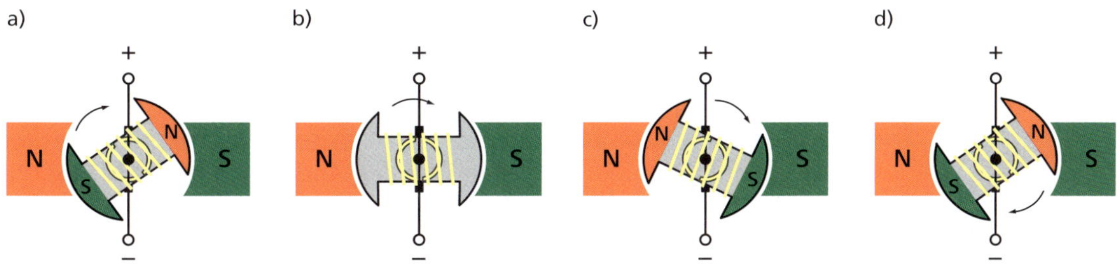

Um starke Elektromotoren zu erhalten, reicht das Magnetfeld eines Dauermagneten als Feldmagnet nicht aus. Deshalb werden Elektromagnete als Feldmagnete genutzt. Für die Spulen des Ankers und des Feldmagneten kann man dieselbe Spannungsquelle benutzen. Je nachdem, wie man diese Spulen schaltet, erhält man einen Nebenschlussmotor (parallel) oder einen Haupt- bzw. Reihenschlussmotor (in Reihe).

Neben-, Haupt- bzw. Reihenschlussmotoren können als Wechselstrommotoren betrieben werden.

Nebenschlussmotor	**Hauptschlussmotor**
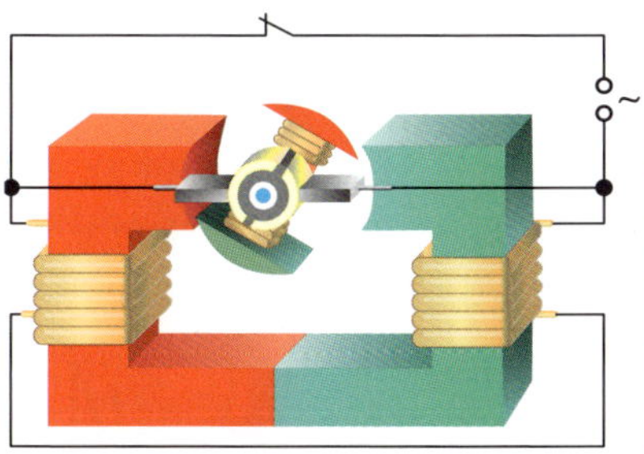	
Die Spulen des Ankers und des Feldmagneten sind parallel geschaltet.	Die Spulen des Ankers und des Feldmagneten sind in Reihe geschaltet.

4.3.3 Die elektromagnetische Induktion

▶ Die **elektromagnetische Induktion** kann auch als Umkehrung des elektromotorischen Prinzips (↗ S. 238) betrachtet werden. Beides beruht auf der **Lorentzkraft.** Die Kräfte auf bewegte Ladungsträger im Magnetfeld führen einmal zur Bewegung des Leiters **(Elektromotor)** oder zu einem Stromfluss (Induktion). In beiden Fällen kann die **Rechte-Hand-Regel** (↗ S. 237) angewendet werden.

Gesetze der elektromagnetischen Induktion

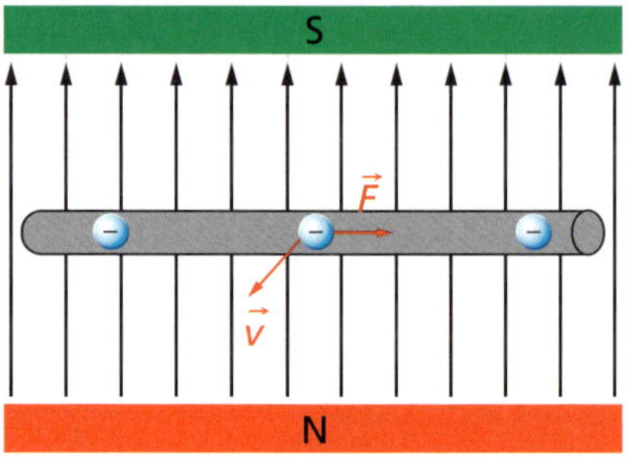

Auf bewegte Ladungsträger wirkt in einem Magnetfeld eine Kraft – die Lorentzkraft (↗ S. 237). Dies gilt auch für frei bewegliche Elektronen in einem metallischen Leiter, wenn diese *mit* dem Leiter im Magnetfeld bewegt werden. Bei einer solchen Bewegung des Leiters kommt es zu einer Verschiebung der Elektronen im Leiter. Im Leiter entsteht ein Stromfluss. Zwischen den Enden des Leiters entsteht eine Spannung, die **Induktionsspannung** U_i genannt wird. Der Vorgang heißt **elektromagnetische Induktion.** Größere Induktionsspannungen entstehen, wenn anstelle eines Leiters eine Spule benutzt wird.

Nähere Untersuchungen haben ergeben, dass das Entstehen einer Induktionsspannung nicht an die Bewegung einer Spule oder eines Leiters im Magnetfeld gebunden ist, sondern an die Änderung des von der Spule bzw. dem Leiter umfassten Magnetfelds. Diese Erkenntnisse sind im **Induktionsgesetz** zusammengefasst.

▶ Die Entdeckung der elektromagnetischen Induktion geht im Wesentlichen auf MICHAEL FARADAY (1791–1867) zurück.

> In einer Spule wird eine Spannung induziert, solange sich das von der Spule umfasste Magnetfeld ändert.
> Die Induktionsspannung ist umso größer,
> – je schneller sich der räumliche Anteil des von der Spule umfassten Magnetfelds ändert (je schneller man die Spule im Magnetfeld bewegt),
> – je stärker sich das von der Spule umfasste Magnetfeld ändert.
> Der Betrag der Induktionsspannung ist auch vom Bau der Spule abhängig.

Das Magnetfeld für die elektromagnetische Induktion kann sowohl durch Dauermagnete als auch durch Elektromagnete erzeugt werden.

Anordnungen zur Erzeugung von Induktionsspannungen

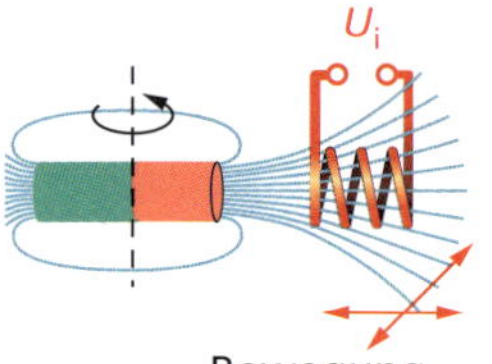

Bewegung

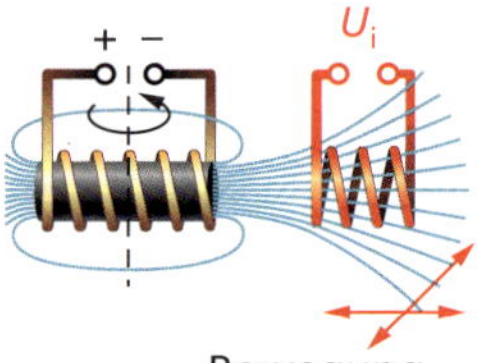

Bewegung

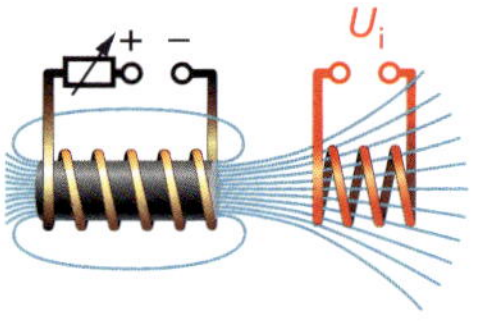

Änderung der Stromstärke beim Elektromagneten

Die in einer Spule induzierte Spannung ist umso größer,
- je größer die Windungszahl der Spule und
- je größer die Querschnittsfläche der Spule ist.

Die Induktionsspannung ist bei einer Spule mit Eisenkern wesentlich größer als bei einer Spule ohne Eisenkern.

M ↗ S. 27

Das Induktionsgesetz und die Abhängigkeit der Induktionsspannung vom Bau der Induktionsspule werden in verschiedenen technischen Geräten und Anlagen genutzt. Zur Verkehrsüberwachung werden z. B. **Induktionsschleifen** in Straßen verlegt. In bestimmten Arten von **Mikrofonen** werden ebenfalls die oben genannten Gesetze genutzt, z. B. in Telefonhörern. Auch **Tonbandgeräte** nutzen die elektromagnetische Induktion zur Tonaufzeichnung und -wiedergabe.

Mikrofone, die auf der Grundlage des Induktionsgesetzes funktionieren, nennt man elektrodynamische Mikrofone oder Tauchspulenmikrofone.

Der durch eine Induktionsspannung hervorgerufene elektrische Strom wird als **Induktionsstrom** bezeichnet. Die Richtung des Induktionsstroms ist davon abhängig, in welcher Weise sich das von der Spule umfasste Magnetfeld ändert.
Durch elektromagnetische Induktion entsteht elektrische Energie. Nach dem Gesetz von der Erhaltung der Energie (↗ S. 360) kann diese elektrische Energie nur durch Umwandlung aus anderen Energieformen, z. B. aus kinetischer Energie, entstehen. Diese Erkenntnis wird im **lenzschen Gesetz** ausgedrückt.

Das **lenzsche Gesetz** wurde nach dem russischen Physiker deutscher Herkunft **HEINRICH FRIEDRICH EMIL LENZ** (1804–1865) benannt.

Der Induktionsstrom ist stets so gerichtet, dass er der Ursache für seine Entstehung entgegenwirkt.

Das lenzsche Gesetz zeigt sich u. a. bei Ein- und Ausschaltvorgängen von Stromkreisen, die Spulen enthalten. Dabei laufen in den Spulen Vorgänge der Selbstinduktion ab.

Die Selbstinduktion

Wird ein Stromkreis eingeschaltet, in dem sich eine Spule befindet, so steigt die Stromstärke. Um die Spule wird ein Magnetfeld aufgebaut. Dieses sich ändernde Magnetfeld umfasst die Spule selbst und induziert in der Spule eine Spannung und einen Strom. Den Vorgang nennt man **Selbstinduktion.**
Im Magnetfeld der Spule ist magnetische Energie gespeichert, solange durch die Spule ein elektrischer Strom fließt (↗ S. 235). Durch den Vorgang der Selbstinduktion wird diese magnetische Energie in elektrische Energie des Stroms umgewandelt.

Der Verlauf der Stromstärke beim Ein- und Ausschalten einer Spule kann experimentell untersucht und erfasst werden.

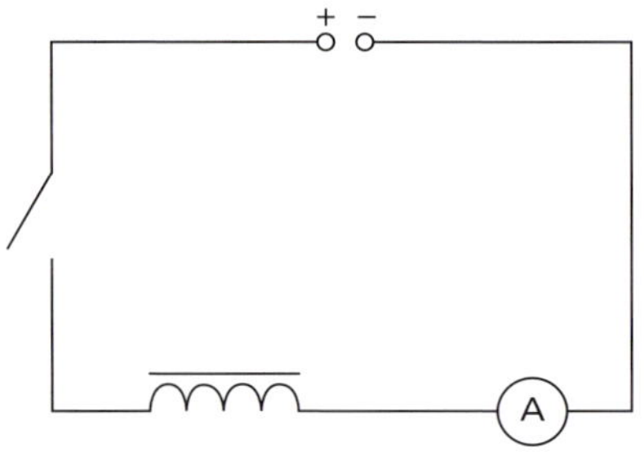

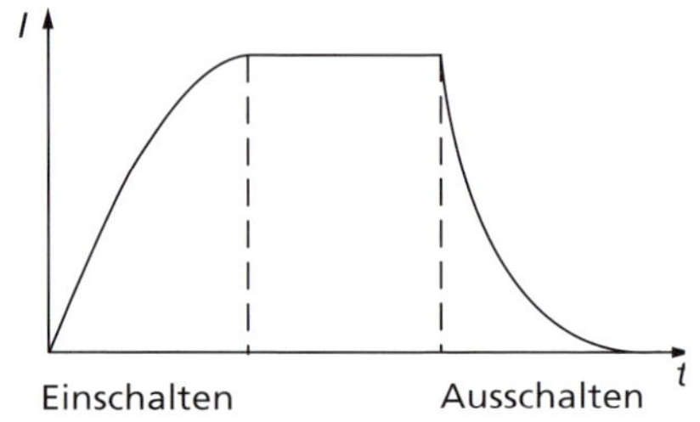

Nach dem lenzschen Gesetz ist der Induktionsstrom stets so gerichtet, dass er der Ursache für seine Entstehung, also dem Ansteigen der Stromstärke, entgegenwirkt. Dadurch steigt die Stromstärke in einem solchen Stromkreis nur allmählich an. Beim Ausschalten sinkt die Stromstärke aufgrund der Selbstinduktion ebenfalls nur allmählich ab.

Leuchtstofflampen benötigen z. B. eine Zündspannung von 300–450 V, werden aber an 230 V Wechselspannung angeschlossen. Die Zündung erfolgt mithilfe von Starter und Zündspule.

Glimmlampen haben eine Zündspannung von 100 V, können aber über eine Spule bereits mit einer 4,5-V-Batterie gezündet werden.

Selbstinduktion tritt in allen Stromkreisen mit Spulen auf. Insbesondere bei Ausschaltvorgängen können dabei hohe Induktionsspannungen auftreten und kurzzeitig starke Induktionsströme fließen.

Diese Induktionsspannungen können z. B. genutzt werden, um **Glimmlampen** oder **Leuchtstofflampen** zu zünden. In modernen **Energiesparlampen** sind Starter und Zündspule im Sockel eingebaut.

Die Größe Induktivität

Wie groß die Selbstinduktion in einer Spule ist, hängt vom Bau der Spule ab und wird durch die Größe **Induktivität** angegeben.

> Die Induktivität einer Spule gibt an, wie stark die Änderung der Stromstärke in der Spule aufgrund der Selbstinduktion behindert wird.
>
> Formelzeichen: L
>
> Einheit: ein Henry (1 H)

Die Induktivität einer Spule ist von ihrem Bau abhängig. Sie ist umso größer,
- je größer die Windungszahl der Spule ist,
- je größer die Querschnittsfläche der Spule ist und
- je kleiner die Länge der Spule ist.

Darüber hinaus hängt die Induktivität davon ab, ob die Spule einen Eisenkern hat oder nicht.

Wirbelströme

Induktionsströme entstehen nicht nur in Spulen, sondern auch in ganz beliebigen elektrischen Leitern, wenn sich das von ihnen umfasste Magnetfeld ändert.

Bringt man metallische Körper, z. B. Platten oder Stäbe, in ein Magnetfeld und ändert sich das von diesen Körpern umfasste Magnetfeld, so werden auch in diesen Körpern Spannungen induziert. Es fließen Ströme. Man nennt diese Induktionsströme nach ihrem Verlauf **Wirbelströme.**

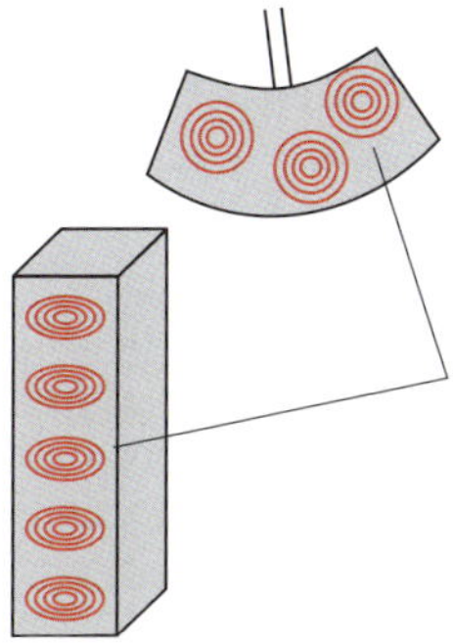

Wirbelströme bilden sich vor allem in massiven Metallkörpern aus. Bei Elektromotoren, Generatoren und Transformatoren sind Wirbelströme unerwünscht. Zur Verhinderung von Wirbelströmen setzt man entsprechende Teile aus dünnen, gegeneinander isolierten Blechen **(Dynamoblechen)** zusammen.

Durch Dynamobleche können Wirbelströme weitgehend verhindert werden.

Bei einer Reihe von Anwendungen sind Wirbelströme auch erwünscht. So werden Wirbelströme zum Induktionshärten genutzt. Man bringt dabei Werkstücke in eine Spule und setzt sie starken veränderlichen magnetischen Feldern aus.
Auch in Induktionsherden nutzt man Wirbelströme zum Erwärmen von Speisen.

Wirbelströme sind nach dem lenzschen Gesetz (↗ S. 241) so gerichtet, dass sie der Ursache ihrer Entstehung entgegenwirken. Ist die Ursache für das Entstehen von Wirbelströmen z. B. eine Bewegung, so wird diese Bewegung gehemmt.

Wirbelströme und das Wirken des lenzschen Gesetzes werden in technischen Anlagen, z. B. bei **Wirbelstrombremsen,** genutzt. Solche Wirbelstrombremsen werden vor allem bei Schienenfahrzeugen eingesetzt. Das Foto zeigt das Modell einer Wirbelstrombremse.

Moderne **Elektrizitätszähler** nutzen ebenfalls die elektromagnetische Induktion und die Entstehung von Wirbelströmen. Man nennt sie deshalb auch **Induktionszähler.**

Wirbelstrombremsen werden z. B. auch zur Dämpfung der Zeigerbewegung in Messgeräten **(Drehspulmessgerät, Dreheisenmessgerät)** genutzt.

Die elektromagnetische Induktion war die wichtigste Grundlage für die **Entwicklung der Elektrotechnik.**

M ↗ S. 43

Der Generator

Eine wichtige Anwendung der elektromagnetischen Induktion ist der **Generator.** Der Generator dient der Umwandlung von mechanischer Energie in elektrische Energie. Dabei wird bei einer Drehbewegung mechanische Arbeit verrichtet und in elektrische Energie umgewandelt. Man unterscheidet Wechselstromgeneratoren und Gleichstromgeneratoren. Außerdem können Generatoren als Innenpolmaschinen oder Außenpolmaschinen gebaut sein.

Einen der ersten handgetriebenen Generatoren baute 1832 **HIPPOLYTE PIXII** (1808–1835). Für die technische Nutzung waren die Entwicklung des dynamoelektrischen Prinzips durch **WERNER VON SIEMENS** (1816–1892) und der Bau der **Dynamomaschinen** von entscheidender Bedeutung.

Der **Wechselstromgenerator** dient der Erzeugung von Wechselspannungen und Wechselströmen. Dabei wird kinetische Energie in elektrische Energie umgewandelt. In Wechselstromgeneratoren werden die elektromagnetische Induktion und das faradaysche Induktionsgesetz (↗ S. 240) genutzt.

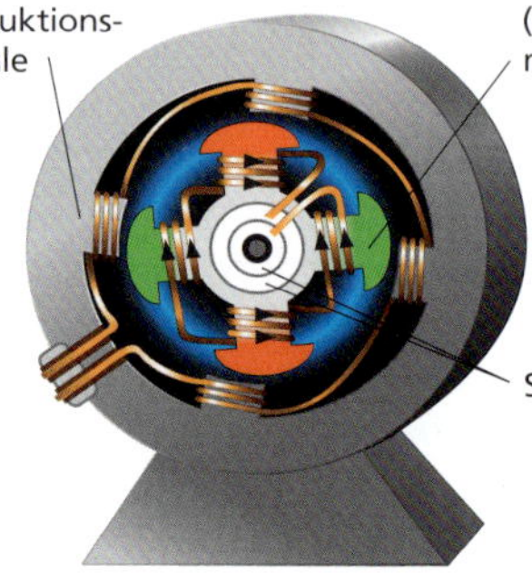

Wechselstromgeneratoren können als **Innenpolmaschinen** gebaut sein. Dabei rotiert im Innern eines Stators (Induktionsspulen) ein drehbar gelagerter Elektromagnet als *Rotor*. Der Rotor ist über Schleifringe mit einer Gleichspannungsquelle verbunden. Beim Drehen des Rotors wird im Stator eine Wechselspannung induziert. Die meisten Wechselstromgeneratoren sind Innenpolmaschinen.

Auch der **Fahrraddynamo** ist eine kleine Innenpolmaschine. Dabei rotiert ein Permanentmagnet im Inneren einer Statorspule.

Bei einer **Außenpolmaschine** rotiert im fest stehenden Magnetfeld eines Stators eine Induktionsspule als Rotor. In der Rotorspule wird eine Wechselspannung induziert.

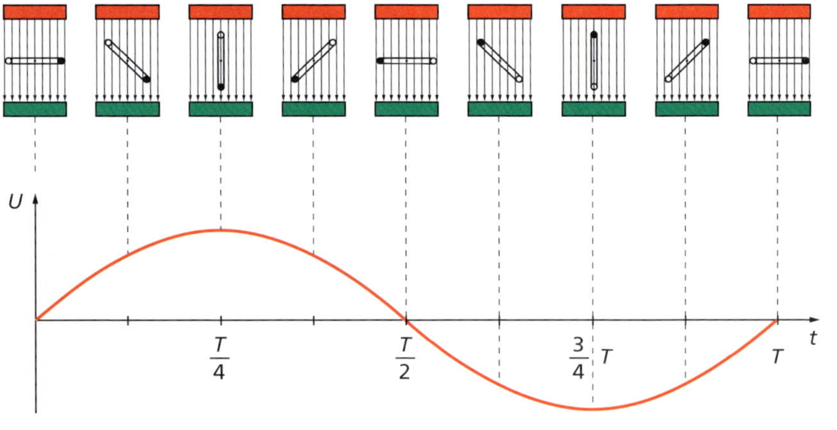

Bei Schienenfahrzeugen mit Elektromotor kann dieser beim Bremsen umgeschaltet und als Generator betrieben werden. Man spricht dann von **„Nutzbremsung"**.

Gleichstromgeneratoren werden in der Regel als Außenpolmaschinen gebaut. Die Schleifringe bestehen aus zwei Halbringen. Dadurch wird nach jeder halben Umdrehung die induzierte Spannung umgepolt. Es entsteht eine pulsierende Gleichspannung, die man durch spezielle Schaltungen glätten kann.

Der Transformator

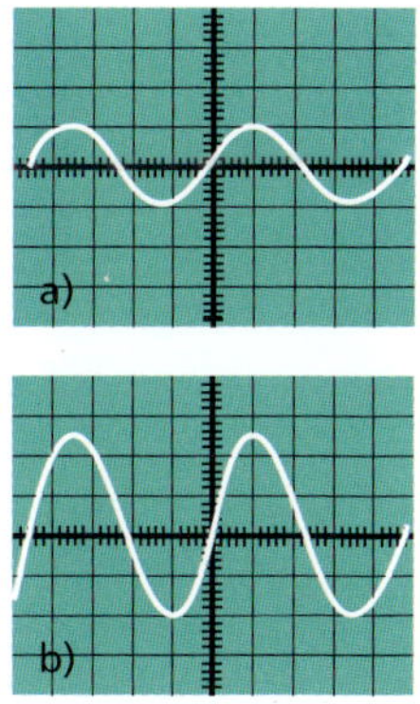

Wechselspannung (a) und ihre Umformung (b)

Der Transformator dient dazu, die Werte von Wechselspannungen bzw. Wechselstromstärken zu verändern. Dabei werden die elektromagnetische Induktion und das Induktionsgesetz (↗ S. 240) genutzt.
Ein Transformator besteht aus zwei Spulen, die sich auf einem geschlossenen Eisenkern befinden. Die Spulen sind miteinander nicht elektrisch leitend verbunden. An die eine Spule, die **Primärspule,** wird eine Wechselspannung angelegt, die in der Spule ein ständig wechselndes Magnetfeld erzeugt. Über den geschlossenen Eisenkern wird das magnetische Wechselfeld in die andere Spule, die **Sekundärspule,** übertragen. Dort wird dann eine Wechselspannung induziert.

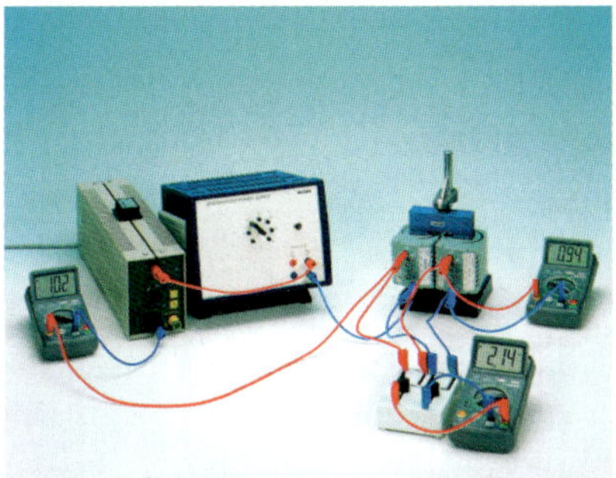

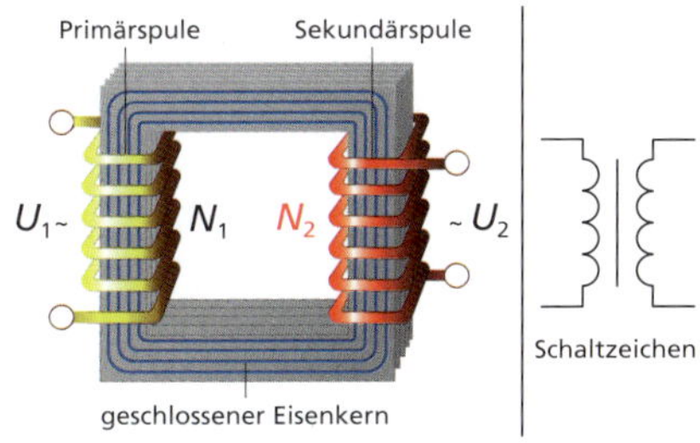

M ↗ S. 43

Man unterscheidet unbelastete und belastete Transformatoren sowie ideale und reale Transformatoren.

Bei einem **unbelasteten Transformator** ist im Sekundärstromkreis kein Gerät angeschlossen und es fließt auch kein Sekundärstrom. Der Transformator befindet sich im Leerlauf (↗ S. 204).

Bei einem **belasteten Transformator** ist im Sekundärstromkreis ein Verbraucher angeschlossen. Durch den Sekundärstrom wird der Transformator belastet. Am größten ist die Belastung, wenn die beiden Enden der Sekundärspule miteinander verbunden sind, also ein **Kurzschluss** vorliegt (↗ S. 204).

▶ Die Belastung eines Transformators steigt mit der Sekundärstromstärke.

Ein Transformator wandelt elektrische Energie des Primärkreises in elektrische Energie des Sekundärkreises um. Dabei entstehen im geschlossenen Eisenkern Wirbelströme, die zu einer Erwärmung des Eisenkerns führen können. Ein Teil der elektrischen Energie wird in thermische Energie umgewandelt. Im Idealfall nimmt man an, dass die gesamte elektrische Energie des Primärkreises in elektrische Energie des Sekundärkreises umgewandelt wird. Ein solcher **idealer Transformator** ist ein Modell. **Reale Transformatoren** erreichen heute einen Wirkungsgrad von bis zu 99 %.

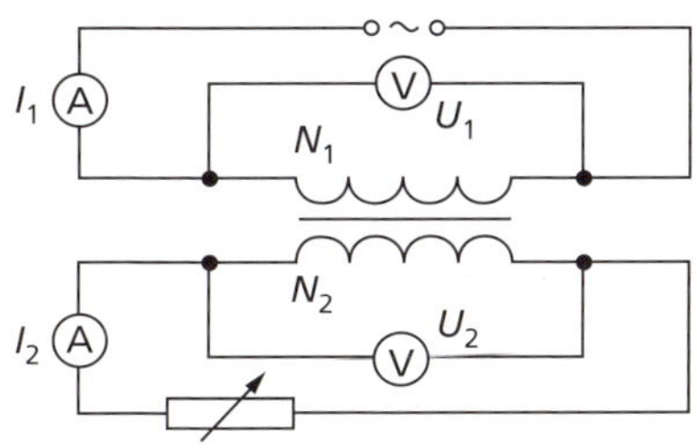

▶ Der Wirkungsgrad eines Transformators ändert sich mit der Belastung.

Bei einem idealen Transformator wird keine elektrische Energie in andere Energieformen umgewandelt.
Bei einem realen Transformator wird ein kleiner Teil der elektrischen Energie in thermische Energie umgewandelt.

Bei jedem realen Transformator gibt es zwischen dem Sekundärstrom und dem Primärstrom **Rückwirkungen.**
In welcher Weise sich die Werte von Wechselspannungen und Wechselstromstärken mit einem Transformator ändern, hängt von den Windungszahlen der Primär- und Sekundärspule sowie von der Belastung des Transformators ab.
Für den unbelasteten Transformator gilt das **Gesetz für die Spannungsübersetzung.**

▶ Dieses Gesetz gilt nur für den idealen Transformator im **Leerlauf.** Wird der Transformator belastet, so verringert sich die Sekundärspannung.

Für einen unbelasteten idealen Transformator (Leerlauf) gilt:

$$\frac{U_1}{U_2} = \frac{N_1}{N_2}$$

U_1, U_2 Spannungen
N_1, N_2 Windungszahlen

Für den belasteten Transformator gilt das **Gesetz für die Stromstärkeübersetzung:**

▶ Dieses Gesetz gilt nur für den **Kurzschluss.** Diese Bedingung des Gesetzes ist umso besser erfüllt, je größer die Belastung des Transformators, je größer also I_2 ist.

Für einen stark belasteten idealen Transformator (Kurzschluss) gilt:

$$\frac{I_1}{I_2} = \frac{N_2}{N_1}$$

I_1, I_2 Stromstärken
N_1, N_2 Windungszahlen

Verschiedene elektrische Geräte, wie Handys, MP3-Player oder Radios, haben unterschiedliche Betriebsspannungen. Um diese trotzdem mit ein und demselben Netzgerät an eine 230-V-Steckdose anschließen zu können, gibt es **Universalnetzgeräte.**

▶ Der Quotient N_1/N_2 wird auch als Übersetzungsverhältnis bezeichnet.

▶ Moderne Ausführungen solcher Geräte nennt man **Schaltnetzteile** oder **Schaltnetzgeräte**.

Mit einem solchen Netzgerät kann man wahlweise 3 V; 4,5 V; 6 V; 7,5 V; 9 V und 12 V Betriebsspannung erhalten. Im Netzgerät befindet sich ein Transformator, dessen Primärspule 5 000 Windungen hat. Die Sekundärspule hat mehrere Abgriffe nach unterschiedlicher Anzahl von Windungen (s. Skizze S. 247).
Berechne die Anzahl der Windungen der Sekundärspule für die verschiedenen Sekundärspannungen des Universalnetzgeräts!

Analyse:
Der Transformator des Netzgeräts hat eine Sekundärspule mit mehreren Abgriffen.

M ↗ S. 57 f.

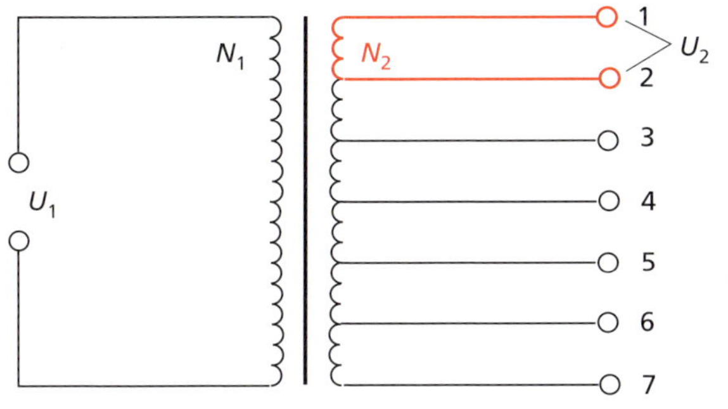

Um verschiedene Betriebsspannungen zu erhalten, müssen vom Abgriff 1 aus verschiedene Windungszahlen durch einen Schalter eingestellt werden. Die jeweilige Windungszahl N_2 kann man nach dem Gesetz für die Spannungsübersetzung am *unbelasteten* Transformator berechnen, da die gewünschten Betriebsspannungen Leerlaufspannungen sind. Man geht dabei von der vereinfachenden Annahme aus, dass ein idealer Transformator vorhanden ist und damit keine Energieverluste auftreten.

Transformatoren gibt es in verschiedenen technischen Ausführungen. Besondere Bauformen von Transformatoren sind **Manteltransformatoren** und **Spartransformatoren.**

Gesucht: N_2 für verschiedene U_2
Gegeben: $U_1 = 230\ \text{V}$
$N_1 = 5000$
$U_2 = 3\ \text{V}$ (4,5 V; 6 V; 7,5 V; 9 V; 12 V)

Lösung:
Für einen unbelasteten idealen Transformator gilt das Gesetz für die Spannungsübersetzung:

$$\frac{U_1}{U_2} = \frac{N_1}{N_2} \qquad | \cdot N_2 \qquad | \cdot \frac{U_2}{U_1}$$

$$N_2 = \frac{N_1 \cdot U_2}{U_1}$$

$$N_2 = \frac{5000 \cdot 3\ \text{V}}{230\ \text{V}}$$

$$\underline{N_2 = 65}$$

Analog kann man die anderen Windungszahlen berechnen.

Ergebnis:
An der Sekundärspule müssen für die gewünschten Betriebsspannungen folgende Windungszahlen abgegriffen werden:

U_2 in V	3	4,5	6	7,5	9	12
N_2	65	98	130	163	196	261

4

Eine **elektrische Klingel** kann z. B. eine Betriebsspannung von 8 V, eine Modelleisenbahn von 12 V und eine **Halogenlampe** von ebenfalls 12 V haben. An der Bildröhre eines **Fernsehgeräts** muss eine Spannung von etwa 15 kV anliegen. Alle diese Geräte werden mit Transformatoren an 230 V Netzspannung angeschlossen.

In vielen elektrischen und elektronischen Geräten werden Transformatoren verwendet. Sie dienen z. B. dazu, elektrische Geräte mit unterschiedlicher Betriebsspannung an eine Spannungsquelle anzuschließen (z. B. **Halogenlampe, Klingel, Modelleisenbahn, Fernsehgerät**). Dazu werden **Netzgeräte, Netzadapter** oder **Schaltnetzteile** verwendet.
Eine besonders empfindliche Sicherung ist ein **Fehlerstromschutzschalter** (FI-Schalter), bei dem ebenfalls ein Transformator verwendet wird.
Beim **elektrischen Schweißen** wird ein Schweißtrafo genutzt, der eine Sekundärstromstärke von ca. 100 A erzeugt.
Auch die **Zündanlage** in einem Ottomotor enthält einen Transformator. Damit wird eine Zündspannung von etwa 15 000 V erzeugt, bei der ein Funke zwischen den Elektroden der Zündkerze überspringt und das Kraftstoff-Luft-Gemisch entzündet.
Von besonderer Bedeutung sind Transformatoren für den Betrieb von **Stromverbundnetzen.** Mithilfe von Hochspannungstransformatoren wird die Spannung so hoch transformiert, dass die elektrische Energie aus den Kraftwerken effektiv und mit möglichst wenig Verlusten zu den Verbrauchern übertragen werden kann.
Bei den Verbrauchern wird die Hochspannung über verschiedene Stufen mit Transformatoren auf die für die Verbraucher notwendige Spannung heruntertransformiert.

In Deutschland und Europa gibt es große **Stromverbundnetze,** die die stabile Versorgung von Haushalten und Wirtschaft mit elektrischer Energie sichern.

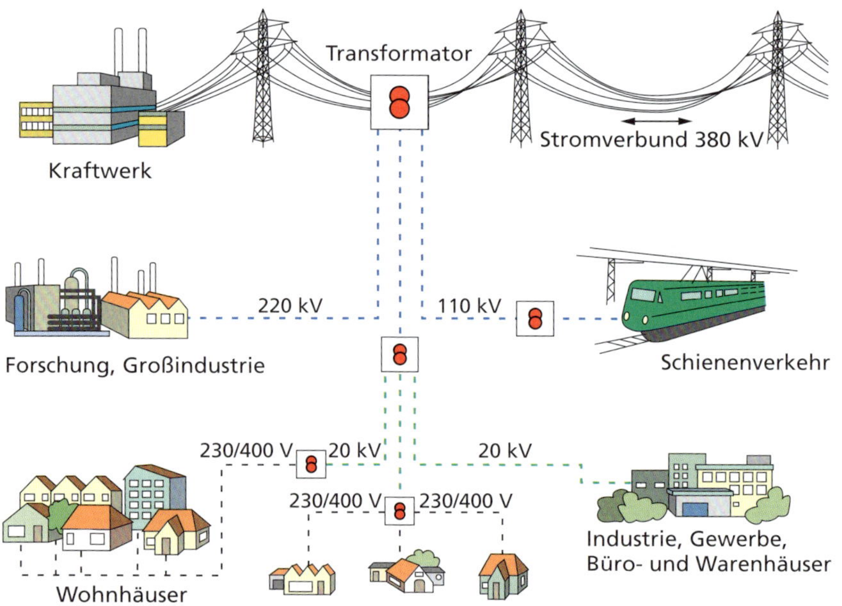

Elektrische und magnetische Felder

Ein elektrisches Feld existiert im Raum um elektrische geladene Körper.
Es kann mit dem **Modell Feldlinienbild** beschrieben werden.

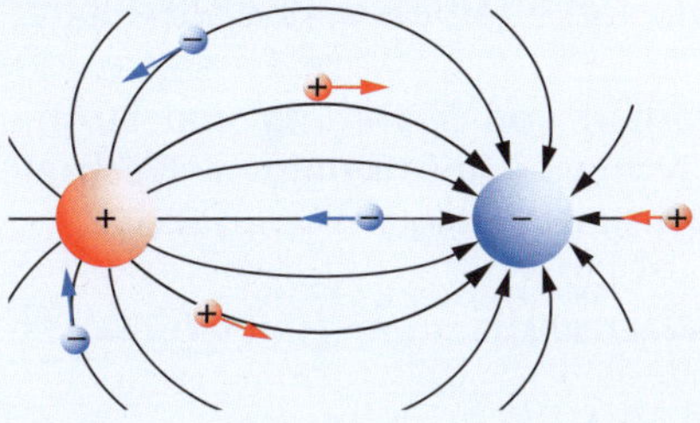

Ein magnetisches Feld existiert im Raum um Magnete und stromdurchflossene Leiter.
Es kann mit dem **Modell Feldlinienbild** beschrieben werden.

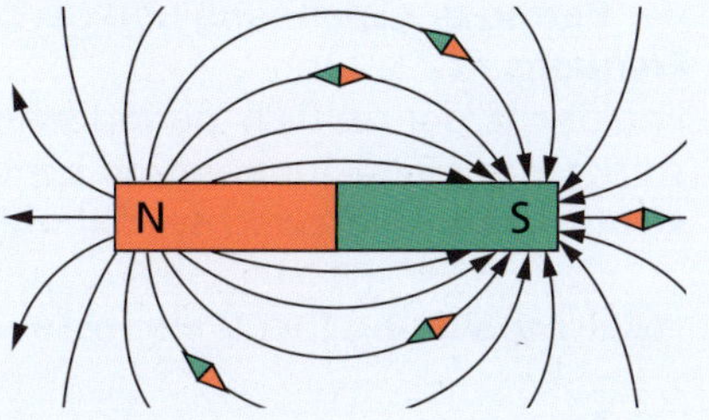

Elektromotoren und Generatoren haben den gleichen prinzipiellen Aufbau. Sie unterscheiden sich in der Richtung des Energieflusses.

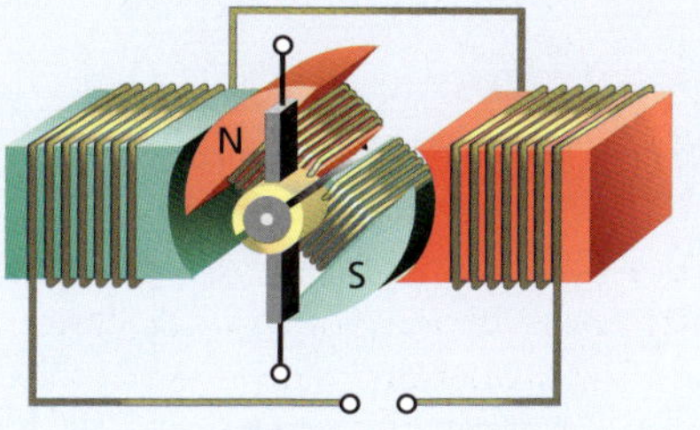

Bei Generatoren wird die **elektromagnetische Induktion** genutzt. Verändert sich das von einer Spule umfasste Magnetfeld, so wird in der Spule eine Spannung induziert. Es fließt ein Induktionsstrom.

Änderung des Magnetfelds durch Änderung der Stromstärke

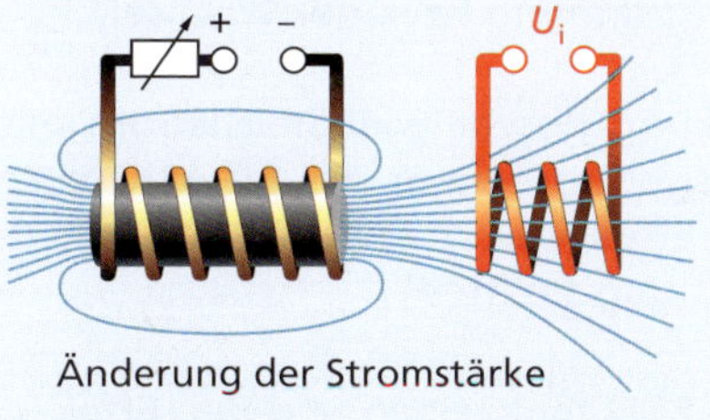

Änderung des Magnetfelds durch Relativbewegung

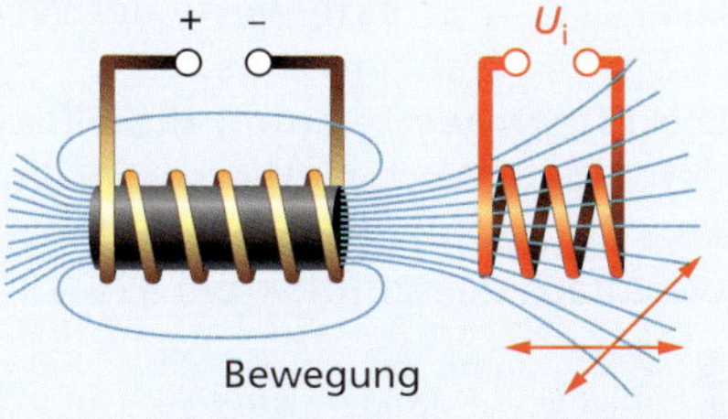

Die Erkenntnisse über die Induktion sind im **Induktionsgesetz** zusammengefasst.

In einer Spule wird eine Spannung induziert, solange sich das von ihr umfasste Magnetfeld ändert. Die Induktionsspannung hängt von der Schnelligkeit und Stärke dieser Änderung sowie vom Bau der Spule (Windungszahl, Eisenkern) ab.

4.4 Elektromagnetische Schwingungen und Wellen

4.4.1 Spannung und Stromstärke im Wechselstromkreis

▶ Die Netzfrequenz in Deutschland beträgt 50 Hz. Bei der Deutschen Bahn wird Wechselstrom mit einer Frequenz von 16,7 Hz verwendet. In das Netz wird sinusförmiger Wechselstrom eingespeist.

M ↗ S. 45, 46

In einem Gleichstromkreis bleibt die Polung der Spannung immer gleich. Die Richtung der Stromstärke ändert sich damit ebenfalls nicht. Dagegen ändern sich in einem Wechselstromkreis die Polung, die Richtung und der Betrag der Spannung und der Stromstärke zeitlich periodisch mit der **Frequenz** f (↗ S. 134).
Entspricht der zeitlich periodische Verlauf von Spannung und Stromstärke einer Sinusfunktion, so spricht man von **sinusförmigem Wechselstrom.** Unsere Netzwechselspannung ist sinusförmig.

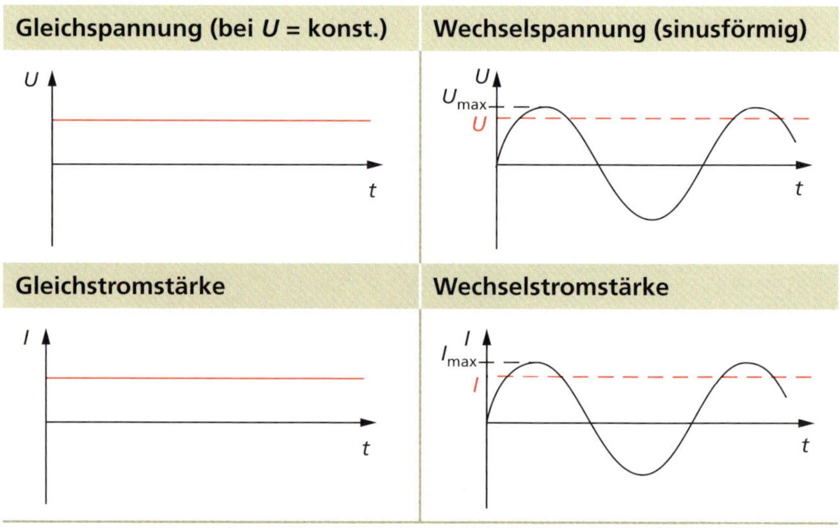

U_{max}, I_{max}: **Maximalwerte** der Wechselspannung bzw. der Wechselstromstärke
U, I: **Effektivwerte** der Wechselspannung bzw. der Wechselstromstärke

▶ Bis 1988 betrug der Effektivwert der Netzspannung 220 V. Ab 1989 begann in Deutschland die international vereinbarte Umstellung der Netzspannung von 220 V auf 230 V. Die tatsächlich anliegende Spannung darf bis zu 6 % über diesem Wert und bis zu 10 % unter diesem Wert liegen. Damit entsprechen Netzspannungen zwischen 207 V und 243 V der Norm.

Die Effektivwerte rufen dieselbe Wirkung hervor wie Gleichstrom mit denselben Werten. Wechselstrommessgeräte zeigen die Effektivwerte an. Für die Netzspannung beträgt der Effektivwert 230 V. Der Maximalwert liegt demzufolge bei 325 V (Gleichung s. unten).

> Bei Wechselstrom ist zwischen den Maximalwerten und den Effektivwerten zu unterscheiden. Der Effektivwert eines Wechselstroms ist derjenige Wert, der dieselben Wirkungen wie ein Gleichstrom derselben Stärke hervorrufen würde.
> Für den Zusammenhang zwischen Effektivwerten und Maximalwerten gilt:
>
> $$U = \frac{U_{max}}{\sqrt{2}} \approx 0{,}7 \cdot U_{max} \quad \text{bzw.} \quad U_{max} = \sqrt{2} \cdot U$$
>
> $$I = \frac{I_{max}}{\sqrt{2}} \approx 0{,}7 \cdot I_{max} \quad \text{bzw.} \quad I_{max} = \sqrt{2} \cdot I$$

4.4.2 Elektromagnetische Schwingungen

Der geschlossene Schwingkreis

Die zeitlich periodische Änderung von elektrischer Spannung und Stromstärke in einem Wechselstromkreis ist eine Form einer elektromagnetischen Schwingung. Auch die zeitlich periodische Änderung des elektrischen Felds des Kondensators und des magnetischen Felds einer Spule sind Formen **elektromagnetischer Schwingungen.**

Schaltet man einen Kondensator und eine Spule zu einem geschlossenen Stromkreis zusammen, so erhält man einen **Schwingkreis,** mit dem elektromagnetische Schwingungen erzeugt werden können. Dabei wird ständig die elektrische Energie des Felds des Kondensators in magnetische Energie des Felds der Spule umgewandelt und umgekehrt. Die Summe aus elektrischer und magnetischer Energie ist konstant.

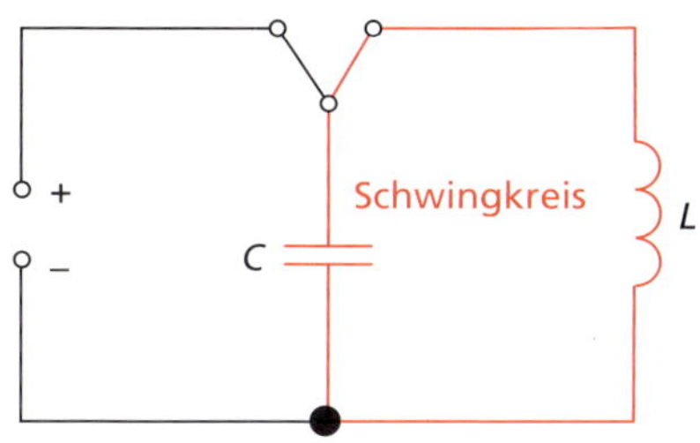

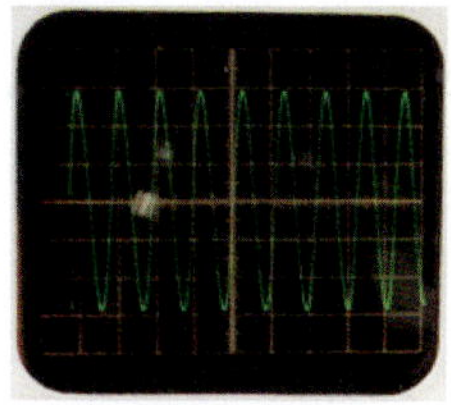

Oszillografenbild mit Schwingungen eines **Schwingkreises**

Auch beim Schwingkreis gilt das **Gesetz von der Erhaltung der Energie** (↗ S. 360).

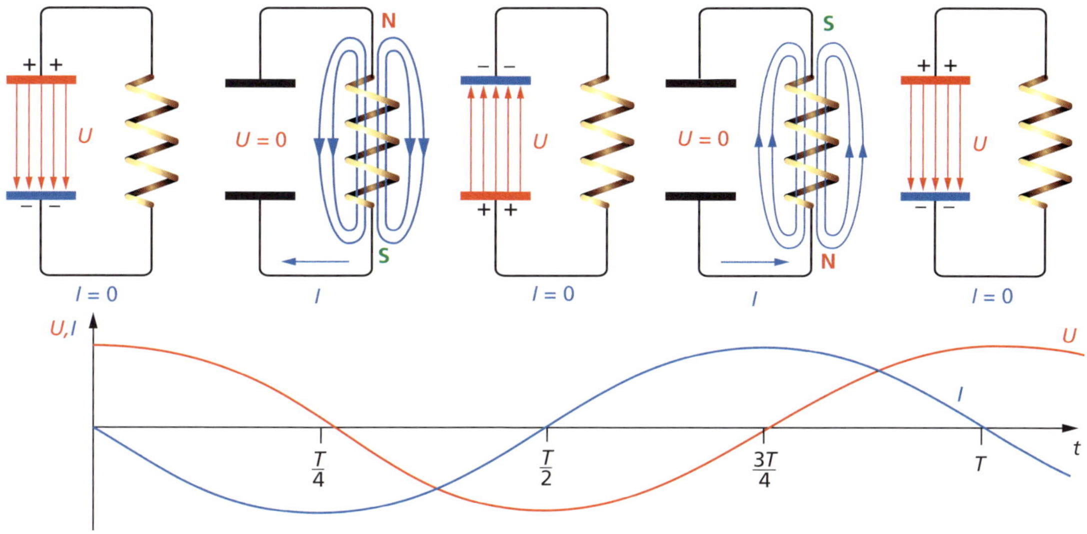

Der Kondensator ist geladen. Die Energie ist im elektrischen Feld des Kondensators gespeichert.	Durch den Stromfluss entsteht um die Spule ein magnetisches Feld, in dem die Energie gespeichert ist.	Durch Induktion in der Spule entstehen eine Spannung und ein Strom, die zu einer entgegengesetzten Aufladung des Kondensators führen.	Der Kondensator entlädt sich in umgekehrter Richtung. Durch den Strom entsteht um die Spule wieder ein Magnetfeld.	Durch Induktion entsteht wieder ein Stromfluss, der zur erneuten Aufladung des Kondensators führt.

Dieses Gesetz wurde von **WILLIAM THOMSON** (1824–1907), dem späteren LORD KELVIN, entdeckt und nach ihm benannt.

Die Frequenz bzw. die Periodendauer (↗ S. 134) der elektromagnetischen Schwingungen in einem geschlossenen Schwingkreis ist abhängig von der Induktivität der Spule und der Kapazität des Kondensators. Dies wird mit der **thomsonschen Schwingungsgleichung** beschrieben.

Unter der Bedingung, dass der ohmsche Widerstand der Spule vernachlässigt werden kann, gilt:

$$T = 2\pi \cdot \sqrt{L \cdot C}$$

$$f = \frac{1}{2\pi \cdot \sqrt{L \cdot C}}$$

L Induktivität der Spule
C Kapazität des Kondensators

M ↗ S. 57 f.

Ein Tonfrequenzgenerator besitzt einen Schwingkreis und erzeugt einen Ton mit der Frequenz 800 Hz. Die Spule des Schwingkreises hat eine Induktivität von 0,4 H.
Welche Kapazität hat der Kondensator des Schwingkreises?
Wie groß müsste die Kapazität des Kondensators sein, wenn der Generator einen Ton mit halber Frequenz erzeugen soll?

Analyse:
Unter der Bedingung, dass man vom ohmschen Widerstand der Spule absieht, gilt die thomsonsche Schwingungsgleichung.

Gesucht: C_1 für 800 Hz
C_2 für 400 Hz
Gegeben: $f_1 = 800\ \text{Hz} = 800\ \frac{1}{\text{s}}$; $f_2 = 400\ \text{Hz} = 400\ \frac{1}{\text{s}}$
$L = 0{,}4\ \text{H} = 0{,}4\ \frac{\text{V}\cdot\text{s}}{\text{A}}$

Für die Einheiten gilt:
$1\ \text{H} = \frac{1\ \text{V}\cdot\text{s}}{1\ \text{A}}$

Lösung:

$$f_1 = \frac{1}{2\pi \cdot \sqrt{L \cdot C}}$$

$$f_1^2 = \frac{1}{4\pi^2 \cdot L \cdot C_1} \quad | \cdot C_1 \quad | : f_1^2$$

$$C_1 = \frac{1}{4\pi^2 \cdot L \cdot f_1^2}$$

$$C_1 = \frac{1 \cdot \text{A} \cdot \text{s}^2}{4 \cdot 3{,}14^2 \cdot 0{,}4\ \text{V} \cdot \text{s} \cdot 640\,000}$$

$$\underline{C_1 = 1 \cdot 10^{-9}\ \frac{\text{A}\cdot\text{s}}{\text{V}} = 1\ \text{nF}}$$

$$\underline{C_2 = 4\ \text{nF}}, \text{ denn } f \sim \frac{1}{\sqrt{C}}$$

Für die Einheiten gilt:
$1\ \frac{\text{A}\cdot\text{s}}{\text{V}} = 1\ \text{F}$
$1 \cdot 10^{-9}\ \text{F} = 1\ \text{nF}$

Der Zusammenhang $f \sim \frac{1}{\sqrt{C}}$ ergibt sich aus der Gleichung $f = \frac{1}{2\pi \cdot \sqrt{L \cdot C}}$

Ergebnis:
Für einen Ton mit einer Frequenz von 800 Hz muss der Kondensator des Schwingkreises eine Kapazität von 1 nF haben. Für einen 400-Hz-Ton muss die Kapazität 4 nF betragen, da $f \sim \frac{1}{\sqrt{C}}$ gilt.

Gedämpfte und ungedämpfte elektromagnetische Schwingungen

Wird einem geschlossenen Schwingkreis einmalig Energie zugeführt, z. B. durch Aufladen des Kondensators, so kommen die elektromagnetischen Schwingungen im Schwingkreis nach einer bestimmten Zeit zum Erliegen. Die Maximalwerte der Wechselspannungen und -stromstärken nehmen ständig ab. Es liegt eine **gedämpfte Schwingung** (↗ S. 136) vor. Eine Ursache dafür ist, dass die Energie des elektrischen bzw. magnetischen Felds durch den Stromfluss in Spule und Leitern teilweise in thermische Energie umgewandelt wird. Das führt zur Erwärmung von Spule und Leitern.

Gedämpfte Schwingung	Ungedämpfte Schwingung
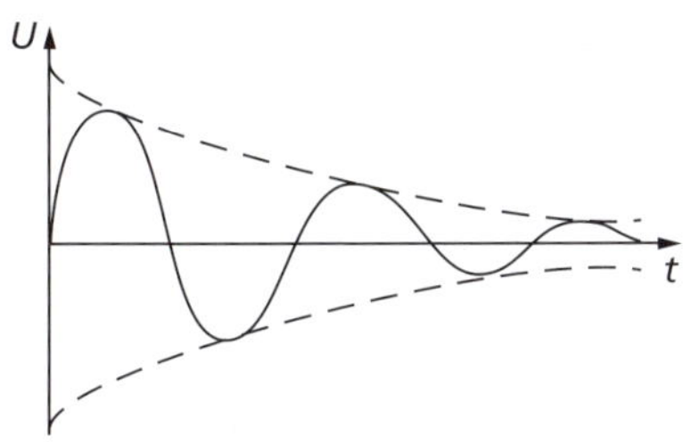	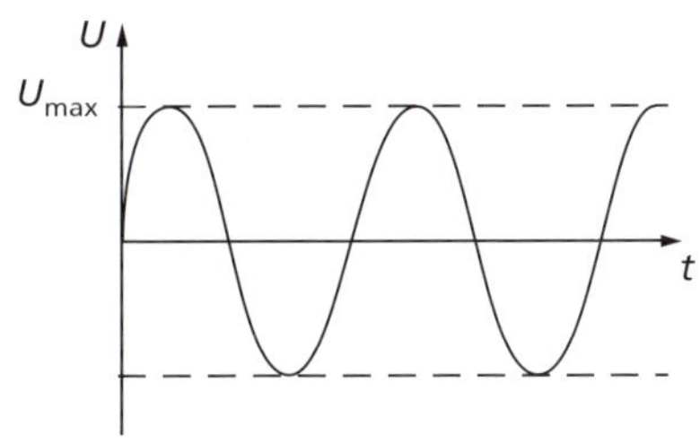

M ↗ S. 45, 46

Um eine **ungedämpfte elektromagnetische Schwingung** zu erhalten, muss dem Schwingkreis ständig so viel Energie zugeführt werden, wie im Schwingkreis in thermische Energie umgewandelt wird.

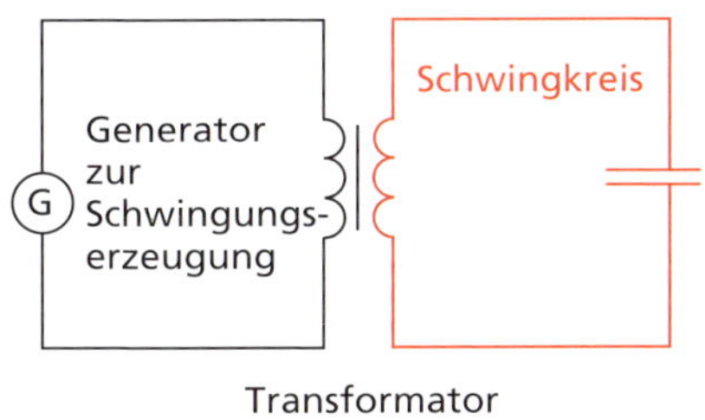

Auf die Schwingungen im Schwingkreis hat die Frequenz, mit der diese Energiezufuhr erfolgt, einen entscheidenden Einfluss.
Wenn einem Schwingkreis einmalig Energie zugeführt wird, so führt er **freie Schwingungen** bzw. **Eigenschwingungen** mit seiner Eigenfrequenz f_0 aus.
Die **Eigenfrequenz** eines Schwingkreises ist nur von den Eigenschaften des Schwingkreises selbst abhängig (↗ S. 252). Durch Kopplung kann einem Schwingkreis von außen Energie zugeführt werden. Diese Energiezufuhr kann z. B. über die Spule mittels eines Transformators erfolgen. Die Spule des Schwingkreises ist eine Spule eines Transformators, mit dem elektromagnetische Schwingungen des Generators auf den Schwingkreis übertragen werden. Der Schwingkreis führt dann **erzwungene Schwingungen** aus.
Die Frequenz des Generators ist die **Erregerfrequenz** f_E der erzwungenen Schwingungen. Wie bei mechanischen Schwingungen (↗ S. 137) sind die Amplituden der elektromagnetischen Schwingungen im Schwingkreis bei erzwungenen Schwingungen von Eigen- und Erregerfrequenz abhängig. Je näher die Erregerfrequenz der Eigenfrequenz ist, desto größer sind die Amplituden der Schwingungen. Ein Maximum erreichen die Amplituden, wenn Eigen- und Erregerfrequenz gleich groß sind, wenn also gilt: $f_E = f_0$.

▶ Resonanz bei elektromagnetischen Schwingungen kann erwünscht oder unerwünscht sein. Erwünscht ist sie z. B. beim **Abstimmkreis** in einem Rundfunkempfänger. Unerwünscht ist sie bei der **Rückkopplung** einer Verstärkeranlage mit einem Mikrofon.

4

In diesem Fall liegt **Resonanz** vor. Die Amplituden von Wechselspannung und Wechselstromstärke im Schwingkreis erreichen ein Maximum.

Die Resonanzbedingung für erzwungene Schwingungen lautet:

$f_E = f_0$ f_E Erregerfrequenz
f_0 Eigenfrequenz

Die meißnersche Rückkopplungsschaltung wurde 1913 von dem deutschen Techniker **ALEXANDER MEISSNER** (1883–1958) entwickelt. Er verwendete eine Elektronenröhre als Schalter. Transistoren waren in dieser Zeit noch nicht entwickelt.

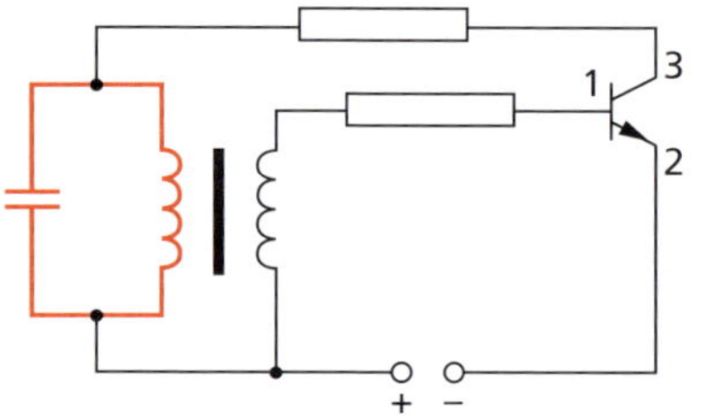

Um in einem Schwingkreis ungedämpfte Schwingungen zu erhalten, muss von außen die Energie mit derselben Frequenz wie die Eigenfrequenz und in der richtigen Phase zugeführt werden. Günstig ist dabei, wenn diese Energiezufuhr durch den Schwingkreis selbst gesteuert wird. Das kann man z. B. durch die **meißnersche Rückkopplungsschaltung** erreichen. Dabei wird heute ein Transistor als Schalter zur Steuerung eingesetzt.

Die meißnersche Rückkopplungsschaltung wird u. a. in **Tongeneratoren** angewendet, um Schall oder Ultraschall (↗ S. 143) zu erzeugen.

Elektromagnetische Schwingungen sehr hoher Frequenz werden zu verschiedenen technischen oder medizinischen Zwecken genutzt.

Bei der **Kurzwelle** in der Medizin werden nicht nur Kurzwellen mit einer Frequenz von 27,12 MHz, sondern auch Dezimeterwellen (433,92 MHz) und Mikrowellen (2 450 MHz) verwendet.

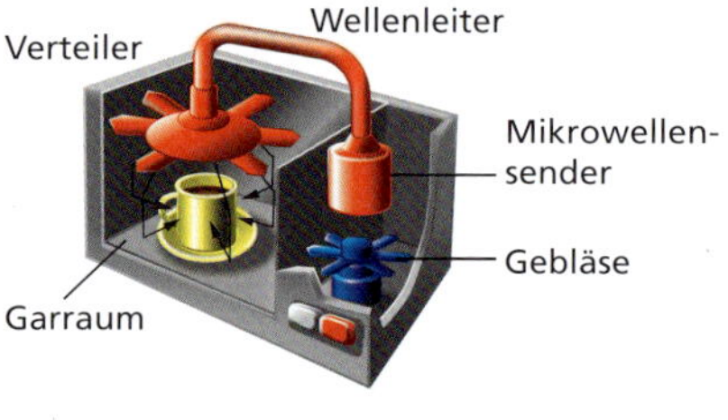

Eine Anwendung elektromagnetischer Schwingungen ist die Erwärmung von Speisen im **Mikrowellenherd.** Im medizinischen Bereich nutzt man elektromagnetische Schwingungen bei der sogenannten **Kurzwelle.** Zur Bearbeitung von Werkstücken nutzt man die **induktive** oder **kapazitive Hochfrequenzerwärmung** mittels elektromagnetischer Schwingungen.

4.4.3 Elektromagnetische Wellen

Entstehen elektromagnetischer Wellen

Ein Dipol ist eine spezielle Art bzw. Teil einer Antenne. Auch mit anderen Antennen können elektromagnetische Wellen abgestrahlt (gesendet) oder empfangen werden.

In Schwingkreisen können elektromagnetische Schwingungen mit einer hohen Frequenz erzeugt werden. Das erreicht man durch Kondensatoren kleiner Kapazität und Spulen geringer Induktivität. „Öffnet" man einen solchen Schwingkreis, indem man den Kondensator „auseinanderbiegt", so erhält man einen **offenen Schwingkreis** (↗ S. 255). Ein solcher offener Schwingkreis wird Dipol genannt. Von ihm können sich die hochfrequenten Schwingungen ablösen und im Raum als **elektromagnetische Wellen** ausbreiten.

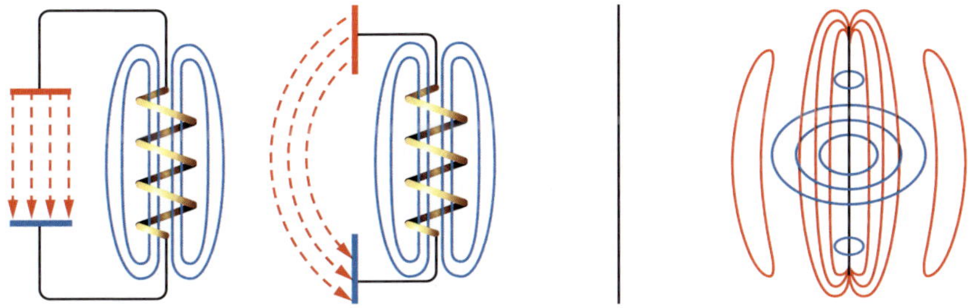

Geschlossener Schwingkreis — Öffnen des Schwingkreises — Offener Schwingkreis (Dipol) — Abstrahlen elektromagnetischer Wellen

Durch die zeitweise Anhäufung von Elektronen an den Dipolenden bzw. durch die Ladungsverschiebungen kommt es zur Entstehung elektrischer bzw. magnetischer Felder, die sich vom Dipol ablösen und sich im Raum als elektromagnetische Wellen ausbreiten.

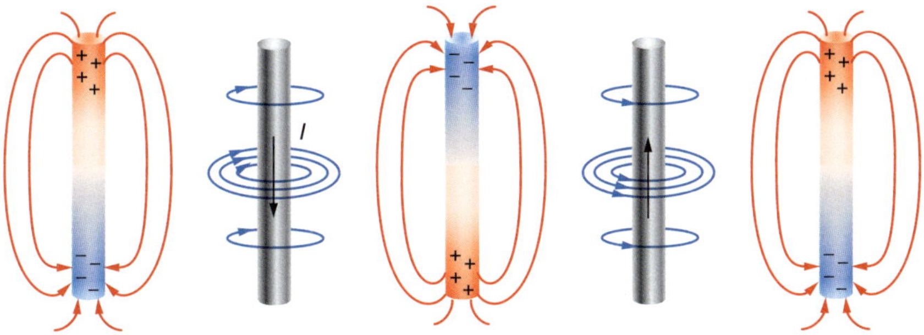

Bei elektromagnetischen Wellen ändern sich elektrische Größen zeitlich und räumlich periodisch. Es sind dies die Stärke des elektrischen und magnetischen Felds, die sich quer zur Ausbreitungsrichtung ändern.
Elektromagnetische Wellen sind deshalb **Querwellen.** Sie besitzen wie Wellen allgemein eine **Frequenz** und eine **Wellenlänge** (↗ S. 140).

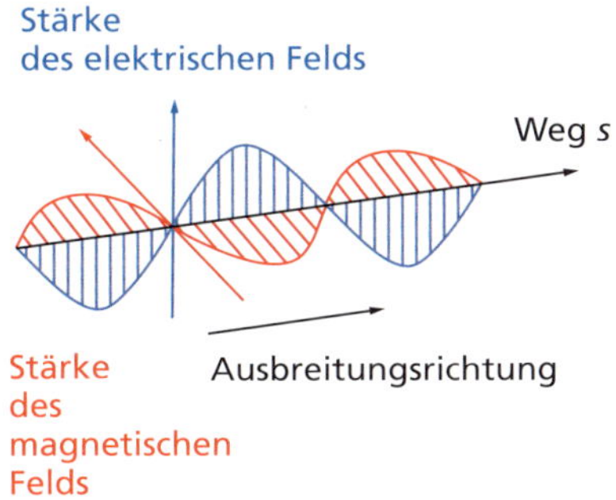

Querwellen bezeichnet man auch als **Transversalwellen** (↗ S. 140).

Die Frequenz beschreibt dabei die zeitliche Änderung der Stärke des elektrischen bzw. des magnetischen Felds in einem bestimmten Punkt des Raums. Die Wellenlänge gibt die Länge für einen vollständigen Wellenzug der elektrischen bzw. magnetischen Feldstärke an.

> Eine elektromagnetische Welle ist die Ausbreitung einer elektromagnetischen Schwingung im Raum.

4

Eigenschaften elektromagnetischer Wellen

Durch elektromagnetische Wellen wird Energie, aber kein Stoff übertragen. Elektromagnetische Wellen breiten sich im Raum ohne einen stofflichen Träger aus.

Die **Ausbreitung** erfolgt in Stoffen und im Vakuum **geradlinig,** wenn sie nicht durch Hindernisse daran gehindert werden.

▶ Fernsehantennen müssen deshalb zum Sendeturm oder zum Fernsehsatelliten ausgerichtet sein.

Elektromagnetische Wellen breiten sich wie Licht mit der **Lichtgeschwindigkeit** c aus. Diese ist abhängig vom Stoff. Im Vakuum und in der Luft beträgt sie ungefähr $c = 300\,000$ km/s.

Für die **Ausbreitungsgeschwindigkeit** elektromagnetischer Wellen gilt:

$c = \lambda \cdot f$ λ Wellenlänge
f Frequenz

▶ Die Frequenz einer elektromagnetischen Welle ändert sich bei der Ausbreitung nicht. Die Wellenlänge ist damit von der Ausbreitungsgeschwindigkeit und somit vom Stoff abhängig, in dem sich die Welle ausbreitet.

Als Seenotwelle wurde international die Frequenz 500 kHz festgelegt. Auf dieser Frequenz dürfen ausschließlich Seenotrufe gesendet werden.

Wie groß ist die Wellenlänge dieser elektromagnetischen Wellen?

Analyse:

Bei bekannter Ausbreitungsgeschwindigkeit der Wellen in Luft kann die Wellenlänge aus der Gleichung für die Ausbreitungsgeschwindigkeit berechnet werden.

M ↗ S. 57 f.

Gesucht: λ

Gegeben: $f = 500\text{ kHz} = 500\,000\,\frac{1}{\text{s}}$

$c = 300\,000\,\frac{\text{km}}{\text{s}} = 300\,000\,000\,\frac{\text{m}}{\text{s}}$

▶ Für die Einheiten gilt: $1\text{ Hz} = \frac{1}{\text{s}}$

Lösung:

$$c = \lambda \cdot f \qquad | : f$$

$$\lambda = \frac{c}{f}$$

$$\lambda = \frac{300\,000\,000\text{ m} \cdot \text{s}}{500\,000\text{ s}}$$

$$\underline{\lambda = 600\text{ m}}$$

Ergebnis:

Die elektromagnetischen Wellen auf der Seenotwelle haben eine Wellenlänge von 600 m.

Elektromagnetische Wellen besitzen analoge Eigenschaften wie mechanische Wellen (↗ S. 141, 142).
Isolatoren können von elektromagnetischen Wellen **durchdrungen** werden, während metallische Leiter diese abschirmen.

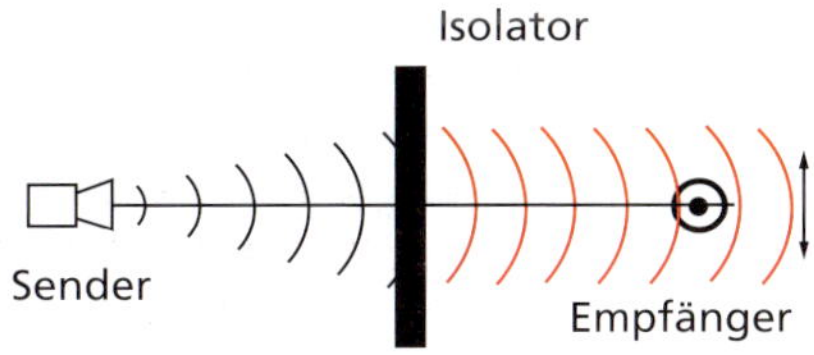

- In einem Zimmer kann man Fernseh- und Radiosender empfangen, in einem Gebäude aus Stahlbeton kann es Probleme geben, weil die Wellen abgeschirmt werden.

An metallischen Leitern werden elektromagnetische Wellen **reflektiert.** Es gilt das **Reflexionsgesetz** (↗ S. 142).

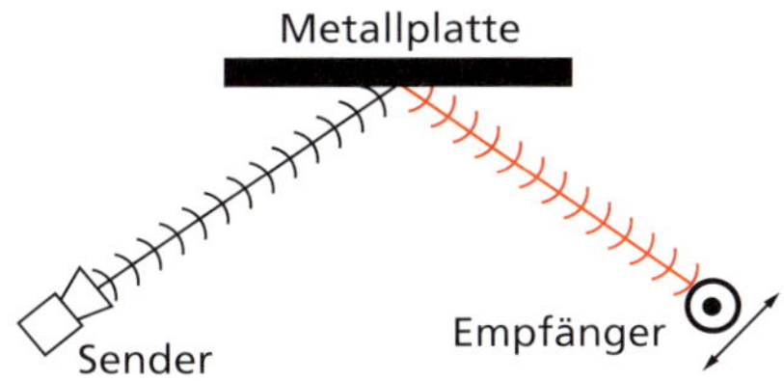

- In einem Auto benötigt man eine Außenantenne, da die Blechkarosse des Autos elektromagnetische Wellen reflektiert und damit abschirmt.

Beim Übergang von einem Isolator in einen anderen können elektromagnetische Wellen ihre Ausbreitungsrichtung ändern. Sie werden **gebrochen.** Es gilt das **Brechungsgesetz** (↗ S. 142).
An Hindernissen können elektromagnetische Wellen **gebeugt** werden und so ihre Ausbreitungsrichtung ändern.

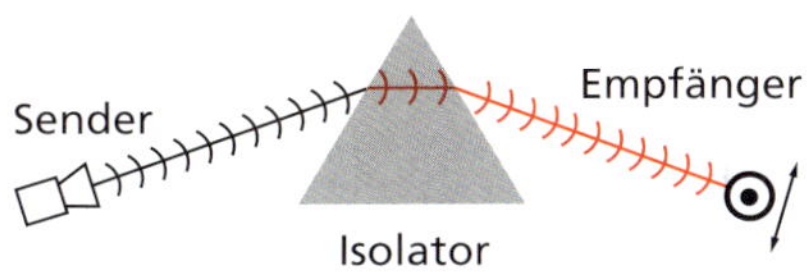

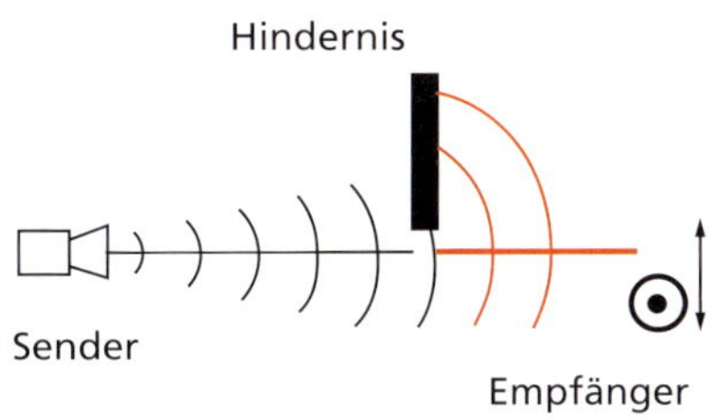

- Durch Beugung ist ein Fernsehempfang z.T. auch hinter Bergen und hohen Gebäuden möglich.

Elektromagnetische Wellen können sich auch **überlagern,** sodass eine resultierende Welle als Addition der Ausgangswellen entsteht **(Interferenz).** Dabei kommt es zu typischen Interferenzerscheinungen wie Verstärkung und Abschwächung.

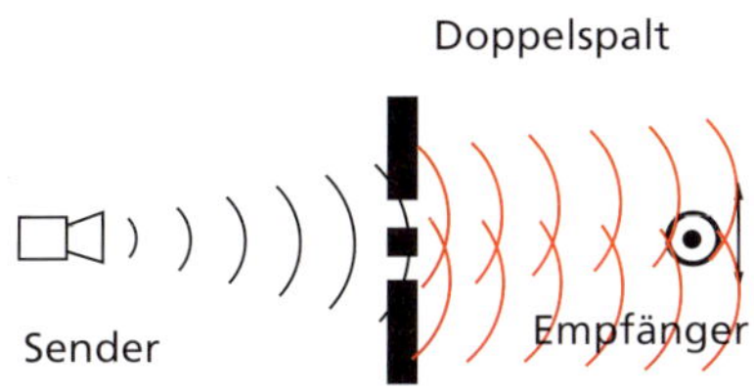

- Bei Radiosendern kann man diese Interferenzerscheinungen mitunter wahrnehmen. Sie äußern sich in der Veränderung der Lautstärke.

▶ Fernseh- und Satellitenantennen besitzen für einen optimalen Empfang **Reflektoren,** die das Reflexionsgesetz ausnutzen. Reflektierende Schichten gibt es auch in der Atmosphäre.

▶ Ob und wie stark Durchdringung, Reflexion, Beugung und Brechung bei elektromagnetischen Wellen auftreten, hängt von Frequenz und Wellenlänge dieser Wellen und von den beteiligten Körpern bzw. Stoffen ab.

▶ Bei elektromagnetischen Wellen treten analoge Interferenzerscheinungen wie bei mechanischen Wellen (↗ S. 142) und bei Licht (↗ S. 315) auf.

4

HEINRICH HERTZ hat diese Wellen erstmals 1888 experimentell nachgewiesen. Die **Entdeckung der hertzschen Wellen** war jedoch ein langer Prozess, an dem mehrere Wissenschaftler mitgewirkt haben.

Hertzsche Wellen

Elektromagnetische Wellen, die zur Übertragung von Rundfunk und Fernsehen genutzt werden, nennt man auch **hertzsche Wellen,** benannt nach ihrem Entdecker HEINRICH HERTZ (1857–1894).
Hertzsche Wellen sind elektromagnetische Wellen mit einer sehr hohen Frequenz. Die Wellenlängen hertzscher Wellen liegen zwischen 1 cm und 10 km.
Hertzsche Wellen teilt man in unterschiedliche Bereiche ein. In der Übersicht sind die in der Technik vorrangig genutzten Bereiche angegeben. Für Anwendungen nutzt man die unterschiedlichen Eigenschaften hertzscher Wellen bei verschiedenen Frequenzen bzw. Wellenlängen.

Bereich	Frequenz f	Wellenlänge λ	Anwendungen
Langwellen (LW oder LF)	148,5 kHz – 283,5 kHz 290 kHz – 527 kHz	2 km – 1 km 1 000 m – 600 m	Rundfunk Schiffsfunk Funkpeilung
Mittelwellen (MW oder MF)	526,5 kHz – 1 606,5 kHz	600 m – 200 m	Rundfunk
Kurzwellen (KW oder MF)	3,95 MHz – 26,1 MHz	75 m – 10 m	Rundfunk Flugfunk Amateurfunk CB – Sprechfunk
Meterwellen (VHF)	48,25 MHz – 62,25 MHz 87,5 MHz – 108 MHz 175,25 MHz–217,25 MHz	6,2 m – 4,8 m 3,4 m – 2,8 m 1,7 m – 1,4 m	Fernsehen VHF Band I UKW – Rundfunk Fernsehen VHF Band III
Dezimeterwellen (UHF)	0,3 GHz – 3 GHz 471,25 MHz – 599,25 MHz 607,25 MHz – 783,25 MHz	10 dm – 1 dm 6,3 dm – 5 dm 4,9 dm – 3,8 dm	Richtfunk auf der Erde, Radar Fernsehen UHF Band IV Fernsehen UHF Band V
Zentimeterwellen Mikrowellen	2 GHz – 30 GHz 2,45 GHz	15 cm – 1 cm 12 cm	Funknavigation Mikrowellenherd

Radar (**Ra**dio **d**etecting **a**nd **r**anging = Funkortung und Entfernungsmessung) wurde in den Dreißigerjahren des 20. Jahrhunderts entwickelt.

Hertzsche Wellen dienen vor allem zur Übertragung von Rundfunk und Fernsehen. Eine wichtige Anwendung hertzscher Wellen ist auch das Radar. Dabei werden hertzsche Wellen hoher Frequenz (ca. 10^8 Hz) in Form sehr kurzer Impulse abgestrahlt, an einem Hindernis reflektiert und wieder empfangen. Aus der Laufzeit der Impulse kann die Entfernung berechnet werden. Geortete Objekte erscheinen auf einem Radarbildschirm als helle Punkte.

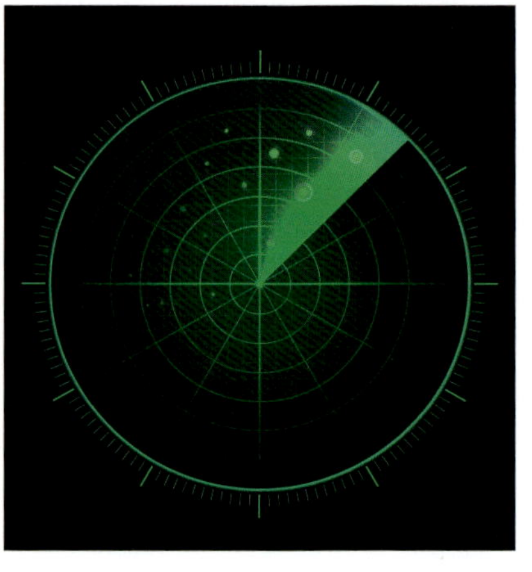

Senden und Empfangen hertzscher Wellen

Elektromagnetische Schwingungen können nur dann als hertzsche Wellen von einem Sender abgestrahlt werden, wenn sie eine relativ hohe Frequenz (mindestens 100 kHz) besitzen. Man nennt diese auch **Hochfrequenz-Schwingungen (HF-Schwingungen).** Sprache und Musik, also Schallschwingungen, besitzen nur eine Frequenz bis maximal 20 kHz. Diese Schallschwingungen kann man mit einem Mikrofon in elektromagnetische Schwingungen umwandeln. Man nennt diese **Niederfrequenz-Schwingungen (NF-Schwingungen).** Sie sind aufgrund der geringen Frequenz für das Aussenden als hertzsche Wellen nicht geeignet.
Um Sprache, Musik und Bilder mithilfe hertzscher Wellen zu übertragen, bedient man sich deshalb des Verfahrens der **Modulation.** Dabei wird eine hochfrequente Schwingung als „Träger" für niederfrequente Schwingungen (Sprache, Musik) genutzt, da Schwingungen hoher Frequenz von einem Dipol als hertzsche Wellen abgestrahlt werden können. Die hochfrequente Schwingung wird dabei im Takte der niederfrequenten Schwingung so verändert, dass die Information der niederfrequenten Schwingung mit übertragen wird. Dies geschieht z. B. dadurch, dass man die Amplitude der HF-Schwingung im Takt der Amplitude der NF-Schwingung verändert **(Amplitudenmodulation).**

▶ Neben der Amplitudenmodulation gibt es auch das Verfahren der Frequenzmodulation.
Dabei wird nicht die Amplitude, sondern die Frequenz der Trägerschwingung verändert.
Heute werden Rundfunk- und Fernsehprogramme schon weitgehend in digitalisierter Form (Digitalradio, Digitalfernsehen) übertragen.

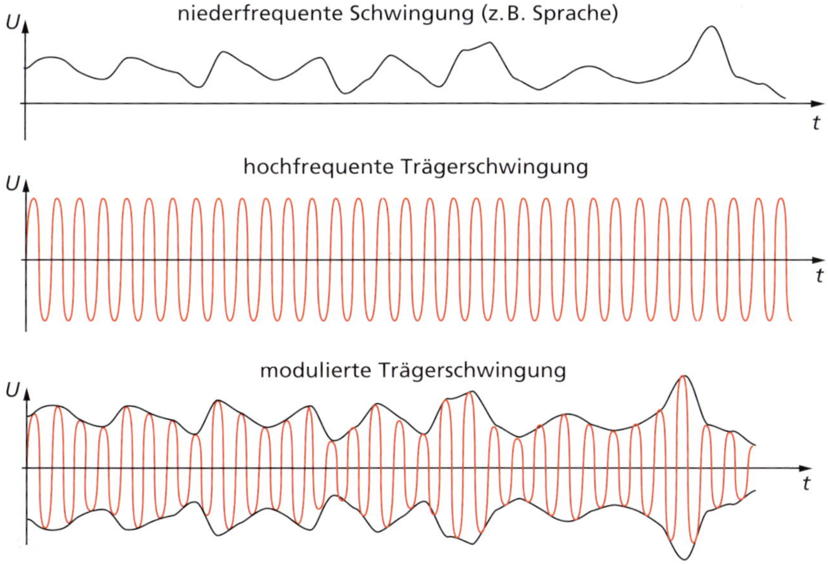

Hertzsche Wellen werden über Antennen (Dipole) ausgestrahlt und empfangen. Diese **Sende- und Empfangsdipole** sind offene Schwingkreise (↗ S. 255).
Beim **Senden** von hertzschen Wellen wird der Sendedipol (Antenne) durch einen weiteren Schwingkreis zu elektromagnetischen Schwingungen angeregt.
Dabei sind Schwingkreis und Dipol so aufeinander abgestimmt, dass beide mit derselben Eigenfrequenz schwingen können. Es tritt somit Resonanz (↗ S. 137) und damit eine maximale Abstrahlung elektromagnetischer Wellen auf.

Prinzip eines Senders

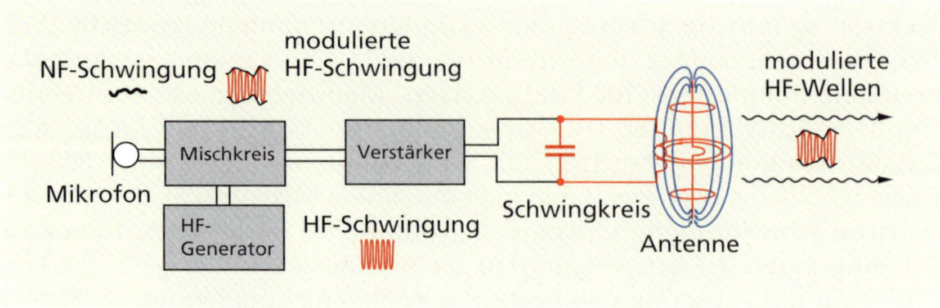

▶ Mithilfe des Drehkondensators kann man die Kapazität und damit die Frequenz des Schwingkreises (↗ S. 252) verändern.

Beim **Empfang** hertzscher Wellen wird der Empfangsdipol durch elektromagnetische Wechselfelder in der Umgebung zu Schwingungen angeregt. Diese Schwingungen werden wiederum auf einen Schwingkreis im Empfänger, den **Abstimmkreis,** übertragen.

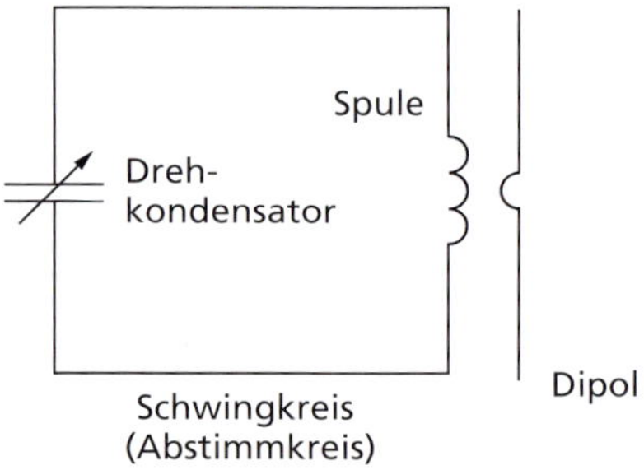

▶ Die Amplitude der Schwingung ist von Erreger- und Eigenfrequenz abhängig.

a) $f_E \neq f_0$

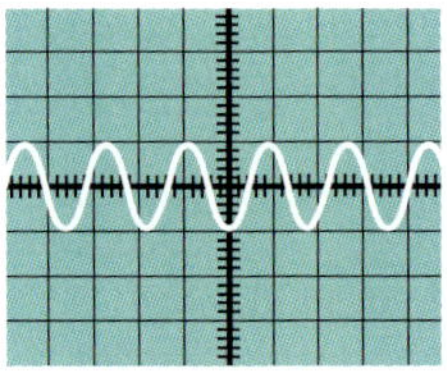

b) $f_E = f_0$

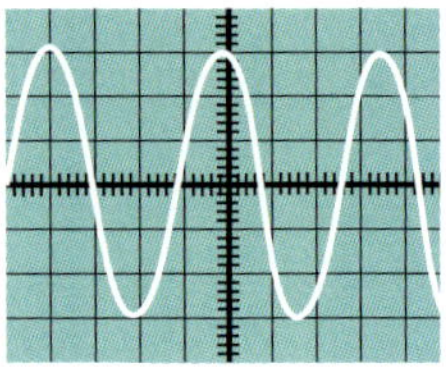

Empfangsdipole werden so gewählt, dass sie annähernd dieselbe Eigenfrequenz besitzen wie der Sendedipol. Auf einen Empfangsdipol treffen jedoch hertzsche Wellen unterschiedlicher Frequenzen. Um genau einen Sender auszuwählen, wird mithilfe eines Abstimmkreises im Empfänger die Eigenfrequenz des gewünschten Senders eingestellt. Durch Resonanz ist die Amplitude der elektromagnetischen Schwingung im Abstimmkreis dann am größten, wenn sie mit der Sendefrequenz des gewünschten Senders übereinstimmt, wenn also gilt: $f_E = f_0$.

Die modulierte hochfrequente Trägerschwingung muss im Empfänger wieder in HF- und NF-Schwingungen getrennt werden, damit die NF-Schwingungen im Lautsprecher hörbar gemacht werden können. Diesen Vorgang nennt man **Demodulation.** In der Regel werden die NF-Schwingungen im Empfänger noch **verstärkt**, damit z. B. Sprache und Musik gut hörbar werden.

Prinzip eines Empfängers

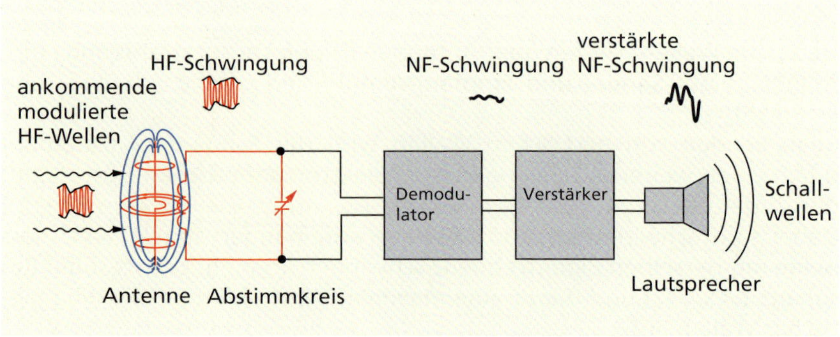

Das elektromagnetische Spektrum

Zum **elektromagnetischen Spektrum** gehören alle Arten elektromagnetischer Wellen. Nachfolgend ist die in der Physik übliche Einteilung angegeben.

Art der Wellen	Frequenz f in Hz	Wellenlänge λ in m	Eigenschaften	Anwendungen
Technischer Wechselstrom	30–300	$10^7 - 10^6$	leichte Erzeugbarkeit, einfache Übertragbarkeit mithilfe von Leitern	Gewinnung und Übertragung elektrischer Energie, Antrieb
Tonfrequenter Wechselstrom (Niederfrequenz)	$3 \cdot 10^2 - 3 \cdot 10^4$	$10^6 - 10^4$	Frequenzbereich entspricht dem des für den Menschen hörbaren Schalls	Übertragung von Sprache und Musik mit Leitungen (Telefonie)
Hertzsche Wellen Langwelle (LW) Mittelwelle (MW) Kurzwelle (KW) Ultrakurzwelle (UKW, VHF, UHF)	 $3 \cdot 10^4 - 3 \cdot 10^5$ $3 \cdot 10^5 - 3 \cdot 10^6$ $3 \cdot 10^6 - 3 \cdot 10^7$ $3 \cdot 10^7 - 3 \cdot 10^9$	 $10^4 - 10^3$ $10^3 - 10^2$ $10^2 - 10$ 10–0,1	gute Ausbreitung in Luft, teilweise Reflexion an Schichten der Atmosphäre, Reflexion an Leitern	Radio Mobilfunk Fernsehen Radar
Mikrowellen	$3 \cdot 10^9 - 10^{13}$	$0{,}1 - 3 \cdot 10^{-5}$	Eindringen in viele Stoffe und dabei Absorption durch diese Stoffe	Mikrowellenherd Mikrowellentherapie
Infrarotes Licht	$10^{13} - 3{,}8 \cdot 10^{14}$	$3 \cdot 10^{-5} - 7{,}8 \cdot 10^{-7}$	tiefes Eindringen in menschliche Haut, gute Absorption durch viele Stoffe	Wärmestrahlung (Infrarotstrahler) Infrarotfernbedienung
Sichtbares Licht	$3{,}8 \cdot 10^{14} - 7{,}7 \cdot 10^{14}$	$7{,}8 \cdot 10^{-7} - 3{,}9 \cdot 10^{-7}$	vom Menschen mit dem Auge wahrnehmbar	Beleuchtung von Räumen (Lampen)
Ultraviolettes Licht	$7{,}7 \cdot 10^{14} - 3 \cdot 10^{16}$	$3{,}9 \cdot 10^{-7} - 10^{-8}$	dringt in äußere Hautschichten ein und ruft Veränderungen hervor (Bräunung, Sonnenbrand)	UV-Strahler (Höhensonne)
Röntgenstrahlung	$3 \cdot 10^{16} - 5 \cdot 10^{21}$	$10^{-8} - 6 \cdot 10^{-14}$	unterschiedliches Durchdringen von weichem Gewebe und Knochen	Röntgendiagnostik und -therapie
Gammastrahlung und **kosmische Strahlung**	$> 3 \cdot 10^{18}$	$< 10^{-10}$	großes Durchdringungsvermögen von massiven Körpern	Fehlersuche in Stahlträgern und anderen massiven Werkstücken

4

Elektromagnetische Schwingungen und Wellen

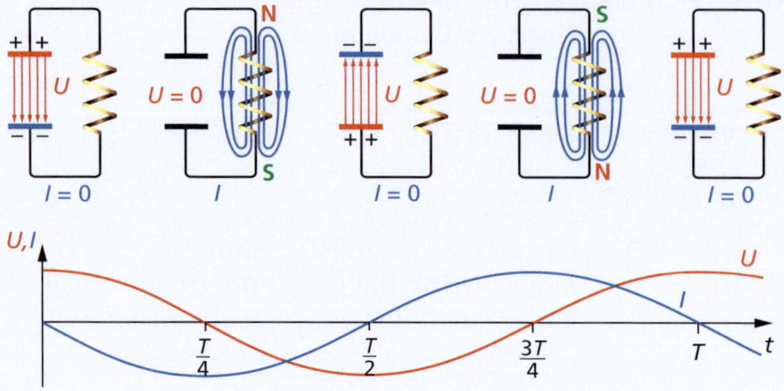

Elektromagnetische Schwingungen entstehen in einem **Schwingkreis,** einer Reihenschaltung aus Kondensator und Spule. Die **Schwingungsdauer** hängt nur von der Induktivität L der Spule und der Kapazität C des Kondensators ab. Es gilt für $R = 0$ die **thomsonsche Schwingungsgleichung:** $T = 2\pi\sqrt{L \cdot C}$

Unter **elektromagnetischen Wellen** versteht man die Ausbreitung elektromagnetischer Schwingungen im Raum. Elektromagnetische Wellen werden von Dipolen (Antennen) abgestrahlt. Sie breiten sich mit Lichtgeschwindigkeit aus. Es gilt:

$$c = \lambda \cdot f \quad \text{mit} \quad f = \frac{1}{T}$$

Elektromagnetische Wellen haben analoge Eigenschaften wie mechanische Wellen:
- Die Ausbreitung in einem Stoff erfolgt in der Regel geradlinig.
- Beim Auftreffen auf Hindernisse kann **Reflexion** auftreten.
- Beim Übergang von einem Stoff in einen anderen kann **Brechung** auftreten.
- Es können unter bestimmten Bedingungen die wellentypischen Eigenschaften **Beugung** und **Interferenz** auftreten.

Hertzsche Wellen werden von Rundfunk- und Fernsehsendern abgestrahlt und mit Antennen empfangen.

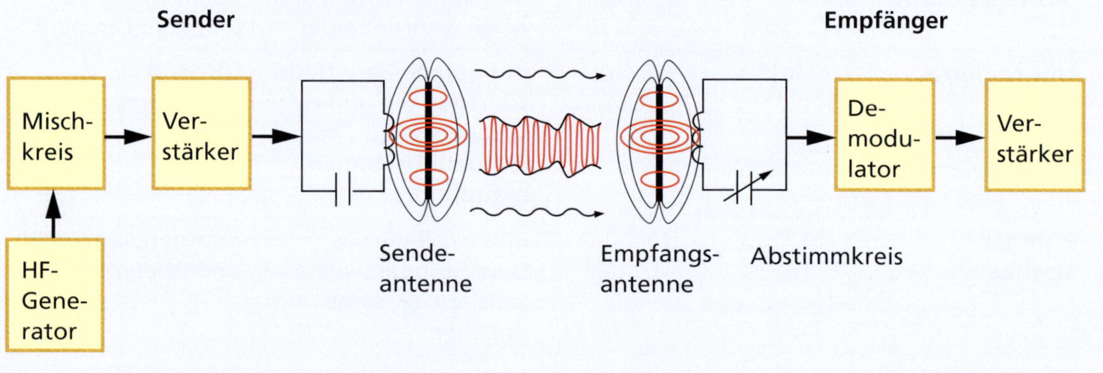

4.5 Elektrische Leitungsvorgänge

4.5.1 Elektrische Leitung in festen Körpern

Der elektrische Leitungsvorgang

Wenn in einem Bereich ein elektrischer Strom fließt, spricht man häufig auch von einem **elektrischen Leitungsvorgang.**

Ein **elektrischer Leitungsvorgang** ist eine gerichtete Bewegung von elektrischen Ladungsträgern (z. B. von Elektronen).

Voraussetzungen für einen elektrischen Leitungsvorgang sind:
- das Vorhandensein frei beweglicher Ladungsträger (↗ S. 200) und
- die Existenz eines elektrischen Felds (↗ S. 227).

Frei bewegliche Ladungsträger sind in Metallen **Elektronen** und in leitenden Flüssigkeiten **Ionen.**

Der elektrische Leitungsvorgang in einem Körper ist abhängig von
- der Art und Anzahl der zur Verfügung stehenden frei beweglichen Ladungsträger,
- der Behinderung des elektrischen Stromflusses durch andere Teilchen des Körpers (elektrischer Widerstand, ↗ S. 211),
- der Stärke des vorhandenen elektrischen Felds (↗ S. 228).

Die Art und die Anzahl der zur Verfügung stehenden frei beweglichen Ladungsträger sowie die Behinderung des elektrischen Stromflusses sind abhängig vom Stoff, in dem ein elektrischer Leitungsvorgang stattfindet. Prinzipiell unterscheidet man **elektrische Leiter** und **Nichtleiter (Isolatoren)** (↗ S. 203). Es gibt auch Stoffe, deren elektrische Leitfähigkeit zwischen Leitern und Isolatoren liegt. Man nennt sie **Halbleiter** (z. B. Silicium und Germanium). Sie besitzen als reine Stoffe nur wenige frei bewegliche Ladungsträger (↗ S. 268).

Halbleiter sind Stoffe, deren elektrische Leitfähigkeit unter Normalbedingungen zwischen der von Leitern und Isolatoren liegt.

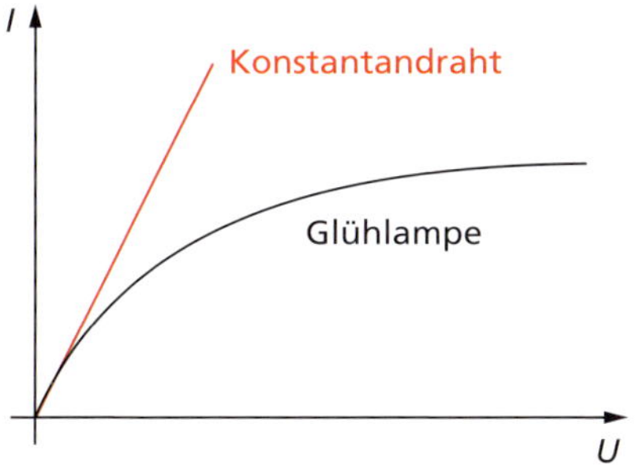

Um die elektrische Leitfähigkeit von bestimmten Körpern bzw. Bauelementen zu kennen, fertigt man ***I-U*-Kennlinien** an. Diese Kennlinien geben Auskunft über die Stromstärke durch ein Bauelement beim Vorhandensein einer bestimmten Spannung. Daraus lassen sich gleichzeitig Aussagen über den elektrischen Widerstand (↗ S. 211) des Bauelements bei einer bestimmten Spannung ableiten. Die *I*-*U*-Kennlinie eines Konstantandrahts zeigt z. B., dass sein elektrischer Widerstand konstant ist. Die *I*-*U*-Kennlinie der Glühlampe zeigt, dass der elektrische Widerstand der Lampe mit steigender Spannung größer wird.

Konstantan hat seinen Namen daher, weil sein elektrischer Widerstand auch bei Änderung der Temperatur konstant bleibt. Konstantan ist eine metallische Legierung aus Kupfer, Nickel und Mangan.

M ↗ S. 48

4

Elektrische Leitung in Metallen

▶ Die ungerichtete Bewegung von Elektronen und Metall-Ionen erfolgt umso heftiger, je höher die Temperatur ist.

Fast alle Metalle sind gute elektrische Leiter (↗ S. 203). In Metallen liegt **Metallbindung** vor. Jedes Metallatom gibt im Durchschnitt ein Elektron ab, das sich nahezu frei im Metall bewegen kann. Die Metall-Ionen schwingen im Metallgitter um ihre Ruhelage (Abb. a).

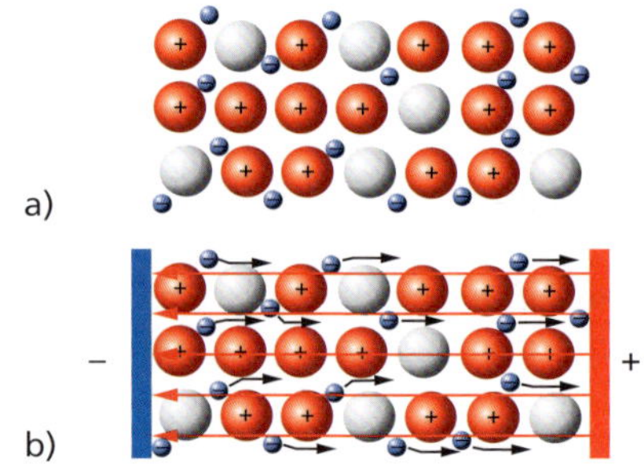

M ↗ S. 29, 30

Wird an ein Metall ein elektrisches Feld angelegt, so setzt ein elektrischer Stromfluss ein (Abb. b). Frei bewegliche Ladungsträger sind in Form von **freien Elektronen** in Metallen vorhanden. Durch das elektrische Feld wirken Kräfte auf die freien Elektronen. Diese Kräfte führen zu einer gerichteten Bewegung der Elektronen (Abb. b). Bei dieser Bewegung stoßen die Elektronen mit den Metall-Ionen zusammen. Dadurch erfährt der Stromfluss einen Widerstand (↗ S. 211). Bei einer höheren Temperatur führen die Metall-Ionen stärkere Schwingungen um ihre Ruhelage aus, wodurch häufigere Zusammenstöße mit den sich bewegenden Elektronen verursacht werden.

▶ Die Temperaturabhängigkeit des Widerstands von metallischen Leitern wird bei **Messfühlern** für elektrische **Thermometer** genutzt.

> Der elektrische Widerstand eines metallischen Leiters ist umso größer, je höher seine Temperatur ist.

Die Erwärmung eines Metalls kann von außen **(Fremderwärmung)** oder auch durch den Stromfluss im Metall selbst **(Eigenerwärmung)** erfolgen. Die Eigenerwärmung ist z. B. die Ursache dafür, dass der Widerstand einer Glühlampe im Betriebszustand erheblich größer ist als im Moment des Einschaltens.

4.5.2 Elektrische Leitung in Flüssigkeiten

In Flüssigkeiten kann eine elektrische Leitung stattfinden, wenn frei bewegliche positive und negative **Ionen** vorhanden sind und ein elektrisches Feld anliegt.

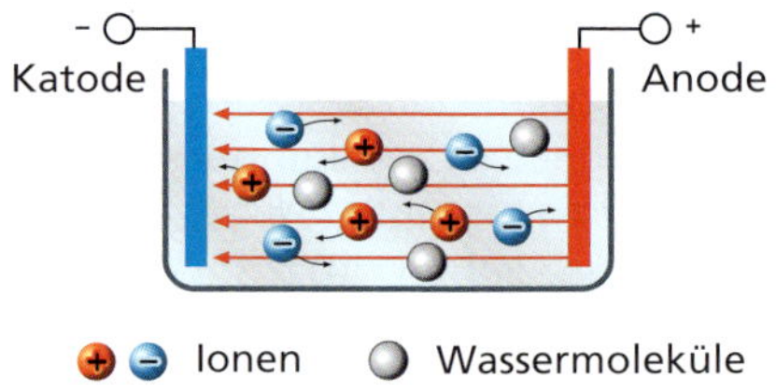

▶ Die Reaktionsgleichung lautet:
$CuSO_4 \longrightarrow Cu^{2+} + SO_4^{2-}$

Destilliertes Wasser besteht aus elektrisch neutralen Molekülen und leitet deshalb den elektrischen Strom nicht. Durch **Dissoziation** von Salzen, Basen und Säuren in Wasser werden diese in Ionen aufgespalten. So dissoziiert z. B. Kupfersulfat ($CuSO_4$) in positive Kupfer-Ionen (Cu^{2+}) und negative Sulfat-Ionen (SO_4^{2-}). Diese Ionen stehen als frei bewegliche Ladungsträger in Flüssigkeiten zur Verfügung. Wird ein elektrisches Feld angelegt, so bewegen sich die positiv geladenen Ionen zum Minuspol und die negativ geladenen Ionen zum Pluspol.

Bei Leitungsvorgängen in Flüssigkeiten wird mit den Ladungsträgern auch Stoff transportiert. An den Elektroden finden chemische Reaktionen statt. Das wird zur **Oberflächenveredlung** von Körpern (Verkupfern, Verchromen, Vergolden, Versilbern) genutzt. Diesen Vorgang bezeichnet man als **Galvanisieren.**

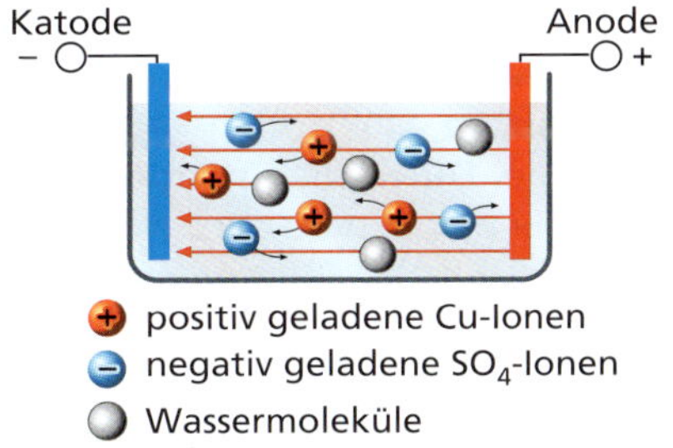

Eine moderne Form des **Lackierens von Autoteilen** nutzt, ähnlich dem Galvanisieren, den elektrischen Leitungsvorgang in Flüssigkeiten.

Die positiv geladenen Ionen, die zur Katode wandern, nennt man **Kationen.** Die negativ geladenen Ionen, die zur Anode wandern, nennt man **Anionen.**

Neben den Möglichkeiten zur Oberflächenveredlung wird die elektrische Leitung in Flüssigkeiten auch zum Betrieb **elektrischer Quellen** wie **Monozellen, Batterien** und **Akkumulatoren** genutzt. Außerdem wendet man diesen Vorgang zur Herstellung sehr reinen Kupfers, des **Elektrolytkupfers,** mit einem Kupferanteil von bis zu 99,97 % an.

Der Ladezustand eines Bleiakkumulators kann über die Dichte der Schwefelsäure im **Akkumulator** ermittelt werden.

Leitende Flüssigkeiten nennt man auch **Elektrolyte** und den chemischen Vorgang, der bei Stromfluss in Flüssigkeiten vor sich geht, **Elektrolyse.**

Die elektrische Leitung in Flüssigkeiten wurde u. a. von **MICHAEL FARADAY** (1791–1867) untersucht, der dabei wichtige Gesetze der **Elektrolyse,** die **faradayschen Gesetze,** fand.

4.5.3 Elektrische Leitung in Gasen

In Gasen kann eine elektrische Leitung nur stattfinden, wenn durch äußere Einflüsse frei bewegliche Ladungsträger erzeugt werden und ein elektrisches Feld anliegt. In Gasen unter Normalbedingungen existieren nur sehr wenige freie Ladungsträger, sodass kein Leitungsvorgang stattfinden kann. Luft ist unter Normalbedingungen ein guter Isolator. Durch äußere Einflüsse können aber in Gasen frei bewegliche Ladungsträger erzeugt werden.

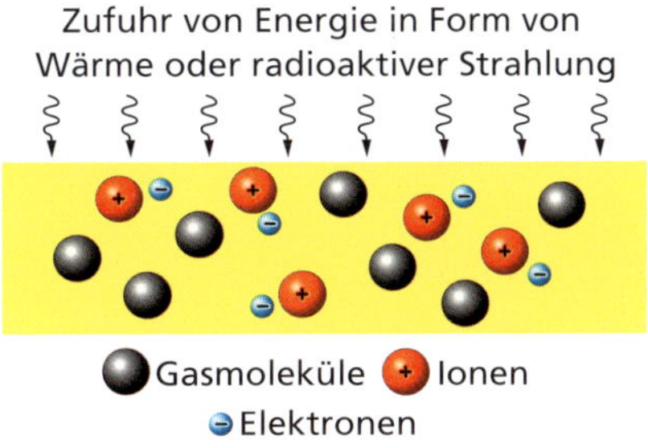

Eine Möglichkeit zur Erzeugung frei beweglicher Ladungsträger ist die **Ionisation** des Gases. Dabei werden z. B. durch Energiezufuhr in Form von Wärme oder radioaktiver Strahlung einzelne Elektronen aus den Gasmolekülen herausgelöst. Es entstehen Elektronen und positive Gas-Ionen als frei bewegliche Ladungsträger.

M ↗ S. 29, 30

4

Elektronen als freie Ladungsträger können in Gasen wie im Vakuum auch durch **Emission** (s. u.) erzeugt werden.

Auch durch **Stoßionisation** können Gase ionisiert werden. Dabei treffen schnelle Elektronen auf Gasmoleküle. Durch die Energie beim Zusammenstoß wird ein weiteres Elektron aus dem Gasmolekül herausgelöst. In einem lawinenartigen Prozess entstehen Elektronen und positive Gas-Ionen.

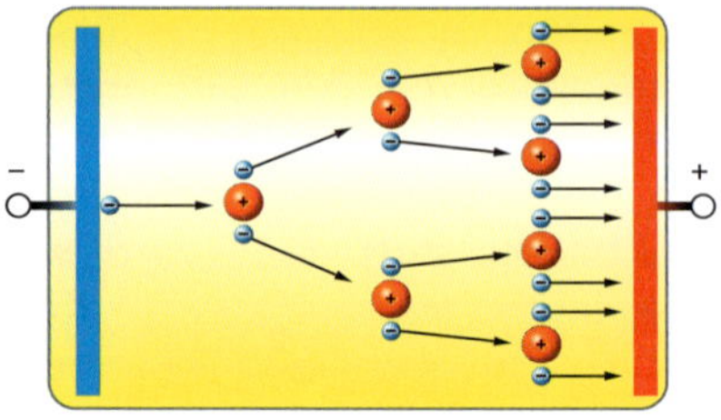

Voraussetzung für Stoßionisation ist, dass durch eine Druckverminderung im Gas nur relativ wenige Gasmoleküle vorhanden sind und die vorhandenen freien Elektronen durch ein elektrisches Feld große Geschwindigkeiten erreichen können. Als Ladungsträger stehen in ionisierten Gasen sowohl Elektronen als auch positive Gas-Ionen zur Verfügung. Leitungsvorgänge in Gasen sind häufig mit Leuchterscheinungen verbunden.

Die Leuchterscheinungen kann man z. B. bei einem **Gewitter** beobachten. Sie werden technisch aber auch in **Leuchtstofflampen, Gasentladungslampen** und **Glimmlampen** genutzt.

4.5.4 Elektrische Leitung im Vakuum

Glühemission und Fotoemission

Die **Glühemission** wurde 1883 von **THOMAS ALVA EDISON** (1847–1931) bei Experimenten mit Glühlampen entdeckt.

Im Vakuum kann nur dann ein elektrischer Leitungsvorgang stattfinden, wenn durch äußere Einflüsse Elektronen als frei bewegliche Ladungsträger erzeugt werden und ein elektrisches Feld anliegt. Die Erzeugung von Ladungsträgern kann z. B. durch den **glühelektrischen** oder **lichtelektrischen Effekt** erfolgen. Dabei wird in das Vakuum eine Platte aus Metall oder Metalloxid als Elektrode gebracht. Durch Erwärmen bzw. Bestrahlen mit Licht erhalten einzelne Elektronen der Elektrode so viel Energie, dass sie sich aus der Metalloberfläche lösen können. Sie stehen dann als frei bewegliche Ladungsträger zur Verfügung.
Die Bewegung der Elektronen im Vakuum wird im Unterschied zu Leitungsvorgängen in festen Körpern, Flüssigkeiten und Gasen nicht behindert. Dadurch erreichen die Elektronen große Geschwindigkeiten.

Die Fotoemission wurde 1888 von **WILHELM HALLWACHS** (1859–1922) erstmals beim Bestrahlen einer Zinkplatte mit Licht beobachtet. 1905 konnte **ALBERT EINSTEIN** (1879–1955) den lichtelektrischen Effekt theoretisch begründen und erhielt u. a. dafür 1921 den Nobelpreis für Physik.

Glühemission

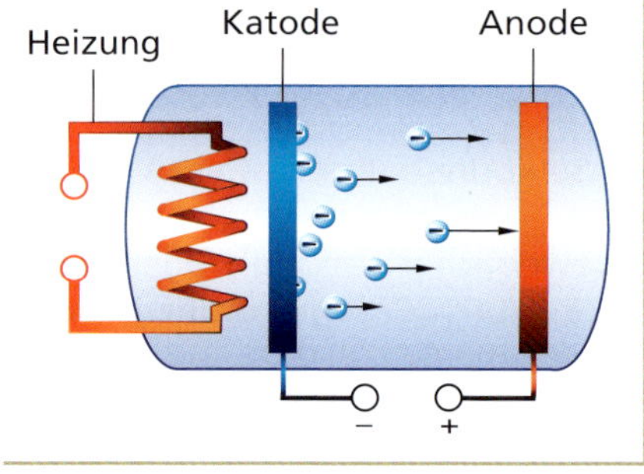

Fotoemission

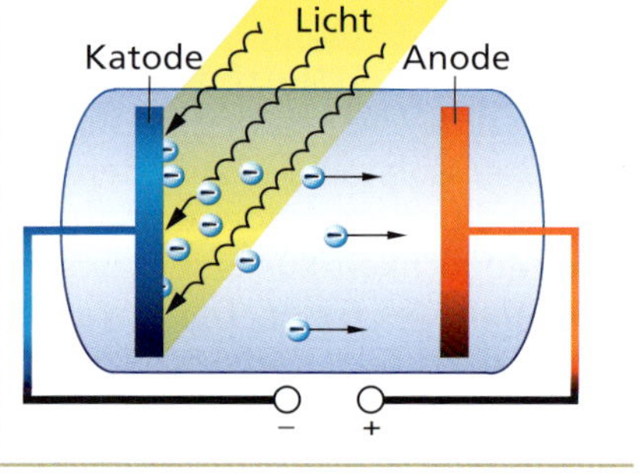

Die Elektronenstrahlröhre

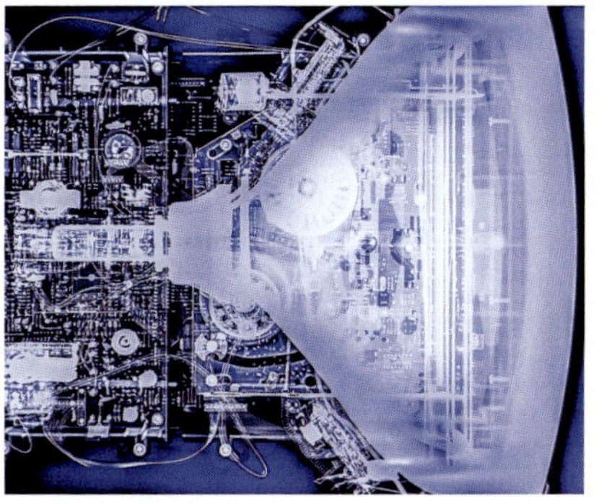

Die Elektronenstrahlröhre, auch **braunsche Röhre** genannt, dient u.a. in Oszillografen und Fernsehgeräten der Erzeugung sich verändernder Bilder. Dabei werden die elektrische Leitung durch Elektronen im Vakuum und die Kraftwirkung auf Elektronen im elektrischen Feld (↗S.228) oder im magnetischen Feld (↗S.237) genutzt.
Mit Heizung, Katode, Anode und Wehneltzylinder wird ein Elektronenstrahl erzeugt, der sich durch die Anode hindurch weiterbewegt. Der Wehneltzylinder dient der Helligkeitssteuerung. Durch geladene Kondensatorplatten oder stromdurchflossene Spulen des Ablenksystems wird der Elektronenstrahl horizontal und vertikal so abgelenkt, dass er an einem bestimmten Punkt auf den Leuchtschirm auftrifft. Dort bringt er den Schirm zum Leuchten.

▶ Die Glühemission wurde früher in **Elektronenröhren** genutzt, die vielfach in Geräten, wie z.B. Radios und Fernsehgeräten, verwendet wurden. Heute wird die Glühemission vor allem in **Elektronenstrahlröhren** angewendet, die sich in **Oszillografen** befinden. Eine besondere Art der Elektronenstrahlröhre ist die **Röntgenröhre.**

Aufbau einer Oszillografenbildröhre

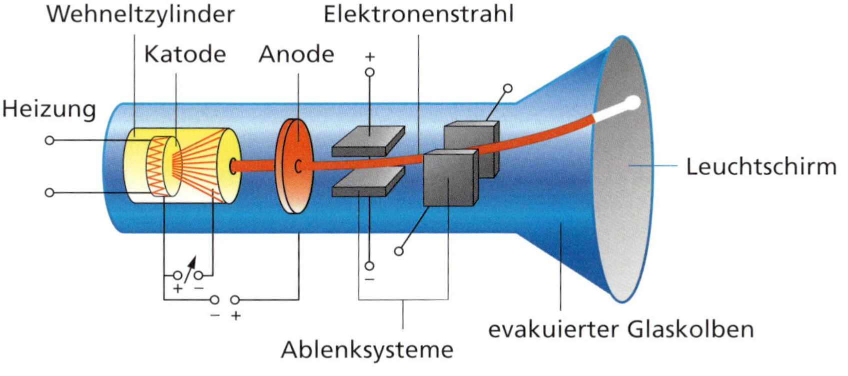

▶ Die **Elektronenstrahlröhre** wird nach ihrem Erfinder **KARL FERDINAND BRAUN** (1850–1918) auch braunsche Röhre genannt.

Aufbau einer Fernsehbildröhre

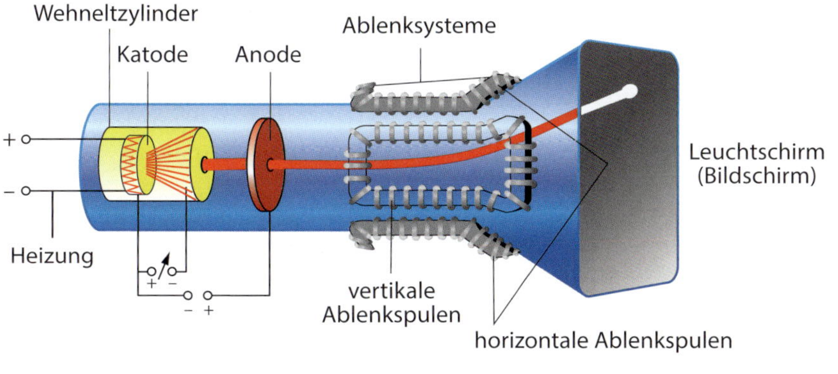

▶ Der Wehneltzylinder ist nach seinem Erfinder **ARTHUR WEHNELT** (1871–1944) benannt.

▶ Heute verwendet man meist LCD- oder Plasmabildschirme, die nach anderen Prinzipien arbeiten.

4.5.5 Elektrische Leitung in Halbleitern

Leitungsvorgänge in Halbleitern

Reines **Silicium** hat bei Zimmertemperatur durchschnittlich nur ein freies Elektron auf 100 Millionen Siliciumatome.

Reine Halbleiter wie Silicium, Selen oder Germanium besitzen unter Normalbedingungen nur eine geringe, technisch kaum nutzbare elektrische Leitfähigkeit. Einige wenige Elektronen können aus der Atombindung ausbrechen und sich frei im Kristall bewegen. Damit stehen frei bewegliche Ladungsträger zur Verfügung, die bei Anlegen eines elektrischen Felds zu einem sehr geringen Leitungsvorgang führen.

In einem Halbleiterkristall sind die Atome durch Atombindung miteinander verbunden. Dabei sind die Atome im Gitter so angeordnet, dass gemeinsame Paare von Außenelektronen gebildet werden.

Eigenleitung mit Elektronen und Defektelektronen (Löchern)

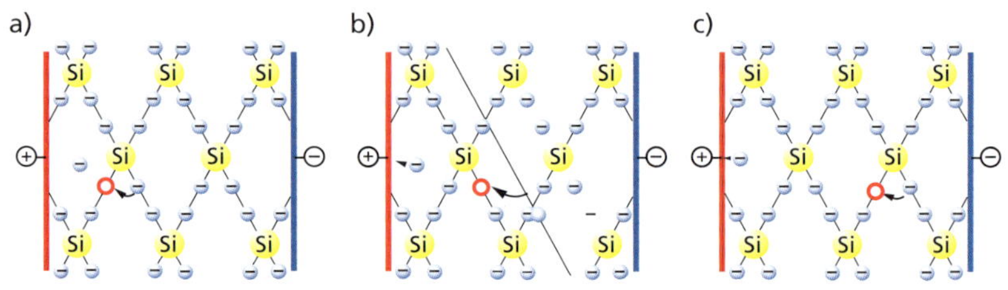

Die Elektronen wandern nach links, die Löcher nach rechts.

Die gesamte **Eigenleitung** eines Halbleiters setzt sich aus dem Strom der Elektronen und der Defektelektronen zusammen.
In einem Halbleiter kann man mehr freie Ladungsträger für den Leitungsvorgang zur Verfügung stellen, wenn man Atome anderer Elemente (Fremdatome) einbringt, die mehr oder weniger Außenelektronen haben als die Halbleiteratome. Man nennt diesen Vorgang **Dotieren.** Durch Dotieren von Halbleiterstoffen mit anderswertigen Atomen entstehen **Störstellen** mit freien Elektronen oder Defektelektronen. Man nennt die darauf basierende n- oder p-Leitung **Störstellenleitung.**

Die Bewegung eines Elektrons in ein Loch nennt man **Rekombination.** Mitunter können auch ein freies Elektron und ein Loch rekombinieren.

n-Halbleiter

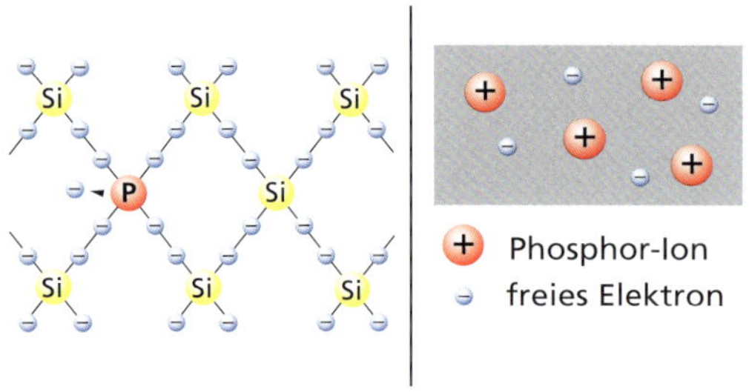

Wird ein Phosphoratom (5-wertig) in Silicium dotiert, kann ein Außenelektron des Phosphors nicht gebunden werden und steht als freies Elektron für eine n-Leitung zur Verfügung.

p-Halbleiter

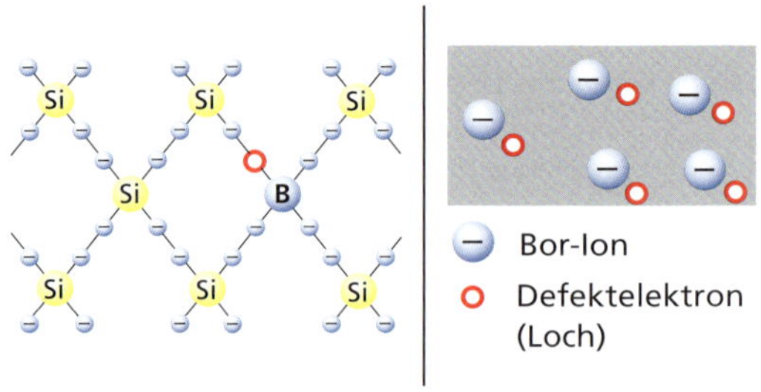

Wird in ein Siliciumkristall ein Boratom (3-wertig) dotiert, kann ein Außenelektron eines Siliciumatoms nicht gebunden werden. Es bleibt ein Loch, das für eine p-Leitung zur Verfügung steht.

Der Thermistor

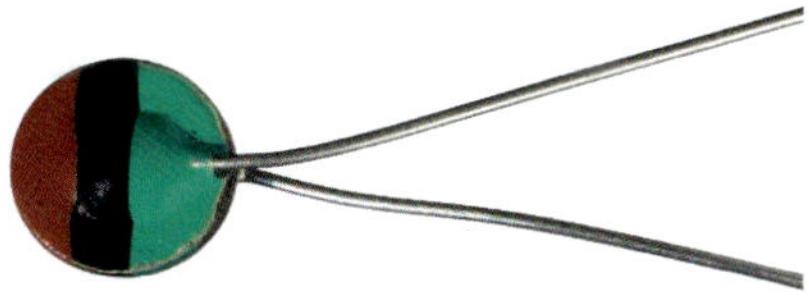

Ein **Thermistor** ist ein Halbleiterbauelement, dessen elektrischer Widerstand stark von der Temperatur abhängig ist. Je nach Bauart gibt es Kaltleiter und Heißleiter.
Bei **Kaltleitern** wird der elektrische Widerstand umso größer, je höher die Temperatur ist.
Bei **Heißleitern** nimmt der elektrische Widerstand mit steigender Temperatur ab.

Schaltzeichen von **Thermistoren:**

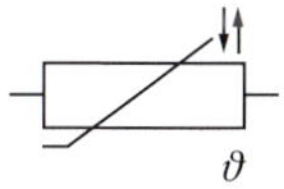

NTC-Widerstand (Heißleiter)
NTC: negativ temperature coefficient

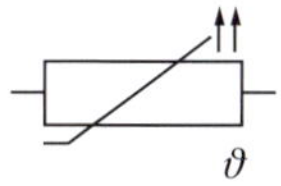

PTC-Widerstand (Kaltleiter)
PTC: positiv temperature coefficient

- Die Temperaturabhängigkeit des elektrischen Widerstands von Thermistoren kann z. B. für Temperaturmessungen genutzt werden. Dabei wird der Thermistor als Messfühler verwendet. Durch Dotierung von Halbleiterstoffen können diese Messfühler so hergestellt werden, dass sie für spezielle Anwendungen besonders geeignet sind.

I-U-Kennlinien von Thermistoren

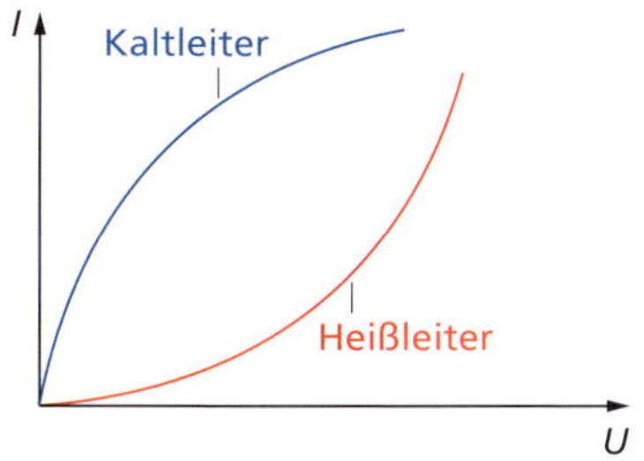

I-ϑ-Diagramm eines Heißleiters

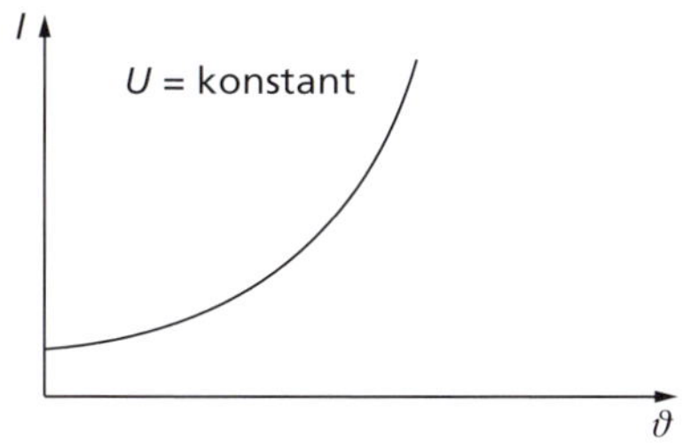

M ↗ S. 48

Der Fotowiderstand

Ein **Fotowiderstand** ist ein Halbleiterbauelement, dessen elektrischer Widerstand von der Beleuchtungsstärke (Stärke des auffallenden Lichts) abhängig ist.

Schaltzeichen eines Fotowiderstands:

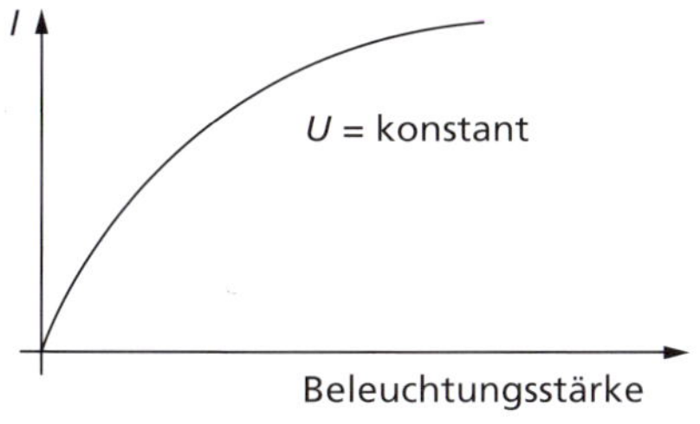

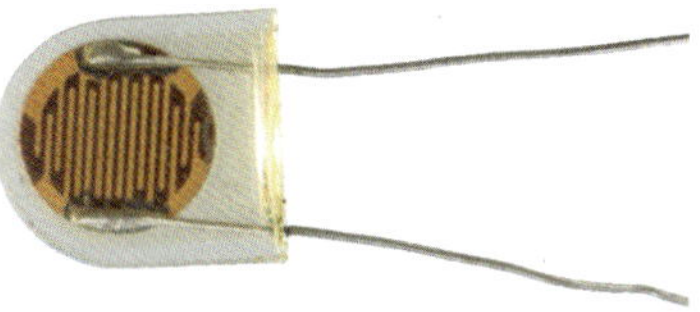

Ab einer Mindestbeleuchtung gilt: Je größer die Beleuchtungsstärke ist, desto kleiner ist der elektrische Widerstand.

- Fotowiderstände können als Messfühler für Lichtmessungen genutzt werden, z. B. in **Belichtungsmessern** bei Fotoapparaten.

Die Halbleiterdiode

▶ Schaltzeichen einer Diode:

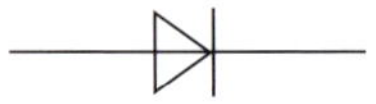

M ↗ S. 43

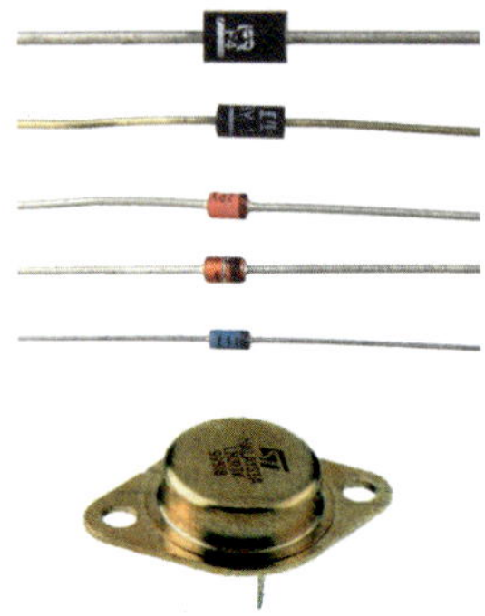

Eine **Diode** ist ein Halbleiterbauelement, das aus zwei unterschiedlich dotierten Schichten besteht, einem p-Leiter und einem n-Leiter. An der Berührungsfläche bewegen sich die freien Elektronen in den p-Leiter, besetzen dort die Löcher (Defektelektronen) und neutralisieren diese. Es entsteht ein **pn-Übergang** bzw. eine **Grenzschicht** mit ganz besonderen Eigenschaften: Frei bewegliche Ladungsträger sind dort nicht vorhanden.

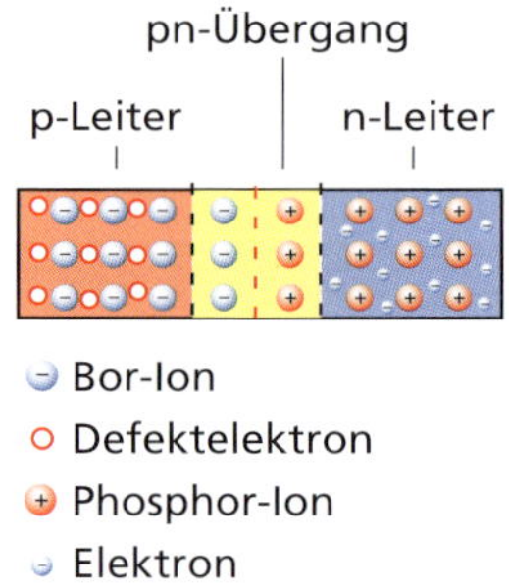

Wird der n-Leiter einer Diode mit dem Minuspol und der p-Leiter mit dem Pluspol der elektrischen Quelle verbunden, so werden die freien Elektronen in die Grenzschicht gedrückt und können ab einer bestimmten Spannung diese überwinden. Diese Spannung heißt **Schwellenspannung.** Sie beträgt bei Siliciumdioden ca. 0,7 V, bei Germaniumdioden ca. 0,35 V. Bei größeren Spannungen wird der Widerstand der Diode sehr klein.
Die Diode lässt in dieser Richtung den Strom hindurch. Sie ist in **Durchlassrichtung** gepolt.

▶ Die spezielle Eigenschaft von Halbleiterdioden wird bei **Konstantspannungsquellen** genutzt.

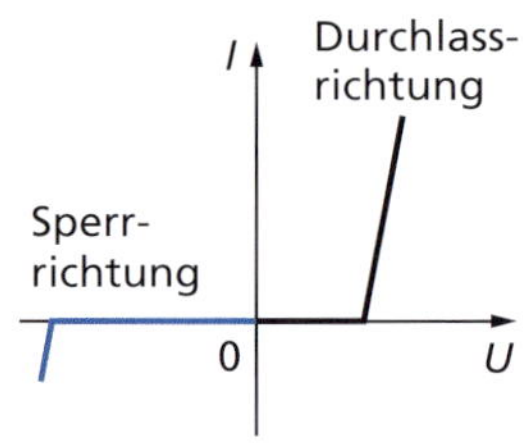

Bei umgekehrter Polung werden die freien Elektronen vom Plus-Pol angezogen. Die Grenzschicht wird dadurch verbreitert und hat einen sehr großen elektrischen Widerstand.
Die Diode lässt in dieser Richtung keinen Strom hindurch. Sie ist in **Sperrrichtung** geschaltet.

> Ein pn-Übergang lässt den elektrischen Strom nur in einer Richtung hindurch.

Diode in Durchlassrichtung

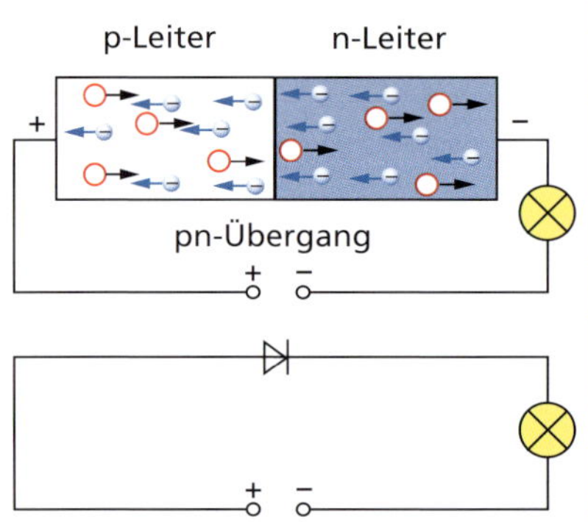

Diode in Sperrrichtung

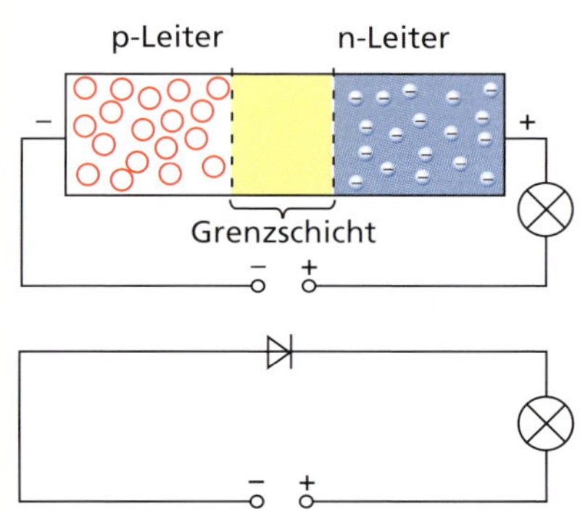

Die Abhängigkeit des Stromflusses durch eine Diode von der Stromrichtung kann zur Gleichrichtung von Wechselströmen genutzt werden. Dabei können Dioden als **Einweggleichrichter** oder **Zweiweggleichrichter** geschaltet werden.

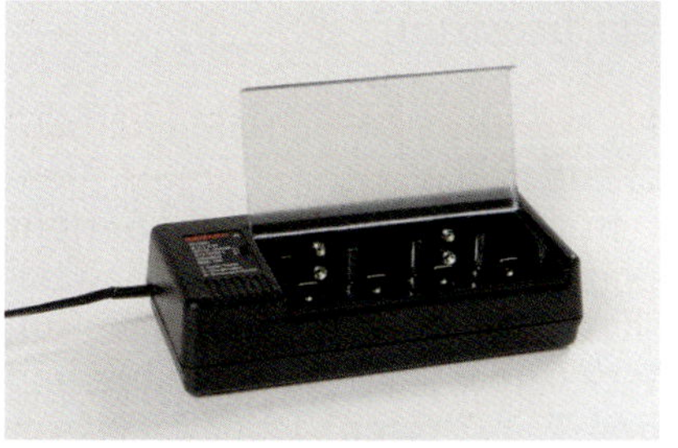

Auch für den Bau von Netzladegeräten werden Dioden genutzt und als Zweiweggleichrichter geschaltet.

Einweggleichrichter	Zweiweggleichrichter
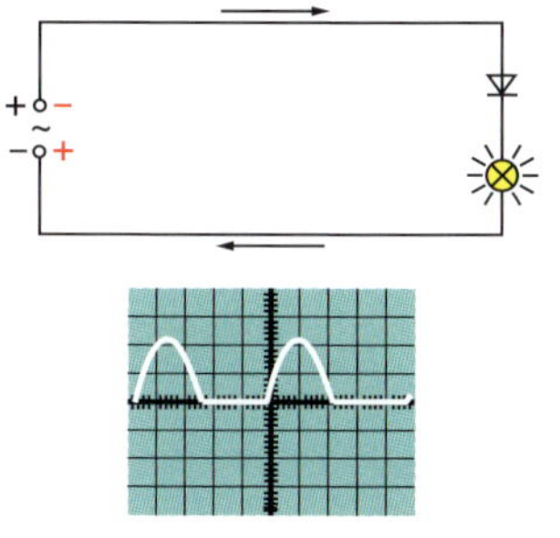	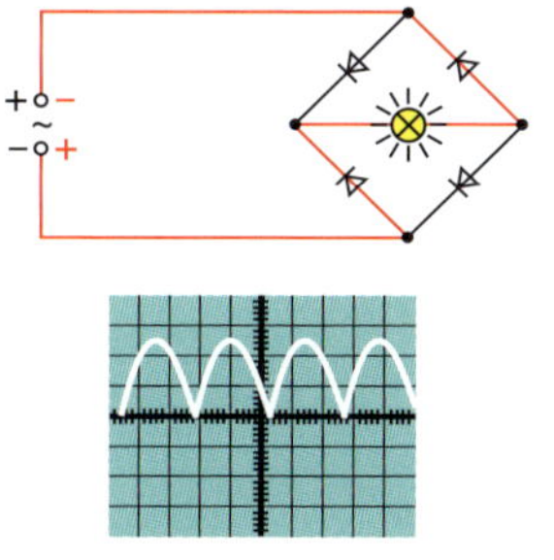

Eine Glättung des pulsierenden Gleichstroms kann durch einen parallel geschalteten Kondensator erfolgen.

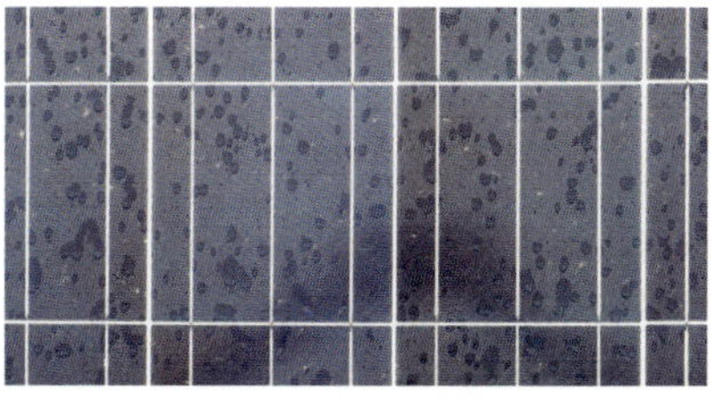

Beim elektrischen Stromfluss durch Dioden in Durchlassrichtung bewegen sich Elektronen in Löcher und werden wieder zu Außenelektronen in einer Atombindung. Dabei geben sie Energie ab. Diese kann als Wärme abgestrahlt oder als Licht ausgesendet werden.
Die Aussendung von Licht wird bei **Leuchtdioden** genutzt. Solche Dioden werden auch als **Lichtemitterdioden** (LED) bezeichnet.
Leuchtdioden werden u. a. in Infrarot-Fernbedienungen genutzt.
Eine Weiterentwicklung der Leuchtdiode ist die **Laserdiode,** die einen infraroten Laserstrahl aussendet.
Die Umkehrung der Leuchtdiode ist die **Fotodiode** oder als großflächige Ausführung die **Solarzelle.** Durch Lichteinstrahlung werden in der Grenzschicht eines pn-Übergangs Elektronen freigesetzt und es entstehen Löcher. Diese Elektronen werden in den positiv geladenen Bereich der Grenzschicht gezogen, die Löcher in den negativen Bereich der Grenzschicht. Der n-Leiter wird damit negativ geladen, der p-Leiter positiv. Es entsteht zwischen p-und n-Anschluss eine elektrische Spannung von bis zu 0,5 V.

LED bedeutet *l*ight *e*mitting *d*iode.

Schaltzeichen einer **Leuchtdiode** (LED):

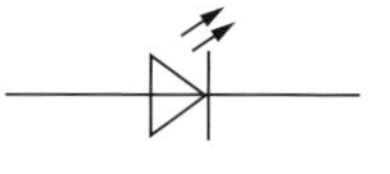

Schaltzeichen einer **Solarzelle:**

Solarzellen nutzt man zur Umwandlung von Lichtenergie in elektrische Energie. Sie sind wichtige Bauteile für die Nutzbarmachung der Sonnenenergie für die Energieversorgung.

Schaltzeichen von Transistoren:

npn-Transistor

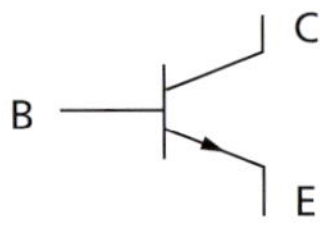

pnp-Transistor

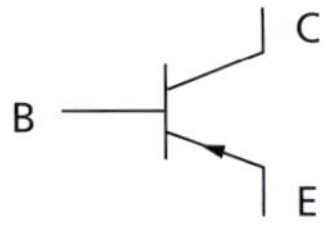

M ↗ S. 43

Der Transistor

Ein Transistor ist ein Halbleiterbauelement, das aus drei unterschiedlich dotierten Schichten besteht und damit zwei pn-Übergänge besitzt (Bipolartransistor). Man unterscheidet **npn-Transistoren** und **pnp-Transistoren.** Jeder Transistor besitzt drei Anschlüsse, den **Emitter** (E), den **Kollektor** (C) und die **Basis** (B). Mit diesen drei Anschlüssen können die Widerstände der pn-Übergänge und die Stromflüsse durch den Transistor gesteuert werden. Dazu schaltet man den Transistor so, dass zwei Stromkreise entstehen, der Basisstromkreis und der Kollektorstromkreis.

Das Wort **Transistor** kommt von **transfer resistor:** übertragender Widerstand.

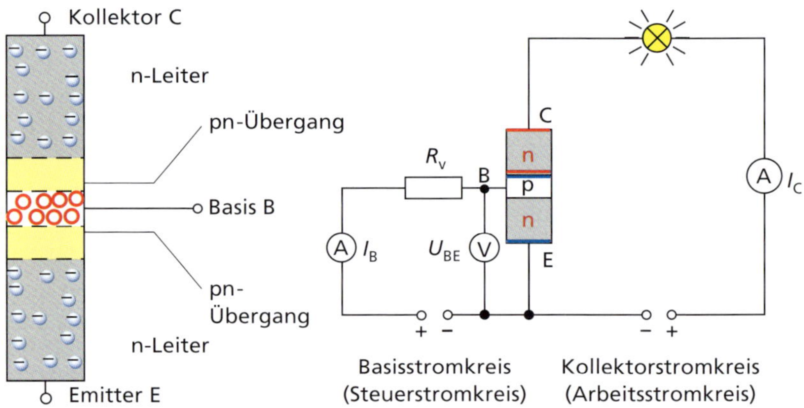

Der Basisstrom ist wesentlich kleiner als der Kollektorstrom.

Liegt nur eine Spannung zwischen Emitter und Kollektor an, so ist ein pn-Übergang stets in Sperrrichtung geschaltet. Ein Kollektorstrom I_C kann nicht fließen. Durch eine zusätzliche Spannung zwischen Emitter und Basis kann der pn-Übergang bei entsprechender Polung in Durchlassrichtung geschaltet werden. Dazu muss die **Basis-Emitter-Spannung** U_{BE} größer als die Schwellenspannung (bei Silicium 0,7 V) sein. Dann fließt im Basisstromkreis ein Strom, der **Basisstrom** I_B. Beim npn-Transistor bewegen sich Elektronen aus dem Emitter in die Basis. Da die Basisschicht sehr dünn ist, gelangen Elektronen aus dem Emitter in die Nähe des pn-Übergangs von Kollektor und Basis. Der Kollektor ist mit dem positiven Pol der elektrischen Quelle verbunden. Von diesem Pol werden die Elektronen angezogen und überwinden den vorher gesperrten pn-Übergang von Kollektor und Basis. Dieser pn-Übergang wird leitend und es kann im Kollektorstromkreis der **Kollektorstrom** I_C fließen. Dieser Effekt wird als **Transistoreffekt** bezeichnet.

Durch Anlegen einer Basis-Emitter-Spannung wird ein Transistor zwischen Emitter und Kollektor elektrisch leitend. Im Kollektorstromkreis fließt dann ein elektrischer Strom.

Wie aus der I_C-I_B-Kennlinie des Transistors erkennbar ist, kann durch eine Veränderung der Basisstromstärke I_B die Kollektorstromstärke I_C verändert werden. Dabei ist für Anwendungen wichtig, dass bereits eine kleine Änderung der Basisstromstärke eine große Änderung der Kollektorstromstärke bewirkt.

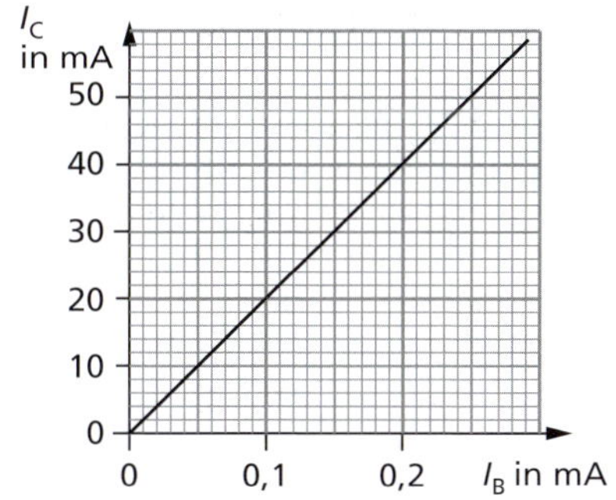

Das Verhältnis von ΔI_C zu ΔI_B wird als Stromverstärkungsfaktor bezeichnet.

M ↗ S. 48

Eine andere Art von Transistoren sind **Feldeffekttransistoren** (FET). Bei diesen Transistoren ist im Arbeitsstromkreis nur eine Art von Ladungsträgern am Leitungsvorgang beteiligt, weshalb man diese Transistoren auch **Unipolartransistoren** nennt. Der Stromfluss im Arbeitsstromkreis wird durch ein elektrisches Feld gesteuert, wobei bei der Steuerung kein Strom fließt.

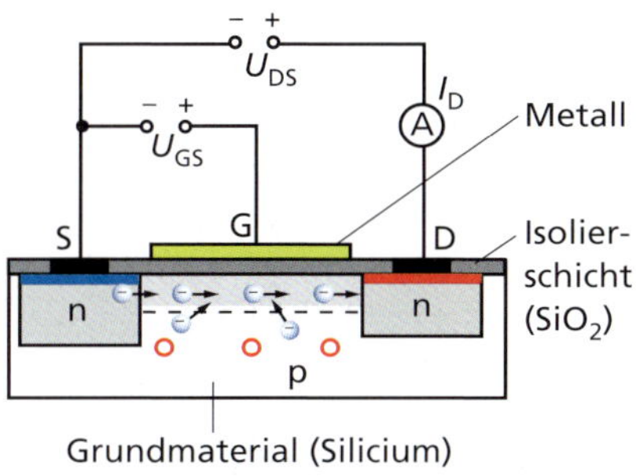

Feldeffekttransistoren werden in der **Planartechnik** hergestellt, bei der von der Oberfläche her die Dotierungsstoffe in das Grundmaterial eindringen.

Auch ein Feldeffekttransistor besteht aus unterschiedlich dotierten Schichten eines Grundmaterials, meistens Silicium. Die Anschlüsse der Schichten bei einem FET heißen **Source** S (Quelle, Zufluss), **Drain** D (Senke, Abfluss) und **Gate** G (Tor). Der Arbeitsstromkreis wird zwischen S und D geschaltet. Im Transistor befindet sich zwischen S und D ein Kanal, dessen Leitfähigkeit durch die Spannung am Gate G beeinflusst wird.

Transistoren können als elektronische **Schalter** oder als **Verstärker** verwendet werden. Bei der Verwendung als Schalter wird der Transistoreffekt (↗ S. 272) genutzt. Beim Verstärker wendet man an, dass man durch kleine Änderungen der Basisstromstärke große Änderungen der Kollektorstromstärke erreichen kann.

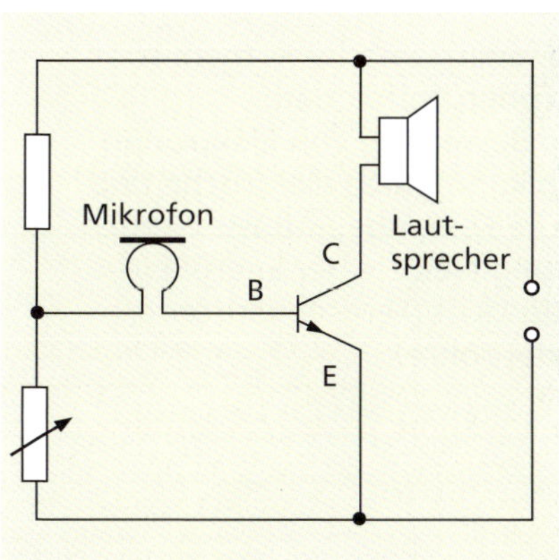

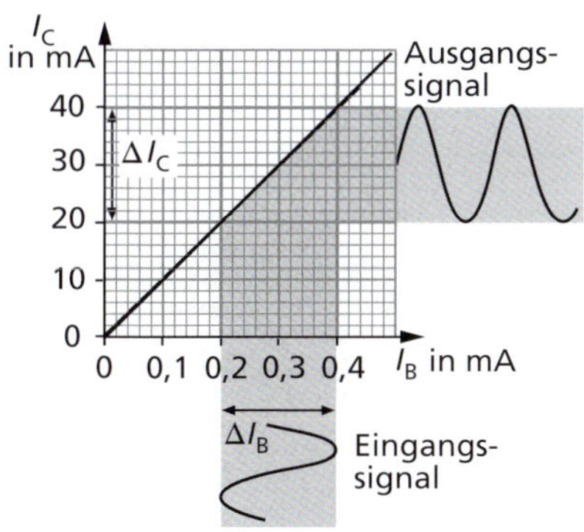

Bei dem Beispiel beträgt der Stromverstärkungsfaktor:

$$\frac{\Delta I_C}{\Delta I_B} = \frac{40\ \text{mA}}{0{,}4\ \text{mA}} = 100$$

4

Elektrische Leitungsvorgänge

Ein elektrischer Leitungsvorgang ist die gerichtete Bewegung von Ladungsträgern in Stoffen oder im Vakuum.

Voraussetzungen für einen elektrischen Leitungsvorgang:
- Vorhandensein von frei beweglichen Ladungsträgern,
- Existenz eines elektrischen Felds (einer elektrischen Quelle).

Verlauf eines elektrischen Leitungsvorgangs:
- Ladungsträger bewegen sich gerichtet im elektrischen Feld.
- In Stoffen wird die gerichtete Bewegung durch Wechselwirkungen mit anderen Teilchen der Stoffe behindert.
- Elektrische Energie wird in andere Energieformen umgewandelt.

Metalle

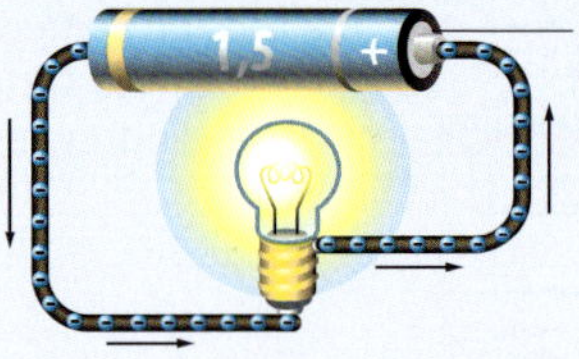

- Durch Metallbindung sind bewegliche Elektronen vorhanden.
- Gerichtete Bewegung von Elektronen.
- Umwandlung elektrischer Energie in Wärme und Licht (Heizgeräte, Glühlampen).

Flüssigkeiten

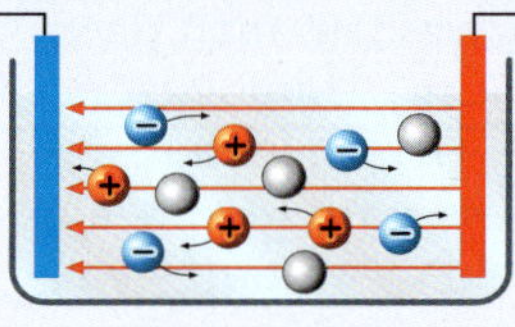

- Durch Dissoziation sind Ionen vorhanden.
- Gerichtete Bewegung von positiv und negativ geladenen Ionen.
- Leitungsvorgang ist mit Stofftransport verbunden.
- Umwandlung elektrischer Energie in Wärme und chemische Energie.

Gase

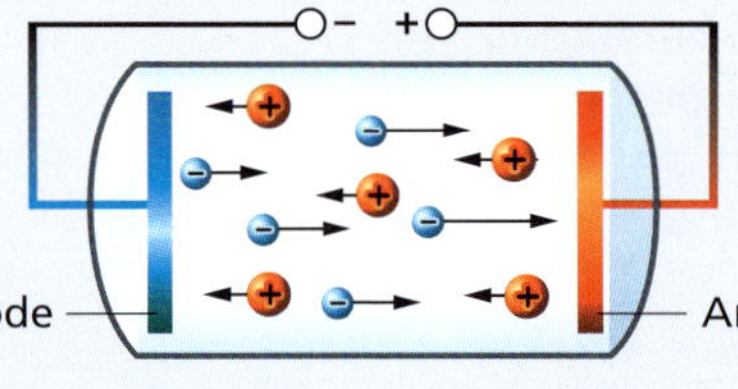

- Durch Ionisation sind Elektronen und Ionen, durch Emission Elektronen vorhanden.
- Gerichtete Bewegung von Ionen und Elektronen.
- Umwandlung elektrischer Energie in Licht und Wärme (Elektroschweißen, Leuchtstofflampen).

Vakuum

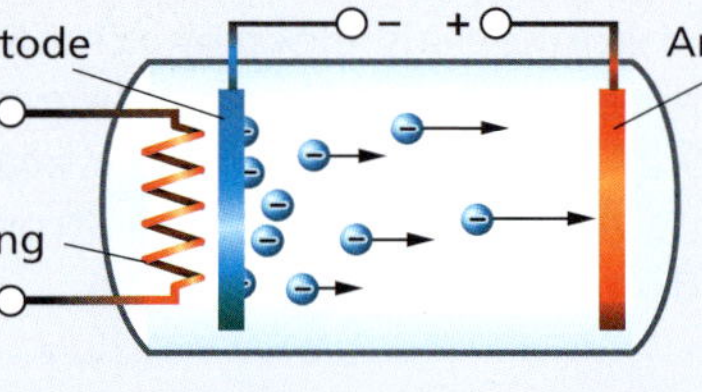

- Durch Glühemission oder Fotoemission sind Elektronen vorhanden.
- Gerichtete Bewegung von Elektronen.
- Bewegung kann durch elektrische und magnetische Felder beeinflusst werden.
- Umwandlung elektrischer Energie in Wärme und Licht (Fernsehbildröhre, Oszillografenröhre).

Optik 5

5

5.1 Lichtquellen und Lichtausbreitung

Lichtquellen und beleuchtete Körper

Körper, die wir sehen können, senden teilweise selbst Licht aus, teilweise reflektieren sie das auf sie fallende Licht.

Die Sonne ist nicht nur die wichtigste Wärmequelle für die Erde, sondern auch die wichtigste Lichtquelle. Ohne Licht und Wärme von der Sonne wäre auf der Erde kein Leben möglich.

> Körper, die selbst Licht erzeugen, nennt man **Lichtquellen** oder selbst leuchtende Körper.

Die meisten Lichtquellen sind glühende Körper, also Körper mit einer hohen Temperatur.

Die **Entwicklung von Lichtquellen** hat eine lange Geschichte. Die ersten irdischen Lichtquellen waren Holzfeuer.

Es gibt auch Lebewesen, die selbst Licht erzeugen, also Lichtquellen sind. Dazu gehören die „Glühwürmchen".

> Körper, die nicht selbst Licht erzeugen, sondern nur auftreffendes Licht reflektieren (zurückwerfen), nennt man **beleuchtete Körper.**

Solche beleuchteten Körper sind nicht nur Reflektoren (s. Foto), sondern viele Körper unserer Umgebung, z. B. Bäume, Wolken, Häuser, Personen, Fahrzeuge, Straßen oder Gewässer.

Die Ausbreitung des Lichts

Von einer Lichtquelle breitet sich Licht **geradlinig** und **nach allen Seiten** aus, wenn es nicht durch andere Körper daran gehindert wird.

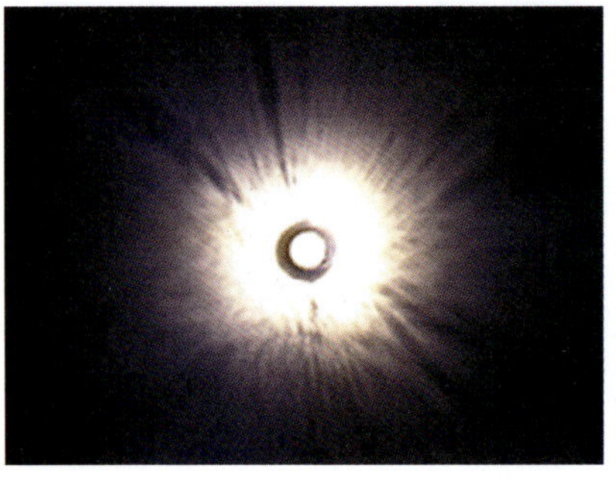

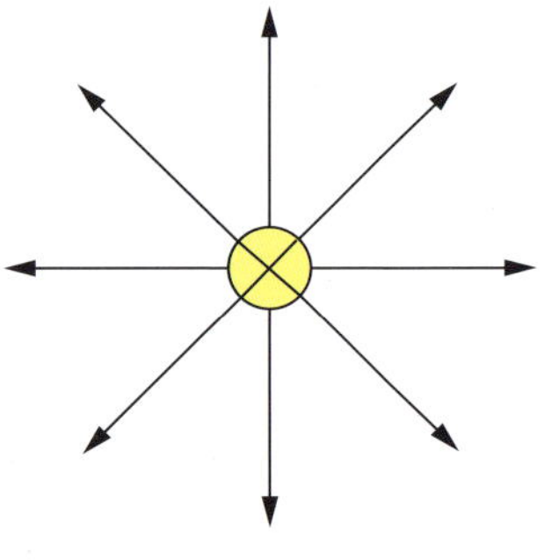

Das von einer Lichtquelle ausgehende Licht wird auch als **Lichtbündel** bezeichnet.
Die geradlinige Ausbreitung des Lichts kann durch Geraden veranschaulicht werden. Diese Geraden nennt man **Lichtstrahlen.**
Lichtstrahlen sind ein **Modell** zur Darstellung der Ausbreitung des Lichts.

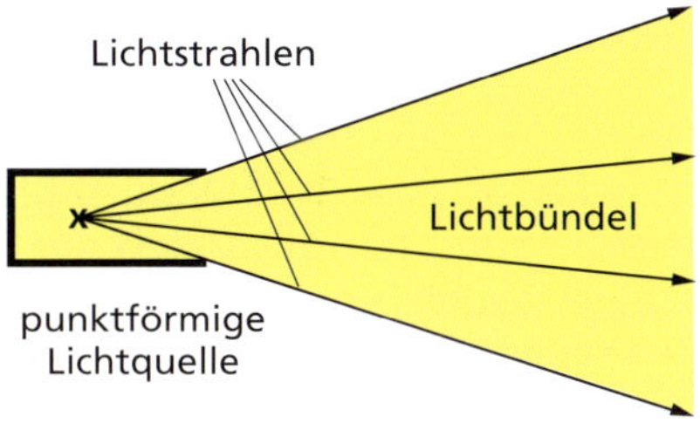

M ↗ S. 29

Licht breitet sich von einer Lichtquelle geradlinig aus. Der Weg des Lichts wird durch Lichtstrahlen dargestellt.

Die Lichtgeschwindigkeit

Die Geschwindigkeit, mit der sich Licht ausbreitet, wird als **Lichtgeschwindigkeit** bezeichnet. Sie ist von dem Stoff abhängig, in dem die Ausbreitung erfolgt.

In Vakuum beträgt die Lichtgeschwindigkeit:

$$c = 299\,792{,}458 \text{ km/s}$$

Meist wird sowohl für Vakuum als auch für Luft mit einem gerundeten Wert von 300 000 km/s gerechnet.

Diese Geschwindigkeit ist eine wichtige **Naturkonstante.** In allen Stoffen, auch in Luft, ist die Lichtgeschwindigkeit kleiner als im Vakuum.

Lichtgeschwindigkeit in Stoffen

Stoff		*c* in km/s
Diamant		124 000
Eis		229 000
Flintglas	leicht	186 000
	schwer	171 000
Kronglas	leicht	199 000
	schwer	186 000
Luft		299 711 ≈ 300 000
Plexiglas		201 000
Wasser		225 000

Erstmals wurde die **Lichtgeschwindigkeit** 1675 von dem Dänen **OLAF RÖMER** (1644–1710) aus astronomischen Messungen ermittelt.
Die erste Messung der Lichtgeschwindigkeit auf der Erde gelang 1849 dem französischen Physiker **HIPPOLYTE FIZEAU** (1819–1896).

Stoffe, in denen das Licht eine kleinere Ausbreitungsgeschwindigkeit als in anderen hat, nennt man **optisch dichter.**
Stoffe, in denen sich Licht mit einer größeren Geschwindigkeit als in anderen ausbreitet, nennt man **optisch dünner.**

So ist z. B. Diamant optisch dichter als Eis. Luft ist optisch dünner als Wasser.

5

Lichtdurchlässigkeit

Wenn Licht auf einen Körper trifft, so wird es zum Teil **hindurchgelassen,** zum Teil **absorbiert** (verschluckt) und gestreut und zum Teil **reflektiert** (zurückgeworfen). Wie groß die jeweiligen Anteile sind, hängt u. a. von der Oberflächenbeschaffenheit, von der Schichtdicke und von dem Stoff ab, aus dem der Körper besteht.

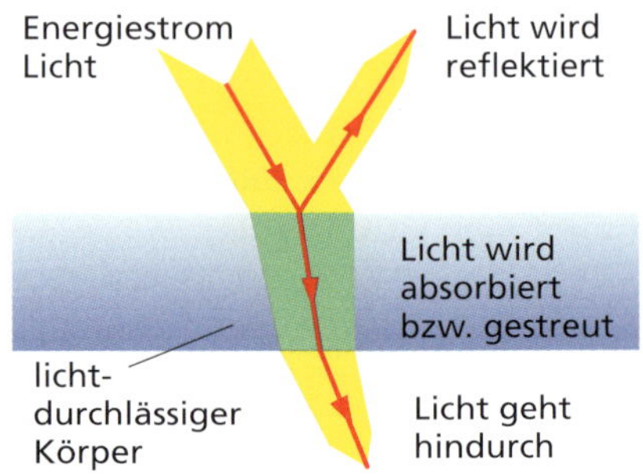

▶ Ob ein Körper lichtdurchlässig oder lichtundurchlässig ist, hängt auch von seiner Schichtdicke ab. So sind z. B. sehr dünne Metallfolien lichtdurchlässig. Sehr dicke Wasserschichten sind lichtundurchlässig.

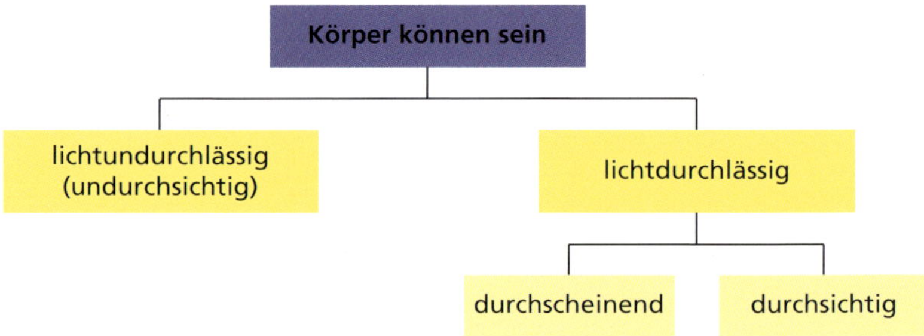

Durchsichtig ist z. B. Fensterglas oder dünne Plastikfolie, durchscheinend ist Milchglas oder ein Blatt Papier, undurchsichtig ist eine Stahlplatte oder eine Hauswand.

Wie viel Licht von einem lichtdurchlässigen Körper hindurchgelassen wird, hängt ab
- von der Schichtdicke und
- vom Stoff, aus dem der Körper besteht.

So lassen z. B. dicke Wasserschichten kaum noch Licht hindurch. Das Licht wird absorbiert.

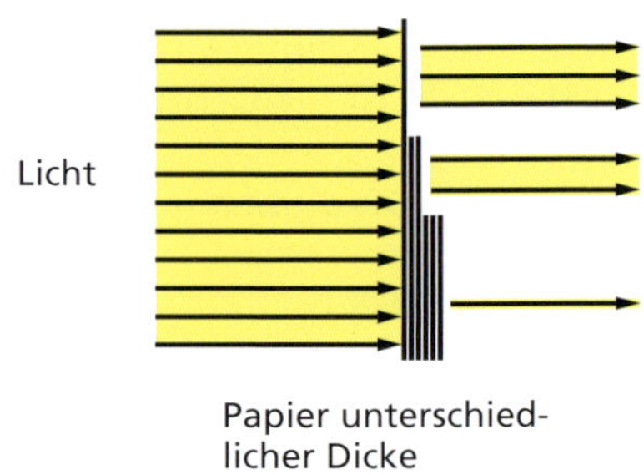

▶ Es ist deshalb sinnvoll, bei starker Sonneneinstrahlung helle Kleidung zu tragen.
Auch für Tankwagen oder Kühlwagen wählt man meist eine helle Farbe, damit möglichst viel Strahlung reflektiert wird.

Körper mit heller, glatter Oberfläche reflektieren viel Licht und absorbieren wenig Licht.

Körper mit dunkler, rauer Oberfläche absorbieren viel Licht und reflektieren wenig Licht.

Licht und Schatten

Hinter beleuchtete, lichtundurchlässige Körper gelangt von einer Lichtquelle kein Licht. Es bilden sich dunkle Gebiete aus, die **Schatten** genannt werden. Mithilfe von Randstrahlen wird ein Schatten begrenzt. **Randstrahlen** sind die Strahlen, die gerade noch am Hindernis vorbeigehen. Bei **einer punktförmigen Lichtquelle** ist der Schatten scharf begrenzt.

M ↗ S. 42

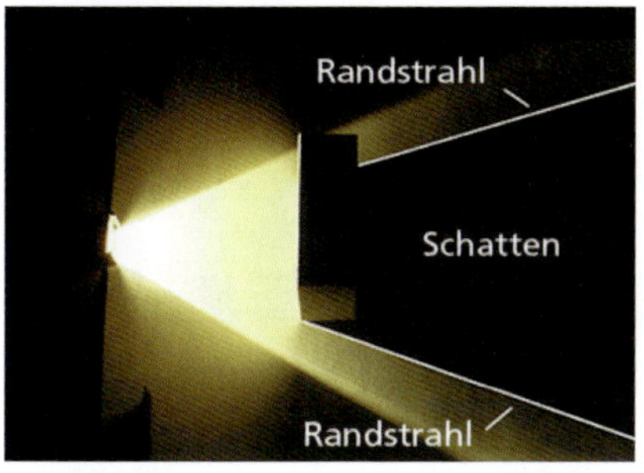

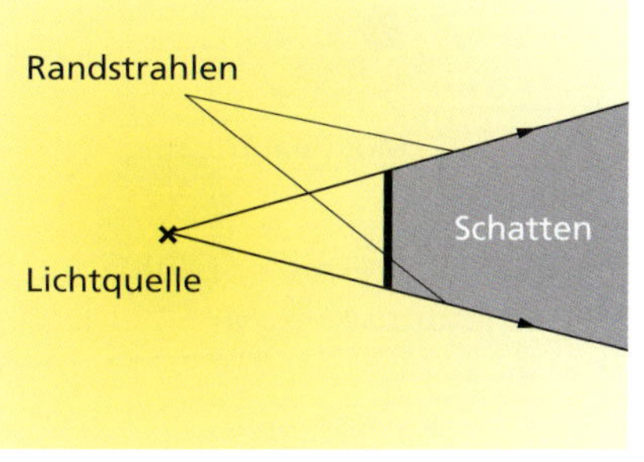

Bei mehreren punktförmigen Lichtquellen oder einer ausgedehnten Lichtquelle, z. B. einer Leuchtstoffröhre, entstehen verschiedene Schatten. Das Gebiet, das vom Licht keiner Lichtquelle erreicht wird, nennt man **Kernschatten.** Die Gebiete, die vom Licht *einer* punktförmigen Lichtquelle oder Teilen einer ausgedehnten Lichtquelle erreicht werden, heißen **Halbschatten.**

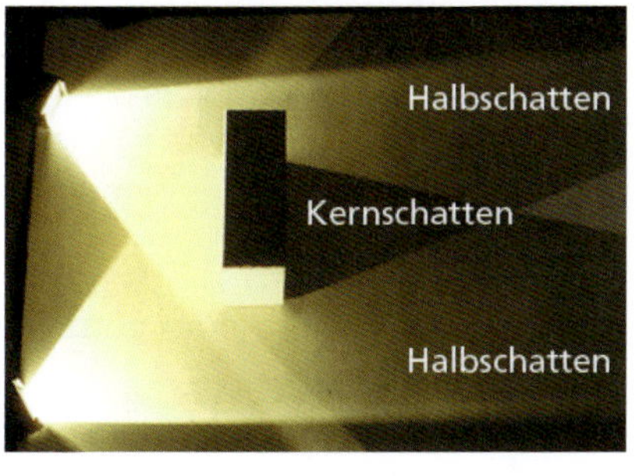

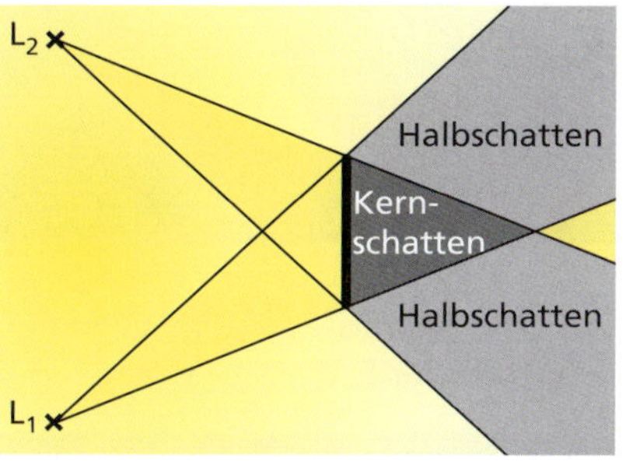

> Hinter beleuchteten lichtundurchlässigen Körpern bilden sich Schatten. Bei ausgedehnten Lichtquellen treten Kern- und Halbschatten auf.

Sonnen- und Mondfinsternisse

Die Sonne sendet Licht nach allen Seiten geradlinig aus und bestrahlt Planeten, Monde und andere Himmelskörper. Hinter diesen bestrahlten Himmelskörpern entstehen im Weltall gewaltige Schatten. Auch hinter der Erde und dem Erdmond entstehen solche Schatten. Sie sind die Ursache für Sonnen- und Mondfinsternisse, die an einem Ort der Erde allerdings nur relativ selten zu beobachten sind. Das relativ seltene Auftreten von Finsternissen hängt mit der Bewegung der Himmelskörper und mit der Lage ihrer Bahnkurven zueinander zusammen.

▶ Eine Übersicht über **Sonnen- und Mondfinsternisse** in den nächsten Jahren mit genauen Zeitangaben findet man im Internet.

M ↗ S. 42

Die Erde bewegt sich um die Sonne. Zugleich bewegt sich der Mond um die Erde. Die Erdbahnebene und die Mondbahnebene sind gegeneinander geneigt.

▶ Sonne, Erde und Mond stehen näherungsweise in einer Linie, wenn sich der Mond in der Nähe der Knotenpunkte 1 oder 2 befindet.

> Eine Finsternis entsteht nur dann, wenn Sonne, Erde und Mond näherungsweise in einer Linie stehen.

Bei einer **Sonnenfinsternis** befindet sich ein Teil der Erdoberfläche im Mondschatten. Sie ist nur bei Neumond beobachtbar.

▶ Die letzte totale Sonnenfinsternis war in Deutschland am 11. 08. 1999 zu beobachten. Die nächste totale Sonnenfinsternis wird sich in Teilen Deutschlands erst am 03. 09. 2081 ereignen.

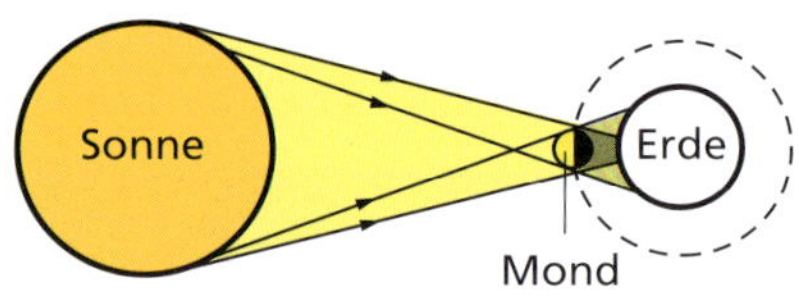

Bei einer **Mondfinsternis** befindet sich der Mond teilweise oder ganz im Schatten der Erde. Sie ist nur bei Vollmond möglich.

▶ Durch die unterschiedliche und sich ständig ändernde Stellung von Sonne, Erde und Mond entstehen auch die unterschiedlichen **Phasen** (Lichtgestalten) **des Monds.**

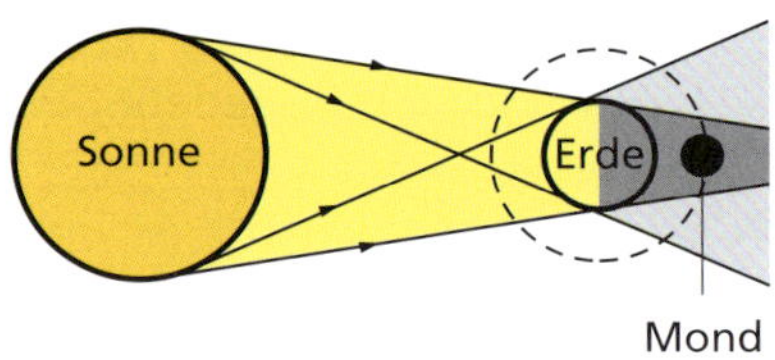

▶ Daten zu den nächsten Finsternissen findet man im Internet.

Die nächsten in Deutschland beobachtbaren teilweisen (partiellen) Sonnenfinsternisse werden am 10. 06. 2021, am 25. 10. 2022, am 20. 03. 2025 und am 12. 08. 2026 sein.

Die nächsten totalen Mondfinsternisse sind in Deutschland am 16. 05. 2022, am 14. 03. 2025 und am 07. 09. 2025 beobachtbar.

M ↗ S. 44

5.2 Reflexion des Lichts

5.2.1 Reflexion an verschiedenen Oberflächen

Das Reflexionsgesetz

Trifft Licht auf die Oberfläche eines Körpers, so wird ein Teil des Lichts reflektiert (zurückgeworfen). Dafür gilt das **Reflexionsgesetz.**

> Wenn Licht an einer Fläche reflektiert wird, so ist der Einfallswinkel α gleich dem Reflexionswinkel α':
>
> $$\alpha = \alpha'$$
>
> Dabei liegen einfallender Strahl, Einfallslot und reflektierter Strahl in einer Ebene.

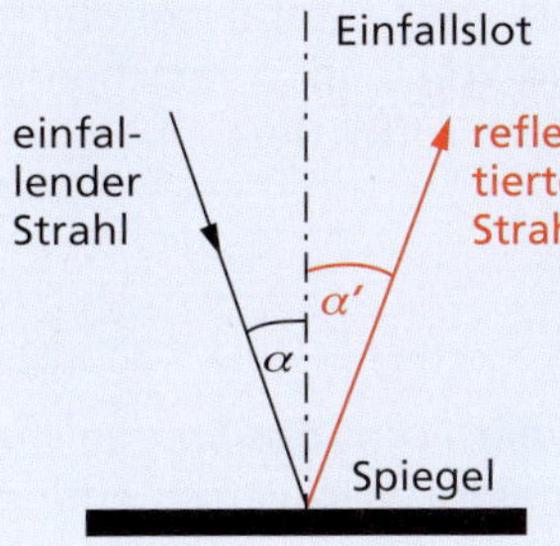

▶ Meist wird von Oberflächen nur ein Teil des Lichts reflektiert, ein anderer Teil wird absorbiert (verschluckt) oder hindurchgelassen. Bei der Reflexion wird nur der reflektierte Teil des Lichts betrachtet.

Das Reflexionsgesetz gilt für beliebige Oberflächen. Je nach der Oberflächenbeschaffenheit treten aber Besonderheiten auf.

Reguläre und diffuse Reflexion

An glatten Oberflächen (Spiegel, glatte Wasserflächen) wird Licht in eine bestimmte Richtung reflektiert, an rauen Oberflächen (Wand, Stoff) dagegen in die unterschiedlichsten Richtungen. Im ersten Fall tritt **reguläre Reflexion,** im zweiten Fall **diffuse Reflexion** auf.

Reguläre Reflexion	Diffuse Reflexion
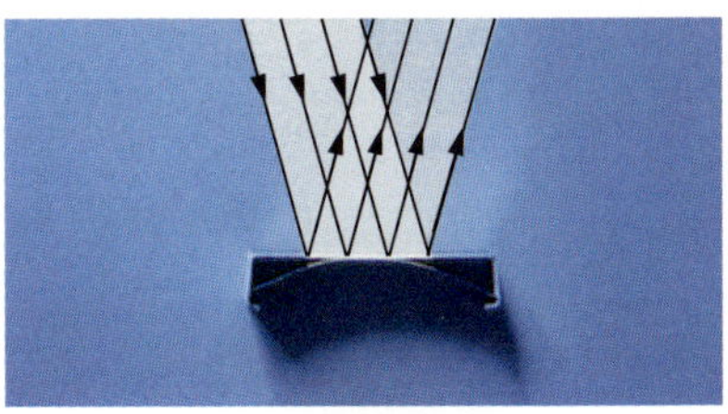	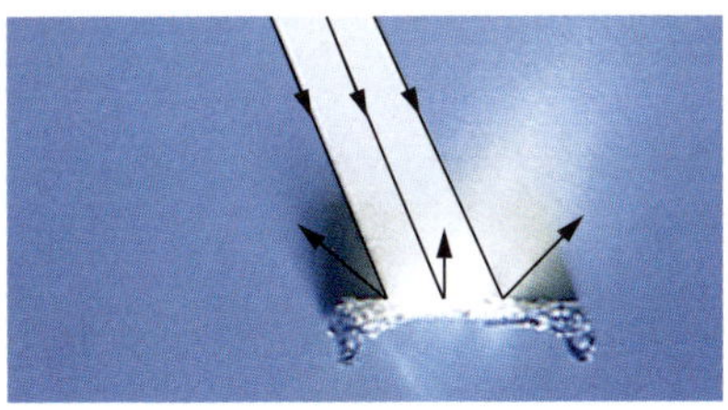
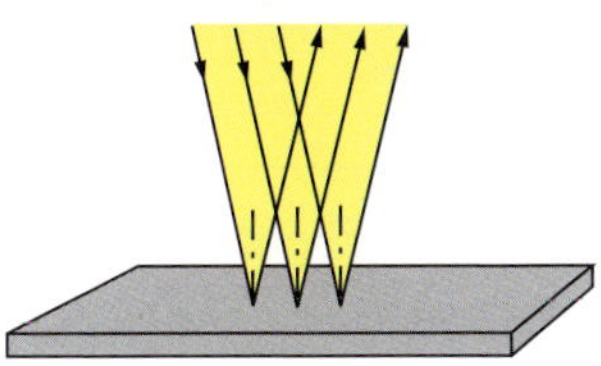	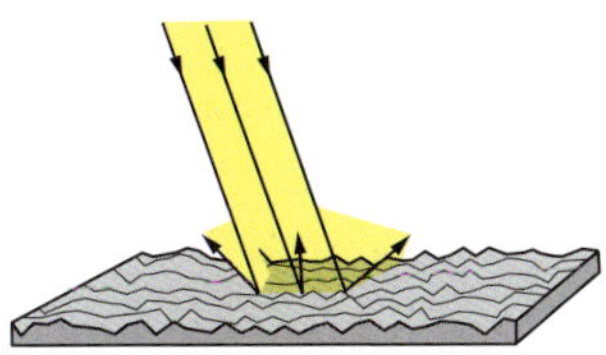

▶ Die links dargestellte reguläre Reflexion tritt z. B. bei ebenen Spiegeln auf. Die rechts dargestellte diffuse Reflexion tritt z. B. bei Kleidung, Papier, Wänden oder hölzernen Gegenständen auf.

Häufig treten reguläre und diffuse Reflexion gemeinsam auf, wobei der eine oder der andere Anteil überwiegen kann. So überwiegt z. B. bei einer schmutzigen Spiegelglasscheibe die reguläre Reflexion. Bei einer gekräuselten Wasseroberfläche überwiegt die diffuse Reflexion.

Reflexion an gekrümmten Spiegeln

An gekrümmten Spiegeln tritt reguläre Reflexion (↗ S. 281) auf.

Trifft paralleles Licht auf eine *gekrümmte Fläche,* so wird jeder einzelne Lichtstrahl nach dem Reflexionsgesetz reflektiert, jedoch werden die einzelnen Strahlen aufgrund der unterschiedlichen Einfallswinkel in verschiedene Richtungen reflektiert.

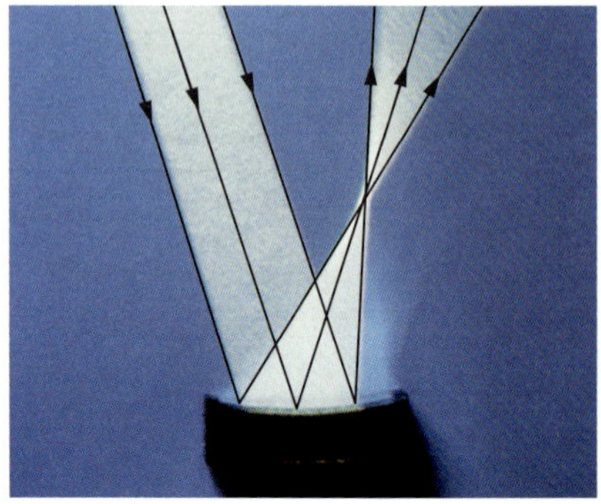

M ↗ S. 45, 46

Je nach der Form des Spiegels und der Richtung des auffallenden Lichts unterscheidet man verschiedene Arten von Spiegeln.

▶ Hohlspiegel werden auch als Konkavspiegel und Wölbspiegel als Konvexspiegel bezeichnet.

Parabolischer Hohlspiegel (Parabolspiegel)	Kugelförmiger Hohlspiegel (Kugelspiegel)	Kugelförmiger Wölbspiegel (Kugelspiegel)
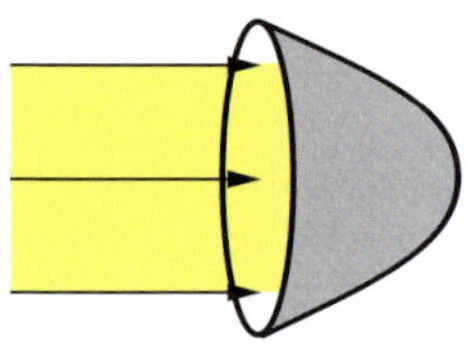	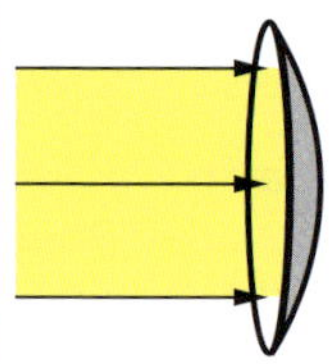	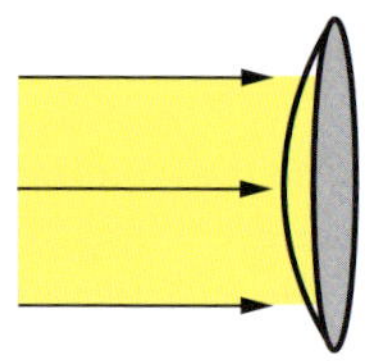
■ Autoscheinwerfer, Taschenlampenspiegel	■ Kosmetikspiegel	■ Weihnachtsbaumkugel

Hohlspiegel und Wölbspiegel unterscheiden sich wesentlich im Strahlenverlauf des Lichts.

▶ Ob ein Spiegel als Hohlspiegel oder als Wölbspiegel wirkt, hängt von der Richtung des Lichteinfalls ab.

Hohlspiegel	Wölbspiegel
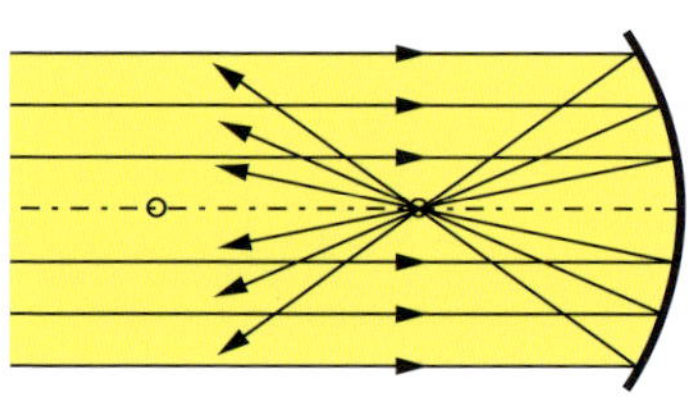	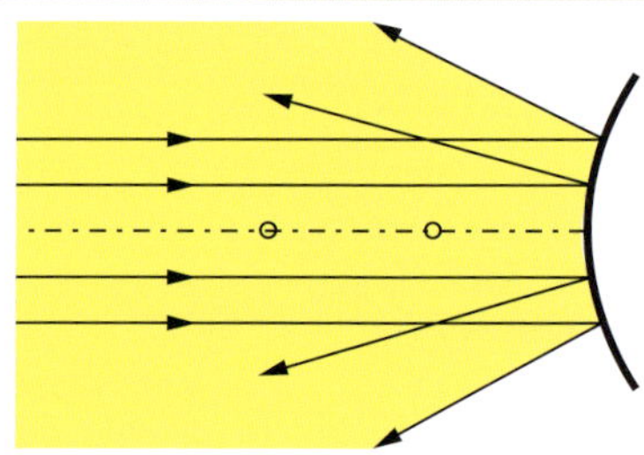
Paralleles Licht wird nach der Reflexion zunächst in einem Punkt (Brennpunkt) konzentriert.	Paralleles Licht wird in keinem Punkt konzentriert, sondern bildet einen divergenten Lichtkegel.

Besonders übersichtlich lässt sich die Reflexion von Licht am kugelförmigen Hohlspiegel beschreiben.
Fällt paralleles Licht auf einen solchen Hohlspiegel, dann werden die Lichtstrahlen am Spiegel so reflektiert, dass sie alle in einem Punkt zusammenlaufen. In diesem Punkt wird das Licht konzentriert. Es können dort hohe Temperaturen entstehen. Man nennt diesen Punkt deshalb den **Brennpunkt F** (lateinisch: focus) eines Hohlspiegels.

▶ Das gilt exakt nur für Lichtstrahlen in der Nähe der optischen Achse.

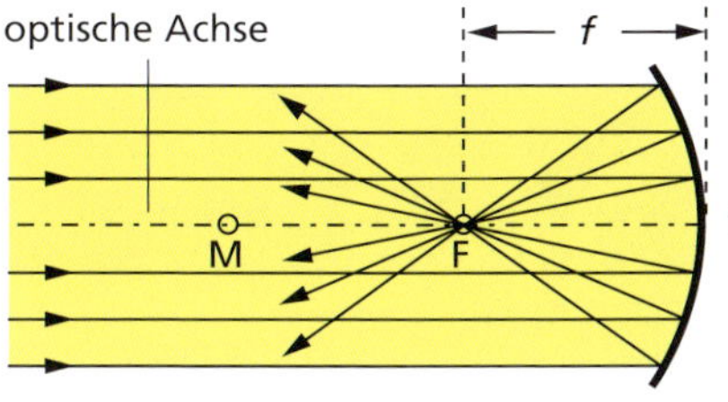

M	Mittelpunkt der kugelförmigen Spiegelfläche	
F	Brennpunkt	$\overline{FS} = f$
S	Scheitelpunkt	$\overline{MS} = 2f$
f	Brennweite	

Die Eigenschaft, dass parallel einfallende Strahlung im Brennpunkt eines Hohlspiegels konzentriert wird und dort sehr hohe Temperaturen entstehen, wird bei einem **Sonnenofen** ausgenutzt.
Die Bilder zeigen den riesigen Sonnenofen von Odeillo (Frankreich).
Das parallele Sonnenlicht wird durch ebene Spiegel als paralleles Licht auf den Hohlspiegel reflektiert. Vom Hohlspiegel wird dieses parallele Licht so reflektiert, dass es in einem kleinen Bereich konzentriert wird. Dort werden Temperaturen bis zu 3 300 °C erreicht.

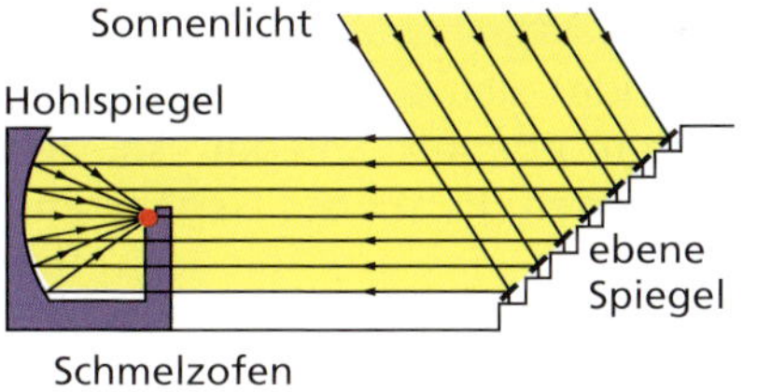

▶ Solaranlagen werden vor allem genutzt, um Wasser zu erwärmen, das z. B. für Schwimmbäder und als Brauchwasser verwendet wird. Spezielle Anlagen wie der Sonnenofen von Odeillo werden für Forschungszwecke genutzt.

Der wesentliche Unterschied zwischen einem parabolförmigen und einem kugelförmigen Hohlspiegel besteht in Folgendem:
Trifft paralleles Licht auf einen Parabolspiegel, so wird es nach der Reflexion in einem Punkt, dem Brennpunkt, konzentriert.
Umgekehrt gilt: Geht Licht vom Brennpunkt aus, so verläuft es nach der Reflexion als paralleles Licht.
Bei einem Kugelspiegel gilt das nur für Lichtstrahlen, die in der Nähe des Scheitelpunktes S auf den Spiegel treffen, also für sogenannte achsennahe Strahlen. Achsenferne Strahlen werden so reflektiert, dass sie nicht durch den Brennpunkt verlaufen. Umgekehrt verlaufen nicht alle Strahlen nach der Reflexion parallel, wenn sich eine Lichtquelle im Brennpunkt befindet.

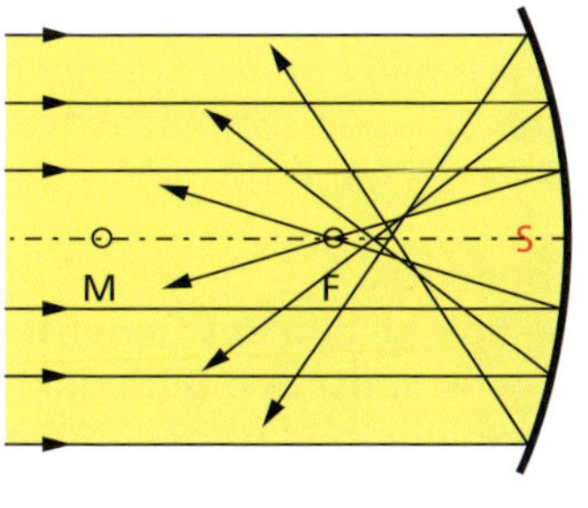

▶ Bei Fahrzeugscheinwerfern verwendet man deshalb Parabolspiegel, in deren Brennpunkt sich die Lichtquelle befindet. Damit wird nach der Reflexion am Spiegel näherungsweise paralleles Licht abgestrahlt.

5

5.2.2 Bildentstehung an Spiegeln

Bildentstehung am ebenen Spiegel

Blickt man auf einen ebenen Spiegel, so sieht man sein Spiegelbild. Das Entstehen eines Bilds am ebenen Spiegel kann mithilfe des Reflexionsgesetzes (↗S. 281) erklärt werden.

▶ Man sieht das Spiegelbild an der Stelle, von der das Licht herzukommen scheint.

Trifft Licht von einem Punkt P eines Gegenstands auf einen *ebenen Spiegel,* so wird es nach dem Reflexionsgesetz zurückgeworfen. Für den Beobachter scheint das Licht vom Punkt P' aus zu kommen.

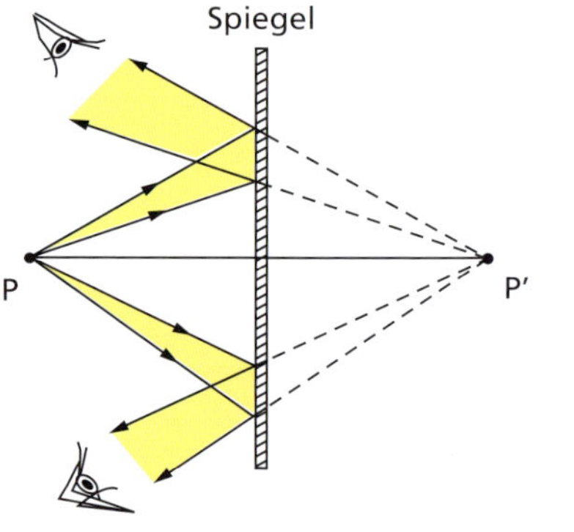

Wir sehen im Spiegel den Punkt P an der Stelle P', von wo aus die Lichtstrahlen geradlinig in unsere Augen herzukommen scheinen.

▶ Der Ort des Spiegelbilds hängt nur vom Ort des Gegenstands ab. Betrachtet man sich selbst im Spiegel, so ist man der „Gegenstand", der sein Spiegelbild sieht.

Befindet sich ein Gegenstand vor einem ebenen Spiegel, so geht von jedem Punkt des Gegenstands Licht aus, das am Spiegel reflektiert wird.

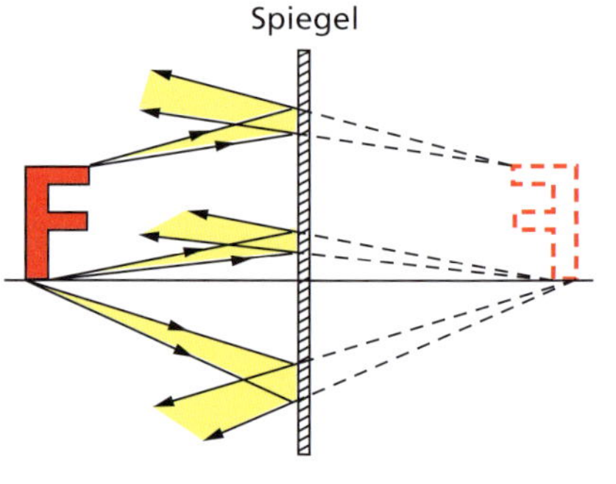

Führt man die Konstruktion des Strahlenverlaufs für jeden Punkt aus, so erhält man das Spiegelbild des Gegenstands.

Für einen ebenen Spiegel gilt: Gegenstand und Bild sind bezüglich des Spiegels symmetrisch zueinander.

Das bedeutet:
- Das Spiegelbild des Gegenstands befindet sich *hinter dem Spiegel.*
- Gegenstands- und Bildpunkte sind *gleich weit vom Spiegel entfernt.*
- Das Spiegelbild ist *genauso groß wie der Gegenstand.*
- Das Spiegelbild ist aufrecht, d.h., es hat die gleiche Lage wie der Gegenstand.

Das Spiegelbild kann man zwar sehen und auch fotografieren. Man kann es aber nicht auf einem Schirm auffangen. Solche Bilder nennt man **scheinbare (virtuelle) Bilder.**

> An einem ebenen Spiegel entsteht ein virtuelles Bild.

Kennt man die Eigenschaften eines Bilds am ebenen Spiegel, dann gibt es eine einfache Möglichkeit der Bildkonstruktion: Es werden vom Gegenstand aus einige zum Spiegel senkrechte Linien gezeichnet und hinter dem Spiegel die Entfernung Gegenstandspunkt–Spiegel abgetragen.

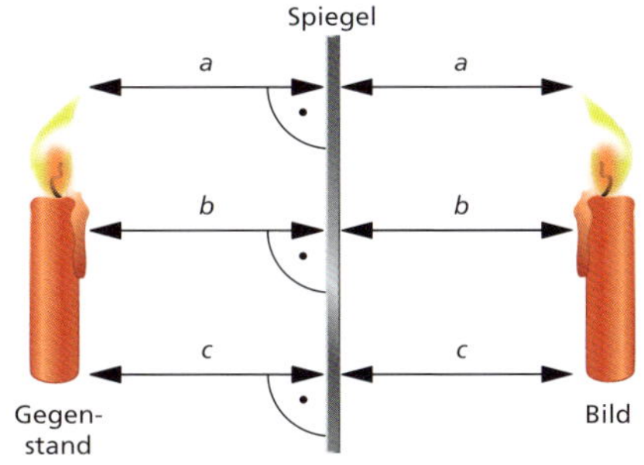

Gegenstandspunkt und zugehöriger Bildpunkt sind immer gleich weit vom Spiegel entfernt.

Bildentstehung am kugelförmigen Hohlspiegel

Befindet sich ein Gegenstand vor einem Hohlspiegel, so entsteht auf einem Schirm ein Bild des Gegenstands.
Zur zeichnerischen Konstruktion von Bildern reicht es aus, den Verlauf einiger Strahlen zu kennen.

Ein Beispiel für kugelförmige Hohlspiegel sind Kosmetikspiegel. An ihnen kann man gut beobachten, wie sich das Bild verändert, wenn man die Entfernung Gegenstand–Spiegel verändert.

Zur Bildkonstruktion nutzt man **Parallelstrahlen, Brennpunktstrahlen** und **Mittelpunktstrahlen.** Sie werden in charakteristischer Weise am Spiegel reflektiert.

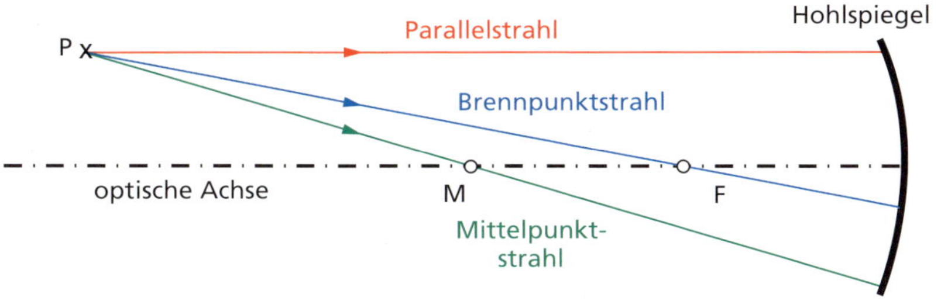

M ist der Mittelpunkt der kugelförmigen Spiegelfläche. F ist der Brennpunkt des Spiegels (↗ S. 283).

Parallelstrahlen verlaufen parallel zur optischen Achse des gekrümmten Spiegels.

Brennpunktstrahlen verlaufen durch den Brennpunkt F des gekrümmten Spiegels.

Mittelpunktstrahlen verlaufen durch den Krümmungsmittelpunkt M des gekrümmten Spiegels.

▶ Verlaufen die Strahlen nicht in der Nähe der optischen Achse, so gehen z. B. Parallelstrahlen nach der Reflexion nicht durch den Brennpunkt F, sondern durch einen Punkt der optischen Achse, die näher am Spiegel liegt (↗ S. 283).

Wenn diese Strahlen an einem Hohlspiegel reflektiert werden, so gilt unter der Bedingung achsennaher Strahlen:

Ein **Parallelstrahl** wird so reflektiert, dass er dann durch den Brennpunkt verläuft.

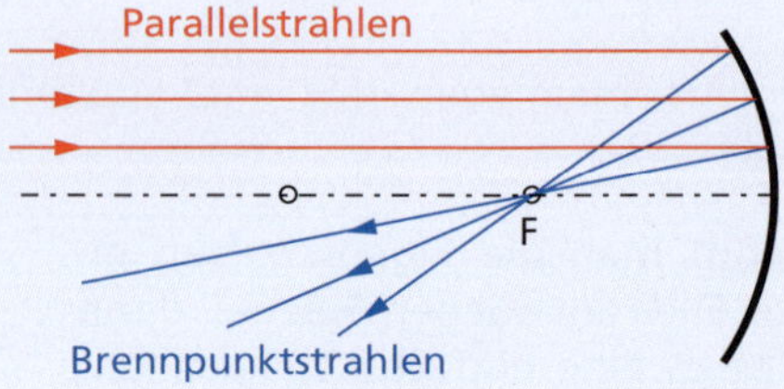

Ein **Brennpunktstrahl** wird so reflektiert, dass er dann als Parallelstrahl verläuft.

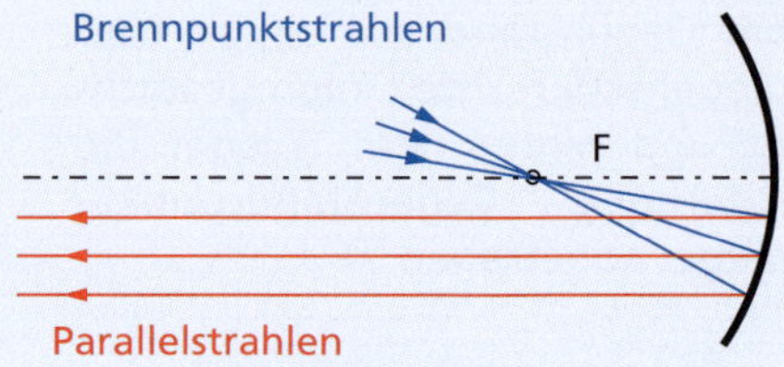

Ein **Mittelpunktstrahl** wird so reflektiert, dass er dann wieder als Mittelpunktstrahl verläuft.

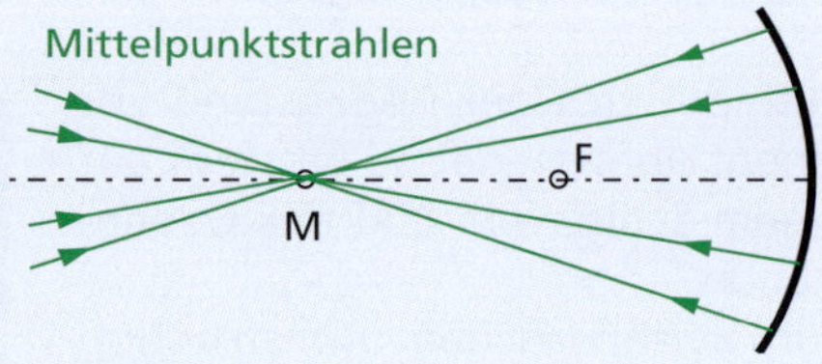

Will man das Bild eines Gegenstands konstruieren, so muss man von mehreren Gegenstandspunkten die Bildpunkte ermitteln. Dazu sind jeweils zwei Strahlen ausreichend.

▶ Welche der Strahlen man zweckmäßigerweise für die Bildkonstruktionen nutzt, hängt im Wesentlichen davon ab, wo sich der Gegenstand befindet.

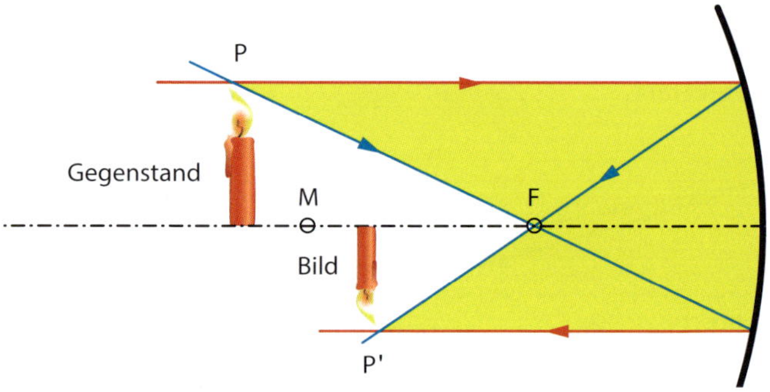

▶ An einem Hohlspiegel kann auch ein virtuelles Bild (↗ S. 285) entstehen.

Bringt man in den Schnittpunkt der Strahlen einen Schirm, so kann man auf ihm das scharfe Bild auffangen. Ein Bild, das man auf einem Schirm auffangen kann, wird als **wirkliches (reelles)** Bild bezeichnet.
Was für ein Bild entsteht, hängt von der Entfernung Gegenstand–Spiegel (Gegenstandsweite) ab.

Ein reelles Bild eines Gegenstands entsteht immer dann, wenn sich der Gegenstand außerhalb der Brennweite des Spiegels befindet. Ist er innerhalb der Brennweite, so entsteht ein virtuelles Bild (↗ S. 287).

Ort des Gegenstands	Bildkonstruktion und Bild	Eigenschaften des Bilds
außerhalb der doppelten Brennweite eines Hohlspiegels	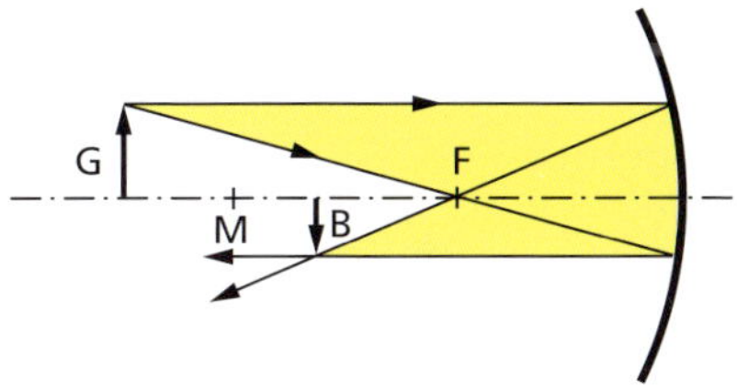	– verkleinert – umgekehrt – seitenvertauscht – reell
in der doppelten Brennweite eines Hohlspiegels	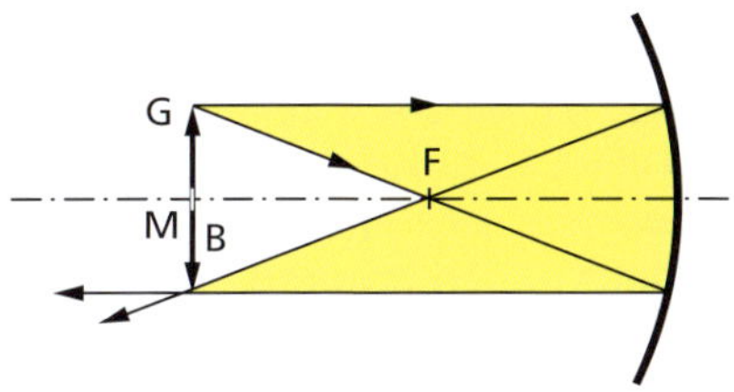	– gleich groß wie der Gegenstand – umgekehrt – seitenvertauscht – reell
zwischen einfacher und doppelter Brennweite eines Hohlspiegels	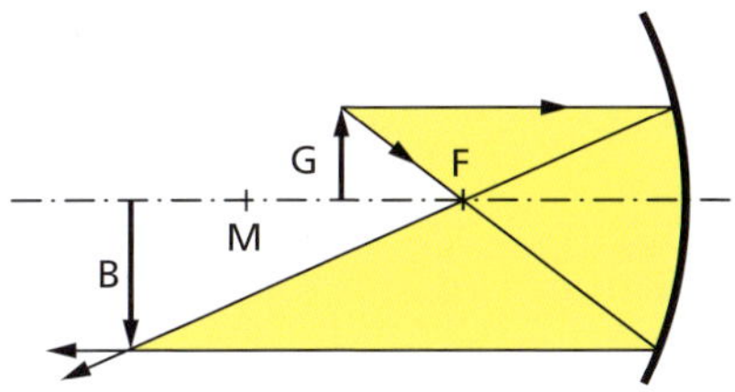	– vergrößert – umgekehrt – seitenvertauscht – reell
in der einfachen Brennweite eines Hohlspiegels	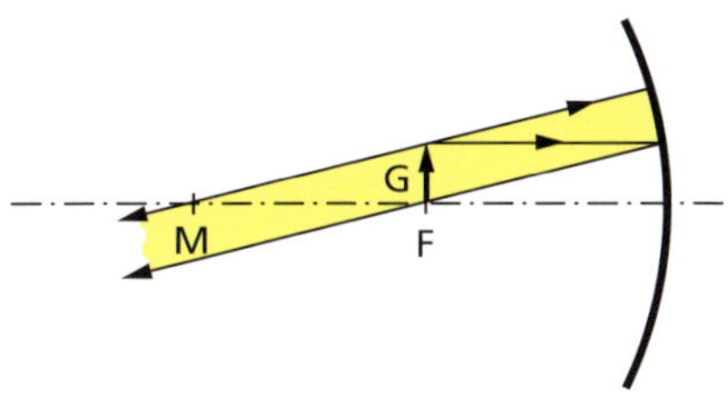	– kein scharfes Bild – reflektierte Strahlen verlaufen parallel – Für einen Beobachter ist der Spiegel voll mit einer Farbe des Gegenstands bedeckt.
innerhalb der einfachen Brennweite eines Hohlspiegels	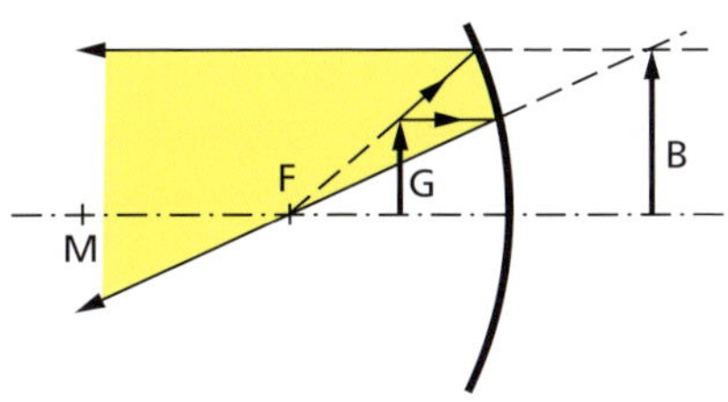	– vergrößert – aufrecht – seitenrichtig – virtuell
beliebig vor einem Wölbspiegel	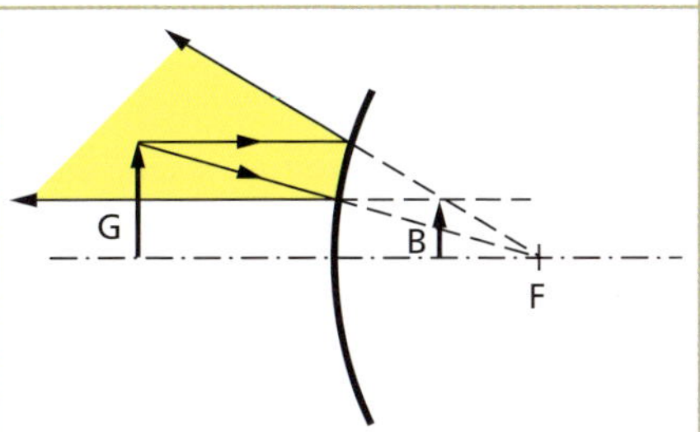	– verkleinert – aufrecht – seitenrichtig – virtuell

5.3 Brechung des Lichts

5.3.1 Brechungsgesetz und Totalreflexion

Das Brechungsgesetz

Licht breitet sich in Luft, Glas oder Wasser in der Regel geradlinig aus.

▶ An Grenzflächen zwischen zwei verschiedenen lichtdurchlässigen Stoffen tritt Reflexion und Brechung meist zusammen auf.
Hier wird nur der Teil des Lichts betrachtet, der gebrochen wird.

Trifft Licht auf die Grenzfläche *zwischen zwei verschiedenen lichtdurchlässigen Stoffen,* z. B. von Luft und Wasser, so wird ein Teil des Lichts nach dem Reflexionsgesetz zurückgeworfen. Der andere Teil des Lichts geht in den zweiten Stoff über.
Dabei ändert sich im Allgemeinen die Ausbreitungsrichtung des Lichts. Diese Erscheinung nennt man **Brechung.**

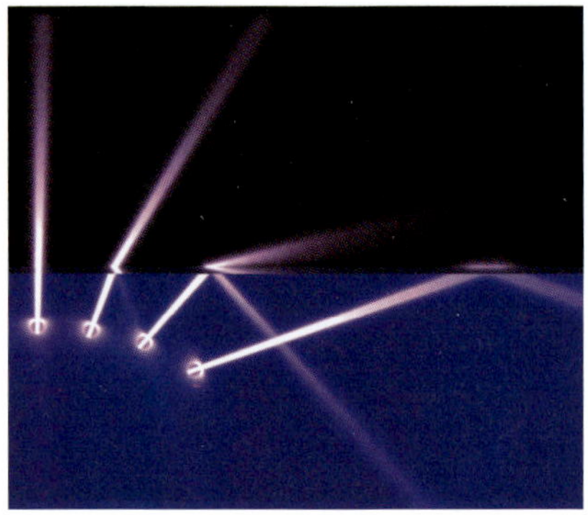

> Als Brechung des Lichts bezeichnet man die Änderung seiner Ausbreitungsrichtung an der Grenzfläche zweier lichtdurchlässiger Stoffe.

Für die Brechung des Lichts an einer Grenzfläche zwischen Luft und Wasser oder Glas gilt das **Brechungsgesetz** in folgender Form:

▶ Die betrachteten Übergänge sind spezielle Fälle, die aber in der Praxis am häufigsten auftreten.

Wenn Licht von Luft in Glas oder Wasser übergeht, so wird es an der Grenzfläche zum Lot hin gebrochen.

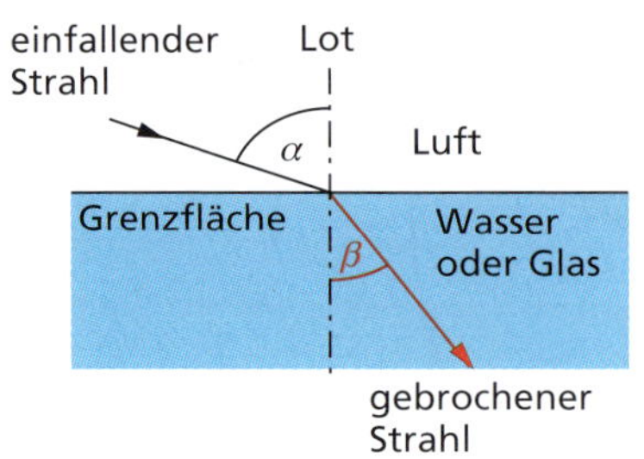

Für $\alpha \neq 0°$ gilt:
Der Brechungswinkel β ist kleiner als der Einfallswinkel α.

$$\beta < \alpha$$

Wenn Licht von Glas oder Wasser in Luft übergeht, so wird es an der Grenzfläche vom Lot weg gebrochen.

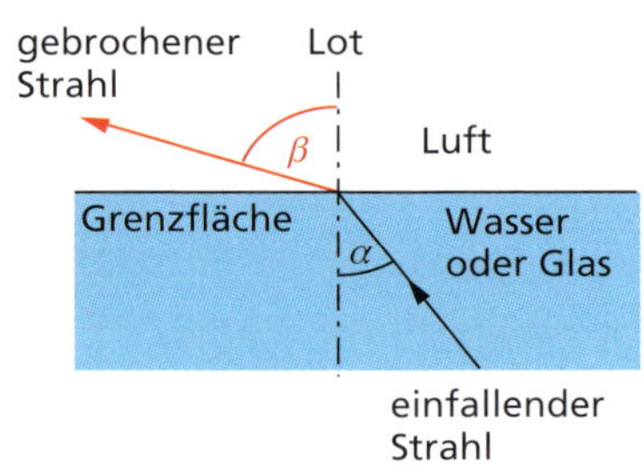

Für $\alpha \neq 0°$ gilt:
Der Brechungswinkel β ist größer als der Einfallswinkel α.

$$\beta > \alpha$$

Dabei liegen einfallender Strahl, Lot und gebrochener Strahl in einer Ebene.

▶ Beachte: Die Winkel werden immer zwischen Lot und Lichtstrahl gemessen.

Für zwei beliebige lichtdurchlässige Stoffe gilt das **Brechungsgesetz** allgemein in folgender Form:

> Wenn Licht an einer Grenzfläche von einem lichtdurchlässigen Stoff in einen anderen lichtdurchlässigen Stoff übergeht, so gilt für den Einfallswinkel α und den Brechungswinkel β:
>
> $\frac{\sin \alpha}{\sin \beta} = \frac{c_1}{c_2}$ oder $\frac{\sin \alpha}{\sin \beta} = n$
>
> c_1, c_2 Lichtgeschwindigkeiten in den Stoffen 1 und 2
>
> n Brechzahl

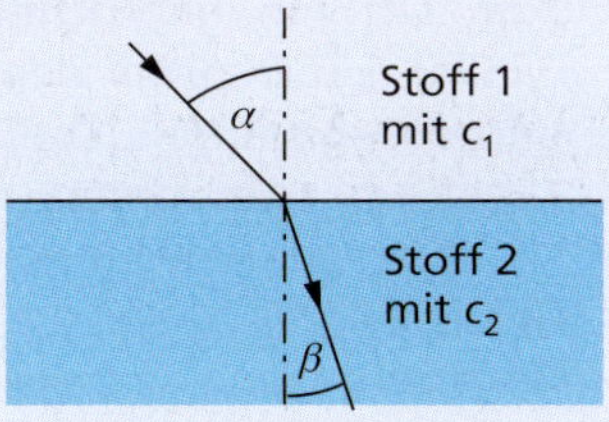

Aus diesem Gesetz kann man die auf ↗ S. 288 beschriebenen Spezialfälle herleiten.

Wie Licht gebrochen wird, hängt demzufolge vom Verhältnis der Lichtgeschwindigkeiten (↗ S. 277) in den beiden Stoffen ab.

Übergang vom optisch dünneren zum optisch dichteren Stoff	Übergang vom optisch dichteren zum optisch dünneren Stoff
$c_1 > c_2 \longrightarrow \alpha > \beta$	$c_1 < c_2 \longrightarrow \alpha < \beta$
Das Licht wird zum Lot hin gebrochen.	Das Licht wird vom Lot weg gebrochen.
■ Luft – Glas Luft – Wasser	■ Glas – Luft Wasser – Luft

Die Begriffe „optisch dünner" und „optisch dichter" beziehen sich auf die Lichtgeschwindigkeit (↗ S. 277). In einem optisch dichteren Stoff ist die Lichtgeschwindigkeit kleiner als in einem optisch dünneren Stoff.

Die Brechzahl ergibt sich aus den Lichtgeschwindigkeiten der betreffenden Stoffe. Für den Übergang von Luft in einen anderen Stoff ergeben sich folgende Brechzahlen:

Übergang von Luft in		Brechzahl *n* bei 20 °C
Diamant		2,42
Eis		1,31
Flintglas	leicht	1,61
	schwer	1,75
Kronglas	leicht	1,51
	schwer	1,61
Plexiglas		1,49
Wasser		1,33

Kennt man die Lichtgeschwindigkeiten c_1 und c_2, so kann man daraus die Brechzahl n berechnen, denn es gilt:

$n = \frac{c_1}{c_2}$

Die Lichtgeschwindigkeit in einem Stoff und damit auch die Brechzahl ist von verschiedenen Faktoren abhängig.
So gilt z. B. für Luft, dass die Lichtgeschwindigkeit sich mit Verringerung der Dichte (des Luftdrucks) vergrößert. In großer Höhe ist deshalb die Lichtgeschwindigkeit (etwas) größer als an der Erdoberfläche. Da sich die Dichte von Luft mit der Temperatur ändert, verändert sich auch die Lichtgeschwindigkeit mit der Temperatur.

Luftspiegelungen treten an Grenzflächen zwischen kalter und warmer Luft auf. Ihr Auftreten hängt mit den unterschiedlichen Ausbreitungsgeschwindigkeiten von Licht zusammen.

5

Licht trifft unter einem Winkel von 40° auf eine Grenzfläche Luft–Wasser.
Wie groß ist der Brechungswinkel?

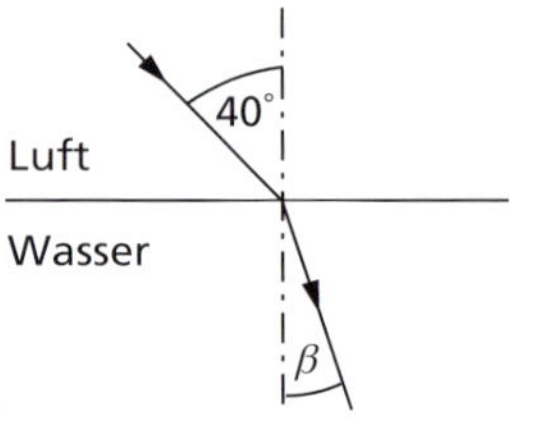

Analyse:
Beim Übergang Luft–Wasser wird das Licht zum Lot hin gebrochen. Der Brechungswinkel kann nach dem Brechungsgesetz berechnet werden. Die Brechzahl ist einer Tabelle zu entnehmen.

M ↗ S. 57 f.

Gesucht: β
Gegeben: $\alpha = 40°$
$n = 1{,}33$

Lösung:

$$\frac{\sin\alpha}{\sin\beta} = n \qquad \mid \cdot \frac{\sin\beta}{n}$$

$$\frac{\sin\alpha}{n} = \sin\beta \text{ oder}$$

$$\sin\beta = \frac{\sin\alpha}{n}$$

$$\sin\beta = \frac{\sin 40°}{1{,}33}$$

$$\sin\beta = 0{,}48$$

$$\underline{\beta = 29°}$$

Ergebnis:
Beim Übergang von Luft in Wasser beträgt bei einem Einfallswinkel von 40° der Brechungswinkel 29°.

▶ Bei der Angabe des Ergebnisses ist zu beachten, dass das Ergebnis nicht genauer sein kann als die Ausgangswerte. Beachte also immer die Regeln für sinnvolle Genauigkeit!

Die Totalreflexion

Tritt Licht von Glas oder Wasser in Luft (vom optisch dichteren in den optisch dünneren Stoff) über, so wird es vom Lot weg gebrochen. Der Brechungswinkel β ist größer als der Einfallswinkel α (Abb. a). Vergrößert man den Einfallswinkel, so wird auch der Brechungswinkel größer und erreicht den Wert $\beta = 90°$ (Abb. b). Wird nun der Einfallswinkel weiter vergrößert, so wird das gesamte einfallende Licht an der Grenzfläche reflektiert (Abb. c).

Diese Erscheinung wird als **Totalreflexion** bezeichnet.

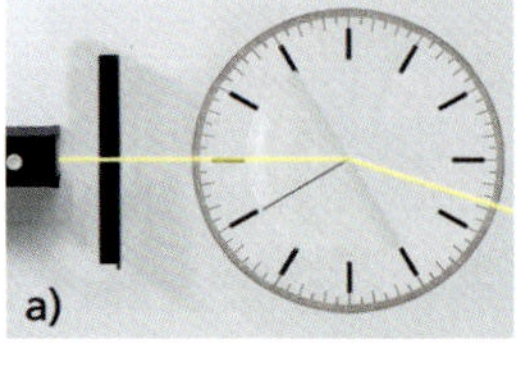
a)

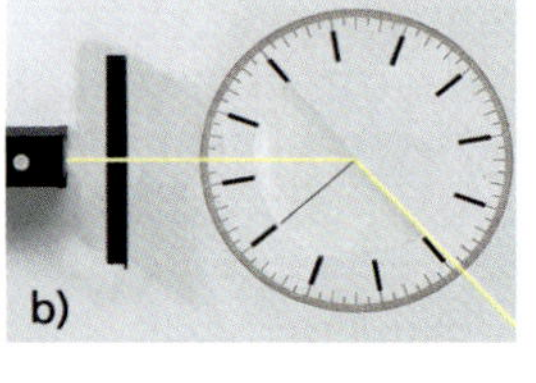
b)

c)

> Die Erscheinung, dass beim Übergang des Lichts von einem optisch dichteren Stoff (z. B. Glas) in einen optisch dünneren Stoff (z. B. Luft) bei bestimmten Winkeln sämtliches Licht an der Grenzfläche reflektiert wird, nennt man **Totalreflexion.**

Den Einfallswinkel, bei dem der Brechungswinkel gerade 90° beträgt, nennt man **Grenzwinkel der Totalreflexion α_G**.
Totalreflexion tritt bei allen Einfallswinkeln auf, die größer als dieser Grenzwinkel sind.

> Für alle Winkel $\alpha > \alpha_G$ tritt Totalreflexion auf. Der Grenzwinkel der Totalreflexion α_G beträgt:
>
> $\sin \alpha_G = \frac{c_1}{c_2}$ c_1, c_2 Lichtgeschwindigkeiten in den Stoffen 1 und 2
> $c_1 < c_2$

Dieser Grenzwinkel ergibt sich aus dem Brechungsgesetz (↗ S. 289): Mit $\beta = 90°$ und damit $\sin \beta = 1$ erhält man die genannte Gleichung.

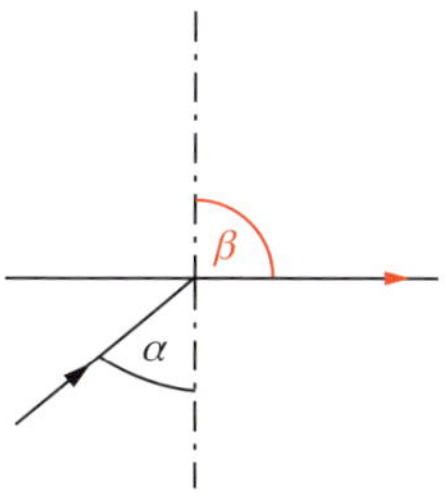

Wie groß ist der Grenzwinkel der Totalreflexion für den Übergang von Licht aus Wasser in Luft?

Analyse:
Gesucht ist der Einfallswinkel α, bei dem der Brechungswinkel gerade 90° beträgt. Die zur Berechnung erforderlichen Lichtgeschwindigkeiten können der Tabelle auf ↗ S. 277 entnommen werden.

Gesucht: α_G
Gegeben: $c_1 = 225\,000$ km/s
$c_2 = 299\,711$ km/s $\approx 300\,000$ km/s

M ↗ S. 57 f.

Lösung:

$$\sin \alpha_G = \frac{c_1}{c_2}$$

$$\sin \alpha_G = \frac{225\,000 \text{ km/s}}{300\,000 \text{ km/s}}$$

$$\sin \alpha_G = 0{,}750$$

$$\underline{\alpha_G = 48{,}6°}$$

In den meisten Fällen ist es ausreichend, mit dem gerundeten Wert für die Lichtgeschwindigkeit in Luft von 300 000 km/s zu rechnen.

Ergebnis:
Für den Übergang Wasser–Luft beträgt der Grenzwinkel der Totalreflexion 48,6°.

Die Totalreflexion von Licht an der Grenzfläche Wasser–Luft kann man z. B. beobachten, wenn man bei einem Aquarium schräg von unten gegen die Wasseroberfläche blickt.

Genutzt wird die Totalreflexion bei verschiedenen Arten von Prismen (S. 293) sowie bei Lichtleitkabeln (Lichtleitern, Glasfaserkabeln, Lichtwellenleitern), die zur Informationsübertragung von Telefongesprächen, Computerdaten, Fernsehbildern und Rundfunkprogrammen eingesetzt werden.

Ein Lichtleitkabel oder Glasfaserkabel besteht aus Tausenden von sehr feinen, gebündelten Glasfasern mit Durchmessern von 0,005 mm bis 0,5 mm.

▶ Bei modernen Lichtleitkabeln liegt der Grenzwinkel der Totalreflexion nahe bei 90°.

Die einzelne Glasfaser besteht aus einem Mantel und einem Kern. Der Glasfasermantel besteht aus optisch dünnerem Stoff als der Glasfaserkern. Damit tritt Totalreflexion auf, wenn der Einfallswinkel größer als der Grenzwinkel der Totalreflexion ist.

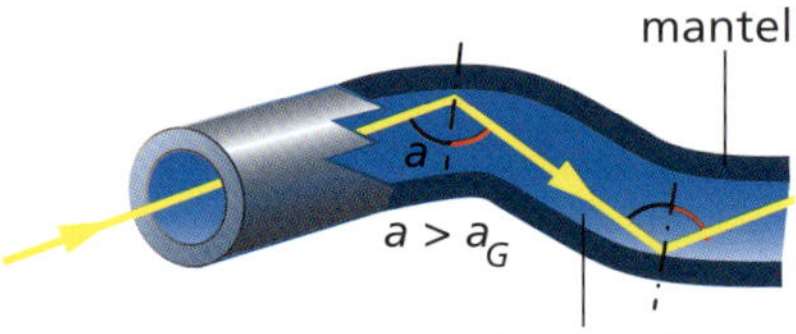

Lässt man Licht unter einem Winkel $\alpha > \alpha_G$ einfallen, so wird es mehrfach total reflektiert und gelangt so bis an das andere Ende der Glasfaser.

▶ **Informationsübertragung** mit Lichtleitkabeln hat große Vorteile gegenüber der Übertragung mit herkömmlichen Kupferkabeln.

5.3.2 Brechung des Lichts durch verschiedene Körper

Brechung an planparallelen Platten

Trifft Licht auf eine **planparallele Platte,** so wird es an beiden Grenzflächen nach dem Brechungsgesetz gebrochen. Der austretende Lichtstrahl verläuft parallel zum auftreffenden Lichtstrahl. Betrachtet man einen Gegenstand durch eine planparallele Platte, so sieht man ihn dadurch seitlich versetzt (↗ Foto).

▶ Auch bei Fensterscheiben kann eine Parallelverschiebung auftreten. Sie ist aber so klein, dass wir sie in der Regel nicht wahrnehmen.

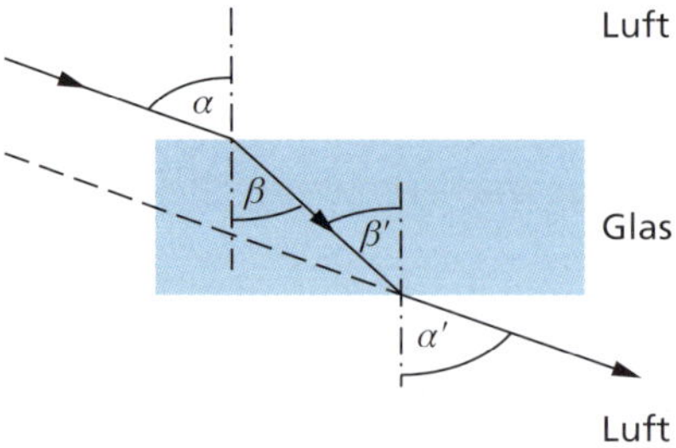

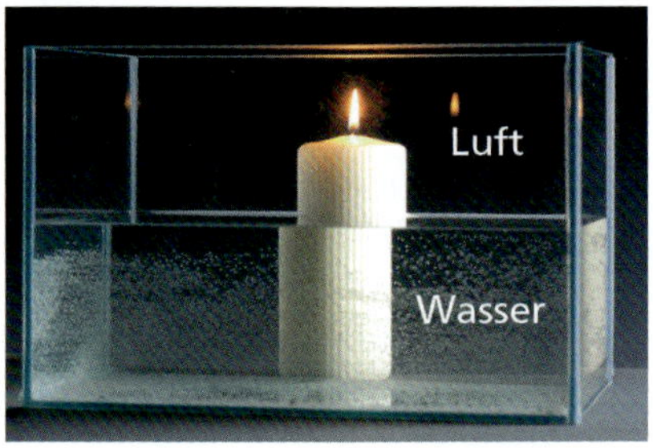

Wie stark die Parallelverschiebung des Lichts bei einem bestimmten Einfallswinkel ist, hängt ab von
- den optischen Eigenschaften (Brechzahl) der planparallelen Platte und
- der Dicke der planparallelen Platte.

Brechung an Prismen

Prismen bestehen meist aus Glas. Am häufigsten werden regelmäßige dreiseitige Prismen oder Prismen mit einem rechten Winkel verwendet. Bei allen Prismen wird die Brechung des Lichts und teilweise auch die Totalreflexion genutzt.

M ↗ S. 42

Prismen, bei denen das Licht in eine andere Richtung gelenkt wird, bezeichnet man als **Umlenkprismen.**

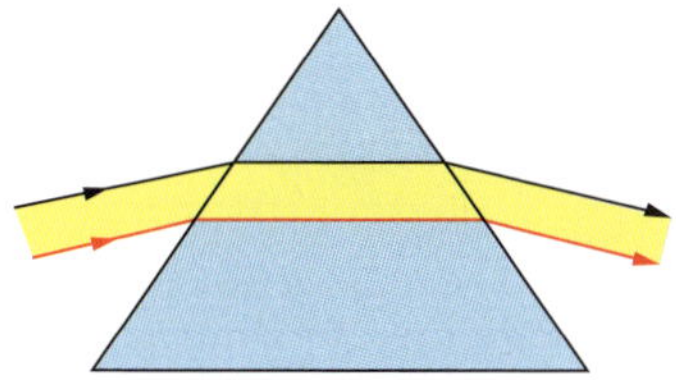

Durch die zweifache Brechung erfolgt eine Umlenkung des Lichts um einen Winkel < 90°.

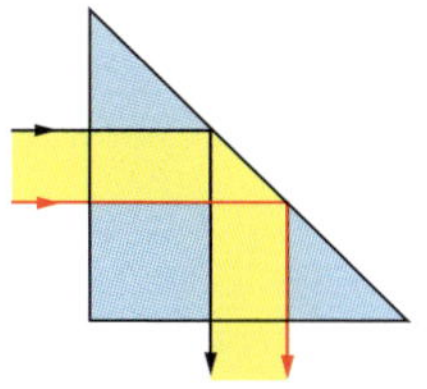

Durch Totalreflexion wird das Licht um 90° umgelenkt.

▶ Beachte: Die gezeichneten Strahlenverläufe in den Skizzen gelten nur für einfarbiges Licht. Bei Verwendung von weißem Licht treten zusätzliche Effekte auf (↗ S. 318).

Prismen, bei denen die Lage von einfallenden und reflektierten Strahlen gerade umgekehrt ist, nennt man **Umkehrprismen.**

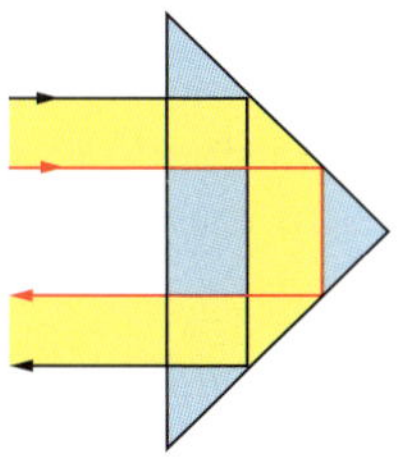

Durch zweifache Totalreflexion erfolgt eine Umkehrung des Lichts.

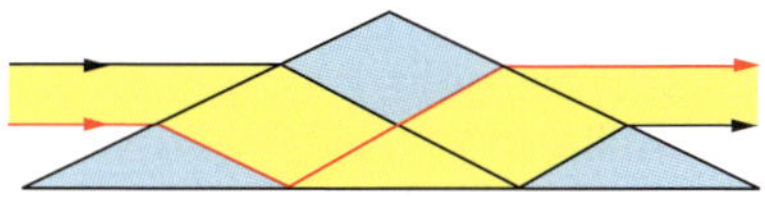

Durch zweifache Brechung und Totalreflexion erfolgt eine Umkehrung des Lichts.

Prismen werden vor allem bei Ferngläsern und Fotoapparaten genutzt.

▶ Prismen werden auch genutzt, um weißes Licht in seine farbigen Bestandteile zu zerlegen (↗ S. 318).

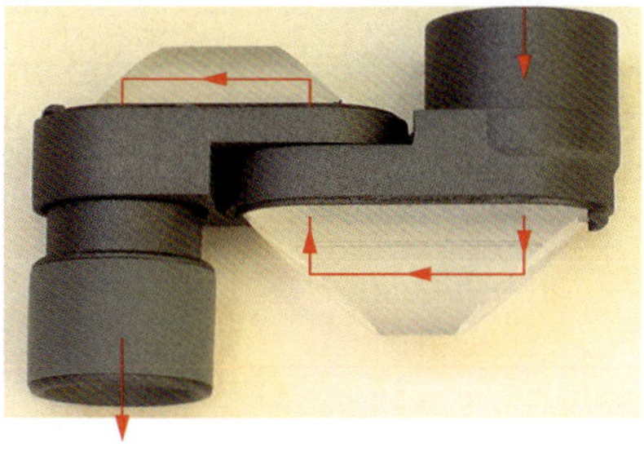

Miniferngl as mit zwei Prismen, die das Licht umlenken.

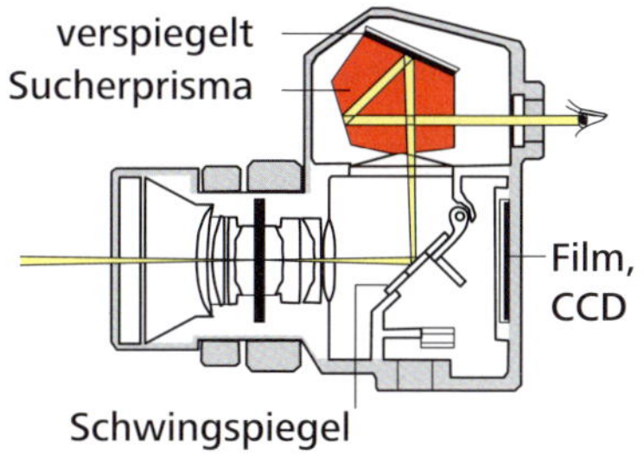

Umkehrprisma in einer Spiegelreflexkamera

Brechung an Linsen

Linsen sind lichtdurchlässige Körper, meist aus Glas oder Kunststoff, die sehr unterschiedliche Formen haben können.
Je nach dem Strahlenverlauf unterscheidet man zwei große Gruppen von Linsen.

M ↗ S. 45, 46

▶ Auf den Fotos ist zu erkennen, dass bei Linsen sowohl Brechung als auch Reflexion auftritt. Betrachtet wird nachfolgend nur die Brechung des Lichts. Sie ist entscheidend für die Bildentstehung durch Linsen.

Sammellinsen (Konvexlinsen)	**Zerstreuungslinsen (Konkavlinsen)**
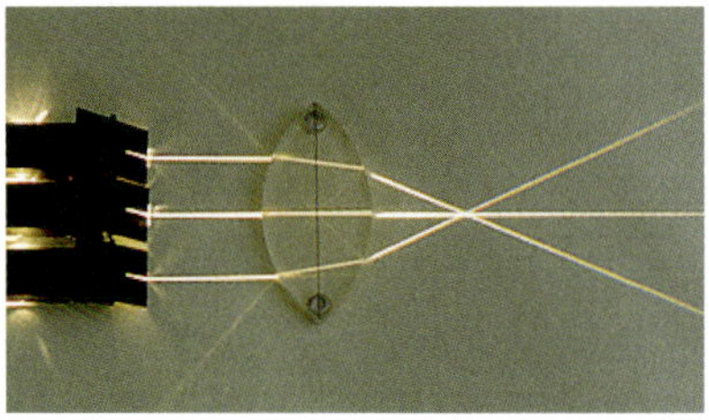 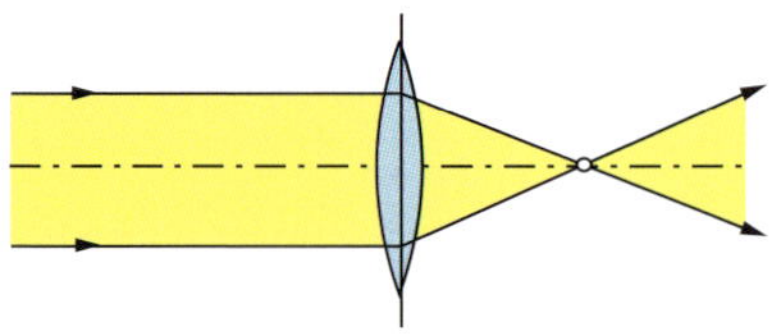	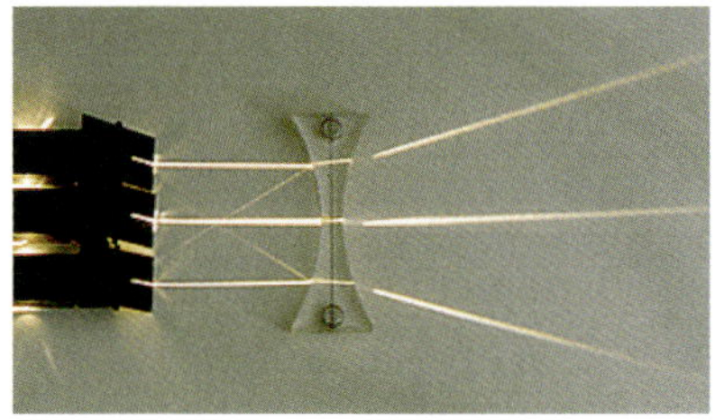 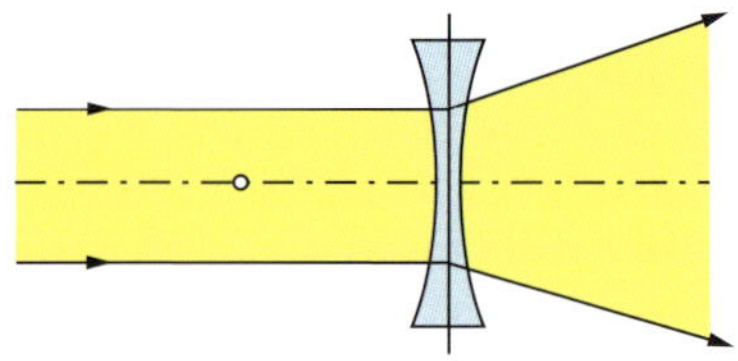
Linsen, die paralleles Licht nach der Brechung zunächst in einem Punkt sammeln, bevor es wieder auseinandergeht, nennt man **Sammellinsen.**	Linsen, die paralleles Licht nach der Brechung in verschiedene auseinanderlaufende Richtungen lenken, nennt man **Zerstreuungslinsen.**
Sammellinsen aus Glas oder Kunststoff sind in der Mitte dicker als am Rand **(Konvexlinsen).** 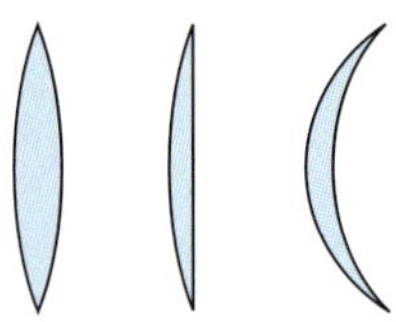	Zerstreuungslinsen aus Glas oder Kunststoff sind in der Mitte dünner als am Rand **(Konkavlinsen).** 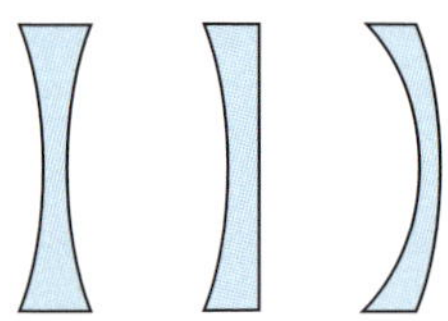

▶ Die Bezeichnungen **Sammellinse** und **Zerstreuungslinse** kennzeichnen die optische Wirkung einer Linse.
Die Bezeichnungen **Konvexlinse** und **Konkavlinse** kennzeichnen nur die äußerlich wahrnehmbare Form.

Eine besondere Form von Linsen sind **Fresnel-Linsen.** Das sind dünne und leichte Linsen, meist aus Kunststoff, die die gleiche Brechung des Lichts bewirken wie entsprechende dicke Linsen.

▶ Fresnel-Linsen gibt es als Sammellinsen und als Zerstreuungslinsen. Großflächige Sammellinsen werden z. B. bei Tageslichtprojektoren genutzt.

Dabei wird die Entdeckung des französischen Physikers AUGUSTIN JEAN FRESNEL (1788–1827) genutzt, dass entscheidend für die Stärke der Brechung des Lichts nicht die Dicke der Linse, sondern ihre Krümmung ist.

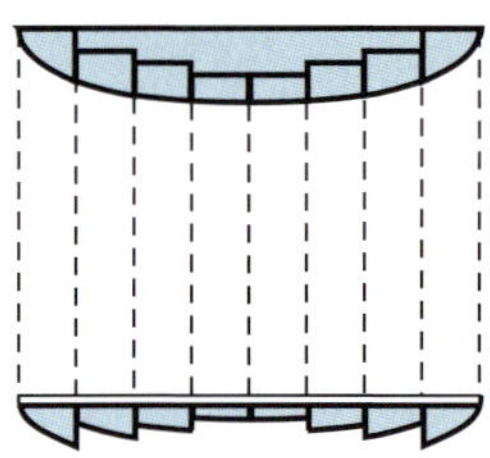

Bei vielen optischen Geräten, z. B. Fotoapparaten, Ferngläsern und Mikroskopen, werden **Linsensysteme** genutzt. Ein Linsensystem ist aus mehreren Linsen zusammengesetzt und wirkt entweder wie eine Sammellinse oder wie eine Zerstreuungslinse.

▶ Die ersten Linsensysteme für optische Geräte wurden um 1900 in der Firma Carl Zeiss Jena entwickelt.

Objektiv eines Fotoapparates

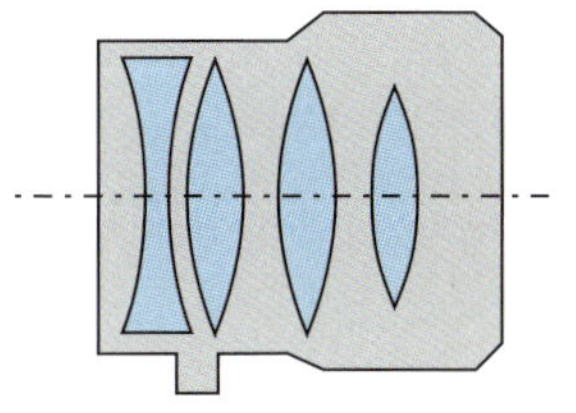

Aufbau eines Linsensystems

Die Verwendung von Linsensystemen statt einfacher Linsen hat vor allem zwei Gründe:

- Mithilfe eines solchen Linsensystems können Abbildungsfehler verringert werden.
- Bei einem Linsensystem ist es möglich, durch Verschieben einer Linse die Brennweite (↗ unten) des Linsensystems zu verändern. Das wird z. B. bei Zoomobjektiven für Fotoapparate oder Videokameras genutzt.

▶ Ein Zoomobjektiv ist ein Linsensystem mit veränderlicher Brennweite. Ein solches Objektiv ermöglicht es, Gegenstände „heranzuholen", also unterschiedlich große Bilder von ihnen zu erhalten.

Trifft Licht auf eine **Linse,** so wird es beim Durchgang an beiden Grenzflächen nach dem Brechungsgesetz gebrochen.

Bei **dünnen Linsen** kann man diese zweifache Brechung (Abb. links) durch eine Brechung an der Linsenebene (Abb. rechts) ersetzen. Das gilt nicht nur für Sammellinsen, sondern auch für Zerstreuungslinsen.

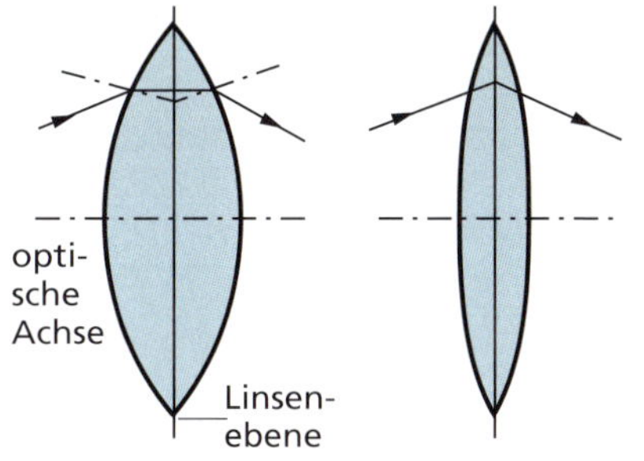

▶ Bei allen nachfolgenden Darstellungen wird vorausgesetzt, dass dünne Linsen vorliegen.

Fällt paralleles Licht auf eine Sammellinse, dann wird das Licht so gebrochen, dass es nach der Brechung in einem Punkt konzentriert wird. Bei intensivem Lichteinfall kann sich an diesem Punkt, in dem das Licht konzentriert wird, ein Gegenstand entzünden. Man nennt diesen Punkt deshalb **Brennpunkt** F.

▶ Die Bezeichnung F ist von „focus", der lateinischen Bezeichnung für Brennpunkt, abgeleitet.

Der Abstand des Brennpunktes von der Linsenebene wird als **Brennweite** f bezeichnet. Die Brennweite ist bei symmetrischen Linsen an beiden Seiten der Linse gleich groß.

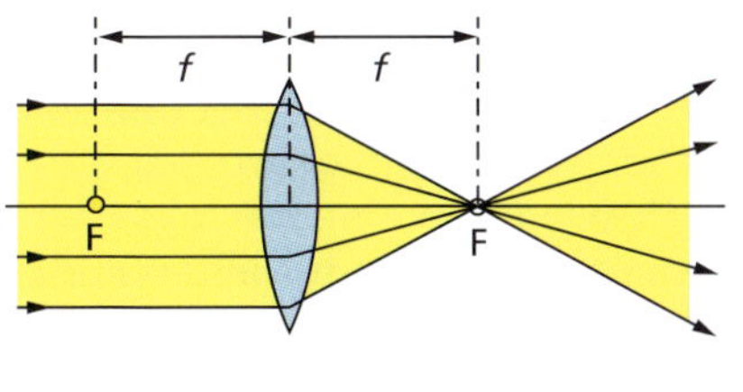

5

Auch wenn paralleles Licht schräg auf eine Sammellinse fällt, wird es in einem Punkt gebündelt. Dieser Punkt liegt in einer Ebene parallel zur Linsenebene, die durch den Brennpunkt verläuft.

Linsen besitzen unterschiedliche Brennweiten. Die Brennweite einer Linse ist abhängig
- von der Krümmung der Linse,
- vom Material, aus dem die Linse besteht.

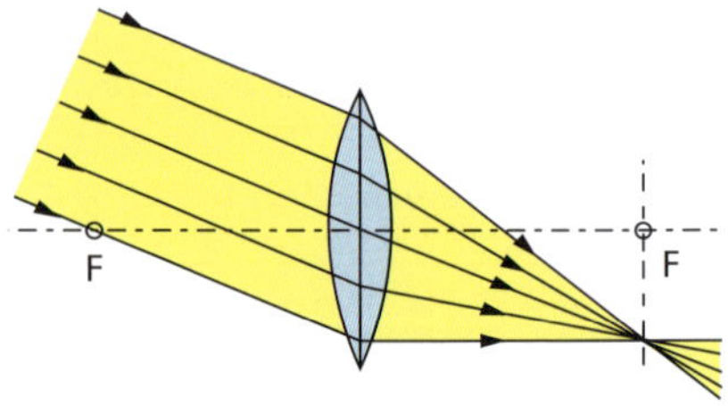

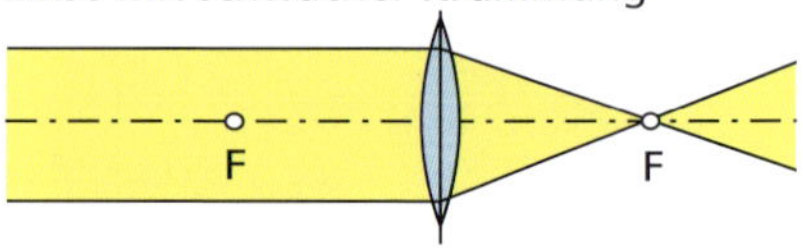

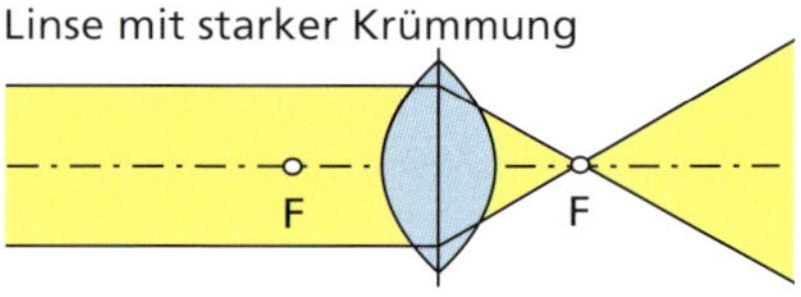

▶ Auch Linsensystemen (↗ S. 295) kann eine Brennweite zugeordnet werden. So beträgt z. B. die Brennweite beim Objektiv einer Digitalkamera meist 25–200 mm. Das menschliche Auge hat eine „hintere" Brennweite von 23 mm.

Bei einer einfachen Sammellinse verlaufen nicht alle gebrochenen Parallelstrahlen durch den Brennpunkt. Dadurch entstehen Abbildungsfehler.

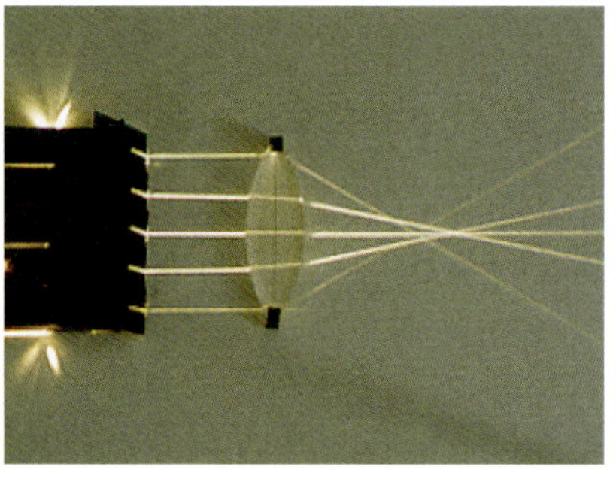

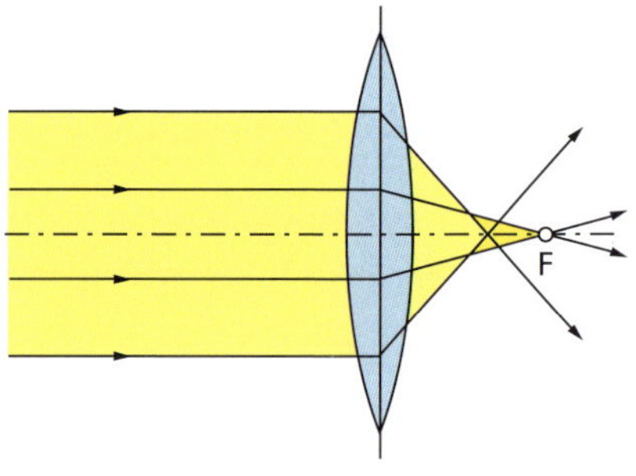

Solche Abbildungsfehler können verringert werden, wenn man statt einfacher Linsen Linsensysteme (↗ S. 295) verwendet und nur achsennahe Strahlen zulässt.

▶ Es gibt sehr unterschiedliche Arten von **Abbildungsfehlern**, z. B. auch Farbfehler. Abbildungsfehler können durch Linsenkombinationen verringert oder beseitigt werden.

5.3.3 Bildentstehung durch Linsen

Mithilfe von Linsen kann man von Gegenständen Bilder erzeugen. Ein solches Bild eines Gegenstands kommt folgendermaßen zustande: Von jedem Punkt P eines Gegenstands geht Licht in unterschiedliche Richtungen aus.

Ein Teil des Lichts trifft auf die Linse, wird dort gebrochen und trifft wieder in einem Punkt P' zusammen. Dies gilt für jeden Punkt des Gegenstands.

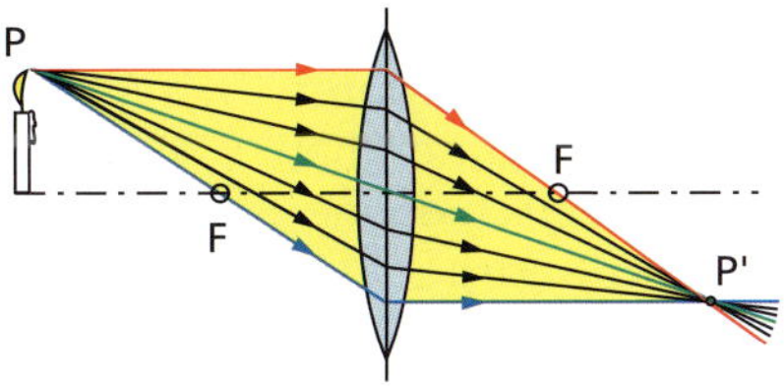

Insgesamt entsteht von jedem Gegenstandspunkt P genau ein scharfer Bildpunkt P′.
Die Gesamtheit der Bildpunkte ergibt das Bild des Gegenstands.
Zur zeichnerischen Konstruktion von Bildpunkten an Linsen reicht es aus, den Verlauf einiger wichtiger Strahlen zu kennen. Ähnlich wie bei Spiegeln (↗ S. 286) sind das **Parallelstrahlen, Brennpunktstrahlen** und **Mittelpunktstrahlen.**

Parallelstrahlen verlaufen parallel zur optischen Achse der Linse.

Brennpunktstrahlen verlaufen durch einen Brennpunkt der Linse.

Mittelpunktstrahlen verlaufen durch den Mittelpunkt der Linse.

Wenn diese Strahlen an einer Sammellinse gebrochen werden, so gilt unter der Bedingung dünner Linsen und achsennaher Strahlen:
- Ein **Parallelstrahl** wird so gebrochen, dass er dann durch den Brennpunkt verläuft.
- Ein **Brennpunktstrahl** wird so gebrochen, dass er dann parallel zur optischen Achse verläuft.
- Ein **Mittelpunktstrahl** geht ungebrochen durch eine Sammellinse.

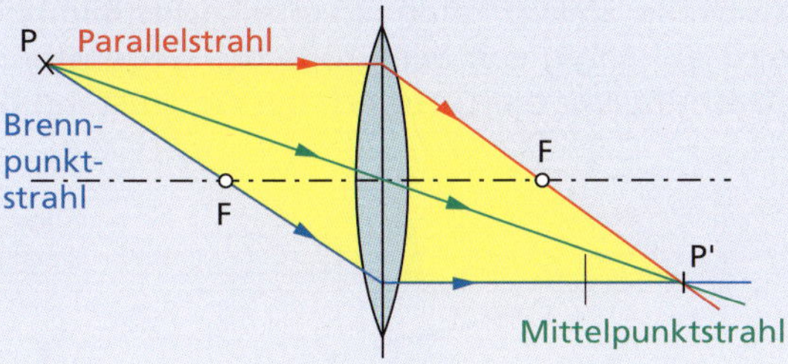

Zur zeichnerischen Konstruktion eines Bildpunkts sind jeweils nur zwei Strahlen erforderlich.

Bei Zerstreuungslinsen gelten für den Verlauf von Parallelstrahlen, Brennpunktstrahlen und Mittelpunktstrahlen die analogen Gesetze.
Zur Unterscheidung von Sammellinsen und Zerstreuungslinsen verwendet man auch folgende Kennzeichnung:
Die Brennweite von +50 mm bedeutet: Es handelt sich um eine Sammellinse mit einer Brennweite von 50 mm. Bei einer Zerstreuungslinse wird die Brennweite als negativer Wert angegeben. Eine Brennweite von –100 mm bedeutet: Es handelt sich um eine Zerstreuungslinse mit 100 mm Brennweite.

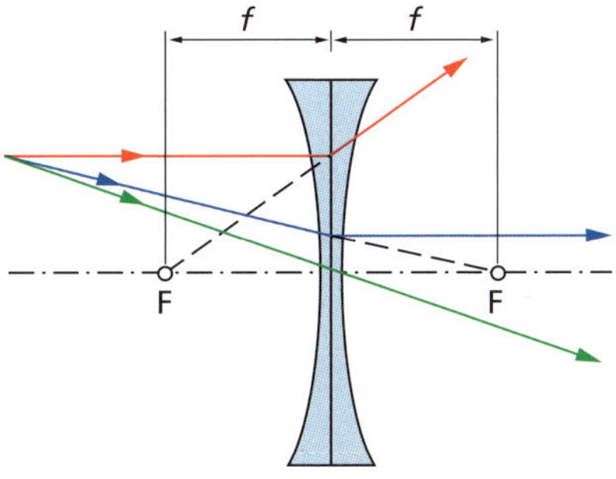

Bei den Brennpunktstrahlen ist bei einer Zerstreuungslinse zu beachten, dass sie sich immer auf den Brennpunkt auf der anderen Seite der Linse beziehen.

Um von einem Gegenstand ein Bild zu konstruieren, zeichnet man die von verschiedenen Gegenstandspunkten ausgehenden Strahlen. Der Schnittpunkt zweier Strahlen, die von einem Punkt des Gegenstands ausgehen und durch die Linse gebrochen werden, ergibt den betreffenden Bildpunkt.

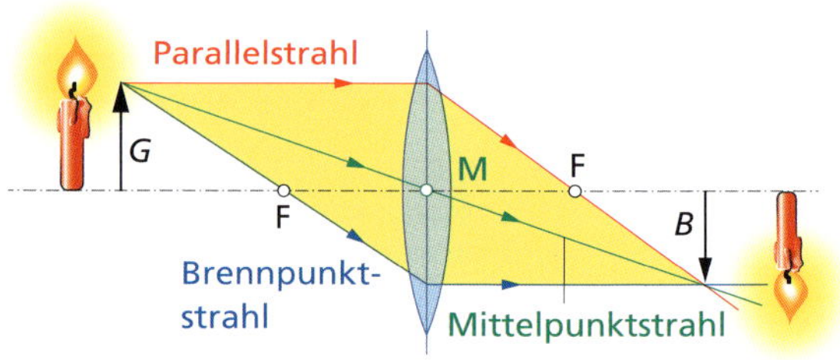

g Gegenstandsweite b Bildweite
G Gegenstandsgröße B Bildgröße

Aus mehreren Bildpunkten ergibt sich das Bild des Gegenstands.
In Abhängigkeit von der Brennweite und der Gegenstandsweite der Linse gibt es genau eine Bildweite, bei der ein **scharfes Bild** entsteht. Der Zusammenhang zwischen Brennweite, Gegenstandsweite und Bildweite wird durch die **Abbildungsgleichung** erfasst.

Beachte: Bei Berechnungen ist die Brennweite für eine Sammellinse positiv, die für eine Zerstreuungslinse negativ. Bei virtuellen Bildern (↗ S. 300) muss die Bildweite negativ angegeben werden.

Für die Bildentstehung an dünnen Linsen gilt:

$$\frac{1}{f} = \frac{1}{g} + \frac{1}{b} \quad \text{oder} \quad f = \frac{g \cdot b}{g + b}$$

f Brennweite
g Gegenstandsweite
b Bildweite

Vor und hinter der Bildweite entstehen auch Bilder. Bringt man einen Schirm an diese Stelle, so kann man ein **unscharfes Bild** beobachten.
Die **Bildgröße** ist abhängig von der Größe des Gegenstands und davon, in welcher Entfernung vor der Linse sich der Gegenstand befindet.

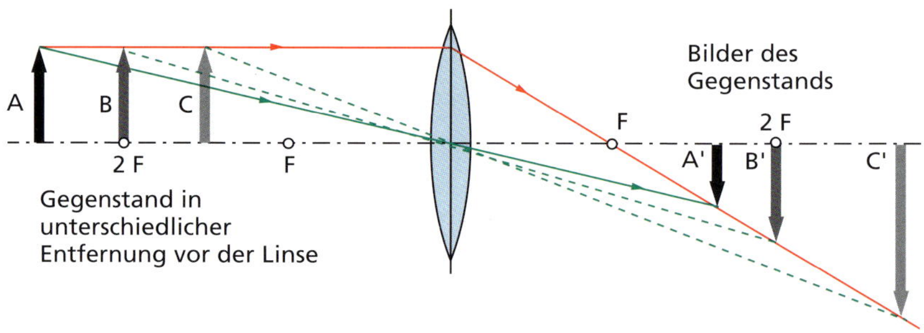

Der Zusammenhang zwischen Gegenstandsgröße, Bildgröße, Gegenstandsweite und Bildweite wird durch die Gleichung für den **Abbildungsmaßstab *A*** erfasst.

Für den Abbildungsmaßstab an dünnen Linsen gilt:

$$A = \frac{B}{G} = \frac{b}{g}$$

B Bildgröße
G Gegenstandsgröße
b Bildweite
g Gegenstandsweite

Mithilfe einer Sammellinse soll eine brennende Kerze auf einem Schirm scharf abgebildet werden. Die Sammellinse hat eine Brennweite von $f = 100$ mm. Die Kerze befindet sich 180 mm von der Linse entfernt.
In welcher Entfernung von der Linse muss der Schirm aufgestellt werden? Fertige zunächst eine Skizze des Sachverhalts an!

M ↗ S. 57 f., 59

Analyse:
Der Sachverhalt wird zunächst skizziert:

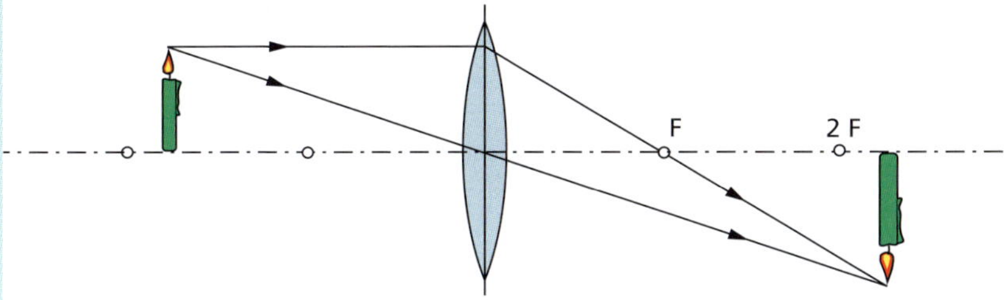

▶ Eine Skizze ist eine vereinfachte Darstellung des Sachverhalts. Bei einer Konstruktion dagegen muss ein Maßstab festgelegt werden.

Zu ermitteln ist die Bildweite. Dafür kann die Abbildungsgleichung (↗ S. 298) genutzt werden, wenn man annimmt, dass es sich um eine dünne Linse handelt. Die Aufgabe kann auch zeichnerisch gelöst werden. Dazu muss ein bestimmter Maßstab gewählt werden, z. B. 100 mm ≙ 5 cm. Eine dritte Möglichkeit besteht darin, im Experiment zu ermitteln, wo sich der Schirm befinden muss.

Gesucht: b
Gegeben: $f = 100$ mm
$g = 180$ mm

Lösung:

$$\frac{1}{f} = \frac{1}{g} + \frac{1}{b} \qquad \left| -\frac{1}{g}\right.$$

$$\frac{1}{b} = \frac{1}{f} - \frac{1}{g}$$

Bildet man rechts den Hauptnenner, so ergibt sich:

$$\frac{1}{b} = \frac{g-f}{f \cdot g} \qquad \left| \cdot b \cdot \frac{f \cdot g}{g-f}\right.$$

$$b = \frac{f \cdot g}{g-f}$$

$$b = \frac{100\text{ mm} \cdot 180\text{ mm}}{180\text{ mm} - 100\text{ mm}}$$

$$b = \frac{100\text{ mm} \cdot 180\text{ mm}}{80\text{ mm}}$$

$$\underline{b = 225\text{ mm}}$$

Ergebnis:
Wenn die Kerze 180 mm vor einer Sammellinse steht, dann muss sich der Schirm 225 mm hinter der Sammellinse befinden, damit auf ihm ein scharfes Bild der Kerze entsteht.

Bilder, die man auf einem Schirm auffangen kann, werden als **wirkliche** oder **reelle Bilder** bezeichnet.

Bilder, die man nicht auf einem Schirm auffangen kann, nennt man **scheinbare** oder **virtuelle Bilder.**

Die Art des Bilds sowie seine Eigenschaften sind davon abhängig, wo sich der Gegenstand vor der Linse befindet. Nachfolgend ist eine Übersicht über Bilder an Sammellinsen für die verschiedenen Gegenstandsweiten gegeben.

Ort des Gegenstands	Bild und Bildkonstruktion	Eigenschaften des Bilds
außerhalb der doppelten Brennweite einer Sammellinse $g > 2f$		– verkleinert – umgekehrt – seitenvertauscht – reell (wirklich)
in der doppelten Brennweite einer Sammellinse $g = 2f$	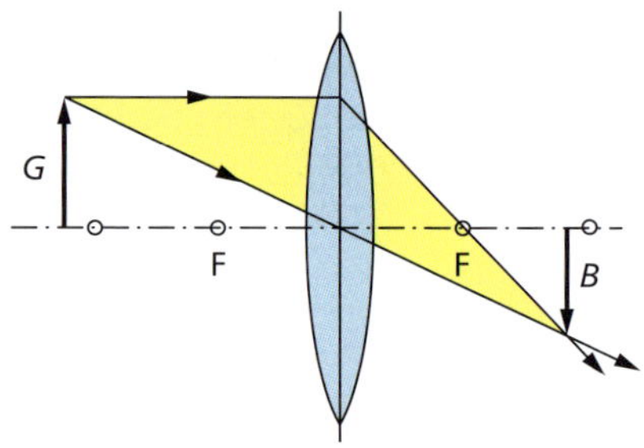	– gleich groß – umgekehrt – seitenvertauscht – reell (wirklich)
zwischen einfacher und doppelter Brennweite einer Sammellinse $2f > g > f$	 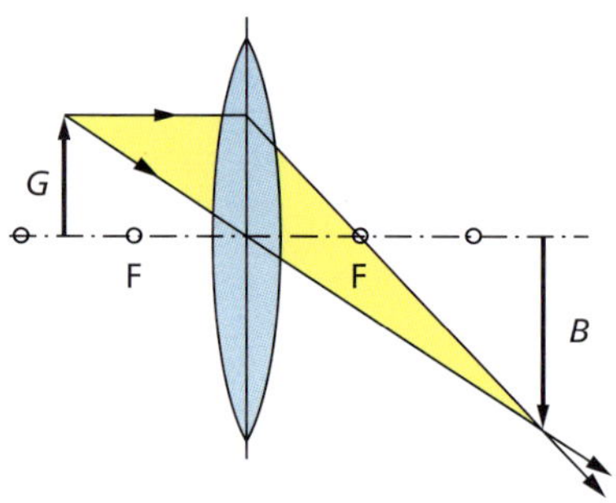	– vergrößert – umgekehrt – seitenvertauscht – reell (wirklich)

Ort des Gegenstands	Bild und Bildkonstruktion	Eigenschaften des Bilds
in der einfachen Brennweite einer Sammellinse $g = f$	 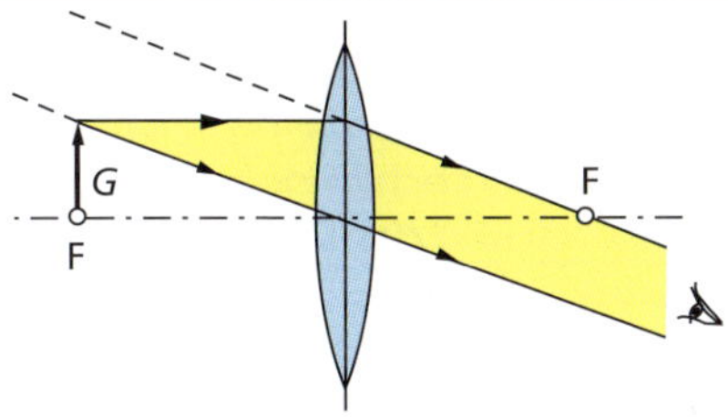	– kein scharfes Bild – gebrochene Strahlen verlaufen parallel – Linse voll mit der Farbe des Gegenstands bedeckt
innerhalb der einfachen Brennweite einer Sammellinse $g < f$	 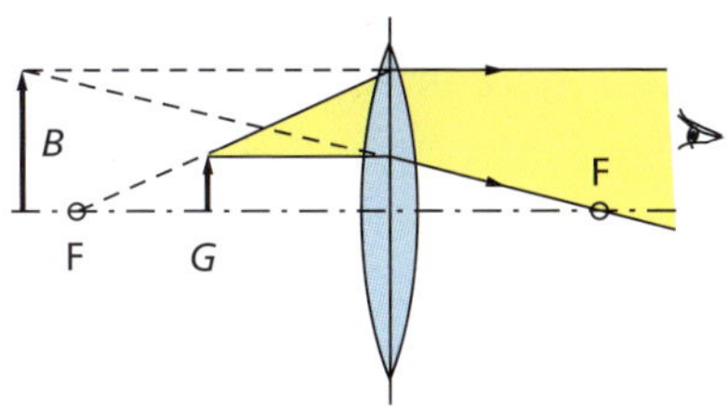	– vergrößert – aufrecht – seitenrichtig – virtuell (scheinbar)

Bei Zerstreuungslinsen entsteht unabhängig von der Gegenstandsweite immer ein verkleinertes und virtuelles (scheinbares) Bild.

Ort des Gegenstandes	Bild und Bildkonstruktion	Eigenschaften des Bilds
beliebig vor einer Zerstreuungslinse	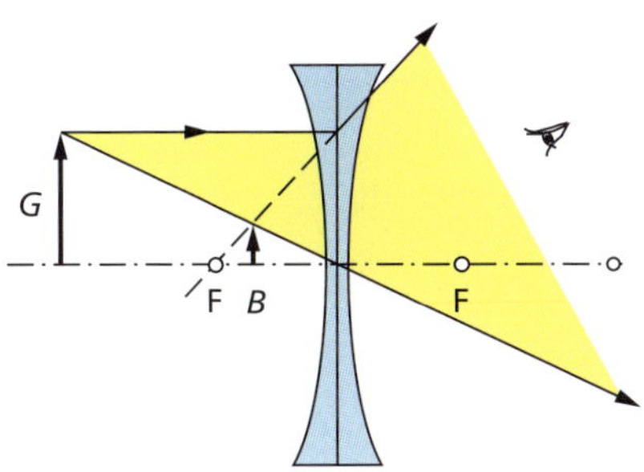	– verkleinert – aufrecht – seitenrichtig – virtuell (scheinbar)

5.4 Optische Geräte

Optische Geräte sind Anordnungen, mit deren Hilfe man Bilder von Gegenständen erzeugen kann. Dabei kann man unterscheiden zwischen Anordnungen ohne Linsen (Lochkamera), mit einem Linsensystem (Auge, Brille, Lupe, Fotoapparat, Diaprojektor) und mit zwei Linsensystemen (Mikroskop, Fernrohr).

Die Lochkamera

▶ Eine Lochkamera kann man sich selbst aus Pappe oder aus einer lichtundurchlässigen Dose bauen. Der Schirm muss lichtdurchlässig sein.

Bilder von Gegenständen können mithilfe von kleinen Öffnungen (Löchern) erzeugt werden. Eine solche Anordnung, die ohne jede Linse auskommt, wird als **Lochkamera** bezeichnet. Genutzt wird dabei die geradlinige Ausbreitung des Lichts.

Durch eine Öffnung (Loch) fällt Licht vom Gegenstand auf einen Schirm.
Auf dem Schirm ist ein Bild des Gegenstands zu beobachten.

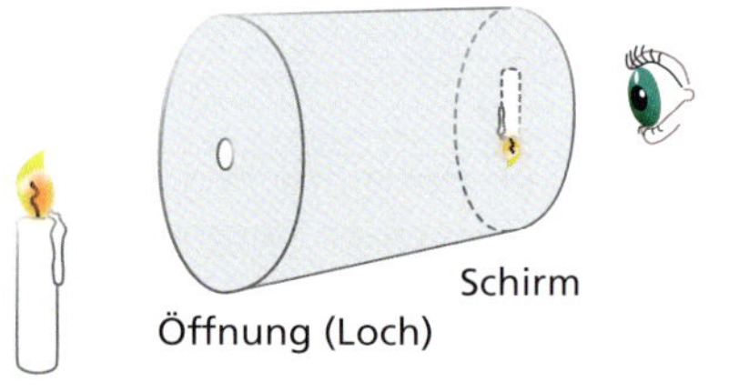

▶ Im 17. und 18. Jahrhundert wurden Lochkameras im „Großformat" genutzt, um Bilder von der Außenwelt zu erzeugen.
Das waren dunkle Kammern mit einer Öffnung in einer Wand.
Man nannte eine solche Anordnung Camera obscura.

Die Entstehung des umgekehrten und seitenvertauschten Bilds kann mithilfe der geradlinigen Ausbreitung des Lichts erklärt werden.

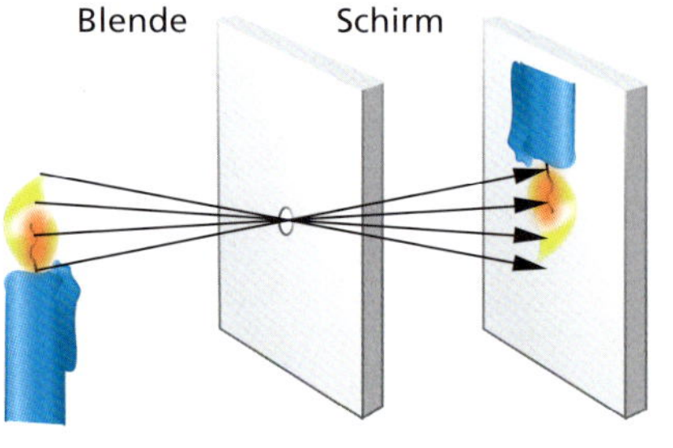

Das Bild, das mit einer Lochkamera erzeugt wird, ist meist unscharf. Je kleiner das Loch bei einer Lochkamera ist, desto schärfer, aber auch desto lichtschwächer ist das Bild.
Auch für eine Lochkamera gilt die Gleichung für den Abbildungsmaßstab, so wie sie für Linsen formuliert wurde (↗ S. 298).

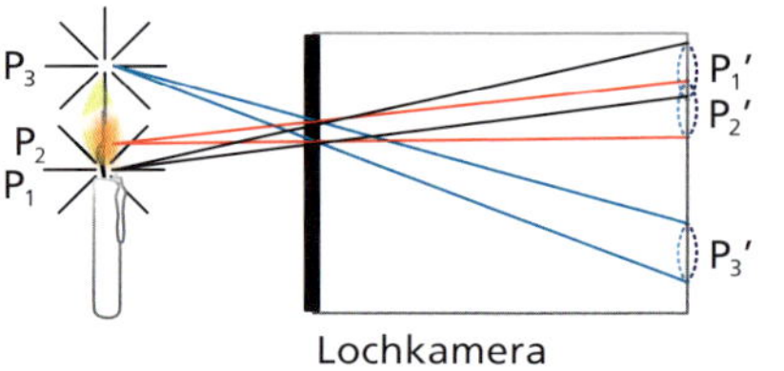

Lochkamera

Das menschliche Auge

M ↗ S. 43

Das menschliche Auge ist ein kompliziertes Organ, das aus Muskeln, Fasern, Häuten, Nerven und Blutgefäßen besteht. Es besitzt die wichtigsten optischen Bauteile, um Bilder von Gegenständen zu erzeugen: ein Linsensystem und die Netzhaut als Schirm. Die für die optische Abbildung wichtigsten Teile des Auges sind auf ↗ S. 303 oben dargestellt.

Hornhaut, Augenflüssigkeit, Augenlinse und Glaskörper bilden ein Linsensystem, das wie eine Sammellinse wirkt. Die Brennweite des optischen Systems Auge beträgt normalerweise ca. 23 mm.
Die Netzhaut besitzt zwei Arten von lichtempfindlichen Zellen: die helldunkelempfindlichen Stäbchen und die farbempfindlichen Zapfen.

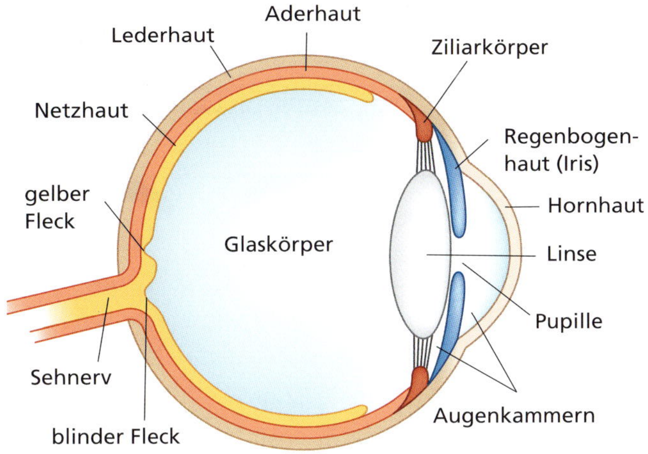

Gegenstände, die wir betrachten, liegen weit außerhalb der doppelten Brennweite des Auges (46 mm). Damit entsteht auf der Netzhaut immer ein verkleinertes, reelles, umgekehrtes und seitenverkehrtes Bild.

▶ Der Bereich, in dem der Sehnerv austritt, besitzt keine lichtempfindlichen Zellen und wird deshalb blinder Fleck genannt.

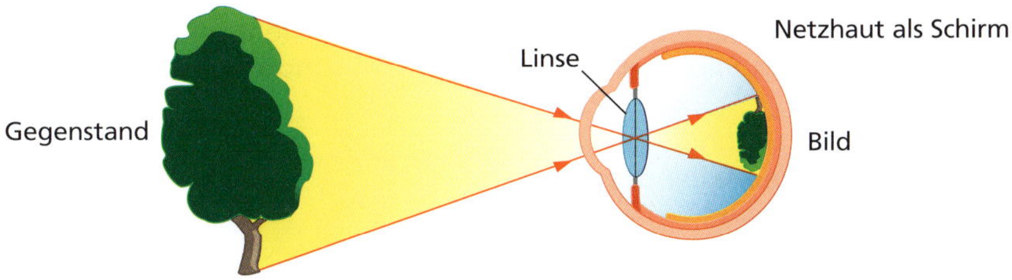

Gegenstände sind unterschiedlich weit von uns entfernt. Damit jeweils ein scharfes Bild auf der Netzhaut entsteht, wird durch ein Muskelsystem die Krümmung der Augenlinse und damit ihre Brennweite stufenlos verändert (Akkomodation). Das geschieht unwillkürlich.

▶ Der Strahlenverlauf beim Auge ist vergleichbar mit dem Strahlenverlauf beim Fotoapparat (↗ S. 307)

Anpassung an ferne Gegenstände	**Anpassung an nahe Gegenstände**
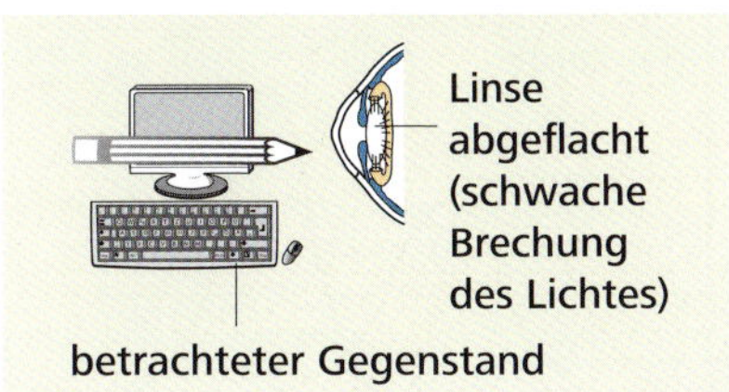	

Die kürzeste Entfernung, in der ein Gegenstand ohne Überanstrengung längere Zeit betrachtet werden kann, beträgt beim menschlichen Auge ca. 25 cm. Diese Entfernung heißt **deutliche Sehweite.**
Verringert man die Entfernung eines Gegenstands von den Augen immer mehr, so kommt man schließlich bis zu einem Punkt, bei dem man gerade noch ein scharfes Bild sehen kann. Dieser Punkt heißt **Nahpunkt.** Seine Entfernung vom Auge beträgt bei einem normalsichtigen jungen Menschen etwa 10 cm. Mit zunehmenden Alter bewegt sich dieser Nahpunkt vom Auge weg.

▶ Die Festlegung der deutlichen Sehweite auf 25 cm ergibt sich aus Erfahrungen. Diese deutliche Sehweite ist eine Größe, die auch bei der Formulierung optischer Gesetze mit genutzt wird.

Um die Intensität des einfallenden Lichts zu steuern, besitzt das menschliche Auge eine Blende, die Iris, mit der Pupille als Öffnung.

▶ Die Veränderung der Pupille erfolgt unwillkürlich.

Anpassung an wenig Licht	Anpassung an viel Licht
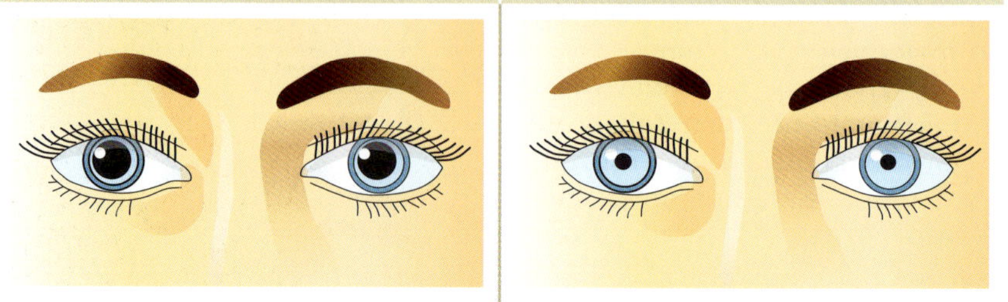	
Pupille ist groß.	Pupille ist klein.

▶ Das bedeutet auch: Personen, die ein und denselben Gegenstand betrachten, können unterschiedliche optische Wahrnehmungen haben.

Das menschliche Sehen funktioniert nur im Zusammenspiel der Augen mit dem Nervensystem. Die Netzhaut ist mit vielen kleinen Nervenzellen besetzt, die die Bilder an das Gehirn zur Verarbeitung weiterleiten. Das Gehirn verarbeitet aufgrund seiner Erfahrungen die umgekehrten und seitenvertauschten Bilder in „richtige" optische Eindrücke.

Dabei tritt eine Besonderheit auf. Wir registrieren einfallendes Licht stets so, als ob es von einem Ausgangspunkt aus *geradlinig in die Augen fällt.* Das gilt auch für Licht, das auf seinem Weg zu den Augen reflektiert oder gebrochen wurde. Deshalb sehen wir auch Bilder an Stellen (z. B. hinter Spiegeln), wo man kein Bild auf einem Schirm auffangen kann.

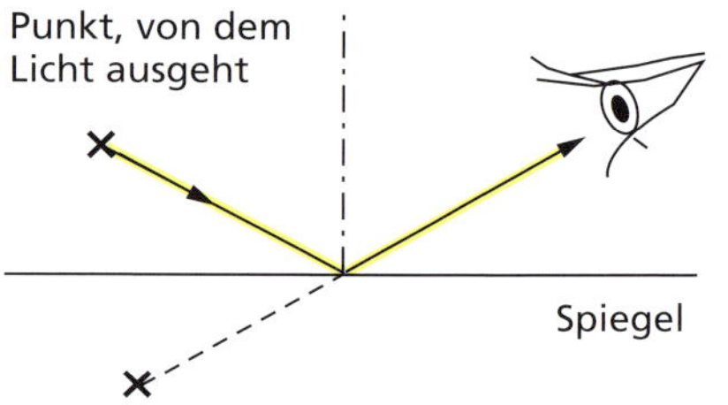

▶ Manche Menschen können bestimmte Farben nicht voneinander unterscheiden. Bei ihnen ist meist die Empfindlichkeit einer der drei Zapfenarten gestört (Farbstörung, Farbblindheit).

Farbiges Sehen kommt zustande, weil es in der Netzhaut drei Arten von farbempfindlichen Zapfen gibt. Sie sind besonders empfindlich für rotes, grünes bzw. blaues Licht. Damit ergibt sich bei farbigem Licht ein Farbeindruck, der sich aus den Grundfarben Rot, Grün und Blau zusammensetzt (↗ S. 323).

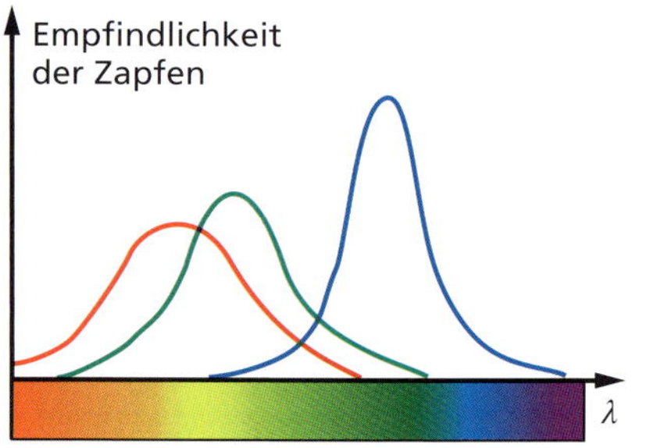

Bei einem normalsichtigen Menschen entsteht auf der Netzhaut ein scharfes Bild von Gegenständen, weil sich das Auge unwillkürlich auf die betreffende Gegenstandsweite einstellt. Ist das Auge dazu nicht oder nicht mehr in der Lage, so spricht man von **Sehfehlern.** Die meisten Sehfehler (↗ S. 305) können durch Brillen oder Kontaktlinsen korrigiert werden. Dazu ist eine gründliche Prüfung des Sehvermögens durch einen Augenarzt oder einen Optiker erforderlich.

Brillen und Kontaktlinsen als Sehhilfen

Bei einer Reihe von Menschen ist die Anpassung des Auges an die unterschiedlichen Entfernungen der Gegenstände gestört. Dieser **Sehfehler** kann angeboren sein oder auch erst mit zunehmendem Alter auftreten.

Die **Sehschärfe** kann mit einer Sehtafel ermittelt werden.

Bei **normalsichtigen** Menschen geschieht die Anpassung der Linsenkrümmung an die Entfernung des Gegenstandes unwillkürlich und ohne Anstrengung, sodass auf der Netzhaut ein scharfes Bild entsteht (↗ S. 303).

Brillen waren die ersten optischen Geräte, die von Menschen verwendet wurden. Die ersten Brillen wurden schon im 13. Jahrhundert genutzt.

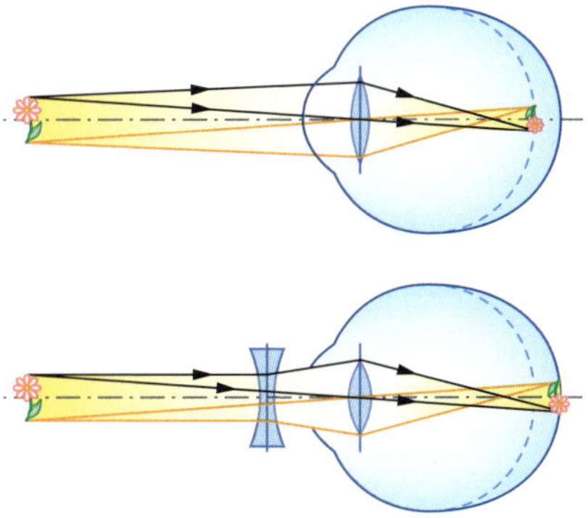

Bei **kurzsichtigen** Menschen ist der Augapfel länger als gewöhnlich. **Kurzsichtige** Menschen können zwar nahe Gegenstände mühelos sehen, aber ferne Gegenstände sehen sie verschwommen, weil ein scharfes Bild vor der Netzhaut entsteht. Mit einer Zerstreuungslinse kann dieser Sehfehler korrigiert werden.

M ↗ S. 42

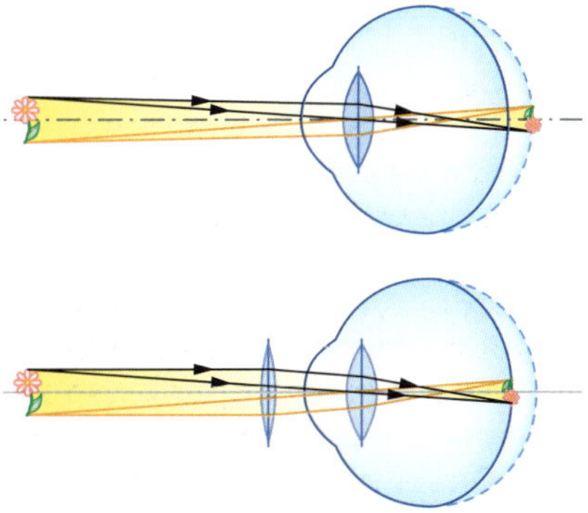

Bei **übersichtigen (weitsichtigen)** Menschen ist der Augapfel kürzer als bei normalsichtigen Menschen. Übersichtige Menschen können zwar ferne Gegenstände mühelos scharf sehen, nahe Gegenstände jedoch nur mit Mühe oder nur unscharf. Mit einer Sammellinse kann dieser Sehfehler korrigiert werden.

Zur optischen Anpassung an verschiedene Entfernungen verwendet man auch Brillen mit zwei verschiedenen Brennweiten (Bifocalbrillen), mit drei verschiedenen Brennweiten (Trifocalbrillen) oder mit stetig veränderlicher Brennweite (Gleitfocusbrillen).

Mit zunehmendem Alter kann sich die Augenlinse den verschiedenen Entfernungen nicht mehr ausreichend anpassen. Diese **Altersweitsichtigkeit** kann wie die Übersichtigkeit durch Sammellinsen korrigiert werden.

Sehfehler sind unterschiedlich stark ausgeprägt und müssen durch Linsen unterschiedlicher Brennweite korrigiert werden.
Als Maß für die Stärke von Brillengläsern wird aber meist nicht die Brennweite, sondern der **Brechwert** (die **Brechkraft**) angegeben. Je größer der Sehfehler bezüglich der Entfernungsanpassung ist, desto größer muss der Brechwert der Brillengläser sein.

Statt Brillen werden auch Kontaktlinsen verwendet, die direkt auf die Hornhaut gebracht werden.

5

> Der Brechwert einer Linse gibt an, wie stark oder schwach der Strahlenverlauf durch die Linse korrigiert wird.
>
> Formelzeichen: D
>
> Einheit: eine Dioptrie (1 dpt)

▶ Der Brechwert des normalsichtigen Auges beträgt etwa 59 dpt.

Es gilt: $1\ \text{dpt} = \frac{1}{\text{m}}$

Die meisten Brillengläser haben Brechwerte im Bereich von 0,5 dpt bis 5,0 dpt.

> Der Brechwert D einer Linse kann berechnet werden mit der Gleichung:
>
> $D = \frac{1}{f}$ f Brennweite der Linse in Meter

Beachte: Der Brechwert von Sammellinsen ist positiv, der von Zerstreuungslinsen negativ.

Wenn der Augenarzt oder der Optiker feststellt, dass zur Korrektur eines Augenfehlers ein Brillenglas mit –2,0 dpt erforderlich ist, so bedeutet das:
Da ein negativer Wert angegeben ist, handelt es sich um eine Zerstreuungslinse. Es liegt also Kurzsichtigkeit (↗ S. 305) vor.
Ein Brechwert von 2,0 dpt entspricht einer Brennweite von 1/2,0 m = 0,5 m. Das Brillenglas ist also eine Zerstreuungslinse mit einer Brennweite von 50 cm.

Lupen

▶ Eine Lupe vergrößert umso stärker, je kleiner ihre Brennweite ist.

M ↗ S. 42, 43

Eine Lupe dient dazu, Gegenstände vergrößert zu sehen. Dazu wird eine Sammellinse genutzt, die so dicht an den Gegenstand herangeführt wird, dass sich dieser innerhalb der einfachen Brennweite der Linse befindet. Durch die Lupe wird ein virtuelles (scheinbares), aufrechtes und seitenrichtiges Bild des Gegenstands erzeugt, das sich auf derselben Seite wie der Gegenstand, jedoch außerhalb der Brennweite befindet. Dieses scheinbare Bild kann mithilfe des Auges gesehen und auch fotografiert werden. Es ist größer als das Bild des Gegenstands ohne Lupe.

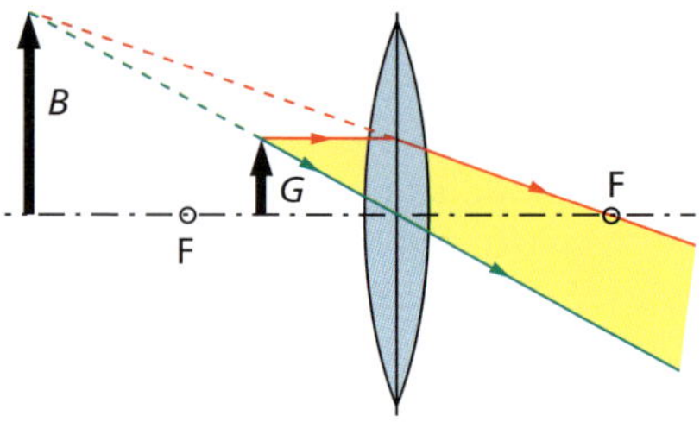

Entscheidend für die Vergrößerung einer Lupe ist, dass mithilfe einer Lupe das Bild des Gegenstands unter einem größeren Winkel gesehen wird als bei Betrachtung des Gegenstands mit bloßem Auge.

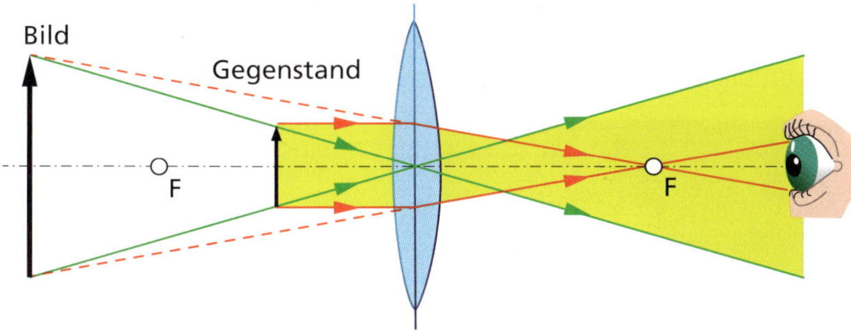

▶ Bei der Betrachtung eines Gegenstands mit einer Lupe wird der Strahlenverlauf sowohl durch die Lupe als auch durch das Auge beeinflusst.

Fotoapparat, Smartphone und Videokamera

Fotoapparate und Videokameras dienen dazu, Bilder von Gegenständen zu erzeugen und diese Bilder auf Film oder in elektronischer Form zu speichern. Smartphones besitzen ebenfalls Kameras.

Mithilfe eines **Objektivs** – eines Linsensystems, dass wie eine Sammellinse wirkt – wird von Gegenständen ein Bild erzeugt. Bei Fotoapparaten, Smartphones und Videokameras befinden sich die Gegenstände, die abgebildet werden sollen, in der Regel außerhalb der doppelten Brennweite. Damit entsteht auf dem Film ein verkleinertes, umgekehrtes, seitenvertauschtes und reelles Bild (↗ S. 300). Bei digitalen Fotoapparaten, Smartphones und Videokameras befindet sich anstelle des Films ein lichtempfindliches Halbleiterbauelement (CCD-Chip). Dort werden die Bilder ausgelesen und in einem Speicher oder auf Magnetband gespeichert.

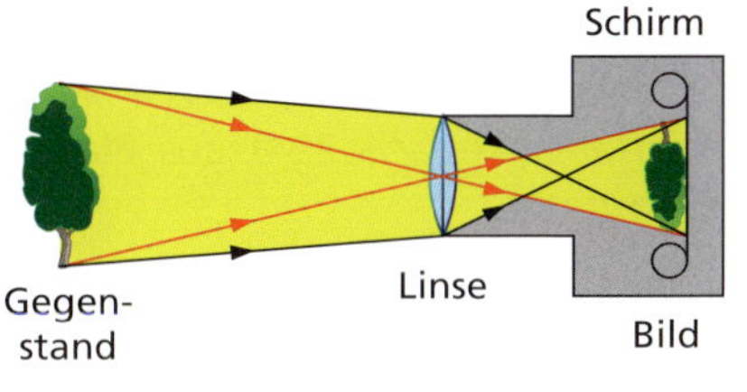

▶ Viele **Fotoapparate** und alle **Videokameras** verfügen über ein Zoomobjektiv.
Das ist ein Objektiv mit veränderlicher Brennweite (↗ S. 295).
Damit können Gegenstände, die sich in einer bestimmtem Entfernung befinden, unterschiedlich groß abgebildet werden.

M ↗ S. 42, 43

Die Größe des Bilds auf dem Film bzw. auf dem CCD-Chip ist abhängig
- von der Gegenstandsgröße,
- von der Gegenstandsweite,
- von der Brennweite des Objektivs.

Die normale Brennweite der Objektive von Kleinbildkameras beträgt 50 mm, bei Digitalkameras aufgrund der Bauart weniger. Weitwinkelobjektive haben Brennweiten von 20 mm bis 40 mm, Teleobjektive von 70 mm bis 500 mm. Für spezielle Zwecke werden auch Fotoobjektive mit Brennweiten bis etwa 1 000 mm gebaut.

▶ CCD ist die Abkürzung für das englische *charge-coupled device* (ladungsgekoppeltes Bauteil).
Dieses lichtempfindliche Halbleiterbauteil ist das Kernstück von Digitalkameras und Videokameras.

Beamer

Die Skizze zeigt vereinfacht den Aufbau. Es gibt sehr unterschiedliche Bauweisen.

Mithilfe eines Beamers können Daten und Videos von einem Computer auf einen Bildschirm projiziert werden.

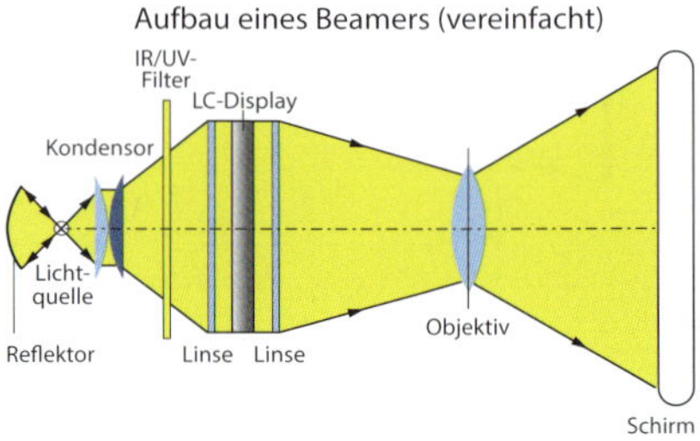

Im LC-Display wird elektronisch das Bild für die Projektion erzeugt. Durch die optische Anordnung (Lichtquelle, Reflektor, verschiedene Linsen und Filter) wird dieses Bild von parallelem Licht durchstrahlt und projiziert. Die Scharfeinstellung des Bilds erfolgt mit dem Objektiv..

Overheadprojektor

Die Bildhelligkeit hängt u. a. davon ab, wie viel Licht auf den Schirm fällt, also von der Beleuchtungsstärke des Schirms. Sie hängt auch vom Reflexionsvermögen des Schirms ab.

Ein Overheadprojektor dient dazu, von Gegenständen (Projektionsfolien) ein vergrößertes Bild auf einem Schirm zu erzeugen.

Mithilfe des Objektivs und eines Umlenkspiegels wird auf dem Schirm ein vergrößertes, reelles Bild erzeugt.
Der Kondensor sorgt dafür, dass möglichst viel Licht durch den Gegenstand auf das Objektiv fällt.
Als Kondensor wird meist eine Fresnel-Linse (↗ S. 294) aus Plastik verwendet.

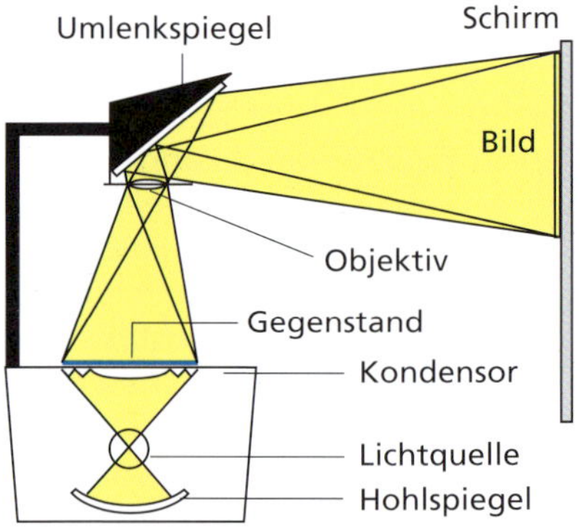

Mikroskop

Mikroskop und **Fernrohr** wurden um 1600 durch zufälliges Probieren gefunden. Wer die ersten Konstrukteure waren, ist bis heute umstritten.

Mikroskope sind optische Geräte, mit denen sehr kleine Gegenstände vergrößert werden sollen.
Das nebenstehende Foto zeigt in der Vergrößerung Zellen eines Blattes. Ein Mikroskop hat zwei Linsensysteme, das Objektiv und das Okular.
Mit dem **Objektiv,** das dem Gegenstand zugewandt ist, wird ein reelles Bild des Gegenstands (Zwischenbild) erzeugt.

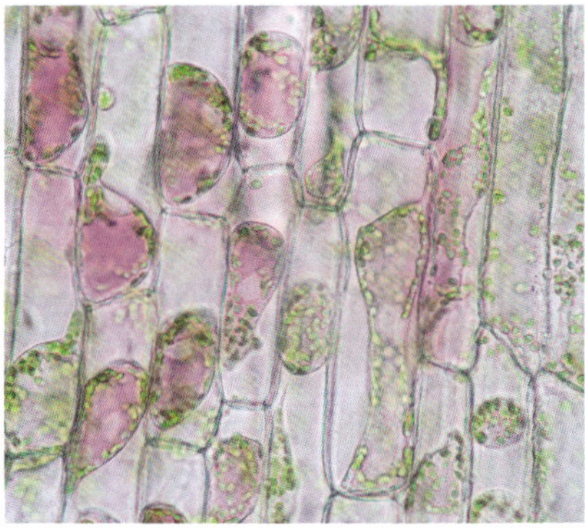

Dieses Zwischenbild wird jedoch nicht mit einem Schirm aufgefangen, sondern von der anderen Seite mit dem Okular betrachtet. Dabei wird von dem reellen Zwischenbild noch einmal ein vergrößertes virtuelles (scheinbares) Bild erzeugt. Das Okular wirkt wie eine Lupe (↗ S. 306).

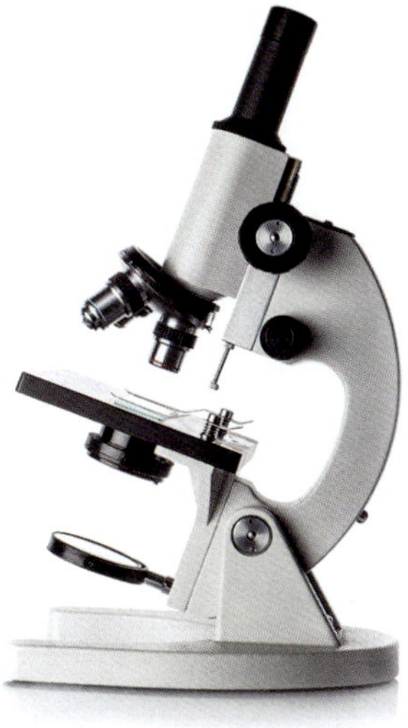

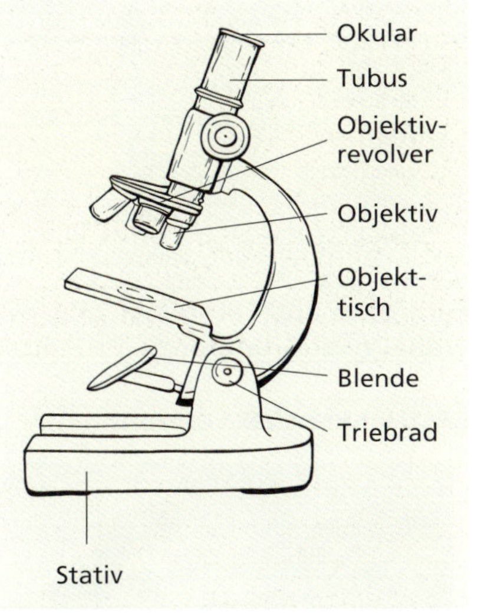

M ↗ S. 42

Die nachfolgende Skizze zeigt den Strahlenverlauf bei einem Mikroskop.

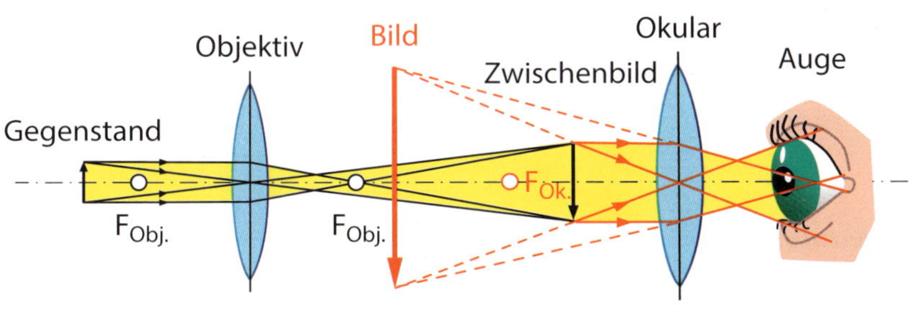

Die **Vergrößerung** eines Mikroskops hängt von den Brennweiten von Objektiv und Okular sowie von der Tubuslänge ab. Erreicht wird mit Lichtmikroskopen eine bis zu 1 000-fache Vergrößerung.

▶ Eine wesentlich höhere Vergrößerung erreicht man mit **Elektronenmikroskopen,** bei denen andere physikalische Gesetze genutzt werden.

Fernrohr und Fernglas

Fernrohre bzw. Ferngläser sind optische Geräte, mit denen weit entfernte Gegenstände „herangeholt" werden sollen.

Die Bezeichnungen Fernrohr und Fernglas werden nicht immer eindeutig verwendet. Mit Fernrohr meint man meist Geräte, die in der Astronomie genutzt werden. Ferngläser nutzt man zur Beobachtung von Gegenständen bzw. Körpern auf der Erde.

Fernrohre bzw. Ferngläser bestehen aus einem den Gegenständen zugewandten Objektiv und einem den Augen zugewandten Okular.

M ↗ S. 42

Mit dem **Objektiv** wird ein reelles Bild des weit entfernten Gegenstands (Zwischenbild) erzeugt. Dieses Zwischenbild wird mit dem Okular betrachtet, wobei das **Okular** wie eine Lupe (↗ S. 306) wirkt.

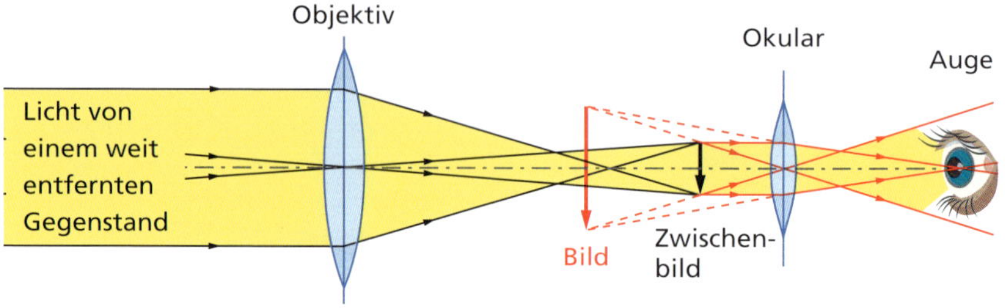

Fernrohre und Ferngläser gibt es in sehr unterschiedlichen Bauformen, wobei zwei Grundformen zu unterscheiden sind.

Der Vorschlag, ein Fernrohr aus zwei Sammellinsen zu bauen, geht auf den Astronomen **JOHANNES KEPLER** (1571–1630) zurück. Ihm zu Ehren werden solche Fernrohre auch keplersche Fernrohre genannt.

Astronomisches Fernrohr	Fernglas

Es entsteht ein umgekehrtes, vergrößertes, seitenvertauschtes Bild.	Es entsteht ein aufrechtes, vergrößertes, seitenrichtiges Bild.

Bei einem Fernrohr ist in der Regel das Bild kleiner als der Gegenstand. Wir sehen das Bild aber unter einem größeren Winkel und damit vergrößert.

Die **Vergrößerung** eines Fernrohrs hängt von den Brennweiten des Objektivs und des Okulars ab.
Entscheidend für die Vergrößerung eines optischen Geräts ist der Winkel, unter dem wir das Bild im Vergleich zur Betrachtung des Gegenstands ohne optisches Gerät sehen.

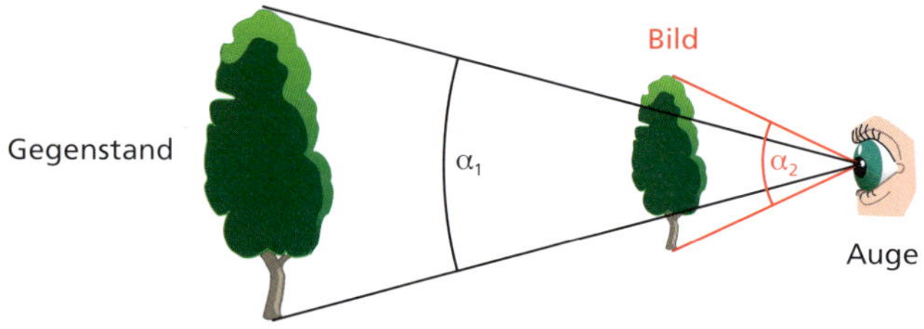

Bei einem Fernglas bedeutet z. B. die Angabe 8 × 40: Das Fernglas hat eine achtfache Vergrößerung. Der Durchmesser des Objektivs beträgt 40 mm.

Eine Vergrößerung bedeutet immer, dass wir das Bild unter einem größeren Winkel sehen als den Gegenstand ohne optisches Gerät.

Ferngläser haben meist eine 6-fache bis 12-fache Vergrößerung. Wichtig für die Qualität eines Fernrohrs ist auch der Objektivdurchmesser, der meist in Millimetern angegeben wird.

Strahlenoptik

Licht breitet sich von einer Lichtquelle geradlinig und mit Lichtgeschwindigkeit aus, in Luft mit etwa 300 000 km/s.

Trifft Licht auf Körper, so wird es teilweise reflektiert (zurückgeworfen), teilweise absorbiert (aufgenommen) und teilweise hindurchgelassen und dabei gebrochen.

Reflexion
Licht wird an einer Grenzfläche reflektiert (zurückgeworfen).

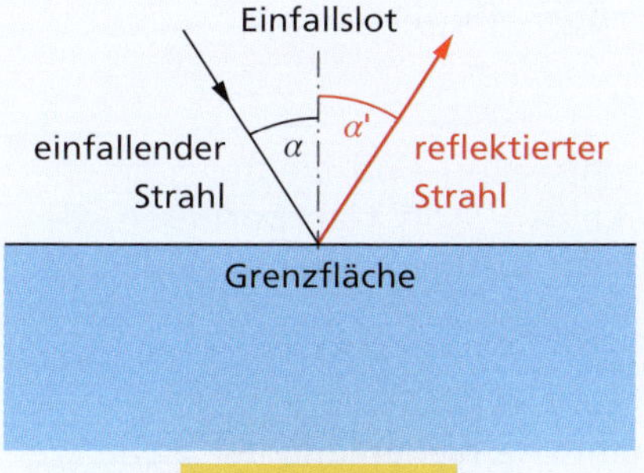

$$\alpha = \alpha'$$

Brechung
Licht verändert beim Durchgang durch eine Grenzfläche seine Richtung.

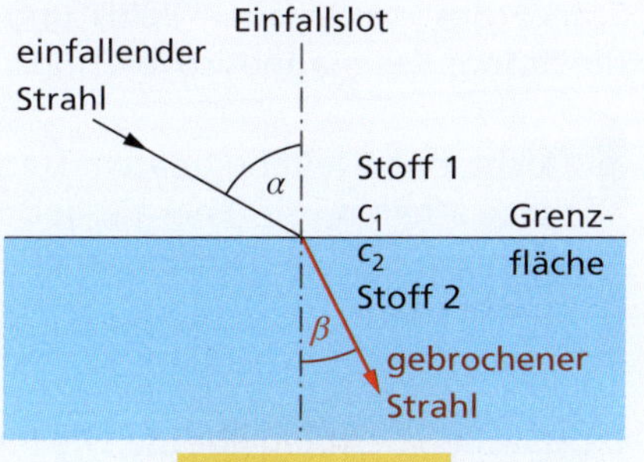

$$\frac{\sin\alpha}{\sin\beta} = \frac{c_1}{c_2} = n$$

Zur Konstruktion des Bilds eines Gegenstands an einer Linse können **Parallelstrahlen, Mittelpunktstrahlen** und **Brennpunktstrahlen** genutzt werden.

Dünne Sammellinse

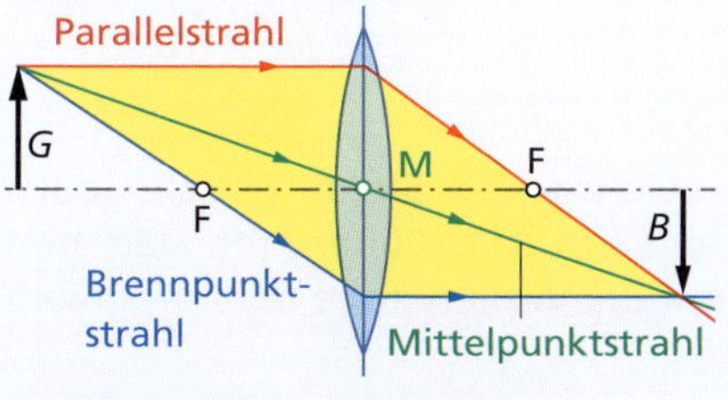

Größe, Lage und Art des Bilds hängen von der Gegenstandsweite (Entfernung Gegenstand – Linse) und von der Brennweite der Linse ab.

Für den Zusammenhang zwischen Gegenstandsgröße G, Bildgröße B, Gegenstandsweite g, Bildweite b und Brennweite f gelten:

$$A = \frac{B}{G} = \frac{b}{g}$$

$$\frac{1}{f} = \frac{1}{g} + \frac{1}{b} \quad \text{oder} \quad f = \frac{g \cdot b}{g + b}$$

Spiegel und Linsen werden bei optischen Geräten genutzt. Auch die Bildentstehung im Auge kann mit den Gesetzen der Optik erklärt werden.

5

5.5 Welleneigenschaften des Lichts

Licht als elektromagnetische Welle

Viele optische Erscheinungen, wie Beugung und Interferenz, lassen sich nur erklären, wenn man annimmt, dass sich Licht wie eine Welle ausbreitet. Die Ausbreitung des Lichts wird dabei mit dem **Wellenmodell** beschrieben. Diese Beschreibung kann analog zu den mechanischen Wellen erfolgen (↗ S. 140 f.).

Die sich periodisch ändernden Größen einer Lichtwelle sind die Stärke des elektrischen Felds und die Stärke des magnetischen Felds.

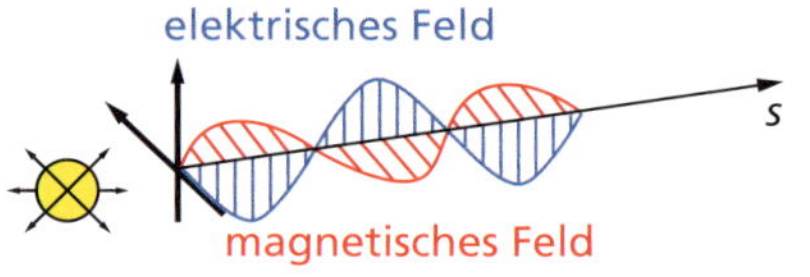

▶ Licht besteht nicht aus einer einzigen fortlaufenden Welle, sondern aus einzelnen Wellenzügen, die meist eine unterschiedliche Frequenz, verschiedene Amplituden und eine unterschiedliche Ausrichtung im Raum haben.

> Licht hat Welleneigenschaften. Lichtwellen sind elektromagnetische Wellen, die Energie, jedoch keinen Stoff transportieren. Sie können sich in Stoffen, aber auch im luftleeren Raum (Vakuum) ausbreiten.

Lichtwellen besitzen ebenso wie mechanische Wellen und hertzsche Wellen eine **Frequenz** f (↗ S. 135) und eine **Wellenlänge** λ (↗ S. 140). Sie breiten sich mit der **Lichtgeschwindigkeit** c (↗ S. 277) aus.

> Für die Ausbreitung von Licht gilt:
>
> $c = \lambda \cdot f$
>
> c Ausbreitungsgeschwindigkeit
> λ Wellenlänge
> f Frequenz

Beachte:
Die Frequenz von Licht ist in allen Stoffen gleich. Sie ändert sich auch nicht, wenn Licht von einem Stoff in einen anderen übergeht. Dagegen sind die Lichtgeschwindigkeit und damit die Wellenlänge abhängig vom Stoff, in dem sich das Licht ausbreitet.

■ Blaues Licht mit einer Frequenz von $f = 6{,}5 \cdot 10^{14}$ Hz tritt von Luft in Wasser über.
Wie groß ist die Wellenlänge dieses Lichts in Luft und in Wasser?

Analyse:
Beim Übergang von Luft in Wasser ändert sich die Frequenz nicht, die Wellenlänge aber ändert sich wegen der unterschiedlichen Ausbreitungsgeschwindigkeit von Licht in Luft und Wasser.
Die Wellenlänge kann berechnet werden, wenn neben der Frequenz die Lichtgeschwindigkeit im betreffenden Stoff bekannt ist. Diese kann Tabellen entnommen werden. Für Luft kann man mit 300 000 km/s rechnen, für Wasser mit 225 000 km/s.

M ↗ S. 57 f.

Gesucht: λ_L, λ_W
Gegeben: $f = 6{,}5 \cdot 10^{14}$ Hz
$c_L = 300\,000$ km/s $= 3{,}00 \cdot 10^8$ m/s
$c_W = 225\,000$ km/s $= 2{,}25 \cdot 10^8$ m/s

Lösung:

$$c = \lambda \cdot f \quad | : f$$

$$\lambda = \frac{c}{f}$$

$$\lambda_L = \frac{3{,}00 \cdot 10^8 \text{ m} \cdot \text{s}}{6{,}5 \cdot 10^{14} \text{ s}}$$

$$\lambda_L = 4{,}6 \cdot 10^{-7} \text{ m}$$

$$\underline{\lambda_L = 460 \text{ nm}}$$

$$\lambda_W = \frac{2{,}25 \cdot 10^8 \text{ m} \cdot \text{s}}{6{,}5 \cdot 10^{14} \text{ s}}$$

$$\lambda_W = 3{,}5 \cdot 10^{-7} \text{ m}$$

$$\underline{\lambda_W = 350 \text{ nm}}$$

Ergebnis:
Blaues Licht mit einer Frequenz von $6{,}5 \cdot 10^{14}$ Hz hat in Luft eine Wellenlänge von 460 nm und in Wasser eine Wellenlänge von 350 nm.

Achte bei Berechnungen auf eine sinnvolle Genauigkeit! Das Ergebnis kann nicht genauer sein als die Ausgangswerte.

Die Frequenz bzw. die Wellenlänge des Lichts bestimmen die **Farbe** des sichtbaren Lichts. Das Spektrum des sichtbaren Lichts reicht von Rot bis Violett. Außerhalb des Spektrums sichtbaren Lichts gibt es unsichtbares Licht, das man **infrarotes** bzw. **ultraviolettes Licht** nennt.

Andere Lebewesen haben z. T. andere „Sehbereiche" als der Mensch. So sehen Schmetterlinge z. B. kein rotes Licht. Tiefseefische nehmen nur blaues Licht wahr.

Infrarotes Licht hat eine kleinere Frequenz und damit eine größere Wellenlänge als sichtbares Licht. Ultraviolettes Licht hat dagegen eine größere Frequenz und damit eine kleinere Wellenlänge als sichtbares Licht.

Häufig setzt sich sichtbares Licht aus Lichtwellen verschiedener Frequenzen zusammen. Weißes Licht besteht z. B. aus sichtbarem Licht aller Frequenzen bzw. Farben (↗ Abbildung S. 314 oben).

Art des Lichts	Frequenz f in Hz	Wellenlänge λ (in Luft) in nm
infrarotes Licht	$0{,}1–3{,}8 \cdot 10^{14}$	30 000–780
rotes Licht	$3{,}8–4{,}8 \cdot 10^{14}$	780–620
oranges Licht	$4{,}8–5{,}0 \cdot 10^{14}$	620–600
gelbes Licht	$5{,}0–5{,}3 \cdot 10^{14}$	600–570
grünes Licht	$5{,}3–6{,}1 \cdot 10^{14}$	570–490
blaues Licht	$6{,}1–7{,}0 \cdot 10^{14}$	490–430
violettes Licht	$7{,}0–7{,}7 \cdot 10^{14}$	430–390
ultraviolettes Licht	$7{,}7–300 \cdot 10^{14}$	390–10

▶ Die angegebenen Wellenlängen beziehen sich auf Luft.

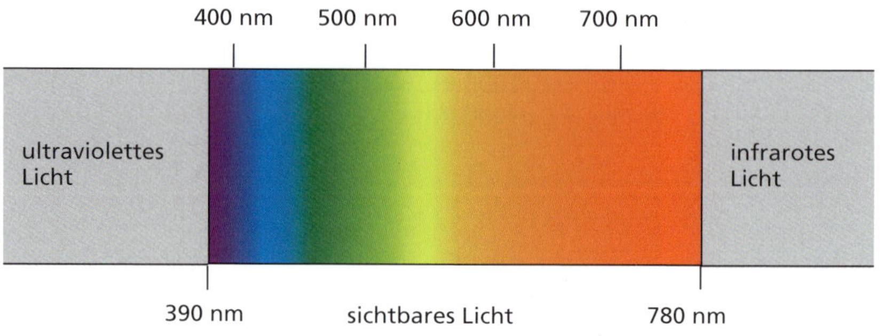

Vergleich von Schallwellen und Lichtwellen

M ↗ S. 45

Schallwellen	Lichtwellen
Schallwellen sind mechanische Wellen.	Lichtwellen sind elektromagnetische Wellen.
Schallwellen benötigen einen Schallträger zu ihrer Ausbreitung. Im Vakuum können sie sich nicht ausbreiten.	Lichtwellen benötigen keinen Träger zu ihrer Ausbreitung. Sie breiten sich sowohl in Stoffen als auch im Vakuum aus.
Schallwellen können reflektiert, gebrochen und gebeugt werden.	Lichtwellen können reflektiert, gebrochen und gebeugt werden.
Die Frequenz des Schalls bestimmt die Tonhöhe. Schall mit einer Frequenz ergibt einen reinen Ton.	Die Frequenz des Lichts bestimmt die Farbe. Licht mit einer Frequenz ergibt eine reine Spektralfarbe.
Die Amplitude des Schalls bestimmt die Lautstärke des Tones.	Die Amplitude des Lichts bestimmt die Intensität des Lichts.

Laserlicht

▶ Laser ist eine Abkürzung für das englische light amplification by stimulated emission of radiation.

Mithilfe von Lasern wird ein spezielles Licht erzeugt, dessen Wellenlänge im sichtbaren oder im nicht sichtbaren Bereich liegen kann. Laserlicht hat einige besondere Eigenschaften:

- Es ist einfarbig und hat nur eine Frequenz.
- Es ist eine sehr energiereiche und damit intensive Strahlung.
- Es wird in einem sehr schmalen, nahezu parallelen Lichtbündel ausgestrahlt.

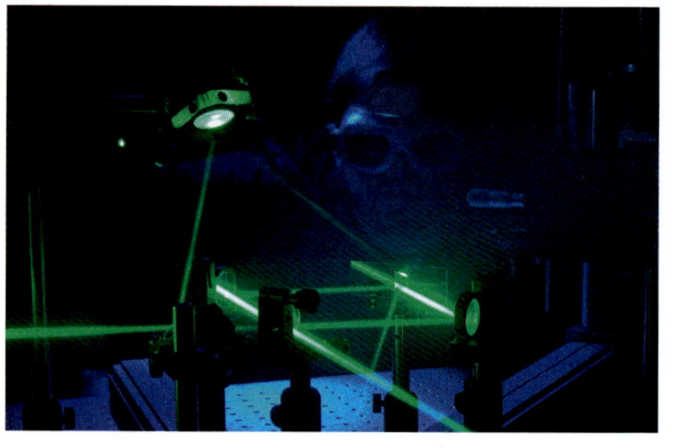

Die Beugung des Lichts

Trifft Licht auf einen sehr schmalen Spalt oder eine Kante, so breitet es sich hinter dem Spalt bzw. der Kante nach allen Richtungen, auch in die Schattenräume hinein, aus. Die Lichtwellen werden um die Ränder des Spalts bzw. der Kante „herumgebogen“ (gebeugt).

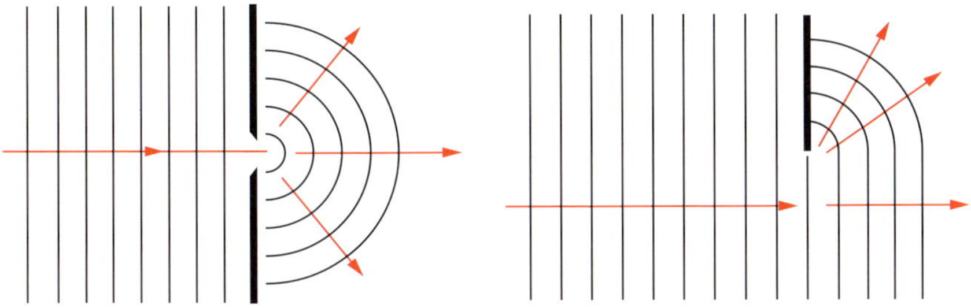

Beugung des Lichts an einem schmalen Spalt, einer Kante oder auch an einem dünnen Draht ist nur in gut abgedunkelten Räumen beobachtbar.

> Als Beugung des Lichts bezeichnet man die allseitige Ausbreitung des Lichts hinter Kanten, schmalen Spalten und kleineren Hindernissen auch in die Schattenräume hinein.

Die Intensität dieses gebeugten Lichts ist häufig so gering, dass man es nicht wahrnimmt.

Die Interferenz des Lichts

Lichtwellen, die von derselben Lichtquelle stammen, können sich überlagern. Diese Überlagerung von Lichtwellen nennt man **Interferenz.** Dabei kommt es an verschiedenen Stellen zu einer Verstärkung bzw. Auslöschung des Lichts, den typischen Interferenzerscheinungen.

Beugung und Interferenz sind wellentypische Erscheinungen. Da sie bei Licht auftreten, kann man folgern: Licht hat Welleneigenschaften.

> Unter Interferenz des Lichts versteht man die Überlagerung von Lichtwellen mit Bereichen der Verstärkung (Interferenzstreifen) und der Auslöschung bzw. Abschwächung.

Fällt z.B. einfarbiges (rotes) Licht auf einen Doppelspalt, so gehen von jedem der Spalte Lichtwellen aus, die sich überlagern. Auf einem Schirm zeigen sich Stellen der Verstärkung als helle farbige (rote) Linien oder Streifen.
Verwendet man Licht anderer Farbe und anderer Wellenlänge, so erscheinen die hellen Interferenzstreifen an anderen Stellen des Schirms (↗ S. 316).

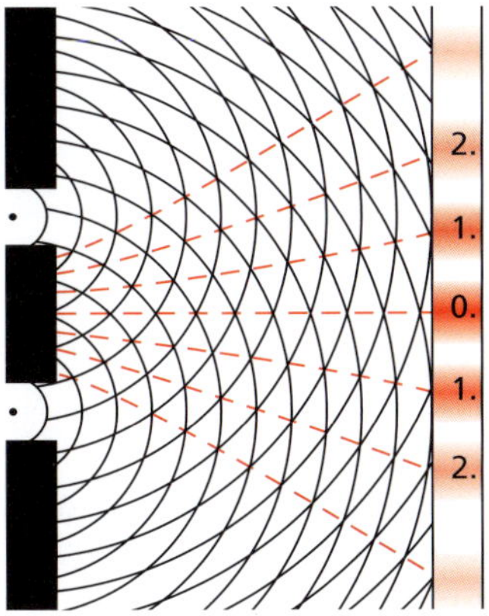

Die ersten Experimente zur Interferenz wurden von dem englischen Physiker und Mediziner **THOMAS YOUNG** (1773–1829) durchgeführt.

M ↗ S. 38

Die Interferenzstreifen sind umso schmaler, je mehr Spalte man hat. Eine Anordnung mit sehr vielen Spalten wird als **optisches Gitter** bezeichnet. Ein solches Gitter wird hergestellt, indem man in eine Glasplatte oder in eine spiegelnde Metallplatte mit einem Diamanten in gleichen Abständen feine Furchen einritzt. Die nicht geritzten Teile wirken wie schmale Spalte. Unterschieden werden zwei Arten von Gittern.

Die ersten optischen Gitter entwickelte **JOSEPH VON FRAUNHOFER** (1787–1826). FRAUNHOFER entdeckte auch dunkle Linien in Sonnenspektren, die man heute als fraunhofersche Linien bezeichnet (↗ S. 321).

Transmissionsgitter	**Reflexionsgitter**
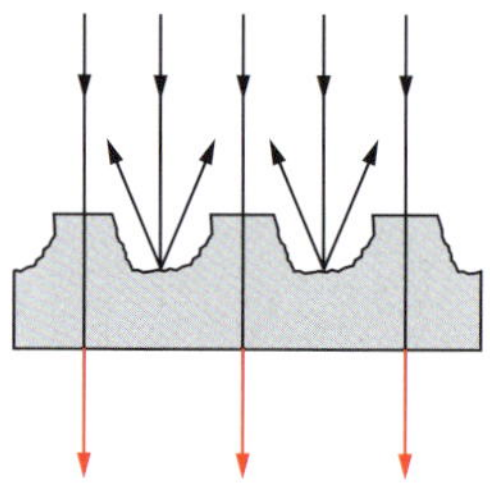	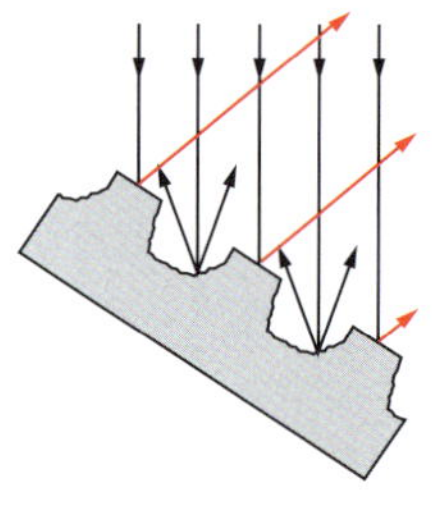
Licht wird hindurchgelassen.	Licht wird reflektiert.
Der Spaltenabstand (Gitterkonstante) beträgt bis 3 μm.	Der Spaltenabstand (Gitterkonstante) beträgt bis 1,25 μm.

Interferenz von Licht kann durch Reflexion, Brechung oder Beugung des Lichts einer Lichtquelle hervorgerufen werden.
Bei sonst gleichen Bedingungen ist der Abstand der Interferenzstreifen abhängig von der Farbe und damit von der Wellenlänge des Lichts.

Rotes Licht hat eine etwa doppelt so große Wellenlänge wie blaues Licht. Führt man für blaues Licht eine solche Konstruktion wie auf ↗ S. 315 durch, so zeigt sich:
Bei blauem Licht ist der Abstand der Interferenzstreifen kleiner als bei rotem Licht.
Bei Verwendung von weißem Licht entstehen farbige Streifen (Beugungsspektren), so wie das in der nebenstehenden Skizze dargestellt ist.

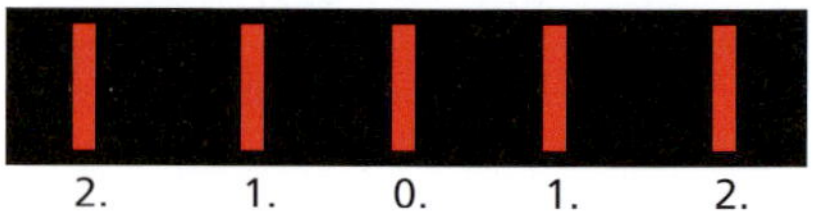

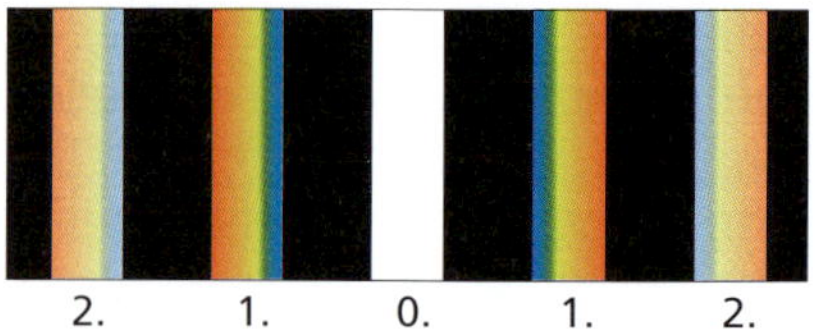

Der Zusammenhang zwischen Lichtwellenlänge und Abstand der Interferenzstreifen kann zur Bestimmung der Wellenlänge genutzt werden (↗ S. 317). Für genauere Messungen empfiehlt sich die Verwendung hochwertiger Gitter (kleine Gitterkonstante) und einfarbigen Lichts.

Allgemein gilt für den Zusammenhang zwischen dem Abstand der Interferenzstreifen und der Lichtwellenlänge:

> Je größer die Wellenlänge des Lichts ist, desto größer ist der Abstand zwischen den Interferenzstreifen.

Dieser Zusammenhang gilt bei ansonsten gleichen Bedingungen.

Die Interferenz an Gittern kann genutzt werden, um die Wellenlänge von Licht zu bestimmen.

> Für die Wellenlänge λ von Licht gilt die Beziehung:
>
> $\lambda = \frac{s}{e} \cdot b$
>
> s halber Abstand der Interferenzstreifen 1. Ordnung
> e Abstand Gitter–Schirm
> b Abstand der Spalte des Gitters voneinander (Gitterkonstante)

Strahlenoptik und Wellenoptik

Lichtstrahl (↗ S. 277) und Lichtwelle (↗ S. 312) sind Modelle zur Beschreibung der Erscheinung Licht. Jedes Modell beschreibt nur einen Teil der Wirklichkeit.

An breiten Spalten und großen Öffnungen, wie man sie bei vielen optischen Instrumenten findet, spielen Beugung und Interferenz keine Rolle. Es tritt zwar auch Beugung auf, das gebeugte Licht ist aber wegen seiner geringen Intensität nicht sichtbar. Die Lichtausbreitung kann mit dem Modell **Lichtstrahl** beschrieben werden. Den Bereich der Optik, in dem man optische Erscheinungen mit dem Modell Lichtstrahl beschreiben kann, bezeichnet man als **Strahlenoptik.**
Bei engen Spalten und sehr kleinen Öffnungen sind Beugung und Interferenz die charakteristischen Erscheinungen. Beugung und Interferenz lassen sich nicht mit dem Modell Lichtstrahl, sondern nur mit dem Modell **Lichtwelle** beschreiben und erklären. Den Bereich der Optik, in dem man optische Erscheinungen mit dem Modell Lichtwelle beschreiben muss, bezeichnet man als **Wellenoptik.** Eine typische wellenoptische Erscheinung ist die Interferenz.

M ↗ S. 29

Strahlenoptik

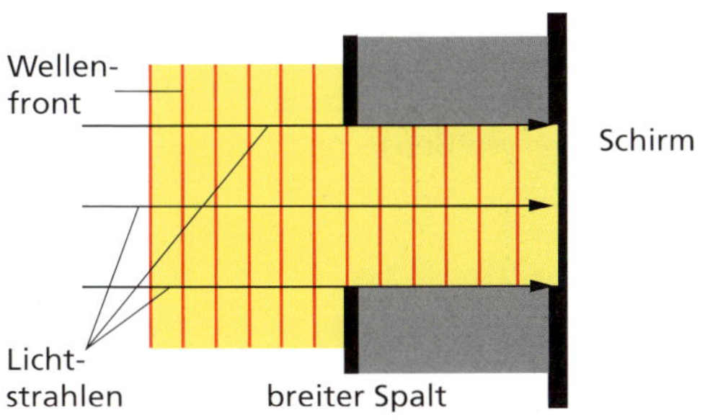

In der Strahlenoptik kann man z. B. die Schattenbildung an einem breiten Spalt beschreiben und erklären.

Wellenoptik

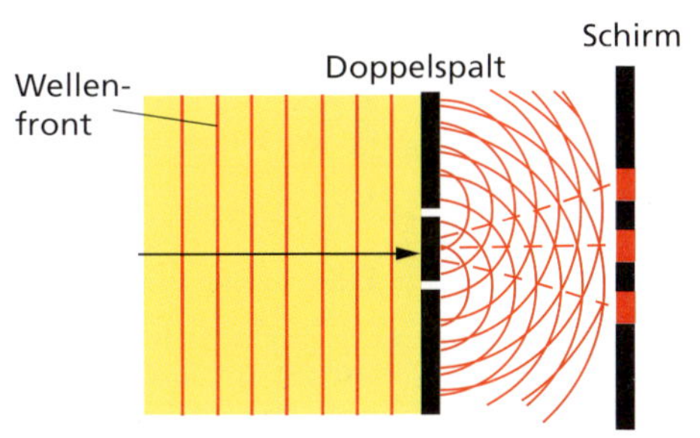

In der Wellenoptik kann man z. B. Beugungserscheinungen an einem Doppelspalt und Interferenz erklären.

5.6 Licht und Farben

5.6.1 Dispersion von Licht

Farbzerlegung durch Prismen und Gitter

Wird weißes Licht auf ein Prisma gelenkt, so entsteht hinter dem Prisma ein prächtiges Farbband mit einer Reihe von charakteristischen Farben.
Ein solches Farbband nennt man **kontinuierliches Spektrum.** Die charakteristischen Farben werden als **Spektralfarben** bezeichnet.

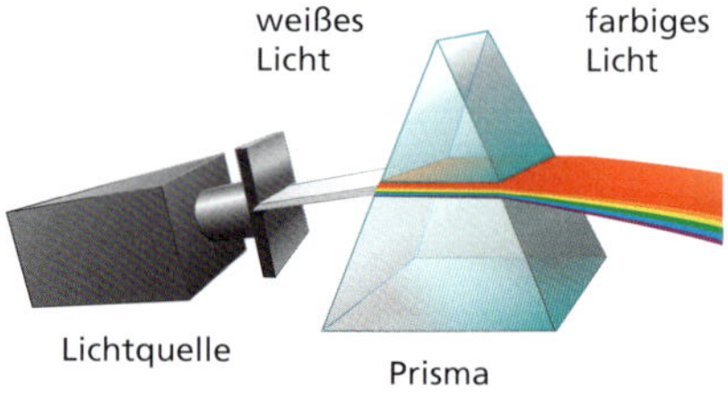

▶ Eine Übersicht über die Frequenzen und Wellenlängen der Spektralfarben ist auf ↗ S. 313 f. gegeben.

> Die Auffächerung von weißem Licht in Licht unterschiedlicher Farben wird als Farbzerlegung oder Dispersion bezeichnet.
> Weißes Licht besteht aus den Spektralfarben Rot, Orange, Gelb, Grün, Blau und Violett.

Die Dispersion des Lichts durch Brechung an einem Prisma entsteht dadurch, dass das Licht unterschiedlicher Frequenz bzw. Farbe beim Übergang in ein anderes Medium seine Lichtgeschwindigkeit unterschiedlich ändert. Dadurch wird das Licht verschiedener Farben unterschiedlich stark gebrochen.

▶ Blaues Licht (kleine Wellenlänge) wird stärker gebrochen als rotes Licht (große Wellenlänge).

> Je kleiner die Wellenlänge des Lichts ist, umso stärker wird es gebrochen.

Für Spektralfarben gilt:

> Licht einer Spektralfarbe ist nicht weiter zerlegbar. Die Mischung aller Spektralfarben ergibt wieder weißes Licht.

▶ Bei Verwendung von einfarbigem Licht erhält man Interferenzstreifen in der Farbe des verwendeten Lichts (↗ S. 316).

Eine Dispersion weißen Lichts erhält man auch, wenn weißes Licht durch ein Gitter gelenkt wird. Dabei entstehen durch Interferenz mehrere Streifen eines kontinuierlichen Spektrums. Da das Spektrum durch Beugung entsteht, spricht man von **Beugungsspektren.**

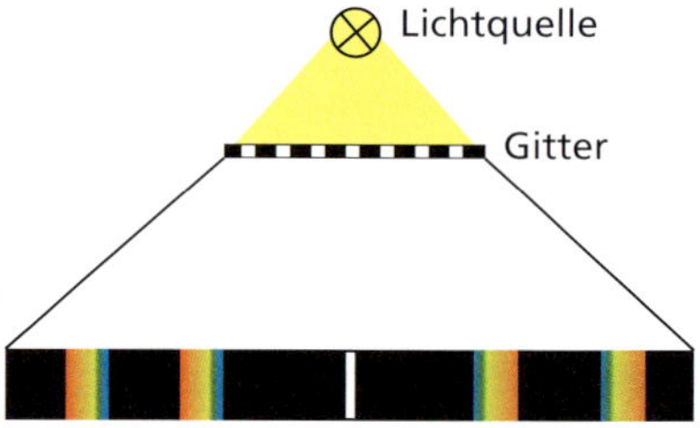

Die Dispersion an einem Gitter hat ihre Ursache in der Abhängigkeit der Lage der Interferenzstreifen von der Farbe bzw. Wellenlänge des Lichts (↗ S. 316).

Der Regenbogen

Einen Regenbogen sieht man nur dann, wenn man die Sonne im Rücken hat und auf die abziehenden Regenwolken Sonnenlicht trifft. Die Farbfolge ist immer die gleiche.

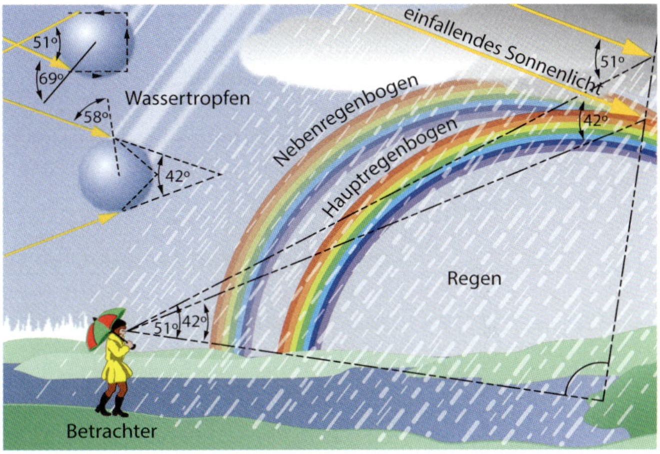

Die Ursache für das Entstehen eines Regenbogens ist die Dispersion des Lichts durch Brechung.
Trifft weißes Sonnenlicht auf Regentropfen, so wird es beim Übergang Luft–Wasser und Wasser–Luft gebrochen. Darüber hinaus tritt im Regentropfen Totalreflexion auf. Diese Dispersion des weißen Lichts in die Spektralfarben tritt in jedem Regentropfen auf.
Da die Brechungswinkel des austretenden Lichts für die einzelnen Spektralfarben unterschiedlich sind, gelangt nur jeweils ein Teil des gebrochenen Lichts in das Auge des Betrachters. Deshalb sieht er den Regenbogen aus einzelnen Spektralfarben zusammengesetzt. Die Summe aller Eindrücke des von vielen Regentropfen gebrochenen und reflektierten Lichts ergibt den Regenbogen. Manchmal sieht man über dem Regenbogen noch einen zweiten, den Nebenregenbogen. Er entsteht durch zweifache Reflexion des Lichts in Regentropfen.

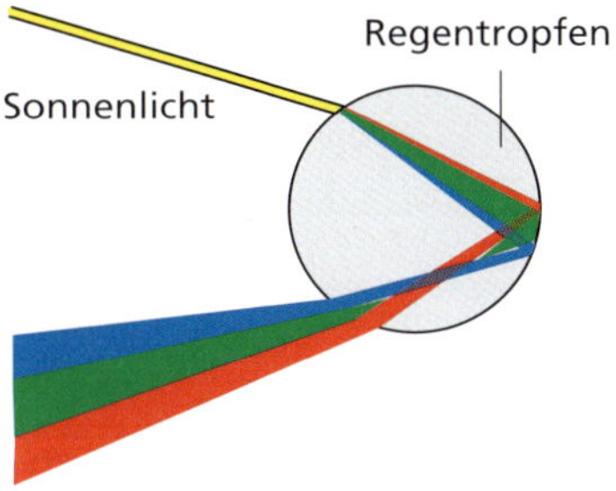

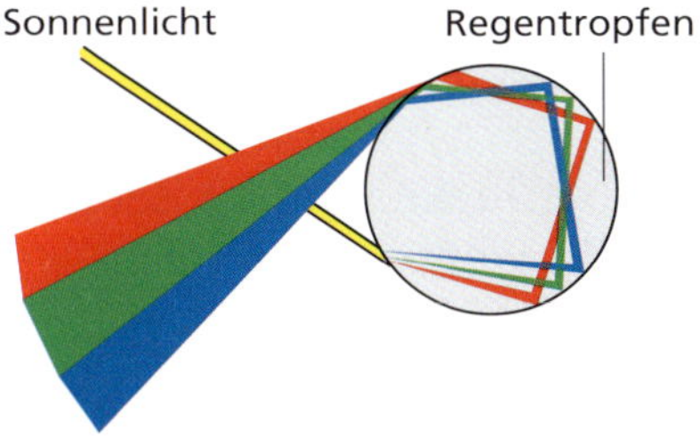

M ↗ S. 42

Die Farbfolge in einem Nebenregenbogen ist im Vergleich zu der im Hauptregenbogen umgekehrt.

Regenbogenähnliche Erscheinungen kann man manchmal auch bei Fontänen oder den Wasserstrahlen von Rasensprengern beobachten. Genau wie ein Regenbogen sind sie nur beobachtbar, wenn man die Sonne im Rücken hat. Sie entstehen genauso wie ein Regenbogen.

5.6.2 Spektren und Spektralanalyse

Kontinuierliche Spektren und Linienspektren

Zerlegt man das Licht, das von Lichtquellen ausgeht, mithilfe eines Prismas oder eines Gitters, so erhält man unterschiedliche Spektren.
Das Licht von glühenden festen und flüssigen Körpern sowie von Gasen unter hohem Druck erzeugt bei einer spektralen Zerlegung ein **kontinuierliches Spektrum.**

▶ λ bedeutet die Wellenlänge des Lichts.

Ein kontinuierliches Spektrum enthält alle Spektralfarben (↗ S. 318).

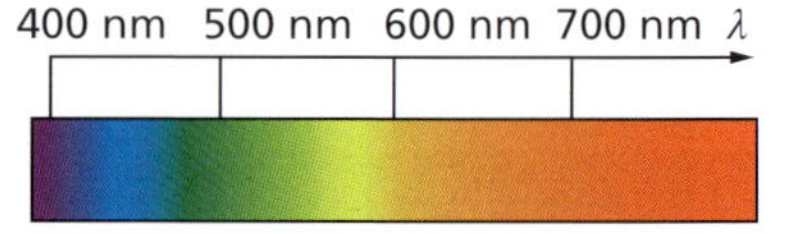

Das Licht von leuchtenden Gasen unter niedrigem Druck erzeugt bei einer spektralen Zerlegung ein **Linienspektrum.** Die Anzahl und die Lage der Spektrallinien ist charakteristisch für den jeweiligen Stoff.

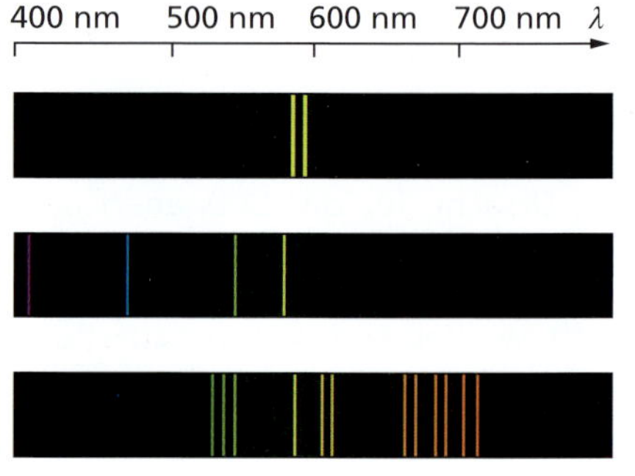

Wenn jedes Element ein ganz charakteristisches Linienspektrum aussendet, dann kann man auch umgekehrt folgern: Wenn im Spektrum einer Lichtquelle ein bestimmtes Linienspektrum beobachtet wird, dann ist in der Lichtquelle das Element vorhanden, das dieses Linienspektrum aussendet. Das ist das Wesen der **Spektralanalyse.**

▶ Die **Spektralanalyse** als wissenschaftliche Untersuchungsmethode wurde von dem deutschen Physiker **GUSTAV ROBERT KIRCHHOFF** (1824–1887) und dem Chemiker **ROBERT WILHELM BUNSEN** (1811–1899) um 1860 entwickelt.

Zur Durchführung einer Spektralanalyse wird ein Spektralapparat (Spektroskop) genutzt (↗ Abb. rechts).
Um eine Stoffprobe zu untersuchen, muss man sie zunächst zum Leuchten bringen, z.B. in einer Flamme. Das Spektrum wird beobachtet und ausgemessen.
Durch Vergleich des aufgenommenen Spektrums mit Linienspektren bekannter Elemente kann man herausfinden, welche Elemente in der Stoffprobe vertreten sind.

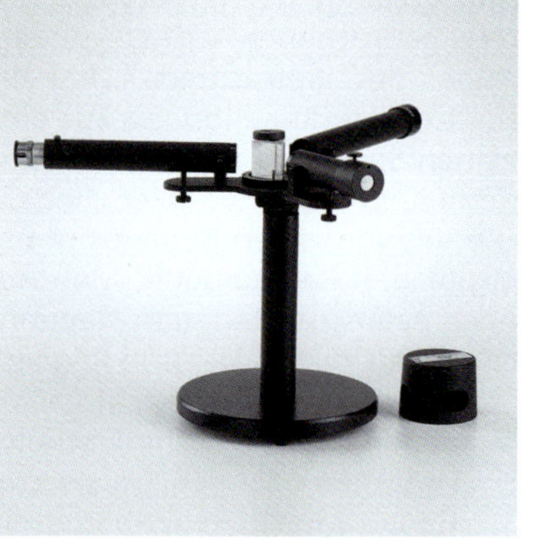

Emissions- und Absorptionsspektren

Spektren, die allein durch das ausgesandte (emittierte) Licht von Lichtquellen entstehen, nennt man **Emissionsspektren.** Die auf S. 320 dargestellten Spektren sind solche Emissionsspektren.

Farbfilter werden z. B. in der Fotografie genutzt. So lässt z. B. ein Blaufilter den kurzwelligen Teil des Spektrums (blaues Licht) besonders gut hindurch, während der langwellige Teil (rotes Licht) abgeschwächt wird.

Bestrahlt man einen Körper mit weißem Licht und zerlegt man das hindurchgelassene Licht, so erhält man ein **Absorptionsspektrum.**
Ein solches Absorptionsspektrum bekommt man z. B. bei Nutzung von Farbfiltern.

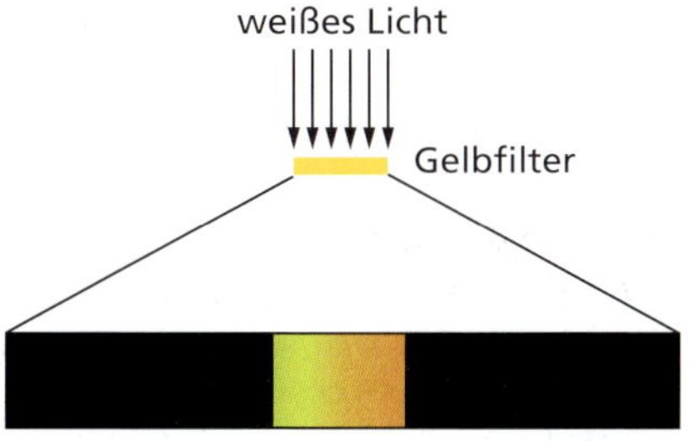

Ein Absorptionsspektrum kann Teil eines kontinuierlichen Spektrums sein. Das ist bei Farbfiltern der Fall.
Es kann aber auch aus dunklen Linien vor dem Hintergrund eines kontinuierlichen Spektrums bestehen, so wie es die Abbildung zeigt.

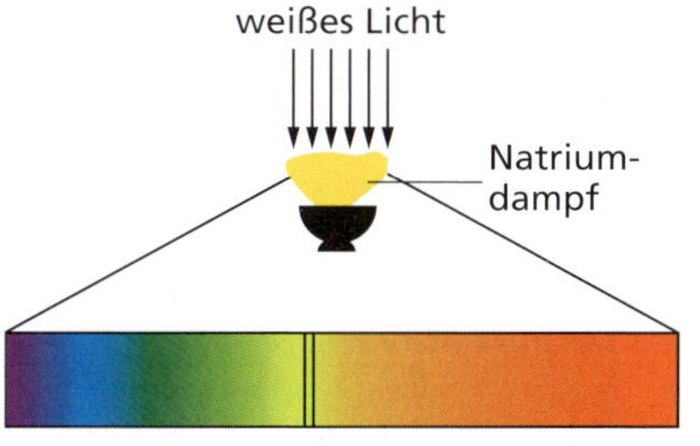

Da die dunklen Linien für ein solches Spektrum charakteristisch sind, spricht man auch von einem **Absorptions-Linienspektrum.**

Das ist z. B. der Fall, wenn weißes Licht das Gas eines Stoffs durchdringt. Das durchstrahlte Gas absorbiert (verschluckt) aus dem auftreffenden Licht genau die Teile des Spektrums, die es selbst beim Leuchten oder Glühen aussenden würde. Diese Teile bleiben im Absorptionsspektrum schwarz.

Untersucht man das Spektrum des Sonnenlichts genauer, dann stellt man fest, dass dort eine Vielzahl von schwarzen Linien auftritt, die man **fraunhofersche Linien** nennt.

Die dunklen Linien im Sonnenspektrum wurden von **JOSEPH VON FRAUNHOFER** (1787–1826) im Jahre 1814 entdeckt.

Die fraunhoferschen Linien entstehen dadurch, dass das weiße Licht aus dem Sonneninnern Gase an der Sonnenoberfläche durchdringt und dabei Teile des Spektrums absorbiert werden.

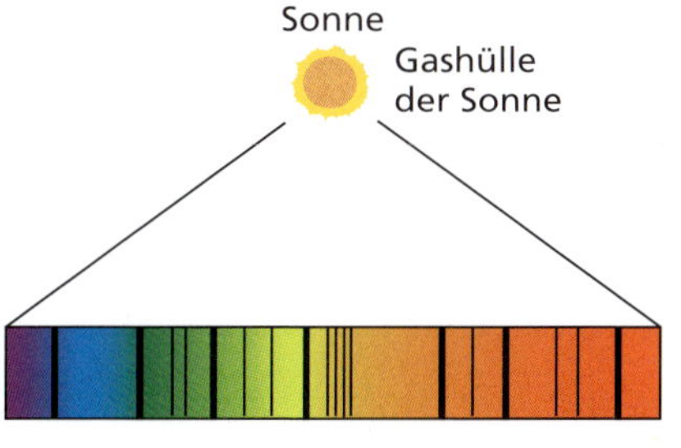

Auch im Spektrum von Sternen findet man Absorptionslinien. Dadurch, dass jeder Stoff bzw. jedes chemische Element ein ganz charakteristisches Spektrum erzeugt, kann man sowohl Emissions- als auch Absorptionsspektren nutzen, um zu untersuchen, welche Stoffe und Elemente an der Lichtaussendung bzw. Durchleuchtung beteiligt sind (Spektralanalyse, ↗ S. 320).

Unsere Kenntnisse über den Aufbau der Sonne und anderer Sterne resultieren u. a. aus der Untersuchung des Sternenlichts. Licht ist somit auch ein wichtiger Informationsträger.

5.6.3 Mischung von farbigem Licht und Körperfarben

Komplementärfarben

In unserer Umgebung gibt es nicht nur Lichtquellen, die verschiedenfarbiges Licht aussenden. Auch Körper reflektieren meist nur Teile des Lichts, das auf sie fällt. Es kommt damit ständig zu einer Mischung verschiedenfarbigen Lichts.
Das ist nicht nur für die optische Wahrnehmung von Gegenständen unserer Umgebung von Bedeutung, sondern spielt auch in Natur und Technik eine wichtige Rolle.

So hat z. B. das Licht, das von der Sonne bis zum Erdboden gelangt, eine sehr unterschiedliche Zusammensetzung. Sie hängt u. a. ab von der Reinheit der Atmosphäre, vom Grad der Bewölkung und von der Tageszeit. Das sollte man z. B. beim Fotografieren berücksichtigen.

Vereinigt man alle Farben eines kontinuierlichen Spektrums mithilfe einer Linse oder eines Prismas, erhält man wieder weißes Licht. Die Summe aller Spektralfarben ergibt also weißes Licht.

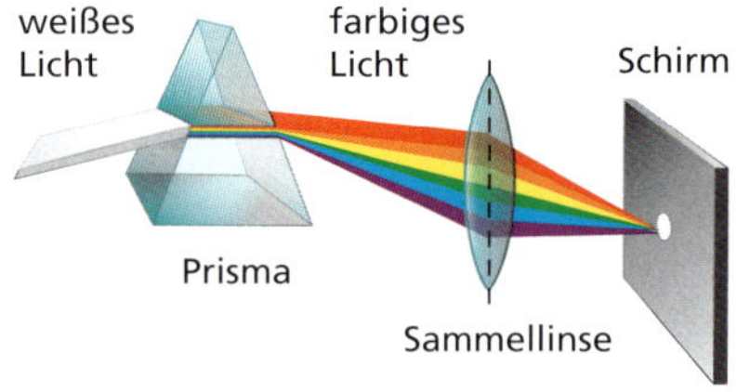

Das Wort „komplementär" bedeutet „ergänzend". Die Bezeichnung wurde gewählt, weil sich Komplementärfarben zu Weiß ergänzen.

Blendet man einzelne Farben bzw. Frequenzen aus dem Spektrum aus und vereinigt das restliche Licht, so erhält man eine andere Mischfarbe. Solche Paare von ausgeblendeter Farbe und Mischfarbe des restlichen Spektrums nennt man **Komplementärfarben.**

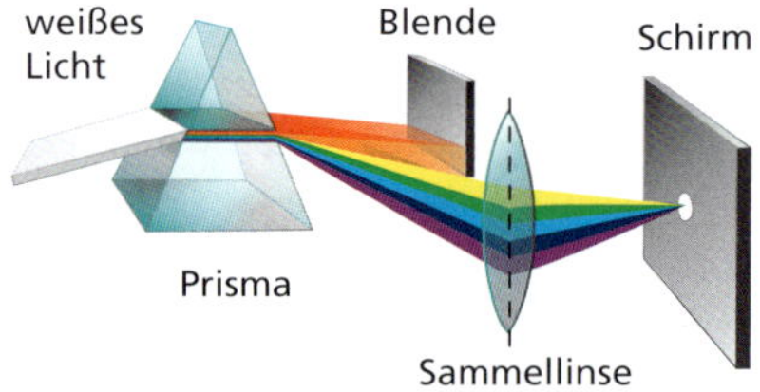

In der nachfolgenden Übersicht sind die Komplementärfarben in den Zeilen angeordnet.

Man kann auch einzelne Farben vereinigen und erhält eine neue Mischfarbe. Welche Farbe bei der Mischung entsteht, ist davon abhängig, welche Farben gemischt werden und wie diese gemischt werden.

Ausgeblendete Spektralfarbe		Mischfarbe des restlichen Spektrums
Rot		
Orange		
Gelb		
Grün		
Blau		
Violett		

Die additive Farbmischung

Die Farben, die wir mit unseren Augen wahrnehmen, können in unterschiedlicher Weise zustande kommen. Die Übersicht unten zeigt verschiedene Möglichkeiten, wie der Farbeindruck „weiß" entstehen kann.

Projiziert man Licht unterschiedlicher Farben auf einen Schirm, so erhält man im Überlagerungsbereich Mischfarben. Da sich dabei die verschiedenen Farben überlagern (addieren), bezeichnet man diese Art der Mischung von Licht unterschiedlicher Farbe als **additive Farbmischung.**

Mit den drei Grundfarben Rot, Grün und Blau kann man durch additive Mischung alle anderen Farben erhalten. Die Gesamtheit dieser Farben wird nach den drei Grundfarben auch als RGB-Farben oder als RGB-Farbraum bezeichnet.

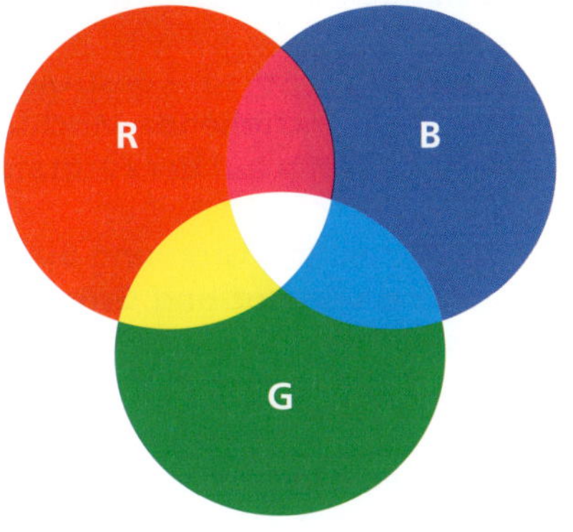

Eine Lichtquelle oder ein Gegenstandspunkt sendet gleichzeitig verschiedenfarbiges Licht aus, das zusammen auf die gleiche Stelle der Netzhaut fällt.	Beispiel: Das Licht einer Energiesparlampe sendet gleichzeitig rotes, grünes und blaues Licht aus.	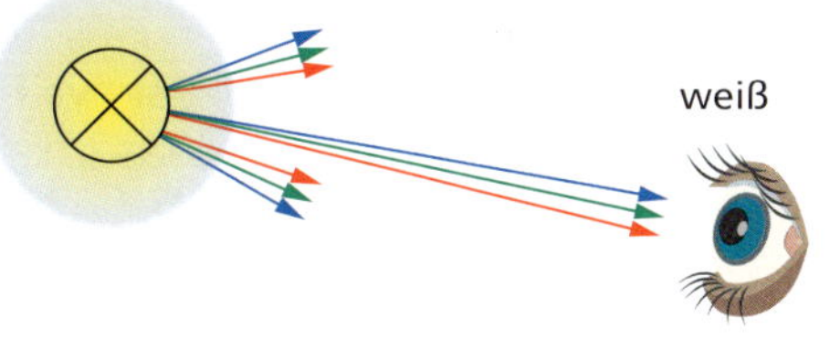
Das Licht von drei verschiedenfarbigen Lichtquellen wird vom gleichen Gegenstandspunkt ins Auge gestreut.	Beispiel: Der Physiklehrer lenkt aus drei Lampen blaues, grünes und rotes Licht an die gleiche Stelle einer weißen Wand.	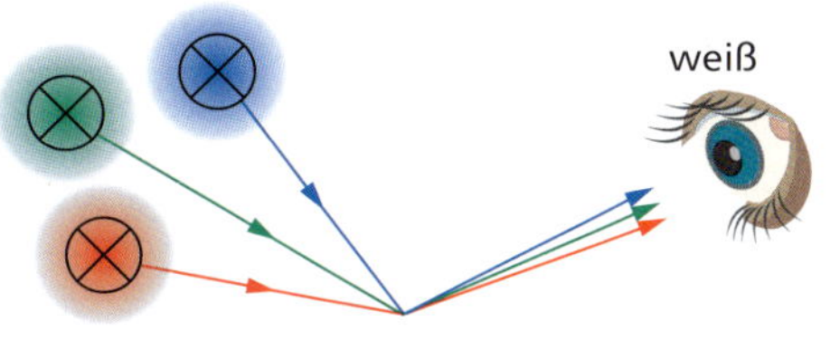
Drei Lichtquellen liegen so dicht beisammen, dass sie vom Auge nicht getrennt werden können. Ihr Licht gelangt auf dieselbe Stelle der Netzhaut.	Beispiel: Ein Bildschirm besteht aus kleinen, sehr eng liegenden Bereichen, die rot, grün oder blau leuchten können. Wenn alle drei Sorten gleich hell leuchten, sieht man Weiß.	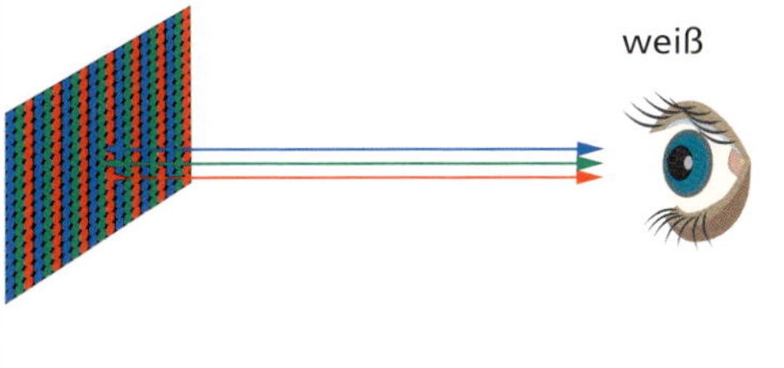

M ↗ S. 44

▶ Farbmischungen kann man am Computer mithilfe eines Zeichenprogramms selbst ausprobieren.

Die Mischfarbe, die wir bei der additiven Farbmischung sehen, kann man auch mithilfe einer **Farbtafel** vorhersagen.
Eine solche Farbtafel enthält auf dem Rand die Spektralfarben in einer bestimmten Anordnung. Dazwischen befinden sich Mischfarben. Zur Mitte der Farbtafel hin werden die Mischfarben immer blasser. Der Schwerpunkt S des Dreiecks RGB liegt im weißen Bereich der Farbtafel (↗ Skizze rechts).
Die Farbtafel ist so konstruiert, dass sich die entstehende Mischfarbe aus dem Schwerpunkt S der zu mischenden Farben auf der Farbtafel ergibt.

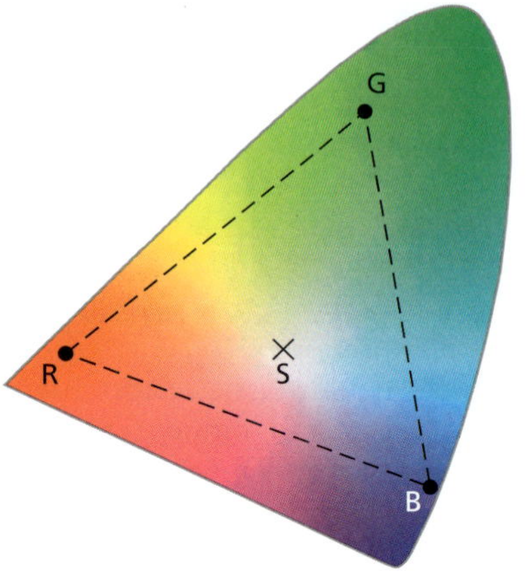

Wird z. B. Rot, Grün und Blau gemischt, so erhält man Weiß. Die Mischung von Rot und Grün ergibt Gelb (der Punkt S liegt dann zwischen R und G). Wird der rote Farbanteil verstärkt, dann verschiebt sich S in Richtung R. Es entsteht der Farbeindruck Orange.

Bei der additiven Farbmischung wird Licht unterschiedlicher Farben addiert. Das Licht bildet eine Mischfarbe.

Die subtraktive Farbmischung

▶ Blaue und gelbe Wasserfarbe ergeben gemischt ein Grün.

▶ Die Grundfarben der subtraktiven Farbmischung sind Cyan (Blaugrün), Magenta (Purpur) und Yellow (Gelb). Die damit durch Mischung möglichen Farben nennt man CMYK-Farben oder CMYK-Farbraum. K ist die Abkürzung für „Key" als Farbtiefe für Schwarz.

Mischt man zwei Wasserfarben, dann absorbiert (subtrahiert) jeder der Farbstoffe einen Teil des auffallenden Lichts. Das restliche Licht bildet eine Mischfarbe.
Ähnlich ist das bei Nutzung eines Farbfilters. Fällt auf ihn weißes Licht, so wird durch das Filter ein Teil des Lichts absorbiert (subtrahiert).

Bei der subtraktiven Farbmischung wird ein Teil des Lichts absorbiert. Das restliche Licht bildet eine Mischfarbe.

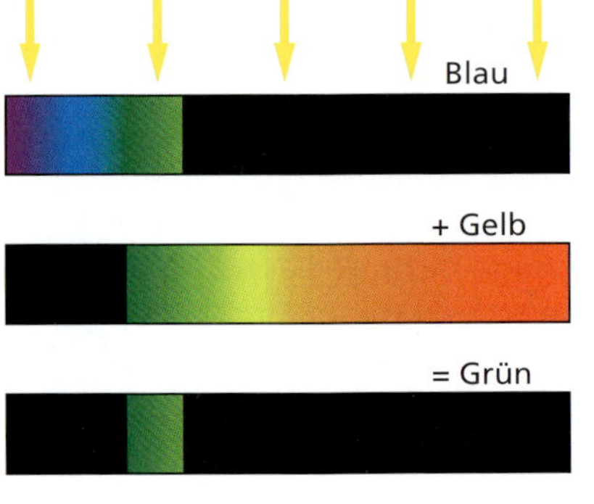

Die Vielfalt von Farben, die mit subtraktiver Farbmischung hervorgerufen werden können, wird vor allem in der Malerei genutzt.

Farbe 1	Farbe 2	Additive Farbmischung	Subtraktive Farbmischung
Rot	Grün	Gelb	Braun
Rot	Gelb	Orange	Orange
Blau	Gelb	Grün	Grün
Rot	Blau	Purpur (Magenta)	Purpur bis Violett
Grün	Violett	Türkis	Braungrau
Rot	Türkis	Weiß	Schwarz

Körperfarben

Licht, das auf einen Körper fällt, wird teilweise reflektiert (zurückgeworfen), teilweise absorbiert (verschluckt) und teilweise hindurchgelassen. Das geschieht auch mit Licht unterschiedlicher Farbe. Bei unterschiedlicher Beleuchtung können Körper verschiedene Farben haben, wie die Abbildungen zeigen.

▶ Unser Auge kann bei einer bestimmten Farbe, z. B. Gelb, nicht unterscheiden, ob eine reine Spektralfarbe oder eine Mischfarbe vorliegt. Das kann man nur durch physikalische Untersuchungen ermitteln.

Die Farbe, in der wir einen Körper sehen, ist abhängig
- von der Farbe des Lichts, mit dem er bestrahlt wird,
- von seinem Reflexionsvermögen für verschiedenfarbiges Licht bzw. von seinem Durchlassvermögen für verschiedenfarbiges Licht.

> Ein Körper hat die Farbe, die sich aus der Mischung des von ihm reflektierten bzw. hindurchgelassenen Lichts ergibt.

Ein Körper, der das gesamte auffallende Licht absorbiert, erscheint uns schwarz.
Ein Körper, der mit weißem Licht beleuchtet wird und alle Spektralfarben reflektiert, erscheint uns weiß.

▶ Beim **Vierfarbendruck,** in dem auch dieses Buch hergestellt ist, ergibt sich der Farbeindruck bei Bildern sowohl nach den Gesetzen der additiven als auch nach den Gesetzen der subtraktiven Farbmischung.

5

Welleneigenschaften des Lichts und Farben

Bei Licht treten **Beugung** und **Interferenz** auf. Daraus folgt: Licht hat **Welleneigenschaften** und kann mit dem **Modell Lichtwelle** beschrieben werden.

Beugung
tritt an schmalen Spalten oder Kanten auf.

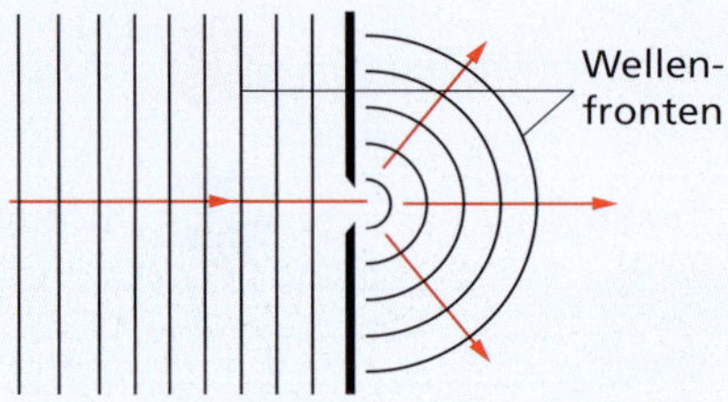

Interferenz
ist die Überlagerung von Licht mit Bereichen von Verstärkung und Auslöschung.

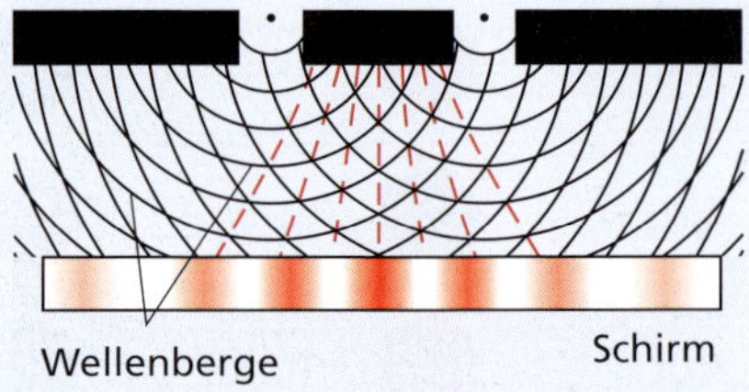

Für die Ausbreitung von Licht gilt analog wie bei mechanischen Wellen:

$$c = \lambda \cdot f$$

c Lichtgeschwindigkeit
λ Wellenlänge
f Frequenz

Weißes Licht lässt sich mithilfe eines Prismas oder eines Gitters in seine farbigen Bestandteile zerlegen. Jeder Farbe kann man eine Frequenz und eine Wellenlänge zuordnen.

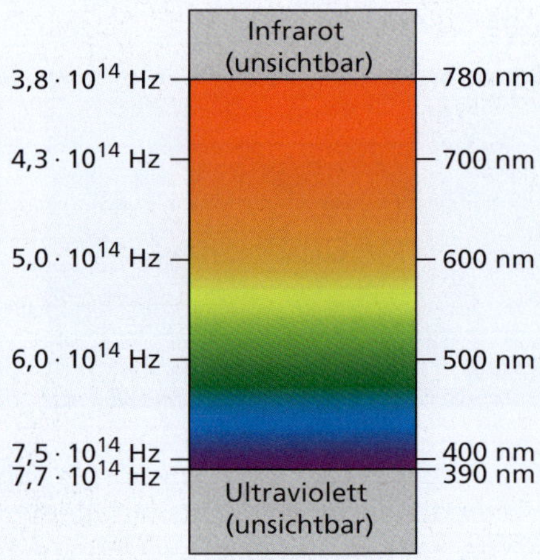

Weißes Licht besteht aus den **Spektralfarben** Rot, Orange, Gelb, Grün, Blau und Violett. Das für uns sichtbare Licht ist nur ein kleiner Bereich des Spektrums elektromagnetischer Wellen.

Farben können additiv oder subtraktiv gemischt werden. Dadurch erhält man eine Vielzahl von Mischfarben.

Die Farbe, in der wir einen Körper sehen, ergibt sich aus der Mischung des von ihm reflektierten bzw. hindurchgelassenen Lichts.

Atom- und Kernphysik

6

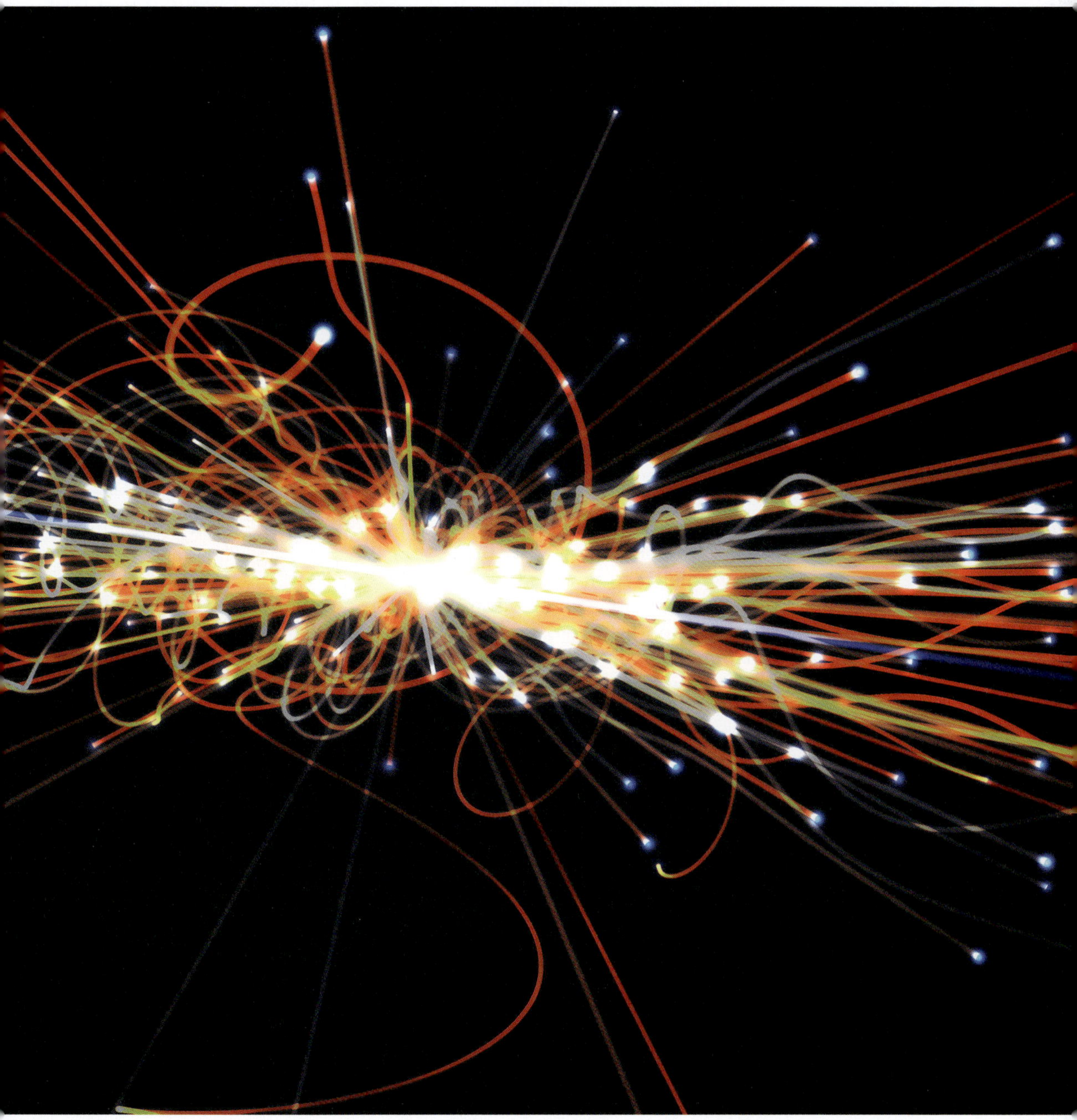

6.1 Aufbau von Atomen

Atommodelle

▶ Fundierte Vorstellungen über **Atome** entwickelten sich erst ab Beginn des 20. Jahrhunderts.

Atome sind die Teilchen, aus denen Stoffe aufgebaut sind (↗ S. 74).
Sie bestehen aus einem positiv geladenen **Atomkern** und einer negativ geladenen **Atomhülle.**
Bestandteile des Atomkerns sind **positiv geladene Protonen** und **Neutronen,** die elektrisch neutral sind. In der negativ geladenen Atomhülle befinden sich **Elektronen.** Die Ladung eines Elektrons und eines Protons hat den gleichen Betrag, aber unterschiedliches Vorzeichen. Der Betrag dieser Ladung wird als Elementarladung (↗ S. 329) bezeichnet.
Die Atome verschiedener Stoffe unterscheiden sich in der Anzahl der Protonen, Neutronen und Elektronen.

M ↗ S. 29

Wasserstoffatom	Sauerstoffatom	Aluminiumatom
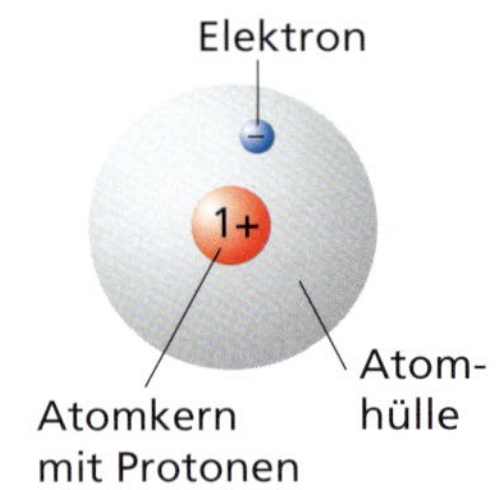		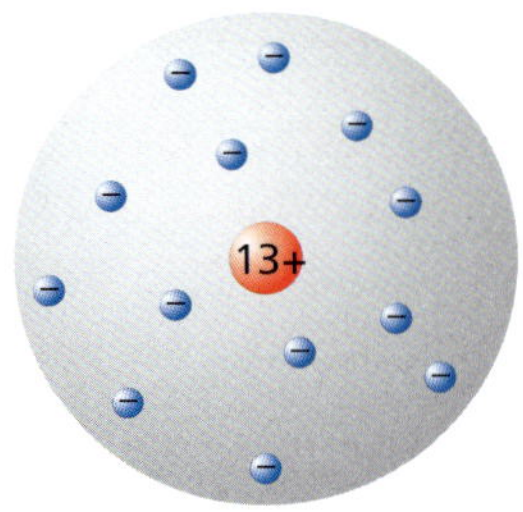

▶ Hätte z. B. ein Atomkern einen Durchmesser von 1 cm, so hätte das Atom selbst einen Durchmesser von 1000 m.

Der Durchmesser eines Atoms beträgt etwa 10^{-10} m, der Durchmesser des Atomkerns etwa 10^{-15} m.
Im Vergleich zu den Abmessungen der Atomhülle ist der Atomkern außerordentlich klein.
In ihm ist aber fast die gesamte Masse des Atoms vereinigt.

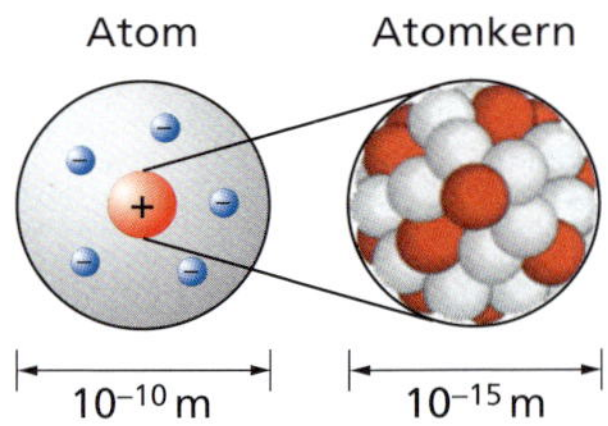

Historisch bedeutsam sind die Atommodelle, die von ERNEST RUTHERFORD (1871–1937) und von NIELS BOHR (1885–1962) entwickelt wurden.

▶ Der britische Physiker **ERNEST RUTHERFORD** leitete sein Atommodell aus experimentellen Untersuchungen ab.

RUTHERFORD entwickelte 1911 ein Modell, das dem Aufbau unseres Planetensystems ähnelt:
Um einen positiv geladenen Kern kreisen Elektronen auf elliptischen Bahnen.

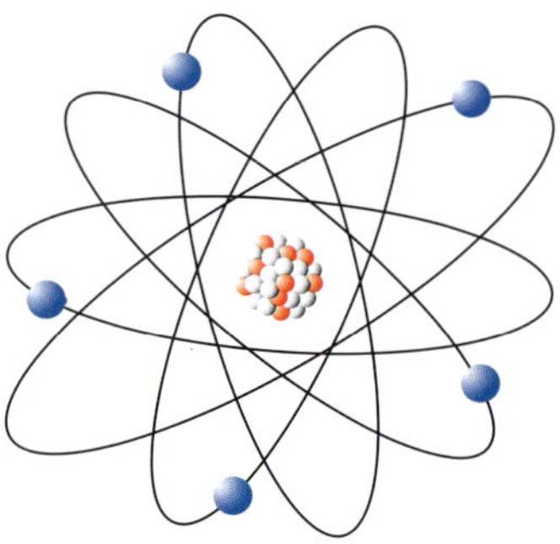

BOHR ging davon aus, dass sich Elektronen auf bestimmten kreisförmigen Bahnen um den positiv geladenen Kern bewegen, wobei sich auf jeder Bahn nur eine bestimmte Anzahl von Elektronen befinden kann.

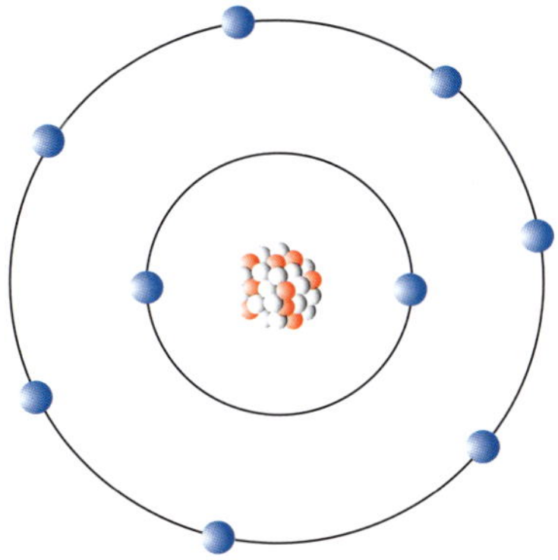

Der dänische Physiker **NIELS BOHR** (1885–1962) war einer der bedeutendsten Atomphysiker des 20. Jahrhunderts. Er wirkte in Kopenhagen und auch in den USA.

Neuere Atommodelle lassen sich nur noch mit mathematischen Mitteln beschreiben.

M ↗ S. 29

Proton, Neutron und Elektron

Protonen, Neutronen und Elektronen sind die Grundbausteine der Atome.

	Masse	Ladung	Symbol
Proton	$1{,}673 \cdot 10^{-27}$ kg	positiv (+)	${}^{1}_{1}\mathrm{p}$
Neutron	$1{,}675 \cdot 10^{-27}$ kg	ungeladen	${}^{1}_{0}\mathrm{n}$
Elektron	$9{,}109 \cdot 10^{-31}$ kg	negativ (–)	${}^{0}_{-1}\mathrm{e}$

Die Kernbausteine Proton und Neutron werden auch als **Nukleonen** bezeichnet.

Die Masse eines Elektrons beträgt nur etwa 1/1 800 der Masse eines Protons oder eines Neutrons.
Die Ladung eines Elektrons ist genauso groß wie die Ladung eines Protons. Sie wird als **Elementarladung** bezeichnet.

Die Elementarladung (Ladung eines Elektrons bzw. Protons) hat einen Betrag von:

$$e = 1{,}602 \cdot 10^{-19}\ \mathrm{C}$$

Die Einheit der elektrischen Ladung (↗ S. 197) ist nach dem französischen Physiker **CHARLES AUGUSTIN COULOMB** (1736–1806) benannt.

Atome mit gleicher Protonen- und Elektronenzahl sind nach außen elektrisch neutral. Bei positiv oder negativ geladenen Ionen stimmen dagegen Protonen- und Elektronenzahl nicht überein.

Ordnungszahl und Massenzahl

Im Periodensystem der Elemente hat jedes Element eine Ordnungszahl, die auch eine physikalische Bedeutung hat.

Die Ordnungszahl eines Elements im Periodensystem gibt die Anzahl der Protonen Z (Kernladungszahl) im Atomkern an.

So hat z. B. Natrium die Ordnungszahl 11. Das bedeutet: Im Atomkern von Natrium sind 11 Protonen vorhanden.

In der Natur sind Elemente bis zu der Ordnungszahl 92 zu finden. Diese Ordnungszahl besitzt das Element Uran. Alle Elemente mit größerer Ordnungszahl sind künstlich hergestellt.
Bei einem neutralen Atom ist die Ordnungszahl zugleich auch die Anzahl der Elektronen in der Atomhülle.
Aus der Anzahl der Protonen und Neutronen im Kern eines Atoms ergibt sich die **Massenzahl** für ein Atom.

▶ Bei nicht neutralen Atomen (Ionen) kann man aus der Ordnungszahl keine Aussage über die Anzahl der Elektronen ableiten.

Die Massenzahl A eines Atoms ist gleich der Summe aus der Anzahl der Protonen Z (Kernladungszahl) und der Anzahl der Neutronen N im Atomkern:

$$A = Z + N$$

Im Periodensystem sind die Massenzahlen (Atommassen) meist als Vielfache der **atomaren Masseeinheit u** angegeben.

Die atomare Masseeinheit hat den Wert $u = 1{,}66 \cdot 10^{-27}$ kg.

▶ Der Quotient aus der Masse m_A eines Atoms und der atomaren Masseeinheit wird als relative **Atommasse** bezeichnet. Es gilt:

$A_r = \frac{m_A}{u}$

Um den Atomkern eines Elements in kurzer und übersichtlicher Form zu kennzeichnen, wendet man die **Symbolschreibweise** an.

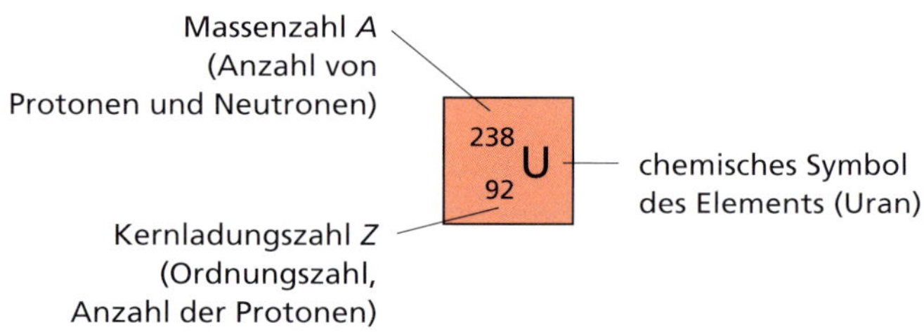

Uran hat 92 Protonen und damit das elektrisch neutrale Uranatom auch 92 Elektronen in der Atomhülle.
Die Anzahl der Neutronen N beträgt 238 – 92 = 146.
Üblich ist auch die Schreibweise U-238 oder Uran-238.

Die Symbolschreibweise wendet man nicht nur bei Elementen, sondern auch bei Elementarteilchen an.

Elektron:	$^{0}_{-1}\mathrm{e}$	Masse vernachlässigbar, einfach negativ geladen
Positron:	$^{0}_{+1}\mathrm{e}$	Masse vernachlässigbar, einfach positiv geladen
Proton:	$^{1}_{1}\mathrm{p}$	Massenzahl 1, einfach positiv geladen
Neutron:	$^{1}_{0}\mathrm{n}$	Massenzahl 1, nicht geladen

In den letzten Jahrzehnten hat sich herausgestellt, dass es neben den genannten Elementarteilchen noch viele weitere solcher Teilchen gibt.

Heute gilt als gesicherte Erkenntnis, dass die kleinsten Bausteine der Materie neben den **Elektronen** die **Quarks** sind, aus denen sich die anderen Elementarteilchen zusammensetzen.

▶ Proton und Neutron bestehen aus je drei Quarks.

Nuklide und Isotope

Im Periodensystem findet man heute 118 Elemente. Von ihnen kommen 91 in der Natur vor, die anderen wurden künstlich hergestellt.
Ein Atomkern eines Elements ist eindeutig durch die Massenzahl A und die Kernladungszahl Z gekennzeichnet.

▶ Wesentlichen Anteil an der Erzeugung neuer Elemente mit Ordnungszahlen größer als 100 hat die Gesellschaft für Schwerionenforschung in Darmstadt.

> Die durch Massenzahl und Kernladungszahl charakterisierten Atomkerne werden als **Nuklide** bezeichnet.

$^{23}_{11}Na$ ist ein Nuklid des Natriums mit 11 Protonen, 11 Elektronen im neutralen Atom und 23 – 11 = 12 Neutronen.

Die natürlich vorkommenden oder künstlich erzeugten Nuklide werden in Form einer **Nuklidkarte** dargestellt.

Ausschnitt aus einer Nuklidkarte

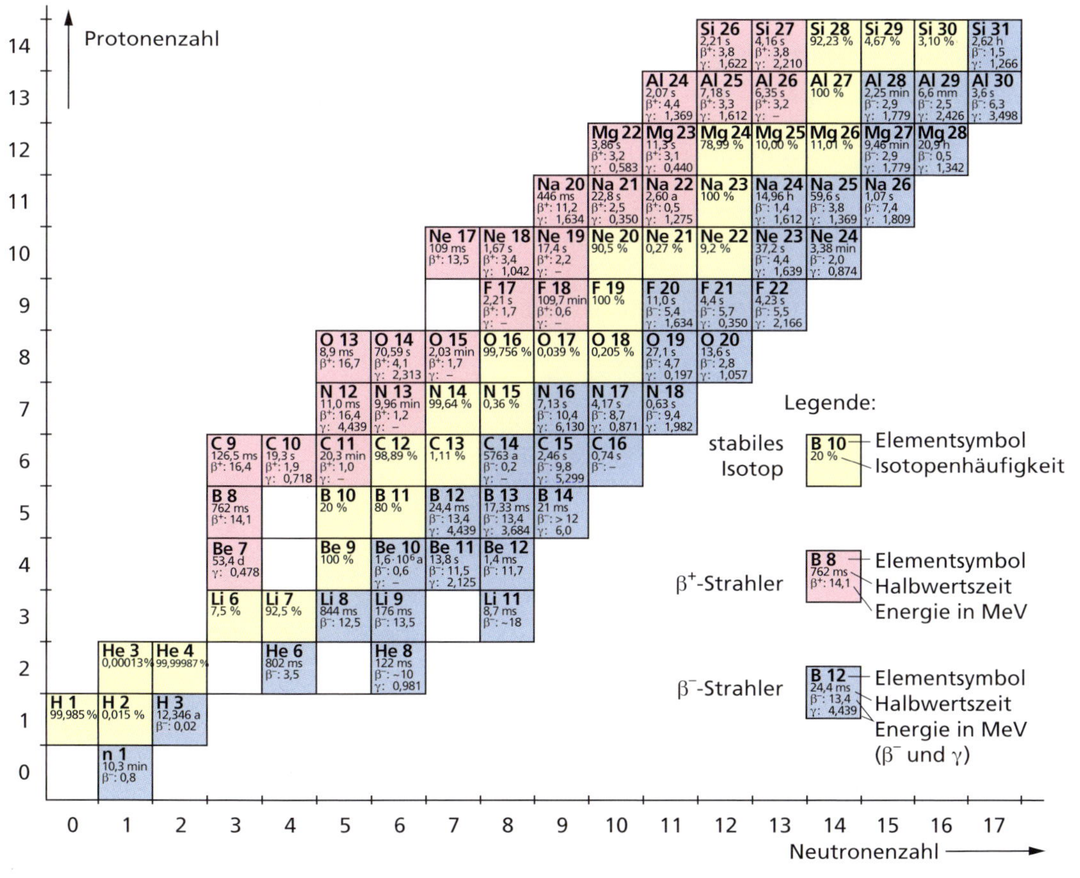

Die Atomkerne **eines** Elements haben alle die gleiche Anzahl von Protonen (gleiche Ordnungszahl), können aber eine unterschiedliche Anzahl von Neutronen und damit eine verschiedene Massenzahl besitzen.

▶ Isotope sind spezielle Nuklide.

Atomkerne mit gleicher Protonenzahl, aber unterschiedlicher Anzahl von Neutronen werden als **Isotope** bezeichnet.

▶ Weil die meisten Elemente aus einem Isotopengemisch bestehen, ist die Massenzahl im Periodensystem meist keine ganze Zahl.

Die meisten natürlichen Elemente bestehen aus Gemischen von Isotopen. Insgesamt sind weit über 2000 Isotope bekannt.

Bei Wasserstoff existieren drei Isotope. Besteht der Atomkern aus einem Proton, so spricht man vom Wasserstoff. Beim Deuterium kommt ein Neutron und beim Tritium kommen zwei Neutronen hinzu.

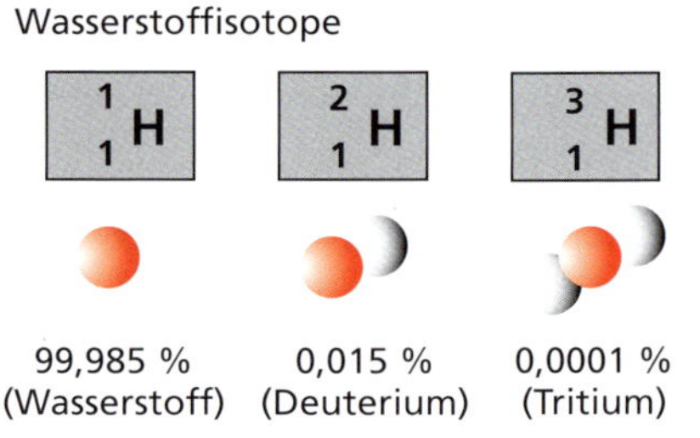

Beim Uran existieren z. B. die Uranisotope $^{235}_{92}U$ und $^{238}_{92}U$. Auch hier ist die Anzahl der Protonen gleich und beträgt jeweils 92.

▶ Als Kernbrennstoff in Kernkraftwerken wird meist angereichertes Uran mit 3,5 % U-235 und 96,5 % U-238 verwendet. Natürliches Uran ist als Kernbrennstoff ungeeignet.

Die Anzahl der Neutronen beträgt einmal 235 – 92 = 143 und einmal 238 – 92 = 146.

Natürliches Uran besteht zu 99,3 % aus $^{238}_{92}U$ und zu 0,7 % aus $^{235}_{92}U$.

Zwischen der Kernladungszahl *Z* und der Neutronenzahl *N* gibt es einen charakteristischen Zusammenhang.

Die Anzahl der Neutronen wächst stärker als die Kernladungszahl.

Elemente mit großer Kernladungszahl haben somit im Kern wesentlich mehr Neutronen als Protonen. Isotope liegen in der grafischen Darstellung jeweils auf einer horizontalen Linie.

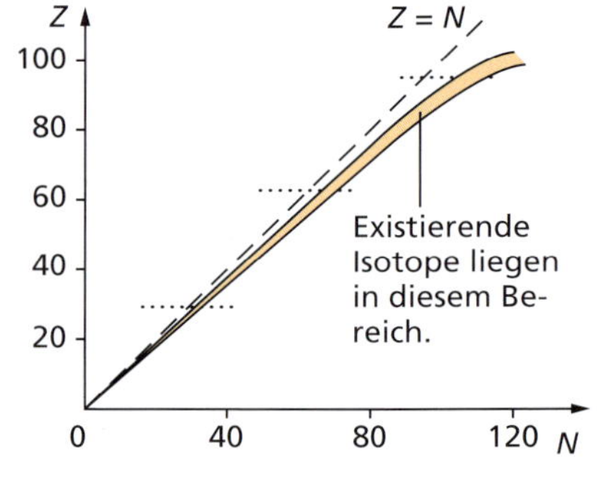

Während z. B. ein Natriumatom 11 Protonen und 12 Neutronen besitzt, sind es bei einem Uranatom (U-238) 92 Protonen und 146 Neutronen.

6.2 Kernumwandlungen und Radioaktivität

6.2.1 Arten von Kernumwandlungen

Atomkerne können völlig spontan zerfallen, durch Beschuss mit Teilchen aufgespalten werden oder auch miteinander verschmelzen. In allen diesen Fällen verändern sich die ursprünglichen Atomkerne. Sie wandeln sich in neue Atomkerne um.

Unter einer **Kernumwandlung** versteht man die Umwandlung von Atomkernen in neue Kerne.

Die neu entstehenden Kerne sind teilweise stabil, teilweise zerfallen sie ihrerseits wieder.

Spontanzerfall

Eine Reihe von Nukliden (↗ S. 331) ist nicht stabil. Sie senden ständig radioaktive Strahlung (↗ S. 338) aus. Dabei verändern sich die betreffenden Atomkerne. Es erfolgen Kernumwandlungen.
Solche instabilen Atomkerne werden als **radioaktive Nuklide** oder **Radionuklide** bezeichnet.

Radioaktive Nuklide wandeln sich völlig spontan unter Aussendung von radioaktiver Strahlung um.
Die spontane Umwandlung der entsprechenden Atomkerne bezeichnet man als **natürliche Radioaktivität.**

Die natürliche Radioaktivität wurde 1896 von **HENRI BECQUEREL** (1852–1908) entdeckt und von **MARIE** und **PIERRE CURIE** genauer untersucht.

■ Zu den Radionukliden gehören z. B. Uran-238, Radium-226, Polonium-214 oder Blei-210.

Radium-226 zerfällt unter Aussendung eines doppelt positiv geladenen Heliumkerns (α-Teilchen) in Radon-222.

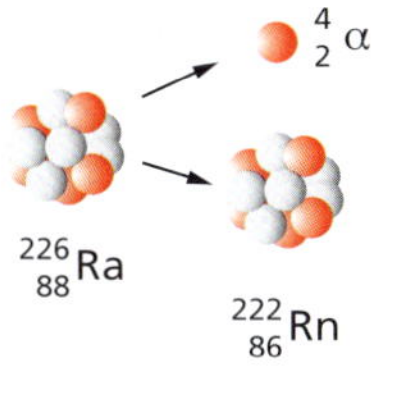

Blei-210 zerfällt unter Aussendung eines Elektrons (β-Teilchen) in Bismut-210.

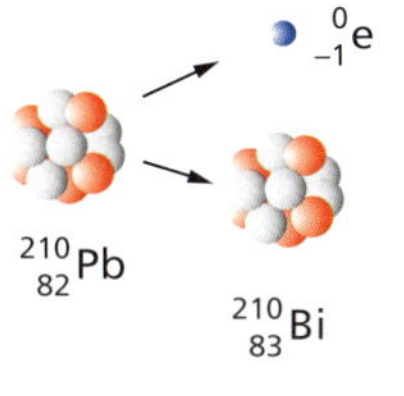

Von den in der Natur vorkommenden 91 Elementen sind ca. 300 natürliche Nuklide bekannt, von denen ca. 50 radioaktiv sind, also spontan zerfallen.

Die natürliche Radioaktivität in unserer Umwelt führt dazu, dass wir ständig einer schwachen radioaktiven Strahlung ausgesetzt sind. Die Intensität dieser radioaktiven Strahlung ist örtlich verschieden.

Die beim Spontanzerfall entstehenden Atomkerne sind meist wieder radioaktiv, sodass in der Natur ganze Zerfallsreihen existieren.

So zerfällt z. B. U-238 über viele Zwischenkerne in das stabile Blei-206.
Auch für andere Elemente existieren solche **Zerfallsreihen.** Insgesamt gibt es vier solche Zerfallsreihen in der Natur.

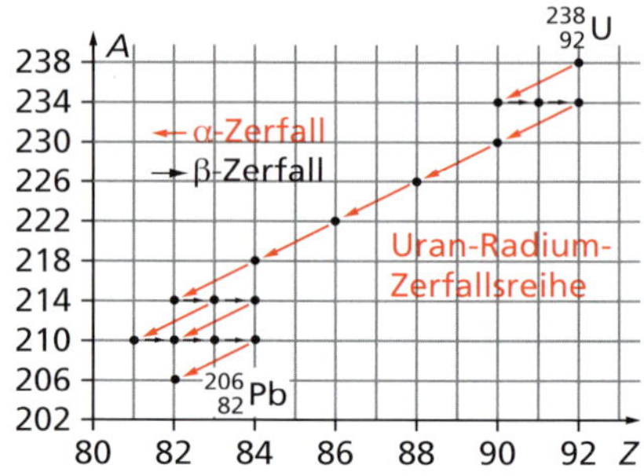

Künstliche Kernumwandlungen

▶ Der italienische Physiker **ENRICO FERMI** (1901–1954) beschoss in den Dreißigerjahren zahlreiche Elemente mit Neutronen und stellte fest, dass bei vielen Stoffen Kernreaktionen auftraten.

Zur Gewinnung von radioaktivem Material, z. B. für den medizinischen Bereich oder für technische Anwendungen, werden künstlich instabile Atomkerne erzeugt, die ihrerseits dann wieder zerfallen und dabei radioaktive Strahlung aussenden.

> Die spontane Umwandlung künstlich erzeugter radioaktiver Nuklide unter Aussendung radioaktiver Strahlung bezeichnet man als **künstliche Radioaktivität.**

▶ Entdeckt wurde die künstliche Radioaktivität 1934 durch die französischen Atomphysiker **IRENE** und **FREDERIC JOLIOT-CURIE.**

Wird Cobalt-59 mit Neutronen beschossen, so bildet sich das radioaktive Cobalt-60.
Cobalt-60 zerfällt in Nickel-60, wobei ein Elektron (β-Teilchen) abgegeben wird.

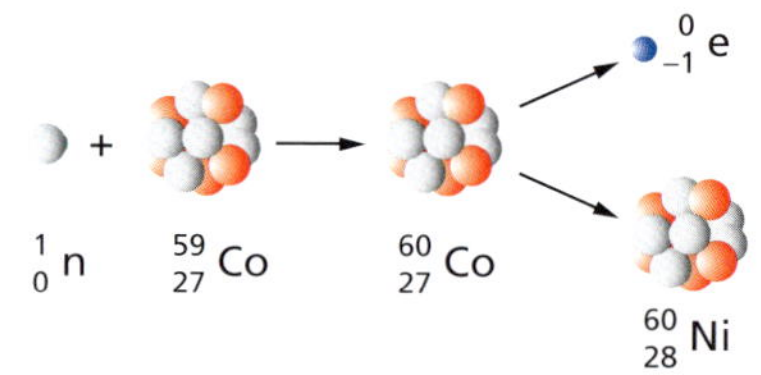

Kernspaltung

> Unter Kernspaltung versteht man die Zerlegung schwerer Atomkerne in leichtere Atomkerne. Dabei wird Energie freigesetzt.

▶ Die Kernspaltung wurde 1938/39 durch **OTTO HAHN** (1879–1968), **FRITZ STRASSMANN** (1902–1980) und **LISE MEITNER** (1878–1968) entdeckt.

Wird z. B. Uran-235 mit Neutronen beschossen, so bildet sich Uran-236.
Dieses U-236 zerfällt spontan in Bruchteilen einer Sekunde in Krypton und Barium. Zugleich werden bei jeder Kernspaltung drei Neutronen frei, die ihrerseits den Prozess der Kernspaltung fortsetzen können, wenn genügend U-235 vorhanden ist.

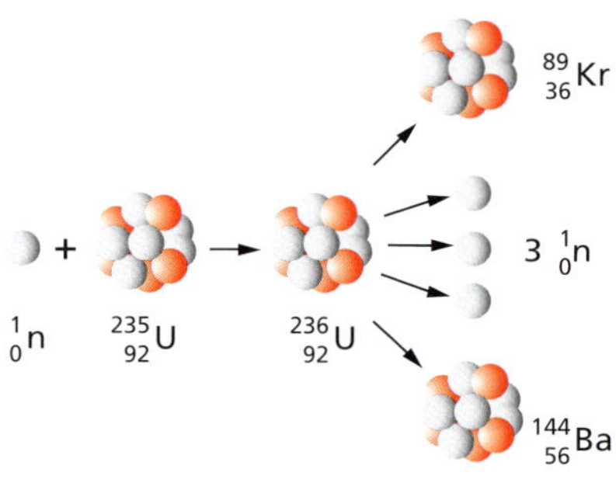

Spätere Untersuchungen haben gezeigt, dass Uran-236 nicht nur in Krypton und Barium zerfallen kann, sondern dass auch viele andere Zerfälle auftreten.

Sind genügend Uranatome vorhanden und haben die Neutronen die „richtige" Geschwindigkeit, so kann es zu einer **Kettenreaktion** kommen.

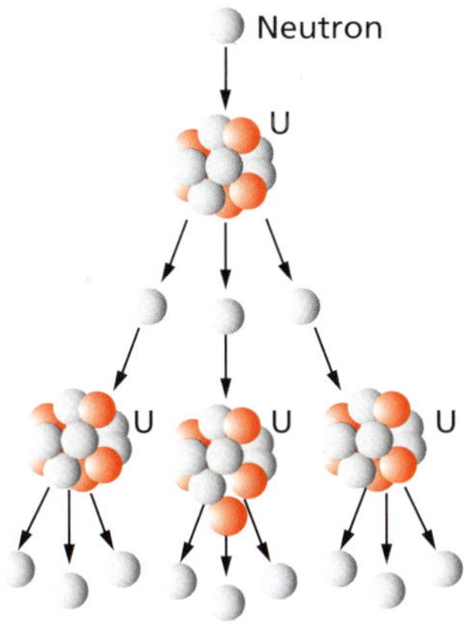

Eine **gesteuerte Kettenreaktion** wird z. B. in den Reaktoren von Kernkraftwerken genutzt, um Energie zu erzeugen (↗ S. 348).

Eine **ungesteuerte Kettenreaktion** erfolgt bei der Zündung einer Atombombe.

Die erste **Atombombe** wurde 1945 auf einem Versuchsgelände in den USA gezündet.
Das erste **Kernkraftwerk** wurde 1954 in der Sowjetunion in Betrieb genommen.

Kernfusion

Kernspaltung ist die eine Möglichkeit, um Energie aus dem Atom zu gewinnen. Dabei wird jeweils ein schwerer Atomkern in zwei mittelschwere Atomkerne aufgespalten.
Die zweite Möglichkeit der Energiegewinnung aus dem Atom besteht in der Kernfusion.

> Unter Kernfusion versteht man die Verschmelzung leichter Atomkerne zu schwereren. Dabei wird Energie freigesetzt.

Kernfusionen vollziehen sich ständig im Innern der Sonne und anderer Sterne. Dabei wird viel Energie freigesetzt.
Nachfolgend sind vereinfacht die Prozesse dargestellt, die im Innern der Sonne vor sich gehen. Der Vorgang wird als **Heliumsynthese** oder als **Proton-Proton-Zyklus** bezeichnet.

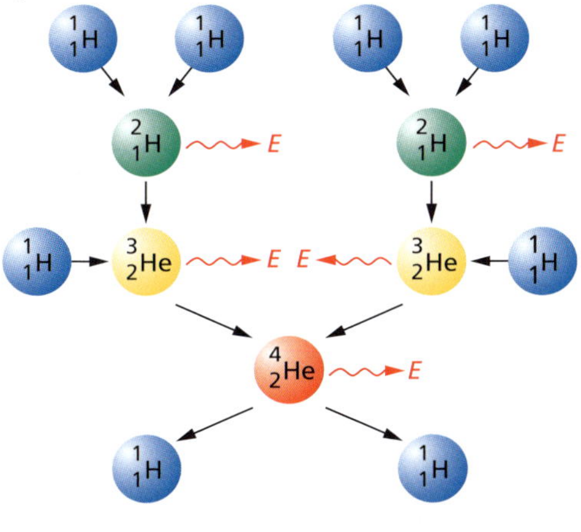

Der Vorgang verläuft von oben nach unten. Erläuterungen dazu sind auf Seite 336 gegeben.

6

Die Sonne besteht im Wesentlichen aus Wasserstoff und Helium. Unter hohem Druck ($p \approx 10^{16}$ Pa) und bei hoher Temperatur ($T \approx 1{,}6 \cdot 10^7$ K) gehen im Innern der Sonne ständig folgende Prozesse vor sich (s. Schema ↗ S. 335):

- Je zwei Wasserstoffkerne (Protonen) schmelzen zu schwerem Wasserstoff (Deuterium). Dabei wird Energie freigesetzt.
- Im nächsten Schritt verschmelzen Wasserstoff und schwerer Wasserstoff zu Helium-3. Auch dabei wird wieder Energie frei.
- Im letzten Schritt verschmelzen zwei Heliumkerne dann unter Energiefreisetzung zu Helium-4.

Insgesamt entsteht bei diesem Prozess Helium, während Wasserstoff verbraucht wird.

Dabei verschmelzen in der Sonne in jeder Sekunde 567 Mio. Tonnen Wasserstoff zu 562,8 Mio. Tonnen Helium. Es tritt in jeder Sekunde ein Massendefekt von 4,2 Mio. Tonnen auf.

Diesem Massendefekt entspricht eine Energie von $3{,}8 \cdot 10^{26}$ J. Diese Energie wird in jeder Sekunde von der Sonne in Form von Strahlung abgegeben.

Nach heutigen Schätzungen reicht der Wasserstoffvorrat der Sonne aus, damit sie noch ca. 5 Milliarden Jahre mit der Intensität wie heute strahlen kann.

Ähnlich wie bei der Kernspaltung gibt es auch bei der Kernfusion seit Jahrzehnten Untersuchungen zu ihrer Realisierung auf der Erde.

Eine **ungesteuerte Kernfusion** erfolgt bei Wasserstoffbomben. Eine **gesteuerte Kernfusion** konnte bisher noch nicht realisiert werden.

▶ Den Zusammenhang zwischen Masse und Energie hat **ALBERT EINSTEIN** (1879–1955) in der berühmten Gleichung $E = m \cdot c^2$ beschrieben.

▶ Das gegenwärtige Alter der Sonne wird auf über 4 Milliarden Jahre geschätzt, ihre gesamte Lebensdauer auf mindestens 10 Milliarden Jahre.

6.2.2 Gesetz des Kernzerfalls und Kernreaktionen

Ist zu einem bestimmten Zeitpunkt eine Anzahl N von Atomen eines radioaktiven Stoffes vorhanden, so wandelt sich in einer bestimmten Zeit die Hälfte der Atomkerne um. In der gleichen Zeit zerfällt dann die Hälfte der Hälfte usw.

Diese Zeit wird als **Halbwertszeit** bezeichnet.

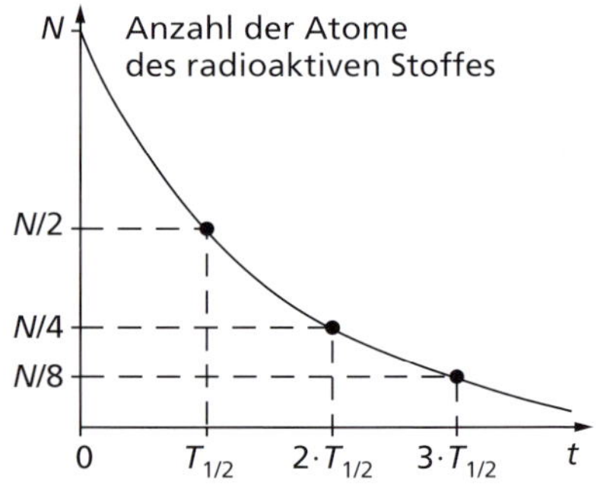

> Die Halbwertszeit gibt an, in welcher Zeit jeweils die Hälfte der vorhandenen instabilen Atomkerne zerfällt.
>
> Formelzeichen: $T_{1/2}$
>
> Einheit: eine Sekunde (1 s)

Die Halbwertszeit verschiedener radioaktiver Stoffe schwankt zwischen Bruchteilen von Sekunden und Milliarden Jahren.

Nuklid	Halbwertszeit	Art der Strahlung
Barium-137	2,55 min	γ
Caesium-137	30,17 a	β^-, γ
Cobalt-60	5,3 a	β^-, γ
Iod-131	8,04 d	β^-
Kohlenstoff-14	5730 a	β^-
Natrium-22	2,6 a	β^+, γ
Plutonium-239	24390 a	α
Radium-226	1600 a	α, γ
Radon-220	55,6 s	α
Uran-235	$700 \cdot 10^6$ a	α
Uran-238	$4{,}5 \cdot 10^9$ a	α

Um die Strahlenbelastung gering zu halten, nutzt man für medizinische Anwendungen Nuklide mit kurzer Halbwertszeit, z. B. Iod-123 mit einer Halbwertszeit von 12,3 h oder Technetium-99 mit einer Halbwertszeit von 6 h.

Das Gesetz des Kernzerfalls lässt sich auch als Gleichung formulieren.

Für den Kernzerfall gilt das Zerfallsgesetz:

$$N = N_0 \cdot \left(\frac{1}{2}\right)^{\frac{t}{T_{1/2}}}$$

- N Anzahl der nicht zerfallenen Atomkerne
- N_0 Anzahl der zum Zeitpunkt $t = 0$ vorhandenen, nicht zerfallenen Atomkerne
- t Zeit
- $T_{1/2}$ Halbwertszeit

Mithilfe des Gesetzes des Kernzerfalls ist es möglich, eine **Altersbestimmung** archäologischer Funde durchzuführen. Genutzt wird dabei vor allem die **C-14-Methode** (↗ S. 346).

Von 1000 g eines radioaktiven Nuklids sind nach 3 Jahren noch 250 g dieses Nuklids vorhanden. Der Rest ist in andere Nuklide zerfallen. *Wie groß ist die Halbwertszeit?*

Analyse:
Die Aufgabe kann durch inhaltliche Überlegungen gelöst werden, wenn man von der Definition der Halbwertszeit (↗ S. 336) ausgeht. Da zwischen der Anzahl der Atome und der Masse direkte Proportionalität besteht, können die Überlegungen auch anhand der Masse durchgeführt werden.

M ↗ S. 56

Gesucht: $T_{1/2}$
Gegeben: bei $t = 0$: $m = 1000$ g
bei $t = 3$a: $m = 250$ g

Lösung:
In einer Halbwertszeit zerfällt die Hälfte der vorhandenen Atomkerne, in der nächsten Halbwertszeit die Hälfte der Hälfte. Also sind nach zwei Halbwertszeiten noch 250 g des Nuklids vorhanden. Folglich ist $T_{1/2} = 3\text{a} : 2 = 1{,}5\text{a}$.

Ergebnis:
Die Halbwertszeit des radioaktiven Nuklids beträgt 1,5 Jahre.

6

Kernreaktionen

Kernumwandlungen lassen sich ähnlich wie Reaktionen von Stoffen in der Chemie in Form von Reaktionsgleichungen schreiben. Im Unterschied zu chemischen Reaktionen werden sie als **Kernreaktionen** bezeichnet.

▶ Massenzahlen und die Kernladungszahlen (↗ S. 330) müssen auf der linken und der rechten Seite des Pfeils gleich groß sein. Wegen der unterschiedlichen Ladungen sind die Vorzeichen zu beachten.

■ Beschießt man das Silberisotop Ag-107 mit Neutronen, so wird es unter Abgabe von γ-Strahlung in Cadmium umgewandelt.
Die Reaktionsgleichung lautet:

$$^{107}_{47}\mathrm{Ag} + {}^{1}_{0}\mathrm{n} \longrightarrow {}^{108}_{48}\mathrm{Cd} + {}^{0}_{-1}\mathrm{e} + \gamma$$

Dem englischen Physiker JAMES CHADWICK gelang 1932 der Nachweis von Neutronen. Er beschoss Beryllium-9 mit doppelt positiv geladenen Heliumkernen (α-Teilchen).
Die Reaktionsgleichung lautet:

$$^{9}_{4}\mathrm{Be} + {}^{4}_{2}\alpha \longrightarrow {}^{12}_{6}\mathrm{C} + {}^{1}_{0}\mathrm{n}$$

Viele Jahrhunderte lang versuchten Alchemisten Gold herzustellen. Das gelang keinem. Durch Kernumwandlung erzeugte ENRICO FERMI erstmals 1934 Gold. Er beschoss Platinatome mit Neutronen und erhielt Goldatome:

$$^{196}_{78}\mathrm{Pt} + {}^{1}_{0}\mathrm{n} \longrightarrow {}^{197}_{78}\mathrm{Pt} \longrightarrow {}^{197}_{79}\mathrm{Au} + {}^{0}_{-1}\mathrm{e}$$

6.2.3 Radioaktive Strahlung

Arten radioaktiver Strahlung

Bei allen Kernumwandlungen tritt radioaktive Strahlung auf. Es gibt α-Strahlung, β-Strahlung und γ-Strahlung.

α-Strahlung	β-Strahlung	γ-Strahlung
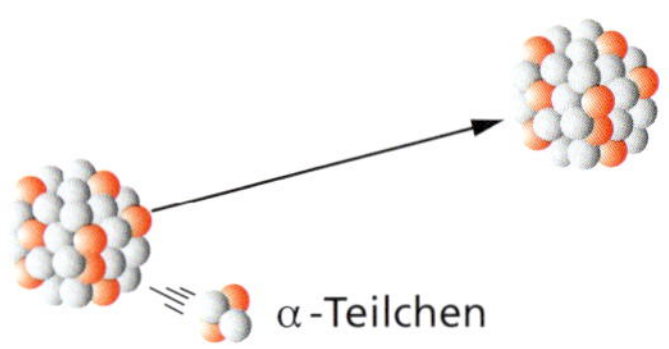	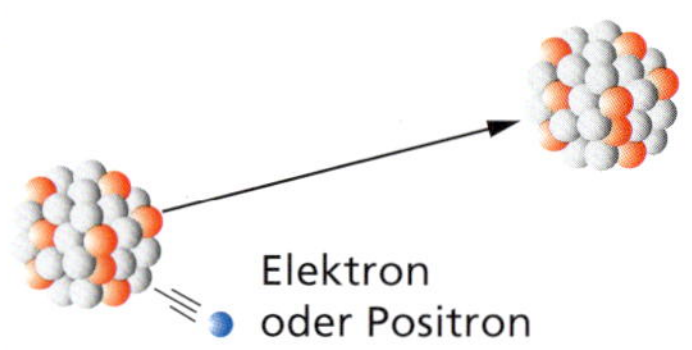	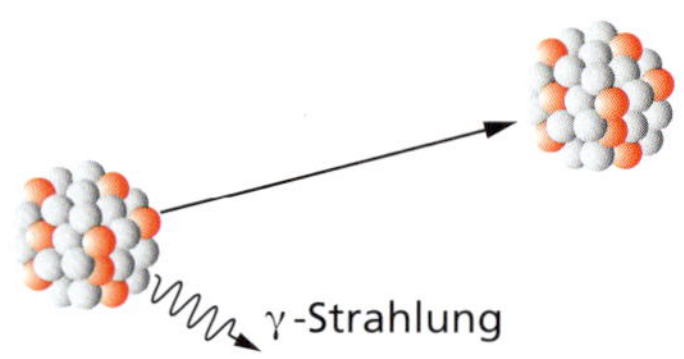
Die Strahlung besteht aus doppelt positiv geladenen Heliumkernen (α-Teilchen).	Die Strahlung besteht aus negativ geladenen Elektronen (β^--Strahlung) oder positiv geladenen Positronen (β^+-Strahlung).	Die Strahlung ist eine sehr energiereiche elektromagnetische Strahlung kleiner Wellenlänge.
■ $^{226}_{88}\mathrm{Ra} \longrightarrow {}^{222}_{86}\mathrm{Rn} + {}^{4}_{2}\alpha$	■ $^{214}_{82}\mathrm{Ra} \longrightarrow {}^{214}_{83}\mathrm{Rn} + {}^{0}_{-1}\mathrm{e}$ $^{30}_{15}\mathrm{P} \longrightarrow {}^{30}_{14}\mathrm{Si} + {}^{0}_{+1}\mathrm{e}$	■ $^{208}_{82}\mathrm{Pb}^* \longrightarrow {}^{208}_{82}\mathrm{Pb} + \gamma$

Eigenschaften radioaktiver Strahlung

Radioaktive Strahlung hat eine Reihe von Eigenschaften, die für ihre Wirkungen, ihren Nachweis und ihre Anwendungen von Bedeutung sind.

> Radioaktive Strahlung besitzt Energie.

Die Energie der verschiedenen Arten von Strahlung kann sehr unterschiedlich sein. Sie hängt stark von der jeweiligen Strahlungsquelle ab.

Dadurch können Gase ionisiert, Filme geschwärzt und Zellen verändert werden.

> Radioaktive Strahlung breitet sich von einer Strahlungsquelle aus geradlinig aus.

α- und β-Strahlung werden aber durch elektrische und magnetische Felder abgelenkt, γ-Strahlung dagegen nicht. Die Richtung der Ablenkung ergibt sich aus der Rechte-Hand-Regel (↗ S. 237).

Ablenkung radioaktiver Strahlung

im elektrischen Feld	im magnetischen Feld

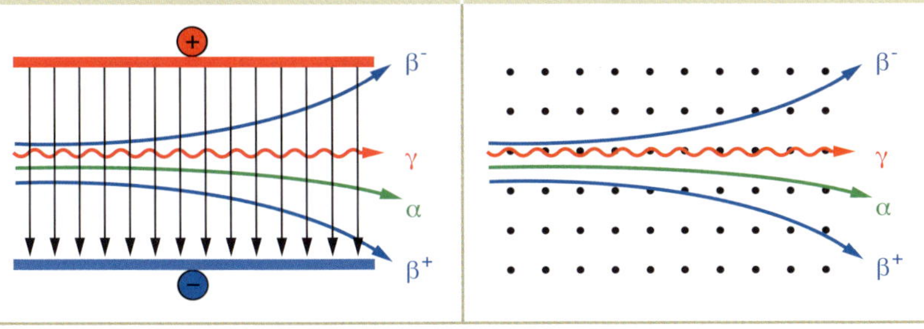

γ-Strahlen sind elektromagnetische Wellen kleiner Wellenlänge. Elektromagnetische Wellen (↗ S. 255) werden durch elektrische und magnetische Felder nicht abgelenkt.

M ↗ S. 45

> Radioaktive Strahlung kann Stoffe durchdringen.

Das Durchdringungsvermögen radioaktiver Strahlung ist abhängig
- von der Art der Strahlung,
- von der Intensität (Energie) der Strahlung,
- von der Art des durchstrahlten Stoffs,
- von der Dicke des durchstrahlten Stoffs.

Das Durchdringungsvermögen von α-Strahlung ist am kleinsten, das von γ-Strahlung am größten.

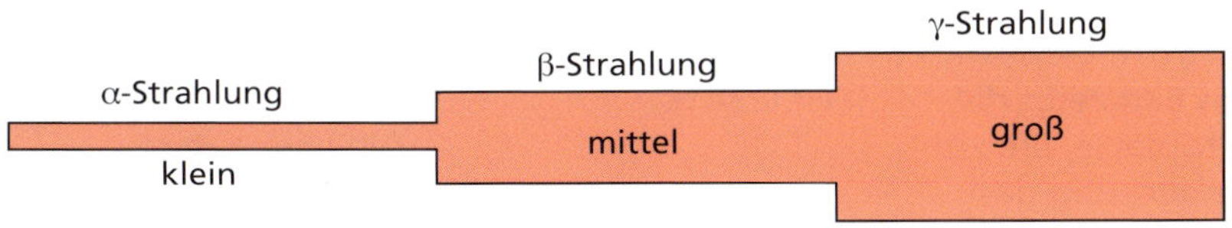

α-Strahlung wird schon durch Papier abgeschirmt.

Das Verhältnis des Durchdringungsvermögens von α-, β- und γ-Strahlung beträgt etwa 1 : 100 : 10 000.

6

Radioaktive Strahlung wird durch Stoffe absorbiert.

Das Absorptionsvermögen eines Stoffs für radioaktive Strahlung hängt ab
- von der Art des Stoffs,
- von der Dicke des Stoffs, die durchdrungen wird,
- von der Art der radioaktiven Strahlung.

▶ Besonders geeignet zur Abschirmung radioaktiver Strahlung ist Blei.

M ↗ S. 45

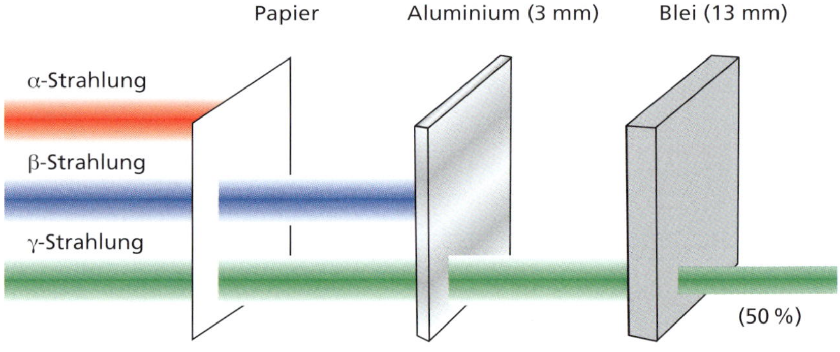

In Luft beträgt die Reichweite von α-Strahlung 4 bis 6 cm, die von β-Strahlung mehrere Meter.

Nachweis radioaktiver Strahlung

Zum Nachweis radioaktiver Strahlung nutzt man deren Eigenschaften. Nachfolgend sind in der Übersicht einige Möglichkeiten dargestellt.

Fotografische Schicht	Zählrohr	Nebelkammer
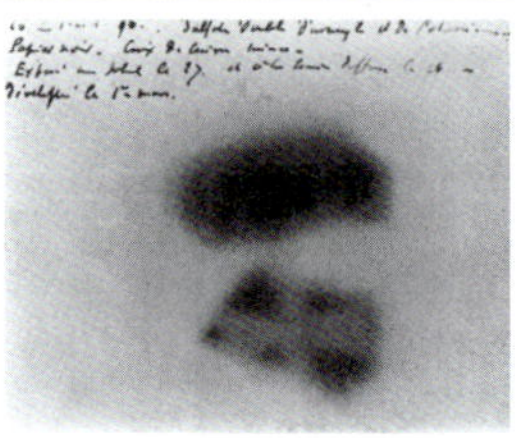	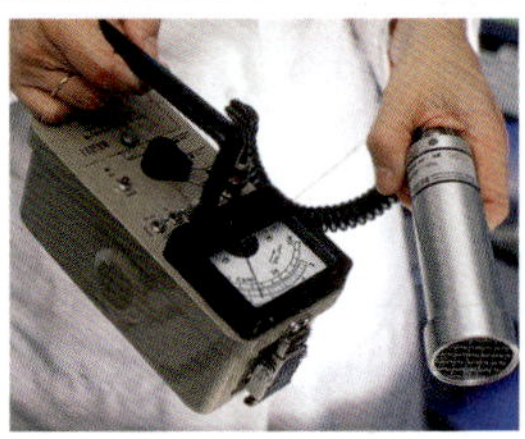	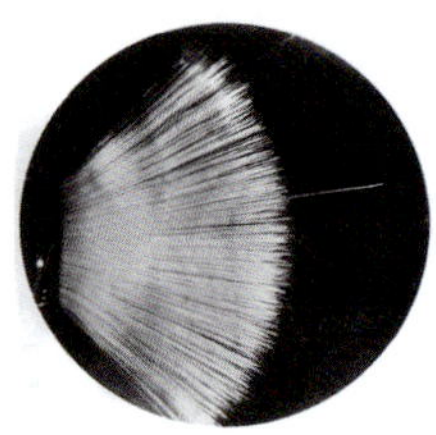
Ein Film wird an den Stellen, an denen radioaktive Strahlung auftrifft, geschwärzt. Das Bild zeigt die Fotoplatte, die zur Entdeckung der Radioaktivität durch BECQUEREL 1896 führte.	Bei einem Zählrohr wird die ionisierende Wirkung radioaktiver Strahlung genutzt (↗ S. 341).	Bei einer Nebelkammer (↗ S. 341) wird die ionisierende Wirkung radioaktiver Strahlung genutzt. Die Länge der Nebelspur ist ein Maß für die Energie der Strahlung.

Bei Personen, die beruflich mit radioaktiver Strahlung zu tun haben, erfolgt eine Kontrolle der Strahlenbelastung mithilfe von **Dosimeterplaketten.**
Die Dosimeterplakette enthält einen lichtdicht eingepackten Film, der monatlich kontrolliert wird.
Fenster aus Kupfer bzw. Blei unterschiedlicher Dicke ermöglichen es, die monatliche Strahlenbelastung abzuschätzen.

M ↗ S. 42

Radioaktive Strahlung kann auch mit einem **Geiger-Müller-Zählrohr** nachgewiesen werden.

▶ Dieses Nachweisgerät wurde 1928 von den deutschen Physikern **HANS GEIGER** (1882–1945) und **WALTHER MÜLLER** (1905–1979) entwickelt und ist nach ihnen benannt.

M ↗ S. 43

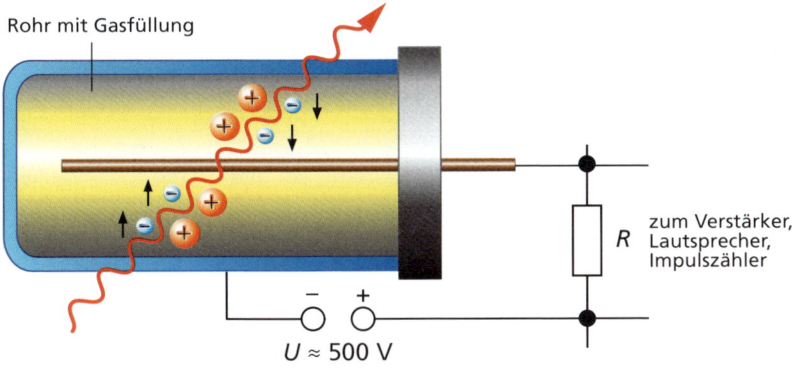

Durch radioaktive Strahlung wird das Gas ionisiert. Die Ionen wandern zu den beiden Elektroden. Es kommt zu einem kurzzeitigen Stromfluss und damit zu einem Spannungsstoß am Widerstand R.
Dieser Spannungsstoß wird verstärkt. Er ist im Lautsprecher als Knacken hörbar und kann mit einem Zähler registriert werden.
Die Bahnen radioaktiver Strahlung können mit einer **Nebelkammer** sichtbar gemacht werden.
Ihre Wirkungsweise beruht auf einer Erscheinung, die man häufig am Himmel beobachten kann: Hinter Flugzeugen bilden sich Kondensstreifen. Sie zeigen die Bahn des Flugzeugs, wobei das Flugzeug selbst manchmal gar nicht zu erkennen ist.

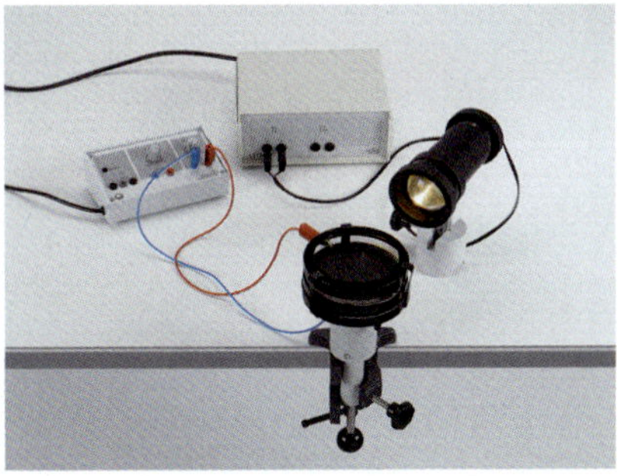

▶ Die erste Nebelkammer wurde von dem englischen Physiker **C. P. R. WILSON** (1869–1959) gebaut. Deshalb ist auch die Bezeichnung „Wilsonsche Nebelkammer" gebräuchlich.

Ähnlich ist das bei einer Nebelkammer: Im Innern befindet sich Ethanoldampf, am Rand eine Strahlungsquelle. Längs der Bahnen radioaktiver Strahlung bilden sich Ionen, an die sich Dampfmoleküle anlagern und kleine Tröpfchen bilden, die bei seitlicher Beleuchtung als Spuren sichtbar werden.

Größen zur Erfassung radioaktiver Strahlung

Radioaktivität lässt sich nicht mit unseren Sinnesorganen erfassen. Sie kann nur mithilfe spezieller Messeinrichtungen nachgewiesen werden. Dabei wird zwischen den physikalischen Größen **Aktivität, Energiedosis** und **Äquivalentdosis** unterschieden.

▶ Benannt ist die Einheit nach **HENRI BECQUEREL** (1852–1908), dem Entdecker der natürlichen Radioaktivität.

> Die Aktivität eines Körpers gibt an, wie viele Kerne in einer bestimmten Zeit zerfallen und dabei radioaktive Strahlung abgeben.
>
> Formelzeichen: A
>
> Einheiten: ein Becquerel (1 Bq)
> $1\ \text{Bq} = 1 \cdot \text{s}^{-1}$

Ein Körper hat eine Aktivität von 1 Bq, wenn ein Kernzerfall je Sekunde auftritt. Im Unterricht genutzte Strahlenquellen haben Aktivitäten von etwa 5 kBq bis etwa 400 kBq.

1 g Radium hat eine Aktivität von etwa 37 Mrd. Becquerel.
Das bedeutet: Bei 1 g Radium zerfallen in jeder Sekunde 37 Milliarden Kerne.

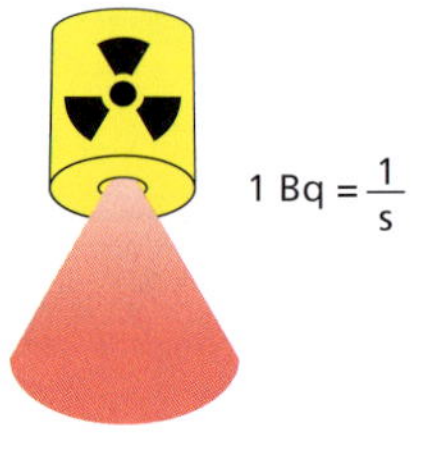

> Die Aktivität kann berechnet werden mit der Gleichung:
>
> $A = \frac{\Delta N}{\Delta t}$ ΔN Anzahl der Kernzerfälle
> Δt Zeitintervall

Die Aktivität von Strahlungsquellen kann mithilfe von Zählrohren experimentell ermittelt werden.

▶ Die Einheit ist nach dem englischen Physiker **L. H. GRAY** (1905–1965) benannt.

> Die Energiedosis gibt an, wie viel Energie ein Kilogramm eines Stoffs durch Strahlung aufnimmt.
>
> Formelzeichen: D
>
> Einheiten: ein Gray (1 Gy)
> 1 Gy = 1 J/kg

Ein Körper, der je Kilogramm eine Energie von 1 Joule aufnimmt, erhält somit eine Energiedosis von 1 Gray.
Beim Menschen führt bei einer Ganzkörperbestrahlung eine Energiedosis von ca. 6 Gy zum Tode.

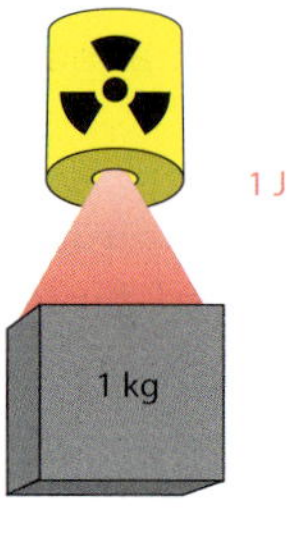

Die Energiedosis kann berechnet werden mit der Gleichung:

$D = \frac{E}{m}$ — E von einem Körper aufgenommene Strahlungsenergie; m Masse des Körpers

Die biologische Wirkung radioaktiver Strahlung auf einen Körper hängt nicht nur davon ab, wie viel Strahlung der Körper aufnimmt, sondern auch von der Art der Strahlung. Diese Wirkung wird durch die **Äquivalentdosis** erfasst.

6

Die Äquivalentdosis kennzeichnet die von einem Körper aufgenommene Energiedosis unter Berücksichtigung biologischer Wirkungen.

Formelzeichen: D_q

Einheiten: ein Sievert (1 Sv)
1 Sv = 1 J/kg

Benannt ist die Einheit nach dem schwedischen Strahlenforscher **ROLF SIEVERT** (1898–1966).

Diese biologischen Wirkungen hängen im Wesentlichen von der Art der radioaktiven Strahlung ab. Sie hängen auch davon ab, welche Körperteile bestrahlt werden und über welchen Zeitraum hinweg die Strahlung erfolgt.

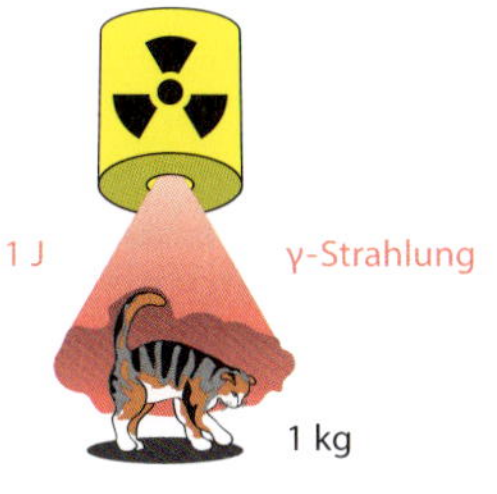

Die Äquivalentdosis kann mit der folgenden Gleichung berechnet werden:

$D_q = D \cdot q = \frac{E}{m} \cdot q$ — D Energiedosis; q Qualitätsfaktor

Der Faktor q wird auch als Bewertungsfaktor bezeichnet.

Der Qualitätsfaktor ist ein Erfahrungswert und hängt von der Art der Strahlung ab.

Nach gegenwärtigen Erkenntnissen treten bei Menschen bereits bei kurzzeitiger Strahlenbelastung ab 250 mSv Schäden auf. Eine Belastung von 5 000 mSv ist tödlich.
Für Menschen, die beruflich Strahlung ausgesetzt sind (z.B. in der Medizin, in der Forschung, in Kernkraftwerken), gilt z.Z. ein Grenzwert von 20 mSv pro Jahr.
Die Strahlenbelastung solcher Personen wird ständig kontrolliert.

Strahlungsart	Qualitätsfaktor q
β-Strahlung γ-Strahlung Röntgenstrahlung	1
langsame Neutronen	2,3
schnelle Neutronen	10
α-Strahlung	20

Eine Person ($m = 60$ kg) nimmt durch γ-Strahlung insgesamt eine Energie von 1 Joule auf.
Wie groß ist in diesem Fall die Äquivalentdosis?

Analyse:

M ↗ S. 57 f.

Die Äquivalentdosis kann mit der Gleichung $D_q = D \cdot q$ berechnet werden. Für γ-Strahlung ist der Qualitätsfaktor $q = 1$.

Gesucht: D_q
Gegeben: $m = 60$ kg
$E = 1$ J
$q = 1$

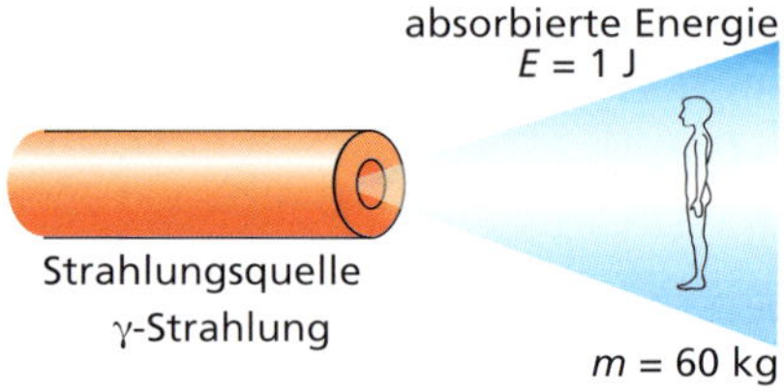

Lösung:

$$D_q = D \cdot q$$

$$D = \frac{E}{m}$$

$$D_q = \frac{E}{m} \cdot q$$

$$D_q = \frac{1\ \text{J}}{60\ \text{kg}} \cdot 1$$

$$\underline{D_q = 0{,}017\ \text{Sv}}$$

Ergebnis:
Die Äquivalentdosis beträgt für die Person 17 mSv.

Der natürlichen Strahlenbelastung sind alle Lebewesen seit Jahrtausenden ausgesetzt. Sie ist Teil unserer natürlichen Umwelt.

Strahlenbelastung

Aufgrund der natürlichen Radioaktivität sowie durch technische Geräte und Anlagen sind wir alle ständig einer Strahlenbelastung ausgesetzt. Die nachfolgende Übersicht zeigt die mittlere Strahlenbelastung in der Bundesrepublik Deutschland.

Art der Strahlung	Äquivalentdosis
von der Umgebung (Erde) ausgehende Strahlung	0,4 mSv/Jahr
kosmische Strahlung	0,3 mSv/Jahr
Strahlung durch die aufgenommene Nahrung/Luft	1,7 mSv/Jahr
Medizinische Untersuchungen einschließlich Röntgenuntersuchungen	1,5 mSv/Jahr
Strahlung durch Kernkraftwerke, Kernwaffenversuche	0,01 mSv/Jahr
Strahlung durch Bildschirm des Fernsehapparats und des Computers	0,02 mSv/Jahr
Gesamtbelastung	≈ 4 mSv/Jahr

Die durchschnittliche Strahlenbelastung beträgt in Deutschland im Mittel 4 mSv/Jahr. Sie kann aber von Ort zu Ort sehr unterschiedlich sein. So beträgt z. B. die von der Umgebung ausgehende Strahlung (terrestrische Strahlung) in Norddeutschland (Mecklenburg-Vorpommern, Brandenburg, Schleswig-Holstein, Niedersachsen) ca. 0,15 mSv/Jahr, erreicht im Erzgebirge ca. 1 mSv/Jahr und im Bayerischen Wald örtlich 1,5 mSv/Jahr.

Biologische Wirkungen ionisierender Strahlung

Ionisierende Strahlung kann Veränderungen an Zellen hervorrufen und bei hoher Dosierung zu Strahlenschäden bis hin zum Tod führen.

▶ Röntgenstrahlung ist biologisch ebenso wirksam wie radioaktive Strahlung. Man fasst alle biologisch wirksamen Strahlungen unter dem Begriff **ionisierende Strahlung** zusammen.

Ob Strahlenschäden eintreten oder nicht, ist vor allem abhängig von
- der Art der Strahlung,
- der Energiedosis,
- der Dauer der Einwirkung,
- der Empfindlichkeit der bestrahlten Organe. Besonders empfindlich sind Knochenmark, Lymphknoten und Keimzellen.

Achtung!
Ionisierende Strahlung

Besonders gefährlich ist eine kurzzeitige hohe Strahlenbelastung. Über Schäden durch geringe Strahlenbelastung über einen längeren Zeitraum hinweg liegen keine eindeutigen Erkenntnisse vor.

Bei organischem Gewebe, vor allem bei hoch entwickelten Säugetieren und beim Menschen, können zwei Arten von Strahlenschäden auftreten:

Somatische Schäden wirken sich auf den Gesundheitszustand des betreffenden Lebewesens (Menschen) aus.

Genetische Schäden wirken sich erst bei den Nachkommen aus.

Mögliche Schäden sind in der Übersicht rechts dargestellt.

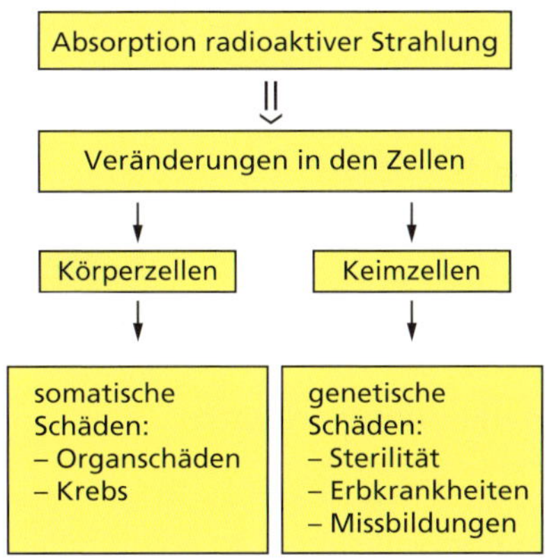

Da durch ionisierende Strahlung Schäden auftreten können, gilt als Grundsatz:

> Die Strahlung, der man sich aussetzt, sollte so gering wie möglich sein.

Die wichtigsten Maßnahmen zum Schutz vor Strahlung sind:
- Zu Quellen ionisierender Strahlung ist ein möglichst großer Abstand zu halten.
- Strahlungsquellen sind möglichst vollständig abzuschirmen, z. B. mit Blei.
- Mit Strahlungsquellen sollte nur kurzzeitig experimentiert werden.
- Radioaktive Substanzen dürfen nicht in den Körper gelangen. Beim Umgang mit solchen Substanzen sind Essen und Trinken verboten.

▶ Als Regel kann man sich merken:
Abstand halten
Abschirmen
Aufnahme verhindern

6.3 Anwendungen kernphysikalischer Erkenntnisse

Altersbestimmung (C-14-Methode)

▶ Das Alter von Gesteinen lässt sich in analoger Weise mit der Uran-Blei-Methode abschätzen.

M ↗ S. 42

Mit der C-14-Methode kann man das Alter organischer Überreste bestimmen. Die Grundlagen für diese Methode bestehen in Folgendem:

- Der radioaktive Kohlenstoff-14 entsteht in der Luft durch Kernumwandlung von Stickstoff infolge des ständigen „Beschusses" mit Neutronen der Höhenstrahlung.
  Man kann davon ausgehen, dass dieser Prozess seit Jahrtausenden vor sich geht und der Anteil an C-14-Isotopen in der Atmosphäre weitgehend gleich war und ist.
- Alle Pflanzen nehmen bei der Assimilation das radioaktive C-14 und das nicht radioaktive C-12 auf. Pflanzen werden von Tieren gefressen. Menschen essen Pflanzen und Tiere. In allen Lebewesen gibt es dadurch ein festes Verhältnis von C-14 und C-12.
- Mit dem Tod eines Lebewesens oder einer Pflanze hört die Aufnahme von Kohlenstoff auf. Der Anteil von C-14 am Kohlenstoff des toten Materials nimmt mit einer Halbwertszeit von 5 730 Jahren ab. Aus dem Mengenverhältnis von C-14 und C-12 kann auf das Alter eines Funds geschlossen werden.

▶ Der durchschnittliche Fehler liegt bei dieser Art der Altersbestimmung bei ±200 Jahren.

Beim Fund einer Mumie beträgt der C-14-Anteil nur noch die Hälfte des heutigen Anteils. Daraus kann man folgern: Es muss einmal die Halbwertszeit vergangen sein, also:
$1 \cdot 5\,730$ Jahre
$= 5\,730$ Jahre.

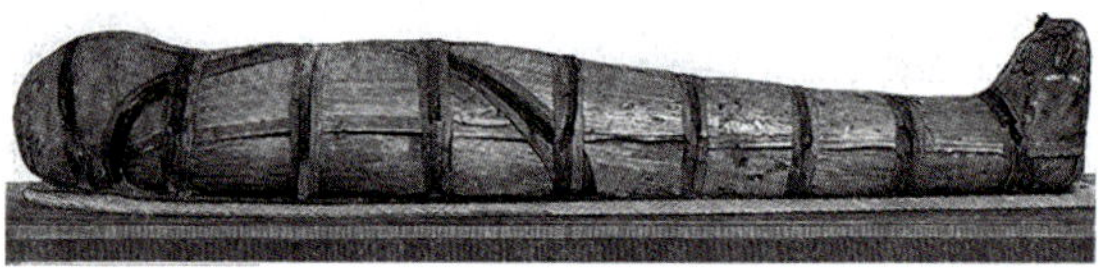

Markierungsverfahren

▶ Die Untersuchungsmethode wird als Szintigrafie bezeichnet, das entstehende Bild als Szintigramm.

Radioaktive Nuklide können genutzt werden, um den Weg von Stoffen im menschlichen Körper, bei Pflanzen und Tieren, in Rohrleitungen oder im Erdboden zu verfolgen.

Zur Untersuchung der Schilddrüse wird radioaktives Iod injiziert. Iod reichert sich besonders stark in der Schilddrüse an.
Die Stärke der registrierten radioaktiven Strahlung lässt Rückschlüsse auf die Iodkonzentration in der Schilddrüse und auf mögliche krankhafte Veränderungen zu.
In der Technik können mithilfe des Markierungsverfahrens Dichtheitsprüfungen und Strömungsmessungen durchgeführt werden.

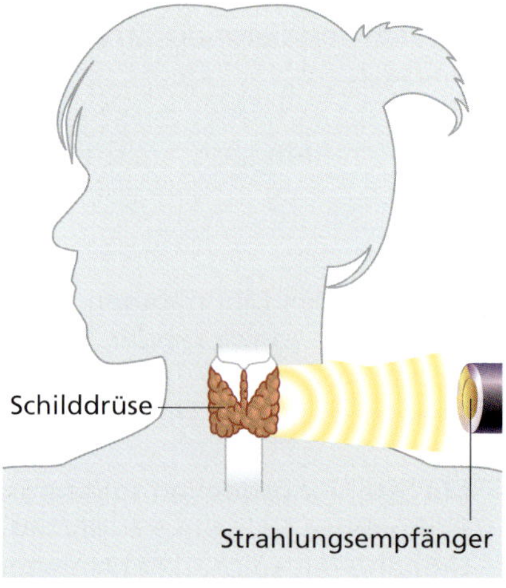

Durchstrahlungsverfahren

Werkstücke (Papier, Folien, Stahlwände, Schweißnähte) werden durchstrahlt und die hindurchgelassene Strahlenintensität gemessen. M ↗ S. 42

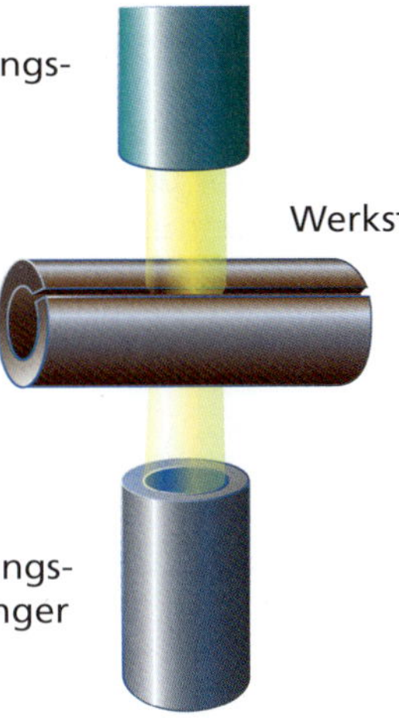

Sind Einschlüsse in einem Werkstück vorhanden oder verändert sich die Dicke von Folien, so verändert sich die absorbierte Strahlung und damit die beim Strahlungsempfänger ankommende Strahlung.

Das Durchstrahlungsverfahren wird z. B. genutzt
- zu Dickenmessungen (Folien- und Papierherstellung, ↗ Abb. oben),
- zu Füllstandsmessungen (Bestimmung des Füllstands von Behältern),
- zur Überprüfung der Qualität von Schweißnähten und massiven Werkstücken.

Bestrahlungsverfahren

Durch radioaktive Strahlung können in Stoffen chemische, biologische oder physikalische Veränderungen hervorgerufen werden.
So wird z. B. durch die radioaktive Strahlung die Keimung von Kartoffeln und Zwiebeln verhindert und damit ihre Lagerfähigkeit verbessert.

Das Bestrahlungsverfahren wird auch bei der Tumorbehandlung angewendet, um Krebszellen abzutöten.

Bei allen Anwendungen radioaktiver Strahlung ist zu beachten, dass diese Strahlung Lebewesen schädigen kann und deshalb stets die notwendigen Sicherheitsvorkehrungen getroffen werden müssen.

▶ Das erste Kernkraftwerk der Welt wurde 1954 in Obninsk bei Moskau in Betrieb genommen.
In Deutschland waren 2013 insgesamt neun Kernkraftwerke in Betrieb, die ca. 11 % des Elektroenergiebedarfs erzeugten.

Kernkraftwerke

Kernkraftwerke dienen der Erzeugung von Elektroenergie.

Das Kernstück eines Kernkraftwerks ist ein Kernreaktor, in dem eine **gesteuerte Kernspaltung** stattfindet. Im Bild befindet sich der Kernreaktor unter der kuppelförmigen Betonhülle vorn.
Wesentlich größer sind die Kühltürme, in denen sich das erhitzte Wasser abkühlt.

Im Kernreaktor selbst befindet sich das spaltbare Material, meist angereichertes Uran mit 3,5 % U-235 und 96,5 % U-238.
Das Foto zeigt einen Blick in das Innere eines Kernreaktors.

M ↗ S. 42

Die nachfolgende Übersicht zeigt den prinzipiellen Aufbau eines Kernkraftwerks und die Energieumwandlungen in ihm. Dargestellt ist ein Kraftwerk mit Druckwasserreaktor.

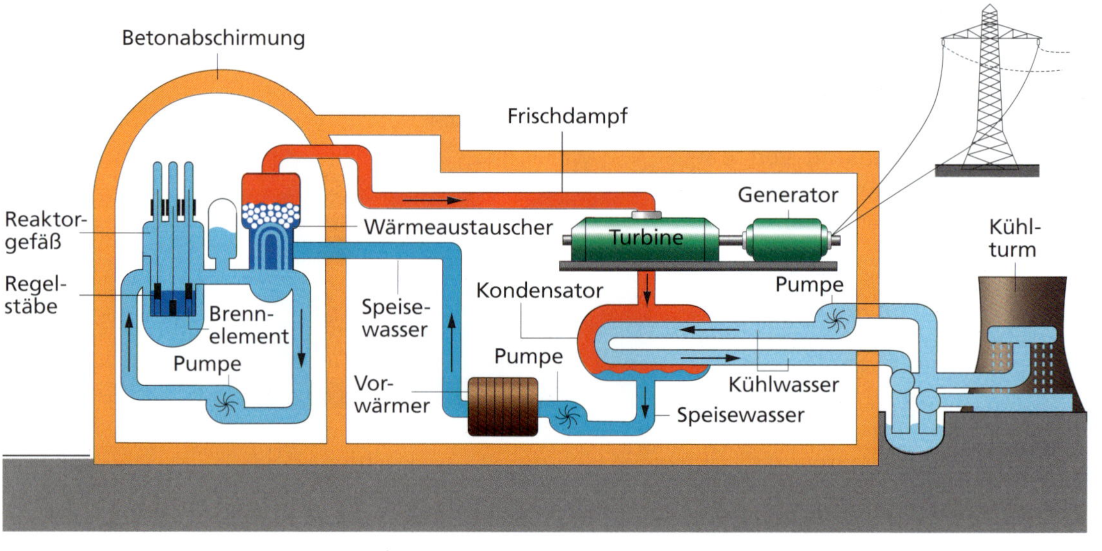

Für den Betrieb eines Kernkraftwerks muss gewährleistet sein, dass die Kernspaltung kontinuierlich und steuerbar abläuft.
Dazu ist es erforderlich, dass
- genügend spaltbares Material vorhanden ist; die mindestens notwendige Masse wird als **kritische Masse** bezeichnet;
- Neutronen existieren, welche die für eine Kernspaltung notwendige Geschwindigkeit haben;
- die Neutronenzahl reguliert und damit die Kernspaltung gesteuert werden kann.

Das spaltbare Material befindet sich in **Brennstoffstäben** (↗ Bild rechts). Es ist in der Regel ein Gemisch aus U-233, U-235, U-238 und Pu-239, meistens in Kugel- oder Tablettenform.
Die bei Kernspaltung frei werdenden schnellen Neutronen werden durch **Moderatoren** (Wasser, Grafit) abgebremst und können dann als langsame Neutronen weitere Urankerne spalten.

Durch **Regelstäbe** aus Bor oder Cadmium wird die Kettenreaktion gesteuert. Bor und Cadmium absorbieren Neutronen. Je tiefer die Regelstäbe in den Reaktor hineingefahren werden, umso mehr Neutronen werden absorbiert.

Beim Betrieb jedes Kernkraftwerkes fällt radioaktiver Abfall an. Das ist strahlendes Material mit teilweise hoher Radioaktivität. Für den Umgang mit solchem radioaktiven Abfall gibt es heute zwei Möglichkeiten:
- Ein Teil des Abfalls muss über viele Jahrhunderte oder Jahrtausende hinweg sicher in einem Endlager aufbewahrt werden. Eine solche Endlagerung soll in Schächten, z. B. in ehemaligen Salzbergwerken, erfolgen.
- Abgebrannte Brennstäbe können wieder aufbereitet werden. Solche Aufbereitungsanlagen existieren z. B. in La Hague (Frankreich) und in Sellafield (Großbritannien).

Dabei entstehen allerdings auch radioaktive Abfälle, die über Jahrhunderte oder -tausende hinweg sicher gelagert werden müssen.

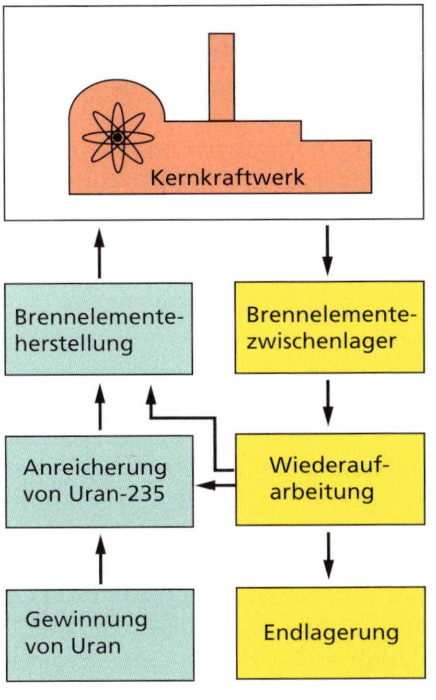

Das ungelöste Problem der sicheren Endlagerung von radioaktivem Abfall ist neben den Gefahren beim Betrieb von Kernkraftwerken ein gewichtiges Argument für einen Ausstieg aus der Kernenergie.

Zwischenlager befinden sich in Deutschland z. B. im ehemaligen Bergwerk in Gorleben (Niedersachsen), in Lagern bei Ahaus (Nordrhein-Westfalen) und bei Lubmin (Mecklenburg-Vorpommern).

Ein **GAU** (**g**rößter **a**nzunehmender **U**nfall) ereignete sich 1986 im ukrainischen Kernkraftwerk Tschernobyl. In Fukushima kam es 2013 nach einem Tsunami zu Kernschmelzen in Reaktoren.

Kernwaffen

Zu den Kernwaffen gehören Atombomben, Wasserstoffbomben und Waffen, bei denen besonders eine Strahlenart wirksam ist (z. B. Neutronenbomben).

Die erste Atombombe, eine Plutoniumbombe, explodierte am 16. Juli 1945 auf einem Versuchsgelände in New Mexico (USA). Der erste und letzte Einsatz von Atombomben erfolgte am 6. 8. 1945 (Hiroshima, Japan) und am 9. 8. 1945 (Nagasaki, Japan) durch die USA, die zu dieser Zeit der einzige Staat waren, der über Atomwaffen verfügte.

Atombomben sind Waffen, bei denen eine ungesteuerte Kernspaltung (↗ S. 335) erfolgt.

Das Grundprinzip besteht darin, dass zwei oder mehrere Teilmassen mit spaltbarem Material vorhanden sind. Die Massen sind so klein, dass keine Kettenreaktion zustande kommt. Werden diese Teilmassen aufeinander geschossen, so ist eine überkritische Masse (↗ S. 349) vorhanden.

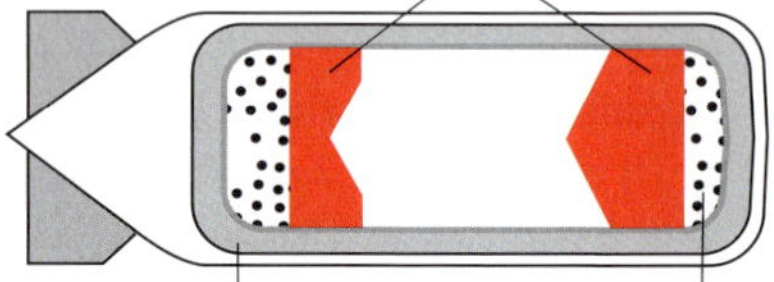

Es beginnt eine ungesteuerte Kettenreaktion, bei der in Bruchteilen von Sekunden eine riesige Energie freigesetzt wird.

Die Wirkungen einer Atombombe bestehen darin, dass
- die frei werdende Energie einen riesigen Feuerball hoher Temperatur erzeugt, in dem selbst Metalle schmelzen, und der Brände hervorruft;
- eine starke Druckwelle von großer zerstörerischer Wirkung entsteht;
- eine radioaktive Verseuchung des Gebiets mit Spätfolgen für Menschen und Tiere erfolgt.

Die erste Wasserstoffbombe wurde 1952 durch die USA getestet. Seit 1953 verfügte auch die Sowjetunion über Wasserstoffbomben.

Wasserstoffbomben sind Waffen, bei denen eine ungesteuerte Kernfusion (↗ S. 335) erfolgt.

Das Grundprinzip besteht darin, dass der für eine Kernfusion erforderliche hohe Druck und die notwendige hohe Temperatur durch eine „normale" Atombombe erzeugt werden.

Eine Atombombe wirkt somit als „Zünder" für eine Wasserstoffbombe und setzt eine ungesteuerte Kernfusion in Gang. Da bei einer Wasserstoffbombe noch wesentlich mehr Energie freigesetzt wird als bei einer Atombombe, hat sie eine unvorstellbar große zerstörerische Wirkung.

Heute verfügen eine ganze Reihe von Staaten über Kernwaffen. Dazu gehören die USA, Russland, Frankreich, Großbritannien, China, Indien, Pakistan und Nordkorea sowie sehr wahrscheinlich Israel. Weitere Staaten sind in der Lage, Kernwaffen herzustellen.

Aufgrund der Gefährlichkeit dieser Waffen gibt es seit Jahrzehnten Bemühungen, ihre weitere Verbreitung zu begrenzen und das existierende Kernwaffenarsenal allmählich abzubauen.

Periodensystem der Elemente

H[1)] : Gas
Br[1)] : Flüssigkeit
Mg[1)] : Feststoff
■ : Nichtmetall
■ : Halbmetall
■ : Metall
* : Alle Isotope dieses Elements sind radioaktiv.

Protonenzahl (Ordnungszahl): 5 — Atommasse in u ($u = 1{,}66 \cdot 10^{-27}$ kg): 10,81 — Elektronegativität: 2,0 — Elementsymbol: B — Elementname: Bor

Periode	Hauptgruppe I	Hauptgruppe II	Nebengruppe III	Nebengruppe IV	Nebengruppe V	Nebengruppe VI	Nebengruppe VII	Nebengruppe VIII	Nebengruppe VIII	Nebengruppe VIII	Nebengruppe I	Nebengruppe II	Hauptgruppe III	Hauptgruppe IV	Hauptgruppe V	Hauptgruppe VI	Hauptgruppe VII	Hauptgruppe VIII
1	1 H 1,008 2,1 Wasserstoff																	2 He 4,00 Helium
2	3 Li 6,94 1,0 Lithium	4 Be 9,01 1,5 Beryllium											5 B 10,81 2,0 Bor	6 C 12,01 2,5 Kohlenstoff	7 N 14,007 3,0 Stickstoff	8 O 15,999 3,5 Sauerstoff	9 F 18,998 4,0 Fluor	10 Ne 20,18 Neon
3	11 Na 22,99 0,9 Natrium	12 Mg 24,31 1,2 Magnesium											13 Al 26,98 1,5 Aluminium	14 Si 28,09 1,8 Silicium	15 P 30,97 2,1 Phosphor	16 S 32,06 2,5 Schwefel	17 Cl 35,45 3,0 Chlor	18 Ar 39,95 Argon
4	19 K 39,10 0,8 Kalium	20 Ca 40,08 1,0 Calcium	21 Sc 44,96 1,3 Scandium	22 Ti 47,90 1,5 Titanium	23 V 50,94 1,6 Vanadium	24 Cr 51,996 1,6 Chromium	25 Mn 54,94 1,5 Mangan	26 Fe 55,85 1,8 Eisen	27 Co 58,93 1,8 Cobalt	28 Ni 58,70 1,8 Nickel	29 Cu 63,55 1,9 Kupfer	30 Zn 65,38 1,6 Zink	31 Ga 69,72 1,6 Gallium	32 Ge 72,59 1,8 Germanium	33 As 74,92 2,0 Arsen	34 Se 78,96 2,4 Selen	35 Br 79,90 2,8 Brom	36 Kr 83,80 Krypton
5	37 Rb 85,47 0,8 Rubidium	38 Sr 87,62 1,0 Strontium	39 Y 88,91 1,3 Yttrium	40 Zr 91,22 1,4 Zirconium	41 Nb 92,91 1,6 Niobium	42 Mo 95,94 1,8 Molybdän	43 Tc* [97] 1,9 Technetium	44 Ru 101,07 2,2 Ruthenium	45 Rh 102,91 2,2 Rhodium	46 Pd 106,4 2,2 Palladium	47 Ag 107,87 1,9 Silber	48 Cd 112,41 1,7 Cadmium	49 In 114,82 1,7 Indium	50 Sn 118,69 1,8 Zinn	51 Sb 121,75 1,9 Antimon	52 Te 127,60 2,1 Tellur	53 I 126,90 2,5 Iod	54 Xe 131,30 Xenon
6	55 Cs 132,91 0,7 Caesium	56 Ba 137,33 0,9 Barium	57–71 Lanthanoide	72 Hf 178,49 1,3 Hafnium	73 Ta 180,95 1,5 Tantal	74 W 183,85 1,7 Wolfram	75 Re 186,21 1,9 Rhenium	76 Os 190,2 2,2 Osmium	77 Ir 192,22 2,2 Iridium	78 Pt 195,09 2,2 Platin	79 Au 196,97 2,4 Gold	80 Hg 200,59 1,9 Quecksilber	81 Tl 204,37 1,8 Thallium	82 Pb 207,2 1,8 Blei	83 Bi 208,98 1,9 Bismut	84 Po* [209] 2,0 Polonium	85 At* [210] 2,2 Astat	86 Rn* [222] Radon
7	87 Fr* [223] 0,7 Francium	88 Ra* [226] 0,9 Radium	89–103 Actinoide	104 Rf* [261] Rutherfordium	105 Db* [262] Dubnium	106 Sg* [262] Seaborgium	107 Bh* [262] Bohrium	108 Hs* [262] Hassium	109 Mt* [266] Meitnerium	110 Ds* [281] Darmstadtium	111 Rg* [283] Roentgenium	112 Cn* [285] Copernicium	113 Nh ~287 Nihonium	114 Fl ~289 Flerovium	115 Mc ~288 Moscovium	116 Lv ~293 Livermorium	117 Ts ~292 Tenness	118 Og ~294 Oganesson

Lanthanoide	Actinoide
57 La 138,91 1,1 Lanthan	89 Ac* [227] 1,1 Actinium
58 Ce 140,12 1,1 Cerium	90 Th* 232,04 1,3 Thorium
59 Pr 140,91 1,1 Praseodymium	91 Pa* 231,04 1,5 Protactinium
60 Nd 144,24 1,1 Neodymium	92 U* 238,03 1,4 Uranium
61 Pm* [145] 1,1 Promethium	93 Np* 237,05 1,3 Neptunium
62 Sm 150,35 1,2 Samarium	94 Pu* [244] 1,3 Plutonium
63 Eu 151,96 1,2 Europium	95 Am* [243] 1,3 Americium
64 Gd 157,25 1,2 Gadolinium	96 Cm* [247] 1,3 Curium
65 Tb 158,92 1,2 Terbium	97 Bk* [247] 1,3 Berkelium
66 Dy 162,50 1,2 Dysprosium	98 Cf* [251] 1,3 Californium
67 Ho 164,93 1,2 Holmium	99 Es* [254] 1,3 Einsteinium
68 Er 167,26 1,2 Erbium	100 Fm* [257] 1,3 Fermium
69 Tm 168,93 1,2 Thulium	101 Md* [258] 1,3 Mendelevium
70 Yb 173,04 1,2 Ytterbium	102 No* [259] 1,3 Nobelium
71 Lu 174,97 1,2 Lutetium	103 Lr* [260] 1,3 Lawrencium

[ ] Die umklammerten Werte für die Atommasse geben die Massenzahl des Isotops mit der größten Halbwertszeit an.

1) Aggregatzustand bei 25 °C (298 K) und 1013,25 hPa

ALBERT EINSTEIN (1879–1955) begründete 1905 die spezielle Relativitätstheorie.

6.4 Grenzen der klassischen Physik

Die Physik, die bis zum Jahr 1900 betrieben wurde, nennt man klassische Physik. Mit ihr lassen sich viele Erscheinungen und Vorgänge in Natur, Technik und Alltag gut beschreiben und erklären. Gesetze der klassischen Physik sind z. B. die newtonschen Gesetze oder die Bewegungsgesetze für gleichförmige und gleichmäßig beschleunigte Bewegungen. Untersuchungen und theoretische Überlegungen führten Anfang des 20. Jahrhunderts zu zwei neuen physikalischen Theorien, die das bis dahin anerkannte physikalische Weltbild veränderten – die **Relativitätstheorie** von A. EINSTEIN und die **Quantentheorie**, begründet von M. PLANCK.

Die spezielle Relativitätstheorie

M ↗ S. 30

Die klassische Physik basiert auf der Annahme, dass sich Körper in einem absoluten Raum und in einer absoluten Zeit bewegen. Raum und Zeit beeinflussen sich nicht und sind vom Bewegungszustand eines Körpers unabhängig. Alle Versuche, einen absoluten Raum nachzuweisen, schlugen allerdings fehl.
A. EINSTEIN entwickelte mit seiner speziellen Relativitätstheorie eine völlig neue Vorstellung von Raum und Zeit: Beide sind nicht unabhängig voneinander, sondern eng miteinander verbunden. Ein entscheidendes Postulat von EINSTEIN ist das Folgende:

▶ Die Vakuumlichtgeschwindigkeit ist damit eine Grenzgeschwindigkeit.

> Licht breitet sich im Vakuum unabhängig vom Bewegungszustand der Lichtquelle und des Beobachters immer mit $c = 299\,792\ \frac{km}{s}$ aus.

Allein schon dieses Postulat widerspricht nicht nur unseren Erfahrungen, sondern auch der klassischen Mechanik (siehe Skizzen unten). Und trotzdem ist es richtig.
Die Relativitätstheorie führt bei schnell bewegten Körpern zu Gesetzen und Folgerungen, die unseren Erfahrungen widersprechen – wir haben keine Erfahrungen mit sehr großen Geschwindigkeiten.

▶ Schnelle Bewegung bedeutet: Die Geschwindigkeit beträgt mehr als 10 % der Vakuumlichtgeschwindigkeit, also mehr als $30\,000\ \frac{km}{s}$.

Als Beispiele seien folgende Gesetze genannt:
- Körper, die sich relativ zu einem Beobachter schnell bewegen, erscheinen für diesen in Bewegungsrichtung verkürzt.

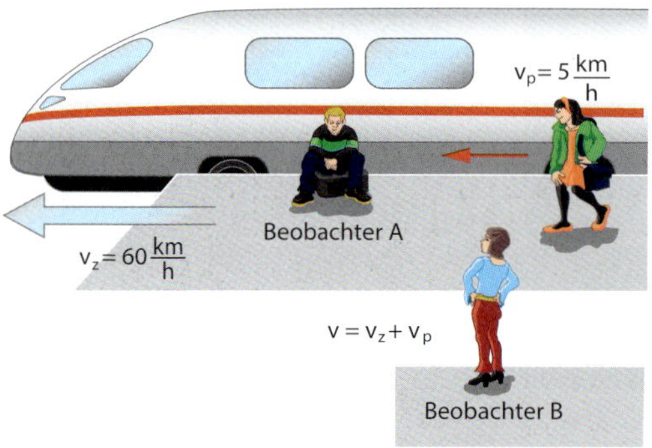

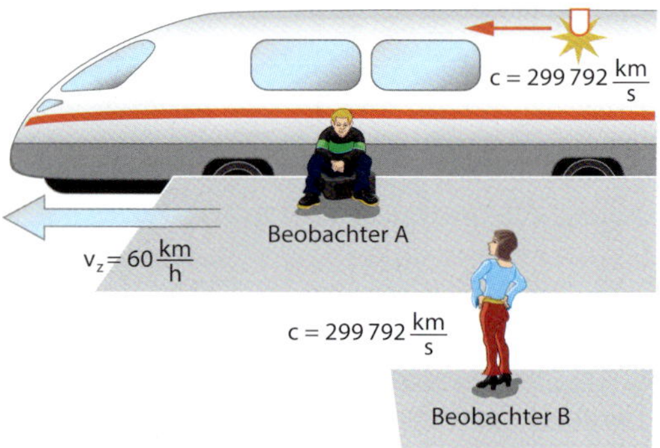

- Uhren, die sich relativ zu einem Beobachter schnell bewegen, gehen für diesen Beobachter langsamer.
- Geschwindigkeiten addieren sich stets so, dass ihre Summe kleiner oder höchstens gleich der Vakuumlichtgeschwindigkeit ist.
- Mit zunehmender Geschwindigkeit vergrößert sich die Masse eines Körpers.

MAX PLANCK (1858–1947) gilt als Begründer der Quantentheorie.

Und EINSTEIN gab in seiner Relativitätstheorie auch die vielleicht bekannteste physikalische Gleichung an:

> Zwischen der Masse eines Körpers und seiner Energien gibt es einen engen Zusammenhang. Es gilt:
>
> $E = m \cdot c^2$

Energie E und Masse m sind nicht unabhängig voneinander, sondern eng miteinander verknüpft.
Das ist eine der physikalischen Grundlagen zur Erklärung der bei Kernspaltung und Kernfusion frei werdenden Energie.

Die Quantentheorie

M ↗ S. 30

Die zweite Theorie, die das physikalische Weltbild zu Beginn des letzten Jahrhunderts gravierend verändert hat, ist die Quantentheorie. Sie betrifft den Bereich der kleinsten Objekte, die wir kennen, und die man deshalb als **Quantenobjekte** bezeichnet. Zu diesen Quantenobjekten gehören Elektronen, Protonen und Neutronen, aber auch Atome und Moleküle oder Photonen.
Diese Quantenobjekte haben Eigenschaften, die sich nur noch mit komplizierten mathematischen Methoden beschreiben lassen. Es sollen deshalb hier auch nur ein paar wichtige Erkenntnisse der Quantenphysik dargestellt werden, die sich anschaulich deuten lassen:
- Quantenobjekte besitzen neben Teilcheneigenschaften auch Welleneigenschaften. Vom Licht ist uns das bekannt, es gilt aber für alle Quantenobjekte.
- Quantenobjekte verhalten sich oft stochastisch. Das bedeutet: Versuchsergebnisse können bei Versuchen mit einzelnen Quantenobjekten nicht vorausgesagt werden. Bei einer großen Anzahl von Quantenobjekten sind Wahrscheinlichkeitsaussagen möglich.
- Ort und Geschwindigkeit eines Quantenobjekts können nicht gleichzeitig genau angegeben werden. Eine der Größen ist stets in gewissen Grenzen unbestimmt. Das bedeutet z. B. für Elektronen in der Atomhülle: Elektronen bewegen sich nicht auf Bahnen. Sie besitzen Teilchen- und Welleneigenschaften.

▶ Man kann nur eine Wahrscheinlichkeit für den Ort angeben, an dem sich ein Elektron aufhält.

Wichtig ist: Relativitätstheorie und Quantenphysik sind wichtige Grundlagen der modernen Physik und auch vieler Technologien, die heute genutzt werden.
Beispiele dafür sind Navigationssysteme (GPS) oder Rastertunnelmikroskope.

Atom- und Kernphysik

Atome bestehen aus einer negativ geladenen Atomhülle mit Elektronen sowie einem positiv geladenen Atomkern mit Protonen und Neutronen.

Massenzahl A

$^{235}_{92}\mathrm{U}$

Anzahl der Protonen Z

$A = Z + N$

Neutronenzahl N: $N = A - Z$

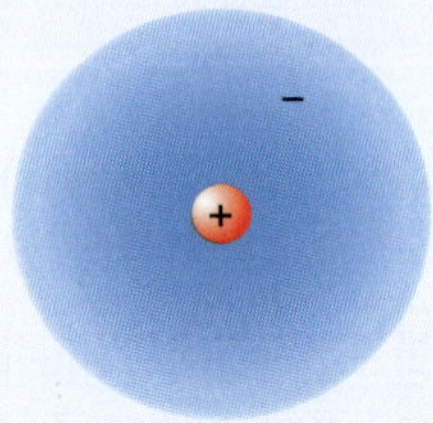

Von den in der Natur vorkommenden Nukliden und den künstlich erzeugten Nukliden sind viele radioaktiv. Sie senden bei Kernumwandlungen ionisierende Strahlung aus.

α-Strahlung	**β-Strahlung**	**γ-Strahlung**
besteht aus doppelt positiv geladenen Heliumkernen.	besteht aus Elektronen (β^-) oder Positronen (β^+).	ist eine energiereiche elektromagnetische Strahlung.
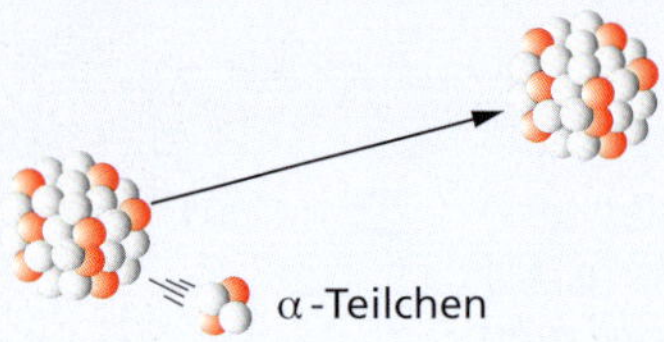	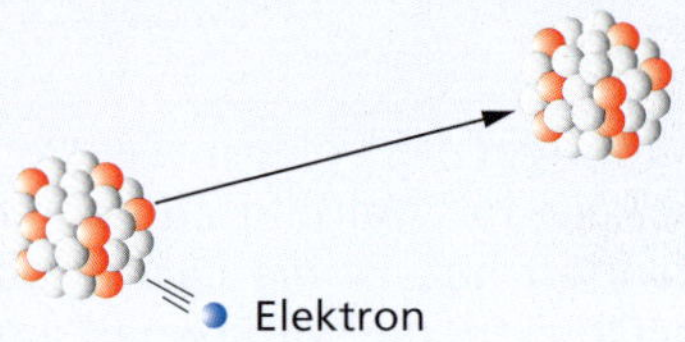	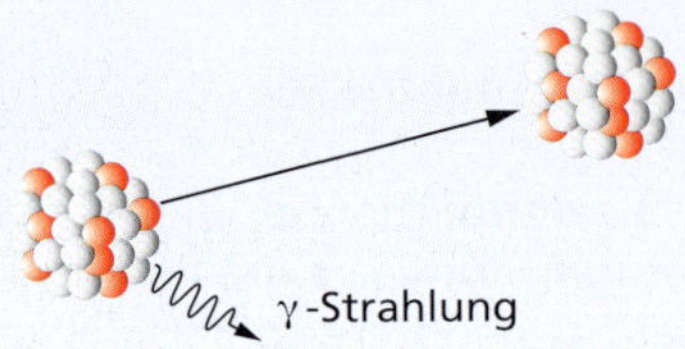

Radioaktive Strahlung
- besitzt Energie,
- kann Gase ionisieren, Filme schwärzen, Zellen schädigen,
- kann Stoffe in unterschiedlicher Weise durchdringen,
- wird teilweise (α-, β-Strahlung) in elektrischen und magnetischen Feldern abgelenkt.

Die Strahlung, der man sich aussetzt, sollte so gering wie möglich sein.

Bei Kernumwandlungen wird Energie freigesetzt. Das wird bei **Kernspaltung** und bei **Kernfusion** genutzt.

Kernspaltung
Ein schwerer Kern wird in zwei mittelschwere Kerne gespalten. Dabei wird Energie frei.
- Kernkraftwerk
- Atombombe

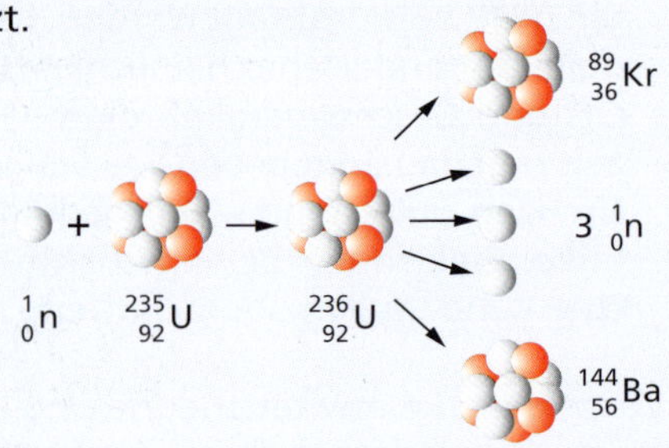

Energie in Natur und Technik | 7

7

7.1 Energie, Energieträger und Energieformen

Die Energie

Die Einheit 1 J ist nach dem englischen Physiker **JAMES PRESCOTT JOULE** (1818–1889) benannt.

> Energie ist die Fähigkeit eines Körpers, mechanische Arbeit zu verrichten, Wärme abzugeben oder Licht auszusenden.
>
> Formelzeichen: *E*
> Einheit: ein Joule (1 J)

Vielfache der Einheit 1 J (sprich: ein dschul) sind 1 Kilojoule (1 kJ), 1 Megajoule (1 MJ) und 1 Gigajoule (1 GJ):

1 kJ = 1 000 J
1 MJ = 1 000 kJ = 1 000 000 J
1 GJ = 1 000 MJ = 1 000 000 kJ = 1 000 000 000 J

Weitere Einheiten für die Energie sind:

1 Newtonmeter (1 Nm)	1 Nm = 1 J
1 Wattsekunde (1 Ws)	1 Ws = 1 J
1 Steinkohleneinheit (1 SKE)	1 SKE = 29,3 MJ
1 Rohöleinheit (1 RÖE)	1 RÖE = 41,9 MJ

Die Einheiten SKE und RÖE werden in der Energiewirtschaft genutzt.

Energieformen und Energieträger

> Körper, die Energie besitzen, nennt man **Energiequellen** oder **Energieträger.**

Energie kann in unterschiedlichen Formen gespeichert und durch unterschiedliche Prozesse freigesetzt werden. Danach unterscheidet man verschiedene **Energieformen.**

Energien in Natur und Technik

Energieform	**Energieträger** (Beispiele)	**Energiebetrag**
chemische Energie	Benzin Dieselkraftstoff Heizöl Erdgas Stadtgas Steinkohle	31 MJ je Liter 36 MJ je Liter 36 MJ je Liter 31 MJ je Kubikmeter 17 MJ je Kubikmeter 30 MJ je Kilogramm
potenzielle Energie	Rammbär (m = 1 000 kg) um 1 m gehoben	10 kJ
kinetische Energie	Pkw (m = 1 000 kg) bei 100 km/h	386 kJ
thermische Energie	1 Liter Wasser, das sich von 100 °C auf 30 °C abkühlt	293 kJ
elektrische Energie	elektrischer Strom Glühlampe 60 W bei einer Stunde Betrieb	216 kJ

Mechanische Energie

Potenzielle Energie (Energie der Lage)

Körper, die aufgrund ihrer Lage mechanische Arbeit verrichten können, besitzen **potenzielle Energie** E_{pot}.
Ein Springer auf dem Sprungturm besitzt potenzielle Energie, die für die Bewegung (Beschleunigung) genutzt wird.

Kinetische Energie (Energie der Bewegung)

Körper, die aufgrund ihrer Bewegung mechanische Arbeit verrichten können, besitzen **kinetische Energie** E_{kin}.
Ein fahrendes Auto besitzt kinetische Energie, die bei einem Aufprall als Verformungsarbeit auftritt.

Thermische Energie

Körper, die aufgrund ihrer Temperatur Wärme abgeben oder Licht aussenden können, besitzen **thermische Energie** E_{therm}.
Der Rost auf einem Grill besitzt thermische Energie. Er gibt Wärme ab.

Chemische Energie

Körper, die bei chemischen Reaktionen Wärme abgeben, Arbeit verrichten oder Licht aussenden, besitzen **chemische Energie** E_{ch}.
Beim Verbrennen von Holz wird chemische Energie als Wärme und Licht freigesetzt.

Elektrische Energie

Körper, die aufgrund elektrischer Vorgänge Arbeit verrichten, Wärme abgeben oder Licht aussenden, besitzen **elektrische Energie** E_{el}.
Geladene Gewitterwolken besitzen elektrische Energie, die beim Blitz freigesetzt wird.

Magnetische Energie

Körper, die aufgrund ihrer magnetischen Eigenschaft Arbeit verrichten können, besitzen **magnetische Energie** E_{mag}.
Die magnetische Energie des Felds der Lasthebemagneten nutzt man zum Heben von Körpern.

Lichtenergie

Körper, die aufgrund ihrer Helligkeit Licht aussenden, besitzen **Lichtenergie** E_{Licht}.
Die Sonne und andere Lichtquellen senden u. a. Lichtenergie aus. Die Strahlung kann auch im nicht sichtbaren Bereich liegen (Strahlungsenergie).

Kernenergie

Durch Prozesse im Inneren von Atomkernen (Kernspaltung oder Kernfusion) wird **Kernenergie** E_{Kern} frei.
Im Kernkraftwerk werden die Atomkerne von Uran gespalten, wobei Kernenergie frei wird.

7.2 Umwandlung und Übertragung von Energie

Primärenergie, Sekundärenergie und Nutzenergie

Energie ist in der Natur in Energieträgern bzw. Energiequellen gespeichert. Energieträger, die in der Natur unmittelbar vorhanden sind, nennt man **Primärenergieträger.** Die in ihnen gespeicherte Energie ist die **Primärenergie.** Solche Primärenergieträger sind z.B. Holz, Braunkohle, Steinkohle, Erdöl, Erdgas, Uranerz, fließendes oder gestautes Wasser, Wind, Sonnenstrahlung und Erdwärme. Primärenergie kann vom Menschen in der Regel nicht oder nur in begrenztem Maße, z.B. zum Heizen, Beleuchten oder zum Antrieb von Maschinen und Anlagen, genutzt werden.

Primärenergie wird in vielfältigen Umwandlungsprozessen in Energieformen umgewandelt, die dem Menschen direkt von Nutzen sind. In der Regel wird Primärenergie zunächst in Sekundärenergie umgewandelt, die leichter zu transportieren, zu verteilen, zu lagern und besser in Nutzenergie für den Menschen umzuwandeln ist. **Sekundärenergie** ist eine Zwischenform zwischen Primärenergie und der nutzbringenden Energie (Nutzenergie).

▶ Im größeren Umfang kann man heute lediglich Erdgas als Primärenergieträger direkt zur Wärmeversorgung nutzen. Erdgas ist demzufolge gleichzeitig Sekundärenergieträger.

Sekundärenergieträger sind z.B. Briketts und Koks, die in Brikettfabriken und Kokereien aus Braun- und Steinkohle hergestellt werden. In Raffinerien werden aus Erdöl die Sekundärenergieträger Benzin, Heizöl und Dieselkraftstoff gewonnen. Fernwärme und elektrischen Strom kann man in verschiedenen Arten von Kraftwerken aus Steinkohle, Erdöl, Uran oder Erdgas erzeugen.

Die wichtigste Form der Sekundärenergie ist die elektrische Energie. Elektrische Energie kann sehr schnell und über große Entfernungen transportiert und verteilt werden. Man kann sie relativ leicht in Geräten, Maschinen und Anlagen in andere Formen von Nutzenergie umwandeln. Elektrische Energie ist deshalb heute die wertvollste und am häufigsten genutzte Sekundärenergie. Sie hat allerdings den Nachteil, dass sie nur in kleinen Mengen gespeichert werden kann.

> Bei physikalischen, chemischen oder biologischen Vorgängen kann Energie von einer Energieform in andere Energieformen umgewandelt werden. Energie kann auch von einem Körper auf andere Körper übertragen werden.

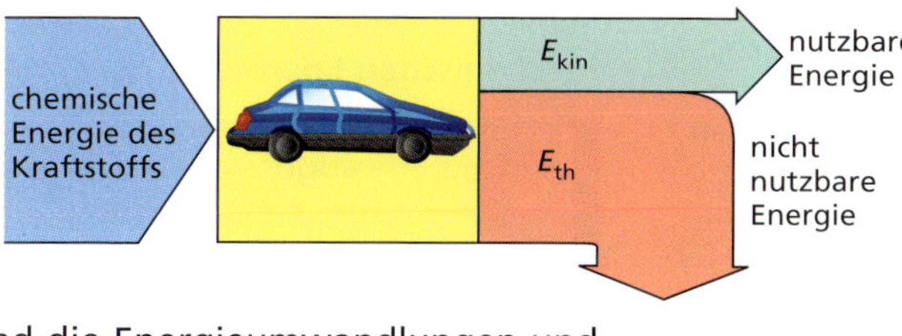

Prozesse der Energieübertragung und Energieumwandlung werden bei vielen Maschinen und Anlagen genutzt. Die Skizze zeigt die wichtigsten Energieumwandlungen bei einem Auto. Auf Seite 360 oben sind die Energieumwandlungen und -übertragungen bei einem **Wärmekraftwerk** dargestellt.

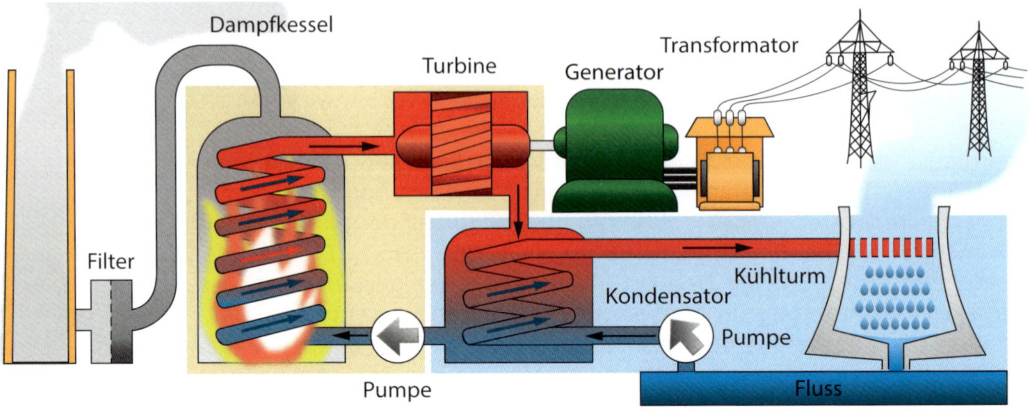

chemische Energie der Brennstoffe → thermische Energie des Dampfs → kinetische Energie von Turbine/Generator → elektrische Energie

Die Energieerhaltung

▶ Das Gesetz von der Erhaltung der Energie wurde zuerst von dem deutschen Arzt **JULIUS ROBERT MAYER** (1814–1878) und von dem englischen Physiker **JAMES PRESCOTT JOULE** (1818–1889) entdeckt.

Bei allen Prozessen der Umwandlung und Übertragung von Energie gilt das **Gesetz von der Erhaltung der Energie** (Energieerhaltungssatz):

> In einem abgeschlossenen System ist die Summe aller Energien stets konstant.
> Die Gesamtenergie bleibt erhalten.
>
> $E_1 + E_2 + E_3 \ldots = \text{konstant}$
>
> $E_1, E_2, E_3 \ldots$ verschiedene Energieformen

Ein Spezialfall dieses Gesetzes ist der **1. Hauptsatz der Wärmelehre** (↗ S. 187). Eine besonders klare Formulierung des Energieerhaltungssatzes stammt von HERMANN VON HELMHOLTZ (1821–1894):

> Energie kann weder erzeugt noch vernichtet werden, sondern nur von einer Form in andere Formen umgewandelt werden.

▶ Ein **Perpetuum mobile** ist eine Anordnung, die „sich unaufhörlich bewegt". Eine solche Anordnung widerspricht dem Energieerhaltungssatz. Trotzdem gab es viele Versuche, ein solches Perpetuum mobile zu bauen.

Speziell für mechanische Systeme gilt das **Gesetz von der Erhaltung der mechanischen Energie.**

> In einem abgeschlossenen mechanischen System ist die mechanische Energie stets konstant.
>
> $E = E_{pot} + E_{kin} = \text{konstant}$ E_{pot} potenzielle Energie
>
> $\Delta E = 0$ E_{kin} kinetische Energie

M ↗ S. 27

Mit einem Hubschrauber wird ein Behälter mit Beton der Masse 200 kg um 20 m gehoben.
Wie viel Energie muss durch den Hubschraubermotor insgesamt für den Hubvorgang geliefert werden, wenn der Hubschrauber selbst eine Masse von 1,4 t besitzt?

M ↗ S. 57 f.

Analyse:
Beim Heben des Behälters wird durch den Hubschraubermotor Hubarbeit W_{hub} verrichtet. Dadurch wird dem Behälter und dem Hubschrauber selbst potenzielle Energie E_{pot} zugeführt. Sieht man von allen anderen Energieumwandlungen ab, ist die zugeführte potenzielle Energie genauso groß wie die an dem Körper (Behälter, Hubschrauber) verrichtete Hubarbeit.

Bei der Lösung vieler Aufgaben kann man den Zusammenhang von Arbeit und Energieänderung anwenden:
$W = \Delta E$

Gesucht: $E_{pot,gesamt}$
Gegeben: $m_{Beh.} = 200$ kg
$m_{Hubschr.} = 1{,}4$ t $= 1\,400$ kg
$h = 20$ m

Lösung:

$W_{Hub} = F_G \cdot h$ $\quad F_{G,Beh.} = 2\,000$ N
$F_{G,Hubschr.} = 14\,000$ N

Für die Einheiten gilt:
1 Nm = 1 J

Da Hubarbeit und zugeführte potenzielle Energie gleich groß sind, gilt:

$$\Delta E_{pot} = F_G \cdot h$$

Für den Behälter erhält man:

$$\Delta E_{pot,Beh.} = 2\,000 \text{ N} \cdot 20 \text{ m}$$
$$\Delta E_{pot,Beh.} = 40\,000 \text{ Nm}$$
$$\underline{\Delta E_{pot,Beh.} = 40 \text{ kJ}}$$

Für den Hubschrauber erhält man:

$$\Delta E_{pot,Hubschr.} = 14\,000 \text{ N} \cdot 20 \text{ m}$$
$$\Delta E_{pot,Hubschr.} = 280\,000 \text{ Nm}$$
$$\underline{\Delta E_{pot,Hubschr.} = 280 \text{ kJ}}$$

Die gesamte Änderung der potenziellen Energie beträgt:

$$\Delta E_{pot,gesamt} = E_{pot,Beh.} + E_{pot,Hubschr.}$$
$$\Delta E_{pot,gesamt} = 40 \text{ kJ} + 280 \text{ kJ}$$
$$\underline{\Delta E_{pot,gesamt} = 320 \text{ kJ}}$$

Ergebnis:
Zum Heben des Behälters muss der Hubschrauber eine Energie von 40 kJ liefern. Zum Heben von Behälter und Hubschrauber zusammen muss der Motor des Hubschraubers eine Energie von insgesamt 320 kJ bereitstellen.

7

Die Energieentwertung

Die meisten Prozesse der Energieumwandlung und -übertragung, die in der Natur vorkommen, laufen von allein nur in einer Richtung ab.

- Heißer Tee gibt z.B. Wärme an die Umgebung ab. Seine Temperatur verringert sich. Von allein kann die Wärme der Umgebung nicht wieder entzogen werden, um den Tee zu erhitzen.
  Bei vielen Vorgängen wird die ursprünglich vorhandene Energie in thermische Energie umgewandelt, die in Form von Wärme an die Umgebung abgegeben wird.

- Auch bei periodisch ablaufenden Vorgängen wird die vorhandene Energie allmählich in thermische Energie der Umgebung umgewandelt.
  Bei einer Schaukel z.B. wird die mechanische Energie durch Reibung in thermische Energie umgewandelt und als Wärme abgegeben. Der periodische Schaukelprozess kommt zum Erliegen, wenn man nicht ständig neuen Schwung nimmt.

Die bei diesen Vorgängen entstehende thermische Energie kann nicht von selbst der Umgebung entzogen werden und ist damit nicht ohne Weiteres wieder nutzbar. Die wertvolle elektrische, mechanische oder chemische Energie wird in wertlose thermische Energie der Umgebung umgewandelt. Die ursprünglich vorhandene Energie wird **entwertet.**
Diese Erkenntnisse werden im **Gesetz über die Energieentwertung** zusammengefasst:

Bei allen Vorgängen in Natur und Technik entsteht thermische Energie. Diese thermische Energie kann der Umgebung von allein weder entzogen noch nutzbar gemacht werden.
Wärme geht niemals von selbst von einem Körper niedriger Temperatur auf einen Körper höherer Temperatur über.
Alle Vorgänge, bei denen thermische Energie auftritt, laufen von allein nur in einer Richtung ab.

▶ Dieses Gesetz wurde von **RUDOLF CLAUSIUS** (1822–1888) entdeckt.

▶ Im Alltag spricht man deshalb auch von „Energieverbrauch", da die Nutzbarkeit der Energie für den Menschen bei fast jedem Umwandlungsprozess abnimmt.

Dieses Gesetz wird **2. Hauptsatz der Wärmelehre** genannt.
Energieerhaltung und Energieentwertung treten bei allen Prozessen in Natur und Technik gleichzeitig auf. Die Gesamtenergie bleibt bei einem Vorgang stets erhalten. Hochwertige Energie wird jedoch in minderwertigere Energie bis hin zur thermischen Energie der Umgebung umgewandelt. Insofern wird hochwertige Energie „verbraucht" bzw. entwertet.

7.3 Energie in der belebten und unbelebten Natur

Die Energie der Sonne

Die **Sonne** ist die natürliche Energiequelle der Erde. Fast alle Energie auf der Erde ist letztlich umgewandelte Sonnenenergie.
Im Innern der Sonne werden gewaltige Energien freigesetzt und von der Sonnenoberfläche aus in den Weltraum abgestrahlt. Die in der Sonne freigesetzte Energie ist Kernenergie. Sie entsteht durch die Verschmelzung von Wasserstoffatomen zu Helium (↗ S. 335).
Die Energie, die als Strahlung die Obergrenze der Atmosphäre erreicht, ist relativ konstant. Würde diese Sonnenstrahlung nicht durch die Atmosphäre abgeschwächt werden, so könnte man auch auf der Erdoberfläche diesen Betrag der eingestrahlten Sonnenenergie messen.

Die Sonnenenergie, die ohne Abschwächung durch die Atmosphäre in jeder Sekunde senkrecht auf einen Quadratmeter der Erdoberfläche trifft, wird als **Solarkonstante *S*** bezeichnet.

Die Solarkonstante beträgt:

$$S = 1{,}37 \frac{\text{kJ}}{\text{s} \cdot \text{m}^2}$$

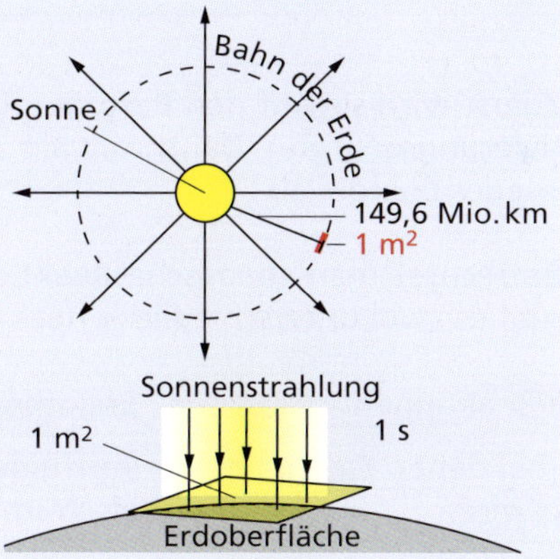

Es gelangen nur ca. 50 % der auftreffenden Sonnenstrahlung durch die Atmosphäre bis zur Erdoberfläche. Die Solarkonstante ist direkt nur an der Obergrenze der Atmosphäre messbar.

Die Einstrahlung von Sonnenenergie auf die Erde und die gleichzeitig stattfindende Energieabstrahlung von der Erde in den Weltraum bilden ein kompliziertes System. Im Laufe der Zeit hat sich ein Gleichgewicht zwischen der von der Sonne eingestrahlten Energie und der von der Erde abgegebenen Energie gebildet. Dieser ausgeglichene **Energiehaushalt** sorgt für relativ gleichbleibende Bedingungen auf der Erde, die wiederum Grundlage für das Leben auf der Erde sind.

Aufgrund der ständigen Einstrahlung von Sonnenenergie und durch den Treibhauseffekt (↗ S. 366) herrscht auf der Erdoberfläche eine durchschnittliche Temperatur von +15 °C. Dadurch wurde die Entstehung und Entwicklung des Lebens erst möglich.
Durch Umweltbelastungen, insbesondere durch klimawirksame Gase, wird der natürliche Energiehaushalt der Erde beeinflusst (↗ S. 366).

7

Energie bei chemischen Reaktionen

Jede **chemische Reaktion** ist mit energetischen Prozessen verbunden. So kann z. B. ein Teil der in den Ausgangsstoffen vorhandenen chemischen Energie in andere Energieformen umgewandelt und als Wärme, Licht oder mechanische Arbeit abgegeben werden. Bei anderen chemischen Reaktionen ist Energie erforderlich.
Damit Stoffe als Reaktionspartner in eine chemische Reaktion eintreten können, müssen sie zuvor „aktiviert“ werden. Dazu wird zunächst Energie, meist in Form thermischer Energie, zugeführt. Diese Energie nennt man **Aktivierungsenergie.**
Dabei kann man sich die energetischen Prozesse bei einer chemischen Reaktion so vorstellen, als ob eine Kugel über einen Berg rollen soll.

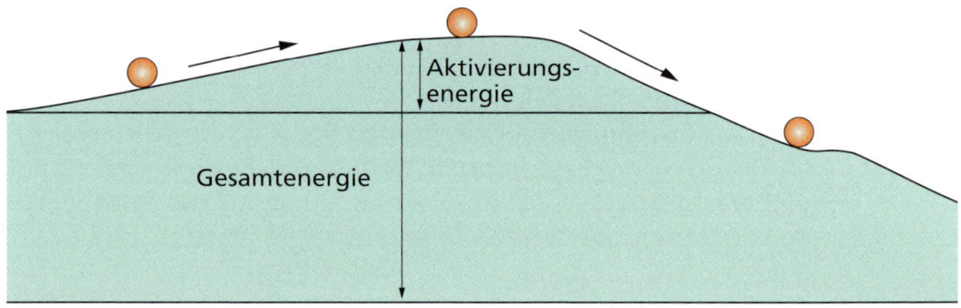

Zuerst wird sie auf den Berg gerollt, es wird ihr Energie zugeführt (Aktivierungsenergie). Dann rollt sie allein den Berg hinab. Dabei gibt sie wieder Energie ab.

Betrachtet man chemische Reaktionen unter dem Aspekt der Energie, gibt es zwei unterschiedliche Reaktionsarten.

Exotherme chemische Reaktionen	**Endotherme chemische Reaktionen**
Stoffumwandlungen, bei denen E_{therm} als Wärme abgegeben wird.	Stoffumwandlungen, bei denen E_{therm} als Wärme zugeführt werden muss.
Ausgangsstoffe ⟶ Reaktionsprodukte $Q = -n$ kJ	Ausgangsstoffe ⟶ Reaktionsprodukte $Q = +n$ kJ

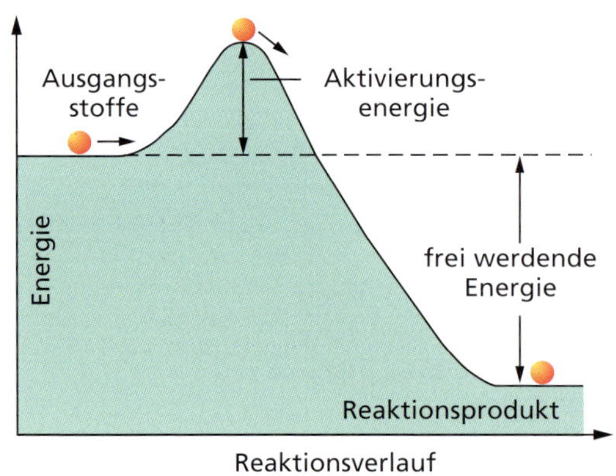

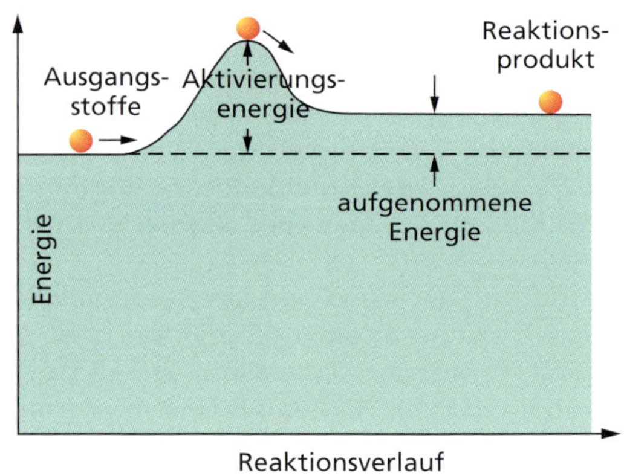

Energie in der belebten Natur

Für die Aufrechterhaltung der Lebensprozesse nehmen alle Lebewesen Stoffe und Energie aus ihrer Umwelt auf.
In den Zellen der Organismen werden energiereiche organische körpereigene Stoffe aufgebaut **(Assimilationsvorgänge)** und diese körpereigenen Stoffe zur Nutzung der in ihnen enthaltenen chemischen Energie abgebaut **(Dissimilationsvorgänge).**
Orte des Stoff- und Energiewechsels sind die Zellen. In pflanzlichen Zellen wird aus anorganischen Stoffen – Kohlenstoffdioxid und Wasser – Glucose und Sauerstoff gebildet. Für diesen komplizierten biochemischen Prozess wird von den Pflanzen und einigen Bakterienarten die Energie des Sonnenlichts genutzt. Der Prozess heißt **Fotosynthese.**

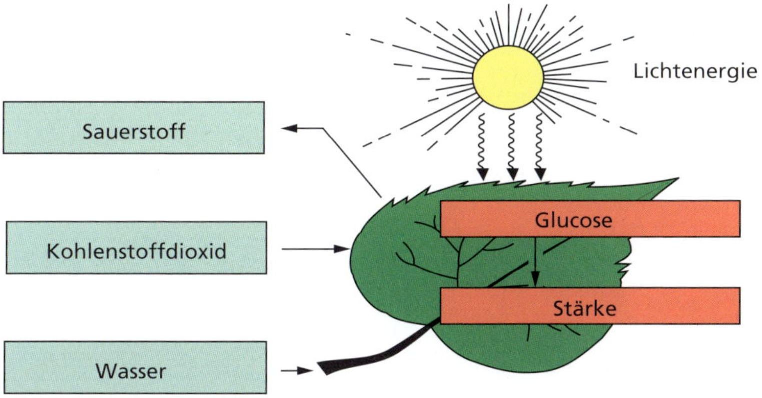

Bei der fotosynthetischen Bildung von Glucose wird die Lichtenergie in chemische Energie umgewandelt und ist als solche in den organischen Stoffen enthalten. Die entstandene Glucose wird zu Stärke oder zu anderen organischen Stoffen wie Fette und Eiweiße umgebaut. Diese organischen Stoffe bilden die Grundlage für die Ernährung und Deckung des Energiebedarfs von Tieren und Menschen.
Die in den körpereigenen organischen Stoffen gespeicherte chemische Energie kann durch **biologische Oxidation** (Zellatmung) freigesetzt werden, wobei die organischen Stoffe stufenweise unter Einwirkung von Enzymen und bei Verbrauch von Sauerstoff abgebaut werden. Reaktionsprodukte sind Kohlenstoffdioxid und Wasser.
Bei der **Atmung** wird thermische Energie in Form von Wärme abgegeben. Sie kann dann von den Zellen nicht mehr genutzt werden.
Bei der **Gärung** (z. B. bei alkoholischer Gärung oder Milchsäuregärung) wird ebenfalls die in organischen Stoffen gebundene chemische Energie umgewandelt und für den Organismus nutzbar gemacht. Im Unterschied zur Atmung laufen die Gärungen ohne Sauerstoffzufuhr ab.

▶ Bei der Gärung werden die organischen Ausgangsstoffe unvollständig abgebaut, die entstehenden Reaktionsprodukte, z. B. Ethanol oder Milchsäure, sind noch relativ energiereiche Verbindungen.

Energienutzung und Umweltbelastung

Ein großer Teil der heutigen Umweltbelastung ist unmittelbar mit der Bereitstellung und Nutzung von Energie durch den Menschen verbunden. Die Probleme der Umweltbelastung durch Energienutzung nehmen aufgrund des ständig steigenden Energieverbrauchs zu.
Eine große Rolle bei der Umweltbelastung im Zusammenhang mit der Energienutzung spielen **Verbrennungsprozesse.** Bei Verbrennungsprozessen entstehen zahlreiche gasförmige Stoffe sowie feste Rückstände wie Asche, Ruß, Staub und Schwermetalle. Nur einige dieser Reaktionsprodukte werden umweltverträglich entsorgt. Die meisten Stoffe belasten die Umwelt. Vor allem die gasförmigen Stoffe, aber auch Ruß und Staub, gelangen in die Atmosphäre und führen zu solch gefährlichen Erscheinungen wie **Smog, saurem Regen,** dem zusätzlichen **Treibhauseffekt** und dem **Ozonloch.** Eine Reihe der gasförmigen Stoffe, die bei Verbrennungen entstehen, können das Klima auf der Erde beeinflussen. Man nennt sie deshalb auch **klimawirksame Gase.**
Das bei Verbrennungen von Kohlenstoff entstehende **Kohlenstoffdioxid** ist eines der klimawirksamen Gase.

Der **zusätzliche Treibhauseffekt** wird durch menschliche Tätigkeit hervorgerufen. Man bezeichnet ihn deshalb auch als anthropogenen Treibhauseffekt.

In der nebenstehenden Abbildung sind der CO_2-Kreislauf und das gebundene CO_2 in Mrd. Tonnen angegeben.

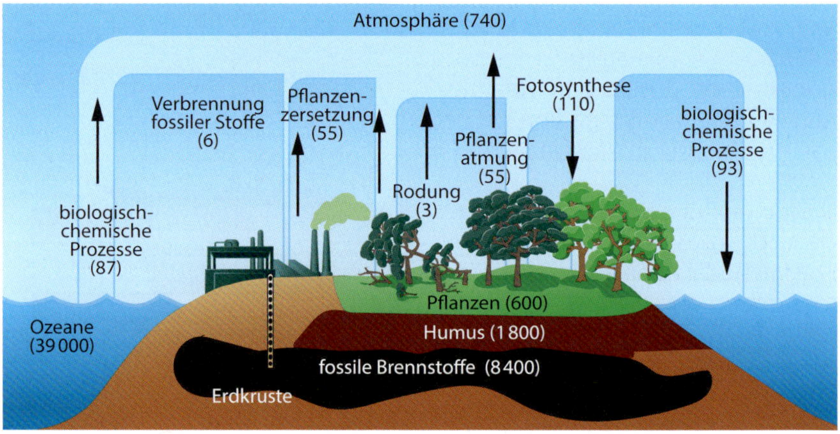

Der **Treibhauseffekt** auf der Erde ermöglicht erst einen stabilen Energiehaushalt mit einer mittleren Temperatur von +15 °C auf der Erde.
Ohne Treibhauseffekt würde auf der Erde eine mittlere Temperatur von −18 °C herrschen. Somit ist der Treibhauseffekt Voraussetzung für ein stabiles Leben von Pflanzen, Tieren und Menschen.

Kohlenstoffdioxid gelangt in die Atmosphäre und damit in den Kohlenstoffkreislauf der Erde. Der auf der Erde vorhandene Kohlenstoff ist durch verschiedene chemische und biologische Prozesse in einen großen Kohlenstoffkreislauf eingebunden (s. Skizze).
Kohlenstoff ist in Form von CO_2 nur in einer äußerst geringen Konzentration (ca. 0,035 %) in der Atmosphäre vertreten, aber bereits eine kleine Änderung dieser Konzentration kann den **Treibhauseffekt** auf der Erde beeinflussen und zu einem **zusätzlichen Treibhauseffekt** führen.
Der Treibhauseffekt der Erde entsteht dadurch, dass ein Teil der Wärmestrahlung von der Erde durch die Atmosphäre immer wieder zur Erde reflektiert wird. Diese Reflexion erfolgt vor allem an Wolken, Wasserdampf und solchen Gasen wie Kohlenstoffdioxid, Methan, Ozon und FCKW. Insbesondere Kohlenstoffdioxid trägt zum Treibhauseffekt bei. Der zu beobachtende Anstieg der Kohlenstoffdioxid-Konzentration in der Atmosphäre führt zu einer Verstärkung des Treibhauseffekts auf der Erde. Damit verbunden ist eine Erhöhung der Temperatur auf der Erde.

Dies kann zu gewaltigen Veränderungen unseres Klimas mit vielen Folgen führen.

M ↗ S. 44

Die Gase Schwefeldioxid, Kohlenstoffmonooxid und Stickstoffdioxid verursachen gemeinsam mit anderen Luftbestandteilen eine Erscheinung, die **Smog** genannt wird. Der Begriff Smog steht für Luftverschmutzung und kommt aus dem Englischen. Er beschreibt die gelbliche Mischung von Rauch („smoke") und Nebel („fog") und wurde das erste Mal um die Jahrhundertwende in London benutzt. Heute tritt Smog in verschiedenen Regionen der Welt auf. Beim Sommersmog werden durch die Ansammlung von Verbrennungsgasen, vor allem von Stickstoffoxiden und Kohlenwasserstoffen, in Bodennähe „fotochemische" Reaktionen ausgelöst. Diese Reaktionen führen zur Bildung von bodennahem Ozon, das die Gesundheit und das Wohlbefinden von Menschen negativ beeinflussen kann.

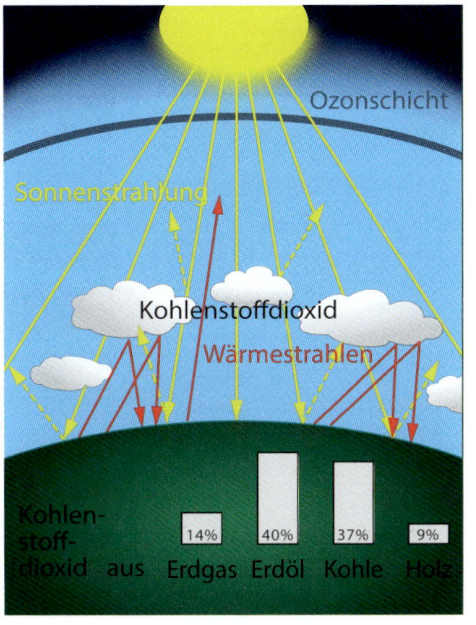

Der Begriff **Smog** wird heute für unterschiedliche Arten der „Luftverschmutzung" genutzt.
Bei Elektrosmog meint man die elektromagnetischen Wellen, die von verschiedenen Geräten und Anlagen ausgehen. Bei Smogalarm geht es um eine erhöhte Konzentration von Ozon in der Luft.

Die gegenwärtige Entwicklung ist dadurch gekennzeichnet, dass der Energiebedarf der Menschheit immer weiter ansteigt. Auch für die nächsten Jahrzehnte wird weltweit ein Anstieg des Energiebedarfs vorausgesagt.
Eine weitere Verbesserung der Lebensbedingungen der Menschen auf der Erde ist in Zukunft aber nicht unbegrenzt durch eine ständig steigende Nutzung von Energie möglich.

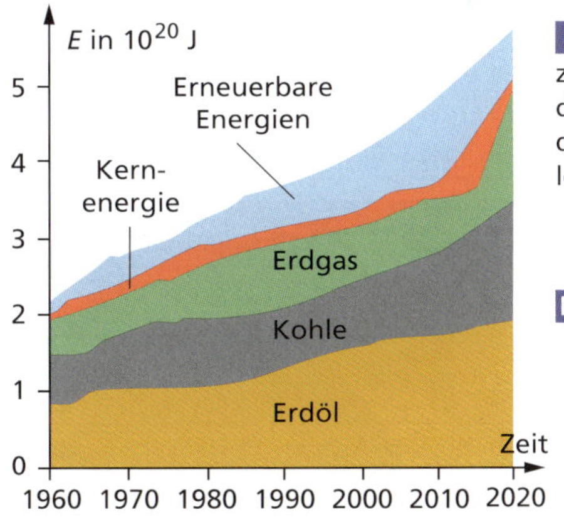

Das Diagramm zeigt die Entwicklung des Energiebedarfs der Menschheit in den letzten 60 Jahren.

M ↗ S. 48

Eine ganze Reihe von Primärenergieträgern, die wir heute nutzen, sind nur in begrenztem Umfang auf der Erde vorhanden. Außerdem stellt die Nutzung der Energie im heutigen Ausmaß einen so gewaltigen Eingriff in die Natur dar, dass die Gefahr besteht, die natürlichen Lebensgrundlagen von Pflanzen, Tieren und Menschen zu zerstören.
Deshalb hat die Menschheit für ihre weitere Existenz zwei grundlegende Probleme zu lösen:

1. Es müssen ausreichend Energieträger erschlossen und für den Menschen nutzbar gemacht werden.
2. Die Nutzung der Energie muss so gestaltet werden, dass die natürlichen Lebensgrundlagen des Menschen langfristig erhalten bleiben.

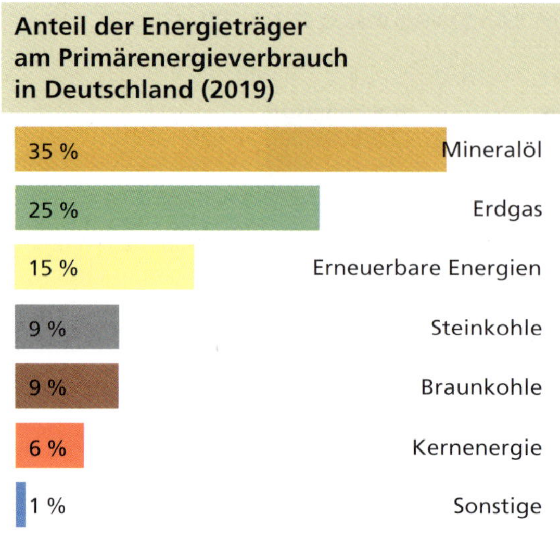

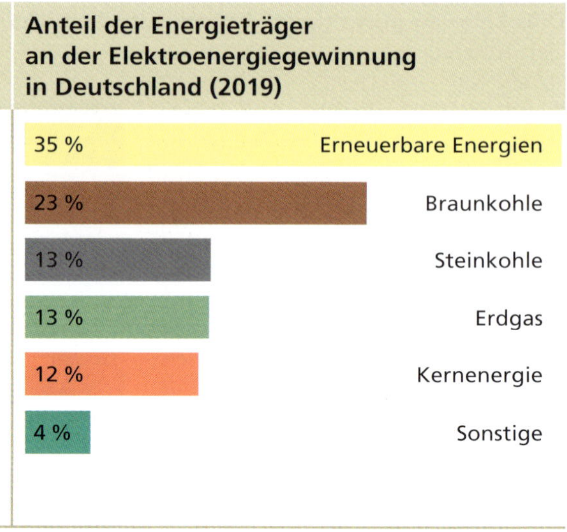

Ein Problem der Nutzung von Solaranlagen besteht in dem relativ geringen **Wirkungsgrad** von **Solarzellen**. Silicium-Solarzellen haben z.Z. einen maximalen Wirkungsgrad von ca. 20 %.

Ein Beitrag zur Lösung dieser Probleme ist die immer stärkere Nutzung **erneuerbarer** oder **regenerativer** Energieträger. Diese Energieträger entstehen auf der Erde immer wieder neu oder stehen ständig zur Verfügung. Zu ihnen gehören Sonnenstrahlung, Wasser, Wind, Biogas, Gezeiten und Erdwärme. Die Nutzung dieser Energieträger ist heute z. T. noch mit erheblichem technischen Aufwand und hohen Kosten verbunden. Intensive Forschungsarbeit auf den Gebiet der regenerativen Energieträger ist deshalb notwendig.

Anlagen zur Nutzung der regenerativen Energieträger Sonne, Wind und Wasser sind **Sonnenkollektoren, Solarzellen, Windgeneratoren** und **Wasserkraftwerke.**

Solarzellen liefern die Energie für das abgebildete Solarflugzeug, die Solar Impulse.

Das Foto zeigt ein Wasserkraftwerk in Sibirien am Fluss Jenisei.

Außerdem ist es unerlässlich, dass mit der vorhandenen Energie **rationell** und **sparsam** umgegangen wird. Dabei bedeutet rationelle und sparsame Energieanwendung nicht, dass auf die Nutzung von Energie verzichtet werden muss. Es geht vielmehr darum, dass der gewünschte Nutzen mit einem möglichst geringen Aufwand an Energie erreicht wird. Ein großer Teil der erzeugten und bereitgestellten Sekundärenergie wird bei den Energieumwandlungen in nicht gewünschte thermische Energie umgewandelt. Dabei wird wertvolle elektrische oder chemische Energie in wertlose thermische Energie umgesetzt und damit entwertet. Energieumwandlungen sind deshalb mit Energieverlusten verbunden.
Neben der Vermeidung eines unnötigen Energieverbrauchs sowie der Verbesserung des Wirkungsgrads (↗ S. 131) von Anlagen und Geräten ist die Nutzung der großen Energieverluste für andere Zwecke **(Energierückgewinnung)** eine wichtige Möglichkeit der rationellen Energieanwendung.

Anlagen zur Energierückgewinnung sind z. B. **Wärmepumpen,** deren Prinzip als Umkehrung eines **Kühlschranks** angesehen werden kann (↗ S. 189).

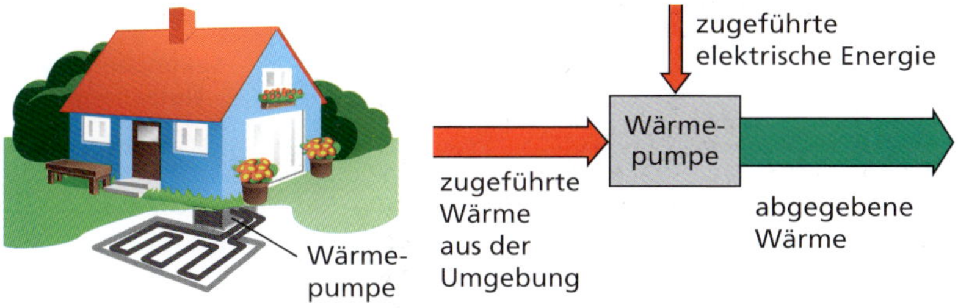

Mit solchen Wärmepumpen entzieht man dem Erdreich, dem Grundwasser oder der Luft Wärme und nutzt sie zur Heizung von Räumen.
Die Energie von Sonne, Wind und Wasser kann auch „gekoppelt“ genutzt werden. Bei der abgebildeten Anlage ist das Kernstück ein Pumpspeicherkraftwerk. Die zum Hochpumpen erforderliche Energie wird z. T. aus Windkraft gewonnen und z. T. durch Solarzellen bereitgestellt.
Das Hauptproblem besteht bei Solarzellen und Windkraftanlagen darin, dass sie im Vergleich zu herkömmlichen Kraftwerken nur eine relativ geringe Menge an Energie bereitstellen können und diese Energiebereitstellung darüber hinaus von äußeren Bedingungen (Wind, Sonne) abhängig ist.

Perspektiven der Energiegewinnung

Die zu erwartende weitere Steigerung des Energiebedarfs der Menschheit (↗ S. 367) stellt die Frage nach den Vorräten fossiler Energieträger sowie nach den Möglichkeiten der Nutzung erneuerbarer Energien.

▶ Reserven sind der Teil der Ressourcen, die nach heutigen Erkenntnissen vorhanden und z. Z. wirtschaftlich gewinnbar sind.

Bei den fossilen Energieträgern muss zwischen **Reserven** und **Ressourcen** unterschieden werden.

Energieträger	Reserven	Reichweite
Erdgas	ca. 150 000 Mrd. m^3	ca. 70 Jahre
Erdöl	ca. 148 000 Mio. t	ca. 45 Jahre
Kohle	ca. 580 Mrd. t SKE	ca. 170 Jahre

Die begrenzte Nutzbarkeit nicht erneuerbarer Energieträger, ökologische Gesichtspunkte **und vor allem der Klimawandel** erfordern die wesentliche stärkere Nutzung erneuerbarer Energieträger.

Erneuerbare Energien und ihre Nutzung

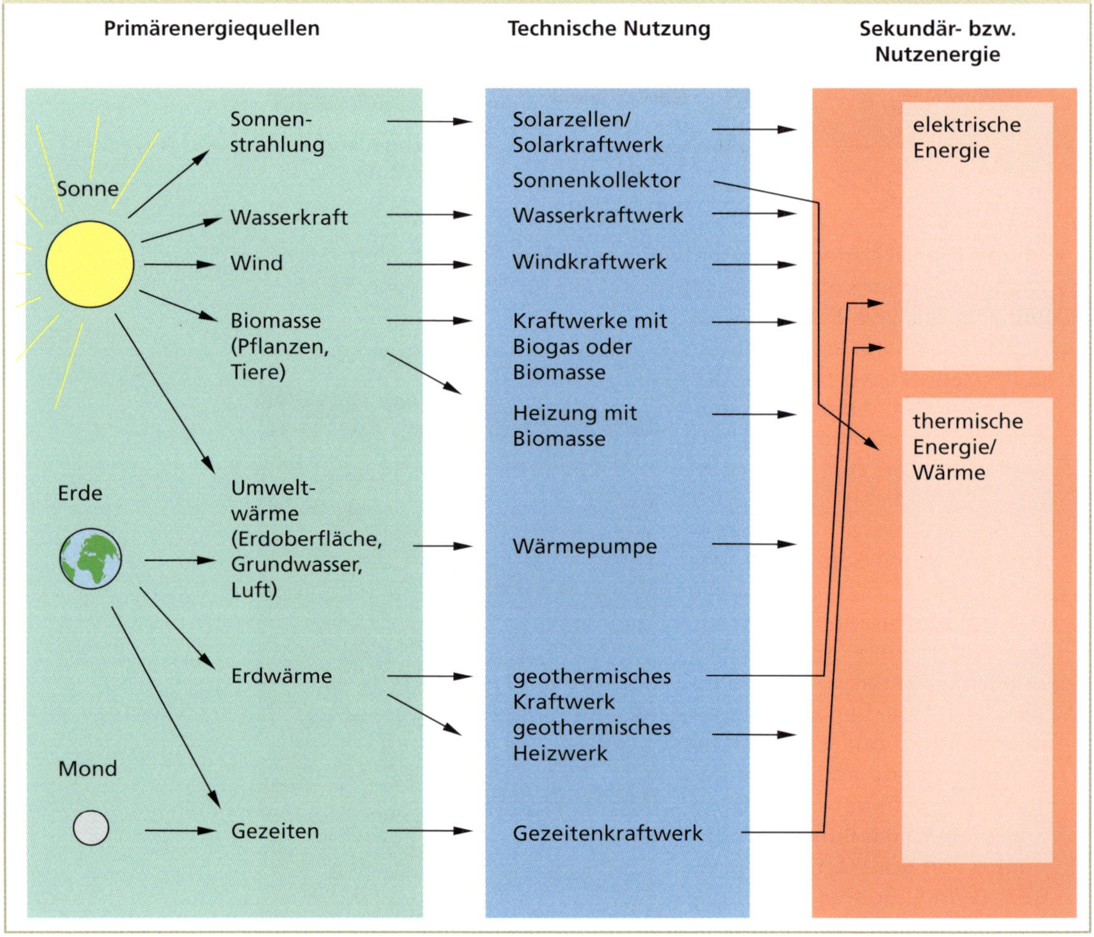

Energie in Natur und Technik

Energie E ist die Fähigkeit eines Körpers, mechanische Arbeit zu verrichten, Wärme abzugeben oder Licht auszusenden.

Energie

kann von einer Form in andere Formen umgewandelt werden.	kann durch Arbeit, Wärme, Licht oder elektrischen Strom von einem Körper auf andere übertragen werden.	kann in Brenn- und Heizstoffen, gehobenen und bewegten Körpern oder Batterien gespeichert werden.

Die Umwandlung und Nutzung von Energie ist meist mit ihrer **Entwertung** verbunden. Entwertung von Energie heißt: Bei Umwandlung und Nutzung entstehen Energieformen, die für uns im Weiteren nicht mehr nutzbar sind. Bei allen Energieumwandlungen gilt stets der **Energieerhaltungssatz:**

> In einem abgeschlossenen System ist die Summe aller Energien konstant. Energie kann weder erzeugt noch vernichtet werden.
>
> $E_{gesamt} = E_1 + E_2 + E_3 + \ldots = \text{konstant}$ oder $\Delta E_{gesamt} = 0$

Die Vorgänge der Energieumwandlung und der Energieübertragung von einem Körper auf andere können mithilfe von **Energieflussdiagrammen** dargestellt werden.

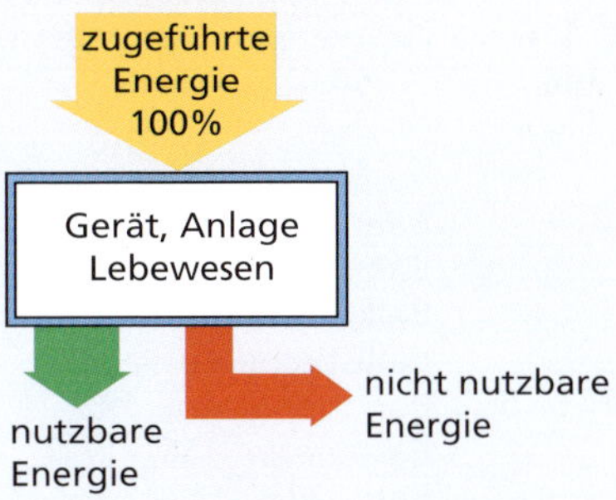

Zur langfristigen Sicherung unserer Energieversorgung ist es notwendig, in größerem Umfang als bisher **erneuerbare Energien** (Sonnenenergie, Energie von Wind und Wasser, Erdwärme, Biomasse) zu nutzen.

Beachte: Zur sinnvollen und effektiven Nutzung von Energie kann jeder Einzelne seinen Beitrag leisten. Das ist zugleich ein Beitrag zur Erhaltung unserer natürlichen Lebensbedingungen.

Register

A

F

A

N

O

P

Q

R

S

Y

Z

Bildquellenverzeichnis

Legende: Ol = Oben links, Om = Oben mittig, Or = oben rechts, Ml = Mitte links, Mm = Mitte mittig, Mr = Mitte rechts, Ul = Unten links, Um = Unten mittig, Uml = Unten mittig links, Umr = Unten mittig rechts, Ur = Unten rechts;

Hinweis: Die Seitenzahl steht immer an erster Stelle, danach folgt die Positionsangabe (z. B. 75Or = Seite 75 Oben rechts). Falls keine konkrete Position angegeben ist, stammen alle urheberrechtlich relevanten Abbildungen vom selben Urheber bzw. ist nur eine Abbildung auf der Seite zu finden. In einigen Fällen erfolgt die eindeutige Zuordnung der Bilder über Nummern (i.d.R. von oben nach unten bzw. von links nach rechts).

Fotos

Adobe: alexsid/stock.adobe.com 166Ol; bevisphoto/stock.adobe.com 172Mr; blackday/stock.adobe.com 358Ol; linous/stock.adobe.com 15/1; Monkey Business/stock.adobe.com 305; Pixelot/stock.adobe.com 169Ul; sandra zuerlein/stock.adobe.com 185Ul;

Akg-images: Erich Lessing/akg-images 10Ur; ESA/akg-images 121; Science Photo Library/akg-images 340Ul; Science Source/akg-images 275;

Bibliographisches Institut GmbH, Berlin: Dr. Volkmar Janicke 9Um; Harald Lange, Bad Lausick 17Mr, 17Ur, Bibliographisches Institut GmbH, Berlin 73;

Cornelsen Experimenta: 32, 201Ol, 201Mr, 201Mr, 205, 233Ol, 235, 271Or, 290, 114Om;

Imago: imago images/Becker&Bredel 216; imago images/Gutschalk 15/5; imago images/Manfred Segerer 82; imago images/Photo12 11Um; imago images/Rolf Zöllner 16Om; imago images/teamwork 86, imago stock&people 13Um;

Interfoto: INTERFOTO/Sammlung Rauch 346Mr; INTERFOTO/Science & Society 340Ur;

© LEYBOLD/LD DIDACTIC GmbH/www.ld-didactic.de, Hürth: 71Ur, 133, 139, 209Mr, 230Ml, 237, 320, 341Ur;

H. Mahler, Fotograf Berlin: 30Mr, 30Ur, 42, 43Ol, 43Ml, 50, 97Om, 198Ur, 292Ur;

B. Mahler, Fotograf Berlin: 15/2, 199, 324;

Mauritius: age fotostock/mauritius.all.com 350; Bernhard Lehn/mauritius.all.com 348Mr; Hans Blossey/mauritius.all.com 355; Roy LANGSTAFF/Alamy/mauritius.all.com 39Ml; Science Source/mauritius.all.com 340Um; The Reading Room/Alamy/mauritius.all.com 236Mr;

MEV Verlag Augsburg: 9Om, 17Ml, 17Ul, 77Or, 79Ul, 96Ol, 182Ol, 314, 358Ur;

L. Meyer, Potsdam: 15/4, 34Ul, 71Or, 79Ol, 80Ol, 110, 129, 144/1, 166Or, 166Ml, 166Mr, 172Ml, 174Ur, 192Ol, 193Ur, 201Umr, 201Ur, 214, 230Ul, 230Ur, 231Or, 234Mr, 234Ur, 243Or, 246, 251, 269, 270, 271Mr, 272, 276Ul, 279, 281, 282, 293Ul, 294, 296, 300, 301, 325, 341Or;

Panthermedia: gewoldi/PantherMedia GmbH 2020 203Ur;

PHYWE Systeme GmbH & CO. KG, Göttingen: 29Ur, 215, 245Ml, 323;

Picture Alliance: 191Ur, 283, 368Om;

Science Photo Library: © Science Photo Library/ALFRED PASIEKA 292Or; © Science Photo Library/GUSTOIMAGES 267Or; © Science Photo Library/Kerasote, Ted 361; © Science Photo Library/MARTIN BOND 347; © Science Photo Library/TEK IMAGE 288, 292Ol; © Science Photo Library/TRL LTD. 120, 357Or;

Shutterstock: aapsky/Shutterstock.com 7; AePatt Journey/Shutterstock.com 148Or; Akaiser/Shutterstock.com 141; Alexander Tolstykh/Shutterstock.com 365; alexkich/Shutterstock.com 71Ml; Alliance Images/Shutterstock.com 182Om; Aluca69/Shutterstock.com 8Om, 8Um; anatoliy_gleb/Shutterstock.com 67; Andrey_Popov/Shutterstock.com 169Ur; Andrii Vodolazhskyi/Shutterstock.com 308Ur; AstroStar/Shutterstock.com 310Ml; Beautiful landscape/Shutterstock.com 15/6; Benevolente82/Shutterstock.com 357Ur; Bohbeh/Shutterstock.com 195; Botond Horvath/Shutterstock.com 144/4; Broc McCune/Shutterstock.com 49; CandyBox Images/Shutterstock.com 193Ul; daseaford/Shutterstock.com 157Ur; DavideAngelini/Shutterstock.com 56; Denis Belitsky/Shutterstock.com 90Ml; DmitryStock/Shutterstock.com 96Or; Dmytro Vikarchuk/Shutterstock.com 258; Doubleclix/Shutterstock.com

310Mr; DrPilulkin/Shutterstock.com 295Ol; Dudarev Mikhail/Shutterstock.com 229; Ed Connor/Shutterstock.com 276Ol; Eugene Onischenko/Shutterstock.com 79Or, 97Mm; Evgeny_V/Shutterstock.com 368Um; exopixel/Shutterstock.com 248Or; Fahroni/Shutterstock.com 15/3; FamVeld/Shutterstock.com 362Mr; Fedorov Ivan Sergeevich/Shutterstock.com 70; Fouad A. Saad/Shutterstock.com 98Mr; fullempty/Shutterstock.com 71Ol; Gorodenkoff/Shutterstock.com 148Ol; Hywit Dimyadi/Shutterstock.com 192Mr; Iakov Kalinin/Shutterstock.com 363; iravgustin/Shutterstock.com 362Or; Jakye/Shutterstock.com 165Or2; Javier Brosch/Shutterstock.com 193Um; jcm32/Shutterstock.com 207; JSparrow/Shutterstock.com 219; Jukkis/Shutterstock.com 97Ul; julius fekete/Shutterstock.com 348Or; Karavanov_Lev/Shutterstock.com 276Mr; kontur-vid/Shutterstock.com 75Ur; Kostenyukova Nataliya/Shutterstock.com 165Or3; Lana Iva/Shutterstock.com 278Ur; LNataly/Shutterstock.com 243Mr; Luis Carlos Torres/Shutterstock.com 69Ol; lunopark/Shutterstock.com 242; M. Unal Ozmen/Shutterstock.com 69Or; macro videography/Shutterstock.com 98Mm; Maridav/Shutterstock.com 285Mr; Maxx-Studio/Shutterstock.com 201Uml; Mechanik/Shutterstock.com 97Or; Menno van der Haven/Shutterstock.com 200Ml; MicroOne/Shutterstock.com 97Ur; mik ulyannikov/Shutterstock.com 19; Milos Muller/Shutterstock.com 84; mipan/Shutterstock.com 97Ol; momente/Shutterstock.com 184; Nadiia Gerbish/Shutterstock.com 18; Ola Ko/Shutterstock.com 309Or; OPOLJA/Shutterstock.com 241; Overdose Studio/Shutterstock.com 308Ol; Palatinate Stock/Shutterstock.com 157Ul; Paulphin Photography/Shutterstock.com 12; Peter Hofstetter/Shutterstock.com 222; Photo Win1/Shutterstock.com 165Or1; Photographee.eu/Shutterstock.com 97Ml; photowind/Shutterstock.com 319Ol; PR Image Factory/Shutterstock.com 276Or; Pressmaster/Shutterstock.com 284; Pronina Marina/Shutterstock.com 154Ur; psynovec/Shutterstock.com 163; Richard JP/Shutterstock.com 78; Rido/Shutterstock.com 276Om; ronstik/Shutterstock.com 185Ur; Seregraff/Shutterstock.com 71Mr; sirtravelalot/Shutterstock.com 80Or; solarseven/Shutterstock.com 280Ml, 280Mr; sommart sombutwanitkul/Shutterstock.com 306; SP rabbito/Shutterstock.com 280Ul; Standret/Shutterstock.com 14Ul; Stefan Schurr/Shutterstock.com 90Mr; Stocker plus/Shutterstock.com 271Ur; studiovin/Shutterstock.com 213; stu49/Shutterstock.com 231Ol; sydeen/Shutterstock.com 203Ul; Tiko Aramyan/Shutterstock.com 182Or; Tim R/Shutterstock.com 144/3; totojang1977/Shutterstock.com 13Om; Triff/Shutterstock.com 309Ol, 358Ul; Trzykropy/Shutterstock.com 144/2; Ulianenko Dmitrii/Shutterstock. com 172Mm; vchal/Shutterstock.com 327; VeronikaST/Shutterstock.com 357Ul; View Apart/Shut-terstock.com 307; Virrage Images/Shutterstock.com 7Um; Vova Shevchuk/Shutterstock.com 169Um; wavebreakmedia/Shutterstock.com 278Ul; wellphoto/Shutterstock.com 357Ol; worradirek/Shutter-stock.com 358Or; Yuganov Konstantin/Shutterstock.com 79Ur; Zahnoi Alex/Shutterstock.com 97Mr;

Experimente Physikalisches Institut, Albert-Ludwigs-Universität Freiburg: 243Ur (www.experimente.physik.uni-freiburg.de);

Patrik Vogt, Landau: 52, 201Ul, 206, 209Ol, 212, 236Ol;

Gerhard von der Emde, Bonn: 227;

Volkswagen AG: 265;

Grafiken

Christine Gebreyes: alle Grafiken im Buch, die keine eigene Nennung als Bildquelle haben;

Walther-Maria Scheid: 74, 75Ml, 75Mm, 76, 101Ml, 117, 119, 303Or, 303Mm, 305, 322, 323, 346Ur;

Christine Wächter: 14Ur, 34Ur, 43Or, 43Mr, 102Um, 108Um, 152, 155, 156, 160, 165Ur, 179Mr, 185Or, 189, 192Or, 192Ml, 200, 201Om, 203, 220Ul, 220Ur, 239, 244Or, 254Mr, 303Ul, 303Ur, 304, 117, 119, 293Ur